NOUVELLES SUITES

A

BUFFON,

FORMANT,

avec les œuvres de cet auteur,

UN COURS COMPLET D'HISTOIRE NATURELLE.

Collection

accompagnée de Planches.

PARIS

A LA LIBRAIRIE ENCYCLOPÉDIQUE DE RORET,

Rue Hautefeuille, N.º 10 bis.

POURRAT Frères, *Rue des Petits Augustins,* N.º 5.

HISTOIRE NATURELLE

DES

INSECTES.

APTÈRES.

IV.

PARIS. — IMPRIMERIE DE FAIN ET THUNOT,
rue Racine, 28, près de l'Odéon.

HISTOIRE NATURELLE

DES

INSECTES.

APTÈRES.

PAR M. LE BARON WALCKENAER,

MEMBRE DE L'INSTITUT DE FRANCE.

ET

M. PAUL GERVAIS,

PROFESSEUR A LA FACULTÉ DES SCIENCES DE MONTPELLIER.

TOME QUATRIÈME

OUVRAGE ACCOMPAGNÉ DE PLANCHES.

PARIS.

LIBRAIRIE ENCYCLOPÉDIQUE DE RORET,

RUE HAUTEFEUILLE, N° 10 BIS.

1847.

...pouvoir, mes enfants, vaincre son caractère,
... pas douter qu'on puisse y réussir ;

Lorsque su...
Ne vous tourmentez pas, enfants, pour le savoir.
Si l'on veut tout entendre, ou si l'on veut...

Ce volume, qui termine l'histoire naturelle des Insectes Aptères, que je m'étais engagé à compléter lorsque j'en ai commencé la publication il y a dix ans, est divisé en deux parties.

La première renferme l'histoire naturelle des Myriapodes. J'en ai confié la rédaction à l'habile naturaliste qui, dans ces derniers temps, a le plus contribué aux progrès de cette branche de l'entomologie. Les descriptions que j'avais faites de ces animaux, et le plus grand nombre des espèces de la collection du Muséum de Paris qui avaient servi de matériaux à mes descriptions, lui ont été communiquées.

J'ai rédigé la seconde partie, qui, sous le titre d'*Additions à l'histoire naturelle des Insectes Aptères*, est une *révision* de tout l'ouvrage. Cette révision m'a paru nécessaire pour accomplir, dans toute son étendue, la promesse que j'avais faite dans ma préface. Je remarquai alors qu'il n'existait, sur la classe des Insectes Aptères, aucun ouvrage qui présentât sous une forme méthodique l'ensemble des connaissances acquises. Depuis cette époque, ces connaissances se sont, en très-peu de temps, considérablement accrues. J'ai toujours eu soin de me tenir au courant des travaux faits sur cette branche de l'entomologie, et j'ai tâché, occasionnellement, d'en accroître le nombre par mes observations personnelles. J'ai trouvé dans des manuscrits, dont quelques-uns étaient écrits depuis longtemps, les matériaux nécessaires pour les compléter, et je n'ai eu, en quelque sorte, qu'à les réunir ou à les extraire.

ij

L'intervalle de temps qui s'était écoulé entre la
composition du premier et du second volume de cet
ouvrage, m'avait déjà forcé de terminer le second
volume par un assez long supplément. Je le rédigeai
de manière à ce que tous les articles ajoutés pussent
être facilement reportés aux pages et aux endroits
de l'ouvrage qu'ils étaient destinés à rectifier, ou
à augmenter. J'en ai usé de même pour ce dernier supplément, et j'en ai assujetti tous les articles à la classification de toutes les parties de l'ouvrage, de telle sorte qu'on puisse, en le lisant,
recourir facilement au supplément général pour
les additions et les rectifications qu'on doit y faire,
et qu'en prenant connaissance de ce supplément,
on ait la faculté de retrouver les pages qui doivent précéder les articles qu'il contient ; pages
qu'il est nécessaire de relire pour bien comprendre ces
articles. Je ferai remarquer que la découverte de
nouveaux genres et des études plus approfondies,
m'ont engagé à modifier, pour la troisième fois, la
classification des séries naturelles des genres d'Aranéides. Ce nouveau classement, qui est fondamen-
talement le même que les précédents, sera, je crois,
utile à ceux qui voudront commencer l'étude de ces
Insectes, comme à ceux qui y ont déjà fait quelques
progrès. (Voyez l'article 54 du Supplément, p. 521-23.)

Conformément à la classification que j'ai exposée
précédemment (t. I, p. 38-43), l'histoire naturelle
des Insectes Aptères se termine par celle des Myriapodes. Cette troisième et dernière classe se divise en
deux ordres, les *Chilognathes* et les *Syngnathes*, mieux
nommés *Diplopodes* et *Chilopodes*. Ces deux ordres

se rapprochent par une tête pourvue d'antennes,
et qui est distincte du reste du corps ; par les nombreux segments dont ce corps est formé, et le
grand nombre de pattes dont il est pourvu. Ils diffèrent
cependant beaucoup entre eux, par leur organisation
et par des caractères essentiels. Les Diplopodes ont
des antennes courtes, les Chilopodes ont des antennes
allongées. Les Diplopodes ont le corps convexe et
arrondi, à segments entourés d'un tégument dur ;
les Chilopodes, au contraire, ont le corps aplati, ou
peu convexe, recouvert en dessus et en dessous de
plaques coriacées. Les Diplopodes ont les pattes
courtes, fines et faibles, des mouvements lents ; les
Chilopodes ont des pattes fortes, plus ou moins allongées, ils sont vifs et agiles. Les premiers se rapprochent le plus des Crustacés par leur enveloppe
dure ; les seconds, des Aranéides par leur derme
mou et flexible. Mais c'est surtout par les organes
importants de la manducation que ces deux ordres
diffèrent l'un de l'autre : chez les premiers, très-
simples et peu puissants ; chez les seconds, forts et
compliqués. Aussi les premiers sont-ils rongeurs et
lignivores ; les seconds, rapaces et insectivores.

C'est principalement par ces organes de la bouche
que les caractères par lesquels j'ai différencié ces
deux ordres sont insuffisants. Je les ai entièrement
omis pour les Chilopodes ou Syngnathes (voyez t. I,
p. 43). A l'époque où j'ai rédigé cette partie de mon
ouvrage je me trouvai embarrassé pour caractériser
aussi brièvement qu'il était nécessaire les bouches de
deux grands ordres de Myriapodes.

Les entomologistes n'ont jamais été d'accord sur

la manière de considérer les diverses pièces de la bouche de ces Insectes, et sur les noms qu'on doit donner à chacune d'elles : tous ont été plus ou moins préoccupés du désir de coordonner systématiquement cette nomenclature avec celle qu'on emploie pour les Insectes hexapodes ; tous se sont montrés désireux d'exprimer par des mots inventés, ou composés, les résultats de leurs observations. Ce point de vue est utile et philosophique, sans doute ; il jette du jour sur ces transformations successives que la nature opère dans les organes des êtres de toutes les classes et de tous les ordres ; il nous montre comment elle pourvoit aux nécessités de l'existence, en variant sans cesse les moyens ; comment elle reste fidèle à un plan régulier, constant dans ses bases, en lui faisant subir des modifications infinies.

Mais en adhérant trop strictement à ces considérations, on a rendu la nomenclature incertaine et la science plus difficile ; car on n'a pas toujours observé le développement des organes de la même manière, et tiré les mêmes conclusions d'observations semblables. Il est donc nécessaire pour bien comprendre le langage des naturalistes qui nous ont précédés, et même pour ne pas laisser d'incertitude dans les descriptions que renferme notre ouvrage, de présenter l'analyse des organes de la manducation des deux ordres d'Insectes, objets de nos investigations, et d'appliquer à ces organes, comme nous avons fait dans les autres classes, les noms les plus clairs, les plus ordinaires, et les plus propres à désigner les fonctions qu'ils sont destinés à remplir ; et de faire connaître aussi ceux que les naturalistes leur ont donnés ; de fixer ainsi pour ces animaux la synonymie de la terminologie.

Si l'on met sous ses yeux une grande espèce de Chilopode, un Scolopendre, on remarquera d'abord que la tête qui en forme le premier segment est aplatie et est couverte en dessus d'un tégument coriacé et poli. Ce tégument, sous lequel se trouvent les organes de la manducation, est pour nous le *chaperon*.

A l'extrémité antérieure de ce chaperon sont les antennes et de chaque côté, et au-dessous du premier article des antennes, sont les yeux.

Si on renverse l'insecte sur le dos, on verra que le chaperon se replie et forme à la partie supérieure un hémicycle ayant au milieu de sa courbure une petite échancrure arrondie ; cette partie du chaperon qui, par son bourrelet, enserre et protége tous les organes de la manducation est la *lèvre supérieure*.

Derrière cette lèvre sont deux pièces oblongues articulées, transversalement dentées en scie et dures à leur extrémité, qui servent à diviser, à mâcher la nourriture, ce sont les *mâchoires*.

Derrière les mâchoires sont deux pièces mobiles, épaisses, inclinées, mais articulées en longueur ou de bas en haut, qui ont quatre plis plutôt que quatre articulations, et qui montrent que ces pièces sont susceptibles de s'allonger et de se raccourcir pour faire agir la partie terminale qui est plus large, arrondie postérieurement, coupée en plan à l'intérieur. Ces deux pièces servent évidemment à retenir, à pressurer la nourriture rompue par les mâchoires, auxquelles elles se superposent, et à introduire l'aliment dans le pharynx. Ces deux pièces sont pour nous les *palpes maxilliformes.*

A la base de ces palpes sont, du côté interne, deux appendices allongés, pointus et droits qui, occupant l'entrée du pharynx, y retiennent, y rassemblent la nourriture. Ces appendices, unis par leur base, forment un organe bifide qui est la *langue.*

Au devant et comme superposées à ces deux pièces se trouvent soudées deux véritables palpes, formées d'articles étroits, allongés, cylindriques, composés de quatre articles ou plutôt de trois si l'on considère leur partie basilaire soudée, mais les deux articles qui composent cette partie basilaire sont fusiformes et cylindriques, pareils aux autres, et n'ont nullement la forme d'une lèvre. Ces palpes, terminés par une petite griffe, sont les *palpes labiaux.*

A toutes ces pièces superposées les unes aux autres se trouve superposée, mais plus reculée encore à sa base, une dernière et grande pièce qui les cache toutes presque entièrement, et qu'il faut enlever ou abaisser pour observer les autres. Cette pièce est la *lèvre inférieure ;* elle est échancrée à son extrémité, et dans cette échancrure, armée de dents. De chaque côté de cette *lèvre inférieure* émane une pièce composée de quatre articles larges, forts à leur base, diminuant de grandeur vers leur extrémité et terminés par un fort onglet mobile, très-pointu, percé en dessous pour laisser échapper le venin, semblable à l'onglet des Aranéides. Ces deux pièces qui composent les plus apparents, les plus puissants de tous les organes de la manducation sont les *mandibules.* Par leur onglet, dont la tige est cylindrique, forte et cornée, les mandibules des Chilopodes ont la plus grande analogie avec les mandibules des Aranéides, mais celles-ci se meuvent de haut en bas et perpendiculairement; les mandibules de Chilopodes se meuvent horizontalement et latéralement. Les mandibules des Aranéides sont articulées dans la partie supérieure de la tête sous le derme du corselet et du chaperon; et sous le bandeau, elles couvrent et cachent, en dessus et en avant, les autres parties de la bouche qui, en dessous, sont à découvert et étalées les unes à côté des autres. Les mandibules des Chilopodes, au contraire, émanent de la lèvre inférieure qui est sous la tête, et cachent, avec la lèvre, toutes les parties de la bouche qui sont superposées les unes aux autres.

La lèvre inférieure qui sert de base aux mandibules, n'est pas, comme les autres organes, attachée au premier segment du corps ou à la tête; ces organes sont soudés ensemble et au chaperon. Lorsqu'on soulève celui-ci et qu'on le rejette en arrière pour distinguer et disséquer les parties de la bouche, alors toutes les parties supérieures de la bouche, excepté la lèvre inférieure qui les recouvrent, se soulèvent avec le chaperon, y restent attachées, et se font voir dans leur position naturelle, superposées les unes aux autres; la lèvre inférieure et les mandibules restent seules et détachées, et se montrent comme une continuation du second segment du corps, qui, échancré à sa partie antérieure et plus large que celui qui le suit, pourrait être considéré comme le corselet de l'Insecte. Ce segment projette de chaque côté une patte, qui, dirigée en avant et à côté des mandibules, sert à les soulever dans la marche, ainsi que toute la tête. Ces pattes plus petites que toutes les autres, ne dépassent pas la lèvre inférieure ou l'ouverture de la bouche, et la pointe de l'onglet des mandibules; de sorte que quand cet onglet se replie, la patte sert à maintenir et à presser la proie contre cette pointe : cette première paire de pattes devient alors un auxiliaire des organes de la manducation. Le derme coriacé du second segment entoure et serre fortement la base de la lèvre inférieure, et par conséquent des mandibules. Ainsi on pourrait dire que ce qui distingue les mandibules des Aranéides de celles des Diplopodes, c'est que les premières sont céphaliques et les secondes pectorales.

Il est inutile pour notre objet de pousser plus loin l'analyse des organes de la manducation des Chilopodes, et de faire connaître les noms que l'on a donnés aux différents compartiments de chacun de ces organes limités par les enfoncements et les saillies qu'on y remarque, ainsi que les variations de formes, et quelquefois l'oblitération de quelques-unes de leurs parties; toutes choses qui peuvent servir à caractériser les genres et les espèces. Mais il est nécessaire, pour justifier les noms que nous avons donnés à ces organes, de décrire comment s'opère par leur moyen l'acte de la manducation.

L'animal commence par saisir, tuer et rompre sa proie au moyen de ses mandibules; puis il l'introduit en entier ou par morceaux sous sa lèvre supérieure, où elle est brisée et mâchée entre les dents des deux mâchoires cornées, transversales, et retenue et macérée par le bourrelet de cette lèvre : la proie est prise ensuite et lubréfiée par les deux larges et plates extrémités des palpes maxilliformes qui la triturent de bas en haut et en dessous ; tandis que les mâchoires et la lèvre l'attaquent en dessus et sur les côtés. Les deux palpes labiaux qui entourent les palpes maxilliformes la retiennent entre ceux-ci, qui sont, ainsi que tous les organes masticatoires, pressés par la grande lèvre inférieure ; celle-ci, agissant par ses dents contre la langue bifide, donne un dernier degré de trituration à la substance alimentaire, et aide cette langue, et les palpes labiaux, et les ganglions mobiles des palpes maxilliformes, à introduire enfin cette substance, ainsi préparée, dans le pharynx et dans le canal alimentaire.

Ainsi les organes de la manducation des Chilopodes se rapprochent beaucoup de ceux des Insectes hexapodes ; ils sont même plus développés et composés d'un plus grand nombre de pièces. Il n'en est pas de même des Diplopodes, qui non-seulement s'éloignent beaucoup, sous ce rapport, des Insectes hexapodes, mais aussi des Chilopodes. Les Diplopodes ont une bouche très-simple, composée d'un petit nombre de pièces, et ce caractère, en les éloignant des Insectes masticateurs et déglutinateurs, les place parmi les Insectes rongeurs et suceurs. Si on examine la tête d'un Iule ou d'un Gloméris, on verra qu'elle est en dessus pourvue d'yeux et d'antennes ; son chaperon est échancré et denté dans son bord intérieur, mais ne se reployant pas en dessous où sont les organes de la manducation et n'ayant pas de bourrelet, il n'a réellement pas de lèvre supérieure. Sous le chaperon se trouvent, comme dans les Chilopodes, des mâchoires larges, arrondies, mais ayant des dents peu aiguës à leur extrémité interne. Ces mâchoires épaisses, distinctement divisées en deux portions par une articulation médiane, ont des tubercules, ou dents imbriquées, dans la convexité de leur extrémité supérieure. Ces mâchoires ne sont pourvues d'aucun palpe et ont sous ce rapport de l'analogie avec les mandibules des Insectes hexapodes; il convient donc d'appeler ces organes, *mâchoires mandibulaires*.

Une *lèvre inférieure* grande, large et échancrée à son extrémité couvre aussi la bouche en dessous dans les Diplopodes comme dans les Chilopodes; cette lèvre et les mâchoires mandibulaires sont les seules pièces de la bouche. Il n'y a pas chez eux d'autres organes de la manducation; il n'y a pas non plus d'organes de préhension ni d'attaque.

Dans une famille de Myriapodes nouvellement découverte et décrite par M. Brandt (1), nous voyons des organes de la manducation très-différents de ceux de tous les genres de Chilopodes et de Diplopodes, ce sont ceux des Polyzonides ou Syphonophores. Ces Insectes se rapprochent des Chilopodes par leur corps aplati, mais ils s'en éloignent par tous les autres caractères de leur organisation qui les rapprochent des Diplopodes, parmi lesquels M. Gervais les a, suivant nous, justement maintenus. Ils forment le passage d'un

---

(1) Brandt. *Recueil de mémoires relatifs à l'ordre des Insectes Myriapodes.* Saint-Pétersbourg, 1841; in-8, p. 45-51. --- Newport. *Transact. of the Linnean Society*, 1844; in-4, p. 278.

ordre à l'autre, mais leurs organes de la manducation les éloignent de ces deux ordres. Ils n'ont ni lèvre supérieure, ni lèvre inférieure, ni mandibules, ni mâchoires : leur très-petite tête offre un ovale plus ou moins allongé ou pointu à son extrémité inférieure qui, avec trois pièces soudées entre elles, forment un suçoir. Cette anomalie rend l'ordre des Diplopodes plus difficile à caractériser ; mais en maintenant ces Insectes dans cet ordre il faut y avoir égard dans le caractère général qu'on doit lui assigner.

Après avoir terminé cette étude de la bouche des Myriapodes en général, il nous sera facile de rectifier et de compléter les caractères donnés précédemment aux deux ordres de Myriapodes, t. I, p. 43, et en nous conformant à la nomenclature que nous avons adoptée pour la classe des Aptères-acères, qui, de tous les Aptères, ont pour les organes de la bouche le plus d'analogie avec les Myriapodes

Diplopodes. — Bouche pourvue d'une lèvre inférieure et de deux mâchoires mandibulaires, ou d'un suçoir de plusieurslames réunies.

Chilopodes. — Bouche pourvue d'une lèvre inférieure et de deux mandibules en pinces monodactyles, d'une lèvre supérieure, de deux mâchoires, de palpes maxilliformes et de palpes labiaux.

Après ces détails sur les organes de la manducation, il ne nous reste plus pour l'intelligence des auteurs qui nous ont précédés qu'à faire connaître les noms presque toujours impropres, suivant nous, par lesquels les auteurs ont désigné ces organes, les uns parce qu'ils ne les connaissaient qu'imparfaitement ; les autres, par suite d'un système contraire xij

à la clarté du langage. Ce ne sont pas les rudiments
ou les indices des organes des êtres soumis à nos
investigations dont nous devons nous préoccuper,
mais ce sont ces organes mêmes qu'il faut décrire
tels qu'ils se montrent à nos yeux, et non pas tels
que des analogies, quelquefois fausses ou trompeuses,
nous montrent comment la nature aurait pu les produire si elle ne les avait pas faits tels qu'ils sont.

Dans les Chilopodes, l'arceau du chaperon ou notre
lèvre supérieure, ainsi nommée aussi par M. Brandt (1),
a reçu de M. Newport une dénomination distincte ;
il le nomme *labrum* ou *lèvre antérieure* (2). La pièce
dentée, qui est immédiatement sous la lèvre supérieure, qui pour nous et pour M. Newport sont les
mâchoires, sont nommées par Fabricius, Latreille,
Savigny et M. Brandt les *mandibules.* Les *palpes maxilliformes* sont pour Fabricius les *mâchoires* qui sont
doubles ; pour Latreille c'est une *lèvre quadrifide*
dont les deux divisions latérales sont plus grandes, annelées transversalement, semblables aux
palpes membraneuses des Chenilles, manière de
voir qui n'est pas celle des premiers écrits de Latreille, mais qui a été suggérée par le mémoire de
M. Savigny sur les Insectes apiropodes. Savigny
dans nos *palpes maxilliformes*, voit une première
paire de mâchoires et dans notre *langue bifide*, deux
secondes mâchoires, les quatre formant ensemble

(1) Brandt. *Recueils de Mémoires relatifs à l'ordre des
Insectes myriapodes ;* Saint-Pétersbourg, 1841 ; in-8°, p. 18.
(2) Newport. *Monograph of the class Myriopoda, Trans.
of the Linnean Society.* 1844, in-4, vol. XIX, p. 301,
pl. 33, fig. 8.

une *lèvre inférieure* (1); parce qu'il fallait à Savigny, comme dans les Orthoptères ou dans son Insecte modèle, trouver dans les Myriapodes quatre mâchoires et une lèvre inférieure. Nos *palpes maxilliformes* sont nommées simplement par M. Newport *palpes maxillaires* et la pièce bifide allongée qui est à sa base est aussi par lui et par nous nommée *langue*. Cependant M. Newport a mieux que Savigny suivi les développements successifs des Myriapodes, mais il s'est bien gardé d'assujettir sa nomenclature des organes à la configuration du fœtus de l'Insecte (2).

M. Brandt nomme *mâchoires* nos *palpes maxilliformes;* mais, dit cet habile naturaliste, ces mâchoires semblent exercer les fonctions de palpes qui paraissent destinés, avec la lèvre supérieure, à prendre les aliments pour les apporter aux mandibules (mâchoires), et en même temps les retenir. La *lèvre inférieure* de M. Brandt est ce que nous avons nommé la *langue*.

Les palpes superposés aux *palpes maxilliformes* que nous avons nommés *palpes labiaux* sont pour Fabricius les *palpes antérieurs;* pour Latreille simplement les *palpes;* pour M. Savigny une *première lèvre auxiliaire.* M. Newport nomme *labium* pourvu de palpes, les deux articles basilaires et soudés de nos palpes, observant qu'ils correspondent à la *première lèvre auxiliaire* de Savigny, mais sans adopter cette dénomination dans l'explication de ses planches.

---

(1) Savigny. *Mémoires sur les animaux sans vertèbres.* 1816, in-8, p. 45, 85 et 86.

(2) Newport. *Monograph of the class Myriapoda,* dans *Trans. of the Linnean Society.* 1844, in-4, vol. XIX, p. 297, 301 et 302, pl. 33, fig. 6, 7 et 8.

Notre *lèvre inférieure* et les fortes *mandibules monodactyles* qui en émanent sont pour Fabricius le *labium* et les *palpi posteriores*, la lèvre inférieure et les palpes postérieures. Pour Latreille ce n'était d'abord qu'une lèvre inférieure, mais ensuite c'est pour lui une *seconde lèvre* formée par une seconde paire de pieds dilatés et joints à leur naissance et terminés par un fort crochet mobile. M. Brandt s'est réuni, en partie, à Latreille, et considère de même les mandibules de Chilopodes, « comme une espèce de première paire de pattes transformées, qui, par leur fonction, doivent être adnumérées aux organes de la bouche (1), auxiliaires ou accessoires. Ces définitions sont encore dues à l'influence du mémoire de Savigny. Celui-ci nomme cette lèvre inférieure une seconde lèvre auxiliaire, et pour son Insecte idéal la première lèvre auxiliaire est la première paire de pattes, la seconde lèvre auxiliaire est la seconde paire de pattes, et ce qui est réellement la première paire de pattes dans le Scolopendre est la troisième dans ce système. M. Newport s'est garanti de telles influences, et après avoir savamment décrit le développement du Scolopendre depuis la sortie de l'œuf, il n'hésite pas à voir, ainsi que nous, dans ce qu'on a appelé les *pieds-mâchoires* du Scolopendre de véritables *mandibules* (2). Latreille et plusieurs entomologistes modernes ont donné le nom de *forci-*

---

(1) M. Brandt. *Recueil*, etc., p. 29.

(2) Newport, *Transactions of the Linnean Society*; 1844, in-4°, t. XIX, p. 289 : « These are the structures which afterwards become the immense forcipated foot-jaws, the *true mandibles* of the perfect animal, and which are the ana-

pules aux mandibules monodactyles des Chilopodes comme aux mandibules didactyles des Scorpionides; et la lèvre inférieure des Scolopendres est souvent nommée par M. Gervais *lèvre forcipulaire.*

Pour les Diplopodes, dont les organes de la manducation sont beaucoup plus simples, il y a moins de divergences dans la terminologie.

Le chaperon tient pour tout le monde lieu de lèvre supérieure.

Les mâchoires mandibulaires de ces Myriapodes sont pour Fabricius, Latreille et Brandt de véritables mandibules, et notre lèvre inférieure reçoit aussi ce nom. Il n'y a pas pour ces auteurs d'autres organes de la manducation, dans cet ordre, excepté dans les espèces qui ont un suçoir que Fabricius et Latreille n'ont point connues. Mais cette pénurie d'organes n'a pas arrêté M. Savigny. La lèvre inférieure du Iule terrestre est divisée par des sillons en quatre compartiments terminés par des tubercules ou des dents, et et il n'hésite pas à voir, dans ces compartiments d'un même organe, deux premières mâchoires et deux secondes mâchoires, toutes soudées ensemble et formant cette lèvre. C'est ainsi qu'il a trouvé la bouche des Iules toute conforme à celle des Scolopendres et à celle de son Insecte idéal. Si Savigny avait connu les Myriapodes suceurs, il aurait trouvé plus de facilité pour sa théorie; mieux que dans la lèvre indivisible des Diplopodes rongeurs, les pièces du suçoir des Diplopodes suceurs lui eussent fourni ce dont

---

logues of the strong mandibles of Insects. » Et p. 301, à l'explication de la planche 33, fig. 4, 9, il dit : « The femoral joints of the great mandibles or foot-jaws. »

il avait besoin pour voir en eux tous les organes de son Insecte idéal, puisque dans les trompes et les soies des Lépidoptères et des Diptères il retrouve les mandibules, les mâchoires, la langue, les lèvres supérieures et inférieures, et les palpes des Orthoptères, des Coléoptères, des Hyménoptères, des Névroptères, de tous les Insectes broyeurs et masticateurs. M. Brandt a observé très-bien que dans les Iules la réunion particulière des mâchoires et de la lèvre inférieure dans une lame destinée à broyer les aliments, prépare en quelque sorte le passage des Diplopodes rongeurs aux Diplopodes suceurs.

Je l'ai dit, ces considérations sont ingénieuses, et jusqu'à un certain point vraies et utiles ; mais elles deviennent nuisibles quand on traduit, ou plutôt quand on travestit, par elles, les observations, et quand par la trop grande importance qu'on y attache, on les fausse et on les dénature. Comme c'est par des observations sur les organes de la manducation que, suivant nous, l'étude des Myriapodes peut obtenir les progrès les plus solides et les plus certains, j'ai cru devoir m'attacher à bien définir ces organes et à faire disparaître les difficultés, que ceux qui voudront s'adonner à cette étude pourraient trouver à bien comprendre les auteurs qui en ont écrit.

Paris, ce 15 avril 1847.

Bon WALCKENAER.

HISTOIRE NATURELLE

DES

INSECTES APTÈRES.

MYRIAPODES.

Considérations générales sur les Myriapodes.

Les Myriapodes sont des animaux articulés terrestres, pourvus de pieds articulés plus nombreux que
ceux des autres classes et dont le nombre varie depuis
dix à douze paires jusqu'à cent cinquante et au delà.
Tous respirent par des trachées comme les Insectes,
mais leur corps n'est divisible qu'en deux parties : 1° la
tête qui porte une paire d'antennes, les yeux lorsqu'ils
existent, et les appendices buccaux, et 2° le *tronc*,
formé d'anneaux semblables ou presque semblables,
variables dans leur forme et dans leur composition
suivant les différentes familles, simples ou complexes,
presque tous pourvus d'une paire de pieds (Chilopodes
ou Syngnathes) ou de deux paires (Diplopodes ou
Chilognathes), et non séparables en anneaux thoraciques et abdominaux. Le dernier des anneaux porte
l'orifice anal.

I.

Organisation des Myriapodes. — Les deux grands
groupes des Myriapodes, c'est-à-dire celui des espèces
qui ont l'organisation des Scolopendres, et celui des

espèces qui ressemblent davantage aux Iules, diffèrent beaucoup entre eux. Aussi la catégorie des Myriapodes n'a-t-elle qu'un très-petit nombre de caractères communs. Les détails que nous allons donner sur l'organisation de ces animaux auront pour résultat de nous bien faire comprendre les différences qui distinguent l'un des groupes, ou les Chilopodes, de l'autre, celui des Diplopodes. Il en résultera cette démonstration que les Myriapodes constituent bien plutôt deux classes d'Entomozoaires que deux ordres d'une seule et même classe.

1. La *forme extérieure* de ces animaux rappelle toujours plus ou moins celle des Chenilles ou des Vers, et en particulier celle des Néréides. Les Myriapodes du même groupe que les Scolopendres sont les plus semblables aux Vers chétopodes, et, principalement, aux Néréides; ceux de la catégorie des Iules et des Glomeris ressemblent au contraire davantage aux Crustacés dont ils ont même les segments résistants. On les a souvent rapprochés des Cloportes.

Dans les deux cas, les Myriapodes ont la tête séparée du reste du corps, et celui-ci est composé d'une série de segments variables en nombre et plus ou moins semblables entre eux; ces segments sont quelquefois très-multipliés, et, lorsqu'ils le sont le plus, ils tendent à prendre un caractère de plus en plus uniforme. C'est ce que l'on voit dans les derniers genres de chaque grand groupe : les Iules, les Polyzonies et les Géophiles. Au contraire, chez les Scutigères, et même chez les Lithobies, qui commencent la série des Chilopodes, les anneaux ne se ressemblent pas tous, surtout en dessus; les Polydèmes, parmi les Diplopodes, ont aussi les deux parties constituantes de leurs an-

neaux moins semblables entre elles que celles des
Iules, et le second ainsi que le dernier segment des
Gloméris diffèrent beaucoup des segments intermédiaires qui se ressemblent entre eux. La position des
organes génitaux varie; ils sont placés sous les premiers anneaux dans les Iules et les Glomeris, relégués
au contraire à l'extrémité postérieure du corps dans
les Scolopendres et dans les familles voisines. Tous les
segments du corps qui suivent la tête peuvent être pédigères, souvent même ils sont quadripédigères, c'est-à-
dire pourvus de deux paires de pieds chacun. C'est le
cas de la plupart des segments chez les Iules, les Polydèmes, les Glomeris, les Polyzonies, etc.; mais il nous
semble que chaque segment est alors formé lui-même
par la réunion de deux anneaux, soit inégaux comme
dans les Polydèmes, soit égaux comme dans les Iules.
L'agencement des éléments constituants de chaque
anneau a permis de diviser les Chilognathes en trois
groupes (Monozonies, Trizonies, appelés aussi les
Bizonies, et Pentazonies). Mais ces particularités de
la composition élémentaire de chaque anneau peuvent
être interprétées d'une manière plus uniforme; c'est
un point sur lequel nous reviendrons ailleurs.

Il n'y a chez aucun Myriapode d'anneaux abdominaux distincts du thorax. Cependant quelques Diplopodes ont à leur partie postérieure, au devant de
l'anus, un petit nombre de segments apodes.

Quant aux *pieds*, leur composition est assez simple,
sauf néanmoins chez les Scutigères, dont les tarses
sont décomposés en une multitude de petits articles,
ce qui les a fait appeler *Schizotarses*. Les pieds des
autres Myriapodes ont six articulations et un ongle
terminal simple. Certains de ces animaux ont jusqu'à

cent cinquante paires de ces organes, et même plus; mais dans chaque grand groupe les premiers genres n'en ont qu'un petit nombre : tels sont les Pollyxènes, qui commencent la série des Diplopodes, et les Gloméris, qui se placent avant les Zéphronies et Polyzonies; tels sont encore les Lithobies et les Scolopendrelles, celles-ci dans le groupe des Géophiles, celles-là dans celui des Scolopendres.

2. Les *sens* ont également une complication en rapport avec le rang qu'occupent les Myriapodes dans leur propre classe. Nous parlerons principalement de ceux de l'odorat, dont les antennes sont le siége, et de la vue. Plus compliqués dans les premières espèces, ils se dégradent de celles-ci aux dernières. Les yeux sont surtout remarquables sous ce rapport.

Tous les Myriapodes ont des *antennes*, ce qui aurait dû les faire séparer des Arachnides auxquelles on les a quelquefois réunis, et ils n'ont, comme les Insectes hexapodes, qu'une seule paire de ces organes, caractère qui les éloigne des Crustacés, ces derniers en ayant le plus souvent deux paires.

Les *antennes* des Diplopodes ont une disposition toute spéciale et qui les fait bien reconnaître. Elles sont composées dans presque tous les cas de sept articles inégaux entre eux ou plus ou moins égaux, et elles affectent une disposition moniliforme ou subclaviforme. Leur longueur n'est jamais considérable et quelquefois même elles sont assez courtes, comme cela a lieu dans certains animaux de la famille des Iules. Leur dernier article est habituellement moins grand que les autres et souvent à demi inclus dans le pénultième. M. Newport (1) a fait connaître un Iule

---

(1) *Philos. trans. royal soc. Lond.*, 1844.

dont les antennes s'étaient recomplétées après avoir
été mutilées. J'ai cité (1) un Lysiopétale (*Iulus plicatus* , Guérin) qui avait huit articles aux antennes
au lieu de sept , mais peut-être par anomalie.

Les Diplopodes palpent avec leurs antennes , qu'ils
tiennent le plus souvent arquées et dont le segment
terminal est souvent glanduleux.

Les antennes des Chilopodes sont toujours plus ou
moins sétiformes ou finement moniliformes , et le
nombre de leurs articles est bien supérieur à ce qu'il
est chez les Diplopodes. Les Géophiles qui présentent le nombre minimum en ont quatorze ; les
Scolopendres et les Cryptops en ont en général de
dix-sept à vingt ; les Lithobies en ont à peu près quarante , mais encore semblables entre eux et moniliformes, tandis que dans les Scutigères, où le nombre
est extrême, ces articles sont de plusieurs sortes : les
trois basilaires submoniliformes , les suivants très-
courts , réunis entre eux de manière à former une
longue partie sétiforme, et articulée, au moyen d'articles à peu près semblables aux premiers , à une autre
portion également sétiforme , mais plus grêle. Les antennes des Chilopodes qui occupent le premier rang,
ont donc le plus grand nombre d'articles connus , et
ce nombre va en diminuant à mesure qu'on passe des
Scutigères aux Lithobies , de celles-ci aux Scolopendres, et des Scolopendres aux Géophiles , qui sont les
derniers animaux de ce groupe. Fréquemment les deux
antennes des Scolopendres diffèrent entre elles par le
nombre de leurs articles.

Nous avons constaté sur des Polydèmes , des Iules ,
des Lithobies et des Scolopendrelles que le nombre

____

(1) *Ann. sc. nat.*, 3ᵉ série, t. II, p. 59.

des articles des antennes augmente à mesure que ces animaux approchent de l'âge adulte. Ce nombre dans l'animal parfait peut fournir de très-bons caractères.

Les *yeux* des Myriapodes n'ont pas encore été anatomisés d'une manière spéciale, mais ils paraissent avoir la structure des yeux simples des Insectes, quoiqu'ils soient en général groupés en nombre plus ou moins considérable et de manière à simuler des yeux composés. Ceux des Scutigères sont réellement des yeux composés. Les yeux manquent dans certains genres : Gloméridèmes, Polydèmes, Blaniules, Cryptops et Géophiles. Il n'y en a qu'une seule paire dans les Stemmiules, Platydèmes et Scolopendrelles. Les Polyzonies en ont trois paires en série. Les Scolopendres en ont quatre paires en un petit groupe. Ceux des Gloméris sont plus nombreux, mais en série linéaire. Enfin, ils sont plus nombreux encore, réunis sous une figure variable, et souvent polygonaux dans les Zéphronies, Craspédosomes, Iules, Lysiopétales, Spiroboles, Spirostreptes et Lithobies.

Il y a des particularités concordantes remarquables entre la disposition ou le nombre des yeux des Myriapodes et le développement du système nerveux ; de telle sorte que les espèces supérieures, dans chacune des séries qui constituent cette classe d'animaux, sont en général les mieux douées sous ces deux rapports, tandis que chez les espèces inférieures, également dans chaque série, le système nerveux est moins complet et les yeux moins nombreux ou même nuls. On verra ailleurs que les Myriapodes inférieurs sont aussi dans leur groupe ceux qui ont les segments du corps les plus nombreux et les plus uniformes, caractère auquel se joint aussi celui d'avoir les pieds les plus multipliés.

On n'a pas constaté expérimentalement la présence de l'*ouïe* chez les Myriapodes , mais il existe chez les Gloméris à la base externe des antennes , entre celles-ci et les yeux, une petite fossette que M. Brandt considère comme étant peut-être un *organe d'audition*. Cette fossette se voit également sur les Zéphronies et les Gloméridesmus. On trouve encore un indice de la même disposition dans certaines espèces exotiques de Iules ou de Polydèmes, mais d'une manière moins évidente.

3. On a dit assez souvent que le *canal digestif* des Myriapodes formait un tube droit, et par conséquent sans replis, depuis la bouche jusqu'à l'anus (1) ; mais cette assertion n'est pas exacte. Ainsi que M. Brandt l'a vu dans les Gloméris (2) et comme nous avons pu nous en assurer dans ces animaux et dans les Zéphronies ou Sphérothères, le canal digestif est presque double de la longueur totale. Après l'œsophage, qui est court, commence un ventricule chylifique ou estomac duodénal qui est ample, long , et donne insertion postérieurement aux vaisseaux biliaires. Cet estomac est continué par un intestin grêle , assez court, recourbé en anse à la partie postérieure du corps, et dont la portion qui revient en avant débouche elle-même dans un intestin plus gros qui remonte le long de l'estomac, pour redescendre ensuite jusqu'à l'anus , vers lequel son diamètre s'est considérablement rétréci. L'intestin des Gloméris et des Zéphronies a donc près de trois fois la longueur du corps , ou du moins il décrit deux courbures et suit trois directions différentes.

La définition de canal rectiligne paraît mieux con-

______

(1) Cuvier et Duvernoy, *Anatomie comparée*, t. V, p. 246 et d'autres auteurs.

(2) *Archives* de Muller.

venir à l'intestin des Iules(1). Ceux-ci ont un œsophage court, dilaté postérieurement en jabot, et suivi de l'estomac duodénal ou ventricule chylifique, qui est séparé du jabot par un étranglement cylindrique et sans papilles à l'intérieur. Sa longueur égale les deux tiers de celle du tube digestif. Il est suivi par un intestin grêle, un peu large dans le principe, mais qui se rétrécit promptement en un canal court et étroit ; le gros intestin qui est plus long a presque le diamètre de l'estomac.

Dans les Lithobies (2), l'œsophage et le jabot ne forment qu'un même tube d'un diamètre uniforme, cylindrique, enveloppé par les glandes salivaires, et atteignant à peine la seconde plaque dorsale. M. Marcel de Serres et Treviranus n'admettent point l'existence du jabot, mais l'analogie fait supposer à M. Léon Dufour que cette première poche gastrique existe néanmoins, et que si elle n'est pas plus prononcée c'est que les aliments n'y séjournent que peu de temps et en petite quantité, ce qui ne nécessite pas l'existence d'une dilatation sensible. Une valvule annulaire donne entrée dans le ventricule chylifique ou estomac duodénal qui est assez ample , forme à lui seul les deux tiers de la longueur du tube digestif et donne postérieurement naissance aux canaux hépatiques.

L'intestin, bien moins large et cylindroïde, paraît cannelé suivant sa longueur, lorsqu'il est vide, et qu'il se contracte sur lui-même ; avant de se terminer à l'anus, il offre un cœcum à peine sensible.

L'appareil digestif des Scutigères (3) diffère peu de

---

(1) Treviranus, *Vermischte Schriften,*—Ramdohr, pl. XV, fig. 1.
(2) Marcel de Serres, Treviranus, Léon Dufour.
(3) Léon Dufour, *loco cit.*

celui des Lithobies. L'œsophage y est d'une brièveté extrême ; le jabot n'est qu'une faible dilatation ; la partie stomacale est cylindrique et occupe environ les trois quarts de la longueur du corps ; un peu avant la terminaison du rectum , il existe une sorte d'appendice cœcal.

Dans le *Geophilus Gabrielis*, nous avons trouvé un développement plus considérable encore de la partie stomacale du tube digestif, eu égard à la longueur du corps. Là non plus ce tube n'est pas complétement droit; il décrit une anse fort évidente quoique assez courte dans sa partie intestinale proprement dite, un peu après sa première moitié (1).

4. Ainsi qu'on en a déjà fait la remarque, *l'organe hépatique* des Myriapodes ressemble beaucoup à celui des insectes hexapodes. Il se compose également de canaux fort déliés ou vaisseaux malpighiens. On a décrit et représenté ceux des Gloméris (2).

Ceux des Iules (3) sont deux très-longs tubes extrêmement contournés le long du gros intestin, se repliant en avant auprès des glandes salivaires et se reportant en arrière pour s'insérer au pylore de l'estomac duodenal.

Chez les Scutigères et chez les Lithobies il y en a également (4), ceux des Scutigères sont au nombre de quatre, plus courts et ayant la même insertion : il n'y en a que deux chez les Lithobies , mais ils sont assez longs pour remonter jusqu'aux glandes salivaires. Ceux des Géophiles (*G. Gabrielis*) nous ont montré

---

(1) P. Gervais, *Ann. sc. nat.*, 3ᵉ série, t. II, pl. 5, fig. 19,
(2) Brandt, *Archives de Muller*, 1837.
(3) Treviranus, *Vermischte Schriften.* — Ramdohr, Pl. XV, fig. 1.
(4) Léon Dufour, *Ann. sc. nat.*, 1ʳᵉ série, t. II, pl. 5, fig. 1 et 4.

une disposition peu différente (1), mais néanmoins digne d'être décrite. Ils sont également fort prolongés en avant, et leur insertion a lieu de même à l'extrémité postérieure de l'estomac. Celle de celui de la face supérieure se fait par un petit renflement ampulliforme après lequel il remonte en se courbant, passe ensuite sous l'intestin, redescend à peu près jusqu'au niveau de son insertion, mais à la face opposée de l'intestin, pour remonter ensuite directement sous celui-ci. Le second tube n'a pas d'ampoule à son insertion ; il naît à peu près au-dessous du précédent, mais un peu plus haut, se recourbe brusquement, croise en dessus le premier auprès de son insertion, se contourne ensuite pour aller sous l'intestin stomacal rejoindre la portion ascendante de l'autre qu'il suit parallèlement.

5. Plusieurs auteurs se sont occupés dans ces dernières années de la *circulation* chez les Myriapodes, et ils ont aisément reconnu que cette fonction, qu'on avait pour ainsi dire niée chez les Insectes, tant on en réduisait l'importance, est cependant assez compliquée chez eux et chez les Myriapodes.

M. Tyrrel a d'abord observé la circulation chez les Lithobies et les Géophiles (2). Dans la Scolopendre mordante (3), les organes circulatoires consistent en un vaisseau dorsal étranglé à chaque articulation, et fournissant là, de chaque côté, une branche transversale entourée de graisse comme lui. Ce vaisseau dorsal se bifurque à peu de distance de la tête, de manière à embrasser

---

(1) P. Gervais, *Ann. sc. nat.*, 3ᵉ série, t. II, pl. 5, fig. 19.

(2) *Journ. l'Institut*, 1835, p. 156.

(3) Newport, *Philosoph. trans. royal soc. Lond.*, 1843, pl. 13 et 14, fig. 26. Dugès, MM. Muller, Wagner et Kutorga ont aussi étudié la circulation chez les Scolopendres. M. Brandt a étudié ses organes dans les Gloméris (*Recueil*, p. 3, etc.

l'œsophage et à former au-dessous, par une nouvelle anastomose, une aorte rétrograde qui se colle sur le cordon nerveux central et en suit le trajet dans toute la longueur du corps, fournissant en plusieurs endroits bien manifestement des rameaux latéraux ; c'est toujours vis-à-vis d'un ganglion, et les branches vasculaires accompagnent les nerfs qui partent de ce centre nerveux. Au milieu de la bifurcation du vaisseau dorsal part une artère céphalique, et des crosses latérales partent d'autres branches antérieures assez volumineuses. L'analogie doit nous porter à croire que les branches transverses du vaisseau dorsal sont des veines afférentes, et que celles du vaisseau ventral sont des rameaux artériels ; ce que l'on a déjà vu chez les Annélides l'indique assez, et ce que l'on a constaté chez les Insectes le prouve encore, puisque ces derniers ne diffèrent des Myriapodes que par l'absence des veines ; ce qui n'empêche pas la circulation d'être tout aussi complète (1).

D'après des observations plus récentes, le vaisseau dorsal ou cœur de tous les Myriapodes est divisé, comme chez les insectes, en plusieurs compartiments, dont le nombre correspond à celui des segments abdominaux. Sa portion supérieure est partagée immédiatement, derrière le segment basilaire, en trois troncs distincts ; la portion moyenne, qui est la continuation du vaisseau lui-même, s'avance le long de l'œsophage et se distribue à la tête même, tandis que les deux autres, passant latéralement à l'extérieur et postérieurement dans une direction courbe, forment un collier vasculaire autour de l'œsophage,

---

(1) Dugès, *Physiologie comparée*, t. II, p. 437.

au-dessous duquel elles s'unissent en un vaisseau (1). Le vaisseau médian unique est placé au-dessus du cordon nerveux abdominal et s'étend en arrière sur toute la longueur du corps, jusqu'au ganglion terminal du cordon, au-dessous duquel il se divise en rameaux distincts, qui accompagnent les nerfs terminaux à leur distribution finale. Immédiatement en avant de chaque ganglion du cordon, ce vaisseau détache une paire de troncs vasculaires et chacun de ces troncs est subdivisé en quatre vaisseaux artériels dont chacun se rend à l'un des principaux nerfs qui proviennent du ganglion et peut-être suivi avec lui jusqu'à une distance considérable.

Parmi eux, le vaisseau le plus postérieur se réunit de nouveau avec le grand tronc médian, au moyen d'une petite branche, de manière que les quatre vaisseaux de chaque côté forment avec leur tronc un cercle vasculaire complet au-dessus de chaque renflement ganglionnaire du cordon. Indépendamment de ces vaisseaux qu'on peut considérer comme le grand tronc artériel qui porte le sang directement de la portion antérieure du cœur aux membres et à la surface inférieure du corps, M. Newport a découvert aussi dans chaque segment une paire de grands vaisseaux artériels qui naissent directement de la surface postérieure et inférieure de chacune des cavités du cœur. Ces vaisseaux, il les a nommés artères systémiques, et il les a suivis dans la Scolopendre depuis la grande cavité du cœur, qui est située dans le pénultième segment du corps, jusqu'à leurs ramifications ultimes dans les membranes des vaisseaux hépatiques du canal alimentaire.

____

(1) Lord, *Medical Gazette.*

Après que le sang a passé dans les artères , il revient au cœur dans chaque segment du corps au moyen de deux vaisseaux transparents , excessivement délicats , qui passent le long des parois des segments, et communiquent avec les ouvertures valvulaires de chaque cavité du cœur à sa surface supérieure , où ces ouvertures valvulaires sont situées.

6. Tous les Myriapodes respirent par des *trachées* , mais néanmoins on n'a pas encore indiqué pour tous les genres de ces animaux la disposition des orifices qui donnent entrée à l'air dans ces trachées , celles des Pollyxènes en particulier et des Scolopendrelles sont encore inconnus. Dans les Diplopodes , on a quelquefois pris pour les stigmates des orifices bilatéraux qui conduisent dans des organes sécréteurs. Les véritables stigmates sont toujours plus ou moins rapprochés de l'insertion des pieds , mais ils ne sont pas en même nombre qu'eux ; il y en a une paire pour chacun des segments ou zoonites.

Les Scutigères forment sous le rapport des orifices respiratoires une exception remarquable. On considère comme étant leurs stigmates les orifices médio-dorsaux qui représenent des espèces de petites boutonnières placées près du bord postérieur des plaques dorsales de la première à la sixième.

Chez tous les autres Chilopodes les stigmates sont bilatéraux , et ils sont en général vulviformes ou mieux en boutonnières. Les Géophiles en ont autant que de segments pédigères. Chez les autres, au contraire, ils sont moins nombreux. Certaines Scolopendres , de la famille des Scolopendres proprement dite , diffèrent beaucoup , sous ce rapport , des autres Myriapodes du même groupe ; au lieu de neuf paires de stigmates en boutonnières, elles en ont dix en forme de plaques criblées. On a fait de ces Scolopendres un genre sous la dénomination d'*Heterostoma*.

7. Les Myriapodes ont constamment, comme les insectes hexapodes, les *sexes* séparés sur des individus mâles et femelles; ils s'accouplent et ils paraissent être en général ovipares. L'oviparité a été constatée pour les Gloméris, les Polydèmes, les Iules et les Polyzonies d'Europe. Les personnes qui ont étudié des Polydèmes et des Iules exotiques savent aussi que fort souvent le corps des individus femelles de ces deux genres renferme une quantité considérable d'œufs, mais on n'a pas constaté si toutes les espèces de ces genres sont dans le même cas ?

Nous avions fait connaître, d'après Audouin, que les Scolopendres proprement dites sont ovovivipares. Cette assertion repose sur l'inspection de jeunes Scolopendres recueillies par MM. Quoy, Gaimard et Dussumier. Nous ignorons encore si les Scutigères, les Lithobies et les Géophiles sont réellement ovipares, ce qui est néanmoins probable, et quelle est la forme de leurs œufs.

Parlons maintenant des *organes femelles*. Les parties internes de la reproduction se composent essentiellement chez la femelle de l'ovaire, tantôt double (Gloméris, Polydèmes, Iules), tantôt simple (Scutigères, Lithobies, Scolopendres, Géophiles), mais dont la forme et la grandeur varient.

Celui des Gloméris, qui est double et d'un volume considérable, s'étend d'arrière en avant. Il renferme, au printemps surtout, une quantité considérable d'œufs. D'après M. Brandt, les deux oviductes qui en naissent ne s'ouvrent pas auprès de l'anus auquel ils sont attachés au moyen d'un petit ligament, par leur partie postérieure, mais ils entrent dans les deux petites écailles cornées et recourbées que forment de petits orifices situés derrière les articulations basilaires de la seconde paire de pattes.

C'est aussi à la base de la seconde paire de pattes, que nous avons trouvé les plaques génitales dans les Zéphronies dorsales, et comme l'individu que nous avons étudié avait le corps gorgé d'œufs, il est impossible de douter de son véritable sexe.

Chez les Polydèmes, les ovaires ont, d'après M. Straus, la forme d'une grappe très-composée ; ils débouchent, par l'intermédiaire de leurs oviductes.

G. Cuvier avait dit, dans la première édition de son *Anatomie comparée :* « Les Iules ont leurs organes génitaux dans quelque endroit moyen du corps. » Mais des dissections plus récentes ont appris que les Iules ont aussi deux longs ovaires dirigés d'arrière en avant, rapprochés l'un de l'autre au-dessous du canal intestinal, mais non confondus, et qui constituent un double oviducte aboutissant à des plaques vulvaires. Dans un grand Iule exotique, M. Duvernoy a trouvé l'ovaire gauche plus développé que le droit. Les ovules lui ont paru se développer en premier lieu dans des faisceaux de tubes formant des houppes et qui aboutissent ensemble, par intervalles, au côté externe de chaque tube principal qui devient l'oviducte en s'approchant des premiers segments du corps où se trouvent les vulves. Celles-ci sont situées inférieurement entre le deuxième et le troisième segment du corps. Elles se présentent dans les espèces d'Iules qn'on a examinées, comme deux renflements ou deux coussins mous, séparés dans la ligne médiane et attachés à deux plaques soudées, ayant chacune une apophyse et supportant par leur partie externe deux paires de pattes plus petites que les autres; leur orifice est transversal et arqué. Dans les Polydèmes, les organes femelles ont aussi le même mode d'ouverture. On aperçoit entre le deuxième et le troisième segment deux renflements ovales, ayant chacun un orifice longitudinal qui conduit dans l'oviducte de son côté. Dans les Lysiopétales, deux petites glandes, dont l'une se dilate en vésicule à son extrémité, aboutissent dans cette même cavité par leur canal excréteur.

Ajoutons que les organes génitaux femelles des Polyzonies ont aussi leurs orifices sous les premiers segments du corps, et nous reconnaîtrons que c'est là un des caractères des Myriapodes Diplopodes (1). Dans les Chilopodes, ils s'ouvrent au contraire auprès de l'anus, mais par un orifice distinct, et la glande ovarienne est unique.

Les *organes mâles* des Diplopodes s'ouvrent comme les organes femelles des mêmes animaux, et comme ceux des deux sexes chez les Crustacés, très-loin de l'anus, sur les parties plus ou moins antérieures du corps, et en rapport plus ou moins immédiat avec les appendices ambulatoires.

Mais il y a toujours quelques variations dans la position de leurs appendices copulateurs, et ceux-ci sont toujours plus ou moins éloignés des orifices spermatiques.

Les organes mâles des Gloméris sont principalement

---

(1) Les Pollyxènes n'échappent pas à cette disposition. Nous avons vu dans des individus de cette espèce, que nous considérons comme femelles, une paire de plaques génitales triangulaires à la base de la troisième paire de pattes.

connus dans leur partie copulatoire que constituent une paire de pattes en crochets, plus fortes que les autres et supplémentaires, placées en avant de l'anus.

A l'intérieur il existe un testicule composé de deux moitiés, et une prostate cordiforme située près de l'anus. D'abord M. Brandt, à qui l'on doit cette observation, n'avait pu découvrir avec quelque sûreté les orifices externes de ces organes. Les relations entre les génitaux mâles internes et les organes particuliers crochus, semblables en quelque sorte aux pieds, qui se trouvent chez les mâles en avant de l'anus, étaient donc également obscures, quoique l'on dût croire que ces organes sont destinés à retenir et à stimuler les femelles pendant la copulation, mais point du tout à l'intromission de la liqueur fécondante.

Maintenant il est constaté que le conduit du testicule est simple d'abord, et qu'il se divise, derrière la seconde paire de pattes, en deux petits tubes, dont chacun entre dans la petite écaille recourbée, qui est placée derrière chaque articulation basilaire de la seconde paire de pieds; la partie postérieure du testicule offre un petit conduit, dirigé en arrière jusqu'à la prostate, et pourrait bien être le canal excrétoire de cet organe. Les orifices des organes mâles ressemblent donc à ceux des organes femelles, et les organes spéciaux, crochus et pédiformes, qui existent chez les mâles en avant de l'anus, ont bien la fonction que nous leur assignions tout à l'heure (1).

Latreille a dit (2) que le nombre des pattes était de trente-quatre dans les femelles des Gloméris, et de

---

(1) Brandt, *Recueil*, p. 154 ; 1839. — *Ibid.*, p. 157 ; 1840.
(2) *Règne anim.* de G. Cuvier, T. IV, p. 533.

trente-deux dans les mâles; les organes sexuels de
ceux-ci remplaçant la paire de pattes qui leur manque.
C'est évidemment une erreur; l'appareil copulatoire
qui constitue en apparence cette paire de pattes existe
chez les mâles, et manque aux femelles. Nous en
avons publié ailleurs la figure (1). Une disposition
analogue existe chez les Zéphronies, qui ont vingt et
une paires de pattes au lieu de dix-sept, comme les
Gloméris. Chez eux, les mâles semblent en avoir vingt-
deux paires, et Olivier a même décrit son *Iulus testaceus*, qui appartient à ce groupe, comme étant dans
ce cas. Nous reviendrons sur cette disposition en traitant spécialement des Zéphronies.

Chez les Polydèmes, depuis longtemps observés
sous ce rapport par Latreille (2), ce sont bien les
femelles qui ont une paire de pattes de plus que les
mâles, parce que, en effet, chez ceux-ci la huitième
paire, c'est-à-dire la première du septième segment,
est remplacée par des forcipules grêles (3).

Les Iules ont des plaques spermatiques sous le
deuxième segment? et des appendices copulateurs en
place de la première paire de pieds du sixième? Les
appendices du Lysiopétale fœtidissime sont fort longs
et fort singuliers (4).

Les Polyzonies nous ont montré, à la base de leur
troisième paire de pattes, un appendice articulé dou-

---

(1) *Ann. sc. nat.*, 3e série, T. II, pl. 5, fig. 3.
(2) Latreille, *Hist. nat. des Fourmis*, p. 387; 1802.
(3) P. Gervais, *Mag. de zoologie*, cl. IX, pl. 240, fig. 2 *f*, d'après
le *Polydemus Blainvillei*.
(4) Savi, *Opuscules scientif.*—Duvernoy, *Anat. comp. de Cuvier* et
Revue zool. soc. Cuv., 1846, p. 246, et quelques autres naturalistes.
— Un travail de M Stein traite des rapports des Myriapodes envisagés dans les organes et les fonctions de la génération : *Archives
de Muller*, 1842, p. 338 à 380, p. XII, XIII et XIV.

ble, semblant être la seconde paire de pattes de ce segment, styliforme, et dirigé en arrière; et de plus, après la huitième paire de pattes, une paire de mamelons qui remplace la seconde paire du septième anneau.

Plusieurs Iules exotiques nous montrent une disposition curieuse du pénultième article de leurs tarses, ou même simultanément de celui-ci et l'antépénultième, dont la face inférieure présente à tous les pieds une ampoule membraneuse en forme de bourrelet, qui fonctionne sans doute comme ventouse. Les femelles manquent de cet organe, qui doit évidemment servir au rapprochement des sexes.

Chez les Lithobies (1), l'ovaire consiste en une grande poche oblongue, plus étroite en avant, plus large en arrière, et dont l'extrémité postérieure se réduit subitement pour former l'oviducte. Ce canal traverse l'avant-dernier segment du corps, après ou sans s'être dilaté de nouveau, et il se termine dans une sorte de vagin à une vulve, séparée de l'anus et placée au-dessous de lui.

Il y a des glandes génitales accessoires ou glandes sébacées de l'oviducte (Léon Dufour); elles sont au nombre de quatre, sont allongées et composées de petits cryptes. Chacune d'elles se termine par un canal excrétoire très-fin qui aboutit dans une petite vésicule, qui conduit elle-même au vagin par un canal fort court; à l'extérieur, les organes femelles des Lithobies se distinguent de ceux des mâles par la forme plus étroite du dernier segment du corps auquel on remarque deux petits appendices préhenseurs, bi-

____

(1) Léon Dufour, *Ann. sc. nat.*, 1ʳᵉ série, t. II, pl. 5, fig. 4.

articulés et terminés par un double onglet. C'est entre ces appendices que s'ouvre la vulve.

L'ovaire de la Scolopendre est également impair et non ramifié. La vulve est nettement distincte.

Dans les Scutigères (1), leurs glandes sébacées constituent deux ampoules arrondies sans tubes folliculeux.

Les Géophiles (2) ont l'ovaire allongé, peu distinct de l'oviducte et les glandes sébacées en forme de petites sphères terminées par un canal court, mais sans tubes accessoires comparables à ceux des Lithobies.

On ne voit pas de différences bien saillantes dans les parties externes de la génération chez les Chilopodes femelles, comparés à ceux de l'autre sexe.

8. L'étude du *développement* entreprise par d'habiles physiologistes a déjà fourni dans presque toutes les classes du règne animal de précieuses indications, dont la méthode a su profiter avec empressement; mais le développement des Myriapodes n'est encore qu'assez superficiellement connu. On a des renseignements sur les modifications qu'ils éprouvent après leur sortie de l'œuf, mais on ignore encore les faits principaux de leur ovologie.

Quelques indications précieuses enregistrées par de Geer, plusieurs faits importants publiés par Savi, d'autres recueillis par nous, par M. Waga, et plus récemment par M. Newport, forment l'ensemble de nos connaissances à cet égard, mais l'on doit regretter qu'elles n'aient pas été suivies d'une manière assez comparative dans les deux catégories principales de Myriapodes.

---

(1) Treviranus, *Vermischte Schriften*.—L. Dufour, *loco cit.*, fig. 1.
(2) P. Gervais, *Ann. sc. nat.*, 3ᵉ série, t. II, pl. 5, fig. 19.

De Geer, voulant observer les mœurs du Iule, commun par toute l'Europe, que Linné a nommé *Iulus sabulosus*, conserva un de ces animaux dans un vase à part, et obtint qu'il y pondît.

« Celui (le Iule) dont je viens de donner la description, dit de Geer (1), était une femelle, car elle pondit un grand nombre d'œufs d'un blanc sale dans la terre, près du fond du poudrier, où elle les avait placés en un tas les uns auprès des autres; ils sont très petits et de figure arrondie. Je n'espérais pas voir des petits sortir de ces œufs, car il était incertain si la mère avait été fécondée ou non.

» Cependant après quelques jours, c'était le premier du mois d'août 1746, de chaque œuf il sortit un petit Iule blanc, qui n'avait pas une ligne de longueur. J'examinai d'abord au microscope les coques d'œufs vides, et je vis qu'elles s'étaient fendues en deux portions égales, mais qui tenaient pourtant ensemble vers le bas.

» Les jeunes Iules nouvellement éclos me firent voir une chose à laquelle je ne m'attendais nullement : je savais que les Insectes de ce genre ne subissent pas de métamorphoses, qu'ils ne deviennent jamais des insectes ailés, ainsi j'étais comme assuré que les jeunes devaient être semblables en figure, à la grandeur près, à leur mère, et par conséquent je croyais qu'ils étaient pourvus d'autant de pattes qu'elle; mais je vis tout autre chose : chacun d'eux n'avait en tout que six pattes qui composaient trois paires, et dont il y avait trois de chaque côté du corps. »

Le même observateur a aussi constaté que les Pol-

____

(1) T. VII, p. 582.

lyxènes ont moins d'anneaux et de paires de pattes dans le jeune âge que dans l'âge adulte.

« Les Iules de la troisième grandeur (*Pollyxenus lagurus*), dit de Geer (1), étaient encore plus petits que ceux à six paires de pattes; ils sont très-courts, et le dessus du corps est divisé en trois anneaux; chaque anneau a quatre brosses : ainsi le corps de l'Insecte est garni en tout de douze brosses. Les pinceaux de la queue sont encore plus déliés que ceux des Iules de la grandeur moyenne, et le nombre de leurs pattes est proportionné à leur grandeur; ils n'en ont que trois paires. »

M. Paul Savi (2) s'est aussi occupé du développement des Iules. Il nomme *I. communis* l'espèce qu'il a observée, et il la regarde comme distincte de toutes celles qu'on avait décrites avant lui. Ce que M. Savi dit de plus remarquable sur ces animaux est en opposition complète avec les observations de de Geer. En effet, d'après lui, les Iules sont complétement apodes, au lieu d'être pourvus de six pattes, lorsqu'ils viennent au monde. M. Savi a-t-il bien observé? Nous ne voulons pas le mettre en doute sans avoir répété ses observations sur l'espèce étudiée par lui; mais nous ne croyons pas qu'on puisse conclure de ses recherches que de Geer ait été dans l'erreur. Le récit de ce dernier est trop circonstancié pour qu'il soit permis de le taxer d'inexactitude. Nous n'avons pas vu éclore des Iules, mais, en étudiant ces animaux dans leur très-jeune âge, nous avons constaté, comme de Geer l'avait fait, que le nombre des anneaux de leur corps, celui des pattes et

---

(1) T. VII, p. 577, pl. 26, fig. 8. De Geer appelle les Pollyxènes des *Iules*.

(2) *Memorie scientifiche*, in-8; 1828.

celui des articles des antennes, augmentent à mesure que l'animal avance en âge. C'est en arrière qu'apparaissent les nouvelles pattes, mais jusqu'au complet développement, il reste encore dans cette partie plusieurs anneaux apodes en avant de celui qui porte l'anus. Un fait plus remarquable encore, et dont ni de Geer ni M. Savi n'avaient fait mention, c'est que les variations portent non seulement sur les organes qui viennent d'être signalés, mais encore sur les yeux, qui sont eux-mêmes bien moins nombreux chez les jeunes que chez les adultes.

Dans les Iules parfaitement développés appartenant à l'espèce que nous avons le plus étudiée sous ce rapport, le *Iulus lucifugus*, les yeux, qui apparaissent de chaque côté de la tête comme une tache triangulaire d'un noir profond, sont composés de petits ocelles disposés eux-mêmes en lignes parfaitement régulières et d'une manière tout à fait géométrique. Le nombre de ces ocelles, chez un jeune Iule qui n'avait encore que quelques anneaux au tronc et sept paires de pattes, était de six seulement; ils étaient sur trois lignes, et déjà disposés en un triangle équilatéral. La première ligne ne présentait qu'un ocelle, la seconde en avait deux, et la suivante trois. Chez un individu un peu plus âgé, une nouvelle rangée de quatre ocelles s'était déjà montrée après celle dont il vient d'être question.

M. le professeur Waga, de Varsovie, a vu éclore des œufs de son *Iulus unciger* (*Iulus fœtidus*, Koch). Dans les premiers jours d'avril, ces œufs, précédemment de couleur blanche, ne présentaient encore aucun changement apparent, mais dans le courant du mois ils commencèrent à devenir opaques; et bientôt après plusieurs d'entre eux se fendirent. « On pouvait, dit M. Waga, distinguer au moyen du microscope que les deux portions de la coque étaient égales, et qu'elles contenaient un embryon de couleur blanche comme le lait, entièrement lisse, ne donnant aucune marque de mouvement, *dépourvu totalement de membres*, et si mou, que la moindre pression eût suffi pour l'écraser. » Au bout de quatre ou cinq jours, il fut possible de constater sur ces Myriapodes la présence de trois paires de pattes.

M. Waga a également observé que les jeunes Polyzonies ont trois paires de pattes, et il semblerait résulter de son texte, que nous reproduirons en traitant du *Polyzonium germanicum*, que les pattes existent déjà lors de l'éclosion chez ce dernier.

M. Newport, qui a suivi avec beaucoup d'attention le développement des Iules, a fait voir que les trois premières paires de pattes n'apparaissent qu'après la naissance, et lorsque l'animal a déjà éprouvé une mue. C'est une phase de plus dans la métamorphose de ces animaux, mais qui ne contredit point les rapports que l'on peut établir entre les jeunes Myriapodes et certains Insectes hexapodes des groupes inférieurs, et en particulier les Podures. Ajoutons, en faveur de ce rapprochement, que l'absence des pattes à la naissance n'est pas elle-même un fait général aux Myriapodes Diplopodes. Voici ce que nous avons observé sur les Gloméris (1) :

Au mois d'avril, dans les environs de Paris, les ovaires des Gloméris sont chargés d'une grande quantité d'œufs. Si l'on garde ces Gloméris en vase clos,

---

(1) *Bull. soc. Philom.*, 1844 (*Journ. l'Institut*, p. 204).

ils ne tardent pas à pondre. Chaque œuf est isolé et enveloppé d'une petite boule de terre plus ou moins régulière, dont le diamètre égale trois ou quatre millimètres. L'œuf lui-même n'a guère plus d'un millimètre; il est blanc et parfaitement rond. Si l'on étudie ces œufs après quelque temps, on voit que le jeune a commencé à s'y développer, et à son éclosion il a moins d'articles aux antennes et moins d'anneaux au corps que n'en ont les adultes. Il n'a alors que trois paires de pattes, et nous avons constaté que celles-ci existaient déjà avant l'éclosion.

Nous avons vu depuis lors des *Polydesmus complanatus* nouvellement nés, mais sans avoir eu l'occasion de les observer avant qu'ils fussent éclos. Ces Polydèmes, dont les plus jeunes étaient hexapodes et aucun apode, n'avaient que sept anneaux au corps, la tête et l'anus compris. L'un d'eux, examiné trois semaines après, montrait dix anneaux (huit sans la tête et l'anus) et déjà six paires de pattes ou lieu de trois : une pour le premier ou le deuxième anneau, une seconde pour le troisième, une troisième pour le quatrième, une quatrième et une cinquième pour le cinquième et la sixième conique sous le sixième. Il est probable que cet individu fût devenu un mâle s'il avait continué son développement. Une femelle aurait sans doute présenté deux paires de pattes au lieu d'une seule au sixième anneau; mais ici les forcipules génitales n'étaient pas encore développées. Un fait remarquable que présentaient ces petits Polydèmes, c'est l'apparence serratiforme du bord latéral de leurs carènes, dont les crénelures, au nombre de trois, sont assez semblables alors à celles du *Polydesmus mexicanus* de M. Lucas, qui est une des espèces du genre *Stenonia*. Ce caractère

existe encore, mais d'une manière beaucoup moins
prononcée, dans les *P. complanatus* adultes.

A part le caractère apode de certains Diplopodes
au moment de leur naissance, le fait capital de leur
mode d'évolution est l'accroissement en nombre de
leurs articulations, soit de celles du corps ou les anneaux, soit de celles des antennes. Le nombre des yeux
peut également varier, et le nombre de pattes que
l'on voit d'abord est toujours, comme chez les Insectes
hexapodes, de trois paires, quoiqu'il y ait alors moins
de segments au corps que chez la plupart des vrais
Insectes.

Nous avons reconnu que les Lithobies sont sou-
mises à un mode analogue d'évolution, c'est-à-dire
qu'elles ont en naissant moins d'anneaux au corps,
moins d'articles aux antennes et moins d'yeux qu'elles
n'en auront dans l'âge adulte.

Envisagées dans l'état complet de leur développement, les Lithobies ont quinze paires de pattes, de là
le nom de Scolopendres à quinze paires de pattes que
leur imposait Geoffroy; elles ont les antennes grenues
et composées de quarante articles environ : enfin leurs
yeux sont fort nombreux et disposés en groupe sur les
côtés de la tête. Une jeune Lithobie recueillie le 26
mai 1836 n'avait encore que sept paires de pattes,
dix anneaux pour tout le corps, deux yeux seulement
de chaque côté de la tête et huit articles aux antennes.
Remarquons aussi qu'un seul de ses anneaux, l'anal,
était privé de pieds, ce qui établit tout d'abord une
différence entre les jeunes Lithobies et les jeunes Iules,
auxquels nous avons toujours vu, à l'arrière du corps,
plusieurs segments apodes. Cette même larve, car il
semble que ce nom peut très-bien lui être appliqué,

montrait déjà, le 8 juin suivant, quatorze articles aux antennes et huit paires de pattes ; elle avait encore un anneau apode pour l'anus et présentait en tout onze segments.

Une des figures qui ont été publiées représente une autre Lithobie à peu près du même âge, mais qui avait déjà trois yeux. Celle d'un autre individu montre dix paires de pattes dont les deux postérieures sont rudimentaires et à peine formées (1) Dans un autre les pattes étaient toutes développées, mais il manquait encore des yeux, chaque côté n'en présentant que huit.

Voyons comment se développent les pattes et les anneaux à mesure que chaque jeune Lithobie avance en âge. Étudiés sous un individu adulte, les segments pédigères des Lithobies sont à peu près égaux entre eux, mais en dessus, où ils sont comme imbriqués, quelques-uns apparaissent plus grands et d'autres plus petits. Les plus grands sont les 1, 2, 3, 5, 7, 8, 10, 12, 13 et 14 ; ces trois derniers correspondant à quatre demi-arceaux inférieurs et par suite à quatre paires

---

(1) *Atlas de zoologie*, pl. 56, fig. 1 ; elle a huit pattes, deux rudimentaires en arrière et les segments ; six gros anneaux, et trois petits.

Ann. sc. nat., 2e série, t. VII, pl. 4, fig. 1, *a*, *b*, *c*, *d* = sept paires de pattes, trois d'yeux, seize articles aux antennes, sept anneaux égaux. — *Ibid.* fig. 1, *e*, *f*, *g*, *h* = quinze paires de pattes, trente articles aux antennes, huit paires d'yeux, neuf anneaux grands, quatre petits.

Tout récemment j'en ai recueilli d'autres à Montpellier :

La plus jeune de ces lithobies était longue de 0,003½ seulement, blanche subtransparente, pourvue de sept paires de pieds, avec une seule paire d'appendices postérieurs (sans doute une patte rudimentaire), et deux paires d'yeux dont un plus grand que l'autre.

La moins jeune avait 0,004½ de long, huit paires de pattes plus deux paires rudimentaires en arrière, quatre articles aux antennes, peu séparés entre eux, et dont le dernier était beaucoup plus grand que les autres.

de pattes. Les arceaux 2, 4, 6, 9, et 11 sont plus petits.
On constate que les pattes existent déjà aux arceaux
les moins grands avant que la partie supérieure de ces
arceaux se soit montrée. Il faut aussi remarquer que
ce qui est permanent pour un des segments postérieurs
qui n'a en dessus qu'un écusson existe alors pour deux
segments postérieurs : ces segments n'ont en dessus
qu'un seul écusson, le plus petit des deux n'ayant pas
encore paru dans nos jeunes Lithobies.

Des variations analogues dans le nombre des anneaux des corps et des articles des antennes ont été
observées chez les Scolopendrelles. Les autres Chilopodes sont peu connus sous ce rapport (1).

9. Plusieurs savants zootomistes ont donné des descriptions accompagnées de figures du *système nerveux*
des Myriapodes. On y remarque une grande similitude
de disposition avec ce qui existe chez les Annélides,
principalement dans la multiplicité des ganglions qui
égale toujours celle des segments du corps.

Treviranus a fait connaître avec soin le système
nerveux des Iules, des Lithobies et celui des Géophiles. M. Léon Dufour (2) celui des Scutigères et des
Lithobies; M. Straus a donné quelques indications
relatives à celui des Scolopendres, mais ce genre d'animaux a été décrit en détail sous le rapport qui nous occupe par M. Muller (3); M. Brandt a décrit celui des

---

(1) Je ne connais à l'égard des Géophiles que la phrase suivante qui
est du D. Leach: « In january, I observed beneath the earth in a garden,
in a cavity, six young ones (*varying much in the number of their legs*) »
et l'observation curieuse, mais contradictoire de M. Newport, que
les jeunes du *G. longicornis* ont en sortant de l'œuf presque autant
de pieds que les adultes.

(2) *Ann. des sc. nat.,* loco cit.

(3) *Isis,*

Gloméris (1) ; et plus récemment M. Newport (2) a publié un travail fort complet sur celui des Polydèmes,
des Iules et des Scolopendres et des Géophiles. Aussi,
est-ce surtout à l'ensemble de ses travaux que nous
empruntons ce qui va suivre.

A l'état adulte, le cerveau des Myriapodes ne paraît
formé que de deux paires de ganglions, dont la première donne naissance aux nerfs antennaires, et la seconde aux nerfs optiques ainsi qu'au collier œsopha-
gien ; mais dans le jeune des Geophiles longicornes
M. Newport a reconnu quatre paires de ganglions
correspondant à un nombre égal d'anneaux qui se
réunissent pour former la tête. La chaîne des ganglions
sous-intestinaux est de la même force dans toute la
longueur du corps.

Dans le Iule terrestre, on compte quatre-vingt-
seize renflements gangliformes, extrêmement rapprochés entre eux ; dans un groupe particulier de Géo-
philiens, celui des *Gonibregmatus*, Newport, ce
nombre s'élève à cent soixante-trois et plus, tandis
que dans les Scolopendres il n'y en a que vingt-trois.

Comme il était facile de le prévoir, et comme Treviranus, nous et quelques autres auteurs l'avons vu sur
des espèces très-différentes, il existe chez les Géophiles autant de ganglions sous-intestinaux que d'anneaux au corps, c'est-à-dire un pour chaque anneau
portant une paire de pattes, quoique le nombre de
ces anneaux soit partout très-considérable et qu'il
varie suivant l'espèce que l'on étudie.

Le système nerveux sous-intestinal des Diplopodes,

______

(1) *Archives de Muller.*
(2) *Trans. philos. Lond.*, 1843, pl. *Ann. sc. nat.*, 2ᵉ série, t. I, p. 59.

c'est-à-dire des Myriapodes Chilognates, présente une disposition de Latreille en rapport avec la disposition de leurs segments. Les ganglions de chaque zoonite quadripédigère sont en réalité doubles comme le sont eux-mêmes les segments de ces zoonites. Cette duplicité est dissimulée par la réunion presque complète des deux ganglions en un seul. Toutefois, la nature de ces ganglions doubles et coalescents de Diplopodes est assez facile à saisir, surtout si on les compare à ceux des Chilopodes qui sont évidemment simples dans tous les segments du corps. Un autre fait également évident pour les deux classes de Myriapodes est la complication plus grande du système nerveux soit dans sa partie cérébrale, soit dans sa chaîne dont les ganglions sont plus forts et plus dédoublés bilatéralement chez les premiers genres de chaque classe, et plus réduits au contraire à ganglions plus simples et plus rapprochés chez les derniers. Un Gloméris comparé à un Iule, ou au contraire un Géophile comparé à une Lithobie ne laissent aucun doute à cet égard.

M. Newport a donné une attention toute spéciale à la structure du cordon et de ses ganglions, ainsi qu'à leur mode de développement pendant la croissance de l'animal. Dans la forme la plus inférieure des Diplopodes, celle des Iules, chez lesquels les ganglions sont très-rapprochés les uns des autres et difficiles à discerner de la portion interganglionnaire du cordon, il a reconnu d'une manière complète quatre séries de fibres, dont deux sont longitudinales, l'une supérieure, l'autre inférieure; et deux commissurales, l'une transversale et l'autre latérale. La série supérieure, qu'il avait précédemment décrite chez les Insectes comme siége de l'agent excito-moteur, est distincte de l'inférieure, qu'il regarde comme le siége de la sensibilité. Il ajoute qu'indépendamment de ces séries , il existe dans chaque moitié du cordon une autre série de fibres plus importantes encore, qui constitue une grande partie du cordon. Cette série forme la partie latérale de chaque moitié du cordon, et diffère des séries supérieure et inférieure , par cette circonstance que tandis que ces dernières peuvent être suivies sur toute la longueur du cordon jusqu'aux ganglions sous-œsophagien et cérébral, la première s'étend seulement du bord postérieur d'un ganglion au bord du premier ou du second qui le suit, en limitant ainsi la paroi postérieure d'un nerf et la paroi antérieure d'un autre, et en formant partie du cordon seulement dans les intervalles entre deux nerfs. D'après cette circonstance, M. Newport désigne les fibres de cette série par l'expression de *fibres de renforcement du cordon*.

Chaque nerf qui part d'un renflement ganglionnaire est composé de ces quatre sortes de fibres , savoir : une série supérieure et une inférieure communiquant avec les ganglions céphaliques, une sé ie transverse ou de commissure, qui communique seulement avec les nerfs correspondants sur le côté opposé du corps , et une série latérale qui ne communique qu'avec les nerfs d'un autre renflement ganglionnaire du même côté du corps , et qui fait partie du cordon dans les intervalles des ganglions. Dans les ganglions du cordon des Iules et des Polydèmes , les fibres de la série longitudinale inférieure sont renflées en entrant dans les ganglions; mais elles reprennent leur diamètre primitif quand elles les quittent. Dans le développement des ganglions et des nerfs de ces genres, il se présente, comme aussi chez les Géophiles, des changements semblables à ceux qui ont été constatés chez les Insectes.

II.

Mœurs et répartition géographique. — Les Myriapodes vivent à la surface du sol dans les lieux ombragés par les végétaux d'une petite élévation ; on en trouve dans les bois, dans les plaines, dans les lieux cultivés et jusque dans les maisons. Le plus souvent ils se cachent sous les pierres, sous la mousse ou dans les écorces des arbres ; on en trouve aussi dans les fruits. Quelques-uns, comme certains Géophiles, vivent même dans la terre, et c'est en creusant celle-ci qu'on peut les rencontrer. Les Scutigères se rapprochent souvent des habitations et paraissent y rechercher les appartements boisés. Presque tous ont besoin d'une certaine humidité, mais il n'en est aucune espèce qui soit aquatique. Ces animaux vivent dans toutes les parties du monde, et les régions chaudes, l'Afrique, l'Inde et ses îles, l'Amérique intertropicale fournissent des espèces fort diverses et dont la taille l'emporte remarquablement sur celle des Myriapodes européens. Beaucoup de Diplopodes se font remarquer par l'odeur bizarre ou parfois fétide que répandent les glandes placées sur les parties latérales de leurs anneaux. Les Scolopendres proprement dites inspirent la crainte par les piqûres toujours fort douloureuses et quelquefois même dangereuses qu'elles font aux personnes qui les touchent imprudemment ; certains Myriapodes sont phosphorescents et les Géophiles sont plus particulièrement dans ce cas. Leur corps est souvent coloré avec assez de luxe dans les espèces exotiques ; certaines particularités de leur organisation appellent l'attention de l'observateur, tandis que leur physionomie bizarre et leur analogie avec les chenilles ou les vers inspirent du dégoût au vulgaire. Il faut avouer néanmoins que leur histoire naturelle offre moins d'attrait que celle de la plupart des Insectes, et comme leurs caractères spécifiques sont toujours assez difficiles à saisir malgré la multiplicité de leurs espèces dans certains genres, on comprend assez pourquoi les entomologistes de la fin du siècle dernier ou du commencement de celui-ci les ont constamment négligés.

III.

Remarques historiques. — Grâce aux travaux de MM. Brandt et Newport ainsi que d'un petit nombre d'autres naturalistes, l'histoire naturelle des Myriapodes est aujourd'hui bien mieux connue, et leur classification est déjà assez avancée. Toutefois quelques auteurs du dernier siècle avaient déjà étudié ces animaux avec beaucoup de soin.

1° Les belles recherches de de Geer (1) sur plusieurs espèces indigènes et exotiques de Myriapodes commencent d'une manière remarquable la série des travaux que l'on a publiés sur les Myriapodes. On ne possédait antérieurement que des indications éparses et pour la plupart inexactes. De Geer s'occupa du Pollyxène, qu'il rapporta avec raison au groupe des Iules et non à celui des Scolopendres, comme l'ont fait quelques auteurs; il traita aussi des Polydèmes communs, de plusieurs espèces d'Iules véritables, de quelques animaux indigènes ou exotiques appartenant

---

(1) *Acad. des sciences de Paris*, t. I, p. 532, et t. III, p. 61 (années 1664-66). — *Mémoires pour servir à l'Histoire des Insectes*, t. VII, p. 554 (Scolopendres), et p. 569 (Iules).

aux genres Lithobie, Scolopendre et Géophile des auteurs actuels, et les chapitres dans lesquels il s'occupe de
ces animaux sont remplis d'observations importantes ;
il en parle sous les noms collectifs d'*Iules* et de *Scolopendres*, mais sans proposer de dénominations par-
ticulières pour les diverses sections qu'il entrevoit
déjà parmi eux. C'est auprès des Cloportes qu'il place
ces animaux, et il les réunit sous la dénomination
commune de *Millepieds*.

On trouve aussi dans Geoffroy de bonnes observations sur les Millepieds, mais ni Geoffroy ni de Geer
ne parlèrent de ceux que l'on nomme aujourd'hui des
Gloméris, et jusqu'à Olivier ceux-ci furent placés
dans le même genre que les Cloportes.

C'est encore sous la dénomination d'*Oniscus* ou de
Cloportes qu'il est question des Gloméris dans l'édition
du *Systema naturæ*, publiée par Gmelin.

Dans cet ouvrage, les seuls genres de Millepieds
admis sont, comme dans de Geer, ceux de *Scolopendra*
et de *Iulus*, le premier comprenant douze espèces
dont le Pollyxène fait partie bien à tort, et le second
treize, dont une est un crustacé isopode. Cette espèce
était alors désignée par le nom de *Iulus ovalis*.

Pour les naturalistes linnéens le genre des Iules était
le dernier de la classe des Insectes, et celui des Scolopendres, qui le précédait, venait immédiatement après
les Oniscus, dont une espèce (*Oniscus pustulatus*, Fabricius) est un Myriapode du genre Gloméris.

Dans le tableau de cette classification des Insectes,
p. 1525 du *Systema*, les genres *Scolopendra* et *Iulus*
forment une troisième catégorie des Aptères ainsi caractérisée :

Pedibus pluribus, capite a thorace discreto.

Fabricius (**1793**) a rangé les Iules et les Scolopen-dres dans sa sixième classe des Insectes, et il les a réunis aux Cloportes qui en sont le troisième genre. Cette sixième classe est celle des *Mitosates*. C'est entre les Libellules (*Odonata*) et les Arachnides (*Unogata*) qu'elle prend rang. Les Gloméris n'y sont point encore distingués, même génériquement, d'avec les *Oniscus*.

2° Blumenbach et G. Cuvier, qui ont publié vers la fin du dernier siècle les ouvrages de zoologie élémentaire les plus estimés, ont suivi le premier la méthode de Linné, et le second celle de Fabricius, mais déjà l'influence de la nouvelle école française avait permis à Cuvier de mieux délimiter les groupes dans son livre. Les Oniscus, sur lesquels il avait publié précédemment un petit mémoire, restent parmi les Crustacés (*Agonata* , Fabr.) et les Gloméris rentrent dans les *Mitosata* auxquels il donne, comme de Geer, le nom de *Millepieds*.

Olivier, rédacteur de la partie entomologique de l'Encyclopédie méthodique, venait en effet, dans son excellent article sur les *Iules*, de réunir les Gloméris aux Iules en en faisant une première section dans ce genre, dont la seconde section comprenait les Iules à corps allongé et cylindrique, et la troisième ceux, comme les *Iule plan* et *lagure*, dont Latreille fera plus tard ses genres Polydème et Pollyxène.

Voici comment Olivier s'exprimait au sujet des affinités des Millepieds :

Les Insectes autrefois connus sous le nom de *Mille-pieds* , à cause du grand nombre de leurs pattes , sont, dit-il, la clôture de la classe nombreuse des Insectes, et doivent être considérés comme le dernier chaînon de la chaîne qui lie cette classe à celle des Vers. En effet, ils ont le corps très-allongé et cylindrique, ou presque de grosseur égale dans toute son étendue, et quoiqu'ils aient un grand nombre de pattes, elles sont néanmoins si courtes que l'Insecte, lorsqu'il marche, paraît plutôt se glisser très-lentement sur le plan de position et ramper à la manière des Vers (1).

Notre auteur suit, comme on le voit, la méthode de Linné (2), mais il la rectifie dans un point important et G. Cuvier a fait profiter aussi cette rectification à la méthode entomologique de Fabricius (3). C'est également la marche qu'ont suivie Lamarck et M. Walckenaer.

Lamarck qui professait à Paris depuis la fondation du Muséum, c'est-à-dire depuis 1793, l'histoire naturelle des animaux inférieurs dans ce célèbre établissement, avait contribué, comme Olivier et Bruguières, à perfectionner la connaissance des animaux sans vertèbres dont il traitait dans ses cours. En 1801 seulement, il publia ses principaux résultats dans son *Système des animaux sans vertèbres*. C'est dans ce livre qu'il caractérisa le genre Scutigera pour le *Scolopendra coleoptrata* sur lequel Pallas avait publié depuis peu de nouveaux détails. Dans cet ouvrage Lamarck rapportait les Millepieds à la classe fondée par lui sous le nom d'Arachnides, et qui, jointe à celle des Crustacés, comprenait tous les Insectes Aptères des natu-

---

(1) *Encycl. méth.*, *Ins.*, t. VII, p. 408.

(2) Olivier dit comme Gmelin que les Iules sont un genre d'insectes, de la troisième section des Aptères.

(3) Il est digne d'être noté que Cuvier rapporte dans la préface du livre dont il est ici question (*le tableau élémentaire de l'histoire des animaux*) que Fabricius a revu lui-même la partie entomologique de cet ouvrage.

ralistes linnéens. Lamarck réunissait les Millepieds à son ordre des Arachnides antennistes dans lequel ils formaient la famille des *Polypodes.*

Leur caractère est d'avoir vingt pattes et davantage (1).

M. Walckenaer suivit aussi la rectification des *Mitosates,* telle que l'avait acceptée Cuvier. Dans sa *Faune parisienne* (2), c'est-à-dire en 1802, il ne parle également sous ce nom que des véritables Millepieds ; il regrette que ces animaux soient encore si peu connus et si mal décrits, et après avoir accepté les genres Scolopendre, Scutigère et Iule, il divise celui-ci comme le faisait Olivier, cite les espèces parisiennes qu'il avait décrites et émet l'opinion que celles de la première section, c'est-à-dire les *Iulus plumbeus, limbatus* et *marmoreus,* doivent former un genre distinct, ce que Latreille exécutera bientôt sous la dénomination de *Glomeris.*

Latreille suivit d'abord (3) la classification de Lamarck, c'est-à-dire qu'il considéra les Myriapodes comme des Arachnides, au lieu de les réunir, comme il le fit plus tard, aux Insectes Hexapodes, et il laissa les Thysanoures avec eux, associant ainsi dans une même classe des animaux qui appartiennent incontestablement à trois classes différentes. Précédemment il leur avait adjoint de véritables Crustacés ; plus tard, il reportera les Millepieds avec les Insectes, et en même temps les Thysanoures, et dans un mémoire spécial qui sera le dernier de ceux que la science lui devra (4),

---

(1) *Systema,* p. 181.
(2) T. II, p. 177.
(3) *Histoire des Insectes* ; 1804.
(4) *Nouvelles Annales du Muséum d'hist. nat.,* t. I, p. 175 ; 1832.

il cherchera, mais vainement, à démontrer ce rapprochement, en considérant les Thysanoures proprement dits ou les Machiles et les Lepismes comme des Insectes pourvus de plus de trois paires de pattes (1). Ainsi que nous l'avons fait remarquer dans le tome III de cet ouvrage, c'est à des fausses branchies et non à des pattes qu'il faut comparer les appendices abdominaux des Lépismes, et ces animaux ont alors une nouvelle analogie avec les Névroptères dont ils sont pour ainsi dire les espèces aptères ou la dégradation.

C'est pendant la première époque de ses travaux que Latreille érigea en trois genres distincts les trois sections du genre Iule d'Olivier, et l'on sait que ces trois genres Glomeris, Polydesmus et Iulus, sont devenus pour les myriapodologistes actuels trois familles distinctes.

C'est aussi à Latreille (1810) que l'on doit les dénominations de *Chilognathes* (nos Diplopodes) et de *Chilopodes*, indiquant les deux principaux groupes de Myriapodes. Celle de *Syngnathes*, appliquée aux Scolopendres, fut aussi employée par lui dans ses premiers écrits.

M. Duméril, dans sa *Zoologie analytique*, publiée en 1806, fait des Myriapodes une famille des Insectes aptères, qu'il interpose aux Acères (les Arachnides) et aux Quadricornes ou Cloportes, après lesquels viennent les Vers. M. Duméril accepte les genres *Iulus*, *Pollyxenus*, *Polydesmus*, *Glomeris*, *Scolopendra* et *Scutigera* de Latreille et de Lamarck.

---

(1) Voici un passage de ce mémoire :

« Ainsi les Machiles seraient des Thysanoures pourvus de onze paires de pattes, dont trois thoraciques et complètes, et huit ventrales ou rudimentaires. Ces insectes doivent donc, en série naturelle, venir immédiatement après les Myriapodes. »

3° En 1814, Leach revint à l'opinion de Fabricius, de Cuvier et de M. Walckenaer, en faisant des animaux qui nous occupent une classe distincte, sous le nom de *Myriapodes* (1); il les mit entre les Crustacés terminés par les Armadilles, et les Arachnides, en tête desquels sont les Nymphons et quelques autres genres. Il est évident que les Gloméris, par lesquels Leach fit commencer sa classe des Myriapodes, ont certaines analogies avec les Cloportes; mais comment expliquer, dans le système que Leach paraît avoir accepté, celui de la disposition sériale rectiligne, que les Géophiles ou les derniers Myriapodes soient placés auprès des Nymphons. Leach décrivit dans le genre Iule plusieurs espèces nouvelles découvertes par lui en Angleterre et dont les exemplaires sont presque tous conservés au *British Museum*. Il fit connaître le nouveau genre Craspedosoma, voisin des Polydèmes, et nomma Cermatia, d'après Illiger, le genre Scutigère de Lamarck. Leach caractérisa également, aux dépens des Scolopendra, les nouveaux genres Cryptops, Lithobius et Geophilus, qui ont été généralement adoptés.

Le travail du docteur Leach (2) a rendu un service important à l'histoire naturelle des Myriapodes, en posant les bases de la classification de ces Insectes.

____

(1) *Trans. linn. soc.*, t. III, p. 376, et *Zoological miscell.*, t. III.
(a) Voici le tableau de sa classification :

CHILOGNATHES.	Glomérides. . . .	*Glomeris.*
	Iulides.	*Iulus.*
		Craspedosoma.
		Polydesmus.
SYNGNATHES.	Cermatides. . . .	*Cermatia.*
	Scolopendrides .	*Lithobius.*
		Scolopendra.
		Cryptops.
	Geophilides . . .	*Geophilus.*

M. de Blainville (1) a élevé, comme Leach, les
Myriapodes au rang de classe distincte, et, conformément à l'opinion des naturalistes linnéens, il a placé
cette classe entre celles des Crustacés et des Vers chétopodes, c'est-à-dire à la suite des animaux articulés
qui ont les pieds articulés ou les Entomozoaires condylopodes. Ainsi les Myriapodes sont, pour M. de
Blainville et les naturalistes qui ont suivi sa méthode,
des animaux intermédiaires aux Cloportes et aux Vers
chétopodes. M. de Blainville crut plus tard apercevoir
dans le singulier genre que Guilding a nommé *Peri-
patus*, un nouveau lien entre les Myriapodes et les
Vers, un moyen de transition plus évident, et dans ses
cours, ainsi que dans l'article *Animal* du *Supplément
au Dictionnaire des sciences naturelles*, il a établi
pour les Péripates une nouvelle classe, sous le nom
de Malacopodes.

L'opinion de M. Strauss au sujet des Myriapodes
est au fond peu différente (2). Dans son savant ouvrage
sur l'anatomie du Hanneton, il reconnaît les affinités
des Myriapodes avec les Annélides, et pour lui le Pollyxène est le genre des Myriapodes le plus voisin de ces
animaux; c'est surtout des Léodices qu'il lui semble se
rapprocher. M. Straus suppose l'existence d'un genre
encore inconnu qui formera un lien plus intime entre
les deux classes des Myriapodes et des Annélides;
d'ailleurs il reconnaît en même temps les rapports des
Thysanoures avec les Myriapodes; ce que Latreille,
Dugès et quelques autres, font aussi de leur côté.

Depuis le travail de Leach, on s'était donc borné à
discuter les affinités des Myriapodes, mais sans ap-

---

(1) *Bull. sc. soc. philom. de Paris.*
(2) *Consid. génér. sur l'anat. des anim. artic.*; p. 16.

porter pour la solution de ce problème aucun fait bien important. C'est ce qui dura jusqu'en 1832, époque à laquelle MM. Gray et Brandt firent connaître de nouveaux genres de Myriapodes. Les seuls livres publiés entre de Leach et ceux de M. Brandt, dans lesquels il soit parlé d'observations nouvelles sur les Myriapodes, sont ceux de M. Paul Savi (1), qui décrit un Iule nouveau, et donne de curieux détails sur le développement d'une espèce de ce genre, de Say, pour des myriapodes américains, et de Risso (2), qui caractérise brièvement plusieurs espèces nouvelles et un genre qu'il nomme CALLIPUS. Ce genre appartient à la famille des Iules.

4° NATURALISTES ACTUELS. — En 1832, M. *Brandt* a commencé dans le *Bulletin des naturalistes de Moscou* la publication de ses recherches sur les Myriapodes, recherches qu'il continue avec succès, et qui lui ont procuré beaucoup de faits et de remarques nouvelles sur la même classe d'animaux. C'est à la même série de travaux qu'appartiennent les études nombreuses auxquelles M. Walckenaer s'est livré pour la rédaction du présent ouvrage, et qui, si elles eussent été publiées à l'époque où leur auteur les a entreprises, auraient fait connaître la plupart des espèces exotiques qu'on a publiées dans ces derniers temps, et beaucoup d'autres encore inconnues que possède la riche collection du Muséum de Paris. Nos propres recherches, publiées dans plusieurs mémoires depuis 1835, et celles de M. Newport, dont les naturalistes apprécient la valeur, appartiennent aussi à cet ordre de travaux. Un plus grand nombre de naturalistes s'occu-

---

(1) *Memorie scientifiche*, p. 81 et 83; in-8. 1828.
(2) *Hist. nat. de l'Europe méridionale*, t. V; 1826.

pent à présent de cette intéressante fraction des Insectes
aptères , et dans l'analyse que nous allons faire des travaux de notre époque, nous aurons encore à citer
quelques noms.

M. BRANDT. — Son premier travail sur les Myriapodes a paru en 1833; il a pour titre :

Tentaminum quorumdum monographicorum Insecta Myriapoda chilognatha Latreillii spectantium
prodromus (1).

D'après la considération des diverses pièces visibles
dans chacun des anneaux qui composent le corps des
Gloméris, des Iules et des Polydèmes, M. Brandt
établit trois groupes principaux de Diplopodes, qu'il
nomme *Pentazonies*, *Trizonies* et *Monozonies*.

Dans les Pentazonies ou Gloménides , il caractérise
deux genres nouveaux, SPHÆROTHERIUM et SPHÆHROPÆUS,
qui répondent à celui que M. Gray venait d'établir (2)
sous le nom de ZEPHRONIA.

Dans les Trizonies, il propose les nouveaux genres
SPIROBOLUS, SPIROSTREPTUS, SPIROPÆUS et SPIROCYCLISTUS

Dans les Monozonies, on lui doit le nouveau genre
STRONGYLOSOMA.

Voici le tableau des Diplopodes ou des Chilognathes
tels que M. Brandt les concevait en 1833 :

PENTAZONIA.	Glomeridia. . . .	*Glomeris*, Latr.
	Sphœrotheria. .	*Sphœrotherium*, Br. *Sphœropœus*, Br.
TRIZONIA. . .	Iulidea.	*Iulus*, L. *Spirobolus*, Br.
	Spirostreptidea .	*Spirostreptus*, Br. *Spiropœus*, Br. *Spirocyclistus*, Br.
MONOZONIA		*Strongylosoma*, Br. *Craspedosoma*, Leach. *Polydesmus*, Latr. *Pollyxenus*, Latr.

---

(1) *Bull. soc. imp. nat. de Moscou*, t. VI, p. 194. (Voir notre pl. 37.)

Ce prodrome de M. Brandt donne la description sommaire de plusieurs espèces nouvelles. Il porte à cinquante le nombre des Chilognathes connus d'une manière plus ou moins complète; quelques figures reproduisent les caractères des coupes nouvelles.

M. Brandt annonce dans ce travail d'autres publications, mais les unes n'ont paru que plus tard, et d'autres n'ont pas encore vu le jour. Entre ce premier travail et notre revue générale des Myriapodes publiée en 1837, il n'a donné qu'une très-courte note sur le genre *Polyzonium* découvert par lui et dont il proposait en 1834, dans le journal l'*Isis*, de faire un nouvel ordre sous le nom de *Colobognatha*.

C'est à l'académie impériale de Saint-Pétersbourg que M. Brandt a présenté ses autres mémoires, et il les a réunis depuis lors dans un volume à part (3). Voici le titre des principaux :

1° *Remarques générales sur l'ordre des Insectes myriapodes* (mai 1840), travail important au point de vue de l'anatomie zoologique et de la classification. L'auteur y suit la méthode suivante :

Subordo I.

GNATHOGENA.

Tribus I. CHILOPODA.	*Schizotarsia*............		*Scutigera.*
	Holotarsia....	*Horizopoda*.....	*Lithobius.* *Scolopendra.* *Cryptops.*
		Polypoda......	*Geophilus.*
Tribus II. CHILOGNATHA.	*Monozonia*.............		*Pollyxenus.* *Polydesmus.* *Strongylosoma*, Br.
	Trizonia.....	*Syndopetala*....	*Blaniulus.* *Iulus.* *Spirobolus*, Br. *Spirocyclistus*, Br. *Spirostreptus*, Br.
		Lynopetala.....	*Lysiopetalum*, Br. g. nov.
	Pentazonia.............		*Glomeris.* *Sphærotherum*, Br. *Sphæropœus*, Br.

Subordo II.

SUGENTIA.

Ommatophora.	Polyzonium, Br.
	Siphonotus, Br. g. nov.
Typhlogena. .	Siphonophora, Br. g. nov.

Les Myriapodes ne sont pour M. Brandt qu'un ordre de la classe des Insectes.

2° *Sur les espèces du genre Scolopendra* (mars 1840 et septembre 1840, p. 53 et 71 du *Recueil*). L'auteur en distingue un nouveau genre sous le nom de SCOLOPENDROPSIS (1).

3° *Sur la famille des Iules* (août 1840 et mars 1841, p. 79 et 184 du *Recueil*).

4° *Sur les Polydesmus* (février 1839 et décembre 1840, p. 125 et 138 du *Recueil*).

5° *Sur les Gloméris* (février 1840, décembre 1839, novembre 1840, décembre 1841, 1840, p. 142, 152, 156, 160 et 172 du *Recueil*). Un premier mémoire sur l'anatomie de ces animaux avait été inséré par M. Brandt dans les archives de M. Muller (2).

Tous ces mémoires seront analysés quand nous traiterons de la famille à laquelle ils sont consacrés.

M. P. GERVAIS. — Le premier mémoire que nous avons publié sur les Myriapodes traite du genre *Géophile* (2). Nous y faisons connaître quelques espèces nouvelles et plusieurs particularités d'organisation et de physiologie. C'est dans un appendice à cette note qu'ont été indiquées les affinités du Iule pallipède d'Oli-

---

(1) *Recueil de Mémoires* relatifs à l'ordre des Myriapodes et lus à l'Académie impériale des sciences de Saint-Pétersbourg, 1 vol. in-8°; 1841.

(2) *Note sur les Myriapodes du genre Géophile, et description de trois espèces nouvelles* (Magas. de Zool ,cl. IX, p. 133; 1835.) — *Addition à la note précédente*, ib., pl. 137.

vier avec les Polydèmes ; un autre travail a pour objet le genre *Polydème* lui-même (1), dont nous établissons les caractères en même temps que nous en décrivons plusieurs espèces nouvelles.

Quelques courtes notices ont aussi été publiées par nous dans les Annales de la société entomologique, mais elles ont été pour la plupart reprises ailleurs. En 1837, nous avons rédigé un travail complet sur la classification des espèces alors connues de Myriapodes (2), décrit des espèces inédites et des genres nouveaux de cette classe, et donné divers faits jusqu'alors inconnus relatifs à leurs métamorphoses. Nous avions été surtout conduit à ce travail par l'étude des Myriapodes qui vivent aux environs de Paris.

Le tableau suivant formule la classification proposée dans ce travail :

Ordre I. Chilognathes.

Oniscoidea..
- *Pollyxenus.*
- *Zephronia.*, Gr. . . . . .
  - *Sphærotherium*, Br.
  - *Sphæropæus*, Br.
- *Glomeris.*

Iuloidea. . .
- *Polydesmus.* . . . . . .
  - *Fontaria,* Gr.
  - *Polydesmus.*
  - *Strongylosoma*, Br. (3)
- *Blaniulus*, g. nov.
- *Iulus*, nec non *Spirostreptus*, etc., Br.
- *Craspedosoma.*
- *Playulus*, g. nov.
- *Cambala*, Gray.

Ordre II. Chilopodes.

Scutigeridea. . . . . *Scutigera.*

Scolopendroidea. . . . .
- *Lithobius.*
- *Scolopendra.*
- *Cryptops.*
- *Geophilus.*

---

(1) *Note sur le genre Polydesmus de la classe des Myriapodes.* (Annales soc. entom. de France, 1re série , t. V, p. 373.)

(2) *Études pour servir à l'histoire naturelle des Myriapodes,* 1re part. (Ann. sc. nat., 2e série, t. VII, p. 35 à 60.)

(3) J'ai indiqué l'idendité de mes Polydèmes iuloïdes avec les Strongylosomes, dans une note insérée dans la *Revue cuviérienne* de M. Guérin, t. II, p. 79; 1839.

Dans un autre mémoire, nous avons développé plusieurs parties de ce tableau et décrit le nouveau genre *Scolopendrella* (1). Deux planches qui devaient accompagner ce travail ont également été publiées (2), et quelques descriptions parfois accompagnées de figures ont paru dans divers ouvrages (3).

C'est à l'aide de ces matériaux assez divers et aussi d'observations nouvelles, qu'a été rédigée, en 1844, la deuxième partie de nos études sur les Myriapodes (4). Dans ce nouveau travail, qui est le dernier, sont discutés successivement les principaux points de l'histoire naturelle des Myriapodes, savoir : leur caractéristique générale, leur morphologie, leur développement, leurs affinités zoologiques et leur répartition en familles et en genres, en ayant souvent égard aux belles recherches publiées par MM. Brandt et Newport ou par d'autres naturalistes. Les dénominations de Chilognathes et Chilopodes nous ont paru devoir être remplacées par celles de *Diplopodes*, Blainv. et *Chiliopodes*, et nous avons proposé d'admettre que ces animaux constituent deux sous-classes. Nous avons aussi décrit avec quelque détail différents genres nouveaux.

Nous donnerons ici le tableau de la classification à laquelle nous avons été conduit :

---

(1) *Revue zool. par la soc. cuviérienne*, p. 279; 1839.

(2) *Atlas de zoologie*, 1844.

(3) *Voyage de* la Favorite, *Zoologie*, p. 176, pl. 53 et 54, en commun avec M. Eydoux. — *Ann. soc. entom. de France*, 2ᵉ série, t. II; 1846. Myriapodes de Colombie, d'après des exemplaires recueillis par M. Goudot.—Myriapodes du *British Museum*. (*Scolopendres* et *Cambala*.)

(4) *Études sur les Myriapodes*. (*Ann. sc. nat.*, 3ᵉ série, t. II, p. 51 à 80.)

I. DIPLOPODA.

POLLYXENIDÆ.	Pollyxenus.	
GLOMERIDÆ.	Glomeris.	Glomeris. / Lamisca, Gr.
	Zephronia. . . .	Sphærotherium, Br. / Sphæropœus, Br.
	Glomeridesmus, g. nov.	
POLYDESMYDÆ.	Polydesmus. . .	Fontaria, Gr. / Polydesmus. / Stenonia, Gr. / Strongylosoma, Br.
	Craspedosoma. .	
IULIDÆ.	Lysiopetalum, Br.	Callipus, Risso? / Platops, New.
	Cambala, Gr. . .	Spirostrephon, Br.?
	Iulus	Spirobolus, Br. / Iulus, etc., Br. / Spirostreptus, etc., Br. / Acanthiulus, nov. g.
	Stemmiulus, nov. g. / Blaniulus, Gerv.	
POLYZONIDÆ. .	Platydesmus, Luc. / Polyzonium, Br. / Siphonotus, Br. / Siphonophora, Br.	Platyulus, Gerv.

II. CHILIOPODA.

SCUTIGERIDÆ. . .	Scutigera, Lamk.	Cermatia, Illig.
SCOLOPENDRIDÆ.	Lithobius. / Scolopendra. . . / Cryptops.	Scolopendra, Gerv. / Scolopendropsis, Br.
GEOPHILIDÆ. . .	Scolopendrella. / Geophilus. . . .	Mecistocephalus, Newp. / Necrophleophagus, Newp. / Geophilus, Leach. / Gonibregmatus, Newp.

M. NEWPORT a fait précéder ses travaux descriptifs et
méthodiques sur les Myriapodes par des recherches importantes sur l'anatomie de ces animaux et sur le développement des Iules (1) Les espèces qu'il a étudiées

---

(1) *On the structure, relations and development of the nervous and
circulatory system, and on the existence of a complete circulation of
the blood in wessels in Myriapoda and macrourous arachnida* (Philosoph. trans. London, 1843, part. 2, p. 243).

— *On the organs of reproduction and the development of the Myriapoda*, First series (*Philosoph. trans. Lond.*; 1841, part. 2,
p. 99).

sont en grande partie celles que l'on conservait dans les collections du *British Museum* à Londres ; il en a reconnu beaucoup qui sont nouvelles, principalement dans les genres Iule et Scolopendre, et il a revu plusieurs de celles qui ont été signalées antérieurement par Leach, Say ou M. Gray, ce que nous avions également pu faire au *British Museum*, grâce à l'obligeance de M. Gray. Les mémoires que M. Newport a consacrés à cette étude sont au nombre de trois (1).

A peu près en même temps que la seconde partie de nos études sur les Myriapodes, a paru un travail de M. Newport (2) dans lequel ce savant naturaliste donne une classification qui s'éloigne de la nôtre, telle que nous l'avons donnée ci-dessus, et de celle de M. Brandt, sous quelques points de vue, et qui se rapproche au contraire de l'une ou de l'autre sous beaucoup d'autres rapports.

M. Newport fait une classe de Myriapodes et il les partage en deux ordres. Les Chilopodes ou Scolopendres lui paraissent supérieurs aux Diplopodes ; les Gloméridès, les Iules et les Polyzonides sont pour lui, comme pour nous, des animaux du même ordre.

Voici d'ailleurs le tableau de sa classification :

---

(1) *Sur des Géophiles nouveaux et leur division en genres* (*Proceed zool. soc. London*, 1842, p. 180.

— *A list of the species of Myriapoda, order Chilopoda, contained in the cabinets of the British Museum, with synoptic descriptions* (*Ann. and Mag. of nat. hist.*, t. XIII, p. 93 ; 1844).

— *A list of the spec. of myr., order Chilognatha, contained on the cabinets of the Brit. Mus., with a description of a new genus and thirty two new species* (*Ann. ibid.*, p. 263).

(2) *Monograph of the class Myriapoda, order Chilopoda, with observations on the general arrangement of the articulata* (*Trans. linn. soc. London*, t. XIX, part. 3 ; 1844) ; reproduit pour la partie méthodique dans les *Archives d'Erichson*, 1845, p. 179.

CHILOPODA, Latr.

Schizotartia, Br.	1. *Cermatiidæ*, Leach.	*Cermatia*, Illyig.

	2. *Lithobiidæ*, Newp.	{ *Lithobius*, Leach. { *Henicops*, Newp.
Holotarsia, Br.	3. *Scolopendridæ*, Leach. . .	(*Scolopendra*, Latr. (*Cormocephalus*, Newp. (*Rhombocephalus*, Newp. (*Heterostoma*, Newp. (*Scolopendropsis*, Br. (*Theatops*, Newp. (*Scolopocryptops*, Newp. (*Cryptops*, Leach.
	4. *Geophilidæ*, Leach. . . .	(Scolopendrel- (linæ, Newp. } *Scolopendrella*, Gerv. (Geophilinæ, (Newp. . . ; { *Mecistocephalus*, Newp. { *Arthronomalus*, Newp. { *Gonibregmatus*, Newp. { *Geophilus*, Leach.

CHILOGNATHA, Latr.

Pentazonia, Br.	5. *Glomeridæ*, Leach.	{ *Glomeris*, Latr. { *Zephronia*, Gray. { *Sphærotherium*, Br.
Monozonia, Br. .	6. *Polyxenidæ*, Newp.	*Pollyxenus*, Latr.
	7. *Polydesmidæ*, Leach.	1 . { *Fontaria*, Gr. { *Polydesmus*, Latr. { *Strongylosoma*, Br. 2 . { *Craspedosoma*, Leach. { *Platydesmus*, Lucas. { *Cambala*, Gray.
Bizonia, Newp. .	8. *Iulidæ*, id.	(Sympodope- talinæ, Newp.){ *Iulus*, L. { *Unciger*, Br. { *Spirobolus*, Br. { *Spiropæus*, Br. { *Spirocyclistus*, Br. { *Spirostreptus*, Br. Lysiopetali- næ, Newp. { *Platops*, Newp. { *Lysiopetalum*, Br.
	9. *Polyzonidæ*, Newp.	{ *Polyzonium*, Br. { *Siphonotus*, Br.
	10. *Siphonophoridæ*, Newp.	*Siphonophora*, Br.

Plus récemment M. Newport a publié un travail
détaillé sur les Chilopodes (1).

Les naturalistes dont il nous reste à rappeler les
travaux sont principalement MM. Waga, Hippolyte
Lucas, Koch et Gray. Nous donnons en note la liste
de leurs publications. M. Waga a recueilli des espèces

---

(1) *Monograph of the class myriapoda, Order Chilognatha (Trans.
linn. soc. London*, t. XIX, p. 349, pl. 40).

curieuses de Myriapodes aux environs de Varsovie : des Iules, le genre *Polyzonium* ou Platyule, un Craspodosome, etc. C'est surtout par la finesse des observations physiologiques que son mémoire mérite d'être cité (1).

M. Lucas (2) a suivi notre prodrome de 1837, et complété, d'après nos notes ou ses propres observations, plusieurs descriptions dont on n'avait imprimé qu'un abrégé. On lui doit aussi des descriptions de quelques Myriapodes de l'Algérie, animaux dont MM. Koch et André Wagner ont également étudié quelques espèces; il a décrit deux espèces nouvelles d'Iules de France, et fait connaître avec soin un genre nouveau et très-curieux du Mexique qu'il nomme *Platydesmus*.

M. J.-E. Gray (3) avait fait graver dans la partie entomologique de la traduction anglaise du *Règne animal* de G. Cuvier quelques Myriapodes nouveaux ou curieux, mais sans les décrire. M. Jones a publié plus récemment la classification adoptée par ce naturaliste, et réuni quelques traits généraux de l'histoire des Myriapodes dans un article de l'Encyclopédie de M. Todd. Malheureusement les genres nouveaux qu'il indique sont encore restés sans description détaillée.

---

(1) *Observations sur les Myriapodes* (*Revue zool. par la soc. cu-viérienne*, t. II, p. 76).

(2) *Les Myriapodes* dans l'*Hist. nat. des Animaux articulés, Crust., Arachn. et Myriap.*, publiée avec les suites à Buffon de l'éditeur Dumesnil; 1840. — Articles sur les Myriapodes, dans le *Dict. univ. d'Hist. nat.* de M. Ch. Dorbigny. — Plusieurs descriptions insérées dans les *Ann. de la soc. entom. de France*, et entre autres celle du G. *Platydesmus*.

(3) Dans Griffith, *Anim. Kingdom*, pl. 135; année 1832.

— Dans M. Jones, article MYRIAPODA du *Cyclopedia of Anat. and Physiol.* de Todd, t. II, p. 544; 1842.

IV.

Affinités des Myriapodes et classification. — On connaît actuellement plus de trois cents espèces de Myriapodes, et les collections en possèdent encore que l'on n'a pas décrites. La réunion de caractères que présentent ces animaux, non plus que leur apparence extérieure, ne permettent pas de les réunir aux autres classes admises parmi les Entomozoaires condylopodes (1), classes que l'on connaît plus généralement sous les noms d'Insectes hexapodes, de Crustacés et d'Arachnides ou Octopodes.

En effet, les Insectes hexapodes ont dans leur corps, composé en général de quatorze articles et divisé en trois parties, la tête, le thorax et l'abdomen; ainsi que dans leurs pattes, au nombre de trois paires et exclusivement thoraciques, des particularités qui les isolent nettement des Myriapodes. Ces particularités, jointes à celles de leurs antennes, simples, comme chez ceux-ci, et de leur respiration, également trachéenne, ainsi qu'à la nature de leur système nerveux, de leurs organes sensoriaux et de leurs actes, les placent en tête des animaux articulés. En même temps ils en font une série particulière dans le grand type de ces animaux. Tous les Hexapodes, quoique inséparables les uns des autres, pourraient néanmoins être divisés en plusieurs sous-classes, et c'est avec eux que les Myriapodes présentent le plus d'analogies réelles.

Les Crustacés forment manifestement une série distincte, composée d'ordres divers et même de plusieurs sous-classes, subordonnées les unes aux autres par les

---

(1) Les Animaux articulés qui sont pourvus de pieds articulés.

inégalités de leur complication organique. Leurs antennes en général doubles, leur mode de respiration bran-
chiale et les principales particularités de leur organisation, les distinguent bien nettement des Myriapodes.
Si quelques analogies ont été signalées entre certains
Crustacés et divers Myriapodes, ces analogies, mieux
étudiées, paraissent plus apparentes que réelles, et
elles nous semblent en définitive n'avoir qu'une valeur
très-secondaire au point de vue de la classification.
Il faut en excepter cependant la position des orifices
génitaux chez les Diplopodes, qui rappelle celle des
Crustacés.

La troisième série des Articulés condylopodes est
celle des Xiphosures et des Arachnides, avec lesquels
les Myriapodes n'ont réellement aucune analogie. Cependant Lamarck plaçait anciennement les Arachnides
et les Myriapodes dans la même classe, et un naturaliste contemporain, dont les travaux ont eu sur
l'histoire des Myriapodes une heureuse influence, a
soutenu que les Arachnides trachéennes sont des Insectes comme les Myriapodes.

La grande importance que beaucoup d'auteurs ont
accordée aux organes respiratoires, avec Cuvier et Latreille, est la principale raison des difficultés que l'on
a éprouvées dans la classification des Entomozoaires
condylopodes. Beaucoup de naturalistes n'ont même
réuni les Myriapodes aux Insectes hexapodes que
parce que les uns et les autres respirent par des trachées.
On a depuis longtemps combattu cette manière de voir,
et les derniers travaux d'anatomie entomologique semblent en avoir fait définitivement justice. Si l'on réunit
les Myriapodes aux Hexapodes uniquement parce que
les uns et les autres ont la respiration trachéenne, pour-

quoi en séparer la partie des Arachnides qui a les mêmes organes respirateurs ? et bien qu'il paraisse démontré que tous les Hexapodes ont des trachées , comment ne pas faire un groupe à part pour ceux qui joignent à ces trachées de véritables branchies , comme beaucoup de larves de Névroptères et quelques autres encore ? Mais c'est ce que personne n'aurait voulu faire. Cependant le naturaliste dont nous parlions à l'instant, M. Brandt, qui accepte le principe tel que l'ont posé Cuvier et Latreille, en accepte aussi la conséquence, non-seulement quant aux Myriapodes, mais aussi relativement aux Arachnides à trachées. Voici comment il s'exprime à cet égard :

« Admettant cependant que ce principe de classification dérive surtout des organes de la respiration et de la circulation, une partie des Arachnides doit également entrer dans la classe des Insectes, notamment les *Arachnides trachéennes*, pendant que l'autre partie des Arachnides, les Arachnides pulmonaires, devra être réunie aux Crustacés, qui différeraient des Insectes surtout par la présence des branchies en forme de feuilles ou de sacs (poumons), et des vaisseaux apparents qui apportent le sang aux organes et aux poumons (1). »

Si nous acceptons, et ceci est incontestable, que les Myriapodes diffèrent beaucoup des Insectes et qu'ils s'éloignent beaucoup aussi des Crustacés et des Arach-

---

(1) Nous nous bornerons à faire remarquer qu'il n'y a aucune analogie de connexion entre les branchies appendiculaires des Crustacés et celles pseudopulmonaires des Arachnides ; et d'ailleurs il suffit de rappeler que Dugès a observé que certaines Araignées ont à la fois des trachées et des poumons pour montrer qu'il ne faut pas avoir dans le caractère fourni par les organes respiratoires une confiance trop exclusive.

nides , devons-nous admettre que les Myriapodes
constituent une quatrième classe d'Articulés condylopodes ayant une valeur égale à celles dont nous venons
de parler ici (les Insectes hexapodes, les Crustacés et
les Arachnides), ou bien devons-nous les considérer
comme les animaux vermiformes appartenant à la première d'entre elles? C'est ce qu'il est encore assez difficile de décider, quoique la seconde opinion paraisse
préférable.

Pour M. de Blainville, les Myriapodes sont au contraire les Animaux articulés condylopodes les plus voisins des Vers. Déjà les anciens auteurs, et parmi eux
Aristote, avaient remarqué les analogies incontestables
que les Myriapodes, envisagés dans leur forme extérieure, présentent avec les Vers marins, et plus particulièrement avec les Néréides. Souvent ils avaient comparé ces animaux les uns aux autres, et ils leur avaient
même appliqué dans beaucoup de cas le même nom,
distinguant seulement par des épithètes empruntées à
la nature des lieux qu'elles habitent les Scolopendres
marines et les Scolopendres terrestres. Les naturalistes qui ont les premiers étudié les Naïs, autres
sortes d'animaux articulés qui semblent représenter,
dans nos fleuves et dans nos étangs, les Néréides des
eaux salées, leur ont aussi donné le nom collectif de
Scolopendres ou de *Millepieds ;* et pour Trembley, le
Naïs qu'on a depuis nommé *Naïs proboscidea*, est le
Millepieds à dard.

Mais sont-ce là encore de véritables affinités et non
pas de simples analogies; et si nous refusons de voir dans
les Gloméris et dans quelques autres des animaux voisins des Cloportes, devons-nous dire que les Géophiles
établissent la transition des Myriapodes aux Néréides,

et qu'ils doivent par cela même être classés auprès des
Néréides? Nous ne le pensons pas. Les Myriapodes
peuvent fort bien être une forme inférieure d'Entomozoaires, mais appartenir néanmoins à la première série
de ce grand embranchement, et il nous paraît préférable de les regarder comme des Insectes qui conservent
pendant toute leur vie et d'une manière définitive
l'apparence de Vers, tandis que les Insectes à métamorphoses ne la présentent eux-mêmes que pendant leur
premier âge. Les Myriapodes seraient alors, qu'on nous
permette cette expression, des Chenilles ou plutôt des
larves permanentes, et les différents termes de la série
qu'ils constituent entre eux seraient d'autant plus vermiformes qu'ils occuperaient un rang moins élevé dans
leur série elle-même.

Ainsi certains Insectes dégradés, qui sont les Myriapodes, prendraient une apparence de Vers chétopodes,
comme les derniers des Crustacés ou les Lernées prennent celle des Vers mollasses, comme enfin les dernières
des Arachnides ont l'aspect globuleux des Vers les plus
inférieurs ou des Vers cystiques; chaque grande série
des Condylopodes affectant dans sa dégradation extrême l'apparence (nous disons l'apparence) de certains
groupes de vers, et cela d'une manière pour ainsi dire
proportionnelle, puisqu'à la dégradation des premiers
Condylopodes répondent les Vers les plus élevés, à
celle des Crustacés les Vers intermédiaires, et à celle
des derniers les vers les plus simples en organisation.

Mais les Myriapodes constituent eux-mêmes deux
groupes d'animaux plus différents l'un de l'autre qu'on
ne l'admet généralement. Une distance considérable
sépare les Diplopodes des Chilopodes, et nous avons
déjà dit qu'ils formaient bien plutôt deux classes dis-

tinctes que deux familles , ou même deux ordres d'une même famille, comme on l'a dit jusqu'ici. Aussi toutes ces considérations spéculatives sur le rang que doivent occuper les Myriapodes dans l'embranchement des animaux articulés et sur leur nature réelle, ont-elles encore un cachet hypothétique dont il ne faut pas dissimuler le côté faible. La science a encore besoin de bien des observations pour dire son dernier mot à cet égard ; et plus la question a d'importance, plus il faut user de réserve en l'abordant.

Les grands genres qu'on a réunis dans les deux classes des Myriapodes Diplopodes et Chilopodes sont plus aisés à grouper d'une manière naturelle : leur affinité et leur supériorité relatives sont plus faciles à apprécier.

Les caractères secondaires qui servent à les distinguer entre eux sont empruntés à la forme ou même au nombre des segments , à la position des organes génitaux et à quelques modifications de la bouche. Des particularités moins importantes de la forme des segments et de leur structure, de la disposition des organes sensoriaux, de la forme des poches sécrétrices , etc., donnent les caractères spécifiques. L'appréciation de toutes ces différences nous met assez bien sur la voie du rang que chaque genre de Myriapodes doit occuper dans la série naturelle de ces animaux, soit Diplopodes, soit Chilopodes, mais elle ne nous a pas permis, dans tous les genres, d'établir avec certitude l'ordre de subordination des espèces elles-même , et dans ce cas l'ordre géographique est encore le guide le plus sûr. L'imperfection avec laquelle beaucoup d'espèces de Myriapodes ont été décrites rend très-difficile , souvent même impossible , de reconnaître

TABLEAU SYNOPTIQUE DES GENRES

DE

MYRIAPODES.

DIPLOPODA, p. 58.

I. POLLYXENIDÆ, p. 61. — *Pollyxenus*, p. 62.

II. GLOMERIDÆ, p. 66. — *Glomeris*, p. 67. *Zephronia*, p. 75. *Glomeridesmus*, p. 86.

III. POLYDESMIDÆ, p. 89. — *Oniscodesmus*, p. 90. *Cyrtodesmus*, p. 92. *Polydesmus*, p. 93. *Strongylosoma*, p. 115. *Platydesmus*, p. 121.

IV. IULIDÆ, p. 123. — *Lysiopetalum*, p. 128. *Iulus*, p. 137. *Stemmiulus*, p. 200. *Blaniulus*, p. 200.

V. POLYZONIDÆ, p. 203. — *Polyzonium*, p. 204. *Siphonotus*, p. 208. *Siphonophora*, p. 209.

CHILOPODA, p. 210.

1° *Schizotarsia*, p. 213. — I. SCUTIGERIDÆ, p. 214. — *Scutigera*, p. 215.

2° *Holotarsia*, p. 227.

I. LITHOBIDÆ, p. 228. — *Lithobius*, p. 229. *Henicops*, p. 238.

II. SCOLOPENDRIDÆ, p. 234. — *Heterostoma*, p. 244. *Scolopendra*, p. 250. *Cryptops*, p. 291. *Theatops*, p. 294. *Scolopendropsis*, p. 296. *Scolopocryptops*, p. 297. *Newportia*, p. 298.

III. GEOPHILIDÆ, p. 300. — *Scolopendrella*, p. 301. *Geophilus*, p. 303.

leurs affinités, et cependant le caractère de cet ouvrage nous prescrivait de parler de toutes celles dont les entomologistes ont fait mention.

Nous donnons dans le tableau ci-contre l'indication des genres qui nous ont paru devoir être conservés dans chacune des deux classes de Myriapodes que nous admettons, celles des Diplopodes (Chilognathes ou Chiloglosses de Latreille) et des Chilopodes que Latreille nommait aussi Syngnathes.

Aux *Diplopodes* appartiennent les familles qui comprennent les Pollyxènes, les Gloméris, les Polydèmes, les Iules et les Polyzonies.

Aux *Chilopodes* se rapportent les familles des Scutigères, des Lithobies, les Scolopendres, les Scolopendrelles et les Géophiles.

CLASSE I.

DIPLOPODES [1].

Myriapodes vermiformes, à segments plus ou moins nombreux, composés de cinq pièces : une dorsale unique et deux latérales et inférieures doubles, complétement soudées entre elles ou plus ou moins distinctes, d'où leur distinction en Monozonies, Trizonies et Pentazonies. Segments crustacés, pour la plupart réunis deux à deux en un seul anneau ou zoonite, supportant deux paires de pieds. Tête distincte portant les antennes qui ont sept articles, les yeux, lorsqu'ils existent, et les appendices buccaux disposés pour broyer ou pour sucer, mais jamais en pinces. Corps composé de zoonites semblables entre eux, sauf le premier ou bouclier, ou le dernier qui est l'anal. Pieds formés de six articles et d'un ongle simple, insérés sous la ligne médio-ventrale sur la pièce inférieure des segments, qui est mobile ou fixe. Une seule paire de stigmates par zoonite, inférieure, percée dans la pièce qui porte les pieds et en avant d'eux. Des poches sécrétoires déversant par une ouverture stigmatiforme, en

---

(1) IULES, de Geer, *Mem. pour l'hist. des Insectes*, t. VII, p. 569; 1778.—CHILOGNATHA, Latreille, *Hist. nat. des Insectes*, t. VII, p. 61. — CHILOGLOSSES, Latreille, *Familles nat.*, p. 354. — SUGENTIA et GNATHOGENA CHILOGNATHA, Brandt, *Bull. acad. de Saint-Pétersbourg*, 1840. — DIPLOPODA, Blainville *in* Gervais, *Ann. sc. nat.*, 3e série, t. II, p. 59.

général bilatérale; une paire au plus pour chaque zoonite. Organes génitaux internes mâles ou femelles doubles, débouchant par un double orifice sous un des segments antérieurs, près ou à la base des pieds ; des forcipules copulatrices sous un des premiers segments, et remplaçant une ou deux paires de pieds (Polydèmes, Iules, Polyzonies), ou à la partie postérieure du corps auprès de l'anus (Gloméris). Jeune âge différant surtout de l'adulte par le très-petit nombre des segments du corps, et n'ayant d'abord que trois segments pédigères, chacun à une seule paire de pieds.

De Geer avait déjà donné à ce groupe de Myriapodes, que Latreille a nommé depuis Chilognathes, les limites qui lui conviennent. Les Gloméris, dont il n'a pas parlé, et les Polyzonies, que l'on n'a connus que plus récemment, ne doivent pas en être séparés, quoique les premiers n'aient pas les segments cylindriques et que les seconds aient la bouche disposée pour sucer. Nous n'imiterons donc pas M. Brandt, qui a proposé d'établir pour les Polyzonies un groupe à part, égal en valeur à celui qui comprendrait les autres Chilognathes et les Chilopodes réunis.

La dénomination de *Chilognathes* n'est plus applicable à tous les Myriapodes du groupe que nous venons de caractériser d'une manière générale ; d'ailleurs elle exprime assez mal le caractère particulier de la bouche chez les espèces broyeuses, les seules dont Latreille ait eu connaissance (1) : aussi serait-il préférable de la remplacer par celle de *Diplopodes*, proposée par

---

(1) Dans ses *Familles naturelles*, Latreille voulait déjà la remplacer par celle de *Chiloglosses*.

M. de Blainville. Cette nouvelle désignation rappellerait , en effet , le caractère le plus saillant des Chilognathes, qui est la présence de deux paires de pieds à chaque articulation, ou du moins à la plupart des articulations du corps.

Les Diplopodes ou Chilognathes diffèrent beaucoup, par l'ensemble de leur organisation, des Myriapodes chilopodes , et lorsque la méthode entomologique sera définitivement assise, ils formeront sans doute une classe à part. Les caractères de cette classe ont de l'analogie avec ceux des Insectes, mais ils en montrent aussi beaucoup avec ceux des Crustacés.

Les familles que comprend le groupe des Chilognathes sont les suivantes :

POLLYXÉNIDES,

GLOMÉRIDES ,

POLYDESMIDES,

IULIDES,

POLYZONIDES.

I. POLLYXÉNIDES (1).

Cette famille , qui ne comprend que le seul genre
Pollyxène, est caractérisée par le petit nombre des segments du corps, la mollesse de ces segments et la présence à leur surface ou sur les parties latérales de
poils forts, frangés et disposés en faisceaux, en séries
ou en bouquets.

Les Pollyxénides sont encore très-peu nombreux en
espèces. Ils ne constituent qu'un seul genre dont les
caractères anatomiques et même extérieurs n'ont pas
été indiqués d'une manière suffisante , quoiqu'ils
aient été observés par un assez grand nombre d'auteurs.

De Geer a bien reconnu qu'ils appartenaient au
même ordre que les Iules , et il ne les distinguait même
de ces derniers que comme sous-genre. Olivier, Latreille et tous les auteurs modernes ont reconnu la valeur de ce rapprochement, et, soit qu'ils aient regardé
les Pollyxènes comme un simple genre, soit qu'ils en
aient fait une famille à part, ils les ont toujours laissés
parmi les Diplopodes ou Chilognathes.

Geoffroy, cependant, appelait les Pollyxènes des *Scolopendres à pinceaux*, et quelques auteurs ont d'abord
accepté cette détermination. Gmelin, dans son édition
du *Systema naturæ*, donne au Pollyxène le nom de
Scolopendra lagura.

---

(1) Genre POLLYXENUS, Latreille, *Hist. nat. des Crust. et des Insectes*, t. VII, p. 83.—POLLYXENIDÆ, Leach, *Trans. linn. soc.*, t. XI.
— PENICILLATA , Latreille, *Familles nat.*, p. 326. —*Id., Cours d'entomologie*, p. 563. — POLLYXÉNITES , Lucas, *Hist. Crust. et Myriap.*,
p. 518.

On a un peu varié relativement au rang que les Pollyxènes doivent occuper parmi les Diplopodes.

Latreille les mettait à la fin de cet ordre, M. Brandt et M. Newport les rapprochent des Polydèmes et les regardent comme étant aussi des Monozonies.

Nous avons pensé qu'ils devaient commencer la série des Diplopodes. Le nombre de leurs pattes et de leurs segments, qui est moindre que chez les autres animaux du même ordre, nous a paru un caractère suffisant pour justifier cette manière de voir, mais il est évident qu'il a besoin d'être corroboré par une appréciation exacte du développement des organes sensoriaux et générateurs, ainsi que du système nerveux. La forme des segments aurait d'autant plus besoin d'être étudiée, qu'elle semble, ainsi que l'ont admis MM. Brandt et Newport, rapporter les Pollyxènes au même groupe que les Polydèmes. M. Straus avait cru voir dans les Pollyxènes la transition des Myriapodes aux Annélides, et c'est surtout des Léodices qu'ils lui semblaient se rapprocher ; mais la ressemblance qui existe entre ces animaux et les Pollyxènes dépend plutôt d'une apparence du facies que d'une véritable analogie, aussi ce rapprochement n'a-t-il pas été adopté.

Genre POLLYXÈNE. *Pollyxenus.*

Corps court, assez large, à segments croissant en nombre avec l'âge, mais cependant moins nombreux que dans les Gloméris et les Polydèmes ; yeux peu nombreux agrégés sur les parties latérales de la tête ; antennes composées de sept articles, dont le dernier très-petit ; quatorze paires de pieds, dont la première plus grêle que les autres, substyliforme ; écailles génitales triangulaires placées à la base de la troisième paire de pieds. Les segments du corps, entre la tête et l'anal, portant bilatéralement un bouquet de poils frangés rayonnants ; neuf paires de ces bouquets ; une bande transversale de poils analogues, mais disposés sérialement sur le devant de la tête ; dix rangées transversales de poils semblables sur le dos, et en arrière sur une paire de mamelons du segment anal, une paire de faisceaux de poils en pinceaux. Anus en fente longitudinale inégaux sous le dernier segment entre deux valves squamiformes.

On n'a reconnu en Europe qu'une seule espèce de Pollyxène (*P. lagurus*). M. Lucas a découvert des animaux du même genre en Barbarie, et Say a fait connaître sous le nom de *P. fasciculatus* un Myriapode analogue qu'il a recueilli dans l'Amérique septentrionale.

1. POLLYXÈNE QUEUE EN PINCEAU. (*Pollyxenus lagurus.*)
(Pl. 45, fig. 1.)

Gris en dessus, blanchâtre en dessous ; faisceaux et séries de poils disposés comme il a été dit dans la caractéristique du genre. Corps assez large. Longueur 0,002 ou 3.

Scolopendra lagura, Linn., *Syst. nat.* — *Id. fauna suecica.* — *Scolop. à queue en pinceau*, Geoffroy, *Insectes*, t. II. p. 227, pl. 22, fig. 4. — *Iulus penicillatus* de Geer, *Mémoires* t. VII, p. 571, pl. 36, fig. 1 - 8.—Olivier, *Encycl. meth.*, *ins.*, t. VII, p. 417. — *Pollyx. lag.*, Latr. — Leach, *Zool. misc.*, t. III, pl. 135.— Gerv., *Ann. sc. nat.* 2e série, t. VII, p. 41 et 54. — *Id.*, *Atlas de zool.* pl. 55, fig. 6. — Guérin, *Iconogr. du règn. anim. de Cuvier*, *Ins.*, pl. 1, fig. 5.

D'Europe : en Suède, en Allemagne, en Angleterre, en France (Paris, Montpellier, etc.). On le trouve essentiellement sous les écorces. C'est un petit animal fort curieux, et dont la monographie offrirait un véritable intérêt.

Nous avons constaté la présence de quatorze paires de pattes dans cette espéce , quoique les auteurs lui en accordent moins. Cette espèce était seule connue lorsque Latreille a établi le genre pollyxène , dont le nom veut dire *rusé*.

2. **Pollyxène platycéphale.** (*Pollyxenus platycephalus.*)

Tête très-large , fauve, testacée , lisse , entourée de poils fauves ; antennes assez allongées , glabres, testacés ; corps fauve subargenté marginé de brunâtre et fauve , poilu sur les flancs ; dernier segment acuminé , orné en arrière de quatre faisceaux de poils noirs ; dessous du corps et pieds testacé fauve. Longueur 0,002 3/4 , largeur 3/4 de millim.

Pollyx. platyc., Lucas , *Revue zool.* de Guérin , 1846 , p. 283. — *Id.*, *Algérie, Anim. articulés*, pl. 1, fig. 1.

D'Afrique. De Kouba, aux environs d'Alger, vers la fin de février. D'après **M.** Lucas, cette espèce est très-rare. Il l'a prise au pied des grandes herbes , dans les lieux frais , ombragés et humides.

3. **Pollyxène bordé de rouge.** (*Pollyxenus rubro marginatus.*)

Tête brune ferrugineuse en dessus, fauve testacé en dessous , garnie de poils blancs en avant ; antennes testacées, fauve ferrugineux à leur sommet; corps fauve testacé, fortement marginé de rouge ferrugineux , avec un bouquet de poils blancs à chaque côté de chaque segment et des poils spatuliformes en dessus ; dernier segment tronqué , garni de trois faisceaux de poils dont les externes bruns , et le median blanc argenté ; dessous du corps fauve testacé ; pieds courts ; leur article pénultième taché de rougeâtre.

Pollyx. rubr., Lucas , *Revue zool.* de Guérin , 1846 , p. 283. — *Id.*, *Algérie, Anim. articulés*, pl. 1, fig. 2.

D'Algérie. Trouvé aux environs d'Oran , pendant l'hiver. Cette espèce , dont la démarche est assez vive , se plaît sous les pierres. On le trouve quelquefois dans la coquille du *cyclotoma voltzianum.*

4. **Pollyxène fasciculé.** (*Pollyxenus fasciculatus.*)

Anneaux lisses , ciliés à leur incisure , et penicillés de soies brunes de chaque côté ; un pinceau terminal cendré ; tête semi-

orbiculaire , déprimée, fortement ciliée sur les côtés ; yeux petits , ovalaires. proéminents , placés obliquement sur le milieu
du bord latéral de la tête ; antennes très-courtes de couleur
roux-brun foncé ; pieds blancs. La longueur dépasse un peu un
dixième de pouce.

Poll. fasciculatus, Say, *Journ. acad. nat. sc. Philad.* 1821 ,
p. 107. — *Id.*, *OEuvr. entom.*, *éd. Lequien*, t. I, p. 90.

De l'Amérique septentrionale , aux États-Unis.

Cette espèce, qui est la seule que l'on ait indiquée dans le
nouveau monde, vit sous les pierres, et dans les lieux humides.

II. GLOMÉRIDES (1).

Les Glomérides sont des Myriapodes dont le facies
rappelle assez bien celui des Cloportes et plus particulièrement celui des Armadilles, à côté desquels
les entomologistes de la fin du dernier siècle les ont
souvent placés. Ce sont des Diplopodes broyeurs
chez lesquels le corps est toujours convexe et dur en
dessus, plan au contraire en dessous, excavé et moins
résistant, et peut se rouler parfaitement en boule.
Leurs segments sont pentazonés, c'est-à-dire que la
pièce dorsale qui forme la partie solide du corps n'est
pas soudée aux pièces latérales et que celles-ci, libres
ainsi que les inférieures ou pédigères, ont la forme
de lamelles mobiles. Leur premier segment est plus
petit que le second, qui paraît répondre au bouclier des
Iules et qui dépasse les suivants en dimension ; le segment præanal est également grand, en quart de sphère,
et disposé pour s'appliquer sur le second lorsque l'a-
nimal se roule en boule et renfermer ainsi la tête et
le premier article. Les mâles ont, à la partie postérieure du corps, une paire de forcipules copulatrices
qui simule une paire de pieds. Les organes mâles et
femelles s'ouvrent sous l'article basilaire de la seconde
paire de pattes par un petit appareil squamiforme.
Le nombre des segments et celui des pieds varient
suivant les genres. Les stigmates sont ouverts à la

---

(1) GLOMÉRIDES, Leach, *Trans. soc. linn.*, t. XI, p. 376.— ONISCI-
FORMES, Latreille, *Famille nat. du Règne anim.*, p. 562.—ONISCOIDEA,
P. Gerv., *Ann. sc. nat.*, 2ᵉ série, t. VII, p. 42.— PENTAZONIA,
Brandt, *Bull. nat. Moscou*, t. VI, p. 194.—GLOMÉRITES, Lucas, *Hist
nat., Crust.*, p. 519.

partie inférieure du corps près des pieds. Les pores excréteurs ou répugnatoires sont sur la ligne médio-dorsale.

Cette famille comprend les trois genres suivants :

GLOMÉRIS.

ZEPHRONIA.

GLOMERIDESMUS.

GENRE GLOMÉRIS. *Glomeris* (1).

Corps composé de douze segments sans la tête ; le premier plus petit que le second qui est prolongé en ailes descendantes bilatéralement et plus grand que les suivants ; le dernier en quart de sphère ; yeux au nombre de huit en ligne longitudinale de chaque côté de la tête, l'avant-dernier doublé ; dix-sept paires de pieds, plus une paire d'appendices copulateurs près l'anus des mâles.

Toutes les espèces de Gloméris décrites jusque dans ces derniers temps étaient européennes, sauf le *Gloméris Klugii* qui est d'Égypte et de Syrie. M. H. Lucas (2) nous apprend qu'il a recueilli des Myriapodes du même genre dans l'Algérie, particulièrement aux environs de Philippeville et dans les grandes forêts de chênes-liéges du cercle de La Calle. Antérieurement MM. Brandt et Wagner (3) avaient signalé le *Glomeris pustulata*.

Les Gloméris européens sont tous du même genre ;

____

(1) GLOMÉRIS, Latreille, *Hist. nat. des Crust. et des Ins.*, t. VII, p. 63.—Brandt, *Bull. acad. Saint-Péter-bourg*, 1840. — *Id.*, *Recueil*, p. 142. etc. — GLOMERIS et LAMISCA, J. E. Gray *in* Jones, *Cycloped. of Anat. and Physiol*, t. III , p. 546 — GLOMERIDÆ, *id* , *ibid.*

(2) Dict. univ. d Hist. nat., par Ch. d'Orbigny, T. V, p. 236, article GLOMÉRIS.

(3) *Reisen in der Regentschaft Algier;* 1841.

ils appartiennent même à une seule section, la section *B* de M. Brandt ; le Gloméris de Klug, formant à lui seul la section *X* distinguée par ce naturaliste (1). On en trouve depuis l'Allemagne jusqu'en Espagne, en Italie et en Morée. Leurs espèces n'ont point encore été toutes caractérisées d'une manière complétement définitive, et le meilleur travail à suivre à cet égard est celui de M. Brandt.

Les couleurs varient suivant les pays et même suivant les sexes. Ainsi nous nous sommes assuré que les deux espèces (*G. limbata* et *G. marmorea*) qu'on avait admises aux environs de Paris, se réduisent à une seule dont les individus femelles ont servi à l'établissement du *G. limbata* et les mâles à celui du *G. marmorea*. Celui-ci présente toujours des forcipules copulatrices, et le précédent des ovaires très-chargés d'œufs pendant tout le printemps.

En 1837 nous avions porté à seize le nombre des Gloméris européens dont il est question dans les auteurs. Risso, M. Brandt et M. Koch principalement. M. Brandt s'est occupé depuis lors de leur révision, et dans son second travail il a été conduit à n'en admettre que neuf.

M. Brandt (2) caractérisait ainsi, dans son Pro-

---

(1) M. J. E. Gray, cité par M. Jones (*Cyclopedia of anat. and Physiol. de Tood*, ait. MYRIAPODES), réserve le nom de GLOMÉRIS à la section *a* de M. Brandt, qui ne renferme encore, comme l'on voit, qu'une espèce nouvelle, et il donne le nouveau nom de LAMISCA à la section *b* du même auteur, qui conserve les espèces anciennement connues et types du genre *Gloméris* lui-même pour tous les auteurs. Peut-être M. Jones a-t-il voulu appeler au contraire *Lamisca* le genre qui comprendrait la section *a* de M. Brandt. Quoi qu'il en soit, la distinction d'un nouveau genre parmi ces animaux ne paraît pas du tout nécessaire.

(2) *Bull. nat. Moscou*, VI, 195.

drome de 1833, la section dans laquelle les Gloméris européens sont réunis :

Angle du premier segment dorsal marqué en arrière de deux ou trois stries.

GLOMÉRIS BORDÉ. (*Glomeris limbata.*)
(Pl. 43, fig. 1.)

Anneaux du corps luisants dans les femelles, avec un liséré blanchâtre ou jaunâtre, mais non orangé au bord supérieur; marbrés de brun et de châtain dans les mâles; longueur 0,018.

Iulus limbatus, Olivier, *Encycl. méth.*, *Insect.*, VII, 414. — *I. marmoreus*, id., *ibid.* — *Oniscus zonatus*, Panzer, *Fauna insect. germ.*, IX, pl. 23. — *Glom. marginata*, Leach, *Zool. misc.*, III, pl. 132. — *Gl. marginata*, Brandt et Ratzeburg, *Arzneithieren*, II, 98, pl. 13, fig. 7-11. — *Gl. limbata*, Brandt, *Recueil*, p. 143.

C'est l'espèce commune du Nord et du centre de l'*Europe*.

M. Brandt en connaît plusieurs variétés qu'il caractérise ainsi :

a) dos brunâtre, à taches obsolètes brunâtres pâles subsériées.

b) dos roux brun noirâtre ou roux brun, quelquefois châtain, surtout dans les individus desséchés, bord postérieur des anneaux dorsaux blanchâtre.

M. Brandt lui rapporte le *Glomeris castaneus*, Risso, ainsi caractérisé dans l'*Hist. nat. de l'Europe méridionale*, t. V, p. 148 :

« Son corps est très-lisse, luisant, châtain, avec les bords des segments beaucoup plus pâles et moins foncés. Long., 0,015. Séjourne sous les pierres; apparaît toute l'année. »

c) Dos tacheté de noir et de fauve ou en partie de sub-orangé, bords postérieurs et inférieurs des anneaux souvent fauves sur une plus ou moins grande largeur.

Sous-variété a. — Dos marbré de fauve, bord postérieur des anneaux ayant une bordure fauve pâle, plus ou moins étroite. C'est, d'après M. Brandt, le vrai IULUS MARMOREUS.

Sous-variété b. — Dos marbré de fauve et d'orangé ou de ferrugineux-orangé, et en partie couvert de points noirs très-petits, avec le bord postérieur des anneaux plus ou moins marginé de fauve vif. C'est alors, suivant M. Brandt, le GLOMERIS NOBILIS.

Koch, *Deutschl. crust., myriap. und arachniden*, t. IV, pl. 1.

Voici les descriptions données par Olivier, de ses *Iulus limbatus* et *marmoreus* des environs de Paris, que nous regardons comme les deux sexes d'une même espèce :

I. limbatus. « Le corps est d'un noir plombé, avec le bord des anneaux légèrement blanchâtre. » C'est, suivant nous, la femelle.

I. marmoreus. « Il ressemble au précédent : il en diffère en ce que le corps est d'un noir plombé, mélangé de jaune. » Nous le considérons comme le sexe mâle.

2. GLOMÉRIS PLOMBÉ. (*Glomeris plumbea.*)

Comme nous l'avons vu plus haut, M. Brandt fait du *Iulus marmoreus* d'Olivier une variété du *limbatus*, et il y rapporte encore le *Iulus plumbeus* du même auteur, en disant : « Les individus conservés depuis quelque temps dans l'esprit de vin montrent, vraisemblablement par l'action de cette substance sur le pigment, au lieu du noir, une couleur plus ou moins grisâtre ou plombée ; ce qui peut bien avoir donné lieu à Olivier de fonder son *Iulus plumbeus* (*Glomeris plumbea*, Gerv.). Car c'est seulement la couleur plombée qui distingue son Iule plombé de son Iule bordé. » *Recueil*, p. 144.

Comme nous n'avons, pas plus que M. Brandt, étudié le Gloméris qu'Olivier avait cru devoir considérer comme appartenant à une espèce distincte de ses *I. marginatus* et *limbatus*, nous reproduirons la description qu'il en donne dans l'*Encyclopédie méthodique* :

« Il est presque une fois plus grand que la cloporte armadille ; le corps est d'une couleur plombée claire, avec le bord des anneaux et tout le derrière plus pâle.

» Il se trouve dans le midi de la France, aux environs de Fréjus, dans les lieux ombragés et humides. »

3. GLOMÉRIS MARGINÉ. (*Glomeris marginata.*)

Noir luisant avec le bord postérieur et inférieur des anneaux orangé plus ou moins vif.

Iulus marginatus, Olivier, *Encycl. méth., Ins.*, T. VII, p. 414, *non* Leach, etc. — *Gl. marginatus*, Risso, *Europe mérid.*, T. V, p. 148. — *G. annulata*, Brandt, *Bull. nat.*, *Moscou*, T. VI, p. 196. — *Id., Recueil*, p. 145.

D'Italie et du Midi de la France. Cette espèce n'est pas rare aux environs de Montpellier. On la trouve aussi sur le mont Saint-Loup, à quelque distance de cette ville.

Sa grosseur, en général, égale celle du *Gl. limbata* du Nord de la France, et est un peu plus considérable dans certains individus. Le mâle et la femelle sont également marginés. Olivier la caractérise nettement en disant que ses anneaux sont bordés de rouge. Les individus qu'il a observés venaient des environs de Fréjus (département du Var), c'est-à-dire du midi de la France, comme ceux que nous avons recueillis.

4. GLOMÉRIS TRANSALPIN. (*Glomeris transalpina.*)

Dos noir, brillant, bord postérieur des anneaux fauve, premier et dernier articles dorsaux, souvent les quatrième, cinquième et sixième, plus rarement les autres, présentant au-devant de leur bord postérieur deux taches fauve-orangé, confluentes entre elles et avec le liséré postérieur.

Gl. transalp., Koch, *Deutschl. crust., myriap. und arachn.,* IV, pl. 2. — Brandt, *Recueil,* p. 146. — *Gl. sinuata,* Kollar, *in* Brandt, *ibid.* — *Gl. sicula,* de Haan, *in* Brandt, *ibid.*

De Sicile et de Dalmatie.

Nous avons reproduit la caractéristique de cette espèce donnée par M. Brandt. Elle diffère à quelques égards de celle de M. Koch (1). Il faut au reste observer, dit M. Brandt, que l'exemplaire décrit par M. Koch offre des taches ferrugineuses, situées sur tous les anneaux, et pourrait bien être considéré comme une variété distincte de ceux qu'a reçus le Musée de Saint-Pétersbourg, par les soins de MM. Parreyss et de Haan.

5. GLOMÉRIS D'AWHASIE. (*Glomeris awhasica.*)

Semblable au précédent, mais ayant cinq taches pontiformes, au lieu de quatre, sur le premier anneau dorsal, et trois, au lieu de deux, sur les autres, excepté sur le dernier qui présente à leur place une tache triangulaire.

Gl. awh., Brandt, *Recueil,* p. 147.

---

(1) M. Koch (IV, pl. 2) dit : G. ferruginea, macula basali singuli annuli sinuata, dimidioque basali annuli analis nigris.

D'Awhasie, où il a été recueilli par M. Alexandre Nordmann.

M. Brandt ne distingue cette espèce du *Gl. pustulata* qu'avec doute.

6. GLOMÉRIS TACHETÉ. (*Glomeris guttata.*)

Lisse, fort luisant, d'un beau noir, orné de quatre lignes longitudinales de taches jaune foncé régulièrement disposées; deux taches ovales de couleur jaune safran sur le dernier segment; antennes et pieds tachetés de violâtre. Longueur, 0,016.

Gl. guttatus, Risso, *Europe mérid.*, t, VI, p. 148. — *Gl. quadripunctata* et *guttata*, Brandt, *Bull. acad. Moscou*, t. VI, p. 196. — *Gl. guttata*, id., *Recueil*, p. 149.

Recueilli d'abord par M. Risso aux environs de Nice. M. Brandt, dans son prodrome, lui donne pour patrie l'Espagne, la France méridionale, l'Egypte et l'Asie mineure.

7. GLOMÉRIS TACHETÉ. (*Glomeris pustulata.*)

Habituellement noir avec le bord postérieur des anneaux d'un jaune blanchâtre ou orangé; quatre points de cette dernière couleur sur le premier segment dorsal et deux sur les suivants.

Oniscus pustulatus, Fabricius, *Species insect.*, t. I, p. 379. — Linné, Gmelin, *Syst. nat.*, t. I, part. III, p. 3013, sp. 24. — *Glom. pustulata*, Latr., *Genera crust. et ins.*, t. I, p. 74. — Wagner, *Reisen en der Regentschaft Algier.* — Brandt, *Recueil*, p. 147.

Habite l'Algérie, et dans l'Europe le Portugal, l'Italie, la Morée et le midi de l'Allemagne.

M. Brandt en distingue plusieurs variétés :

a) Premier anneau dorsal quadriponctué; les autres biponctués. C'est la plus commune et celle de Fabricius, Panzer, etc. (*Varietas vulgaris*, Brandt.)

b) Taches intermédiaires du premier segment et ceux des autres très-petits. (*Varietas microstemma*, Brandt, *Loc. cit.*; Newport, *Ann. and mag. of nat. hist.*, p. 264.)

c) Les quatre taches du premier segment et les deux du dernier existent seules ou à peu près seules. (*Varietas heterosticta*, Brandt.)

Comprenant trois sous-variétés :

α — Des taches au premier et au dernier segment seulement.

β — Taches du second et du troisième segment manquant seules.

γ — Taches du second, du troisième et des trois pénultièmes anneaux manquant.

La variété *c* n'est pas rare en Allemagne.

d) Dos noir sans taches, mais marbré de fauve (*varietas marmorata*, Brandt). Il y en avait des individus parmi les *Gl. pustulata* que M. Brandt a reçus d'Algérie, les autres étant de la variété *b*. En Allemagne, cette variété paraît être moins abondante que les autres.

8. GLOMÉRIS TÉTRASTIQUE. (*Glomeris tetrasticha*.)

Dos noir marqué de quatre séries de taches ponctiformes de couleur blanchâtre; anneau nucal biponctué.

Gl. tetrast., Brandt, *Bull. nat. Moscou*, t. VI, p. 196. — Id., *Recueil*, p. 150.

D'Allemagne.

9. GLOMÉRIS HEXASTIQUE. (*Glomeris hexasticha*.)

Dos brun noir avec six séries de taches brun fauve depuis le premier anneau jusqu'au dernier, qui est bimaculé.

Gl. hexast., Brandt, *Bull. nat. Moscou*, t. VI, p. 197. — Id., *Recueil*, p. 150.

Europe : d'Hercynie, de Bavière et de Sicile.

10. GLOMÉRIS GENTIL. (*Glomeris lepida*.)

Dos brun noir avec six séries de taches jaunâtres sur les anneaux depuis le premier jusqu'au dernier qui est quadrimaculé.

Gl. lep., Eichwald, *Zoolog. specialis*, part. II, p. 123. — Brandt, *Bull. nat. Moscou*, t. VI, p. 197.

De Podolie et de la Petite-Russie.

11. GLOMÉRIS DE KLUG. (*Glomeris Klugii*.)

Dos rouge taché de noir; tête noire.

Gl. Klugii, Brandt, *Bull. nat. Moscou*, t. VI, p. 195.

D'Égypte et de Syrie.

M. Brandt a distingué pour cette espèce une section particulière qu'il caractérise ainsi :

Cingulum dorsi primum in medio lateris seu cruris lateralis incisuram posteriorem haud striatum.

13. Gloméris sublimbé. (*Glomeris sublimbata.*)

Brun à reflets verts , avec les segments finement bordés de
vert fauve ; tête testacée, fauve en avant, et marquée au milieu
de quatre impressions; antennes vert fauve , ayant leur premier
article testacé roussâtre , les suivants annelés de la même couleur , et le dernier entièrement de cette couleur ; corps testacé
en dessous ; pieds de la même couleur, roux brun en dessus.
Longueur , 0,020; largeur , 0,010.

Glom. sublimb., Lucas, *Revue zoolog. de Guérin*, 1846,
p. 284. — *Algérie, Anim. articulés , Myr.*, pl. 2, fig. 3.

D'Algérie. Il habite les environs d'Alger, de Bougie et de Philippeville. Il se plaît sous les pierres humides et au pied des chênes-liéges , entre Stora et Philippeville.

13. Gloméris marbré de brun. (*Glomeris fusco-marmorata.*)

Tête brun roussâtre , testacée en avant , et quinquémaculée au
milieu ; antennes brun roussâtre lavées de couleur testacée sur
les premiers et le dernier article ; segments assez finement marginés de fauve , fauve rougeâtre , marbrés et tachetés fortement
de brun ; corps testacé en dessous , lavé de verdâtre ; pieds entièrement fauve testacé. Longueur , 0,013 ; largeur , 0,006.

Glom. fusco-marg., Lucas, *Revue zool. de Guérin*, 1846,
p. 284. — *Id., Algérie, Anim. articulés*, pl. 2 , fig. 4.

D'Algérie. Aux environs d'Alger et de Philippeville.

13. Gloméris a taches fauves. (*Glomeris flavo-maculata.*)

Tête brun roussâtre , testacée en avant et au milieu qui est
quadrimaculé ; antennes brun roussâtre , avec les premiers et le
dernier articles testacés ; segments brun roussâtre , très-finement
marginés de fauve verdâtre , tous bimaculés latéralement ; une
tache latérale fauve verdâtre ; dernier segment unimaculé de
fauve de chaque côté ; corps fauve verdâtre en dessous ; pieds entièrement fauve testacé. Longueur , 0,015 ; largeur , 0,006 1/4.

Glom. flavo-mac., Lucas, *Revue zool. de Guérin*, 1846 ,
p. 285. — *Id., Algérie, Anim. articulés*, pl. 2. fig. 5.

D'Algérie. Espèce commune. M. Lucas en distingue cinq variétés qu'il caractérise ainsi :

A — Corps brun , à taches dorsales petites , arrondies.

B — Corps testacé subferrugineux, à taches latérales et dor-
sales fauves.
C — De même couleur, mais avec du brun autour des taches
dorsales.
D — Corps brun à taches latérales et dorsales confondues.
E — Corps brun à taches presque nulles.

Genre ZÉPHRONIE. *Zephronia* (1).

Corps composé de treize segments, sans la tête ; le
premier petit, le second plus considérable, avec des
prolongements latéraux aliformes, les dix suivants
semblables entre eux, et le dernier, en quart de
sphère, s'appliquant sur le second quand l'animal se
roule en boule. Antennes subclaviformes, dont le
septième article varie de forme et est plus ou moins
visible ; yeux en groupe arrondi ; mâchoires multiden-
tées ; mandibules ou lèvres-mâchoires composées d'une
pièce médiane bidentée à son bord antérieur, et de
deux parties latérales soudées à la pièce médiane par
leur pièce basilaire, sur laquelle est articulée une
seconde partie qui porte un denticule unguiforme.
Pieds à peu près semblables entre eux, plus ou moins
déprimés, au nombre de vingt et une paires ; une
paire d'appendices copulateurs pédiformes près l'anus
des mâles. Anus bivalve, caché par une lame antérieure.

Les Zéphronies, d'abord signalés par M. J.-E.
Gray dans la traduction anglaise du *Règne animal*
de Cuvier, publiée par Griffith, ont été étudiés avec

---

(1) ZEPHRONIA, J. E. Gray, *in Griffith's Anim. Kingdom, Ins.*,
pl. 135. — PENTAZONIA SPHÆROTHERIA, Brandt, *Bull. nat. Moscou*,
VI, 198 ; *in* 1833. — *Id., Recueil*, p. 174. — ZEPHRONIA, P. Gerv.,
Ann. sc. nat., 2ᵉ série, t. VII, p 42. — ZEPHRONIADÆ, J. E. Gray *in*
Jones, *Cyclopedia of Anat. and Physiol.*, art. Myriapoda.

soin depuis lors par M. Brandt, qui en a fait deux genres, sous les noms de *Sphærotherium* et *Sphæro-pœus*, et les a distingués des autres Gloméries comme une tribu à part, sous le nom de *Sphærotheria*, d'après la considération de leurs antennes.

Les pieds de ces animaux sont insérés comme il suit : la première paire semble dépendre du premier segment ou collier, quoique celui-ci soit incomplet et manque d'arceau inférieur ; la deuxième et la troisième appartiennent au grand anneau dorsal, qu'on pourrait appeler le bât ou le bouclier ; la quatrième s'attache au troisième segment ; les cinquième et sixième au quatrième ; la septième au cinquième ; la huitième et la neuvième au sixième ; les dixième et onzième au septième ; les douzième et treizième au huitième ; les quatorzième et quinzième au neuvième ; la seizième au dixième ; les dix-septième et dix-huitième au dixième ; les dix-neuvième et vingtième au douzième et la vingt et unième au treizième. Il n'y a pas de lame latérale pour les segments des trois premières paires de pieds, mais la paire de lames pédigères y existe. Quand les Zéphronies se roulent en boule, leur collier et leur tête sont complétement cachés, le segment anal s'appliquant contre la rainure du second segment, ce qui ne laisse plus voir que douze segments dorsaux.

C'est aux Zéphronies qu'appartiennent les plus gros Myriapodes, mais non pas les plus longs. Ce sont des animaux à corps court onisciforme, et qui vivent dans les régions intertropicales et australes de l'Afrique, à Madagascar et dans l'Inde continentale ou insulaire. On n'a pas encore de détails sur leurs habitudes.

I. SPHÆROTHERIUM, Brandt, *Bulletin nat. Moscou*, VI, 198 ; 1833. — *Id., Recueil mém. Myriap.*, p. 175.

M. Brandt assigne à ce groupe les caractères suivants :

Antennes droites, subfiliformes, de sept articles, dont le septième très-petit, très-court, droit, tronqué brusquement, mais néanmoins distinct ; le sixième oblong, droit, à peine renflé. Il établit plusieurs sections parmi ces animaux.

1° *Premier anneau dorsal ayant le bord supérieur du sillon qui contourne son aile latérale descendante, marqué d'éminences ou de stries linéaires parallèles et obliques. Bord postérieur du dernier anneau en général arrondi.*

A l'exemple de M. Brandt (*Recueil*, p. 175), nous distinguerons par ces caractères une première section de ses Sphærothéries.

1. Zéphronie arrondie. (*Zephronia rotundata.*)

Segments du corps couverts, sauf le dernier, de petits points très-nombreux, visibles à la loupe ; le dernier convexe, à ponctuations plus rares mais plus fortes ; collier marqué de ponctuations plus grandes, à l'exception d'une seule série à son bord antérieur. Longueur, 0,025 ; largeur, 0,010.

Sphærotherium rotundatum, Brandt, *Bull. nat. Moscou*, t. VI, p. 198. — *Zeph. rotund*, P. Gervais, *Ann. sc. nat.*, 2ᵉ série, t. VII, p. 42. — *Sph. rot.*, Br., *Recueil*, p. 175.

Du cap de Bonne-Espérance. Musée de Berlin.

2. Zéphronie comprimé. (*Zephronia compressa.*)

Segments dorsaux couverts de petites ponctuations éparses ; dernier segment du corps subcomprimé latéralement élevé n'ayant que quelques ponctuations rares. Longueur, 0,015 ; largeur, 0,009.

Sphæroth. compressum, Brandt, *Bull. nat. Moscou*, VI,
198. — *Zephr. compr.*, P. Gervais, *Ann. sc. nat.*, 2ᵉ série,
t. VII, p. 43. — *Sph. compr.*, Br., *Recueil*, p. 176.

Du cap de Bonne-Espérance. Musée de Berlin et de Saint-Pétersbourg.

M. Brandt dit encore dans la description de cette espèce : Col-
lare margine anteriore punctorum majusculorum serie facie su-
periore epunctatum.

3. Zéphronie de Kutorga. (*Zephronia Kutorgæ.*)

Segments dorsaux du corps sans ponctuations; collier manquant de ponctuations à la face supérieure et à son bord antérieur; petites saillies transverses placées au-dessus des ailes latérales du premier anneau dorsal peu développées, terminées en
dessus par une ligne arquée ou petite crête arquée ; dernier segment du corps peu élevé , un peu plus saillant longitudinalement
à son milieu. Longueur, 0.027; longueur au milieu , 0,006.

Sphæroth. Kutorgæ , Brandt , *Bull. Saint-Pétersbourg,*
1841 , p. 560. — Id., *Recueil*, p. 176.

Patrie inconnue. Musée de Saint-Pétersbourg.

4. Zéphronie titan. (*Zephronia titanus.*)

L'une des plus grandes espèces du genre *Sphærotherium.*
Longueur , 1″ 6‴ ; largeur , 9‴. Corps ovalaire oblong, assez
large , convexe; collier ponctué en avant, non ponctué en
arrière et au milieu ; dos et flancs des anneaux sans ponctuations,
sauf au bord antérieur qui présente de petits points épars et des
rugosités ; des crêtes transverses développées sur les ailes latérales du premier anneau dorsal au-dessus du sillon marginal, qui a
des impressions ponctiformes et point de petites crêtes terminales
arquées; dernier anneau du corps très-développé, en saillie
subtriangulaire au milieu de son bord postérieur ; couleur olivacée, sommet des angles marginaux postérieurs ferrugineux.

Sphæroth. titanus, Brandt, *Bull. acad. Saint-Pétersbourg,*
1840. — Id., *Recueil*, p. 176.

Patrie inconnue. Musée de Saint-Pétersbourg.

5. Zéphronie de Lichtenstein. (*Zephronia Lichtensteinii.*)

Tête et collier marqués de points médiocres et nombreux ; anneaux dorsaux également ponctués d'une manière serrée , même

au bord postérieur, de points pilifères; les côtés des avant-derniers arceaux droits à leur bord postérieur; couleur olivâtre obscure, ferrugineux aux bords postérieurs.

Sphæroth. Lichtenst., Brandt, *Bull. nat. Moscou*, VI, 199. —*Zephr. Licht.*, P. Gerv., *Ann. sc. nat.*, 2e série, VII, 43. — *Sph. Licht.*, Brandt, *Recueil*, p. 177.

Du cap de Bonne-Espérance. (Musées de Berlin et de Saint-Pétersbourg.)

6. Zéphronie de Klug. (*Zephronia Klugii.*)

Tête entièrement couverte de ponctuations. Collier pourvu à son bord antérieur d'une série de points, sans ponctuations à son milieu et en arrière. Premier anneau dorsal fortement ponctué en avant, peu à son milieu et point du tout en arrière. Les autres jusqu'au dernier fortement marqués en avant et au milieu de ponctuations assez grandes, glabres à leur bord postérieur. Les anneaux 6 à 11 sub-échancrés à leur bord postérieur. Le dernier segment entièrement ponctué même à son bord postérieur. La couleur paraît olivâtre-obscur, avec le bord postérieur des anneaux ferrugineux. Longueur 0,029; largeur 0,011.

Sphæroth. Klugii, Brandt, *Bull. acad. Saint-Pétersb.*, 1841, p. 360 ; *id.*, *Recueil*, p. 177.

Du cap de Bonne-Espérance. (Musée de Saint-Pétersbourg.)

7. Zéphronie dorsale. (*Zephronia dorsalis.*)

Dessus de la tête et collier comme grêlés ou marqués de petites impressions ponctiformes visibles à l'œil nu. Premier anneau dorsal bimarginé latéralement et en avant, à double bordure lisse, luisante ; un rudiment de la bordure externe a son bord postérieur qui est sub-échancré près du contour postérieur des ailes latérales. Toute la surface de cet arceau, marquée d'impressions ponctiformes plus fines que celles de la tête et du collier, de couleur terne ainsi que les autres anneaux qui sont également ponctués, plus ou moins garnis de poils courts et serrés et marqués sur leur milieu d'un trait saillant, luisant, partant du bord antérieur et se terminant en pointe non détachée avant d'avoir atteint le bord postérieur. Le dernier anneau bombé à sa base au-dessus, rétréci près son bord postérieur, qui est droit ainsi que le bord inférieur des derniers anneaux. Il y a un rudiment de la ligne médiane sur le dernier anneau. Face inférieure de celui-ci profondément excavée. Couleur noir velouté un peu sale, lisse et luisante aux lignes médio-dorsales et aux bords des anneaux. Tête et collier d'un noir luisant malgré leurs ponctuations. Longueur 0,038 ; largeur au milieu du corps 0,016.

Patrie inconnue. (Muséum de Paris.)

Nous n'avons vu de cette espèce qu'un seul exemplaire; il appartient au sexe femelle. Son premier arceau dorsal présente les caractères propres aux sphérothères de la division A de M. Brandt.

2° Premier anneau dorsal ayant le bord supérieur du sillon qui contourne son aile latérale descendante sans éminences ni stries saillantes, disposées en lignes obliques, ou n'en ayant que des indices obsolètes.

8. ZÉPHRONIE ALLONGÉE. (*Zephronia elongata.*)

Corps glabre marqué de ponctuations assez serrées en avant, éparses sur son milieu et nulles en arrière. Collier ponctué uniquement à son bord antérieur à points disposés sérialement. Premier anneau dorsal ponctué seulement à son bord antérieur. Les autres, y compris le dernier, faiblement ponctués, à bord postérieur lisse. Le dernier anneau très-élevé et déclive, subcomprimé latéralement, faiblement ponctué à son milieu qui est renflé, à ponctuations très-éparses, subsolitaires si ce n'est à la partie inférieure où elles sont rapprochées. Longueur 0,032 ; largeur 0,013.

Sphæroth. elong., Brandt, *Bull. nat. de Moscou*, VI, 99. — *Zephr. elong.*, P. Gerv., *Ann. sc. nat.*, 2e série, VII, p. 43. — *Sph. elong.*, Br., *Recueil*, p. 178.

Du cap de Bonne-Espérance.

9. ZEPHRONIE MICROSTICTE. (*Zephronia miscrosticta.*)

Tête glabre, marquée de ponctuations rares, presque nulles à son bord supérieur. Collier ponctué en avant seulement de ponctuations en série, sans ponctuations en dessus ; des points rares et petits sur le premier anneau dorsal. Deuxième, troisième, quatrième et cinquième anneaux finement ponctués en avant seulement, à peu près glabres sur tout le reste de leur surface, si ce n'est le dernier, ponctués en avant et au milieu.

Bord postérieur du dernier article à peu près droit. Cet article arrondi, convexe, médiocrement déclive, entièrement marqué de ponctuations fines et serrées. Couleur olivacée ; bords des anneaux ferrugineux. Longueur 0,045, largeur 0,006.

Sphæroth. microst., Brandt, *Bull. acad. Saint-Pétersbourg*, 1841. — *Id.*, *Recueil*, p. 178.

Du cap de Bonne-Espérance.

10. Zéphronie pointillée. (*Zephronia punctulata.*)

Tête subrugueuse, entièrement marquée de ponctuations assez serrées. Collier subrugueux, à ponctuations disposées sérialement en avant et éparses en dessus. Premier article dorsal et les suivants marqués de ponctuations assez serrées, visibles à l'œil nu. Dernier article marqué de ponctuations plus nombreuses que les autres, renflé en arrière et épaissi. Point de lignes glabres sur le milieu des derniers articles dorsaux. Couleur olivacée ; bords postérieurs des anneaux ferrugineux. Longueur 0,036, largeur 0,015.

Sphæroth. ponctul., Brandt, *Bull. acad. Saint-Pétersbourg*, 1841. — *Id.*, *Recueil*, p. 179.

Du cap de Bonne-Espérance.

11. Zéphronie ponctuée. (*Zephronia punctata.*)

Tête presque glabre, luisante, marquée de ponctuations éparses assez grandes en dessus et sur son milieu. Une série de ponctuations assez fortes sur le devant du collier avec d'autres plus grandes éparses sur son milieu. Deuxième article et les suivants marqués jusque sur leur bord inférieur et postérieur de points forts, facilement visibles à l'œil nu. Ponctuations du dernier arceau plus serrées, mais non visibles à l'œil nu ; celui-ci un peu épaissi et renflé au milieu de son bord postérieur. Sixième anneau dorsal et les suivants marqués à leur milieu en dessus d'une ligne saillante, longitudinale, lisse et luisante. Processus latéraux des derniers anneaux pourvus d'une petite crête saillante à la face interne de leurs lames latérales. Couleur olivacée ; bords postérieurs ferrugineux. Longueur 0,040, largeur 0,020, plus grande hauteur 0,012.

Sphæroth. punct., Brandt, *Bull. nat. Moscou*, VI, 99. —

Zeph. punct., **P.** Gerv., *Ann. sc. nat.*, 2ᵉ série, **VII** . 43. —
Sph. punct., **Br.**, *Recueil*, p. 179.

Patrie inconnue (Musées de Berlin et de Saint-Pétersbourg).

12. ZÉPHRONIE RUGULEUSE. (*Zephronia rugulosa.*)

Extérieur du précédent, dont il a aussi la forme et la couleur. Anneaux antérieurs et moyens du corps ayant sur les côtés
du dos de petites carènes ou des linéoles saillantes, fort petites,
transversales, subparallèles et irrégulières. Point de petite crête
au-dessus de l'insertion des lames latérales des anneaux postérieurs du corps. Sixième anneau dorsal et les suivants plus ou
moins ponctués sur toute leur face supérieure. Dernier anneau
rugueux, fortement marqué de ponctuations visibles à l'œil nu,
atténué à son bord postérieur.

Spæroth. rugul., Brandt, *Bull. acad. Saint-Pétersbourg*,
1841. — *Id.*, *Recueil*, p. 179.

Du cap de Bonne-Espérance.

13. ZÉPHRONIE DE JAVA. (*Zephronia Javanica.*)

Entièrement châtain clair ; lisse sur tout le dessus, avec des
ponctuations sur la moitié antérieure de la tête seulement. Longueur 0,025 environ, largeur 0,014.

Zephr. Javanica, Guérin, *in* Gervais, *Ann. sc. nat.*, 2ᵉ série,
VII, 43, 1837.— *Id.*, *Iconogr. règ. anim. de Cuv.*, *Ins.*, pl. 1,
fig. 2. — *Id.*, *ibid.*, *Explic. ins.*, p. 5. —*Zephr. ovalis*, J. E.
Gray, *in Griffith's Anim. Kingd.*, *Ins.*, pl. 135, fig. 5. (*Non
Iulus ovalis*, Linn., Oliv., etc. — *Sphæropæus insignis*,
Brandt, ? *Recueil*, p. 181.)

Habite Java.

Nous avons vu l'exemplaire même qu'a figuré **M.** Guérin, et
nous nous sommes assurés que ses antennes ont bien sept articles, le dernier étant d'ailleurs fort petit, et conformé comme
chez les Sphérothéries. Comme **M.** Brandt fait de l'espèce à laquelle il rapporte dubitativement la figure de **M.** Guérin, un
Sphæropæus, nous devons mettre autant de réserve que lui
dans le rapprochement de son *Sphæræopus insignis* et du
Zephr. Javanica. La même réflexion s'applique au véritable
Zephronia ovalis de **M.** Gray, que **M.** Newport range aussi
dans les *Sphæropæus*. Nous parlerons donc plus loin du
Sphæropæus insignis.

14. Zéphronie marron. (*Zephronia hippocastanum.*)

Yeux noirs; surface oculaire subquadrangulaire; des poils châtains fort courts sur le devant de la tête, sur les pattes et sur une grande partie du dessous du corps. Corps luisant en dessus, de couleur marron clair, marqué presque partout et principalement sur la moitié antérieure des anneaux par des impressions irrégulières confluentes; marqué d'un très-grand nombre de très-faibles ponctuations, les unes visibles, les autres invisibles à l'œil nu, ce qui lui donne l'apparence finement chagrinée; aile latérale des premiers anneaux subaiguë, celle des quatre derniers coupée en ligne droite, ainsi que tout le bord du dernier anneau qui ne présente sur sa surface convexe aucune particularité caractéristique; ongles noirs. Longueur 0,055, largeur 0,030. (Coll. Mus. Paris.)

Découvert à l'île de Nos-Bay, près Madagascar, par M. Louis Rousseau, aide naturaliste au Muséum de Paris.

Cette espèce, dont nous n'avons vu qu'un exemplaire ayant une plaque génitale aux pattes de la deuxième paire et manquant d'appendices copulateurs à l'anus, est d'assez grosse taille. Sa grosseur et sa couleur nous l'ont fait nommer *hippocastanum*, et elle ressemble en effet, jusqu'à un certain point, à un marron d'Inde, lorsqu'elle est roulée en boule. Le bord postérieur des anneaux est plus noirâtre que le reste de leur surface.

Une Zéphronie également fort grosse et qui est peut-être de la même espèce que celle-ci a été rapportée de Madagascar par M. Jules Goudot.

II. SPHÆROPÆUS, Brandt, *Bull. nat. Moscou,* t. VI, p. 200; 1833. — Zephronia, Newport, *Ann. and mag. of nat. hist.,* t. XIII, 264.

Antennes renflées au sommet, de six articles dont les deux derniers soudés; le dernier subtrigone, retréci à sa base et à son milieu, dilaté à son sommet et tronqué obliquement, subarrondi et fortement ponctué.

Les espèces de ce groupe sont moins nombreuses que celles du précédent.

15. Zéphronie Hercule. (*Zephronia Hercules.*)

Point de lignes saillantes ou petites crêtes sur le bord qui termine en dessus le sillon falciforme du premier anneau. Longueur 0,047, largeur 0,026.

Sphærop. Herc., Brandt, *Bull. nat. Moscou*, VI , 200. — *Zephr. Herc.*, P. Gerv. , *Ann. sc. nat.*, VII, 43. — *Sphærop. Herc.*, Br., *Recueil*, p. 181.

Patrie?

16. Zéphronie glabre. (*Zephronia glabrata.*)

Blanc cendré , luisant, avec le devant de la tête profondément marqué de ponctuations serrées. Une bordure élevée sur le bord antérieur du premier segment dorsal. Longueur 4 lignes (mesure anglaise).

Zephr. glabrata, Newport, *Ann. and mag. of nat. hist.*, t. XIII , p. 264.

Habite les îles.Philippines.

17. Zéphronie chatain. (*Zephronia castanea.*)

De couleur châtain foncé, rude au toucher. Longueur 1 pouce (mesure angl.).

Zephr. cast., Newport, *Ann. and mag. of nat. hist.*, t. XIII, p. 265.

Habite les îles Philippines.

18. Zéphronie hétérostictique. (*Zephronia heterostictica.*)

Brun foncé, avec les anneaux irrégulièrement tachetés de points noirâtres , confluents , les uns grands , les autres petits. Tête et collier luisants, bruns. Bord labial noirâtre, fortement ponctué. Antennes noires. Longueur 1 1/2 pouce (mesure angl.) 0,040.

Zephr. heter., Newport, *Ann. and mag. of nat. hist.*, t. XIII, p. 265.

Habite l'Inde.

19. Zephronia innominata. (Newp., *loco cit.*)

L'auteur ne décrit pas cette espèce et ne dit pas d'où elle vient. (British Museum.)

20. Zéphronie insigne. (*Zephronia insignis.*)

Zephr. ovalis, J. E. Gray, *in Griffith's Anim. Kingd., Ins.,* pl. 135, fig. 5. (*Non Iulus ovalis*, Linné, *Amœnit. acad.*, t. IV, p. 253; *Glom. ovalis*, Latr.) — *Sphœropœus insignis*, Brandt, *Recueil*, p. 181. — *Zephr. insignis*, **P.** Gerv., *Ann. sc. nat.*, 2ᵉ série, t. VII, p. 43.

Patrie : Java.

M. Brandt n'a donné qu'une très-courte description des individus qu'il a étudiés et que possède le Musée académique de Saint-Pétersbourg.

Le même auteur est porté à croire que M. Guérin a figuré, sous le nom de *Zephr. Javanica*, le jeune âge de cette espèce. Mais nous avons vu plus haut qu'il n'y avait encore rien de certain à cet égard.

III. *Espèces douteuses de Zéphronies.*

21. Sphærotherium ovale, Brandt, *Recueil*, p. 180.

Iulus ovalis, Linn., *Amœnitates academicœ*, IV, 253, n° 36, fig. 4. — Olivier, *Encycl. méthod.*, VII, 414, n. 1 (exclusa synonymia Gronovii). — *Iulus ovatus*, Fabricius, *Entomol. system.*, II, 393. — *Id.*, *Spec. insect.*, I, 528, n. 1. Latreille, *Hist. nat. des crust. et des Ins.*, t. VII, pl. 69, fig. 5-6.

Habite la Chine.

22. Sphærotherium Gronovii, Brandt, *Recueil*, p. 180.

Oniscus cauda subrotunda integra, pedibus utrinque viginti, Gronov., *Zoophyt.*, p. 233, n. 995, tab. VII, fig. 4 – 5 (exclusis omnibus synonymis). — *Iulus ovalis*, Latr., *Hist. nat. des crust. et des ins.*, t. VII, pl. 64, pl. 79, fig. 56.

Patrie ? Gronov le donne à tort comme des mers de Norwége et d'Angleterre, et Gmelin a répété qu'il était de l'Océan européen (*hab. in Oceano europœo*). M. Brandt ajoute : La grande différence des figures de Linné et de Gronov me porte à croire que ces auteurs ont décrit deux espèces différentes. Il faut cependant regretter que leurs descriptions ne fournissent pas de caractère distinctif. Quant à l'espèce décrite par Gronov, il sera presque impossible de la reconnaître avec quelque sûreté, parce que sa patrie est inconnue. L'espèce de Linné paraît offrir, sous ce rapport, plus d'espérance. L'animal décrit et figuré par Marcgrave (*Hist. nat. Brasil.*, lib. II, p. 51), que Gronov, et d'après lui Latreille (*Genera Crust.*), rapportent comme synonymes , est une espèce de crustacés parasites trouvée par Marcgrave sur un poisson du Brésil , son Acarapitamba.

23. ZEPHRONIA TESTACEA.

Il a environ un pouce et demi de long et dix lignes et demie de large. Tout le corps , dans l'animal mort , est d'une couleur testacé pâle. Les pattes, au nombre de vingt-deux de chaque côté , ont une teinte verdâtre.

Iulus testaceus , Olivier , *Encycl. méth.* , *Ins.* VII , 414. — *Zeph. test.*, P. Gerv., *Ann. sc. nat.*, 2ᵉ série , VII , 43. — *Sphærotherium testaceum* , Brandt, *Recueil*, p. 181.

Il se trouve à Madagascar , dans les lieux ombragés , humides.

Le nombre 22 pour les paires qu'Olivier donne à cette espèce dans la description ci-dessus , doit faire penser qu'il a décrit un individu mâle dont il a pris les appendices pédiformes pour une paire de pattes.

Genre GLOMÉRIDESME. *Glomeridesmus* (1).

Corps gloméridiforme, suballongé, composé de vingt anneaux , sans la tête et l'anus , pouvant se rouler en boule ; le premier segment distinct de la tête , lisse ainsi que les suivants , qui sont convexes en dessus et concaves en dessous. Pattes cachées sous les anneaux, sexarticulés et au nombre de trente-deux paires. Tête sans yeux , à antennes en massue , de sept articles : chaperon trifide ; une fossette auriculiforme à la base externe des antennes.

Ce genre n'a encore été étudié que par nous , et ne comprend qu'une seule espèce propre aux Andes colombiennes, sur laquelle nous n'avons pu réunir qu'un petit nombre de détails.

______

(1) GLOMERIDESMUS, P. Gervais, *Ann. soc. entomol. de France,* 1844, p. 27.—*id., Ann. sc. nat.*, 3ᵉ série, t. II, p. 61.

1. Gloméridesme porcellion. (*Glomeridesmus porcellus.*)
(pl. 44, fig. 6.)

Corps lisse, de forme elliptique, atténué en arrière, subserratiforme à son bord tranchant, gris brun, plus clair en avant, en arrière, aux antennes et en dessus. Longueur 0,010, plus grande largeur 0,003.

Glomer. porc., P. Gervais et Goudot, *Ann. soc. entom.*, II, p. xxxviii. — P. Gerv., *Ann. sc. nat.*, 3e série, t. II, p. 61, pl. 5, fig. 5-6.

Habite les Andes colombiennes, où il a été recueilli par M. Justin Goudot.

Voici les seules observations que nous avons faites sur cet insecte :

Le *Glomeridesmus porcellus*, qui est l'espèce type de ce genre, est un petit myriapode recueilli par M. Goudot en Colombie, et dont nous n'avons malheureusement étudié qu'un seul exemplaire. Il est long de 0,010, mesure 0,003 dans sa plus grande largeur, et ressemble beaucoup aux Gloméris par sa forme générale. Il est cependant un peu plus aplati, un peu plus allongé aussi, et un peu plus large en avant entre les deuxième et troisième anneaux qu'en arrière, son contour formant ainsi une ellipse ovoïde; il est de couleur gris brun, plus clair en avant et en arrière sur le corps, ainsi qu'au bord postérieur des anneaux, sur tout le dessous et aux antennes. Le corps est lisse, les pattes ne dépassent pas ses arêtes latérales, elles sont médiocrement comprimées et sexarticulées; elles décroissent de longueur à mesure que le corps se rétrécit. Leur nombre était de trente-deux (1). Malgré ce caractère remarquable, et qui paraît d'abord l'éloigner des Gloméris et des Zéphronies, le Gloméridesme semble bien appartenir à l'ordre des Glomérides par la conformation de sa tête et des anneaux de son corps.

---

(1) C'est une paire de plus que pour les pattes des Polydèmes femelles. L'individu observé était sans doute de ce sexe; et comme ses valves anales avaient été perdues, lorsque nous l'avons étudié, rien n'a pu nous indiquer positivement si les organes génitaux mâles ont des forcipules en arrière comme chez les Glomérides, ce qui est probable.

Son chaperon est trifide, par suite de la présence à son bord libre d'une double échancrure bilatérale et d'un denticule médian et obtus, ainsi que les deux denticules latéraux qui limitent l'échancrure et se confondent par leur partie externe avec les côtés du front. La tête est irrégulièrement globuleuse sur son vertex et cache les appendices buccaux. Les antennes, à peu près aussi longues que la tête qui est large, sont en massue, assez courtes, un peu épaisses et composées de sept articles, grossissant du premier au sixième, subégaux en longueur, avec le septième en bouton presque inclus dans le sixième. Il n'y a point d'yeux. En avant de chaque antenne, près de sa base, existe une fossette subcirculaire et comparable à celle que les Gloméris ont près de la base externe des mêmes appendices.

Le premier anneau du corps est scutiforme, ovalaire, transverse, non réuni à la tête, et plus grand que son analogue chez les autres Glomérides. Le second est, par contre, moins considérable ; ses ailes latérales étant moins dilatées et moins tombantes que chez les autres genres de ce groupe ; mais il commence à prendre, ainsi que les suivants, la disposition demi-circulaire des anneaux des Glomérides. Leurs bords, en effet, sont amincis, et l'arceau inférieur de chaque anneau est concave, formé bilatéralement de deux lames. L'anneau entier affecte par conséquent la disposition que M. Brandt nomme *pentazonée*. Nous avons compté en tout vingt anneaux, sauf la tête et l'anus. Il y en avait donc vingt et un avec celui de ce dernier organe. L'angle postérieur des anneaux, qui descend plus bas que celui de leur insertion ou leur angle antérieur, donne au bord tranchant du corps de l'animal une apparence serratiforme.

III. POLYDESMIDES (1).

La famille des Monozonies de M. Brandt répond à l'ancien genre *Polydesmus* de Latreille, et paraît devoir comprendre aussi les *Craspedosoma* de Leach et les *Platydesmus* de M. Lucas, quoique ceux-ci aient les segments du corps un peu plus nombreux et soient pourvus d'yeux, tandis que les Polydèmes en manquent. Nons y ajoutons le nouveau genre *Oniscodesmus* et celui des *Cyrtodesmus*. Celui-ci diffère moins des vrais Polydèmes que le précédent. M. Brandt y place aussi les Pollyxènes, dont nous avons traité précédemment. Le principal caractère des Polydesmides est d'avoir les segments résistants, formés d'anneaux complets et non décomposables, comme ceux des Iules et des Gloméris, en plusieurs parties élémentaires. Ces segments sont toujours plus ou moins carénés bilatéralement dans leur première moitié, ou bien ils sont moniliformes; rarement ils affectent la forme cylindrique; leur nombre est moindre que celui des Iules, et plus considérable que chez les Gloméris. Les pieds sont, par conséquent, moins nombreux que chez les Iules : leur nombre le plus ordinaire est trente et une paires chez les femelles et trente chez les mâles, dont la première paire du septième segment est remplacée par une paire d'appendices copulateurs. Les yeux manquent presque constamment.

Les genres que nous rapportons à cette famille sont les suivants :

---

(1) MONOZONIA, Brandt, *Bull. nat. Moscou*, t. II, p. 63.—*Id., Recueil*, p. 36.—POLYDESMIDÆ, J. E. Gray, *in* Jones, *Cyclop. of anat. and Phys.*, t. III, p. 546. — P. Gerv., *Ann. sc. nat.*, 3ᵉ série, t. II, p. 63.—Newport, *Trans. linn. soc.*, t. XIX, p. 277.

Oniscodesmus,
Cyrtodesmus,
Polydesmus,
Craspedosoma.
Platydesmus

Les trois premiers pourraient former une tribu distincte des deux derniers qui ont aussi des caractères assez particuliers.

Genre ONISCODESME. *Oniscodesmus.*

Corps de forme oniscoïde, c'est-à-dire convexe au dos, avec les carènes des anneaux tombantes en dehors, cachant les pattes et donnant aux côtés de l'animal une apparence serratiforme occasionnée par le prolongement angulaire postérieur de chaque anneau. Anneau préanal petit, obtus, saillant faiblement entre les deux éminences postérieures, également obtuses de l'anneau pénultième; vingt segments; vingt-huit paires de pieds; point d'yeux.

ONISCODESME CLOPORTE (*Oniscodesmus oniscinus*).
(Pl. 44 , fig. 4.)

Corps onisciforme ;-bord inférieur des carènes en angle aigu, dentiforme; une série de tubercules ponctiformes subparallélogrammiques à leur bord postérieur; couleur brun clair; longueur 0,015.

Onisc. onisc., P. Gerv. et Goudot, *Ann. soc. entom. de France,* 2ᵉ sér., t. II, p. xxviii. — P. Gerv., *Ann. sc. nat.,* 3ᵉ série, t. I, p. 64, pl. 5, fig. 7-9.

Du sommet des Andes colombiennes par M. Justin Goudot.

Cette espèce est de couleur brune, de forme oniscoïde, c'est-à-dire convexe au dos, avec les carènes des anneaux tombantes en dehors, cachant les pattes, et produisant une disposition serratiforme par le prolongement angulaire postérieur de chaque anneau. L'anneau préanal est petit, prolongé faiblement en ar-

rière en une saillie médiane obtuse et aplatie située entre les
éminences angulaires postérieures également obtuses de l'anneau
pénultième ; les deux angles de l'antépénultième sont au contraire aigus, et ils arrivent jusqu'au niveau de ceux du segment
préanal ; le bord postérieur de chacun des anneaux montre une
série unique de tubercules plus ou moins parallélogrammmiques
dont les saillies donnent quelquefois à l'anneau lui-même une
apparence dentée, surtout en dessous. Les anneaux rappellent
jusqu'à un certain point la disposition de ceux des Myriapodes
pentazonés. On reconnaît en effet à la face supérieure de ces
anneaux, dépassée ici par la carène bilatérale comme elle l'est
chez les Gloméris, deux paires de lames, l'une interne et l'autre
externe, joignant celle-ci à la carène, l'externe plus considérable
que l'interne ; mais les diverses parties ne sont pas séparées entre
elles comme elles le sont chez les Glomérides, et l'anneau reste,
comme chez les Polydesmides, réellement monozoné.

Le premier anneau du corps ne se compose, comme d'habi-
tude, que de son arceau supérieur, qui est scutiforme, subellip-
soïde, presque droit à son bord antérieur, un peu concave au
postérieur et curviligne obtus bilatéralement. Il y a, sans compter
ce premier arceau qui rappelle le collier des Glomérides, dix-
neuf anneaux entre la tête et l'anus , et les pattes , qui ne sont
pas comprimées comme chez ces animaux , sont au nombre de
vingt-huit paires.

La tête a son chaperon rectiligne ; elle manque d'yeux et de
fossette auriforme.

Les antennes ont sept articles, dont les deuxième, troisième et
quatrième sont les plus longs et subégaux entre eux ; les autres,
c'est-à-dire le cinquième et le sixième, étant plus courts et à peu
près égaux entre eux , le septième, au contraire, plus petit et en
bouton. Les derniers articles des antennes sont plus épais que les
premiers, et la forme générale de ces appendices est en massue
fusiforme. Leur longueur égale à peu près la largeur de la tête.
Segments du corps sont marqués en dessus d'une série postérieure de tubercules ponctiformes.

L'*Oniscodesmus oniscinus* , ressemble d'une manière remarquable par son faciès aux Crustacés isopodes de la famille des
Cloportes , et cette analogie apparente lui a valu le nom sous
lequel nous le décrivons.

Un autre exemplaire du genre *Oniscodesmus* , également dû

à **M.** Goudot et maintenant déposé à la collection du Muséum, a les tubercules beaucoup plus aplatis et en fortes guillochures en forme de carrés longs sur la moitié postérieure des segments, qui est séparée de l'antérieure par une ligne transversale. Il a vingt segments, en comprenant le premier qui est plus petit que le second, comme dans les Gloméris, et le préanal qui est petit et dont la saillie postérieure se voit, comme nous l'avons dit plus haut, entre les deux carènes de l'antépénultième. La couleur est brun ferrugineux en dessus, pâle en dessous. C'est cet individu qui a été figuré entier à la fig. 4 de notre planche. Il est du sexe mâle. On voit une paire de forcipules copulatrices à la place de la première paire de pieds du cinquième segment, caractère qui rapproche cette espèce des Polydèmes avec lesquels nous le plaçons, et l'éloigne au contraire des Gloméris.

Genre CYRTODÈME. *Cyrtodesmus* (1).

Anneaux fortement carénés à carènes tombantes, coupées en lignes convexes en avant, échancrées en arrière près de leur insertion ; carène latérale du second article grande, arrondie et aliforme ; anneau préanal en quart de sphère, entier à son bord postérieur, cachant, comme chez les Gloméris, les valves ou écailles anales. Corps assez allongé, un peu concave en dessous ; pattes cachées par les carènes latérales. Apparence générale des Polydèmes, sauf une certaine analogie avec des Gloméris allongés ; point d'yeux.

Ce genre, dans lequel nous ne connaissons encore que deux espèces, pourrait être considéré comme une simple division des Polydèmes, avec lesquels il a une grande affinité ; mais nous avons cru devoir l'en distinguer, parce que sous certains rapports il tient encore des Gloméris. Telles sont la disposition des carènes la-

---

(1) Κυρτὸς, convexe; δεσμός, segment.

térales et surtout la forme de l'anneau préanal, qui ressemble à celui de ces Myriapodes, quoiqu'il soit proportionnellement moins grand. Les Cyrtodèmes ont le corps plus allongé que celui des Gloméris, et, par l'ensemble de leurs caractères, ils appartiennent bien à la famille des Polydèmes. Ils mériteraient bien mieux le nom de *P. gloméridiformes* que ceux du groupe des *Fontaria*, auxquels nous l'avions appliqué avant qu'on les eût découverts.

1. CYRTODÈME VELOUTÉ. (*Cyrtodesmus velutinus.*)
(pl. 44, fig. 5)

Noir avec les pattes, les antennes et les jonctions articulaires d'un blond pâle; tout le dessus du corps couvert d'un petit velouté de poils courts de couleur blanchâtre et peu serrés. Longueur 0,020.

Polyd. velut., **P. Gerv.** et **Goudot**, *Ann. soc. entom. de France*, 2ᵉ série, t. II, p. 28.

De Colombie, par M. Justin Goudot (Coll. Mus.)

2. CYRTODÈME GRENU. (*Cyrtodesmus granosus.*)

Assez semblable au précédent, mais non velu ; à corps un peu plus comprimé et marqué sur tous ses anneaux d'une rugosité brun noirâtre et brunâtre, composée de petits tubercules grenus irréguliers semblables à du galuchat. Taille et forme du *C. granosus*.

Polyd. granosus, **P. Gerv.** et **Goudot**, *Ann. soc. entom. de France*, 2ᵉ série, t. II, p. 28.

De Colombie, par M. Justin Goudot.

Cette espèce et la précédente, quoique beaucoup plus allongées que les Gloméris, leur ressemblent néanmoins.

GENRE POLYDÈME. *Polydesmus* (1).

Segments monozonés, c'est-à-dire annulaires et non

---

(1) POLYDESMUS, Latreille, *Hist. nat. des Ins. et des Crust.*, t. VII, p. 77.—P. Gervais, *Note sur le genre Polydème, in Ann. soc. entom. de France*, t. V, p. 373.—Brandt, *Recueil*, p. 125 et 138.—Newport,

évidemment décomposables en plusieurs pièces ; au
nombre de vingt, sans la tête ; les deux articles qui les
composent dissemblables, l'antérieur cylindrique et
le second plus ou moins caréné ; le premier clypéi-
forme, sans arceau inférieur, les trois suivants unipédigères, les quatorze qui viennent ensuite bipédigères,
les deux derniers apodes. Organes génitaux des mâles
remplaçant la huitième paire de pieds, ce qui donne
trente paires de pattes aux mâles et trente et une aux
femelles ; organes génitaux femelles formant un double
orifice entre la première et la seconde paire de pieds ;
segments toujours plus ou moins carénés bilatéralement, à carènes en bourrelet, simples ou denticulées ;
le segment préanal en pointe ou en palmette, ne
cachant qu'imparfaitement les valves anales. Stigmates
à la partie antéro-inférieure des segments, près de
l'insertion des pieds. Point d'yeux.

Latreille a, le premier, dénommé le genre Polydème,
mais les espèces qu'il lui rapportait étaient fort peu
nombreuses. Aujourd'hui on en connaît un bien plus
grand nombre, et il est devenu nécessaire de les partager en plusieurs sous-genres. M. Gray donne même à
ces groupes une valeur générique.

La brièveté avec laquelle certaines espèces ont été
décrites nous empêche de leur assigner une place
dans la classification naturelle de ce genre ; aussi devons-nous, pour n'en omettre aucune, avoir recours
à l'ordre géographique. Cependant nous donnerons
préalablement quelques remarques sur la manière dont

Ann. and Mag. of nat. hist., t. XIII, p. 265. — POLYDESMUS, FON-
TARIA, STENONIA, STOSATEA, Gray, *in* Jones, *Cyclopedia of anat. and
Physiol.*, t. III, p. 546.

les Polydèmes les mieux connus paraissent devoir être classés.

1° Certaines espèces à corps plus élargi, à segments plus rapprochés, dont les carènes sont continues ou subcontinues et dont la saillie du segment préanal est en pointe plus ou moins obtuse, ont une certaine analogie apparente avec les Gloméris. Ce sont les *Polydèmes glomèridiformes* (**P.** Gerv., *Ann. sc. nat.*, 1827) et la Fontaria de **M.** Gray.

Tels sont les *Polydesmus dasypus*, *scaber, zebratus, virginiensis, granulosus,* etc.

2° D'autres sont plus allongées, quoique assez semblables aux précédentes par leur physionomie.

Exemple : *Polydesmus Blainvillii, Mauritanicus,* etc.

3° Chez d'autres, les carènes ne sont plus continues par suite du plus grand développement de la partie cylindrique des segments, et la partie saillante de l'anneau préanal est en palmette.

Ce sont les *Polydesmus margaritiferus, Meyeni, Klugii.*

4° Certaines espèces ont les caractères des précédentes, mais les carènes de leurs segments, au lieu d'être plus ou moins épaissies, sont au contraire minces et denticulées, et elles ont leurs pores répugnatoires à la face supérieure. Ce sont les Stenonia de **M.** Gray.

Polydesmus dentatus, Mexicanus, bilineatus, clathratus, Dunalii, etc.

5° Les carènes plus ou moins distinctes, non continues, et le segment préanal terminé en pointe.

On pourrait les distinguer, suivant que les carènes sont plus ou moins relevées et aliformes (*Polydesmus rubescens, diadema*);

A peu près droites, submarginées ou même un peu dentées, (*Polydesmus complanatus, Canadensis,* etc.);

Ou plus ou moins rudimentaires et un peu tombantes, ce qui établit le passage vers les Strongylosomes.

6° Enfin certains Polydèmes ont l'épine du segment préanal double. Ce sont les Polydèmes de la *section B* de **M.** Brandt (*Polydesmus lateralis, piceus*).

M. Brandt a commencé la série des espèces de ce genre par le *P. complanatus* et celles qui s'en rapprochent le plus, et il a terminé par le *P. Erichsonii;* mais nous n'avons réellement pas encore la clef de la véritable classification de ces animaux.

1.

Polydèmes européens.

1. Podydème aplati. (*Polydesmus complanatus.*)

Brun fauve en dessus, pâle en dessous; antennes assez longues, sub claviformes, de la couleur du corps; pattes pâles, dépassant bilatéralement les carènes : celles-ci aplaties ainsi que le dessus des anneaux, en angle aigu à la partie postérieure de leur bord marginal; les antérieures plus étroites que les mitoyennes et les postérieures; anneau préanal prolongé en pointe obtuse dépassant l'anus; dessus des anneaux et des carènes marqué de deux ou trois séries à peu près régulières de tubercules aplatis; bord marginal des carènes finement denticulé : celles-ci intervallées entre elles, sauf les deux ou trois dernières et un pareil nombre des antérieures. Longueur 0,015, largeur 0,002.

Iulus complanatus, de Geer, *Mém. ins.*, t. VII, p. 586, pl. 36, fig. 23. — Linné, *Systema naturæ*, *Insecta*, p. 1065. — Olivier, *Encycl. méth.*, *Ins.*, t. VII, p. 417. — *Scolopendra*, Geoffroy, *Insectes*, t. II, p. 675. — *Scolopendra iulacea*, Scopoli, *Ent. carn.*, n° 1150. — *Iulus scolopendrinus*, Pod., *Mus. græc.*, p. 127. — *Scolopendra nigricans*, Fourcroy, *Entom. Paris.* t. II, p. 542. — *Polydesmus complanatus*, Latr., *Nouv. dict. d'hist. nat.* — *Id.*, *Genera crust. et ins.* — *Id.*, *Hist. nat. des Fourmis*, p. 385. — Leach, *Zool. misc.* t. III, p. 37, pl. 135.

De presque toute l'Europe, en Suède, en Angleterre, en Belgique, en Allemagne, en France, dans les départements du Nord du centre et du Midi, en Italie, etc.

Cette espèce est commune dans les bois, sous les feuilles mortes, les pierres, etc.

2. Polydème thrace. (*Polydesmus thrax.*)

Antennes de longueur moyenne, fauves; les cinq premiers anneaux du corps rapprochés, convexes au milieu, à peu près droits ou penchés sur les côtés; processus latéraux de l'anneau antérieur peu aigus, un peu épaissis à leur extrémité; carènes latérales des anneaux intermédiaires et postérieurs médiocres, tétragones, l'angle postérieur des derniers peu saillant; dos glabre, d'un brun-noir luisant ; une tache fauve, arrondie ou oblongue sur le milieu de chaque anneau ; carènes latérales, sauf leur angle antérieur, de la couleur du dos, ainsi que le sommet recourbé du dernier anneau. Écaille placée en avant de l'anus en dessous, subdentée. Longueur 1 pouce 1 ligne (0,029), largeur environ 2 lignes (0,004). »

Polyd. thrax, Brandt, *Bull. acad. St-Pétersbourg*, 1839.— *Id.*, *Recueil*, p. 130.

Un exemplaire de cette espèce a été recueilli en Thrace (Romélie), d'après le témoignage de M. Parreyss, et fait partie du Muséum de Saint-Pétersbourg.

M. Brandt rapporte cette espèce aux Polydèmes de sa section *A β*.

3. POLYDÈME DIADÈME. (*Polydesmus diadema*.)
(Pl. 45, fig. 2).

De couleur roux cannelle, finement granuleux sur le dessus du corps et la tête qui est comme couronnée par le premier anneau dont la carène, continuant celle des autres anneaux, ne s'interrompt point en avant, où elle est seulement un peu plus basse et forme une sorte de diadème ou de couronne, ouverte seulement en arrière ; carènes latérales des anneaux insérées sur les côtés de la face dorsale de ceux-ci, assez épaisses et fort relevées, presque aliformes et assez rapprochées entre elles. Grosseur presque double de celle du *P. complanatus*. Longueur un peu plus considérable, 0,025.

Polyd. diadema, P. Gerv., *Ann. soc. entom. de France*, 1ʳᵉ série, t. VII, p. 44. — *Id.*, *Revue zool. par la soc. cuviérienne*, t. IV, p. 280, 1839. — Lucas, *Anim. art.*, p. 524.

De Gibraltar, d'où l'exemplaire étudié par nous a été rapporté par le Dʳ Rambur.

Le corps se termine par un anneau assez semblable à celui du *P. complanatus*.

4. POLYDESMUS MACILENTUS.

Polyd. mac., Koch, *Deutschl. crust., myriap. und Ins.* — Nous trouvons dans les archives de M. Erichson l'indication de cette espèce, mais nous ignorons ses caractères.

2.

Polydèmes d'Afrique.

5. Polydème de Blainville. (*Polydesmus Blainvillii.*)

Corps moins large que dans les premières espèces ; anneaux
à peu près aussi rapprochés, légèrement bombés en dessus, lisses
si on les voit à l'œil nu, ou légèrement granuleux si on les
examine à la loupe ; anneau préanal prolongé en triangle obtus ;
couleur générale d'un roux ferrugineux, lequel règne aussi sur
les pattes ; dos marqué de points rougeâtres ; antennes grêles,
plus longues que la tête, à articles étroits et non poilus, de la
couleur du corps, mais plus pâles à leurs jointures ; leur septième
article fort petit. Longueur 1 pouce 5 lignes (0,038), dans le
mâle qui est un peu plus gros que la femelle.

Polyd. Blainv., Eyd. et Gerv., *Ann. soc. entom. de France*,
1ʳᵉ série, t. V, p. 379. — *Id. Voyage de la Favorite, Zoologie*, p. 179, pl. 54, fig. 2, et *Mag. zool.*, cl. IX, pl. 240,
fig. 2.

De la côte de Barbarie, au Maroc (Eydoux), et d'Égypte
(M. Al. Lefèvre).

6. Polydème Mauritanien. (*Polydesmus Mauritanicus.*)

De couleur café au lait foncé, blond sur les pattes, les antennes, une partie de la tête, une petite tache médiane sur le
premier anneau et toutes les carènes latérales, ainsi que l'épine
de l'anneau préanal ; carènes non contiguës, surtout en arrière ; corps lisse, luisant, sans stries, ni tubercules. Longueur
0,036, largeur au milieu 0,007.

Polyd. Maurit., Lucas, *Revue zool. soc. cuv.*, t. IX, p. 51,
1844. — *Id., Algérie, Anim. artic.*, pl. 1, fig. 6.

De l'Algérie. Nous en devons un exemplaire à M. Pierret fils,
entomologiste distingué ; il est de la province d'Oran.

7. Polydème a bords rouges. (*Polydesmus rubro-marginatus.*)

Noir avec les côtés des segments rouges ; tête fortement granuleuse ; brun rougeâtre, rougeâtre en avant ; les quatre premiers segments des antennes très-finement grenus, brun rougeâtre, les autres rougeâtres, à poils jaunes ; segments noirs, rouges sur les flancs qui sont fortement carénés et relevés ; tous les segments granuleux, ayant des tubercules en avant et en arrière ; le dernier étroit, acuminé à sa base et arrondi ; pieds courts, grêles , glabres , brun roussâtre. Longueur 0,021, largeur 0,002 3/4.

Polyd. rubro-mag., Lucas, *Revue zool.*, de Guérin, 1846, p. 285. — *Id.*, *Algérie*, *Anim. artic.*, pl. 1, fig. 7.

D'Algérie. Des environs d'Oran et de Tlemcen , assez rare.

8. POLYDÈME DU CAP. (*Polydesmus Capensis.*)

Habitus assez semblable à celui du *P. complanatus* , mais plus étroit en avant, et plus convexe sur le dos ; antennes assez longues ; les cinq premiers anneaux du corps peu rapprochés entre eux ; bord latéral du premier trigone arrondi. Carènes des autres courtes, tétragones arrondies , à bords entiers , épaissis ; leur bord externe séparé par un sillon ; tous les anneaux glabres, un peu rugueux à la loupe ; écaille inférieure de l'anus semi-lunaire. Couleur cendré noirâtre. Longueur 1 pouce (0,022), largeur 2 lignes.

Polyd. Cap., Brandt, *Recueil*, p. 140.

Du cap de Bonne-Espérance. D'après M. Brandt cette espèce est voisine, mais cependant distincte, du *P. Blainvillii.*

9. POLYDÈME AFRICAIN. (*Polydesmus Afer.*)

Corps déprimé , brun rougeâtre ; pieds jaunâtres ; surface dorsale des anneaux marquée de trois rangées transversales de petits tubercules ; carènes allongées, tétragones, montrant un rebord courbe et saillant. Longueur 2 pouces 1/2 (0,067).

Polyd. Afer, Newport, *Ann. and. mag. of nat. hist.*, t. XIII, p. 266.

10. POLYDÈME DE GRAY. (*Polydesmus Grayii.*)

Corps lisse , déprimé, brun avec les carènes subtétragones arrondies et un rebord marginal saillant, qui est sinueux et épaissi de chaque côté. Longueur 2 pouces 3/4 (0, 75).

Polyd. Grayi, Newport, *Ann. and. mag. of nat. hist.*, t. VIII, p. 266.

De Sierra-Leone.

Nota. — J'ai vu , en 1842, au *British Museum* dont les *P. Afer* et *Grayii* de M. Newport font également partie, un

Polydème d'Afrique étiqueté : Coromus Cafer, Leach. Cette espèce, longue de 0,055, est indiquée dans les notes manuscrites que je prises alors comme un vrai Polydème ayant la plaque supérieure de ses anneaux, c'est-à-dire le dessus des carènes et la partie du dos qu'elles comprennent de forme quadrilatère, allongée transversalement, la carène étant considérable comme dans le *Polydesmus Leachii.* Le *Comorus Cafer* est plus grand que celui-ci, de couleur de brique foncée ; les rugosités de ses anneaux sont faibles. Le dernier anneau se termine en spatule étroite. Il paraît, ajoutai-je à cette note, que M. Westwood a publié, dans sa nouvelle édition des *Insectes* de Drury, une figure de cette espèce.

11. POLYDÈME GRANULEUX. (*Polydesmus granulosus.*)

Rouge pâle et sale ; corps presque déprimé ; segments couverts de petits poils granuleux ; second article presque mutique.

Polyd. granulosus, Pal. Beauvois, *Insect. d'Af. et d'Am.,* Aptères, fig. 4, p. 156.

De Guinée (royaume d'Oware) ?

3.

Polydèmes de l'Asie et des îles indiennes.

12. POLYDÈME DÉPRIMÉ. (*Polydesmus depressus.*)

Iulus depressus, Fabr., *Entom. system.,* t. II, p. 393. — *Polyd. depr.,* Latr., *Règne anim. de Cuvier,* t. IV, p. 335.

De l'Inde Orientale.

M. Brandt met cette espèce à côté de son *P. erythropygus.*

13. POLYDÈME MARQUÉ. (*Polydesmus stigma.*)

Iulus stigma, Fabricius. *Entom. syst.,* t. II, p. 394. — *Polyd. stigma,* Latr., *Règne anim. de Cuvier,* t. IV, p. 335.

De Tranquebar.

14. POLYDÈME PRINCE. (*Polydesmus princeps.*)

Finement et irrégulièrement granuleux en dessus ; brun testacé avec deux taches jaunâtres entre les anneaux, sur la partie cylindrique des zoonites ; carénées non rapprochées, fortes, subaliformes, non-marginées, à bord externe, flexueux, subtridenté, moins saillant en arrière qu'en avant ; une série tout à fait rudimentaire de petits granules au bord postérieur de la partie carinifère des segments, mais point sur les carènes ; pores stigmatiformes arrondis, petits, placés sur le dessus des carènes ; carènes des derniers segments anguleuses en arrière ; prolongement du segment préanal en palmette quadrilatère, à angles émoussés ; pieds et antennes subvelues, de couleur cannelle. Longueur 0,11 , largeur 0,021.

De Java. (Coll. du Muséum de Paris.)

15. Polydème latéral. (*Polydesmus lateralis.*)

Brun ; lisse en dessus ; carènes fauves, canaliculées transversalement à leur milieu ; segment préanal terminé par une saillie bidentée.

Polyd. lat., Eschscholtz, *Mém. nat. Moscou*, t. IV, p. 112.
De l'île Guam, aux Mariannes.

M. Brandt range cette espèce parmi les Polydèmes qui ont la saillie postérieure du dernier anneau bifide.

16. Polydème de Beaumont. (*Polydesmus Beaumontii.*)

Brun noirâtre, luisant, avec les carènes latérales de chaque segment plus pâles ; les carènes très-développées, aliformes, arrondies en avant, ayant le bord épaissi en bourrelet, et prolongées postérieurement en une pointe de plus en plus aiguë, dirigée en arrière et un peu en dehors ; antennes grandes, allongées ; dernier segment prolongé et rétréci en arrière, tronqué et terminé par deux petits tubercules, ce qui rend son extrémité subbifide ; tous les segments, à l'exception des quatre premiers, ayant, en dessus et au milieu, une forte impression transversale sur leur partie carinifère et transversale qui n'atteint pas les bords latéraux ; dessus du corps non granuleux ; pores sécréteurs margino-infères. Longueur 0,040 , largeur 0,005.

Polyd. Beaum., Le Guillou, *Bull. soc. philom. de Paris*, 1841, p. 85 (*Journ. l'Institut*).
De l'île de Bornéo, par M. Le Guillou. (Coll. Mus. Paris.)

16 *bis.* Polydème couleur de poix. (*Polydesmus piceus.*)

Aspect du *P. complanatus* ; carènes en crochet à leur bord postérieur ; dernier anneau ayant son éminence postéro-supérieure bifide, et présentant en dessus deux séries de tubercules sétifères ; une impression linéaire transversale sur les carènes des anneaux 2 à 18 ; écaille inférieure préanale bidentée en arrière ; dos brillant de couleur de poix. Longueur 1 pouce 3 lignes, largeur 2 lignes.

Polyd. piceus, Brandt, *Recueil*, p. 132.

De Manille. Un mâle, rapporté par Meyen, fait partie du Musée de Berlin.

17. POLYDÈME MARGARITIFÈRE. (*Polydesmus margaritiferus.*)

Antennes courtes ; front sillonné au milieu ; corps brun en dessus, avec les carènes latérales de couleur fauve ainsi que les pattes et les antennes ; celles-ci un peu velues , surtout à leur face postérieure ; une petite rangée de tubercules fauves comparés à des perles, placée transversalement sur chaque anneau près son bord postérieur ; d'autres tubercules plus petits en avant de ceux-là ; les précédents existant seuls sur les anneaux antérieurs ; premier segment régulièrement bordé dans tout son pourtour de semblables aspérités : le dernier ayant son avance postéro-supérieure élargie , en palmette , demi-circulaire , non entamée à son pourtour. Longueur 3 pouces (0,080).

Polyd. marg., Eydoux et Gervais, *Zool. du voyage de la Favorite*, p. 177, pl. 54, fig. 1.

De Manille, par feu M. Fortuné Eydoux.

18. POLYDÈME DE MEYEN. (*Polydesmus Meyenii.*)

Antennes courtes, à peine plus longues que la tête ; partie dorsale des anneaux presque horizontale ; premier anneau oblong, beaucoup plus court que le second, à bords glabres ; carènes des 2, 3 et 4° anneaux un peu dirigées en avant, les autres plus ou moins droites et horizontales ; dernier segment prolongé en dessus de son bord postérieur en palette arrondie, marquée de quatre éminences ; écaille préanale inférieure bidentée en arrière ; tous les anneaux faiblement chagrinés, gris, à bord blanc fauve, marqués sur leur milieu de trois séries de granules blancs. Longueur 2 pouces 3 lignes (0,061), largeur 5 lignes.

Polyd. Meyenii, Brandt, *Recueil*, p. 133.

De Manille, par M. Meyen. (Musée de Berlin.)

Cette espèce ne diffère peut-être pas de la précédente.

19. Polydème bifascié. (*Polydesmus bifasciatus.*)

Olive foncé ; antennes, bords latéraux des carènes et deux lignes dorsales jaunes ; antennes courtes ; carènes tombantes. Longueur 2 pouces (0,054).

Polyd. bifac., Newp., *Ann. and mag. nat. hist.*, t. XIII, p. 266.

Des îles Philippines.

20. Polydème acutangle. (*Polydesmus acutangulus.*)

Angles postérieurs des carènes dorsales allongés et très-aigus ; antennes pubescentes ; tête et corps noir de jais ; carènes jaunes brillant ; pieds bruns ; longueur 1 pouce 1/2 (0,041).

Polyd. acut., Newp., *Ann. and mag. of nat. hist.*, t. XIII, p. 266.

Des îles Philippines.

21. Polydème denticulé. (*Polydesmus denticulatus.*)

Couleur générale d'un gris cendré, un peu rosé ; tous les segments du corps fortement granuleux à granules inégaux ; dilatations latérales des carènes courtes, denticulées à denticules courts et tuberculiformes ; dernier segment saillant en palmette arrondie ; antennes et pattes pâles ; segments assez resserrés. Longueur 0,28 , largeur 0,05.

Polyd. denticul. , Le Guillou, *Bull. soc. philom. de Paris* , 1841, p. 85, et *Journ. l'Institut.*

De la Nouvelle-Guinée, par M. Le Guillou. (Coll. Mus. Paris.) Cette espèce, quoiqu'un peu denticulée sur ses carènes, n'appartient pas au groupe des *Stenonia* ; elle se rapproche davantage des *P. Mauritanicus*, etc.

22. Polydème imprimé. (*Polydesmus impressus.*)

Gris bleuâtre de couleur d'ardoise en dessus, avec les carènes latérales, le dessous du corps, les antennes et les pattes d'un blanc-jaunâtre pâle ; carènes latérales fortes, épaisses et en bourrelet avec l'angle postérieur aigu ; une impression transverse assez enfoncée au milieu de chaque segment, à cavité ponctuée et n'atteignant pas les bords latéraux ; quelques points noirs sur les segments, plus gros en arrière ; dernier segment terminé brusquement en une pointe saillante , tronquée et denticulée en haut. Longueur 0,018 , largeur 0,003.

Polyd. impr., Le Guillou, *Bull. soc. philom. de Paris*, 1841, p. 85. — *id. l'Institut*, 1841.

De la Nouvelle-Guinée , par M. Le Guillou (Coll. Mus. de Paris), espèce fort rapprochée du P. de Beaumont , due au voyageur.

23. POLYDÈME BRANDT. (*Polydesmus Brandtii.*)

Carènes saillantes et dessus de la partie carenée des anneaux à peu près en carré long, disposé transversalement; un peu échancré en avant dans l'étendue de la partie annulaire, un peu saillant en arrière; bord marginal des carènes tranchant, irrégulièrement quadridenté à la plupart des anneaux, simplement flexueux ou droit aux antérieurs, anguleux à son bord postérieur en arrière; dessus du corps rugueux; premier anneau ovalaire transverse , presque droit en avant, tronqué en arrière en face les carènes , entouré d'une sorte de granules plus forts; une série de tubercules plus saillants au bord postérieur; la partie carénée des anneaux entre les carènes; dernier anneau en palmette demi-circulaire en-dessus , bituberculé et non échancré à son pourtour; plaque préanale inférieure irrégulièrement trigone ; antennes assez courtes, pubescentes ainsi que les pattes; couleur fauve avec la partie non carénée des anneaux plus foncée en dessus, ainsi que les carènes et les flancs. Longueur 0,065, largeur au milieu 0,012.

De la Nouvelle-Guinée, par MM. Quoy et Gaimard.

Un exemplaire mâle est déposé au Muséum de Paris.

4.

Polydèmes de l'Amérique.

24. POLYDÈME GRANULÉ. (*Polydesmus granulatus.*)

Corps couvert de poils courts, de couleur pâle , avec du rouge en dessous, et les pieds plus pâles ; tête brune, garnie de petits poils durs; lèvre inférieure blanche; segments du corps assez convexes, granuleux, à granules arrondis ou oblongs longitudinalement, saillants, obtus, rapprochés et rangés transversalement sur quatre séries régulières ; segment antérieur ovalaire transverse, plus étroit que la tête et le second segment ; stigmates (orifices répugnatoires) saillants.

Polyd. gr., Say, *Journ. acad. nat. sc. Philadelph.*, 1821, p. 107.

De Pensylvanie.

25. Polydème serratiforme. (*Polydermus serratus.*)

Segments aplatis en dessus avec quatre petites dents de chaque côté ; premier segment ovalaire oblong transversalement, un peu anguleux à ses côtés ; second, troisième et quatrième segments ayant trois dentelures seulement ; le premier plus fort que le second et n'ayant qu'une seule dentelure obsolète près de son angle postérieur ; une double rangée transverse de douze tubercules squamiformes peu saillants sur chaque anneau, sauf sur le premier qui n'en a qu'une ; tête glabre, une impression longitudinale sur son vertex ; antennes, pieds et segment terminal velus ; couleur brun rougeâtre en dessus, blanc jaunâtre en dessous.

Polyd serr., Say, *Journ. acad. nat. scienc. of Philadelphia*, 1820, p. 106.

De la Virginie, sous l'écorce du *Pinus variabilis* avec l'*Iulus pusillus*.

26. Polydème de Leach. (*Polydesmus Leachii.*)

Polyd. Leachii, J.-E. Gray, *in Griffith's Anim. Kingdom, Ins.*, pl. 135, fig. 3.

De l'Amérique septentrionale. Le type de cette espèce est conservé au *British Museum*. Il nous a paru se rapprocher, sous divers rapports, du *P. Blainvillii*. On n'en a pas encore publié de description.

27. Polydème tridenté. (*Polydesmus tridentatus.*)

Iulus tridentatus, Fabricius, *Species ins.*, t. I, p. 530. — Id., *Mantissa ins.*, t. 1, p. 340. — Linné, Gmelin, *Ins.*, p. 3019.

De l'Amérique septentrionale.

Nous avons autrefois considéré avec Say et quelques auteurs le *Iulus tridentatus* de Fabricius comme le même que le *Polydesmus Virginiensis* ; mais il faut noter que Fabricius donne à son myriapode 36 paires de pattes, ce qui n'a pas lieu chez les Polydèmes. M. Brandt fait remarquer ce caractère comme nous l'avions fait nous-même dans une note sur le genre des Polydèmes insérée dans les *Annales de la société entomologique* pour 1836, mais de plus il fait du *Pol. tridentatus* une espèce à part. Cette opinion ne nous parait admissible qu'après un nouvel examen du *Iulus tridentatus* et du *Virginiensis*, car peut-être il y a erreur dans le nombre des pattes tel que le donne Fabricius.

28. Polydème érythropyge. (*Polydesmus erythropygus*.)

Antennes médiocres ; habitus général du *Polydesmus complanatus*, mais avec le bord des carènes latérales subarrondi très-épaissi et un peu renversé en dessous ; dernier anneau tétragone à pointe tronquée et recourbée ; une petite écaille arrondie devant l'anus ; couleur du dos noir olivâtre ; une tache rouge sur chaque anneau ; sommet des carènes ainsi que leur face inférieure et la fin du dernier anneau de même couleur. Longueur 1 pouce 2 lignes (0,031), largeur 2 lignes (0,004).

Pol. erythrop., Brandt, *Recueil*, p. 134.

De l'Amérique boréale, par Zimmermann. (Musée de Berlin.)

29. Polydème Virginien. (*Polydesmus Virginiensis*.)

Corps d'un gris pâle ; segments convexes ; second article des pieds très-aigu.

Iulus Virg., Drury, *Ins. exotica*. — *Pol. Virg.*, Pal. Beauvois, *Ins. d'Afr. et d'Am.*, Aptères, pl. IV, fig. 5. — *Fontaria Virg.*, J.-E. Gray, *in Griffith's Anim. kingd.*, Ins., pl. 135, fig. 1. — *Polyd. Virg.*, P. Gerv., *Ann. sc. nat.*, 2ᵉ série, t. VII, p. 43.

De l'Amérique septentrionale : En Virginie et en Caroline.

Pal. de Beauvois a donné à tort des yeux à cette espèce. Plusieurs zoologistes ont vérifié qu'elle n'en a pas, et nous nous en sommes aussi assuré sur l'exemplaire même qu'a figuré M. Gray. Elle a besoin d'être décrite avec soin, besoin que nous n'avons pu satisfaire.

30. Polydème Canadien. (*Poydesmus Canadensis*.)

Châtain, luisant ; deux rangées tubercules scutiformes, larges mais peu saillants sur la moitié postérieure de chaque segment

à sa région dorsale, quatre au rang antérieur et six au postérieur; bord postérieur de chaque segment faiblement ondulé.

Polyd. Canadensis, Newport, *Ann. and mag. of nat. hist.*,
tom. XIII, p. 265.

Du Canada, près d'Albany.

Cette espèce se rapproche beaucoup du *P. complanatus*
d'Europe, mais elle en diffère par sa couleur et par l'absence de
tubercules sur la moitié antérieure des segments en dessus.

31. POLYDÈME DE DRURI. (*Polydesmus Drurii.*)

Brun cendré, convexe en dessus; couvert de petites rugosités; carènes subtétragonales aiguës à leur angle postérieur;
antennes courtes, à articulations rugueuses, obconiques. Longueur 2 pouces 3/4 (0,074).

Polyd. Drurii, Newport, *Ann. and mag. of nat. hist.*,
t. XIII, p. 266.

De Démerara.

32. POLYDÈME DU MEXIQUE. (*Polydesmus Mexicanus.*)

Antennes allongées, garnies de petits poils; tête finement
granulée, offrant à son sommet deux tubercules saillants, de
couleur noire et à son milieu une impression longitudinale; premier anneau appointi bilatéralement et garni à son bord postérieur d'une série transverse de petits tubercules saillants; une
série semblable de tubercules aux anneaux suivants, qui ont le
bord latéral de leurs carènes fortement multidenté; segment
préanal terminé en palmette arrondie; couleur générale brun
noir, avec des taches d'un cendré clair et des points blanchâtres
principalement sur la partie cylindrique des segments; un point
blanc arrondi, sur la face supérieure de chaque carène; pattes
de couleur roussâtre foncé avec des poils jaune clair. Longueur 3 pouces 3 lignes (0,090).

Polyd. Mexic., Lucas, *Hist. nat. de Anim. artic.*, t. I,
p. 523. — *Id.*, *Dict. univ. d'hist. nat.*, *dirigé par M. d'Orbigny*, Myriap., pl. 1, fig. 3.

Du Mexique. (Coll. Mus. Paris.)

33. POLYDÈME DOUBLE LIGNE. (*Polydesmus bilineatus.*)

Tête finement granulée; antennes peu allongées, ayant des
poils courts, peu serrés; premier segment convexe, finement

granuleux, en pointe arrondie à ses processus latéraux ; anneaux suivants peu convexes, finement granuleux et présentant postérieurement une série transversale de petits tubercules assez saillants ; carènes finement denticulées et entourées d'une raie jaune sale ; couleur générale roux foncé et deux lignes longitudinales blanchâtres sur la partie médiane de chaque segment.

Polyd. bilineatus, Lucas, *Hist. des Anim. artic.*, t. I, p. 523.

Du Mexique. (Coll. Mus. de Paris.)

34. Polydème d'Erichson. (*Polydesmus Erichsonii.*)

Bord postérieur du dernier anneau en palmette crénelée ; antennes courtes; carènes horizontales tronquées, arrondies, non disposées en épines à leur bord postérieur ; partie carénée des anneaux garnie de cinq à sept séries, alternantes de granules serrées ; plaque préanale inférieure présentant en arrière une échancrure bidentée; couleur de la tête et des anneaux gris noirâtre, passant au brun en arrière et au blanchâtre sous le milieu de l'abdomen ; carènes en général d'un brun brillant à leur bord.

Polyd. Erichs., Brandt, *Recueil*, p. 135.

Du Mexique. L'exemplaire type est au Muséum de Berlin.

35. Polidème de Klug. (*Polydesmus Klugii.*)

Dessus du corps marqué de granules longs ou arrondis, disposés sur trois séries ; quatre séries au bouclier ; bord des carènes fauve; segment préanal de couleur brune, en palmette. Longueur 0,067.

Polyd. Klugii, Brandt, *Recueil*, p. 133.

De la ville d'Alvarado, au Mexique.

Cette espèce fait partie de la section *C* de M. Brandt.

36. Polydème marqueté. (*Polydesmus clathratus.*)

Voisin du *P. Mexicanus*, à carènes non continues, dentelées à leur bord latéral ; le segment préanal en palmette subarrondie ; tête finement granulée ainsi que les antennes ; les segments dorsaux granuleux sur la carène, dont les dentelures sont au nombre de trois à cinq et inégales ; la partie moyenne des segments dorsaux marquée de figures polygonales qui rappellent la peau des Coffres ou des Tatous ; une rangée de petits tubercules au bord postérieur, chaque tubercule dans un des polygones ; les derniers segments ont plusieurs rangées de tubercules obsolètes ; la palmette du préanal est bituberculée ; bord postérieur des segments entouré en dessous d'une ligne de denticules spiniformes. Couleur brun foncé en dessus, plus pâle en dessous, où les tubercules sont jaunâtres et où il y a une double ligne dorsale jaunâtre, assez large. Longueur 0,080, largeur 0,017, longueur des antennes 0,011.

De Colombie, par M. Justin Goudot. (Coll. Mus. Paris.)

37. Polydème de Dunal. (*Polydesmus Dunalii.*)

Du même groupe que le précédent et ayant de même les carènes denticulées, les pores répugnatoires à la face dorsale des carènes et le segment préanal en carré subarrondi. Les segments ne présentent pas en dessus l'apparence réticulée ou marquetée du *P. clathratus ;* ils sont granuleux dans la moitié carinifère et sur la carène, et leurs granules sont plus nombreux sur la carène ; il y en a une rangée plus grosse au bord postérieur de chaque segment ; les derniers segments ont deux ou trois de ces rangées ; la palmette terminale a huit tubercules pilifères, deux paires marginales et deux paires sur sa surface ; la partie carinifère des segments est granuleuse en dessus, mais sans tubercules postérieurs spiniformes ; la partie cylindrique est très-finement chagrinée et subreticulée. Couleur cannelle claire, avec les tubercules du dessus du corps jaunâtres. Longueur 0,080 , largeur 0,016.

De Colombie, par M. Justin Goudot. (Coll. du Muséum de Paris.)

38. Polydème pustuleux. (*Polydesmus pustulosus.*)

Espèce rapprochée de polydèmes proprement dits, à segment postérieur prolongé en pointes épaisses, mais à carènes subdentées, portant le pore répugnatoire, qui est arrondi, dans un épaississement dentiforme de la carène, laquelle est continuée en arrière par une échancrure rudimentaire ; surface dorsale des segments marquée de deux ou trois rangs de tubercules pustuliformes subpolygonaux, peu saillants ; portion cylindrique des segments à peu près lisse, ainsi que la tête. Longueur 0,065, largeur 0,014, antennes ?

De Colombie, par M. Justin Goudot. (Coll. Mus. Paris.)

39. Polydème polygoné. (*Polydesmus polygonatus.*)

Sans tubercules ; à carènes épaissies latéralement non dentées et plus ou moins appointies à leur angle postérieur ; pores arrondis ; parties carinifère et cylindrique des segments marquées en dessus de figures hexagones ou pentagones disposées en séries transversales ; la tête et le bouclier n'en présentent pas ; partie postérieure du segment préanal prolongée en palmette, ayant la forme d'un carré subarrondi. Couleur gris violacé ; la partie épaissie des carènes jaunâtre ; le dessous du corps et les pattes violacé clair. Longueur totale 0,065, largeur 0,012, antennes 0,008.

De Colombie, par M Justin Goudot (Coll. Mus. Paris.)

40. Polydème de Roulin. (*Polydesmus Roulini.*)

Rapproché du précédent et du *Polyd. mauritanicus*, brun cannelle uniforme, lisse et luisant, à carènes médiocres non dentées, épaissies à leur bord, avec les pores répugnatoires marginaux ; segment préanal en pointe obtuse, arrondie, un peu déclive. Longueur 0,040.

De Colombie, par M. Justin Goudot. (Collection du Muséum.)

41. Polydème de Goudot. (*Polydesmus Goudotii.*)

Très-voisin du précédent, mais pâle en dessous et sur les carènes ; la saillie de son segment préanal est un peu plus large.

De Colombie, par M. Justin Goudot. (Coll. Muséum de Paris.)

42. Polydème blanchi. (*Polydesmus dealbatus.*)

Du même groupe que les deux précédents, luisant comme eux, à carènes peu saillantes, subépaissies, prolongées postérieurement en pointe, à partir du troisième ou quatrième segment, de grosses stries obsolètes au-dessus des carènes, avec l'indice de quelques gros tubercules sur le flanc des premiers segments ; prolongement du segment préanal subarrondi un peu carré ; antennes courtes, pâles, bord antérieur et parties latérales du bouclier jaune blanchâtre ; une tache grande irrégulièrement triangulaire sur la partie latérale des segments et sur la carène, de même couleur ; palmette du dernier segment également blanchâtre, ainsi que le dessous du corps et les pattes ; tête et dos de couleur brun chocolat. Longueur 0,036, largeur 0,006.

De Colombie , par M. Justin Goudot. (Coll. du Musée de Paris.)

43. Polydème plan. (*Polydesmus planus.*)

Forme assez rapprochée de celle du *Polyd. complanatus* et du *P. rubescens*, plan en dessus à carènes transverses , subarrondies à leur angle antérieur qui est à peu près en angle droit, marqués en dessus de granulations extrèmement fines ; pores répugnatoires petits submarginaux , arrondis ; bord des carènes non épaissi , complet ; couleur générale brun cendré , uniforme avec les antennes et les pieds rosés ; antennes et pieds grêles ; segment préanal subtridenté , prolongé en pointe tronquée ; bord postérieur du précédent marqué d'une rangée de petits tubercules. Longueur 0,038 , largeur 0,007.

De Colombie, par M. Justin Goudot. (Coll. Mus. Paris.)

44. Polydème zébré. (*Polydesmus zebratus.*)

Jaune clair avec une bande étroite de couleur vineuse au bord postérieur des anneaux , et une ligne de même teinte sur le bord des carènes latérales ; angle postérieur de celles-ci assez aigu ; dessous des anneaux blanchâtre , avec un limbe postérieur étroit et roux à quelques-uns ; pattes jaunâtres épaisses ; corps paraissant très-finement chagriné quand on l'examine à la loupe. Longueur 0,035.

Pol. zébr. ou *zonatus* , P. Gerv., *Ann. soc. entomol. de France*, 1re série , t. V, p. 379.

Du Brésil. Espèce du sous-genre *Fontaria*.

45. Polydème dilaté. (*Polydesmus dilatatus.*)

Les cinq premiers anneaux du corps serrés et les plus larges, les autres ayant les côtés de plus en plus aigus à mesure qu'ils sont plus éloignés ; les anneaux intermédiaires et postérieurs écartés , ayant l'angle postérieur de leurs carènes plus ou moins en crochet ; plaque sous-anale semi-lunaire , ayant une épine en arrière ; anneaux de couleur chair brunâtre avec de petites taches brun roussâtre , arrondies , irrégulières sur l'abdomen. Longueur 2 1/2 (0,067) , largeur au milieu 5.

Polyd. dilatatus , Brandt, *Recueil* , p. 132.

Du Brésil. Deux exemplaires femelles au musée de Saint-Pétersbourg.

46. Polydème d'Olfers. (*Polydesmus Olfersii.*)

Premier anneau du corps très-large, anguleux à son bord postérieur, et couvrant la partie postérieure de la tête ; dernier segment très-aigu ; écaille préanale inférieure échancrée ; tête, premier anneau, corps, abdomen, pieds et anus de couleur blanche, partie dorsale des autres anneaux cendrée.

Polyd. Olfersii, Brandt. *Recueil*, p. 129.

Du Brésil, par Olfers. (Musée de Berlin.)

Le texte de M. Brandt donne à cette espèce six lignes pour longueur et un pouce et demi pour longueur, mais évidemment par faute typographique, les mots longueur et largeur ayant été transposés. Il ajoute que cette espèce lui paraît douteuse, et n'est peut-être que le jeune âge du *Polyd. scaber* avec lequel elle offre, dit-il, une analogie frappante.

47. Polydème ruguleux. (*Polydesmus rugulosus.*)

Brun ; segments pédifères rugueux et ponctués en dessus dans leur partie carénée ; bord externe des carènes épaissi ; segment préanal terminé en crochet recourbé.

Polyd. rug. Eschscholtz, *Mém. soc. nat. Moscou*, t. VI. p. 12.

Du Brésil.

48. Polydème rougeatre. (*Polydesmus rubescens.*)

Couleur générale d'un roux vineux sur le dessous du corps, les côtes de l'abdomen et les pattes ; base de celles-ci d'un jaune sale ; antennes subvilleuses, de la couleur du corps, excepté sur le dernier et l'avant-dernier articles qui sont jaunâtres ; anneaux du corps aplatis, régulièrement flexueux, mais non bombés ; carènes très-développées, les deux dernières et les premières étant seules contiguës ; corps grêle. Longueur 1 pouce 8 lignes (0,045).

Polyd. rubescens, P. Gerv., *Ann. soc. entom. de France*, t. V, p. 379.

Du Brésil.

49. Polydème tacheté. (*Polydesmus conspersus.*)

Rouge pâle, tacheté de roux brun ; bord des carènes épaissi, leurs angles aigus. Longueur 3 pouces 1/2.

Polyd. consp., Perty, *in* Spix et Martius, *Hist. nat. Bras.*, *Ins.*, p. 210, pl. 40, fig. 8.

Du Brésil, dans les montagnes de la province des Mines.

50. POLYDÈME ROSACÉ. (*Polydesmus rosasceus.*)

Assez semblable au *Polyd. complanatus;* antennes longues et grêles; dessus des anneaux très-glabre; carènes latérales, même les premières, à crochets très-aigus; couleur rose vineux sur l'animal desséché. Longueur 10 lignes 1/2 (0,022), largeur 2 lignes.

Polyd. ros., Brandt, *Recueil*, p. 140.
Du Brésil.

51. POLYDÈME GLABRE. (*Polydesmus glabratus.*)

Rougeâtre ou gris blanc; pieds rougeâtres, carènes arrondies à leurs angles, glabre en dessus. Longueur 2 pouces 1/3 (0,063).

Polyd. glab., Perty, *in* Spix et Martius, *Hist. nat. Bras.*, *Ins.*, p. 210, pl. 40, fig. 7.

De l'Amérique méridionale, depuis l'embouchure du Rio-Negro jusqu'aux frontières du Brésil. (Spix et M. Martius.)

52. POLYDÈME SCABRE. (*Polydesmus scaber.*)

Granuleux en dessus, rude au toucher, bord latéral des carènes aplati, dentelé. Longueur deux pouces et demi (0,067).

Polyd. scab. Perty, *in* Spix et Martius, *Hist. nat. Bras.*, *Ins.*, p. 210, pl. 40, fig. 9.

Du Brésil. Espèce de sous-genre Fontaria. Provient des montagnes de la province des Mines.

53. POLYDÈME DENTELÉ. (*Polydesmus dentatus.*)

Deux fois plus grand que le *P. complanatus;* corps quelquefois grisâtre, le plus souvent brun ferrugineux; anneaux présentant de chaque côté plusieurs dentelures d'inégale grandeur; une ligne transversale au milieu de leur partie supérieure et une ou deux rangées de petits tubercules vers leur bord postérieur.

Iulus dentatus, Olivier, *Encycl. méth.*, *Ins.*, tom. VII, p. 417.

De l'Amérique méridionale, à Cayenne; envoyé à Olivier par M. Tugni.

54. Polydème de Gay. (*Polydesmus Gayanus.*)

Ayant quelque rapport avec le *P. rubescens* pour la forme ; roux vineux, luisant sur la portion carinifère des segments ; une impression linéaire transverse sur la même région et des impressions réticulées. Longueur 0,030.

Du Chili. Recueilli par M. Cl. Gay sur les débris des troncs d'arbres pourris (1).

5.

Polydèmes dont on ignore la patrie.

55. Polydème élégant. (*Polydesmus elegans.*)

Polyd. elegans, J.-E. Gray, *in* Griffith, *Anim. kingd.*, pl. 135, fig. 6.

L'exemplaire type est au *British Museum.* Sa longueur égale 0,045. Cette espèce n'a pas été décrite.

56. Polydème a crochet. (*Polydesmus hamatus.*)

Habitus général et plus particulièrement les carènes comme dans le *Polyd. rosaceus ;* les cinq premiers anneaux et les postérieurs disjoints ; le premier oblong transversalement ; son processus latéral peu développé et triangulaire ; carènes des autres anneaux très-longues, triangulaires, étroites, très-aiguës, à sommets recourbés en arrière, égalant en longueur la partie moyenne des anneaux, et sillonnés longitudinalement à leur face inférieure ; dessus des anneaux fortement granulé ; huit séries de granules sur le premier, quatre sur les deuxième, troisième et quatrième ; cinq ou six sur les suivants ; granules des carènes épineux sur les bords ; écaille préanale subéchancrée à son bord postérieur ; couleur cendré brunâtre ; pattes et milieu de l'abdomen blancs. Longueur 1 pouce (0,027), plus grande largeur 2 lignes.

Polyd. hamat., Brandt, *Recueil*, p. 141.

Patrie inconnue. Type conservé au Musée de Saint-Pétersbourg.

---

(1) Les *Oniscodesmus oniscinus, Cyrtodesmus velutinus* et *C. granosus*, ainsi que plusieurs espèces de Strongylosomes et le Platydème, complètent la liste qu'on va lire des Polydesmides sud-américains.

Polydème de Bibron. (*Polydesmus Bibronii.*)

Polyd. de Bibron, Eydoux et Souleyet, *Voyage de la Bonite*, ins. aptères, pl. 1, fig. 8-11.

Cette espèce n'a pas été décrite. Nous en ignorons la patrie.

57. Polydème tatou. (*Polydesmus dasypus.*)

Corps large et grand; tète proportionnellement assez petite, échancrée angulairement à la lèvre supérieure ; bouclier transversal arrondi en avant, subtrigone à son bord postérieur, à angles latéraux aigus; les autres segments s'élargissant un peu, saillants sur le milieu du dos, surtout les intermédiaires, un peu imbriqués, irrégulièrement striés sur leurs parties dorsolatérales depuis le cinquième ; tète, bouclier et les trois segments suivants, ainsi que le milieu du dos, à peu près lisses ou marqués d'impressions linéaires plus ou moins rares en arrière ; bords des carènes subcontinus, épaissis en bourrelet; les cinquième, septième, neuvième, dixième, douzième, treizième, quinzième, seizième, dix-septième et dix-huitième montrant vers le milieu supérieur de leur bord épaissi un pore secréteur arrondi ; avant-dernier segment pourvu bilatéralement d'une saillie marginale palmiforme sur laquelle on voit aussi un petit orifice répugnatoire ; saillie du dernier segment en pointe épaisse entre les deux palmettes du pénultième ; forme générale des *Fontaria*, mais à corps plus large ; antennes assez grandes, peu velues; deuxième article des pieds prolongé en épine forte et courte à son bord postéro-inférieur ; couleur uniformément gris jaunâtre. Longueur totale du corps 0,070, des antennes 0,013, largeur du corps au milieu 0,025.

Patrie? Nous avons décrit cette curieuse espèce d'après un exemplaire mâle qui fait partie de la collection du Muséum de Paris.

Genre STRONGYLOSOME. *Strongylosoma* (1).

Segments et pieds en même nombre que chez les Polydèmes ; forme des segments à peu près cylindrique

---

(1) Strongylosoma, Brandt, *Bull. nat. Moscou*, t. VI, p. 205. — Polydèmes Iuloïdes, P. Gerv., *Ann. sc. nat.*, 2ᵉ série, t. VII, p. 45. —Stosatea? J. E. Gray, *in* Jones, *Cyclopedia of anat. and physiol.*, t. III, p. 546. —Triposoma, Koch, *Erichson's Archiv*, 1845, p. 180.

ou noueuse, avec une très-faible indication de la carène marginale ; segment préanal terminé en pointe ; point d'yeux.

Ce genre ne comprend encore qu'un petit nombre d'espèces, dont une habite l'Europe. Il a été distingué par M. Brandt, et a reçu aussi des dénominations différentes de la part de quelques autres naturalistes. Peut-être devra-t-on le réunir aux Polydèmes, avec lesquels il se lie d'une manière intime par les espèces à carènes rudimentaires.

1.
Strongylosomes d'Europe.

1. STRONGYLOSOME PALLIPÈDE. (*Strongylosoma pallipes.*)

Roux ferrugineux ; pieds jaune pâle. Longueur 0,015.

Iulus pallipes, Olivier, *Encycl. méthod.*, Ins., VII, p. 414.
— *Iulus stigmatosus*, Eichwald, *Zool. spec.*, part. 2, p. 121.
— *Strongylosoma iuloides*, Brandt, *Bull. nat. Moscou*, VI, p. 205.—*Polyd. pallip.*, Gerv., *Mag. zool.*, *classe* VIII, n° 133 ; 1835.—Guérin, *Iconogr. du Règne anim.*, Ins., pl. 1, fig. 2.
— *Polyd. Genei*, Costa, *Pochi cenni intorno alla fauna del gran sasso d'Italia.* — *Strongylosoma monile*, Newport ? d'après Bonelli. — *Triposoma pallipes*, Kock, cité par Erichson, *Archiv*, 1845, p. 180.

Habite plusieurs parties de l'Europe. Je l'ai trouvé en France, à Paris et à Montpellier ; Eichwald l'a recueilli en Pologne et en Volhynie, et M. Costa dans le royaume de Naples. C'est sur des individus envoyés de Pologne par M. Waga que j'ai reconnu l'identité du *Iulus stigmatosus* avec le *Iulus pallipes* d'Olivier (1).

2.
Strongylosomes d'Afrique.

2. STRONGYLOSOME DE GUÉRIN. (*Strongylosoma Guerinii.*)
(Pl. 46, fig. 3.)

Corps, pattes et antennes jaune isabelle sale ; indice de la

---

(1) *Revue zool. par la soc. cuv.*, t. II, p. 79.

carène latérale très-faible ; segment préanal en forme de rostre. Longueur 10 lignes (0,022.)

Polyd. Guerinii, P. Gerv., *Ann. soc. entom. de France*, IV, p. 686.

De l'île de Madère.

3. STRONGYLOSOME CYLINDRACÉ. (*Strongylosoma cylindraceum.*)
(Pl. 45, fig. 3 c.)

Corps, pattes et antennes jaune isabelle de teinte foncée ; segments cylindriques sans indice de carènes latérales ; segment préanal largement terminé en pointe. Longueur 0,025.

Polyd. cylindraceus, P. Gerv., *Ann. soc. entom.*, t. VII. De Barbarie, au Maroc.

3.

Strongylosomes de l'Amérique méridionale.

4. STRONGYLOSOME CONCOLORE. (*Strongylosoma concolor.*)

De couleur chocolat clair partout ; antennes assez allongées, pubescentes dans leur seconde moitié ; tète courte , lisse ainsi que le corps ; premier anneau ovalaire transverse , faiblement marginé en avant et sur les côtés ; carènes très-faibles ; la partie de l'anneau qui les porte se rétrécissant en dessous ; dernier anneau prolongé au-dessus de l'anus en pointe obtuse subbifide ; écaille préanale subcarrée. Longueur 0,028 , largeur 0,003 , antennes 0,025.

De Coquimbo, par M. Gaudichaud. (Coll. du Muséum de Paris.) — Un autre exemplaire est donné comme de Montevideo , et vient également de l'expédition de *la Bonite*. Dans un individu femelle , il y a des œufs petits, presque arrondis, de la couleur de l'animal (dans l'alcool).

5. STRONGYLOSOME SPILONOTE. (*Strongylosoma spilonotum.*)

Subcylindrique , à carènes linéaires portant le pore répugnatoire près de leur extrémité postérieure ou à leur milieu ; dernier segment prolongé en dessus en pointe obtuse, pilifère ; tète et corps chocolat foncé ; pattes et dessous plus clairs ; une série unique et médio-dorsale de taches en général surarrondies de couleur jaunâtre règne depuis le bouclier jusqu'à la pointe préanale qu'elle colore ; il y a une de ces taches sur chaque segment. Longueur 0,025.

De l'Amérique méridionale. (Coll. Mus. Paris.)

4.

Srongylosomes de la Nouvelle-Hollande.

6. STRONGYLOSOME DE GERVAIS. (*Strongylosoma Gervaisii.*)

Teinte générale d'un brun foncé, avec la partie médiane des segments de même couleur ; ces derniers sont à peine carénés et les bords de ces carènes sont tachés de fauve clair ; les côtés latéraux des segments sont tachés de brun foncé , le reste est d'un fauve clair ; cette couleur commence au premier segment et se continue jusqu'au dernier, où elle devient de plus en plus apparente ; le fauve clair est partagé dans son milieu par une raie d'un brun foncé ; la tête est d'un brun foncé ; les antennes sont de même couleur , mais beaucoup plus claires et hérissées de poils d'un jaune sale ; le dessous du corps est d'un brun clair , avec les pattes de même couleur, mais beaucoup plus claires , surtout aux premiers articles. Longueur 1 pouce (0,026) , largeur 0,004.

Polyd. Gerv., Lucas, *Hist. anim. artic.*, *Aptères*, p. 525.

De la Nouvelle-Hollande, par Péron et M. Lesueur. De Port-Jackson, par MM. Quoy et Gaimard.

De Tasmanie, par M. Jules Verreaux, qui en a rapporté une variété noirâtre et une autre marron clair.

Les carènes sont très-faibles, montrent les pores répugnatoires à leur partie postérieure ; la couleur jaune qui les distingue simule bilatéralement une ligne longitudinale, et les deux rangées médio-dorsales un peu flexueuses complètent quatre bandes jaunes sur le corps ; celles-ci ne sont pas interrompues comme les précédentes, et elles se réunissent seulement sur le dernier anneau qui est en pointe obtuse garnie de quelques poils ; la plaque préanale inférieure est demi-circulaire , un peu échancrée postérieurement. Le corps est lisse et luisant. Les appendices mâles sont assez longs et représentent une double paire de pinces dirigées en avant placées sous le septième anneau.

7. STRONGYLOSOME A TROIS LIGNES. (*Strongylosoma trilineatum.*)

Corps convexe, luisant, gris jaunâtre ; pieds, antennes, deux bandes latérales et une autre étroite médio-dorsale de couleur brune ; pieds allongés. Longueur 1 pouce 1/2 (0,038).

Strongyl. tril., Newport, *Ann. and mag. of nat. hist.*, t. XIII, p. 266.

De la Nouvelle-Hollande.

Strongylosomes d'origine inconnue.

8. **Strongylosome vermiforme.** (*Strongylosoma vermiforme.*)

Polyd. verm., Eydoux et Souleyet, *Zool. de la Bonite, Aptères*, pl. 1, fig. 5-7.

Cette espèce n'a pas été décrite. Nous en ignorons la patrie.

Genre CRASPÉDOSOME. *Craspedosoma* (1).

Segments monozonaires, au nombre de plus de vingt ; le bouclier plus long que large ; yeux agrégés derrière les antennes ; celles-ci longues composées d'articles inégaux.

Leach, qui a le premier distingué ce groupe de Myriapodes, lui assignait les caractères suivants :

« Corpus lineare, depressum, segmentis lateraliter » compressis, marginatis ; antennæ articulo secundo » tertio breviore ; oculi distincti. »

L'étude que nous avons faite d'un animal de ce genre, recueilli aux environs de Varsovie par M. Waga, nous a permis d'en confirmer la caractéristique. Aucun auteur n'a malheureusement décrit en détail les espèces du docteur Leach. Nous ne les avons pas vues dans la collection du *British Museum*, et M. Newport ne les indique pas non plus.

Le *Craspedosoma Richii*, J. E. Gray, *Anim. kingd.*, pl. 135, fig. 4, a été rapporté avec raison par M. Newport à son genre *Platops*, à propos duquel nous le décrirons.

1. **Craspédosome de Rawlins.** (*Craspedosoma Rawlinsii.*)

Sétigère ; bords latéraux des segments saillant au milieu ;

---

(1) Craspedosoma, Rawlins *in* Leach, *Zoolog. Miscell.*, t. III, p. 36.

dos brun, marqué de quatre lignes de points blancs ; ventre et pieds roussâtres. Longueur du corps 7 lignes (0,015).

Crasp. Rawlinsii, Leach, *British Cyclopedia*, suppl. , t. I, p. 430, pl. 22.— *Id.*, *Zool. misc.*, t. III, p. 36, pl. 134, fig. 1-5.

Trouvé près d'Édimbourg.

2. CRASPÉDOSOME POLYDESMOÏDE. (*Craspedosoma polydesmoides.*)

Glabre ; partie latérale des segments saillante en arrière ; dos roux gris ; ventre pâle ; pieds roussâtres, pâles à la base ; angle postérieur des segments sétigère.

Iulus polyd., Montagu, *Mss.* — *Crasp. polyd.*, Leach, *Zool. misc.*, t. III, p. 36, pl. 134.—Risso, *Eur. mérid.*, t. V, p. 151.

Trouvé en Angleterre, auprès de Plymouth. Risso le cite parmi les animaux de Nice, et ajoute qu'il a 0,020 de long et qu'il vit sous les cailloux ainsi que sous les vases des jardins où on le trouve presque toute l'année.

3. CRASPÉDOSOME DE WAGA. (*Craspedosoma Wagæ.*)
(Pl. 45, fig. 5.)

Corps brun sur le dos; rosé sur les flancs, une saillie obtuse de chaque côté des segments portant chacune deux poils ; un petit tubercule pilifère de chaque côté du dos ; quelques poils plus petits à la tête et aux antennes ; 26 segments sans la tête. Longueur du corps 0,009.

Crasp. polydesmoides, P. Gerv., *Planches suppl. du Dict. des sc. nat.* et *Atlas de Zoologie*, pl. 55, fig. 4.

De Pologne, aux environs de Varsovie, par M. Waga.

On manquait de renseignements sur les habitudes des Craspédosomes. M. Waga, qui a pu observer vivants ceux de cette espèce, rapporte à leur égard le fait que voici :

« De tous les Chilognathes, les Craspédosomes sont ceux qui aiment le plus l'humidité, et ils n'habitent que les lieux presque marécageux. Aussi, quand approche le temps de leur mue, en vain cherchent-ils un endroit sec, qui leur est cependant à cette époque indispensable. Que font-ils donc? Arrivés entre deux feuilles, ils se filent contre l'une d'elles une coque (1) à la manière de tant de chenilles de papillons nocturnes. Après

---

(1) « Cette coque des Craspédosomes est analogue à ces tentes que plusieurs Arachnides fileuses se font également à l'époque de leur mue, et sous lesquelles elles se tiennent à l'abri. » (Waga.)

avoir fini cette coque, qui est assez dense pour n'y laisser passer aucune influence externe qui leur soit nuisible, ils s'y contournent en spirale et y déposent leur dépouille. C'est à cause de cette propriété de filer, que j'avais appelé autrefois ces animaux *Hyphanturges (Hyphanturgus)* ; mais je cède ce nom générique pour celui de Leach, comme plus universellement connu (1).»

Nota. M. Jones (2) fait une famille des Craspédosomes sous le nom de *Craspedosomadœ*, et il y place les genres CRASPEDOSOMA, CYLINDROSOMA, REASIA et CAMBALA, celui-ci considéré à tort par lui comme synonyme de *Platyulus*. Nous ne connaissons pas le second ni le troisième de ces genres ; et M. Newport, qui a étudié avec soin les collections myriapodologiques du *British Museum*, n'en parle encore dans aucun de ses mémoires.

Genre PLATYDÈME. *Platydesmus* (3).

Tête petite ; pieds et segments du corps nombreux, déprimés, pourvus dans leur milieu d'une forte carène bilatérale, aplatie ; quarante-cinq segments entre la tête et l'anus ; bords des carènes non contigus. Premier segment un peu plus long, mais moins large que les suivants ; l'avant-dernier en palmette carénée bilatéralement. Articles des antennes inégaux. Une paire d'yeux stemmatiformes. Quatre-vingt-quatre paires de pieds environ. Appendices buccaux non prolongés en suçoir.

M. Lucas, à qui l'on doit la distinction de ce genre, et la description de l'espèce qui lui sert de type, lui attribue pour caractères principaux d'avoir la tête petite, la bouche en forme de suçoir, les antennes composées de sept articles, les yeux au nombre de deux seulement, un de chaque côté et stemmatiformes, les

---

(1) *Revue cuviérienne* de M. Guérin, t. II, p. 78.

(2) *Cyclopedia of anat. and physiol.* de Tood, t. III, p. 546, 1812

(3) PLATYDESMUS, Lucas, *Ann. soc. entom. de France*, 2ᵉ, série, t. I, p. 51.

anneaux du corps au nombre de 44 sans l'anneau anal , déprimés , carénés bilatéralement et portant 83 paires de pieds dans le sexe mâle ; 84 au contraire chez la femelle.

On d'abord réuni le *Platydesmus* aux *Polyzonides* (*Siphonizantia*, Br.). M. Newport regarde au contraire ce genre comme appartenant aux Polydesmides , et il le met entre les Craspédosomes et les Cambala , sans doute parce que la figure publiée par M. Lucas donne au *Platydesmus* la même conformation de bouche qu'aux Iules et aux Polydèmes , et non celle de Polyzonides. Mais le caractère de la bouche ne suffirait pas à lui seul , suivant nous du moins , pour décider des affinités de ce genre. La forme des anneaux ainsi que la position des organes génitaux doivent être consultées de préférence ; elles paraissent appuyer l'opinion que les Platydèmes appartiennent aux Polydesmides. Ces Myriapodes ont néanmoins des affinités réelles avec les Polyzonides.

PLATYDÈME POLYDESMOÏDE. (*Platydesmus polydesmoides.*)
(Pl. 45 , fig. 7.)

Une rainure longitudinale sur le dos ; deux rangées transverses de petits tubercules sur les anneaux , dont les sept ou huit premiers antérieurs sont arqués et les suivants presque droits ; les antérieurs et les postérieurs moins larges que ceux du milieu, et donnant au plan du corps une apparence arrondie en avant et en arrière. Tête de couleur brun foncé ; yeux et antennes jaunâtres, ainsi que le dessous du corps. Des taches brun rougeâtre sur les côtés, et du jaune en bande longitudinale sur la partie médiane du dos ; carènes pâles ; pattes allongées, jaunâtres, portant quelques poils courts ainsi que les antennes. Longueur totale 0,020.

Platyd. polyd., Lucas, *Ann. soc. entom. de France*, 2e série, t. I, p. 52, pl. 3, n° 1.

De la province de Guatemala, au Mexique, d'où les exemplaires observés par M. Lucas ont été envoyés à M. Florent Prevost.

IV. IULIDES (1).

Les Iulides forment la famille la plus nombreuse des Diplopodes. Les animaux qui s'y rapportent ont le corps plus ou moins cylindrique, vermiforme, allongé et composé d'un nombre considérable de segments, cinquante et au delà. Leur tête est distincte du premier segment et celui-ci est plus grand que les autres, incomplet en dessous et en forme de bouclier ; les trois suivants sont pourvus d'une seule paire de pieds, et les autres, jusqu'à l'anal ou au préanal, sont semblables entre eux, portent deux paires de pieds chacun, et résultent de la fusion en un seul zoonite de deux anneaux presque semblables l'un à l'autre, et composés chacun d'un arceau dorsal considérable, d'une paire de lames latérales intimement soudées à l'arceau dorsal, et d'une paire de lames inférieures pédigères mobiles ou fixées au reste du segment. A chacun des doubles segments pourvus de quatre pieds, existe bilatéralement un orifice stigmatiforme par lequel s'écoule une sécrétion odorante ; l'anus est à l'extrémité postérieure du corps entre les deux valves du segment anal. Le segment préanal est plus long que les autres en capuchon au-dessus des valves de l'anus, et souvent pourvu au-dessus d'elles d'une épine.

---

(1) IULUS, *partim*, de Geer, *Mém. pour servir à l'hist. des Insectes*, t. VII, p. 569. — IULUS, Latreille, *Hist. nat. des Insectes*, t. VII, p. 67.—IULIDÆ, *partim*, Leach, *Trans. Linn. soc.*, t. XI, p. 376.— ANGUIFORMES, Latreille, *Familles nat. du règne anim.*, p. 327.—TRIZONIA, Brandt, *Bull. nat. Moscou*, t. VI, p. 200. — *Id.*, *Recueil*, p. 37 et 79.—IULIDÆ, Gray, in *Jones*, *Cyclopedia of anat. and physiol.*, t. III, p. 545. — IULITES, Lucas, *Anim. articulés*, p. 522. — BIZONIA IULIDÆ, Newp., *Trans. linn. soc.*, t. XIX, p. 277.

Les segments depuis le bouclier jusqu'au préanal sont
habituellement striés; leurs stries affectent des dispositions variables; rarement ils sont tuberculeux. Les
antennes ont en général sept articles; leur forme varie
ainsi que la proportion de leurs articles; leur longueur
est un peu différente suivant les espèces. Les yeux sont
en général multiples et réunis sur une surface triangulaire, arrondie, etc., sur chaque côté de la tête en
arrière des antennes : le genre *Stemmiulus* n'a qu'une
seule paire d'ocelles, et les *Blaniulus* en sont tout à
fait dépourvus. La bouche est disposée pour broyer :
elle présente une première paire d'appendices forts
et non réunis (mandibules , Latreille), et une seconde
(lèvre inférieure, Latreille, *Gnatho chilarium*, Brandt)
soudée et aplatie en lamelle. Les organes génitaux femelles sont entre le deuxième et le troisième segments,
et ceux du mâle sous le huitième. Celui-ci présente
une paire d'appendices copulatoires de forme variable,
assez compliqués, et qui diffèrent par la forme du
même organe chez les Polydèmes.

Certaines espèces de la famille des Iules acquièrent
une taille considérable ; il y en a qui ont près de deux
décimètres , et dont le corps surpasse la grosseur du
doigt. Celles des régions intertropicales sont plus particulièrement dans ce cas. En Europe, principalement
dans le nord et dans le centre, les Iules n'arrivent qu'à
une taille beaucoup moindre. Ce sont des animaux
inoffensifs, qui vivent à terre sous les écorces, dans la
mousse, etc., plus particulièrement dans les lieux ombragés et humides ; ils se nourrissent principalement
de substances végétales. Le nombre des espèces européennes de ce groupe est déjà considérable, mais celui
des Iules exotiques est encore bien plus grand , et

quoique les caractères distinctifs qu'ils présentent ne
soient ni nombreux ni faciles à saisir, on a pu néanmoins
établir parmi eux un certain nombre de genres.

La taille et quelques particularités de couleurs paraissent d'abord les seules différences que l'on puisse
établir entre eux, et cependant on entrevoit déjà que
leurs espèces sont diverses quoique la possibilité de les
distinguer entre elles d'une manière certaine paraisse
d'abord impossible à trouver ; aussi le découragement
succède-t-il à l'inquiétude. Toutefois, un examen plus
approfondi ne tarde pas à mettre l'observateur sur la
voie ; et ici, comme dans tous les autres groupes du
règne animal, les caractères apparaissent et se multi-
plient pour ainsi dire à mesure qu'on entre plus avant
dans l'étude du sujet. L'agencement des yeux, la proportion des articles des antennes, la forme de la tête et
des anneaux du corps, les accidents de leur surface, la
disposition particulière qu'offrent l'anneau préanal,
les valves de l'anus, et les organes secréteurs, ainsi que
les différents caractères des appendices ambulatoires ou
buccaux, ne tardent pas à montrer que l'espèce est ici,
comme partout ailleurs, susceptible d'une définition
précise. Les Iules sont pour ainsi dire comparables aux
serpents. Leur physionomie toute spéciale dissimule
aux yeux du vulgaire les variations de leur structure,
mais elles n'en imposent pas au zoologiste dont l'étude
analytique sait découvrir des différences là où la nature semblait d'abord n'avoir établi que des ressem-
blances.

Leach a le premier donné au genre linnéen des Iules
les limites que nous lui conservons en en faisant, avec
les auteurs actuels, la famille des Iulides. Les Iules
d'Olivier comprenaient tous les Myriapodes diplo-

podes ou Chilognathes. Ceux de Leach excluent non-seulement les Pollyxènes et les Polydèmes de La-treille, mais encore les Craspédosomes ; toutefois, dans la classification publiée par l'auteur anglais (1), les Po-lydèmes et les Craspédosomes sont encore placés dans la même famille que les Iules.

M. Brandt les en a retirés en 1833 (2), et ne laissant dans ce groupe que les Iulides tels que nous les com-prenons actuellement, il leur donne le nom de *Tri-zonia*, nom tiré de la composition de leurs anneaux. M. Brandt admet alors deux groupes principaux de Trizonies, et dans chacun de ces groupes il établit plusieurs genres :

1° *Iulidea* comprenant les genres IULUS et SPIROBOLUS, Brandt, dont l'article pénultième des antennes est sub-arrondi et non rétréci à sa base ;

2° *Spirostreptidea* ou les genres SPIROSTREPTUS, Br., SPIROPOEUS, *id.* et SPIROCYCLISTUS, *id.*, dont l'article pénultième des antennes est infundibuliforme ou cla-viforme et rétréci à sa base.

Les figures données par M. Brandt pour représen-ter les caractères des *Iulides* et des *Spirostreptides* ont été reproduites dans l'atlas de cet ouvrage, pl. 37.

En 1837 (3), sans adopter cette division en deux groupes que M. Brandt a lui-même abandonnée de-

---

(1) *Trans. Lin. sc.*, t. XI.

(2) *Bull. nat. Moscou*, t. VI.
Voici comment M. Brandt établit dès lors la caractéristique de ce groupe :

« Media corporis cingula e partibus tribus imbricatis composita, e cingulo annuliformi fere completo dorsum et abdominis latera oc-cupante et laminis duabus una pone alteram in medio abdominis sitis quarum posteriori margini pedes sunt. »

(3) *Ann. sc. nat.*, 2ᵉ série, t. VII.

puis lors , nous avons établi un nouveau genre de
Iulides , sous le nom de BLANIULUS , et depuis lors
M. Brandt, pendant l'année 1840 (1), a lui-même proposé une nouvelle distribution des Iules qui a été acceptée par M. Newport. M. Brandt, conservant toujours sa dénomination de Trizonies, fait la remarque
que chez certains de ces animaux les lames pédigères
qu'il nomme *pétales* sont libres , tandis que chez les
autres elles sont réunies par une suture aux anneaux
du corps. Il partage donc les Trizonies en SYNPODOPÉ-
TALES qui comprennent ses *Iulidea* et ses *Spirostreptidea* de 1833 dont les cinq genres sont regardés comme
de simples sous-genres par leur auteur aussi bien que
les *Blaniulus* , Gerv. , *Spirostrephon*, Br. , *Unciger*,
Br. (ces deux derniers sont nouvellement établis), et les
LYSIOPÉTALES ou le nouveau genre *Lysiopetalum* , Br.

En 1844 (2), M. Newport a proposé l'établissement
du genres PLATOPS qui est peut-être le même que celui
des *Callipus* de Risso, et qui se rapproche surtout
des *Lysiopetalum*, Brandt. M. Newport et nous, avons
aussi donné quelques détails sur le genre CAMBALA de
M. Gray, dont les caractères étaient restés inconnus ,
et qui ne diffère peut-être pas du genre *Spirostrephon*
de M. Brandt. Enfin, nous avons aussi établi (3) deux
genres nouveaux , l'un remarquable par la présence
de deux yeux simples au lieu d'yeux agrégés (STEM-
MIULUS), et l'autre voisin des *Spirostreptus* , mais à
corps épineux (ACANTHIULUS).

Les descriptions données par M. Brandt des nombreuses espèces d'Iulides qu'il a fait connaître, le soin

(1) *Bull. acad. Saint-Pétersbourg* et *Recueil.*
(2) *Ann. and mag. of nat.*, t. XIII ; 1844.
(3) *Ann. sc. nat.*, 3ᵉ série , t. II ; 1844.

tout particulier avec lequel il a recherché leurs véritables caractères spécifiques, ont rendu les plus grands services à cette partie difficile de l'histoire des Myriapodes.

Les genres les plus distincts qu'on ait établis parmi les Iulides et les seuls que nous croyons devoir adopter dans cet ouvrage, sont les suivants :

Lysiopetalum ;

Iulus ;

Stemmiulus ;

Blaniulus.

Ceux des *Spirostreptus*, *Spirobolus*, etc., ne se distinguent pas assez nettement des Iules proprement dits et constituent de simples sous-genres.

Genre LYSIOPÉTALE. *Lysiopetalum* (1).

Tête petite ou principalement développée dans sa partie frontale, qui est aplatie ou excavée, et comme en bourrelet à l'occiput; antennes longues et grêles de six, sept, ou même huit articles; yeux agrégés derrière les antennes, en général triangulaires; corps allongé, formé de quarante à soixante anneaux et au delà, plutôt comprimé que réellement cylindrique, atténué à ses deux extrémités, montrant sur la moitié postérieure des anneaux des stries fort marquées; premiers anneaux du corps plus étroits que la tête, assez développés dans le sens antéro-postérieur; lames pédigères des anneaux mobiles; pattes nombreuses, longues.

---

(1) Lysiopetalum, Brandt, *Bull. sc. acad. Saint-Pétersbourg*, 1840. — *Recueil*, p. 42.—Platops, Newport, *Ann. and mag. of nat. hist.*, t. XIII, p. 266; 1844. — Lysiopetalinæ, Newp., *Trans. Linn. soc.*, t. XIX, p. 278.

M. Brandt a le premier établi le genre qui nous occupe, en lui assignant les caractères suivants :

« Laminæ pediferæ omnes liberæ, mobiles, cutis ope cum parte abdominali corporis cingulorum conjunctæ, frons ante antennas dilatata et deplanata, in maribus insimul depressa. »

En 1844, M. Newport a proposé, sous le nom de *Platops*, un autre genre qui nous paraît être le même que celui de M. Brandt. Voici ce qu'il en dit :

« Tête courte, très-petite, tronquée en avant, aplatie ou même un peu excavée ; yeux subtriangulaires ; antennes allongées, grêles, de six articles claviformes ; corps très-notablement aminci à ses extrémités antérieure et postérieure ; les seconds, troisième et quatrième segments plus étroits que la tête ; pieds grêles. »

En 1844, nous fûmes conduits à proposer la fusion des genres *Lysiopetalum* et *Platops* (1). L'analogie des caractères est en effet très-grande entre l'un et l'autre, et déjà, en 1842, nous avions noté comme très-voisins des *Iulus plicatus* et *fœtidissimus*, qui sont des *Lysiopetalum* pour M. Brandt, plusieurs des espèces dont M. Newport a fait depuis ses *Platops ;* tels sont entre autres les *Pl. rugulosa, lineata, Richii, Hardwickii*, qui étaient alors désignés au *British Museum* sous le nom générique de *Craspédosomes ;* l'un d'eux avait même été donné comme tel par M. Gray dans un de ses ouvrages. Nous lisons dans nos notes manuscrites de 1842, que ces quatre espèces ont le corps appointi en arrière, à stries assez grosses et semblables à celles du *Cambala*, les pattes des Iules et

––––––––––––––

(1) *Ann. sc. nat.*, 3ᵉ série, t. II, p. 24.

les antennes grêles comme celles de l'espèce figurée par
M. Guérin sous le nom d'*Iulus plicatus*. Ce sont,
ajoutons-nous, des animaux du même genre que lui et
non des Craspédosomes. Ils font le passage au
Cambala, mais leurs yeux sont comme dans les
Iules.

Cette opinion nous paraît d'autant plus fondée que
le *Iulus plicatus* est une des espèces que M. Brandt
rapporte à ses Lysiopétales, et que le même auteur
dit, en parlant de son genre Spirostrephon, qui est
le Cambala ou un animal fort voisin : Differt habitu
à Iulis genuinis et *Iulo* (Lysiopetalo) *fœtidissimo* et
plicato affinis apparet.

Plus récemment M. Newport s'est beaucoup rapproché de cette manière de voir, et dans l'exposé
de sa méthode insérée au tome XIV des *Transactions de la société linnéenne de Londres*, il crée
une sous-famille de Iulides sous le nom de *Lysiopetalinæ* (section des *Trizonies lysiopétales* de M. Brandt,
Recueil, p. 42), et il y place les deux seuls genres
Platops et *Lysiopetalum*. Celui des Platops y est ainsi
défini par M. Newport :

« Caput parvum complanatum, vel concavum ;
pedes graciles, elongati ; corpus pyramidale ; elonga-
tum. »

1. LYSIOPÉTALE FÉTIDISSIME. (*Lysiopetalum fœtidissimum.*)

Brun pâle, un peu ferrugineux en dessus ; blanchâtre en dessous ; tête aplatie, plus large que les premiers segments ; antennes allongées ; corps strié ; pattes grandes, pâles ; appendices copulateurs du mâle fort longs. Longueur 0,055 ; antennes 0,008.

Iulus fœtidiss., Savi, *Opere scient. Bol. et Mem. scienti-
fische*, p. 83, pl. 2, fig. 24-32. — *Lysiop. fœtidiss.*, Brandt,
Recueil, p. 42. — *Callipus Rissonius*, Leach, *in* Risso, *Europe
merid.*, T. V, p. 151 ?

D'Italie et de Sicile (M. Savi). De Nice et du midi de la France, à Montpellier.

M. Savi a publié de très-bons détails sur ce Iule et il en a donné des figures. Nous avons recueilli à Montpellier dans un endroit humide du jardin botanique un exemplaire qui appartient à la même espèce. Une de ses particularités les plus remarquables, c'est sans contredit l'odeur très-désagréable et fort tenace qu'elle répand. Cette odeur peut être comparée à celle des excréments humains et mieux encore à celle que répandent les éponges d'eau douce en putréfaction.

2. Callipe de Risso. (*Callipus Rissonius.*)

Le corps de cette espèce est très-lisse, brillant, d'une légère teinte incarnat passant au ferrugineux inférieurement, sculpté par de fines stries obliques qui s'élèvent graduellement vers la partie postérieure; les antennes sont brunes; les yeux d'un rouge ferrugineux intense, les pieds d'un gris brun; les appendices du mâle très-lisses, unis, d'un noir ocracé. Longueur, 0,050.

Callip. Rissonius ; Leach , *in* Risso, *Europe mérid.*, T. V, p. 150. — *Callipus longipes*, Risso, *ibid.*

Des environs de Nice. « Séjourne sous les pierres du Lazaret et de Baus-Rous. Apparaît presque toute l'année. »

Note sur le genre Callipus *de* Leach. —Nous avons parlé précédemment du genre *Callipus* de Leach. Comme aucun auteur ne l'a revu, nous devons reproduire ici ses caractères tels que le donne Risso :

Corps allongé, cylindrique, le dernier article entier, obtus; pieds très-longs; yeux distincts, lentiformes, réticulés; antennes de sept articles, le premier large, très-petit; les quatre suivants graduellement élevés, souvent égaux; le sixième en massue conique, tronquée au sommet; le septième très-petit et conique.

Risso place ce genre entre ceux des Iules et des Craspédosomes. L'espèce sur laquelle il repose ne diffère peut-être pas de la précédente.

3. Lysiopétale caréné. (*Lysiopetalum carinatum.*)

Partie postérieure des anneaux du milieu et de la région postérieure du corps marquée de carènes très-nombreuses, aiguës. Longueur 30 mill., largeur 2 mill. et demi.

Lysiop. carin., Brandt, *Recueil*, p. 42.

De Dalmatie. M. Brandt regarde comme possible que cette espèce ne diffère pas de la suivante, mais celle-ci a tout le corps strié.

4. LYSIOPÉTALE PLISSÉ. (*Lysiopetalum plicatum.*)

Roux noir ; chaque segment entouré dans sa partie postérieure de côtes longitudinales comme sculptées, assez fortes et visibles aussi bien sur les anneaux de la partie antérieure du corps que sur ceux de la moyenne et de la postérieure. Il y en a même sur le premier arceau, mais elles y sont moins fortes. Cet arceau est assez grand, ainsi que les deux anneaux suivants. Les autres anneaux sont comme étranglés dans leur partie moyenne par un rétrécissement en forme de cou; point de crochet préanal. Anus formé par deux valves, ayant une forme ovalaire. Tête développée dans sa partie frontale qui est plane et rugueuse; antennes grandes, grêles de huit articles; yeux en triangle derrière les antennes sur la partie postéro-supérieure de la tête qui est courte. Pattes et antennes un peu plus pâles que le corps, finement velues. Longueur totale, deux pouces (0,055).

Iulus plicatus, Guérin, *Iconogr. du Règne anim.*, *ins.*, pl. 1, fig. 3.

D'Égypte.

Nous avons constaté sur l'exemplaire figuré par M. Guérin la présence de huit articles aux antennes, savoir : deux très-petits, basilaires, le troisième et les trois suivants bien plus longs, subfusiformes, décroissant sensiblement en longueur du troisième au sixième qui est lui-même plus grand que le septième, mais à peu près de même forme, le huitième étant en bouton assez saillant comme le septième dans les Iules ordinaires.

5. LYSIOPÉTALE RUGULEUX. (*Lysiopetalum rugulosum.*)

Corps brun foncé avec une seule ligne médiane de couleur claire; tête, yeux et jointures des anneaux noirs. Segments striés longitudinalement par des lignes saillantes nombreuses, terminées en pointes aiguës; soixante et un segments. Longueur un pouce et demi (0,040).

Platops rugulosa, Gray, *in* Newport, *Ann. and mag. of nat. hist.*, T. XIII, p. 267.

M. Newport ne dit pas la patrie de cette espèce. (*British Museum.*)

6. LYSIOPÉTALE LINÉAIRE. (*Lysiopetalum lineatum.*)

Brun foncé avec une ligne médiane rouge et une autre de chaque côté; moitié postérieure de chaque segment courte, marquée de stries longitudinales saillantes. Premier arceau petit, lisse dans sa moitié antérieure, strié dans la postérieure. Soixante et un segments. Longueur un pouce trois dixièmes (0,035).

Platops lineata, Gray, *in* Newport, *Ann. and mag. of nat. hist.*, T. XIII, p. 267.

De l'Amérique du nord. (*British Museum.*)

7. LYSIOPÉTALE DE RICH. (*Lysiopetalum Richii.*)

Brun jaunâtre; antennes pubescentes à troisième article allongé; moitié postérieure de chaque segment marquée de nombreuses stries saillantes, celles des côtés réunies en un arc qui comprend les trous répugnatoires. 48 segments. Longueur 2 pouces (0,055).

Crasp. Richii, Gray, *in* Griffith, *Anim. Kingdom, In.*, pl. 135, fig. 4 ? — *Platops Richii*, Gray in Newport, *Ann. and mag. of nat. hist.*, T. XIII, p. 267.

De l'île de Malte. Exemplaire au *British Museum.*

Je suppose que cet exemplaire est le même que j'ai observé moi-même dans la collection de Londres et que c'est aussi le type du *Craspedosama Richii*, Gray, que j'ai noté comme étant long de 0,045 et comme provenant de Tripoli de Barbarie.

8. LYSIOPÉTALE DU XANTHUS. (*Lysiopetalum Xanthinum.*)

Corps luisant, ochracé, un peu comprimé; moitié postérieure de chaque segment marquée de nombreuses lignes légèrement élevées; antennes très-longues; troisième article plus long que le second; partie occipitale de la tête excavée; front aplati; pieds longs; 48 anneaux. Longueur 5 lignes (0,011).

Platops Xanthina, Newport, *Ann. and mag. of nat. hist.* T. XIII, p. 267.

De la vallée du Xanthus, Asie mineure (*British Museum*).

9. **Lysiopétale d'Hardwicke.** (*Lysiopetalum Hardwickii.*)

De couleur cendrée, luisant ; segments au nombre de 61, lisses avec la moitié postérieure bordée par de petites saillies triangulaires ; tête excavée à sa partie occipitale, largement excavée sur le front ; yeux subtétragones allongés, leur angle externe aigu, formés de cinq rangées d'ocelles ; pieds longs ; 61 segments. Longueur 1 pouce 3/4 (0,40).

Platops Hardw., Gray *in* Newport, *Ann. and mag. of nat. hist.*, T. XIII, p. 267.

De l'Inde? Exemplaire type au *British Museum.* J'ai noté sa longueur égale à 0,040.

10. **Cambala laiteux.** (*Cambala lactarius.*)

Corps cylindrique brun en dessus avec une bande dorsale rousse et une autre obsolète de chaque côté ; dessous blanc jaunâtre ; des lignes saillantes sur tous les segments; antennes brun-rouge ; yeux triangulaires, graniformes, noir foncé.

D'après Say, cette espèce vit à terre ; elle n'est pas rare et quand on l'irrite elle sécrète par chacun de ses pores latéraux une goutte blanchâtre qui répand une odeur extrêmement désagréable.

Remarques sur les genres Cambala *et* Spirostrephon. — Say a publié dans le *Journ. de l'Acad. des sciences naturelles de Philadelphie* la description d'une espèce de Myriapode de l'Amérique septentrionale, qu'il nomme *Iulus lactarius.* MM. J. E. Gray et Brandt ont fait de ce *Iulus lactarius* le type du genre nouveau qu'ils nomment Cambala (Gray) et Spirostrephon (Brandt), et cependant ils ne s'accordent pas sur le caractère qu'ils attribuent aux yeux de l'animal décrit par chacun d'eux : M. Brandt les donnant comme disposés en triangle, ce que fait également Say, et M. Gray disant qu'ils sont en série linéaire de chaque côté de la tête. Cette seconde assertion a été confirmée par l'observation attentive de M. Newport.

Nous avons reproduit plus haut ce que Say dit au sujet du *Iulus lactarius* (*loco citato*, t. II, p. 104).

M. J. E. Gray a figuré sous le nom de *Cambala lactarius*, dans l'édition anglaise du *Règne animal* de G. Cuvier, publiée par Griffith (pl. 135, fig. 2), un Myriapode dont il n'a pas donné de description complète.

En 1837, nous considérions les Cambala, d'après la figure donnée par M. Gray, comme des « Platyules dépourvus d'yeux, » et nous les rangions, avec quelque doute néanmoins, à la suite de ceux-ci, en en faisant le dernier genre de l'ordre des Diplopodes.

En 1840, M. Brandt publia, dans le *Bulletin scientifique de l'académie de Saint-Pétersbourg*, la description du nouveau genre de la famille des Iulus, qu'il nomma SPIROSTREPHON.

Ce genre a pour type, d'après M. Brandt lui-même, le *Iulus lactarius* de Say (*Journ. acad. nat. sc. Philad.*, t. II, p. 104), dont il a observé un individu qui lui avait été envoyé du Musée de Berlin.

M. Brandt ajoute à sa description la remarque suivante : « *Iulum lactarium* pro typo generis *Cambala* Grayi habuis- » sem, quum figura ab hocce zoologo sub nomine *Cambalæ* » *lactarii* data animali nostro satis bene conveniret, nisi, in » figura 2, oculos in lineam arcuatam solitariam dispositos re- » præsentasset. »

En 1842, nous pûmes nous assurer, en visitant la collection zoologique du *Bristish Museum* à Londres, que le *Iulus lactarius* et le *Cambala lactarius* étaient bien le même animal ; mais, d'après une note prise sur l'exemplaire lui-même de Say et de M. Gray, note publiée en 1844, et que nous reproduisons ici, nous fûmes conduit à considérer le Cambala « comme » des Iules sans yeux ? à forme de *Polydesmus pallipes* (genre » *Strongylosoma*), mais à anneaux nombreux comme ceux des » Iules, et plutôt comprimés que déprimés.

» L'espèce type mesure 0,035. Elle a la deuxième partie des » anneaux marqués de grosses rugosités longitudinales, peu ser- » rées. Son corps est brun foncé, un peu chocolat ; le dessous » est plus clair ainsi que les pattes. Il y a quarante-cinq an- » neaux au corps, les derniers étant un peu plus étroits, mais » sans crochet terminal. Le Cambala se rapproche sous ce rap- » port du *Iulus plicatus*. »

Ainsi, nous considérions le *Cambala* comme allié aux Lysiopétales, dont le *Iulus plicatus* fait partie, et, de son côté, M. Brandt reconnaissait les mêmes affinités à son Spirostrephon, mais en lui donnant des yeux disposés en triangle.

Dans la même note, nous faisions remarquer l'erreur échappée à M. Jones, qui considère notre genre *Platyule* ou le *Poly-*

zonium de **M.** Brandt, comme identique avec le genre *Cambala.*

En même temps (1844) **M.** Newport publiait sa liste des Myriapodes du *British Museum*, et classait le *Cambala* après les *Strongylosomes*, mais en lui appliquant des caractères qui concordent tout à fait avec ceux que nous avions notés, et de plus, en décrivant exactement les yeux de cet insecte, ce que nous n'avions pas fait.

Il ne sera donc pas inutile de reproduire ici la note de **M.** Newport :

« Yeux disposés de chaque côté de la tête sur une seule rangée transversale semi-lunaire; antennes courtes, subclaviformes, à articles égaux.

« J'ai décrit les caractères de ce genre d'après l'exemplaire » originairement envoyé par Say au D. Leach. Les seuls carac- » tères donnés par **M.** Gray (*Griffith's Animal kingdom*) sont » consignés dans l'explication des planches (Vol. II, *Insectes*, » p. 784), savoir : « 135 *a*, *Cambala lactaria*, 182. Brown with » the front edge of the rings dotted. Allied to *Tulis* (Iulus?); but » the head is furnished with a row of minute okelli (ocelli) on » each side. » Il y a même une indication peu distincte des » ocelles dans la figure citée. » Ainsi les yeux affectent sur le *Iulus lactarius* du British Museum une disposition particulière. Sont-ils la seule raison qui empêche **M.** Newport de réunir le *Cambala* à ses *Platops* qui ne diffèrent pas des *Lysiopétales* de **M.** Brandt? Nous le penserions, si **M.** Newport, dans le tableau de sa classification des Myriapodes, inséré dans les *Transactions de la société linnéenne* pour 1844, ne plaçait les *Cambala* dans le groupe des Monozonies, à côté des Craspédosomes, et les Platops ou Lysiopétales beaucoup plus loin, en les séparant des Cambala par six genres du groupe des Iules proprement dits (1).

On comprendra par ces détails pourquoi nous écrivions en 1844 (2), après avoir fait ressortir l'incertitude dans laquelle nous

---

(1) Voici les caractères génériques assignés aux *Cambala* dans ce travail par M. Newport :

Yeux en double série courbe; corps cylindrique; lamelles latérales courtes, terminées en plaque simple.

(2) *Ann. sc. nat.*, 3ᵉ série, t. 80, p. 69.

laissaient les détails qu'on vient de lire au sujet du Cambala :
« Il est donc à désirer que les naturalistes anglais en publient une
nouvelle étude. »

Le doute deviendra bien plus grand encore si l'on se rappelle
que la description du *Iulus lactarius* publiée par Say donne à
cette espèce des yeux disposés en triangle : « *Eyes* triangular,
granulated, deep black, » ce qui est aussi dans la description
de M. Brandt.

Il résulte de tous ces détails que peut-être on a confondu sous
le nom de *Iulus lactarius* de Say deux animaux différents,
quoique très-voisins, et que leurs yeux permettront de distinguer l'un de l'autre :

a) Iulus lactarius, Say, *Journ. acad. nat. sciences Philadelph.*, t. II, p. 104. —Id., *OEuvr. entom.*, publiées par Lequien, t. I, p. 16. — *Iulus* (Spirostrephon) *lactarius*, Brandt,
Bull. sc. ac. Saint-Pétersbourg, 1844. — Id., *Recueil*, p. 90 :

Caractérisé principalement par ses yeux disposés sur une
surface triangulaire.

b) Cambala lactarius, Leach, *British Museum.* — J.-E. Gray,
in Griffith, *Anim. kingdom*, Ins., pl. 135, fig. 2. — P. Gervais, *Ann. soc. entom. France*, 1844. — Newport, *Ann. and
Mag. of nat. hist.*, t. XIII, p. 266 :

Ses yeux, d'après M. Newport, sont disposés sur une ligne
courbe bilatérale. MM. Gray et Newport disent cependant que
l'animal qu'ils ont étudié a été déterminé et envoyé par Say.

Genre IULE. *Iulus*.

Caractères des Iulides. Lamelles pédigères des segments non mobiles ; yeux multiples ; antennes, lèvre
supérieure et lèvre inférieure variables.

Nous laisserons le nom de *Iulus* à toutes les espèces
européennes ou exotiques de la familles des Iulides
chez lesquelles les lamelles pédigères ne sont pas mobiles comme dans les Lysiopétales, et dont les yeux
sont multiples, ce qui les distingue des Stemmiules
et des Blaniules. Les genres que M. Brandt a nommés
Spirostreptus, Spirobolus, Spiropœus et *Spirocyclistus*

rentrent dans celui-ci aussi bien que nos genres *Acan-thiulus* et *Glyphiulus*. La difficulté qu'on éprouve encore à établir avec certitude l'ordre naturel des nombreuses espèces du genre Iule nous force à recourir à la répartition géographique dans leur énumération.

Les habitudes et les actes reproducteurs des Iules n'ont été étudiés que sur un petit nombre d'espèces. MM. Savi, Latreille, Duvernoy, Waga et quelques autres encore s'en sont occupés, mais on n'a pas encore assez de renseignements pour rien dire de général à cet égard. C'est au genre Iule tel que nous l'admettons ici, qu'appartiennent les plus grandes espèces de Diplopodes connues.

Comme nous allons parler des *Spirobolus*, des *Spirostreptus*, etc., de M. Brandt en même temps que des véritables Iules et sans les distinguer génériquement, nous donnons préalablement le tableau des divisions que ce naturaliste a établies parmi ses *Spirostreptus* (1). Nous y joignons aussi la liste des espèces, au nombre de vingt-huit, qu'il a décrites, et de quinze autres publiées plus récemment par M. Newport.

Division I. — Écailles anales latérales tronquées ou sub-aiguës à leur angle supérieur, qui n'est pas mucroné : Nodo-pyge, Brandt, *Recueil*, p. 184.

Subdivision I. — Segment pénultième notablement mucroné sur le milieu de son bord postérieur, le mucrone ou l'épine dépassant les écailles anales.

a) — Premier anneau marqué de quelques stries, quelquefois en forme de plis, sur l'angle postérieur de son processus latéral. Toutes les espèces de ce groupe observées par M. Brandt manquent de stries sur la partie dorsale des anneaux.

Iulus Javanicus, Ceilanicus, Capensis, gracilis.

b) —Processus latéral du premier arceau dorsal tétragone, non strié ni plissé.

Iulus attenuatus, pachysoma, quadricollis, **N.**

____

(1) *Recueil*, p. 91 et suiv.

Subdivision II. — Segment pénultième brièvement mucroné à la partie médiosupère de son bord postérieur ; le mucrone anguleux ou obtus ne dépassant pas les écailles anales.

a — Processus latéral du premier anneau dorsal tétragone, montrant un seul pli à son bord inférieur, qui est épaissi :

Iulus laticollis, melanopygus, maculatus, N., *fasciatus,* N., *cintatus,* N , *rubripes,* N.

b — Processus latéral du premier arceau dorsal tétragone, présentant des stries et deux rudiments de plis tranverses :

Iulus laticollis, melanopygus, erythropareius, ruficeps, subuniplicatus, curvicaudatus, N.

c — Processus latéral du premier arceau dorsal tétragone, montrant l'indice de trois stries transverses ou d'un plus grand nombre. et entre ces stries des plis plus ou moins distincts :

Iulus triplicatus, flavo-fasciatus, brevicornis, Sebæ, validus, Bahiensis, Guerinii, Audouini, Surinamensis, appendiculatus, Walckenaerii, gracilipes, N., *punctilabrum,* N., *microsticticus, annulatus,* N., *obtusus,* N.

d — Processus latéral du premier arceau dorsal trigone :

Iulus trigonyger, rotundatus, nigrolaboatus, N.

Division II. — Écailles latérales de l'anus dentées ou pourvues à leur angle supérieur d'un mucrone : ODONTOPYGE, Brandt, *Recueil*, p. 187.

Iulus bicuspidatus, flavotæniatus, gracilicornis, Kollari.

1.

Espèces européennes du genre Iule.

**Le segment préanal se prolongeant à sa partie postéro-supérieure en une épine qui dépasse les valves anales.*

1. IULE DES SABLES. (*Iulus sabulosus.*)

Brun cendré ou noirâtre, avec le bord postérieur des segments plus clair et deux lignes rapprochées, rougeâtres sur le milieu du dos ; une épine au segment préanal ; 84 paires de pieds. Long., 0,035.

Iule sab., Linn., *fauna Suec.*, n° 2069. — Geoffroy, *Ins.* t. II, p. 679. — Olivier, *Encycl. méth., Ins.*, t. V I, p. 415. — *Iulus fasciatus*, de Geer, *Mém. pour l'Hist. des Ins.*, t. VII, p. 578, pl. 36, fig. 9-13. — *Iulus sab.*, Latr., *Hist. des Ins.*, t. VII, p. 74.

De presque toute l'Europe, dans les bois, sur les chemins, dans les marais, etc.

2. IULE TERRESTRE. (*Iulus terrestris.*)

Anneaux finement striés longitudinalement; antennes petites; plaque oculaire subarrondie ; épine supra-anale saillante, sub-recourbée en dessus ; pattes noirâtres ; point de bandes entre les yeux; bord antérieur du premier segment finement marginé de blanchâtre ; angles du bouclier ou premier anneau subaigus; anneaux brun noir montrant, sous certaines incidences de la lumière, une ligne violacée qui se change en gris sur les côtés. Les jeunes ont sur les côtés du corps une rangée de points rougeâtres; leur vaisseau dorsal est encore apparent; les pieds et le fond de la couleur sont plus clairs. Longueur des adultes, 0,030.

Iulus terrest., Linné, *fauna Suec.*, n° 2066. — *Iule à* 200 *pattes*, Geoffroy, *Ins.*, t. ll, p. 679. — *Iulus fasciatus*, de Geer, *Mém.*, t. VII, p. 528. — *Iul. ter.*, Olivier, *Encycl. méth.*, *Ins.*, t. VII, p. 415 (*partim*).

De diverses parties de l'Europe, en France, en Allemagne, en Suède, en Pologne, en Russie.

J'en ai trouvé à quelque distance de Montpellier qui sont beaucoup plus gros que ceux du centre de la France. Longueur, 0,040; largeur, 0,003.

3. IULE ALBIPÈDE. (*Iulus albipes.*)

Pieds blancs ; antennes brunes, plus grêles que celles du *I. terrestris ;* les deux surfaces oculaires jointes entre elles par une bande brune , bord antérieur du premier segment non marginé , ses angles latéraux obtus ; une faible ligne transversale brune à son quart antérieur; anneaux du corps striés, bordés de brun luisant en arrière ; cette bordure à peine apparente sur les côtés; éperon supra-anal moins saillant.

Iul. albip., Koch., *Deustchl,*, fasc. 22, pl. 10. —*I. fasciatus*, *id.*, *ibid.* pl. 8. — *I. dispar*, Waga, *Revue cuv. de Guérin*, 1839, p. 77. — *Id.*, *ibid.*, 1844, p. 337.

D'Allemagne, près Ratisbonne (M. Koch) et de la province de Kiew (M. Brandt), de Pologne (M. Waga).

Des environs de Paris, à Bondy, Meudon, St-Germain, Fontainebleau, aussi bien que le *I. terrestris.* M. Vanbeneden nous l'a envoyé de Belgique.

Cette espèce a été distinguée par plusieurs naturalistes du *Iulus terrestris*, dont elle est fort voisine. J'avais moi-même fait, aux environs de Paris, une distinction semblable, et je trouve dans une note inédite la description sous le même nom qu'a employé M. Koch, d'un Iule qui présente les caractères donnés ci-dessus. M. Waga l'a étudiée avec soin et il a donné des renseignements curieux sur son mode d'accouplement.

4. IULE NOIR. (*Iulus niger.*)

Segment préanal mucroné ; pattes roussâtre pâle ; corps plus fortement strié, à stries inégales.

Iul. niger, Leach , *Zool. misc.*, t. III, p. 34. — *Id.*, *Trans. linn. soc.*, t. XI, p. 378.

D'Écosse , près Edimbourg (Leach).

L'exemplaire du *Britsh museum* est plus grêle que le *Iulus Londinensis* et de couleur plombée plus foncée et à peu près uniforme ; ses antennes sont plus grêles. Le crochet anal est comme celui du *Iulus sabulosus.*

5. IULE POINTILLÉ. (*Iulus punctatus.*)

Segment préanal mucroné; corps presque diaphane, de couleur pâle de chair, un point noir à la partie latérale postérieure des segments ; dos et flancs de couleur de chair pâle ; des stries longitudinales ; yeux noirs.

Iul. punct., Leach, *Trans. linn. soc.*, t. XI, p. 379. — *Id.*, *Zool. misc.*, t. III, p. 34. — Koch , *Deutschl.*, fasc. 22, p. 12.

D'Angleterre (Leach), des environs de Ratisbonne (M. Koch).

L'exemplaire du *British museum* est pâle, faiblement ou incomplétement annelé, à antennes courtes, plus épaisses au sommet, à crochet anal petit et subrecourbé. Longueur, 6 lignes.

6. IULE LONDINIEN. (*Iulus Londinensis.*)

Brun noir ; segment préanal submucroné, à crochet plus court que l'anus ; pieds roussâtres, articulations pâles. Longueur, 0,045.

Iul. lond., Leach , *Trans. linn. soc.*, t. XI, p. 378. — *Id.*, *Zool. misc.*, t. III, p. 33, pl. 133. — Koch , *Deutschl.*, fasc. 22, pl. 4.

D'Angleterre (Leach), des environs de Ratisbonne (M. Koch), des environs de Berlin (M. Brandt).

Espèce assez commune aux environs de Londres, dans les bois, sous les mousses. Son corps est sculpté de petites lignes longitudinales.

L'exemplaire conservé au *British Museum* ressemble au *Iulus sabulosus*, mais son crochet anal est moins fort; il n'a pas de série dorsale de points rougeâtres, et les anneaux sont annelés de brun et de plombé; les antennes sont assez courtes. Longueur, 0,045.

7. IULE MIGNON. (*Iulus pusillus.*)

Segment préanal submucroné ; corps cendré , noirâtre ou brun , avec deux lignes roussâtres. Longueur, 5 à 6 lignes (0,014).

Iul. pusill., Leach, *Trans. linn. soc.*, t. XI, p. 379. — *Id.*, *Zool, misc.*, t. III, p. 35, *non I. pusillus*, Say.

D'Angleterre et d'Écosse.

Assez fréquent auprès de Londres et d'Édimbourg (Leach).

8. IULE NOIRATRE. (*Iulus piceus.*)

Corps noirâtre, très-lisse et fort luisant, sculpté par de très-petites stries longitudinales ; segment préanal très-aigü ; antennes noirâtres ; ongles bruns. Longueur, 0,050.

Iul. piceus, Risso, *Eur. mérid.*, t. V, p. 150.

De Nice, sous les pierres de Carabasel. Apparaît au printemps et en automne (Risso).

9. IULE A UNE LIGNE. (*Iulus unilineatus.*)

Iul. unil., Koch, *Deutschl. Crust.*, fasc. 22, pl. 9.

D'Allemagne, près Ratisbonne (M. Koch), et du Caucase (M. Brandt).

10. IULE FASCIÉ. (*Iulus fasciatus.*)

Iul. fasc., Koch, *Deustchl. Crust.*, fasc. 22, pl. 8.

D'Allemagne, à Ratisbonnne (M. Koch), et de Kiew, en Russie (M. Brandt).

11. IULE FERRUGINEUX. (*Iulus ferrugineus.*)

Iul. ferrug., Koch, *Deutschl.*, fasc. 22, pl. 15.

D'Allemagne, près de Ratisbonne (M. Koch), et de Kiew en Russie (M. Brandt).

12. Iule semblable. (*Iulus similis.*)

Iul. sim., Koch, *Deutschl.*, fasc. 22, pl. 14.

D'Allemagne, près Ratisbonne (M. Koch), et de Russie, province de Kiew (M. Brandt).

13. Iule des mousses. (*Iulus muscorum.*)

Tête cendrée, noirâtre en avant ; antennes allongées, cendrées, épineuses, à poils fauves ; segments du corps striés longitudinalement, brun roussâtre, au nombre de quarante-cinq ; pieds allongés, velus, fauves. Longueur, 0,010.

Iul. musc., Lucas, *Ann. soc. entom. de France*, 1re série, t. IX, p. 55, pl. 4, fig. 1.

De France, dans la forêt de Saint-Germain, près Paris (M. Lucas).

14. Iule a ligne blanche. (*Iulus albo-lineatus.*)

Tête et bouclier lisses ; segments striés, noirs avec une série de taches blanches médio-dorsales, confluentes en ligne ; segment préanal lisse, terminé en pointe arquée, peu saillante. Longueur 0,025.

Iul. albo-lin., Lucas, *Ann. soc. entom. de France*, 2e série, t. III, p. 365, pl. 7, fig. 1.

De la France méridionale, auprès de Toulon (M. Lucas).

15. Iule oxypyge. (*Iulus oxypygus.*)

Extérieur du *I. varius*, mais plus noir et à corps plus court, à anneaux (50 à 53) et pattes (89 à 94) en moindre nombre et avec l'anneau préanal mucroné ; sa pointe triangulaire dépassant l'anus ; bord interne des écailles anales crété ; couleur brune, avec le bord postérieur des anneaux blanc et une bande de même couleur à leur partie abdominale. Longueur, 1 pouce 7 lignes (0,043) ; largeur 2 lignes, 1/2 (0,004).

Iul. oxyp., Brandt, *Recueil*, p. 84.

De Sicile.

Cette espèce diffère des autres Iules européens par sa taille plus grande, sa grosseur plus considérable, et par les stries de ses anneaux, qui sont moins fortes en parallèles (Musée de St-Pétersbourg).

16. Iule méridional. (*Iulus meridionalis.*)

Tête et bouclier lisses, très-finement ponctués quand on les examine à la loupe ; celui-ci anguleux, arrondi bilatéralement, submarginé et non strié ; les premiers anneaux faiblement striés, tous les autres, sauf le préanal, marqués sur tout le pourtour de leur moitié postérieure par des stries fines, nombreuses, longitudinales ; segment préanal en capuchon non épineux, n'atteignant pas le niveau des valves anales ; celles-ci et le segment préanal marqués de points ou réticules visibles à la loupe ; écaille préanale en triangle équilatéral ; antennes suballongées, longues de 0,003, subfusiformes, composées de sept articles inégaux dont le septième très-petit, subinclus dans le sixième qui est moins grand que le cinquième, le sixième article et le septième plus épais que les aütres ; yeux en ovale irrégulier, disposé transversalement derrière les antennes, noirs ; une bande de couleur foncée sur l'occiput ; corps verdàtre ; ses anneaux, au nombre de cinquante-cinq environ, plus clairs en avant, bordés de rougeâtre en arrière ; pattes de couleur pâle. Longueur de l'individu le plus fort, 0,065 ; largeur, 0,005.

De Sicile, par M. Bibron (Coll. Mus. Paris).

Nous ne pouvons en distinguer que par la couleur ou quelques autres caractères sans importance, un Iule de Nauplie (Napoli-de-Romanie) rapporté du Muséum de Paris en 1831, par M. Reynaud. Celui-ci a les pattes rouge violacé ; la partie antérieure et moyenne des anneaux du corps plus fauve, et cinquante-cinq anneaux au corps. Sa longeur égale 0,060, sa largeur 0,003 1/2.

**** *Espèces sans crochet au bord postéro-supérieur du segment préanal.***

17. Iule varié. (*Iulus varius.*)

Anneaux du corps sillonnés sur leur deuxième moitié de fines stries longitudinales ; presque tous les autres caractères du *Iulus meridionalis* ; point de crochet anal ; écaille préanale et valves anales pubescentes ainsi que les antennes ; celles-ci, un peu renflées en massue, ont les sixième et septième articles subconfondus, ovalaires arrondis, renflés ainsi que le cinquième qui est à peu près de même forme ; pattes pâles ; corps irrégulièrement brun d'après un individu dans l'alcool, mais altéré sous ce rapport ; 46 anneaux entre la tète et l'anus. Longueur 0.040.

Iul. var., Fabr,. *Spec. ins.*, t. I, p. 528, 1781. — *Id.*, *Entom. system.*, t. II, p. 394. — Villers, *Entom.*, t. VI, p. 198. — Koch, *Deutschl. Crust.*, *Myriap.*, n° 3. — And. Wagner, *Reise in Regent. Algier*, p. 284.

D'Italie, on le dit aussi de Sicile, de la mer Noire et du nord de l'Afrique, en Barbarie.

Voici les caractères assignés par les auteurs au *I. varius* d'Italie :

« Pedibus utrinque 78, segmentis basi nigris, apice albis ; capite nigro ; fascia media alba ; segmentorum margine tenuissime ferrugineo ; pedibus nigris. »

Iulus rupestris, Guldenstadt, *Iter.*, p. 295. — M. Brandt (*Recueil*, p. 88) pense qu'on le devra rapporter au *I. varius*. Il en est sans doute de même du *Iulus communis*, Savi, *Opusc. scient. di Bologna* et *Mem. scient.*, dec. I, p. 43, pl. 2., et en effet **M.** Brandt (*Recueil*, p. 88) le rapporte aussi au *I. varius*.

18. Iule de Koch. (*Iulus Kochii*.)

Iulus pulchellus, Koch, *Deutschl.*, n° 13, non Leach.
D'Allemagne.

Espèce douteuse. Nous en changeons le nom parce que nous verrons plus loin que le *Iulus pulchellus* de Leach est bien, contre l'opinion de **MM.** Koch et Brandt, notre *Blaniulus guttulatus* et non un véritable Iule.

19. Iule de Decaisne. (*Iulus Decaisneus*.)

Corps assez grêle ; yeux noirs, à peu près en triangle ; stries longitudinales des anneaux visibles à la loupe, couleur lilas, assez pâle ; taches latérales des répugnatoires arrondies, de couleur de rouille ; point de crochet préanal. Longueur 0,010.

Iul. Decaisn., **P.** Gerv., *Ann. sc. nat.*, 2ᵉ série, t. VII, p. 45.

De Paris. Vit dans les serres au Muséum d'histoire naturelle. Il existe aussi en Pologne, d'après **M.** Waga.

20. Iule lucifuge. (*Iulus lucifugus*.)

Un peu plus petit que le *Iulus terrestris*, mais plus trapu, surtout en avant; couleur générale blanchâtre ou jaune pâle, laissant voir le vaisseau dorsal qui est brun ; organes répugnatoires formant une série bilatérale détachée virguliforme ; yeux noirs, à peu près triangulaires ; anneaux du corps courts, faiblement striés ; point de crochet au-dessus de l'anus ; antennes peu allongées. Longueur 0,020.

Iul. lucif., P. Gerv. , *Ann. soc. entom. de France*, V, p. 66. — *Id.*, *Ann. sc. nat.*, deuxième série, VII. p. 45. —*Id.*, *Dict. d'hist. nat. de Guérin*, V, p. 563, pl. 309, fig. 6. — Lucas, *Dict. univ. d'hist. nat. de Ch. d'Orbigny, Myriapodes*, pl. 1, fig. 2.

De Paris. Commun dans les serres du Muséum, sous les pots que l'on enfouit dans le terreau ou la tannée. Il répand une forte odeur analogue à celle de l'acide nitreux, et tache les doigts de jaune. Nous avons cherché à nous assurer de la nature de cette sécrétion, mais nous ne lui avons trouvé ni réaction acide ni réaction alcaline. La salive de ces Iules est au contraire alcaline. Les animaux de cette espèce fuient la lumière et sont comme étiolés. Quand on les expose au grand jour pendant quelque temps, ils prennent une teinte plus verdâtre, ou même légèrement brunâtre.

Nous n'avons jamais trouvé, ni personne que nous sachions, ce Iule aux environs de Paris, et il n'a point été recueilli ailleurs en Europe. Ne serait-ce point une espèce exotique acclimatée dans les serres du Muséum, et qui y aurait été amenée avec quelques végétaux des colonies. Sa forme particulière vient encore à l'appui de cette manière de voir, et nous devons ajouter que dans un flacon renfermant des Iules de Bourbon, de l'espèce nommée pour nous *Iulus granulatus*, se trouvaient aussi des Iules fort semblables au *I. lucifugus*. Ce flacon avait été rapporté par MM. Eydoux et Souleyet.

* *Espèces sans crochet au bord postéro-supérieur du segment préanal, mais qui en ont un à son bord postéro-inférieur.* — Unciger, Brandt, *Acad. Saint-Pétersb.*, 1840. — *Id. Recueil*, p. 89.

21. Iule fétide. (*Iulus fœtidus.*)

De petite taille ; point d'épine au-dessus des valves anales ; une au-dessous, recourbée, naissant sous le segment préanal.

Iulus fœtid., Koch, *Deutschl. Crustaceen.*, *Myriap.*, n° 5, 1838. — *Iulus unciger*, Waga, *Revue zool. soc. Cuv.*, t. II, p. 81, pl. 1, fig. 4, 1839. — *Iulus ciliatus*, Koch *apud* Brandt, *Recueil*, p. 89. — *Iulus (unciger) fœtid.*, Brandt, *ibid.*

D'Allemagne, près Ratisbonne (M. Koch); de Pologne (M. Waga); d'Autriche (M. Parreyss), et de la Russie méridionale près de Kiew (M. Brandt).

M. Waga dit au sujet de cette espèce (*loco citato*) qu'elle se trouve en quantité immense dans un jardin de Varsovie dont le sol contient beaucoup de terre glaise. Ce naturaliste n'est point encore parvenu à connaître le véritable usage du crochet caractéristique des Iules uncigères (*apophyse sous-anale*, Waga). Il a vu une fois un de ces Myriapodes s'entortiller autour d'une Graminée et s'élever ainsi à quelques pouces au-dessus du sol, en tenant toujours la tige entre le crochet et la partie du corps qui l'avoisine.

*****Espèces dont l'anneau préanal n'a pas été décrit.*

22. IULE DES ARBRES. (*Iulus arborum.*)

Fort petit; brun clair, annelé de brun foncé ou de noirâtre; l'anus a une saillie arrondie.

Iulus arborum, Latreille, *Hist. nat. des insectes*, t. VII, p. 75.

De toute la France, d'après Latreille, qui l'a seul observé.

23. IULE INCARNAT. (*Iulus aimatopodus.*)

Corps d'un noir bleuâtre, sculpté par de petites lignes longitudinales; dos orné d'une étroite bande d'azur, ainsi que les côtés qui sont accompagnés de deux lignes noires ponctulées; segments bleuâtres en dessous de la ligne latérale; tentacule de couleur de chair; pieds d'un incarnat pâle, le troisième plus foncé. Longueur 0,040.

Iul. aim., Risso, *Europe mérid.*, t. V, p. 149.

De Nice. On le trouve toute l'année, sous les pierres.

24. IULE ANNELÉ. (*Iulus annulatus.*)

Corps teinté d'une légère couche pourpre, sculpté par de petites lignes longitudinales, à segments postérieurs jaunes pieds violâtres. Longueur 0,042.

Iul. ann., Risso, *Europe mérid.*, t. **V**, p. 150.
De Nice.
On le trouve toute l'année ; vit sous les cailloux.

25. IULE MODESTE. (*Iulus modestus.*)

Corps hyalin ; dos teint de pourpre , et les deux segments antérieurs au pénultième gris, sculptés par de fines lignes longitudinales droites, et trois un peu plus larges, formées de points noirs, l'une située sur le dos , et les deux autres latérales placées sur un fond gris ; tête glauque ; yeux noirs ; antennes violâtres , annelées de gris. Longueur 0,015.
Iul. mod., Risso , *Europe mérid.*, t. **V**, p. 150.
De Nice.

26. IULE POILU. (*Iulus pilosus.*)

Segments au nombre de 56 , velus.
Iul. pil., Newport, *Ann. and mag. nat. hist.*, t. **XIII**, p. 268.
De Hampstead (**M.** Newport).

***** *Espèces européennes que l'on n'a pas suffisamment décrites.*

27 et 28. Il faut placer ici les IULUS ANNULATUS et HIRSUTUS (Costa, *Pochi cenni intorno alla fauna del gran sasso d'Italia*, p. 6).

2°

Iules d'Afrique.

29. IULE DES PIERRES. (*Iulus lapidarius.*)

Tête brun luisant, lavée de verdâtre , roussâtre en avant, un peu échancrée ; antennes courtes , brunes, leurs derniers articles testacés et velus, atteignant à peine le troisième segment du corps ; corps brun luisant, lavé de roussâtre , fauve sur les côtés ; le bouclier lisse , marginé de fauve en avant, les suivants faiblement striés , lustrés de brun de chaque côté ; dernier segment finement strié , brièvement mucroné ; pieds courts, testacés, fauves ; leur dernier segment brun avec le devant testacé ; 52 segments. Longueur 0,036 , largeur 0,003 1/2.
Iulus lapid., Lucas, *Revue zoologique de Guérin*, 1846, p. 285.—Id., *Algérie, Anim. artic., Myr.*, pl. 1, fig. 8.

D'Algérie. Cette espèce se plaît particulièrement sous les pierres placées sur le sable. Elle habite l'est et l'ouest de l'Algérie et n'y est pas très-rare.

30. IULE VOISIN. (*Iulus affinis.*)

Tête lisse, brun noirâtre, luisante ; antennes courtes, grêles, atteignant à peine le troisième segment du corps ; 50 segments, brun noirâtre, luisants ; le bouclier finement bordé en avant et en arrière de fauve ; les autres tachés bilatéralement de rougeâtre, noirs à leur milieu, finement et irrégulièrement striés, le dernier assez fortement mucroné, à crochet infléchi ; pieds courts, rouges ou rougeâtres. Longueur 0,030, largeur 0,003.

Iul. aff., Lucas, *Revue zool. de Guérin*, 1846, p. 286. — Id., *Algérie, Anim. artic.*, *Myr.*, pl. 1, fig. 9.

D'Algérie. Cette espèce ressemble beaucoup au *Iulus sabulosus* d'Europe. Elle habite l'est de l'Algérie, aux environs d'Alger, de Philippeville, de Constantine, de Bone et de la Calle.

31. IULE A LIGNE BRUNE. (*Iulus fusco-unilineatus.*)

Corps strié, cendré, fauve en dessus, avec une ligne longitudinale brune bordée de bleu ; tête cendré verdâtre ; antennes brunes, testacées et velues à leur extrémité ; premier segment et les deux derniers bleus, lisses ; le dernier fortement mucroné ; pieds courts, bruns, fauve roussâtre sur leur premier article et leurs ongles. Longueur 0,030 à 36, largeur 0,005.

Iulus fusco-unilineatus, Lucas, *Revue zool. de Guérin*, 1846, p. 286. — Id., *Algérie, Anim. artic.*, *Myriap.*, pl. 1, fig. 10.

De l'Algérie. Espèce très-commune dans tout le pays.

32. IULE DISTINGUÉ. (*Iulus distinctus.*)

Étroit ; tête lisse, brun roussâtre, striée transversalement de brun ; antennes testacées, roussâtres, dépassant à peine le premier segment du corps ; celui-ci brun, très-finement ponctué, marginé de couleur testacée en avant ; les autres bruns, roux, testacés, roussâtres en arrière et marqués au milieu d'une ligne longitudinale noire, marqués de stries assez profondes ; les deux derniers segments noirs, finement marginés de fauve, testacés en arrière ; le dernier à peine onguiculé ; pieds courts, testacés, roussâtres. Longueur 0,022, largeur 0,002 1/4.

Iulus distinctus, Lucas, *Revue zoolog. de Guérin*, 1846, p. 286. — Id., *Algérie, Anim. artic., Myriap.*, pl. I, fig. 11.

D'Algérie. C'est l'espèce la plus abondamment répandue dans ce pays, mais seulement dans l'est. M. Lucas en a recueilli aux environs d'Alger, de Philippeville, de Bone, de Constantine et de la Calle.

33. IULE CORTICAL. (*Iulus corticalis.*)

Fauve roussâtre ; tête fauve, testacée ou brun roussâtre, lisse ; yeux bruns, disposés longitudinalement ; antennes blanc testacé, grêles, allongées, ayant leurs derniers articles obconiques ; segments lisses, marqués à leurs bords de petites stries ; pieds grêles, fauve roussâtre, garnis de poils testacés. Longueur 0,012, largeur 3/4 de millim.

Iul. cort., Lucas, *Revue zool. de Guérin*, 1846, p. 287. — Id , *Algérie, Anim. artic., Myriap.*, pl. 2, fig. 1.

D'Algérie. Vit sous les écorces des arbres aux environs de Philippeville.

34. IULE DE BOTTA. (*Iulus Bottæ.*)

Partie latérale du bouclier arrondie, un peu marginée, non striée ; bouclier lisse en dessus ainsi que les premiers segments ; 60 segments environ lompédigères, partie postérieure de la plupart marquée latéralement et en dessus de stries longitudinales ; point de stries circulaires sur la partie antérieure ; segment préanal en capuchon non spinigère, son bord superpostérieur n'atteignant pas le niveau des valves anales ; celles-ci subvilleuses ; écaille préanale inférieure en triangle surbaissé à sommet obtus ; antennes subclaviformes à articles inégaux ; yeux en rectangle irrégulier, placés sur cinq rangées ; environ 18 paires de pattes subvilleuses, couleur brun verdâtre, avec la partie postérieure des segments bordée de roux violacé ; le dessous plus clair, les pores répugnatoires formant une série bilatérale de petits points noirs (dans l'alcool la couleur est châtain sale). Longueur totale 0,055, diamètre du corps 0,005 au milieu.

Iulus Bottæ, P. Gervais, *Ann. sc. nat.*, 2e série, t. VII, p. 45.

D'Abyssinie, par M. P. E. Botta; d'Egypte, par M. Alexandre Lefevre; de Tripoli, de Syrie (coll. du Muséum).

J'ai aussi indiqué l'Asie septentrionale comme patrie de cette espèce, en lui rapportant des Iules de Smyrne, recueillis par M. Gengérard, officier de la marine royale. Ces Iules de Smyrne sont fort semblables à ceux de Nubie, mais ils sont un peu plus gros (0,006 de diamètre) et un peu plus longs ; les stries de leurs anneaux sont un peu moins marquées. Voici les caractères des antennes chez un de ces Iules : longueur 0,004, subfusiformes, deuxième article le plus long de tous, le troisième un peu plus long que le quatrième et le cinquième, le sixième et le septième presque confondus, subglobuleux. Ces Myriapodes de Smyrne sont peut-être d'une espèce différente ; nous les donnerons provisoirement, faute de preuve suffisante, comme une simple variété du *Iulus Bottæ*.

35. Iule de Bové. (*Iulus Boveanus.*)

Bouclier curviligne bilatéralement, marginé, marqué au dessus de son bord de quelques stries obsolètes qui en suivent à peu près le contour, très-finement rugueux en dessus ; 66 segments entre la tête et l'anus ; les segments striés longitudinalement dans leur seconde moitié de stries extrêmement fines, visibles seulement à leur partie inférieure ; le dos très-finement rugueux, à rugosités non visibles à l'œil nu ; moitié antérieure de la plupart des anneaux marquée de quelques fines stries circulaires ; segment préanal en capuchon, n'atteignant pas par son bord postéro-supérieur le niveau des valves anales, non prolongé en épine ; valves anales subvilleuses ; écaille préanale inférieure en segment de circonférence ; antennes? ; yeux en triangle à sommet interne, sur sept lignes longitudinales ; partie moyenne de la lèvre inférieure lagéniforme élargie ; 125 paires de pattes ; couleur, d'après deux individus secs, jaunàtre sur la partie antérieure des anneaux, brun verdàtre sur la seconde, avec une fine bordure violette au bord postérieur ; un point répugnatoire noir, petit, arrondi de chaque côté de chaque anneau ; pattes roussàtres subvilleuses. Longueur totale 4 pouces, diamètre transverse 0,006, diamètre vertical 0,007.

Iulus Boveanus, Gerv., *Ann. sc. nat.*, 2e série, t. VII, p. 46.

De la Nubie , par feu **M. Bové**. Nous devons cette espèce à l'amitié de **M. J. Decaisne**.

36. IULE DE GUÉRIN. (*Iulus Guerinii*.)

Antennes assez courtes ; 53 ou 54 segments ; partie dorsale des segments non striée ; stries latérales de l'abdomen faibles ; partie latérale du bouclier tétragone, marquée de quatre stries peu profondes ; segment préanal non épineux, marqué en dessus d'une ligne transversale ; écaille préanale inférieure semilunaire, à bord postérieur convexe ; 95 à 97 paires de pieds ; couleur générale noire en dessus , et probablement verdâtre avec le bord postérieur des segments ferrugineux ; partie antérieure de la tête , exepté le bord labial qui est noir, et lèvre inférieure brun ferrugineux ; pieds et antennes brun noirâtre ; abdomen noirâtre, foncé transversalement de brun. Longueur 4 pouces 7 lignes , largeur au milieu du corps 3 lignes 1/2 (0,123).

Iulus (spirostreptus), *Guerinii*, Brandt, *Recueil*, p. 106.

De l'Afrique boréale (Musée de Saint-Pétersbourg).

37. IULE DE KOLLAR. (*Iulus Kollarii*.)

Corps grêle, allongé, à peu près de la grosseur d'une plume d'oie, un peu aminci en arrière, formé de 70 segments ; 131 paires de pattes ; premier segment apode, ainsi que les préanal et anal ; antennes médiocres , face convexo-rugueuse ; partie latérale du bouclier tétragone, un peu rétrécie inférieurement, envoyant de son bord antérieur cinq à six stries ou plis parallèles, curvilignes. Dessus des anneaux finement ponctué et irrégulièrement substrié à la loupe , plus visiblement au préanal et à l'anal ; segment préanal appointi triangulairement à son bord postéro-supérieur, marqué en dessus d'une ligne transverse ; valves anales déprimées à leur base, non sillonnées, pourvues d'une saillie épineuse obsolète à leur angle inférieur ; écaille préanale inférieure trigone ; couleur générale brun noir , avec le bord postérieur des anneaux brun ; pieds brun noir ; partie labiale de la tête ferrugineuse , à bord noir. Longueur 3 pouces 3 lignes (0,085), largeur au milieu 2 lignes 1/2.

Iulus (spirostreptus) *Kollarii*, Brandt, *Recueil*, p. 187.

Du Sennaar (Musée de Saint-Pétersbourg). Espèce de *Spirostreptus odontopyge* pour **M. Brandt**.

38. Iule a coussin. (*Iulus pulvillatus.*)

Devant de la tête aplati ; partie labiale dilatée, aiguë à ses angles, avec un sillon médian ; 57 anneaux, lisses, non striés sur leur moitié postérieure ; pieds forts, ayant le troisième article des tarses au moins trois fois plus long que le second , et pourvu d'une caroncule molle à sa face inférieure. Longueur 6 pouces 3/4 (0,190).

Spirobolus pulv. , Newport, *Ann. and mag. of nat. hist.*, t. XIII, p. 268.

D'Afrique (cap Coast Castle). (British. Mus.) Décrit d'après un exemplaire mâle.

39. Iule très-semblable. (*Iulus simillimus.*)

58 segments ; front sub-convexe, lisse , point de ponctuations sur le bord labial, subcarré, arrondi à ses angles latéraux ; bouclier triangulaire bilatéralement , très-aigu ; pieds très-courts , grêles , à articles des tarses égaux, sans dilatation en caroncule ou bourrelet. Longueur 6 pouces 1/2 (0,180).

Spirobolus simill., Newp. , *Ann. and mag. of nat. hist.*, t. XIII, p. 269.

De Fantie, en Afrique. (British Mus.)

40. Iule élégant. (*Iulus elegans.*)

Corps grêle, à segments courts au nombre de 44 ou 45 ; 77 à 79 paires de pattes ; partie latérale du bouclier trigone , non échancrée en avant ; couleur des segments gris bleuâtre , rouge pourpre au bord postérieur, le bouclier et le segment préanal rouge pourpre ; tête et pieds noirs ; antennes assez semblables à celles des spirostreptes brévicornes. Longueur du corps 1 pouce 10 lignes à 2 pouces 1 ligne (0,056), largeur au milieu 2 lignes 1/4 à 2 lignes 1/2 , à la partie postérieure 1 ligne 1/4 à 1 ligne 1/2.

Iulus (spirobolus) *elegans* , Brandt, *Recueil*, p, 118.

Du cap de Bonne-Espérance (Musée de Saint-Pétersbourg.)

41. Iule quadricol. (*Iulus quadricollis.*)

De couleur marron ; front très-convexe, avec le bord labial rouge ; 63 à 65 segments, lisses avec la partie postérieure très-courte et marginée ; bouclier élargi bilatéralement, carré avec une fossette considérable sur la partie antérieure ; son angle postérieur aigu et allongé. Longueur 8 pouces (0,021).

Spirostreptus quadricollis, Newport, *Ann. and mag. of nat. hist.*, t. XIII, p. 270.

De Fantie, en Afrique.

L'exemplaire type est au British Museum. M. Newport place cette espèce dans la division 1, subdivision 1 *b* des Spirostreptus de M. Brandt.

42. IULE A PETITS POINTS. (*Iulus microsticticus*.)

Jaune orange ; 66 segments ; bord postérieur de chacun deux marqué irrégulièrement de petits points blancs fort nombreux ; front convexe, lisse, de couleur marron à son bord labial ; articles basilaires des pieds comprimés à leur partie supérieure ; des poils roides à la partie inférieure des articles des tarses. Longueur 6 pouces et 1/2 (0,017).

Spirostreptus microst., Newport, *Ann. and mag. of nat. hist.*, t. XIII, p. 270.

D'Afrique. (British Mus.)

M. Newport place cette espèce parmi les *Spirostreptus* de la division 1, subdivision 2 *c* de M. Brandt.

43. IULE ANNULATIPÈDE. (*Iulus annulatipes*.)

Brun avec le bord postérieur des anneaux marron foncé ; 68 anneaux : leur partie antérieure marquée de plis transverses nombreux et fins, la postérieure lisse ; pieds marqués de larges anneaux de couleur de chair. Longueur 7 pouces et 1/2 (0,200).

Spirostreptus annul., Newport, *Ann. and mag. of nat. hist.*, t. XIII, p. 270.

De Fantie, en Afrique. (British Museum.)

M. Newport place cette espèce dans la division 1, subdivision 2 *c* des Spirostreptus de M. Brandt.

44. IULE OBTUS. (*Iulus obtusus*.)

De couleur marron ; corps court, très-épais, obtus, s'élargissant subitement au deuxième segment ; pieds très-courts, faibles, comprimés et velus : 60 segments. Longueur, 6 pouces (0,160).

Spirostreptus obtusus, Newport, *Ann. and mag. of nat.*, t. XIII, p. 270.

Du Congo. (British Mus.) M. Newport rapporte cette es-pèce aux Spirostreptus, division 1, subdivision 2 *c* de M. Brandt.

45. IULE JOUE ROUGE. (*Iulus erythropareius.*)

Insensiblement atténué en arrière, conique; 53 segments; les antépénultièmes à peu près égaux aux médians; 95 paires de pattes; face assez convexe en avant des antennes, glabre et luisante, sauf cinq ponctuations linéaires; partie latérale du bouclier tétragone, saillante, trigone et épaissie en ar-rière, un seul pli marginal; stries transverses de l'abdomen peu évidentes; segment préanal marqué d'une strie profonde transversale qui limite sa partie triangulaire; écaille préanale inférieure subtrigono-semi-lunaire, face, antennes et pieds de couleur ferrugineuse; partie supérieure de la tête et segments jusqu'au pénultième noirs, plus pâles en dessous et brunâtres à leur milieu; sommet de segment préanal et anal noir oli-vacé; bord postérieur de tous les segments, bord antérieur du bouclier de couleur marron. Longueur totale 2 pouces 9 lignes (0,070), largeur au milieu 1 pouce et 1/2.

Iulus (Spirostreptus) *leucopareius*, Brandt, *Recueil*, p. 97.

Du cap de Bonne-Espérance. (Musée de Saint-Péters-bourg.)

46. IULE RUFICEPS. (*Iulus ruficeps.*)

Corps assez fort, peu atténué en arrière, conique obtus; 60 segments, les antépénultièmes devenant graduellement plus petits que les autres, 109 paires de pattes; face glabre, subdéprimée au milieu, marquée faiblement de quatre ou cinq ponctuations et de rugosités; partie latérale du bouclier glabre, subélargie, tétragone, arrondie en avant, marginée; deux stries curvilignes au-dessus du bord antérieur; partie dorsale des anneaux lisse et luisante; des stries transver-sales à leur partie inférieure; partie superpostérieure du seg-ment préanal triangulaire sans ligne transverse; écaille préanale inférieure subsemi-lunaire; tête, antennes, bouclier et pieds roux ferrugineux avec le bord postérieur du bouclier noir, ainsi que le sommet des antennes; partie antérieure et abdominale des autres segments gris brun ; un liséré postérieur ferrugineux ; bord postérieur des valves anales roux ferrugineux. Longueur 3 pouces 3 lignes, largeur au milieu 3 lignes et 1/2.

Iulus (Spirostreptus) *ruficeps*, Brandt, *Recueil*, p. 98.

Du cap de Bonne-Espérance. (Musée de Saint-Pétersbourg.)

47. Iule a trois plis. (*Iulus triplicatus.*)

Corps un peu épaissi à son milieu ; 61 segments ; l'anté-pénultième et les deux précédents plus petits que les autres ; 111 paires de pattes ; tête petite ; face plus convexe, marquée au milieu de quatre ponctuations rapprochées ; partie latérale du bouclier tétragone, marquée de deux plis curvilignes et d'une ou deux impressions ; stries transverses de l'abdomen peu distinctes ; segment préanal convexe à sa partie postéro-supérieure, sans ligne transverse, très-brièvement épineux ; valves latérales de l'anus médiocrement convexes, terminées en crête saillante en arrière ; écaille préanale inférieure subsemi-lunaire, trigone en arrière ; segments noirs au dos et sur les côtés, plus ou moins cendré bleuâtre à leur partie antérieure, bordés en arrière de roux brun ; face, lèvre inférieure, antennes, écaille préanale, bord des flancs et sommet du segment anal fauve ferrugineux. Longueur 3 pouces 3 lignes (0,089), largeur au milieu 3 lignes.

Iulus (Spirostreptus) *triplicatus*, Brandt, *Recueil*, p. 100.

Du cap de Bonne-Espérance. (Musée de Saint-Pétersbourg.)

48. Iule du Cap. (*Iulus Capensis.*)

Corps cylindrique, allongé, assez épais, un peu comprimé près l'anus ; les deux segments qui précèdent le préanal un peu plus petits que les autres ; 44 segments y compris l'anal ; 79 paires de pattes ; partie latérale du bouclier tétragone, droite à son bord inférieur, qui est surmonté de quatre impressions linéaires et de plis obsolètes ; un crochet anal un peu recourbé en dessus, dépassant l'anus ; valves anales finement ponctuées ; face noire, marquée de rugosités ; front glabre, roux brun, traversé longitudinalement par une impression linéaire ; premier et second segments noirs, bordés de ferrugineux ; les autres cendrés en avant, cendré noirâtre en arrière ; antennes ferrugineuses ; pieds brun noir. Longueur 2 pouces 2 lignes, largeur 3 lignes.

Iulus (spirostreptus) *Capensis*, Brandt, *Recueil*, p. 93.
Du cap de Bonne-Espérance. (Musée de Saint-Pétersbourg.)

49. IULE GRÊLE. (*Iulus gracilis.*)

Couleurs du précédent ; corps beaucoup plus fin et plus grêle, conico-acuminé en arrière ; bouclier non ponctué, substrié à ses parties latérales, trigone à son angle antérieur qui est épaissi et saillant. Longueur 2 pouces (0,055), largeur au milieu 3 lignes, 43 segments ; 75 paires de pattes.

Iulus (spirostreptus) *gracilis*, Brandt, *Recueil*, p. 96.
Du cap de Bonne-Espérance. (Musée de Saint-Pétersbourg.)

50. IULE ATTÉNUÉ. (*Iulus attenuatus.*)

Corps cylindrique, grêle, conique en arrière, médiocrement atténué et appointi ; les segments qui précèdent le pénultième un peu plus étroits que les autres, mais peu rapprochés ; face glabre, très-faiblement marquée d'impressions transverses, ferrugineuse à sa partie labiale qui est quinquéponctuée et luisante, cendrée à sa partie frontale ; des ponctuations subrégulières sur le bord latéral du bouclier ; corps entièrement brun cendré, à segments noirs en arrière et bordés de ferrugineux ; une pointe grêle un peu recourbée au segment préanal ; écailles latérales de l'anus ponctuées, à bord interne un peu renflé. Longueur totale 2 pouces 1/2 (0,067), largeur au milieu du corps 3 lignes 1/2 ; 49 segments y compris l'anal ; 87 paires de pattes.

Iulus (spirostreptus) *attenuatus*, Brandt, *Recueil*, p. 94.
De l'Afrique australe. (Musée de Saint-Pétersbourg.)

51. IULE PACHYSOME. (*Iulus pachysoma.*)

Corps cylindrique allongé, épais, très-peu atténué en arrière, où il est convexe et renflé ; segments qui précèdent l'antépénultième plus petits, et très-rapprochés entre eux ainsi que leurs pieds ; face rugueuse, ferrugineuse à sa partie labrale, cendrée au front ; partie latérale du bouclier irréguliérement marquée de points ou de lignes ; tout le corps brun cendré, à segments courts, bordés de ferrugineux sale ; le pénultième prolongé en crochet grêle, arqué en dessus ; pieds bruns, à jointures noirâtres à leur sommet. Longueur totale 3 pouces 1/2 (0,090), largeur au milieu du corps 5 lignes; 52 segments; 95 paires de pieds dans la femelle, 92 dans le mâle.

Iulus (spirostreptus) *pachysoma*, Brandt, *Recueil*, p. 95.

Du cap de Bonne-Espérance. (Musée de Saint-Pétersbourg.)

52. IULE LATICOL. (*Iulus laticollis.*)

Corps épais, subatténué en arrière, convexe; face convexe, glabre, marquée sur son milieu de cinq ponctuations uni-sériées et d'autres très-petites et nombreuses; antennes rac-courcies, à articles courts; 44 segments, l'anal compris, 77 paires de pieds; bouclier allongé bilatéralement, arrondi à son angle latéro-antérieur, subaigu au postérieur, marginé et plissé; segments dorsaux glabres, sans ponctuations, brill-lants; segment préanal non mucroné, subaigu à son bord postéro-supérieur; couleur noir olivâtre, mêlée de gris avec le bord postérieur des anneaux roux ferrugineux; face brune; antennes brunâtres, noires au sommet; pieds roux brun. Lon-gueur totale 2 pouces 5 lignes (0,065), largeur 3 lignes.

Iulus (spirostreptus) *laticollis*, Brandt, *Recueil*, p. 96.

Du cap de Bonne-Espérance. (Musée de Saint-Pétersbourg.)

53. IULE MÉLANOPYGE. (*Iulus melanopygus.*)

Corps très-grêle, allongé, atténué en arrière; face très-con-vexe entre les antennes, subglabre, luisante, fauve-brunâtre; antennes raccourcies, à articles courts; 46 segments y com-pris celui de l'anus; 81 paires de pieds; bouclier très-allongé bilatéralement, tétragone, avec l'angle antérieur presque droit et le postérieur un peu saillant, le bord interne et inférieur plissé et marginé; segments pénultième et antépénultième assez larges; celui-ci à bord postérieur subarrondi; point d'épine au segment préanal; couleur de la tête et des an-tennes, brun fauve; premier et second segment de la même couleur, mais avec une bande noire au bord antérieur du premier, et le milieu du second noir; les autres segments noirs, roussâtres à leur bord postérieur, avec un liséré blanc; anus brun à sa base, noir au sommet; pieds brun pâle. Longueur 1 pouce 7 lignes (0,042), largeur au milieu du corps 1 ligne 1/3.

Iulus (spirostreptus) *melanopygus* , Brandt , *Recueil* , p. 96.

Du cap de Bonne-Espérance. (Musée de Saint-Pétersbourg.)

54. IULE A BANDES FAUVES. (*Iulus flavo-fasciatus.*)

52 segments; 94 paires de pieds; face montrant une série de fortes ponctuations sur la lèvre supérieure, et des points très-fins, ainsi que de faibles rugosités irrégulières; partie latérale du bouclier, qui est fauve orangé et bordé de noir, tétragone rectangulaire; épaissie en avant et marquée de quatre stries curvilignes; moitié postérieure des segments antérieurs marqués de stries transversales peu profondes; celle des moyens marqué de stries circulaires faibles, qui disparaissent aux derniers; écaille préanale inférieure subtrigono-semi-lunaire; sommet du segment préanal triangulaire, séparé au-dessus de la partie principale par une ligne transverse; partie antérieure des segments fauve orangé, la postérieure et l'inférieure noires; bord postérieur brun fauve; tête, antennes, pieds, abdomen et écailles abdominales noirs. Longueur 2 pouces 1/2 (0,067), largeur au milieu 2 lignes 1/2.

Iulus (spirostreptus) *flavo-fasciatus*, Brandt, *Recueil*, p. 101.

Du cap de Bonne-Espérance (Musée de Saint-Pétersbourg.)

55. IULE BRÉVICORNE. (*Iulus brevicornis.*)

68 segments; 121 paires de pattes; antennes courtes; face glabre en avant des antennes, un peu rugueuse près la lèvre; partie latérale du bouclier tétragone, montrant quatre ou cinq fines stries bornant des saillies étroites; dos des segments glabre luisant; stries de l'abdomen peu marquées; segment préanal très-finement ponctué (garni de petits poils), non épineux, anguleux seulement à son bord postéro-supérieur; écaille préanale inférieure semilunaire; face et tête noires; bord labial, lèvre inférieure, antennes et pieds bruns; segments noirs, plus pâles à l'abdomen, bordés de roux ferrugineux en arrière. Longueur 2 pouces 7 lignes (0,070), largeur au milieu du corps 2 lignes 1/3.

Iulus (spirostreptus) *brevicornis*, Brandt, *Recueil*, p. 102.

Du cap de Bonne-Espérance. (Musée de Saint-Pétersbourg.)

56. IULE VALIDE. (*Iulus validus.*)

Corps fort, à 63 segments; face rugueuse, de couleur

roux brun; partie latérale du bouclier tétragonale, marquée
de cinq ou six plis, en y comprenant le repli marginal;
écaille préanale inférieure semi-lunaire; partie dorsale des
segments glabre, faiblement marquée de stries circulaires
en avant et bilatéralement de stries longitudinales moins fortes
en arrière; segment préanal non spinifère, brièvement anguleux à son bord postéro-supérieur, marqué en dessus d'une impression linéaire transverse; 116 paires de pattes; couleur des
segments de la partie postérieure noir olivâtre, plus noire près
leur bord postérieur, avec un liséré fauve ferrugineux; tête de
la couleur du corps en dessus; pieds et antennes roux brun terminés de noir. Longueur 5 pouces (0,135), largeur au milieu
du corps 4 lignes 1/2.

Iulus (spirostreptus) *validus*, Brandt, *Recueil*, p. 104.

Du cap de Bonne-Espérance. (Musée de Saint-Pétersbourg).

57. IULE TRIGONYGER. (*Iulus trigonyger*.)

57 segments, dont les antépénultièmes plus petits que les autres; 103 paires de pattes; face aplatie devant les antennes, glabre:
partie latérale du bouclier trigone, épaissie; en arrière de son bord
antérieur, deux plis parallèles, dont le second est biparti en arrière; dos des segments glabre, sans stries; de petites stries transverses sur la partie inféropostérieure des segments; segment
préanal trigone à sa partie postérosupérieure, non épineux; écaille
préanale inférieure trigone; face, antennes, pieds et lèvre inférieure roux ferrugineux; partie supérieure de la tête brun noir;
bord antérieur des segments dorsaux recouvert, blanc; leur
partie moyenne noirâtre olivacé, la postérieure noire avec un
liséré ferrugineux; abdomen pâle, brun cendré. Longueur
totale 2 pouces 1 ligne (0,047), largeur au milieu du corps
1 ligne 1/4.

Iulus (spirostreptus) *trigonyger*, Brandt, *Recueil*, p. 109.

De l'Afrique australe. (Musée de Saint-Pétersbourg.)

58. IULE ARRONDI. (*Iulus rotundatus*.)

53 segments, y compris celui de l'anus; face glabre avec
une seule série de ponctuations, subconvexe; antennes courtes;
partie latérale du bouclier médiocrement prolongée, trigone
arrondie, bistriée au-dessus de son bord inférieur qui est épaissi;
partie dorsale des segments lisse, leur seconde moitié striée

transversalement à l'abdomen, à stries plus fortes antérieurement ; segment préanal non épineux arrondi à son bord supéropostérieur ; écaille préanale inférieure trigone ; tête noirâtre ; antennes et pieds brun noirâtres ; partie dorsale des segments noire, avec le bord postérieur blanc. Longueur totale, 1 pouce (0,047); largeur, au milieu, 3/4 de ligne.

Iulus (spirostreptus) *rotundatus*, Brandt, *Recueil*, p. 109.

Du cap de Bonne-Espérance (Musée de St-Pétersbourg).

59. IULE BICUSPIDÉ. (*Iulus bicuspidatus.*)

66 à 68 segments, dont les postérieurs sensiblement plus petits; 121 à 125 paires de pieds ; antennes médiocres ; face bombée, glabre sauf quelques ponctuations linéaires; partie latérale du bouclier tétragone, étroitement marginée et pouvue au-dessus de son bord inférieur d'une saillie triangulaire falciforme ; point de stries, ni de points sur le dos des segments ; des stries peu profondes à leur partie abdominale; segment préanal un peu prolongé en pointe triangulaire aiguë ; valves latérales de l'anus assez convexes, à bord postérieur saillant, arrondi, non strié, à angle supérieur pourvu d'une épine ; écaille préanale inférieure trigone ; tête et dessus des anneaux noir verdâtre ; front, antennes et pieds ferrugineux pâle. Longueur, 2 pouces 1/2 (0,067); largeur, au milieu du corps, 1 ligne 3/4.

Iulus (spirostreptus) *bicuspidatus*, Brandt, *Recueil*, p. 110.

Du cap de Bonne-Espérance (Musée de St-Pétersbourg). Espèce de *Spirostreptus odontopyge*, Brandt.

60. IULE A BANDES JAUNES. (*Iulus flavo-tæniatus.*)

66 à 69 segments, dont les antépénultièmes diminuent graduellement en longueur ; 123 à 131 paires de pieds ; face bombée, rugueuse en avant de son bord labial et impressionnée sur une étendue subsemilunaire ; antennes médiocres ; partie latérale du bouclier tétragone, arrondie à son angle antérieur, marquée de faibles plis supramarginaux, falciformes, au nombre de deux ou de trois ; dessus des segments dépourvu de points et de stries ; des stries falciformes sur la partie inférieure des segments ; pointe du segment pénultième courte, triangulaire ; valves latérales de l'anus des Odontopyges, convexes, un peu renflées à leur bord postérieur, marquées d'une compression linéaire à leur base ; écaille préanale inférieure trigone, subaiguë ; tête noire en des-

sus et entre les antennes; segments noirs, un peu brunâtres en avant, blancs en arrière et brun pâle à l'abdomen; une bande fauve médio-dorsale commençant au deuxième segment; antennes brun varié de noir; pieds bruns; longueur totale, un pouce cinq lignes (0,038); largeur au milieu du corps, une ligne et un quart.

Iulus (spirostreptus) *flavo-tœniatus*, Brandt, *Recueil*, p. 111.

Du cap de Bonne-Espérance (Musée de Saint-Pétersbourg). Espèce de *Spirostreptus odontopyge*, Brandt.

61. IULE GRACILICORNE. (*Iulus gracilicernis.*)

Fort rapproché du *I. bicuspidatus*, à corps plus étroit en arrière; 55 segments à bord postérieur blanc; l'antépénultième fort petit; 97 paires de pieds; antennes beaucoup plus longues, noires, à articles plus longs et plus grêles à leur base; partie latérale du premier segment plus étroite, marquée d'une strie curviligne au-dessus de son bord inférieur; longueur, un pouce cinq lignes (0,038); largeur au milieu du corps, une ligne un tiers.

Iulus (spirostreptus) *gracilicornis*, Brandt, *Recueil*, p. 112.

Du cap de Bonne-Espérance (Musée de Saint-Pétersbourg). C'est une des quatre espèces que M. Brandt rapporte à ses Spirostreptus odontopyges.

3.

Iules de l'Asie et de l'Inde.

62. IULE PARVIPÈDE. (*Iulus parvipes.*)

Noir bleuâtre, luisant; 66 segments? ayant tous leur moitié postérieure striée faiblement; pieds très-courts, faiblement poilus; segment préanal terminé par une pointe allongée, droite; des ponctuations velues sur les écailles latérales de l'anus; longueur, 2 pouces à 2 pouces 1/4 (0,060).

Iul. parv., Newport, *Ann. and mag. of nat. hist.*, t. XIII, p. 268.

De la vallée du Xanthus, dans l'Asie-Mineure.

Le type de cette espèce est conservé au *British Museum.*

63. IULE DE L'INDE. (*Iulus Indicus.*)

115 paires de pattes; de grande taille; espèce de Spirostreptus.

Iul. Indicus, Linn., *Mus. Adolph. Frid. reg.*, p. 90. — *I. Indus*, Linn. Gmel., *Syst. nat.*, p. 3019 (exclusa synonymia).

Habite l'Inde. Linné lui a rapporté à tort des Iules d'Amérique. C'est une espèce mal connue, de même que les deux suivantes.

64. Iule brun. (*Iulus fuscus.*)

124 paires de pattes; de grande taille.
Iulus fuscus, Linné, *Amœnitates acad.*, t. IV, p. 263, n° 34.
De l'Inde.

65. Iule épais. (*Iulus crassus.*)

Iulus crass., Linné, *Amœnitates acad.*, t. IV, p. 253.
D'Asie.

66. Iule bourreau. (*Iulus carnifex.*)

Lèvre supérieure subéchancrée, quadriponctuée; parties supérieures de la tête et du corps marquées de ponctuations extrêmement fines; bouclier trigone arrondi à ses parties latérales,
bordé en avant, non strié, contigu avec la partie inférieure du
deuxième segment; segment préanal en capuchon subaigu à son
bord postérieur, non épineux, atteignant le niveau des valves
anales, fortement ponctué; écaille préanale semilunaire; antennes assez courtes, épaisses, submoniliformes, leur deuxième
article un peu plus long que les autres; une bande dorsale rougeâtre; pieds rougeâtres ainsi que la lèvre supérieure, le bouclier et les valves anales; front et segments bruns, plus foncés près
le bord postérieur, et terminés par un liséré rougeâtre; yeux
disposés en quart de cercle; 44 segments; 80 paires de pieds.
Longueur, 0,050.

Iul. carnifex, Fabricius, *Spec. ins.*, t. I, p. 340, n° 9.—*Iulus*
(*spirobolus*) *carn.*, Brandt, Recueil, p. 188.

De Tranquebar, à la côte de Coromandel.

M. Brandt a observé un Iule (actuellement au Musée impé-
rial de Saint-Pétersbourg) qui portait le nom de *I. carnifex* et
qui présentait les caractères attribués par Fabricius à cette espèce; il a constaté que c'est bien un spirobolus de la division I,
subdivision 2. Notre description est faite d'après un exemplaire
de la collection du Muséum de Paris. Fabricius avait dit de cette
espèce qu'elle a 94 paires de pieds, et que sa tête, ses pieds, son
anus et sa ligne dorsale sont d'un rouge sanguin.

67. Iule lèvre noire. (*Iulus nigrolabratus.*)

Spirostreptus, division **1**, subdivision 2 *c* de M. Brandt.

Brun ; devant de la tête convexe, ferrugineux avec le bord labial noir, échancré et armé de trois dents distinctes ; pieds jaunâtres ; côtés du bouclier très-étroits, avec un bord marginal, mais point de stries ni de plis ; cinquante-neuf segments, lisses, luisants ; le dernier pourvu d'un crochet court, aigu et recourbé. Longueur, quatre pouces (0,108).

Spirostreptus nigrolabiatus, Newport, *Ann. and mag. of nat. hist.*, t. XIII, p. 269 de l'Inde (Bristish Museum).

68. IULE ENTOURÉ. (*Iulus cinctatus.*)

(Spirostreptus, division 1, subdivision 2 *a* de M. Brandt.) Ferrugineux, avec une ligne blanche étroite en travers de chaque anneau ; pieds bruns avec une large annulation sur le milieu de chaque article ; soixante-quinze segments. Longueur, neuf pouces (0,240).

Spirostreptus cinctatus, Newport, *Ann. and. mag. of nat. hist.*, t. XIII, p. 270.

De l'Inde (British Museum).

69. IULE TACHETÉ. (*Iulus maculatus.*)

(*Spirostreptus* de la division 1, subdivision 2 *a* de M. Brandt.) Rouge orange ; tête, bouclier, antennes de couleur marron ; soixante-neuf segments ayant chacun un point noir bilatéralement ; bord antérieur du bouclier échancré ; son angle postérieur saillant et aigu. Longueur huit pouces (0,214).

Spirostreptus maculatus, Newport, *Ann. and. mag. of nat. hist.*, XIII, p. 270.

De Calcutta (British Museum).

70. IULE MALABARE. (*Iulus malabaricus.*)

Bouclier tétragone latéralement, fortement marqué en avant, non plissé en arrière, à bords antérieur et postérieur subrectangulaires ; corps lisse, brillant ; partie inférieure des segments faiblement marquée sur sa seconde moitié de stries visibles jusque sur l'antépénultième ; segment préanal faiblement prolongé en aiguillon assez court, dépassant à peine les valves anales, large à sa base, subrecourbé en dessous, séparé de la partie annulaire du segment par un pli transversal court. Ecaille préanale triangulaire surbaissée, à sommet obtus et à base large, un peu curviligne ; face, antennes, pieds et bord postérieur des segments ferrugineux et rougeâtres ; corps brun noir. Yeux réunis en triangle irrégulier, à sommet interne, peu saillants. Articles des antennes subégaux , subinfundibuliformes , le deuxième le plus long. Soixante-dix-huit segments. Longueur, 0,220.

De la côte Malabare , par **M.** Dussumier (Coll. du Muséum). Un individu mâle a les pieds garnis, sous les articles pénultièmes et antépénultièmes, de coussinets ovalaires allongés; son aiguillon préanal est moins saillant et la partie latérale de son bouclier un peu différente.

71. IULE SPINICAUDE. (*Iulus spinicaudus.*)

Bouclier tétragone, marginé en avant, un peu saillant à son angle antérieur, arrondi au postérieur et marqué de quatre ou cinq stries obsolètes dont la supérieure la plus forte. Bouclier et deuxième segment plus grands et plus renflés que les autres. Segment préanal prolongé en pointe longue, un peu recourbée en dessous, aiguë et marginée à son bord postéro-supérieur au-dessous de la pointe. Ecaille préanale en segment de cercle, curviligne, au bord postérieur, pieds bipulvillés dans les mâles, bruns. Antennes grêles , pubescentes, à articles décroissants , submoniliformes. Segments brun olivacé , annelés de roux ferrugineux un peu cannelle. Yeux réunis sur une surface en quart de circonférence ; soixante-quatre segments , cent sept paires de pieds. Longueur, 0,090 ; grosseur, 0,005 ; épine anale, 0,002.

De la côte Malabare, par **M.** Dussumier (Coll. Muséum Paris).

72. IULE LAGURE. (*Iulus lagurus.*)

Lèvre supérieure échancrée, bordée d'une rangée de guillochures et portant quatre ponctuations obsolètes, rapprochées au-dessus des dents médianes. Tête lisse avec un sillon longitudinal rudimentaire. Bouclier tétragone, étroit, marginé à son bord antérieur dont l'angle est obtus; angle postérieur à peu près droit; deux petites stries obsolètes à son bord postérieur. Partie latérale et inférieure des autres segments striée longitudinalement sur sa seconde moitié.

Segment préanal portant une petite épine courte , pointue, recourbée en dessus , atteignant le niveau des valves anales.

Celles-ci marginées, écaille préanale triangulaire surbaissée, à base large. Couleur olivacée sur tout le corps, plus claire aux antennes et aux pieds; antennes fortes, à articles subinfundibuliformes, décroissants, un peu villeuses et finement granuleuses; longues de 0,006. Yeux rapprochés en quart de cercle. Soixante-deux segments; cent quatorze paires de pieds. Longueur 0,060.

De Singapore, par M. Eydoux, chirurgien major de l'expédition de la *Bonite* (Coll. Mus. Paris).

73. Iule d'Eydoux. (*Iulus Eydouxii.*)

Lèvre supérieure médiocrement échancrée; strie longitudinale du dessus de la tête faible. Bouclier trigone arrondi, bordé en avant, non strié, descendant; deuxième segment échancré et marginé au niveau de l'angle postérieur descendant du bouclier. Des stries fines sur les flancs et sous le corps. Segment préanal grand, en capuchon anguleux à son bord postero-supérieur, atteignant le niveau des valves anales; la saillie angulaire séparée du reste de l'anneau par une dépression linéaire transversale; quelques fines ponctuations. Valves anales marginées. Écaille préanale large, courte, semi-lunaire. Yeux groupés en triangle subarrondi. Cinquante et un segments; quatre-vingt-treize paires de pieds. Longueur totale, 0,07.

De Touranne, en Cochinchine, par M. Eydoux, expédition de la *Bonite* (Coll. Mus. Paris).

74. Iule a bandes. (*Iulus vittatus.*)

(*Spirostreptus* de la division 1, subdivision 2 *a* de M. Brandt.) Brun foncé, avec la tête, les sept premiers segments du corps et un cercle autour de la moitié postérieure de chaque segment rouges; pieds annelés, avec les trois articles tarsiens garnis de bourrelets; partie supérieure et postérieure de la tête marquée d'une bande transverse en partie cachée de stries longitudinales serrées; bouclier élargi et bordé à son bord latéral; 81 segments; pointe du segment préanal courte. Longueur, 9 pouces (0,240).

Spirostreptus vittatus, Newport, *Ann. and mag. of nat. hist.*, t. XIII, p. 269.

De Chine? (*British Mus.*)

75. Iule fascié. (*Iulus fasciatus.*)

(*Spirostreplus* de la division **1**, subdivision **2** *a* de **M. Brandt.**) Chocolat foncé, avec le devant de la tête varié de noir et une bande transversale noire autour de la moitié postérieure de chaque segment ; pointe du segment préanal courte , noire ; pieds orange. Longueur, 10 pouces (0,269).

Spirostreplus fasc. , Newport , *Ann. and mag. of nat. hist.* , t. XIII, p. 270.

De Chine (British Museum).

76. Iule de Bung. (*Iulus Bungii.*)

(*Spirobolus* de la division 2 de **M. Brandt.**) **A** peu près l'habitus du *Iulus varius ;* environ 45 segments au corps ; 81 paires de pieds ; bord latéral du bouclier court, trigone, arrondi au sommet, à bords antérieur et postérieur égaux, non sinueux ; écailles anales médiocrement convexes , à bord postérieur assez saillant, subcomprimé ; écaille préanale inférieure semi-lunaire, à bord postérieur presque droit. Couleur subolivacé noirâtre , avec la partie postérieure des segments châtain et ensuite jaunâtre ; pieds noirs.

Spirobolus Bungii , Brandt, *Bull. soc. nat. Moscou,* t. **VI,** p. 203, 1833. — *Id.* , *Recueil* , p. 119.

De la Chine, près Pékin (Musée de Saint-Pétersbourg).

77. Iule de Ceylan. (*Iulus Ceilanicus.*)

Subcylindrique ; plus de 100 paires de pattes ; anneau préanal mucroné.

Iulus . . . . . , Gronovius, p. 236, n° 1008. — *Iulus* (Spirostreptus) *Ceilanicus* , Brandt, *Recueil* , p. 93.

De l'île Ceylan, d'après Gronovius.

M. Brandt emprunte à Gronovius la caractéristique fort insignifiante qu'on vient de lire, et il place l'espèce qu'elle lui paraît indiquer parmi ses Spirostreptus de la division **1** , subdivision **1** *a.*

78. Iule de Java. (*Iulus Javanicus.*)

L'une des plus grandes espèces d'Iules ; sa longueur égale 5 à 6 pouces ou davantage, et sa largeur 5 à 6 lignes , c'est-à-dire presque la grosseur du bout du petit doigt ; corps allongé cylindrique, un peu atténué en arrière; 60 ou 61 anneaux dans l'âge adulte; 111 paires de pattes; tête brun fauve; aires oculaires subtrigones allongées transversalement; bord labial noirâtre; antennes brunâtres, à peu près longues de 3 lignes, plus courtes que la tête, à articles subraccourcis, le premier subarrondi et le dernier peu distinct; bouche large de 2 lignes 1/2 à 3 lignes dans sa partie dorsale; son avance latérale tétragone, assez étroite, arquée et marginée à son bord antéro-inférieur, subtrigone et non bordée au postérieur; cinq ou six impressions près le bord postérieur, et entre elles un nombre égal de plis; moitié postérieure de chacun des anneaux qui sont entre le préanal et le bouclier séparée de l'antérieure par une ligne circulaire, striée à ses parties latérale et inférieure, lisse en dessus; partie antérieure de tous les anneaux brun pâle, la postérieure noir luisant, bordé de roux; écailles latérales de l'anus convexes, saillantes à leur bord postérieur qui est obtus; écaille préanale semi-lunaire, un peu renflée au milieu de son bord postérieur; pieds et lèvre inférieure bruns.

Iulus (Spirostreptus) *Javanicus*, Brandt, *Recueil*, p. 92.

Habite l'île de Java (Muséum de Saint-Pétersbourg). Également rapporté de Sumatra, par M. Duvaucel (Mus. Paris). Du même lieu, par MM. Quoy et Gaimard (Mus. Paris).

79. IULE DE SUMATRA. (*Iulus Sumatrensis.*)

Lèvre supérieure échancrée, garnie d'une rangée de poils sétiformes, quadriponctuée; tête marginée à son bord latéro-postérieur; bouclier trigone arrondi bilatéralement, subéchancré à son bord antérieur, marginé, coupé un peu obliquement à son bord inférieur, qui est très-étroit et en angle aigu à son bord postérieur, non strié. Partie latérale et inférieure des segments marquée de stries faibles, surtout en arrière, des guillochures sur la partie latérale de la moitié antérieure des segments et en dessus. La strie transversale supérieure des segments antérieurs plus forte que les autres. Segment préanal en capuchon non spinifer, atteignant presque le niveau des valves anales. Valves anales marginées. Ecaille préanale semi-lunaire. 50 segments. Longueur, 0,048.

De Sumatra, par M. Bourdas (Coll. Mus. Paris). Espèce de *Spirobolus*.

80. Iule gracilipède. (*Iulus gracilipes.*)

De couleur marron; pieds non velus, grèles; front convexe, fortement échancré à son bord labial, et pourvu d'une saillie triangulaire; bouclier lisse, rétréci bilatéralement au bord antérieur, ses parties latérales arrondies et pourvues d'une seule ligne marginale saillante; 64 segments substriés sur leur moitié postérieure; une pointe anale courte. Longueur, 4 pouces 1/2 (0,120).

Spirostreptus gracilipes, Newport, *Ann. and. mag. of nat. hist.*, t. XIII, p. 269.

Des îles Philippines (British Museum). M. Newport réunit cette espèce aux Spirostreptus, division 1, subdivision 2 *c* de M. Brandt.

81. Iule a lèvre ponctuée. (*Iulus punctilabrum.*)

Couleur (sur un individu desséché) grise, avec le bord postérieur de chaque anneau marron; front convexe, lisse, fortement échancré à sa partie labiale et marqué d'une rangée de ponctuations fortes et serrées; 59 segments, marqués de faibles stries obsolètes; crochet anal court. Longueur?

Spirostreptus punctilabrum, Newport, *Ann. and. mag. of nat.*, t. XIII, p. 270.

Des îles Philippines (British Museum). M. Newport range cette espèce parmi les Spirostreptus de la division 1, subdivision 2 *c* de M. Brandt.

82. Iule des Philippines. (*Iulus philippensis.*)

Échancrure labiale triangulaire; quatre ponctuations près le bord labial; tête lisse; ligne médiolongitudinale très-faible. Bord latéral du bouclier trigone arrondi, marginé et subéchancré en avant, droit et subconvexe en arrière, non strié. Des stries sur la partie latérale et inférieure des segments; plus évidentes sur les premiers que sur les intermédiaires et les postérieurs; dessus du corps lisse; segment préanal en capuchon non épineux, anguleux à son bord postéro-supérieur; la saillie angulaire séparée du reste de l'anneau par une ligne transversale peu marquée. Valves anales non marginées, galeiformes; écaille préanale triangulaire, surbaissée, à sommet obtus; yeux réunis en triangle équilatéral. Articles des antennes décroissant du second au sixième, subinfundibuliformes; le sixième et le septième réunis, globuleux ; un bourrelet en ventouse sous les tarses des mâles. Longueur, 0,080.

De Manille , îles Philippines, par M. Ferdinand Barrot (Coll. Mus. Paris).

4.

De la mer des Indes et de l'Australie.

83. IULE GRANULEUX. (*Iulus granulatus.*)

(Pl. 44, fig. 10.)

Dessus de la tête lisse : bouclier plus large que le reste du corps, marqué de quatorze côtes longitudinales saillantes, tronqué carrément à ses côtés ; anneaux qui le suivent et tous ceux du reste du corps, sauf le préanal, marqués de deux rangées circulaires de tubercules graniformes, saillants, obtus ; dix ou onze tubercules sur chaque rangée ; le tubercule médian de la deuxième de chaque anneau répondant à deux tubercules de la première ; tubercules correspondants des derniers anneaux se réunissant plus ou moins en carène longitudinale sur chaque anneau ; anneau préanal en capuchon non spiniforme à son extrémité , atteignant à peu près, mais ne dépassant pas le niveau des valves anales , marqué sur sa partie convexe d'un tubercule rudimentaire unique ; 48 anneaux entre la tête et l'anus ; antennes de 7 articles , en massue, ayant le sixième article le plus fort, ovoïde, renflé vers le septième qui est petit , mais distinct ; yeux en triangle irrégulier, sur quatre rangs , non distinctement polygonaux, placés derrière les antennes , et de couleur noire ; pattes médiocres, cachées sous le corps, au nombre de 83 ; couleur fauve cannelle, plus foncée sur les parties latérales du dos, plus claire sur le dos , sur la partie inférieure des flancs, où est la première série de tubercules et sur le dessous du corps. Longueur totale, 0,016 ; largeur, 0,001.

De l'île de France, par feu M. Desjardins ; de l'île Bourbon, par Eydoux et M. Souleyet.

C'est une des plus jolies espèces de la famille des Iules. Son corps est grêle , ce qui rend plus évident le renflement du bouclier. Dans la marche actuellement adoptée en entomologie , cet Iule pourra devenir le sujet d'un sous-genre distinct que nous nommerons GLYPHIULUS à cause de son bouclier sculpté.

84. Iule corallin. (*Iulus corallinus.*)

Espèce de Spirobolus à tête lisse ; deux paires d'impressions labiales supérieures écartées ; bouclier subaigu bilatéralement oblique à son bord antéro-inférieur externe, marginé, non strié ; anneaux du corps très-finement réticulés, striés à leur région pédigère, mais point en dessus ni bilatéralement ; anneau préanal en capuchon non épineux, atteignant à peu après le niveau des valves anales ; écaille préanale curviligne à son bord postérieur ; 48 anneaux entre la tête et l'anus ; antennes courtes moniliformes, à sixième et septième anneau subpubescents ; pattes au nombre de 86 paires environ. Couleur rougeâtre de corail sur les antennes : les pattes plus foncées sur les anneaux dont le bord postérieur est annelé de rouge corail. Longueur totale, 0,050 ; largeur, 0,003 1/2.

Iule corallin, Eydoux et Souleyet, *Voyage de la Bonite, zool., aptères*, pl. 1, fig. 1, 4.

De l'île de France, par feu M. Desjardins ; de Bourbon par M. de Nivois et par MM. Eydoux et Souleyet. L'exemplaire figuré dans l'ouvrage de ces derniers naturalistes est plus gros que ceux que nous avons décrits ci-dessus. Avec des Iules de cette espèce, il y en avait de plus petits, fort semblables pour la forme et les caractères principaux, mais dont les couleurs étaient altérées par l'esprit de vin. Ces petits Iules ressemblaient beaucoup à notre *Iulus lucifugus*, commun dans les serres du Muséum de Paris. Seraient-ils de la même espèce, c'est ce que la comparaison d'invididus vivants permettrait seule de décider. Leur longueur est de 0,016 seulement.

85. Iule malgache. (*Iulus Madagascariensis.*)

Espèce de Spirostreptus de la division 1, sous-division 2, section *a* de M. Brandt. — Bouclier coupé en ligne droite bilatéralement, un peu marginé, avec une strie irrégulière oblique au-dessus de la bordure ; 56 anneaux entre la tête et l'anus ; moitié antérieure des anneaux montrant quelques stries circulaires faibles ; leur partie inférieure marquée de stries obliques, principalement sur les anneaux antérieurs ; anneau préanal non épineux, ne recouvrant pas complétement les valves anales ; écaille préanale en ellipse allongée transversalement ; antennes submoniliformes, longues de 0,004 ; leurs 2e et 3e articles plus grands que les autres, le 4e, le 5e et le 6e subarrondis, un peu coniques; yeux en triangle subsemilunaire, nombreux, sur sept rangs en comptant du bord externe à l'interne; 90 paires de pattes, de longueur médiocre. Couleur des anneaux (dans l'alcool) olivâtre plombé, avec la partie postérieure plus foncée et bordée de rougeâtre; partie faciale en avant des antennes, antennes et pattes de couleur ambrée. Longueur totale, 0,065; largeur, 0,006.

De l'île de Madagascar, par MM. Quoy et Gaimard (Coll. Mus. Paris).

Un deuxième individu de la collection du Muséum est donné avec doute comme de Madagascar. Quoique plus grêle, il nous paraît appartenir aussi à cette espèce.

86. IULE DES SEYCHELLES. (*Iulus Seychellarum.*)

Couleur d'un brun foncé, tirant un peu sur le roux; segments noirâtres à la partie postérieure, jaunâtres à l'antérieure; antennes roussâtres; tête arrondie, échancrée vers la base; une rangée de points noirâtres (les répugnatoires) de chaque côté du corps; yeux en triangle réniforme; 143 paires de pattes. Longueur totale, 9 pouces; largeur, 8 lignes.

Iul. des Seychelles, Desjardins, *Ann. soc. entom.* de France, IV, p. 171. — *Id., Proceed. zool., soc. London*, 1835, p. 206. — *Iul. Seychellarum*, P. Gerv., *Ann. sc. nat.*, 2e série, t. VII, p. 46. — Lucas, *Anim. artic.*, p. 529.

De l'île aux Frégates, dans l'Archipel des Seychelles, par feu M. Julien Desjardins.

Nous avons reproduit ci-dessus les caractères que M. Desjardins assignait à son Iule des Seychelles; des Iules rapportés du même archipel par M. Louis Rousseau, et qui paraissent être de la même espèce, nous ont offert les particularités suivantes :

Lèvre peu échancrée; échancrure arrondie; une strie médio-céphalique; bouclier coupé carrément sur ses côtés, marginé; le petit bourrelet marginal doublé par une strie linéaire rapprochée de lui; une autre strie éloignée de celle-ci d'un millimètre, coudée, atteignant un peu au-dessus de l'angle postéro-inférieur; corps très-finement guilloché, strié bilatéralement et en dessous sur la seconde moitié des segments; point d'aiguillon préanal; 68 segments entre la tête et l'anus. Longueur, 0,20. Yeux en triangle.

87. Iule de Célèbes. (*Iulus celebensis.*)

Lèvre supérieure non ponctuée, marquée de rugosités obsolètes ; 45 anneaux entre la tête et l'anus ; bouclier assez long , peu descendant bilatéralement, où il est obtus et non marginé, sauf dans une petite partie de son contour ; le suivant irrégulièrement strié près la partie pédigère ainsi que les autres ; anneau préanal en capuchon non épineux , ne dépassant pas les valves anales ; écaille préanale en triangle isoscèle surbaissé ; antennes moniliformes, longues de 0,004, à articles égaux, sauf le deuxième qui est un peu plus grand que les autres, le 6ᵉ et 7ᵉ subréunis, un peu renflés ; yeux en triangle, sur six rangs de 4, 5, 6, 7, 9 et 6 ; ceux de l'angle supéro-interne obsolètes ; les autres subpolygonaux ; 82 paires de pattes. Longueur totale, 0,070 ; largeur 0,007.

De l'île Célèbes, par MM. Quoy et Gaimard (Coll. du Mus. de Paris). Malgré l'absence de ponctuations labiales, cette espèce nous a paru un *Spirobolus*.

88. Iule de Blainville. (*Iulus Blainvillii.*)
(Pl. 44, fig. 8.)

Tête et premier segment lisses ; celui-ci prolongé en arrière et terminé bilatéralement en courbe : les autres segments plissés longitudinalement près leur bord postérieur et armés de chaque côté de quatre rangées longitudinales d'épines équidistantes , lisses et luisantes, toutes dirigées en arrière ; il existe un rudiment d'une série d'épines semblables sur la ligne médio-dorsale ; les deux paires latérales des quatre premiers segments sont moins prononcées que les autres et tuberculiformes ; segment préanal lisse , terminé par une petite pointe arrondie au bout ; antennes submoniliformes ; le septième article fort petit , comme inclus dans le sixième qui paraît infundibuliforme ; yeux en triangle émoussé à ses angles. Couleur générale brun noirâtre ; pattes et antennes brun jaunâtre. Longueur totale, 0,136 ; largeur, 0,014.

Iulus Blainv., Le Guillou, *Bulletin soc. phil. de Paris*, 1841, p. 86. — Sous-genre *Acanthiulus*, P. Gerv. , *Ann. sc. nat.*, 3ᵉ *série*, I, p. 70.

De la Nouvelle-Guinée, découvert par M. Le Guillou pendant l'expédition aux terres australes de l'*Astrolable* et de la *Zélée*. C'est une des espèces les plus faciles à caractériser, à cause de ses tubercules épineux, et aussi l'une des plus curieuses. Elle prendrait place parmi les Spirostroptes de M. Brandt.

89. Iule de Dorey. (*Iulus Doreyanus.*)

Espèce de *Spirobolus*, Br. Lèvre supérieure marquée de rugosités obsolètes, non ponctuée ; bouclier arrondi bilatéralement, submarginé ; 50 anneaux entre la tète et l'anus, substriés en dessous ; le préanal en capuchon non spinifère, n'atteignant pas le niveau des valves anales ; écaille préanale en triangle subéquilatéral ; antennes courtes, moniliformes, à articles égaux, sauf le dernier qui est très-petit ; yeux en triangle, subpolygonaux sur six lignes de 2, 5, 7, 8 et 8 ; 92 paires de pattes, courtes, annelées de verdâtre ; couleur générale brunâtre. Longueur, 0,080 ; largeur, 0.007.

Découvert à la Nouvelle - Guinée , au port Dorey, par MM. Quoy et Gaimard, pendant l'expédition de circumnavigation de l'*Astrolabe* (Coll. Mus. Paris).

90. Iule de Gaimard. (*Iulus Gaimardi.*)

Une impression linéaire sur le milieu de la tète ; bouclier arrondi à ses angles latéraux, marginé, non strié ; les anneaux suivants marqués à leur partie inférieure de stries irrégulières, peu nombreuses ; segment préanal en capuchon non épineux, n'atteignant pas le niveau des valves anales ; 50 anneaux entre la tète et l'anus ; plaque préanale en triangle surbaissé ; antennes épaisses, courtes (0,003), à articles égaux , sauf le septième qui est plus petit et en bouton ; yeux en triangle subarrondi , noirs , occupant une grande surface et groupés sur six rangs : 86 paires de pattes, roussâtres ainsi que les antennes ; couleur du corps olivacée en dessus, roussâtre en dessous ; pores répugnatoires arrondis comme dans la majorité des espèces. Longueur totale, 0,080.

De la Nouvelle-Irlande, par MM. Quoy et Gaimard. Cette espèce a été découverte pendant la campagne de circumnavigation de l'*Astrolabe*. Elle appartient aux *Spirobolus* de M. Brandt.

91. Iule de Roissy. (*Iulus Roissyi.*)

Corps brun ardoisé avec les antennes , les pattes et le bord

des segments d'un jaune fauve ; tous les segments lisses et luisants ; le dernier terminé par une pointe assez avancée et un peu
aiguë ; pattes très-courtes. Longueur, 0,050 ; largeur, 0,005.

Iul. Roiss., Le Guillou, *Bull. soc. philom. Paris*, 1841,
p. 86. — *Id., Journ. l'Institut.*

Hab. la Nouvelle-Guinée.

92. IULE DORSAL. (*Iulus dorsalis.*)

Corps d'un brun jaunâtre à segments finement rugueux,
bordés de fauve avec une bande longitudinale noire et assez large
en dessus et au milieu ; une ligne de petits points noirs de
chaque côté ; antennes et pattes pâles ; dernier segment abdominal simplement arrondi au milieu en arrière. Longueur, 0,038;
largeur, 0,004.

Iul. dors. Le Guillou, *Bull. soc. philom. de Paris*, 1841 ,
p. 86. — *Id., Journ. l'Institut.*

Hab. les îles Arrow.

93. IULE LONGIPÈDE. (*Iulus longipes.*)

Corps brun jaunâtre avec le bord postérieur des segments
plus pâle, vert noirâtre ; antennes terminées par deux articles
beaucoup plus larges ; dernier segment terminé en pointe com-
primée latéralement, courbée, ne dépassant pas les pièces
anales ; pattes comprimées et plus longues dans les *I. Roissyi,
Blainvillii* et *dorsalis.* Longueur, 0,035 ; largeur, 0,004.

Iul. long., Le Guillou, *Bull. soc. philom. Paris*, 1841 ,
p. 86. — *Id., Journ. l'Institut.*

Habite les îles Arrow.

94. IULE RUFICOL. (*Iulus ruficollis.*)

Noir, avec la tête, le bouclier, le segment préanal et l'anus ,
ainsi qu'une large bande dorsale, rouge vif ; pieds châtains ; 52
segments, tous lisses avec leur moitié postérieure courte et saillante. Longueur, 1 pouce 3/4 (0,045).

Spirobolus rufic., Newport, *Ann. and mag. of nat. hist.*,
t. XIII, p. 269.

De la Nouvelle-Hollande (British Museum). M. Newport
place cette espèce dans la division **1** *b* de **M.** Brandt.

95. IULE DE VERREAUX. (*Iulus Verreauxii.*)

Région faciale subcarrée, à lèvre supérieure échancrée ; bou-

clier lisse ainsi que la tête , curviligne à ses parties latérales externes et marqué de quatre ou cinq stries obliques irrégulières, semblables à celles qui sont à la partie inférieure des autres anneaux; 50 anneaux entre la tête et l'anus, assez nettement partagés en deux par une rainure circulaire médiane : quelques fines stries circulaires sur la moitié antérieure ; anneau préanal en capuchon sur les valves anales, non prolongé en épine ; écaille préanale inférieure ovalaire transverse ; antennes de longueur moyenne (0,003) fusiformes , de sept articles inégaux , dont le septième, petit, forme une sorte d'opercule du sixième ; celui-ci et les deuxième et troisième les plus grands, subégaux, le sixième plus gros que les autres ; yeux en trapèze irrégulier, sur quatre rangs, le premier rang de sept et les trois autres de huit ; lèvre inférieure lagéniforme dans sa partie moyenne , bidentée au bord antérieur des parties latérales : 75 paires de pattes de couleur jaune pâle , assez grêles , pourvues de quelques soies roides et courtes; couleur du corps (dans l'alcool) noirâtre luisant, annelé de plus clair au bord postérieur de chaque anneau. Longueur totale, 0,055; largeur, 3 millim. environ. Apparence générale du *Iulus sabulosus*, mais plus allongé et non épineux en arrière.

De la Nouvelle-Hollande , sur le penchant du mont Wellington, par M. Jules Verreaux (Coll. du Muséum de Paris).

Cette espèce a quelques-uns des caractères des Spirostreptus, mais elle s'en éloigne aussi sous quelques rapports pour ressembler aux Iules d'Europe, dont l'anneau préanal n'est point épineux.

5.

Iules de l'Amérique septentrionale.

* *Segment préanal mucroné.*

96. IULE IMPRIMÉ. (Iulus impressus.)

Cylindrique non marginé ; brun en dessus ; blanc jaunâtre en dessous ; glabre ; des points ou lignes blanches à la partie inférieure de chaque segment et sous les pores latéraux ; segment préanal mucroné, surface oculaire considérable, noire ; antennes brunes ; lèvre inférieure blanchâtre.

Iul. impr., Say, *Journ. acad. nat. sc. Philadelphie*, 1821, t. II, p. 102.

Commun aux États-Unis (Say).

97. Iulus exigu. (*Iulus exiguus.*)

31 à 33 segments en comptant celui de l'anus; 51 à 55 paires de pattes; yeux subarrondis; antennes velues, assez courtes, à articles terminaux serrés, un peu renflés, brun noirâtre, terminées de blanc. Premier anneau non ponctué en dessus; son processus latéral trigone, peu aigu, suballongé, recourbé, marqué de quelques stries atteignant l'abdomen; les autres segments un peu renflés en arrière, convexes, paraissant moniliformes, à stries séparées, assez fortes, plus marquées sur les flancs qu'au dos; segment préanal brièvement mucroné au milieu supérieur de son bord postérieur, sa pointe terminée de brun pâle dépassant l'anus; écailles latérales de l'anus velues; écaille préanale inférieure, triangulaire, mucronée en arrière; tête noire brunâtre en avant, bordée antérieurement de blanc fauve; lèvre inférieure, brune, blanc fauve à son bord antérieur; tout le corps brun noir, brillant, plus pâle sur l'abdomen; une bande longitudinale fauve brunâtre sur le milieu du dos, sauf sur les premiers anneaux, divisée par une ligne ponctuée de brun noir; pieds variés de blanc et de brun. Longueur, 3 pouces 3/4 à 4 pouces (0,110).

Iul. exig., Brandt, *Recueil*, p. 85.

De Pensylvanie. Les exemplaires décrits par **M. Brandt** sont au Musée de Saint-Pétersbourg.

Ainsi que le *I. impressus* de Say, cette espèce et la suivante constituent dans le travail de M. Brandt (*Recueil*, p. 84) un petit groupe à part parmi les Iules mucronés. Leur caractère commun est d'avoir le processus latéral du premier anneau allongé, trigone, subéchancré à son bord antérieur, atteignant la partie inférieure de l'abdomen.

Il est remarquable que ces trois espèces appartiennent au même pays.

98. Iule de Pensylvanie. (*Iulus Pensylvanicus.*)

Corps très-grêle avec la partie postérieure des anneaux déprimée et non renflée; 63 ou 64 anneaux en comprenant l'anus; 114 à 116 paires de pattes; yeux en triangle; antennes médiocres, à articles noirs avec le sommet blanc; tête brune en avant, un peu jaunâtre, avec une bande transversale noire entre les yeux, et la partie labiale brun fauve; premier segment mar-

qué en dessus de quelques ponctuations assez grosses, brun à
son milieu, avec une tache subsémilunaire près de son bord
antérieur qui est blanc, et une bande noire près le liséré blanc
de son bord postérieur; son processus latéral allongé, subtrigone, obliquement tronqué à son angle antérieur, strié transversalement, égalant presque le second segment; les autres
segments striés transversalement, brun noir, plus foncés près
leur bord postérieur qui lui-même est blanc; épine du dernier
segment courte, dépassant peu ou égalant l'anus, blanche à sa
pointe; écailles latérales de l'anus assez petites, brun noirs
convexes, pubescentes, en crète obtuse à leur bord interne;
écaille préanale inférieure semi-lunaire, arrondie en arrière;
pieds variés de blanc et de roux brun; abdomen blanc roussâtre. Longueur, 1 pouce 1/2 (0,040); largeur, 1 ligne 1/3.

Iul. Pensylv., Brandt, *Recueil*, p. 85.

De Pensylvanie.

Les exemplaires décrits par **M. Brandt** sont au Musée de
Berlin.

99. Iule canadien. (*Iulus Canadensis.*)

De couleur rouge de chair, avec des points latéraux noirs
au-dessous d'une série longitudinale de taches noires; segments
au nombre de 53, lisses, luisants, sans stries à leur partie dorsale; avant-dernier segment prolongé en épine forte, allongée
et courbée. Longueur, 1 pouce 1/2 (0,040).

Iul. Canad., Newp., *Ann. and mag. of nat. hist.*, XIII,
p. 268.

Du Canada.

L'exemplaire décrit par **M. Newport** appartient au *British
Museum.*

** *Segment préanal non mucroné.*

100. Iule menu. (*Iulus minutus.*)

Corps cylindrique non marginé, pâle en dessus, irrégulièrement réticulé et varié de rouge; une série bilatérale de larges
points noirs et nombreux; des stries à la partie inférieure des
anneaux; dessous blanchâtre; tête noire au-dessus des antennes;
les deux avant-derniers articles des antennes dilatés, non rétrécis à leur base; yeux noirs, en lunule longitudinale; segment

préanal inerme, plus long que le précédent, arrondi et noirâtre.
Longueur, 6 lignes (0,013).

Iul. pusillus, Say, *Jour. acad. nat. sc. Philadelph.*, 1821,
t. II, p. 105.—*Id.*, *OEuvres entom. publiées par Lequien*, *non
Iulus pusillus*, Leach. — *Iulus minutus*, Brandt, *Recueil*,
p. 89. — *Iulus Sayii* , Newport, *Ann. and mag. of nat. hist.*,
XIII, p. 268.

De Virginie (Say).

Cette espèce vit sous l'écorce du *Pinus variabilis*. M. Newport a compté sur un exemplaire du *British Museum*, qui n'est
pas encore adulte, 45 segments dont les trois antépénultièmes
sont apodes.

101. IULE MARQUÉ. (*Iulus stigmatosus.*)

Corps cylindrique, non marginé, brun foncé en dessus;
glabre avec une ligne dorsale irrégulière de couleur noire; un
point noir bilatéral sur la partie supérieure de chaque segment,
et un plus large oblong transversalement se partageant de plus
en plus en deux; segments antérieurs et postérieurs plus étroits
que les autres; yeux subtriangulaires, noirs; tête brun foncé.

Iul. punct., Say, *Journ. acad. nat. sc. Philadelph.*, II,
p. 102. —*Id.*, *OEuvr. compl. publiées par Lequien*, I, p. 16
(*non* Leach). — *Iulus stigmatosus* , Brandt, *Recueil*, p. 88.

Des États-Unis.

102. IULE ANNELÉ. (*Iulus annulatus.*)

Corps cylindrique, brun, teinté de rouge en dessus, blanc
jaunâtre, sans tache en dessous; chaque segment marqué de
quinze lignes saillantes, obtuses, dont quatre égales sur le dos,
une pyriforme plus large, oblique sur les répugnatoires et
dix décroissantes en grandeur, sur les parties latérales et près
des pattes; le segment antérieur (bouclier) est aussi long que
les trois suivants pris ensemble, et glabre; le segment préanal
est glabre, rouge brun, aussi long que les deux précédents
réunis, et obtus à son bord libre; tête blanchâtre; yeux disposés transversalement sur une bande noire; point d'impression visible sur le vertex.

Iul. annul., Say, *Journ. acad. nat. sc. Philad.*, 1821, t. II,
p. 103. — *Id.*, *OEuvres entom. publ. par Lequien fils.*

De l'Amérique septentrionale; très-commun dans les États

du sud, où il a été découvert par Say. Il y en a un exemplaire au
British Museum. **M.** Newport classe cette espèce parmi les
Spirobolus de **M.** Brandt.

103. Iule marginé (*Iulus marginatus.*)

Corps cylindrique, glabre luisant, noirâtre avec du rouge
pâle en dessous ; segments bordés de roux en arrière ; bouclier
égalant en longueur les trois segments suivants pris ensemble,
entièrement bordé de roux ; second segment petit, en angle
obtus à sa partie antéro-inférieure ; segment préanal aussi long
que les deux précédents réunis, arrondi à son bord postérieur ;
tête marquée d'une ligne longitudinale obsolète sur le front ;
lèvre supérieure pâle, échancrée, montrant une série submargi-
nale de dix ou douze ponctuations pilifères, ciliée, rougeâtre
et pourvue de dents obsolètes à son bord. Longueur totale dépassant trois pouces (mesure anglaise) (0,080).

Iul. marg., Say, *Journ. acad. nat. sc. Philad.*, t. II, p. 105,
1821.

Vit aux États-Unis. Très-grosse espèce qui habite les bois, etc.
Quand elle est irritée elle répand une odeur d'acide chlorhydri-
que. Elle est attaquée par des Gamases. Ses couleurs varient. Le
bord des segments et tout le dessous sont quelquefois blancs. Le
segment préanal est parfois plus aigu à son bord postéro-supérieur, et il y a une série latérale distincte de points noirs.

Ces détails sont empruntés à Say. M. Newport, qui a étudié au
British Museum un *Iulus marginatus*, envoyé par ce naturaliste, réunit cette espèce au sous-genre des Spirobolus de
M. Brandt. Nous considérons aussi comme des Spirobolus des
Iules de taille assez considérable qui ont été envoyés ou rapportés des États-Unis au Muséum de Paris par divers voyageurs,
Bosc, Milbert, ainsi que MM. de Givry, Warden, etc. Ces Iules
nous paraissent être aussi de l'espèce du *Iulus marginatus*. En
voici la description :

De quatre à six paires de ponctuations piligères sur le bord
buccal de la lèvre supérieure ; ces ponctuations rarement nulles ;
dessus de la tête et du bouclier très-finement ponctués ; 50 et
quelques anneaux entre la tête et l'anus ; les anneaux très-
finement marqués d'impressions semblables à celles de la tête
qui se convertissent sur les postérieurs en stries obsolètes,
principalement à la partie inférieure des anneaux ; bords laté-

raux du bouclier subtrigones, un peu marginés, non striés ; anneau préanal en capuchon non épineux, n'atteignant pas le niveau des valves anales ; écaille préanale en triangle subéquilatéral ; antennes moniliformes, leur deuxième article un peu plus grand que les autres, le septième fort petit ; yeux en triangle irrégulier, disposés sur six rangs ; partie médiane basilaire de la lèvre inférieure triangulaire, subpentagone ; environ 95 paires de pattes. Longueur totale atteignant jusqu'à 0,120 ; largeur 5 ou 6 millim.

C'est sans doute à cette espèce qu'il faut rapporter le *Iulus americanus*, Pal. Beauvois, *Insectes d'Afr. et d'Amér.*, p. 155, aptères, pl. 6, fig. 3 ; M. Brandt, qui émet la même opinion que nous, donne cependant au *Iulus americanus* une nouvelle dénomination, c'est son *Iulus incertus*, *Recueil*, p. 121, n° 6.

6.

Iules de l'Amérique méridionale.

104. IULE ROSÉ. (*Iulus roseus.*)

(Atlas, pl. 34, fig. 9.)

Lèvre supérieure échancrée, multidentée, une série de poils sétiformes sur la partie denticulée ; deux paires d'impressions punctiformes submarginales ; strie médio-longitudinale faible. Bouclier subarrondi à ses parties latérales, faiblement marginé à son bord antérieur, marqué près le postérieur de cinq ou six petites stries inégales non parallèles. Segments du corps marqués sur leur première moitié de quelques stries circulaires ou obliques, et sur la seconde de stries longitudinales fortes, régnant sur tout le pourtour au dos, sur les flancs et à la partie inférieure ; ces stries très-peu marquées sur le segment antépénultième, nulles sur le pénultième ou préanal, qui est finement granuleux, ainsi que les valves anales ; une épine courte au segment préanal ; écaille préanale en segment de cercle, à bord postérieur curviligne ; couleur pâle rosé avec la seconde moitié du segment, les antennes et les pieds d'un rose plus vif ; pores répugnatoires noirs ; antennes submoniliformes, à deuxième article un peu plus long que les autres qui sont subégaux. Yeux sur cinq rangées en ovale irrégulier ; 43 segments entre la tête et l'anus ; 77 paires de pieds. Longueur, 0,115 ; largeur, 0,014.

De Colombie, par **M.** Justin Goudot (Collection du **Muséum**).

105. Iule vermiforme. (*Iulus vermiformis.*)

Corps allongé, lisse, luisant, de couleur brune avec la partie antérieure des segments plus claire. Lèvre supérieure peu échancrée, multidentée ; une strie longitudinale sur le milieu du front. Bouclier rectiligne en arrière, subcarré bilatéralement à bord antérieur subarrondi, marginé, à angle antérieur subarrondi marqué de cinq stries saillantes curvilignes. Segments striés sur la partie inférieure de leur seconde moitié, très-finement granuleux quand on les examine à la loupe. Segment préanal non épineux en capuchon, n'atteignant pas le niveau des valves anales. Écaille préanale en segment de cercle. Articles des antennes subégaux, le second plus long, subfusiforme, les autres submoniliformes marqués de petites ponctuations de chacune desquelles naît un poil. Yeux en triangle bombé au côté postérieur sur sept rangées. 58 segments ; 107 paires de pieds. Longueur, 0,130.

De Colombie, par M. Justin Goudot (Coll. Mus. Paris). Espèce de *Spirostreptus.*

106. Iule de Newport. (*Iulus Newportii.*)

Taille médiocre, corps assez trapu, ayant de l'analogie avec le *I. sabulosus.* Lèvre peu échancrée, non ponctuée. Bouclier subarrondi bilatéralement, très-faiblement marginé, non strié. Segments du corps courts, faiblement striés à leur partie inférieure, à stries obliques ou longitudinales, courtes et espacées, presques nulles aux derniers segments ; le segment préanal en pointe courte, dépassant un peu les valves anales. Couleur brune ; une bande plus claire sur le milieu de la tête ; bouclier bordé en avant et en arrière de rouge aurore ; une tache de même couleur près le bord médio-postérieur de chaque segment et sur la pointe préanale ; bord postérieur des segments gris orangé ; tarses orangés. Yeux en triangle surarrondi, polygonaux, sur sept rangées. Articles des antennes subégaux, submoniliformes, le deuxième un peu plus long que les autres. 41 segments entre la tête et l'anus ; 66 paires de pieds. Longueur, 0,040 ; largeur, 0,004.

De Colombie, par M. Justin Goudot (Collect. du Muséum de Paris).

107. IULE LEUCOPE. (*Iulus leucopus.*)

Petite espèce ayant de l'analogie avec le *I. terrestris*, mais non mucronée. Lèvre peu échancrée, multidentée ; tète lisse ; bouclier faiblement marginé en triangle tronqué à sa partie latérale, une simple strie tombant sur le milieu de son bord postérieur, segments du corps lisses, un peu striés à leur partie inférieure ; les premiers très-courts ; ligne circulaire de séparation entre leur moitié antérieure et postérieure bien marquée ; segment préanal en capuchon subaigu, non spinifère, atteignant le niveau des valves anales. Couleur noire avec la lèvre supérieure, la bordure des segments, les pieds et les valves anales jaune blanchâtre. Antennes brun pâle, de médiocre longueur, à articles inégaux ; 45 segments. Longueur, 0,024 ; largeur, 0,002.

De Colombie ; par M. Justin Goudot (Collection du Mus. de Paris).

108. IULE AMÉRICAIN. (*Iulus americanus.*)

Iul. amer., Plumier, *apud Lister, a Journey to Paris in the year* 1698, p. 64, fig. 5.
Du Brésil.
Ses caractères ne sauraient être donnés avec certitude.
M. Brandt fait remarquer (*Recueil*, p. 120) que si la figure donnée par Lister est exacte, les antennes de cette espèce la rapportent à son genre Spirostreptus.

109. IULE TRÈS-GRAND. (*Iulus maximus.*)

Corps cylindrique, grêle assez fort ; conique en arrière, un peu acuminé ; de 56 à 74 segments ; 100 à 133 paires de pattes ; longueur, 3 pouces à 4 pouces 3/4 ; largeur au milieu, 2 lignes 1/2 à 3 1/2 ; largeur au segment préanal, 1 ligne 3/4 à 2 lignes 1/3 ; sommet du segment préanal voûté, brièvement acuminé, dépassant les valves anales ; couleur brun olivâtre, avec le bord postérieur des anneaux noir, terminé par un liséré brun ferrugineux ; antennes et pieds brun jaunâtre pâle.
Iulus (Spirobolus) *maximus*, Brandt, *Recueil*, p. 116.
Du Brésil (Musée de Saint-Pétersbourg).
M. Brandt rapporte qu'il a observé trois variétés de cette espèce, et il en donne la synonymie suivante :

Variété *a*. — *Vermis terrestris*, Marcgrave, *Bras.*, p. 155, fig. 5. — *Iulus maximus*, Linné, *Syst. nat.* (exclusa synonymia Listeri). —*Iulus Marcgravii*, Brandt, *Recueil*, p. 116.

Pointe du segment préanal très-courte ; écaille préanale inférieure subtriangulaire ; de 70 à 74 segments dont les derniers (ceux qui précèdent le segment préanal) très-courts, très-rapprochés ; 125 à 133 paires de pattes ; les quatre ou cinq derniers segments apodes.

Variété *b*. — *Iulus apiculatus*, Mikan, *Isis*, 1834, p. 741.

Segments qui précèdent le pénultième un peu plus petits, équidistants ; segment pénultième ou préanal trigone à son sommet, qui est plus longuement acuminé ; écaille préanale inférieure subsemilunaire ; 56 à 59 segments ; 100 à 109 paires de pattes ; segments préanal et anal seuls apodes.

Variété *c*. — *Iulus maximus*, Linné, *Syst. nat.*, edit. XII, p. 1066 (Excl. syn. Marcgravii et Listeri).

Segments qui précèdent le pénultième à peine plus petits que les autres, équidistants ; pointe du segment préanal trigone allongée ; anneaux préanal et anal seuls apodes ; de 68 à 74 anneaux ; 127 à 133 paires de pattes ; écaille préanale inférieure subtrigone.

Plusieurs auteurs et entre autres Shaw (*Naturalist's miscell.*, II, pl. 48), ont parlé du *Iulus maximus* (1). Les détails qui précèdent sont empruntés à M. Brandt. Le *I. maximus* fait partie de ses *Spirobolus*, division 1, subdivision 1 *b*, qui a par conséquent la lèvre supérieure quadripunctuée, le bord latéral du bouclier triangulaire arrondi, et le segment préanal mucroné.

110. IULE OLIVACÉ. (*Iulus olivaceus*.)

(Spirobolus de la division 1, subdivision 1 *a* de M. Brandt.) — Corps court, olive foncé, à bouclier subferrugineux ; pieds chocolat foncé ; front convexe, lisse, marqué d'un sillon labial médian ; 44 segments, lisses, avec leur moitié postérieure très-courte et garnie de stries obsolètes ; écaille préanale triangulaire, à sommet aigu et ayant une forte dépression à sa base. Longueur, 8 pouces (0,200).

Spirobolus olivaceus, Newport, *Ann. and mag. of nat. hist.*, XIII, p. 268.

---

(1) M. Brandt (*Recueil*, p. 122) le croit fabriqué.

D'Oaxaca, au Mexique (*British Museum*).

M. Newport pense que cette espèce pourrait devenir l'objet d'un genre distinct, parce que les 1, 2, 3, 4, 5 et 6° avant-derniers segments ne portent qu'une paire de pattes chacun.

Nous rapportons à cette espèce un Iule de la montagne de Mexico, rapporté par madame Salé en 1835 (Coll. Mus. Paris), et dont voici les caractères :

Lèvre supérieure quadriponctuée, bordée d'une rangée de petits poils spiniformes ; une strie médio-céphalique médiocre. Bouclier subarrondi bilatéralement à bord antérieur à peu près droit, le postérieur curviligne, non strié, faiblement marginé. Des stries médiocres à la partie inférieure des segments, des ponctuations très-fines, visibles seulement à la loupe sur la surface des segments. Segment préanal non épineux ; une strie transversale sur sa partie dorsale. Ecaille préanale triangulaire subaiguë. Antennes submoniliformes à articles presque égaux, sauf le deuxième qui est double des autres; yeux polygonaux, sur six rangées, formant un triangle obtus à ses angles ; 51 segments, 92 paires de pieds. Longueur, 0,090.

111. Iule de Surinam. (*Iulus Surinamensis.*)

(*Spirostreptus* de la division 1, subdivision 2 *d* de M. Brandt.) — Corps grêle, allongé, cylindrique, conico-obtus à sa partie postérieure ; 61 à 63 segments au corps ; antennes courtes, à articles infundibuliformes ; face fortement marquée de rugosités et d'impressions jusqu'aux antennes, les impressions inférieures longitudinales; bord latéral du bouclier tétragone, retréci en avant et en arrière, marqué en avant de cinq et en arrière de sept plis subrapprochés, cariniformes, droits et parallèles en arrière ; moitié antérieure des anneaux marquée de plusieurs impressions parallèles, moitié postérieure des anneaux marquée sur l'abdomen de lignes parallèles, transverses, rapprochées en avant, très-profondes, limitant des carènes étroites, mais évidentes ; moins profondes, au contraire, et plus écartées en arrière ; des glabres ; une ligne ponctuée au-dessus des pores répugnatoires ; segment préanal prolongé angulairement en arrière et pourvu d'un crochet faible, un peu relevé et renflé ; écailles anales médiocres convexes, arquées à leur bord postérieur, qui est obtus, saillant, marqué d'une ligne arquée sur ses côtés ; écaille préanale inférieure semi-lunaire, subtrigone à son bord postérieur ; 113 à 117 paires de pattes, couleur générale brun noir, avec la partie postérieure des anneaux noire, bordée de ferrugineux clair, pieds bruns ; longueur totale, 4 pouces 3 à 10 lignes (0,125); largeur au milieu, 3 lignes ou 3 lignes 1/3 ; au segment postérieur 1 ligne 1/2 ou 1 ligne 3/4.

Iulus (Spirostreptus) *Surinamensis*, Brandt, *Recueil*, p. 108.

De Surinam, dans la Guyane (Mus. de Saint-Pétersbourg).

112. IULE DE WALCKENAER. (*Iulus Walckenaerii.*)

Grêle, allongé ; 70 ou 71 segments ; antennes médiocres ; parties latérales du bouclier retrécies à leurs angles antérieurs et postérieurs, multistriés ; écaille préanale inférieure semi-lunaire ; 133 paires de pieds ; tète noire ; corps brun noir à segments marginés de ferrugineux ; pieds brun fauve. Longueur, 7 pouces (0,187).

Iulus (nodopyge) *Walckenaerii*, Brand, *Recueil*, p. 186.

De la Guyane, par M. Brandt, négociant (Musée de Saint-Pétersbourg). Espèce de *Spirostreptus*.

113. IULE GRAND. (*Iulus grandis.*)

Corps épais, fort, obtus en arrière, brièvement conique ; 58 à 60 segments ; 105 à 111 paires de pattes ; bord latéral du bouclier assez large, court, triangulaire, arrondi à son bord inférieur, un peu renflé ; segment préanal fortement déprimé transversalement à son milieu, prolongé en arrière en pointe courte, subrenflée, triangulaire ; écaille préanale inférieure semi-lunaire ou subtrigone ; couleur noire avec le bord des segments brun ; pieds et antennes brun noir. Longueur, 6 pouces 2 lignes (0,163); largeur au milieu, 6 lignes et demi, au segment préanal 3 lignes.

Iul. (Spirobolus) *grandis*, Brandt, *Recueil*, p. 115.

Du Brésil (Musée de Saint-Pétersbourg).

Cette espèce appartient aux Spirobolus, division 1, subdivision 1 *α* de M. Brandt, c'est-à-dire qu'elle a le bord labial quadri-ponctué, les deux paires de ponctuations plus rapprochées entre elles, le bouclier bilatéralement triangulaire subarrondi et le segment préanal mucroné, à mucrone court, n'atteignant pas le niveau des valves anales.

114. Iule d'Olfers. (*Iulus Olfersii.*)

50 segments, y compris l'anal ; antennes très-courtes ; partie latérale du bouclier aiguë, assez étroite, triangulaire, médiocre, segment préanal anguleux à sa partie postéro-supérieure qui se prolonge en pointe courte ; écaille préanale inférieure triangulaire aiguë ; couleur noire avec le bord postérieur des segments roux marron ; tête noire verdâtre ; lèvres supérieure et inférieure brun fauve ; pieds et antennes noir olivâtre, avec le bord supérieur de leurs anneaux fauve. Longueur 2 pouces, largeur au milieu 2 lignes ; au segment préanal 1 ligne 2 tiers.

Iulus (Spirobolus) *Olfersii,* Brandt, *Bull. nat. Moscou,* t. **VI,** p. 202, 1833.—*Id.*, *Recueil,* p. 118.

Du Brésil (Musée de Saint-Pétersbourg).

Cette espèce est de celles qui ont quatre ponctuations sur la lèvre supérieure.

115. Iule paré. (*Iulus festivus.*)

Corps glabre, brillant, ferrugineux, avec une série de points latéraux noirs et deux bandes de même couleur sur le dessus ; antennes de couleur marron à la base ; leurs autres articles noirâtres ; yeux noirs ; 96 paires de pattes, de couleur testacé marron.

Iulus festivus, Perty, *Delectus anim. articul. Bras.*, p. 211, pl. 40, fig, 10.

De la provinces des Mines au Brésil, par Spix et Martius.

116. Iule obtus. (*Iulus obtusatus.*)

Rouge brun ; pieds et antennes de couleur rousse ; segments un peu glabres, de teinte plus obscure à leur bord postérieur; le préanal non mucroné. 98 paires de pieds.

Iul. obtusatus, Mikan, *Isis,* 1834, p. 741.

Du Brésil.

117. Iule crassicorne. (*Iulus crassicornis.*)

Noir glabre ; bord postérieur des segments un peu renflé ; le préanal non mucroné ; antennes blanches à articles subégaux, courts ; pieds blancs , grêles, égalant la moitié du diam ètre du corps. 92 paires de pieds.

Iulus crassicornis, Mikan, *Isis,* 1834, p. 742.

Du Brésil.

118. Iule bicolor. (*Iulus bicolor.*)

Corps un peu rude; segments annelés de bleuâtre et de rouge, le préanal bleuâtre, un peu mucroné; antennes variées de blanc et de cendré; pieds blancs, au nombre de 100 paires.

Iulus bicolor, Mikan, *Isis*, 1834, p. 741.

Du Brésil.

119. Iule noiratre. (*Iulus nigricans.*)

Lisse; noirâtre; de petites ponctuations sur la partie postérieure des segments; le préanal non mucroné; antennes et pieds roussâtres; 86 paires de pieds.

Iulus nigricans, Mikan, *Isis*, 1834, p. 741.

Du Brésil.

· 120. Iulus subuniplicatus. (*Iulus subuniplicatus.*)

Corps allongé, grêle, un peu rétréci en arrière; 72 segments, 135 paires de pieds; segment penultième prolongé en crochet court, triangulaire; partie latérale du bouclier assez courte, tétragone, marginée en avant, rétrécie inférieurement; un pli étroit au-dessus du bord inférieur, courbé; écailles latérales de l'anus convexes, lisses à la base de leur bord interne; écaille préanale inférieure trigone; segments de couleur olivâtre, variée de gris et de noirâtre, bruns près leur bord et finement marginés de brun fauve; front, pieds et écailles anales bruns; antennes grêles, à articles intermédiaires infundibuliformes, brun fauve pâle à leur base, noirâtres au milieu. Longueur totale 3 pouces (0,080); largeur au milieu du corps 2 lignes et demi.

Iulus (Spirostreptus) *subuniplicatus*, Brandt, *Recueil*, p. 99.

Du Brésil (Musée de Saint-Pétersbourg).

M. Brandt place cette espèce dans la division I, subdivision 2 *b* de ses Spirostreptes.

121. Iule de Bahia. (*Iulus Bahiensis.*)

Corps grêle, un peu comprimé en arrière; 58 segments; 107 paires de pieds; des stries sous l'abdomen; couleur noire, avec le bord postérieur des segments brun; pieds bruns. Longueur totale, 6 pouces (0,160).

Iulus (Spirostreptus) *Bahiensis*, Brandt, *Recueil*, p. 105.

De la province de Bahia au Brésil (Musée de Saint-Pétersbourg).

122. Iule a doubles coussins. (*Iulus bipulvillatus.*)

Lèvre supérieure multidentée, marquée d'une série nombreuse
de petites ponctuations marginales ; trois ponctuations obsolètes
au-dessus des trois denticules principaux ; une impression longitudinale linéaire sur l'occiput. Partie latérale du bouclier fortement descendante, carrée, fortement marginée à son angle antérieur qui est obtus. L'angle postérieur plus saillant, à cinq
stries irrégulières inégales, subverticales'près son bord postérieur.
Dessus du même segment lisse ainsi que la tête et la moitié postérieure des segments du corps ; celle-ci courte ; la moitié antérieure
marquée de stries circulaires irrégulières ; des stries longitudinales assez saillantes sur la région abdominale postérieure des
segments ; segment préanal mucroné à pointe subrelevée obtuse
dépassant un peu l'anus. Valves anales lisses. Écaille préanale inférieure triangulaire à base très-large ; l'angle postérieur obtus.
Antennes de moyenne longueur, à articles inégaux, le deuxième
le plus long ; les troisième, quatrième et cinquième sont égaux,
granuleux, surtout à leur partie supérieure. Le pénultième et
l'antépénultième article des pieds présentant inférieurement des
coussinets cotyliformes dans le mâle. Yeux nombreux, sur sept
rangées, rapprochés et pour la plupart tétragones. Corps assez
court, épais, long de 0,10. Largeur à son milieu 0,010 ; 59 segments entre la tête et l'anus ; 99 paires de pieds.

Du Brésil, par M. Bardoux (Coll. Mus. Paris), espèce de
Spirostreptus.

123. Iule trimarginé. (*Iulus trimarginatus.*)

Lèvre supérieure peu échancrée, présentant trois ponctuations
obsolètes au-dessus de l'échancrure ; dessus de la tête et corps
lisses ou très-finement rugueux sous la loupe ; région latéro-
abdominale des segments striée sur sa moitié postérieure ; des
stries circulaires irrégulières sur la moitié antérieure, bouclier
tétragone, obtus à l'angle antérieur, subsaillant à son angle postérieur et marqué près de son contour de trois carènes curvilignes
dont l'une est presque marginale et descend du bord latéro-antérieur du bouclier. Segment préanal en capuchon non spini-
gére, n'atteignant pas le niveau des valves anales. Écaille préanale inférieure en croissant dont la convexité est antérieure et
dont la concavité présente une saillie angulaire médiane. Yeux

en triangle subréniforme , sur six rangées. Antennes de longueur moyenne , à articles subinfundibuliformes , le deuxième plus long que les autres qui sont subégaux. Corps ferrugineux rosé avec le bord postérieur des segments plus foncé ; pattes ferrugineuses claires ainsi que les antennes. Longueur 0,070, diamètre au milieu 0,007.

Du Brésil, par M. Wauthier (Coll. Mus. Paris), espèce voisine du *I. festivus*.

124. Iule palmiger. (*Iulus palmiger.*)

Huit ponctuations sur le bord labial de la tête ; un. sillon vertical médian. Quelques très-fines ponctuations et des indices très-faibles de plis près le bord antéro-externe de la lèvre supérieure. Bouclier et dessus du corps finement ponctués. Parties latérales du bouclier trigones, obtuses, marginées, sans stries. Deuxième segment pourvu au–dessus de l'angle latéral postérieur du bouclier d'une saillie subtriangulaire palmiforme, descendante ; des stries curvilignes sur sa partie postéro - inférieure et sur celle des segments suivants; quelques fines ponctuations semblables à celles du dos visibles entre ces stries ; stries des segments postérieurs faibles ; segment préanal non épineux , simplement anguleux à son bord postéro-supérieur, n'atteignant par le niveau des valves anales. Écaille préanale inférieure triangulaire à base large. Antennes submoniliformes à deuxième article plus long que les autres, conoïdes ; des poils courts sur leur seconde moitié. Yeux sur une surface irrégulièrement circulaire , polygonaux , sur six rangées. Couleur générale brune avec le bord postérieur des segments et l'encadrement du bouclier rouge cerise. Face marbrée de ferrugineux et de noir. Antennes et pieds ferrugineux. 49 segments ; 87 paires de pieds. Longueur totale, 0,085 ; largeur, 0,008 ; antennes, 0,004.

De la Guyane française , par M. Leprieur. (Coll. Mus. de Paris.)

125. Iule caudé. (*Iulus caudatus.*)

Quatre ponctuations labiales ; couleur blonde plus ou moins olivacée. Bouclier arrondi bilatéralement, faiblement marginé, non strié, lisse ainsi que le corps ; stries de la portion inférieure des segments faibles ; point de stries sur les flancs si ce n'est aux derniers segments où elles sont faibles ; segment préanal petit dans sa portion annulaire en dessous, prolongé en dessus en épine subréfléchie, dépassant un peu le niveau des valves anales ; surface oculaire subarrondie ; yeux polygonaux. Antennes moniliformes à articles courts subégaux. 54 segments ; 94 paires de pieds. Longueur 0,050, largeur 0,005.

Spirobolus caudatus, Newport, *Ann. and Mag. of nat. hist.*, t. XIII, p. 269.

De Demerara (*British Mus.*). De la Guyane française, par M. Leprieur ; de Saint-Thomas, par Richard ; du Brésil, par MM. Gaudichaud de Vauthier (Coll. du Muséum de Paris).

126. IULE DE BEAUVOIS. (*Iulus Beauvoisii*.)

Lèvre supérieure peu échancrée, bordée d'une série de guillochures et présentant trois ou quatre ponctuations obsolètes au-dessus de ses dents principales ; face finement rugueuse ; dessus de la tête lisse. Parties latérales du bouclier coupées subobliquement, l'angle antérieur le plus saillant, le postérieur obtus ; deux plis obliques dont le deuxième est décomposé à sa partie inférieure ; bouclier et dessus du corps lisses, avec quelques rares rugosités visibles à la loupe. Des stries circulaires fines, assez nombreuses sur la partie antérieure des segments ; la partie postérieure marquée inférieurement de stries longitudinales faibles, surtout aux segments postérieurs. Segment préanal en capuchon non épineux ; une ligne transversale à la base de sa partie postérieure. Écaille préanale en triangle subéquilatéral. Antennes de longueur moyenne, à articles subégaux, sauf le deuxième qui est le plus long, subinfundibuliformes ; le sixième et le septième ovalaires. 60 segments ; 100 paires de pieds. Longueur du corps 0,070 ; diamètre au milieu 0,005 ; antennes 0,005. Couleur générale marron noirâtre, avec la tête, les antennes et les pieds ferrugineux.

Iulus Indus ? Palissot de Beauvois, *Ins. d'Afrique et d'Amérique*, p. 154, pl. 6, fig. 2. — *Iulus Beauvoisii*, P. Gerv., *Ann. sc. nat.*, 2ᵉ série, t. VII, p. 47. — Lucas, *Anim. articulés*, p. 531. — *Iulus Bowoasii*, Brandt, *Recueil*, p. 120.

De la Martinique (Coll. du Mus. de Paris), espèce de *Spirobolus*.

127. IULE HAÏTIEN. (*Iulus haitensis*.)

Corps gros, épais, assez court, obtus, lisse et luisant ; de couleur noirâtre sur la tête, les antennes et le corps. Lèvre supérieure quadriponctuée ; un très-faible indice de ligne médio-verticale sur la tête. Bouclier triangulaire, arrondi sur ses parties latérales, faiblement marginé, non strié ; stries inférieures des segments très-faibles, curvilignes, presque nulles aux derniers ; quelques stries annulaires très-fines à la partie antérieure des segments. Point d'épine au segment préanal, celui-ci en capuchon triangulaire, sa partie saillante séparée de l'antérieure par une ligne transversale et n'atteignant pas le niveau des valves anales. Ecaille préanale inférieure en segment de cercle à bord antérieur à peu près droit ; le postérieur triangulaire arrondi. Antennes submoniliformes à articles décroissants du deuxième au septième ; le sixième et le septième réunis, subglobuleux. Yeux en groupe suborbiculaire, polygonaux, sur six rangées. 54 segmenfs ; 100 paires de pieds. Longueur totale, 0,163 ; largeur au milieu, 0,013.

De l'île Saint-Domingue (Haïti), par M. Alexandre Ricord (Coll. Mus. de Paris). C'est une espèce du genre *Spirobolus*.

128. IULE A PETITES STRIES. (*Iulus striolatus.*)

Lèvre supérieure quadriponctuée ; tête lisse ; un sillon vertical sur son milieu. Bouclier triangulaire, obtus à ses parties latérales, épaissi, non marginé, montrant à la partie médiane de son angle postérieur l'indice de deux stries courtes ; parties latérale et inférieure des segments striées, à stries obliques, descendantes sur la partie antérieure des segments, longitudinales et courtes sur la postérieure, plus fortement marquées inférieurement que sur les parties latérales, nulles au dos, remplacées antérieurement par de simples guillochures. Corps paraissant très-finement rugueux sous la loupe. Segment préanal en capuchon subépineux, à crochet court, n'atteignant pas tout à fait le niveau des valves anales. Écaille préanale triangulaire à sommet obtus. Segments forts, subimbriqués, surtout en avant, un peu épaissis à leur bord postérieur ; de couleur vert olivacé, avec la partie postérieure fauve ou rougeâtre. Pieds forts, ferrugineux. Antennes verdâtres, submoniliformes, à articles un peu en entonnoir, subégaux, décroissant du second au septième ; celui-ci et le sixième réunis, arrondis, surface oculaire subcarrée, à angle antéro-externe obtus, sur cinq rangs, 40 segments ; 70 paires de pieds. Longueur du corps, 0,012 ; des antennes, 0,003 ; largeur au milieu, 0,014.

De l'Amérique méridionale (Coll. Mus. de Paris.) Espèce du groupe des *Spirobolus*.

129. Iule bimarginé. (*Iulus bimarginatus.*)

Lèvre supérieure finement dentée et échancrée à sa partie médiane ; trois petites impressions punctiformes obsolètes au-dessus de l'échancrure ; dessus de la tête lisse , sans strie recti-ligne. Bouclier tétragone, obtus à son angle antérieur, subaigu au postérieur, avec un pli saillant, descendant obliquement du bord antérieur sur le milieu de l'inférieur en longeant à une faible distance le premier qui est marginé. Dessus des segments très-finement rugueux sous la loupe. Partie abdominale marquée de stries longues sur la deuxième moitié des segments ; la moi-tié antérieure marquée sur tout son pourtour de stries circulaires; segment préanal non épineux. Écaille préanale inférieure trian-gulaire, à base élargie. Antennes pubescentes dans leur deuxième moitié, à poils courts, prenant naissance dans de petites ponc-tuations ; articles subégaux, le deuxième un peu plus long que les autres, le sixième et le septième réunis, ovalaires. Surface oculaire subréniforme ; yeux polygonaux sur six rangées. Cou-leur générale olivacée avec le bord postérieur des segments blond rougeâtre ; un indice de ligne dorsale claire. Pieds fau-ves ferrugineux, ainsi que les antennes. 56 à 59 segments. Longueur totale, 0,80.

De Tijuca au Pérou, par MM. Eydoux et Souleyet, chirur-gien de l'expédition de *la Bonite* (Coll. Mus. Paris).

130. Iule du Chili. (*Iulus Chilensis.*)

Lèvre supérieure faiblement échancrée, bordée d'une petite rainure ponctuée; trois ponctuations obsolètes au-dessus des dents médianes ; un faible sillon longitudinal sur la tête , celle-ci lisse ainsi que le dessus du corps, mais paraissant très-fine-ment réticulée à la loupe. Parties latérales du bouclier tétragones, sans stries perpendiculaires évidentes à leur bord postérieur, marginées en avant et inférieurement ; angle antérieur subotus ; angle postérieur à peu près droit; les stries d'abord courbes, puis droites sur la parties inférieure des segments ; leur moitié antérieure marquée de stries circulaires faibles. Segment préa-nal en capuchon non épineux à son bord postéro-supérieur, ne recouvrant qu'incomplétement les valves anales en dessus.

Écaille préanale inférieure subtriangulaire, à base large , à sommet surbaissé et obtus. Six rangées d'yeux sur un triangle obtusangle. Couleur brun olivacé avec le bord des segments rouge vineux, ainsi que les pieds. Antennes olivâtres. 62 segments; 119 paires de pieds. Longueur 0,060, largeur 0,004.

Du Chili, par M. Gay et par M. Gaudichaud (Coll. Mus. Paris). Nous publierons la figure de cette espèce dans l'ouvrage de M. Gay sur le Chili. Les jeunes ont quelque analogie de forme et de couleur avec le *Iulus sabulosus*.

131. IULE PRESQUE LISSE. (*Iulus sublœvis*.)

Lèvre supérieure bordée d'une série de guillochures, un peu échancrée et pourvue à son milieu de quatre ponctuations obsolètes. Dessus de la tête lisse ainsi que le dessus du corps et les flancs. Bouclier tétragone bilatéralement, non strié transversalement, marqué de deux plis en bourrelet dont un marginal contourne le bord antérieur et inférieur, et l'autre, suivant à peu près la même direction, intercepte entre lui et la rainure marginale du bourrelet un espace allongé subsemi-lunaire ; angle antérieur émoussé; le postérieur à peu près droit, non saillant. Stries de la partie abdominale des segments faibles, disparaissant sur les médians et les postérieurs. Segment préanal en capuchon anguleux non spinifère et n'atteignant pas le niveau des valves anales. Écaille préanale inférieure en triangle équilatéral. Couleur châtain clair avec le bord postérieur ferrugineux. Articles des antennes subégaux, sauf le deuxième qui est le plus long; le sixième et le septième oviformes. Huit rangées d'yeux sur une surface triangulaire. Longueur 0,050 , largeur 0,005.

Du Chili, par M. Gaudichaud (Coll. Mus. Paris).

132. IULE DE GAUDICHAUD. (*Iulus Gaudichaudi*.)

Lèvre supérieure quadripunctuée ; une ligne médio-céphalique verticale. Partie latérale du bouclier en triangle arrondi non striée et non marginée. Partie inférieure des segments striée dans une faible étendue; stries de moins en moins évidentes. Corps lisse, épais, un peu appointi en arrière, à segment préanal prolongé postérieurement en angle spiniforme appliqué sur les valves anales, mais n'atteignant pas leur niveau ; face supérieure de ce segment partagée par une strie transversale peu marquée. Écaille préanale en triangle équilatéral. Segments ver-

dâtres, bordés de fauve ferrugineux , plus ou moins fauves sur
leurs parties latérales ; pieds fauves ; antennes courtes (0,005),
subcomprimées, à articles égaux, moniliformes. Yeux sur un
triangle obtusangle. 53 segments ; 96 paires de pieds. Longueur
0,080.

Du Chili, par **M. Gaudichaud** (Collection du Muséum de
Paris).

6.

Iules dont on ignore la patrie.

133. IULE PILIPÈDE. (*Iulus pilipes.*)

Couleur blanche (sur l'animal sec) ; 63 segments, striés longitudinalement, avec le bord postérieur noir ou rouge ; pieds très-
courts, bruns, fortement velus ; segment préanal prolongé en
dessus en une petite épine courte ; orifice des organes répugnatoires petits, noirs. Longueur 3 pouces et demi (0,090).

Iul. pilip., Newport, *Ann. and Mag. of nat. hist.*, t. **XIII**,
p. 268.

Patrie inconnue (Exemplaire type au *British Museum*).
M. Newport le range parmi les Iules proprement dits.

134. IULE TRÈS-NOIR. (*Iulus nigerrimus.*)

Noir de jais, brillant ; front bombé ; bord labial fortement
échancré ; bouclier lisse, triangulaire, arrondi à ses parties latérales ; segments lisses. Longueur 2 pouces (0,054).

Spirobolus nigerrimus, Newport, *Ann. and Mag. of nat.
hist.*, t. XIII, p. 269.

M. Newport n'indique pas la patrie de cette espèce qu'il
réunit aux Spirobolus, division *b* de **M. Brandt.**

135. IULE CURVICAUDÉ. (*Iulus curvicaudatus.*)

Brun (dans l'état sec) ; 61 segments ; leur moitié postérieure
lisse, marginée de rouge ; segment préanal terminé par une
épine recourbée ; bord labial à peu près droit ; partie latérale
du bouclier tétragone, subaiguë à son angle antérieur et finement
striée à sa partie postérieure. Longueur 4 pouces et demi (1,120).

Spirostreptus curvicaudatus, Newport, *Ann. and Mag. of
nat. hist.*, t. XIII, p. 269.

M. Newport n'indique pas la patrie de cette espèce qu'il rapporte aux *Spirostreptus*, division **I**, subdivision 2 *d* de **M.** Brandt (*British Museum*).

136. IULE RUBRIPÈDE. (*Iulus rubripes.*)

Blanchâtre sur l'emplâtre sec, avec le bord postérieur de chaque segment noir; tète et pieds rouges; 59 segments, lisses, luisants. Longueur 3 pouces et demi (0,090).

Spirostreptus rubr., Newport, *Ann. and Mag. of nat. hist.*, t. XIII, p. 270.

M. Newport, qui a donné de cette espèce la description qu'on vient de lire, ignore la localité dont elle provient (*British Museum*). Il la rapporte aux Spirostreptus, division **I**, subdivision 2 *a* de **M.** Brandt.

137. IULE DES ANTIPODES. (*Iulus Antipodarum.*)

Spirostreptus Antipodarum, Newport, *Ann. sc. nat.*, t. XIII, p. 270.

(*British Museum*). **M.** Newport n'a encore publié que le nom de cette espèce.

138. IULE DOUTEUX. (*Iulus dubius.*)

Huit impressions ponctiformes au bord labial du front; segments assez courts, au nombre de 42 à 43; 75 paires de pattes; partie latérale du bouclier trigone, à bord postérieur à peu près droit, l'antérieur courbé, un peu échancré avant sa saillie angulaire; valves anales convexes, arrondies à leur bord postérieur, écaille préanale inférieure semi-lunaire; tête, premier segment, ainsi que les préanal et anal et les antipenultièmes, noirs, bordés de fauve pâle à leur bord postérieur; les autres segments roux brun ou purpurescents; pieds bruns, plus ou moins roussâtres. Longueur 1 pouce 10 lignes à 2 pouces (0,050); largeur au milieu du corps 2 lignes et demie.

Iulus (Spirobolus) *dubius*, Brandt, *Recueil*, p. 119.

M. Brandt ignore la patrie de cette espèce.

139. IULE DE SEBA. (*Iulus Sebœ.*)

65 segments; 121 paires de pieds; antennes suballongées, à deuxième et troisième articles claviformes, les autres, excepté le premier et le sixième infundibuliformes; face bombée en avant des antennes, déprimée transversalement à son milieu,

glabre à l'exception de] quelques ponctuations disposées sur
une seule série ; groupes oculaires semi-lunaires, oblongs,
étroits ; partie latérale du bouclier tétragone, dilatée en avant,
à angle antérieur un peu arrondi , bordé et surmonté de trois
plis ; trois plis près le bord postérieur ; partie antérieure des segments à partir du second marginée de stries circulaires, 15 environ plus profondes en arrière et, limitant de petites éminences
circulaires ; seconde moitié des segments glabre au dos , marginée de stries parallèles , ordinairement courbées, sur la partie
abdominale ; bord postérieur du segment pénultième anguleux,
non spinigère , brièvement trigone , déprimé ; écaille préanale
inférieure semi-lunaire ; couleur générale noirâtre , avec une
bordure postérieure ferrugineuse aux anneaux ; longueur, 9
pouces (0,240), largeur au milieu du corps , 7 lignes.

Iulus (Spirostreptus) *Sebæ*, Brandt, *Bull. nat. Moscou*,
VI , p. 203. — *Id., Recueil*, p. 104.

Patrie inconnue. (Musée de Saint-Pétersbourg.)

140. IULE VOISIN. (*Iulus affinis.*)

Fort semblable au précédent, mais à 68 segments, et 127 paires
de pieds ; partie latérale du bouclier un peu plus large , plus
tétragone en avant ; à angle antérieur aigu , à partie postérieure
triplissée ; couleur brun noirâtre , avec le bord postérieur des
anneaux brun ferrugineux ; pieds bruns. Longueur, 9 lignes 1/2
(0,260) ; largeur, au milieu du corps, 8 lignes.

Iulus (Spirostreptus) *affinis*, Brandt, *Recueil*, p. 104.

Patrie inconnue. (Musée de Saint-Pétersbourg.) M. Brandt
ne donne ce Iule comme différent du précédent que d'une manière dubitative. Il pense qu'il n'en peut-être qu'une variété,
qu'il appelle aussi *Iulus Sebæ, varietas acutangula.*

141. IULE D'AUDOUIN. (*Iulus Audouinii.*)

Extérieur du *Iulus Sebæ ;* corps plus grele , plus étroit en
avant ; 63 segments ; 117 paires de pieds ; antennes plus courtes,
à articles moins allongés ; face glabre, sauf une série unique
de ponctuations au-dessus de la lèvre supérieure ; partie latérale
du bouclier étroite ; un peu trigone , triplissée en avant et en
arrière ; les deux plis supérieurs séparés par une surface étroite,
falciforme, déprimée ; partie postéro-inférieure des segments
sillonnée d'une manière peu profonde ; segment préanal renflé

à sa partie postérieure, arrondi, à peine saillant au milieu ;
écaille préanale inférieure semi-lunaire, à bord postérieur
à peu près droit ; couleur du *Iulus Sebæ.* Longueur environ 8
pouces 1/2 (0,216) ; largeur au milieu du corps, 5 lignes 1/2.

Iulus (Spirostreptus) *Audouinii*, Brandt, *Bulletin nat.*,
Moscou, t. VI, p. 203. — Id., *Recueil*, p. 107.

Patrie inconnue. (Musée de Saint-Pétersbourg.)

7.

On ignore également la patrie des espèces types des genres
Spiropæus et *Spirocyclistus* de M. Brandt.

SPIROPÆUS, Brandt, *Bull. nat. Moscou*, t. VI,
p. 204. — *Id. Recueil*, p. 113.

Lèvre inférieure des Spirostreptus, mais avec le
bord inférieur de sa partie moyenne (c'est-à-dire la
vraie lèvre inférieure), et son article basilaire marqués
d'une impression longitudinale sur leur milieu, et
montrant au milieu même un tubercule disposé de manière à produire une saillie subtétragone.

142. Spiropée de Fischer. (*Spiropæus Fischeri.*)

Extérieur des Spirostreptes de la section *c*, de la subdivision 2,
première division. Corps solide, cylindrique, grêle, en cône obtus en arrière. 62 anneaux. 113 paires de pattes. Anneaux dorsaux glabres, marqués de stries parallèles dans la partie abdominale seulement. Aile latérale du premier segment offrant une
disposition particulière, tétragone, marqué à son angle, qui est
aigu, de cinq plis assez élevés dirigés en dessus. Écailles latérales
de l'anus en saillie aiguë à leur bord postérieur. Écaille anale
inférieure subtrigone, semi-lunaire, Longueur, 6 pouces ; largeur au milieu, 4 lignes ; à l'avant-dernier segment, 3 lignes ;
largeur du premier segment à sa partie dorsale, 3 lignes 1/4 ; au
bord inférieur de son processus latéral, 1 ligne 1/3.

Spirop. Fischeri, Brandt, *Bull. nat. Moscou*, t. VI, p. 204.
— *Iulus* (Spirop.) *Fisch.*, id., *Recueil*, p. 114.

Patrie ? La description de M. Brandt a été faite d'après un
exemplaire mâle conservé au Musée de Saint-Pétersbourg.

SPIROCYCLISTUS, Brandt, *Bull. acad. nat. Moscou*, t. VI, p. 204; 1833. — *Id., Recueil*, p. 112.

Lèvre inférieure comme celle des *Spirostreptus*, mais avec la fossette de la partie inférieure à peine distincte, et l'article basilaire marqué de chaque côté jusqu'à son milieu par une impression, et uni-tuberculé entre ces impressions; yeux, antennes et habitus extérieur des *Spirostreptus* de la première division et de la seconde division, section *d* de M. Brandt.

Dans le Bulletin de Moscou, M. Brandt a donné une figure de la lèvre inférieure des *Spirocyclistus* (fig. 35) et représenté une de leurs antennes, fig. 34 (voir notre atlas, pl. 37. Voici comment il caractérise ce groupe :

« Labii inferioris partis mediæ interior pars planiuscula tuberculo nullo aucta. Labii inferioris pars basalis in medio impressa et in ipsa impressione tuberbulo oblongo aucta. »

M. Brandt ne donne qu'une seule espèce de *Spirocyclistus ;* nous ne la connaissons pas.

143. Spirocycliste acutangle. (*Spirocyclistus acutangulus.*)

Processus latéral du premier article trigone, assez aigu, épaissi à son angle inférieur et montrant au-dessus de lui deux plis qui se réunissent à angle aigu. Bord postérieur du pénultième anneau anguleux, irrégulière mentmucroné. Plaques anales mutiques à leur angle supérieur, aiguës à leur bord postérieur, saillantes. Tous les anneaux lisses, excepté le bord postérieur des premiers et ceux de la région moyenne de l'abdomen qui sont marqués de stries transversales parallèles. 59 anneaux au corps. 105 paires de pieds. Longueur totale, 2 pouces (0,048); largeur au milieu, 1 ligne 3/4, au dernier anneau, 1 ligne 1/4, largeur du premier anneau dans sa partie dorsale, 1 ligne 1/3, au bord inférieur du processus latéral, 1/3 de ligne. Couleur noir olivâtre avec le bord postérieur des anneaux subferrugineux. Pieds et antennes pâles.

Spirocycl. acutangulus, Brandt, *Bull. nat. Moscou*, t. **VI**, p. 204. — *Iulus* (Spirocycl.) *acut.*, *id.*, *Recueil*, p. 113.

Patrie? Espèce décrite d'après un exemplaire mâle appartenant au Musée de Saint-Pétersbourg.

Genre STEMMIULE. *Stemmiulus* (1).

Antennes suballongées, assez grêles, de sept articles dont le premier très-court, le deuxième le plus long, ne dépassant guère le troisième qui est plus long que les suivants subégaux entre eux. Une seule paire d'yeux stemmatiformes, chaque œil placé au bord postéro-externe de chaque antenne. Bouche, pieds et anneaux des Iules.

Stemmiule bioculé. (*Stemmiulus bioculatus.*)
(Pl. 34, fig. 7.)

Anneaux du corps subégaux, un peu atténués en arrière, faiblement striés; point de crochet au segment préanal; couleur brunâtre, un peu lavée de rougeâtre cuivré en dessus; brun à la tête et aux antennes; pâle en dessous. Longueur totale, 0,020.

Iulus bioculatus, P. Gerv. et Goudot, *Ann. soc. entom.*, *loco cit.* — P. Gerv., *Ann. sc. nat.*, 3ᵉ série, t. II, p. 70, pl. 5, fig. 11.

De Colombie, par M. Justin Goudot, dans les régions tempérées.

Genre BLANIULE. *Blaniulus* (2).

Caractères des Iules ordinaires; point d'yeux; antennes un peu en massue.

1. Blaniule guttulé. (*Blaniulus guttulatus.*)
(Pl. 45, fig. 4.)

Cylindracé, un peu atténué en arrière, sans crochet anal;

---

(1) Stemmiulus, P. Gerv., *Ann. soc. entom. de France*, 2ᵉ série, t. I, p. 28.

(2) Blaniulus, P. Gervais, *Bull. soc. philom.* Paris, 1836, p. 72. — *Id.*, *Ann. sc. nat.*, 2ᵉ série, t. VII, p. 45.

corps et appendices blanchâtres, hyalins ; une série bilatérale de
petites taches virguliformes de couleur rouge vif, occasionnée
par les poches sécrétrices ; les premiers et les derniers anneaux
manquent de ces taches. Taille petite. Longueur totale 0,020.

Iulus guttulatus, Bosc., *Bull. soc. philom. de Paris*, 1792,
p. 12. — Fabricius, *Entom. syst.*, suppl., p. 289. — *Iulus pulchellus*, Leach, *Trans. linn. soc.*, T. XI, p. 379. — *Iulus fra-
gariarum*, Lamarck, *Hist. nat. anim. s. vert.*, T. V, p. 36
(2ᵉ édition, T. V, p. 40). — *Blan. gutt.*, P. Gerv., *Ann. sc. n.*,
2ᵉ *série*, T. VII, p. 45. — Lucas, *Anim. artic.*, p. 527.

De France, principalement à Paris et aux environs (Bosc, etc.);
d'Angleterre et d'Écosse (Leach, sous le nom d'*I. pulchellus*) ;
de Belgique (M. Vanbeneden); de Pologne (M. Waga).

Cette jolie petite espèce est bien distincte des autres par l'absence d'yeux, et nous avons cru devoir en faire un genre à part.
On la trouve dans certains fruits, à terre, sous les mousses ;
principalement dans les jardins. Lamarck l'a décrite d'après des
individus pris dans des fraises, et il arrive souvent en effet qu'on
en trouve dans l'intérieur de ces fruits, principalement dans
ceux des grosses variétés. Elle attaque aussi quelques plantes
potagères.

M. Waga a publié quelques remarques sur ses habitudes.

Le Blaniule guttulé que nous voyons bien souvent man-
ger des fruits gâtés, la sève et le suc sous l'écorce des arbres
fruitiers, est en outre très-friand des lombrics morts. En cher-
chant, au commencement du printemps, des insectes sous une
muraille de jardin, M. Waga aperçut un nœud formé de Blaniules.
D'abord il attribua cet amas d'animaux à la proximité de leur
nid, et voulant compter les individus qui composait ce nœud, il
trouva parmi eux un Lombric dont le corps était çà et là percé
de trous comme on l'observe souvent sur les chenilles abandon-
nées par les Ichneumons. Outre plusieurs qui tombèrent à terre,
M. Waga compta dans le nœud 131 individus de différente grandeur. Depuis l'époque de ce fait, il a nourri avec des lombrics
non-seulement des Blaniules, mais encore quelques autres Iules
des jardins (1).

Nous avons considéré le *Iulus pulchellus* de Leach comme

---

(1) *Revue zool. par la soc. cuviérienne*, t. II, p. 83.

la même espèce que le *Iulus guttulatus* de Bosc. M. Waga,
applique néanmoins ces deux noms à deux espèces différentes,
mais il ne décrit pas leurs caractères distinctifs. M. Koch
donne aussi sous le nom de *Iulus pulchellus*, une espèce différente et pourvue d'yeux. C'est également cette manière de voir
que M. Brandt adopte, mais ces naturalistes ont-ils bien appliqué la dénomination d'*Iulus pulchellus* au même Myriapode
que le D. Leach ; c'est ce dont nous doutons.

En 1842 nous avons écrit dans nos notes à propos du *Iulus pulchellus* du *British Museum* qui est un des exemplaires observés
par Leach : « taille et apparence du *Blaniulus*. Je ne lui vois
point d'yeux. » Depuis lors M. Newport a constaté le même
fait et il appelle *Bl. pulchellus* le Myriapode observé par Leach.
Voici ce que M. Newport ajoute : «quoique j'ai mis cette espèce
dans un genre à part, d'après M. Gervais, il paraît plus probable que ce n'est qu'une section des Iules dont, excepté l'absence
d'yeux (except in the absence of eyes), elle a tous les caractères (1). »

C'est la meilleure réponse que nous puissions faire au doute
exprimé dans les termes suivants par M. Brandt :

« Vix tamen statuendum, Leachium qui secundum oculorum
defectum divisiones genericas inter Myriapoda proposuit oculorum defectum non animadvertisse et speciem cæcam inter species oculis præditas enumerasse (2). »

2. **Blaniule a points bruns.** (*Blaniulus fusco-punctatus.*)

Tête brun roussâtre, finement granuleuse, assez profondément échancrée en avant ; antennes grêles, testacées, garnies
de quelques poils de même couleur ; corps brun roux, de 49
segments, striés et ponctués bilatéralement de brun ; valves
anales testacées, velues ; pieds fauves testacés, grêles, à poils
blancs. Longueur 0,020.

Blan. fuscopunct., Lucas, *Revue zool. de Guérin*, 1846, p.
287.—*Id.*, *Algérie*, *Anim. artic.*, 1re part., p. 338, pl. 2, fig, 2.

D'Algérie , trouvé dans les ruines d'Hippone. Rare.

---

(1) *Ann. and Mag. of nat. hist.*, t. XIII, p. 268, 1844.
(2) *Recueil*, p. 87.

V. POLYZONIDES (1).

Cette famille est la dernière de la classe des Diplopodes ou Chilognathes. Elle ne comprend encore qu'un très-petit nombre d'espèces dont l'aspect général rappelle celui des Iulides, mais avec cette différence que leur corps est déprimé. Aussi avions-nous d'abord nommé Platyule le principal genre des Polyzonides. Les anneaux du corps ou zoonites sont nombreux et formés, comme dans les familles que nous avons étudiées précédemment, de la réunion de deux segments, et portent pour la plupart deux paires de pieds. Leur composition se rapproche de celle des Lysiopétales, et jusqu'à un certain point de celle des Glomérides; leurs organes génitaux s'ouvrent sous les premiers anneaux du corps et les appendices copulateurs des mâles sont antérieurs comme chez les Polydesmides et les Iulides. Le caractère essentiel des Polyzonides, à part celui de la forme du corps, est d'avoir la tête plus ou moins allongée, et les pièces buccales disposées en suçoir.

Cette famille, dont M. Brandt fait, comme nous l'avons dit ailleurs, un groupe ayant une valeur égale à celle des autres Diplopodes et des Chilopodes réunis, a été divisée par ce naturaliste en trois genres, qui sont les suivants :

POLYZONIUM.

SIPHONOTUS.

SIPHONOPHORA.

---

(1) COLOBOGNATHA, *Acad. Saint-Pétersb.*, Brandt, *Isis*, 1834, p. 704. — SIPHONIZANTIA, *Id.*, 1836. — SUGENTIA seu SIPHONOPHORA, id., *ibid.*, 1840; *Recueil*, p. 45. — POLYZONIDÆ, P. Gervais, *Ann. sc. nat.*, 3e série, t. II, p. 25. — POLYZONIDÆ et SIPHONOPHERIDÆ, Newport, *Trans. philos. Lond.*, t. XIX, p. 278.

Genre **POLYZONIE**. *Polyzonium* (1).

Corps déprimé, obtus en avant et en arrière; segments faiblement résistants, au nombre de cinquante environ; tête et suçoirs peu allongés; articles des antennes subégaux. Yeux, entre les antennes, au nombre de trois? paires, très-rapprochés, occupant une petite surface ovalaire.

Polyzonie d'Allemagne. (*Polyzonium germanicum.*)

Aplati, assez peu résistant, secrétant par ses pores répugnatoires une humeur laiteuse; couleur jaunâtre, plus pâle en dessous et aux pieds; plus foncée en dessus où les arceaux ont une ligne transversale brunâtre; point de stries, ni de granulations. Longueur 0,015; largeur 0,002.

Polyz. germ., Brandt, *Isis*, 1834, p. 704 (non décrit). — *Id.*, *Bull. acad. St-Péterb.*, 6 décembre 1836, p. 40. — *Id.*, (*Recueil*, p. 49. 1840. — *Platyulus Audouinii*, P. Gerv., *Bull. soc. philom. de Paris*, 1836, p. 71 et *Journ. l'Institut* (séance du 17 décembre). — *Pl. Audouinianus, Id., Ann. sc. nat.*, 2ᵉ série, t. VII, p. 48. — *Id., Atlas zoologique*, pl. 55, fig. 3. — *Plat. aud.*, Waga, *Revue zool. par la soc. cuv.* t. II, p. 79 et 88. — *Plat. Aud.*, Lucas, *Hist. anim. art., Aptères*, p. 533. — *Polyz. germ.*, P. Gerv., *Ann. sc. nat.*, 3ᵉ série, t. II, p. 72, pl. 5, fig. 12.— *Lieosoma rosea*, Motschulski, *Bull. nat. Moscou*, 1839, p. 44, pl. 1 (d'après M. Brandt).

D'Europe, au Caucase (M. Motschulski), de Pologne (M. Waga), d'Allemagne (M. Brandt), et de France aux environs de Paris dans le bois de Meudon, la forêt de Fontainebleau, etc.

Voici la description détaillée que nous avons faite de cette curieuse espèce de Myriapode, nommée par M. Brandt avant nous, mais dont il n'a point encore publié la caractéristique :

Le corps est subaplati, plus mince à ses bords latéraux ainsi qu'en avant et en arrière. Sa couleur est jaunâtre, plus pâle en dessous et aux pattes, plus foncée au contraire en dessus princi-

---

(1) Polyzonium, Brandt, *Isis*, 1834, p. 704 (non décrit). — *Id.*, *Bull. Acad. Saint-Pétersb.*, décembre 1836. — Platyulus, P. Gerv., *Bull. soc. philom. de Paris*, 1836, p. 71 (17 décembre).

palement dans la bande transversale moyenne de chaque articulation. La longueur habituelle égale 0,015, et la largeur au milieu du corps 0,002.

Les segments, à l'exception des trois premiers, sont marqués en dessus d'une ligne transversale, d'abord presque antérieure et ensuite submédiane, qui indique la séparation des deux anneaux composant chaque articulation. On ne leur voit ni stries comme chez les Iules, ni granulations comme chez les Polydèmes; ils sont lisses comme ceux des Gloméris. Comme ils sont un peu plus étroits en avant qu'en arrière, la succession de leurs angles postérieurs donne aux bords du corps une apparence légèrement denticulée. Le dessous n'est pas convexe comme chez les Iules, et si le bord de chaque anneau est pincé comme en carène, cette disposition n'a rien de commun avec ce que présentent les polydèmes. On suit très-bien la continuation de la lamé inférieure externe avec celle dont se compose l'arceau supérieur, et cette lame est moins séparée que dans les Gloméris. Les lames latérales antérieure et postérieure de chaque articulation sont plus séparées inférieurement que les deux parties zonaires du dos, et c'est au milieu de leur jonction que l'on voit la petite poche sécrétrice blanche, plus ou moins sphérique, que produit le liquide blanchâtre et laiteux que ces animaux rejettent par leurs répugnatoires (1). Aux cinq ou six anneaux antépénultièmes, ces poches sont bien plus considérables; elles sont ovalaires transversalement, et, quand on presse l'animal, surtout à l'époque des amours, il en laisse sortir son fluide laiteux, qui est plus consistant et en filaments presque vermicellés. Les lames latérales inférieures cessent brusquement auprès de l'insertion des pattes, et cette insertion a lieu sur des lames du même ordre que celles que M. Brandt nomme pétales; aussi les Polyzonides sont-ils pour ce naturaliste des Myriapodes pentazonés, quoiqu'il les considère comme un ordre particulier de Myriapodes, à cause de la grande importance qu'il attache à la conformation tout à fait particulière de leur bouche. Les pattes sont cachées sous le corps

____

(1) M. Waga (*loc. cit.* 79) dit que les ouvertures défensives de ces Myriapodes, organes auxquels il a lui-même donné le nom de *répugnatoires,* sont situées sur le tranchant de ses côtés, que la liqueur qui en coule est blanche comme du lait, et qu'elle se manifeste par l'odeur la plus désagréable de bois pourri.

pendant la marche de l'animal, et celui-ci, quand on l'inquiète ou qu'il repose, s'enroule sur un même plan ou bien d'une manière spirale. Il ne jouit pas d'une très-grande vivacité ; mais ses antennes sont dans une agitation continuelle et lui servent comme aux autres Diplopodes à palper.

Nous avons dit que le corps était obtus en arrière et en avant. Le premier anneau, ou le bouclier, est scutiforme, ovalaire transverse, plus rectiligne en arrière qu'en avant. Il cache presque complétement la tête qui est petite, inclinée elle-même en forme de petit écusson et pourvue d'un petit bec en suçoir. La tête porte les yeux et les antennes à sa face supérieure ; celles-ci en dehors, et ceux-là près de leur base interne. Les antennes ont le mode de composition qui est caractéristique des Diplopodes, c'est-à-dire 7 articles ; elles sont subfusiformes et près de trois fois aussi longues que la tête. Les yeux apparaissent comme une double tache noire, et l'on pourrait croire qu'il n'y a qu'une seule paire. Cependant, il nous a paru qu'il y en avait trois de chaque côté, et MM. Waga et Brandt semblent avoir confirmé ce fait. Les trois premiers anneaux sont unipédigères, les autres sont bipédigères bilatéralement, sauf les trois derniers qui sont apodes. Dans la femelle, toutes les pattes sont semblables ; mais dans le mâle, on voit à la base de la troisième paire un appendice articulé, paraissant être la seconde paire de cet anneau, styliforme et dirigée en arrière, et de plus après la huitième paire de pattes, une paire de mamelons qui remplace la seconde paire du septième anneau. Le sixième et le huitième ont leurs deux paires complètes. Ainsi, malgré quelques différences de dispositions dans ses organes, la copulation s'opère à peu près comme chez les Iules, et M. Waga a constaté que le mode de développement est le même que celui qui a été constaté à ces derniers.

M. Waga a publié les observations suivantes faites par lui à cet égard :

« Au commencement du printemps de l'année 1838, j'apportai quelques individus de différente grosseur du *Platyulus Audouinianus* de M. Gervais, et je les mis avec du bois pourri dans un petit bocal que je recouvris de feuilles de coudrier. Je me proposais de leur procurer toutes les commodités possibles attendu que je m'étais déjà convaincu qu'il est extrêmement difficile de les conserver vivants. Dans les premiers jours du mois de

juin, je voulus voir s'ils se trouvaient en bon état ; mais en sou-
levant avec des pincettes une feuille chargée d'une certaine quantité de bois pourri, je fus bien étonné d'apercevoir que le plus
grand individu, qui était une femelle, entourait de son corps
contourné en spirale un paquet d'œufs récemment pondus, et
se tenait dans cette position sans donner aucune marque de mouvement. Le paquet d'œufs, touché légèrement avec une petite
baguette, se divisa en plusieurs parties dont l'une resta attachée
sur la tête de l'animal, d'où je conclus que c'est là que sont situés
les orifices de l'oviducte des femelles. Ces œufs étaient si petits
qu'à peine pourrait-on leur assigner un tiers de la grosseur de
ceux des Iules. Leur couleur était jaune clair, à peu près la même
que celle du dessus de l'animal. Ayant égard à la difficulté
qu'on éprouve à élever ces animaux, je m'abstins d'examiner
souvent la ponte de cette femelle, et lorsque je la revis une se-
maine plus tard, c'est-à-dire le 7 juin, elle se trouvait encore
dans sa position primitive ; mais les œufs étaient presque tous
dispersés. J'en comptai environ 50. Un d'eux, observé au microscope, ne m'a rien offert, si ce n'est un certain obscurcissement
plus étendu à l'un qu'à l'autre bout. Trois jours plus tard, on
pouvait voir, même à l'œil nu, quelques œufs se fendre en deux.
Entre les coques d'un de ces œufs fendus, j'aperçus un corps
blanc, plat, arrondi presque en cercle, comme échancré en
un point de sa circonférence, semblable à une petite graine qui
commence à croître dans le germe des plantes légumineuses. Ce
corps graniforme était analogue à l'embryon des Iules dont je
viens de parler. Il se déplia bientôt en un être semblable à une
petite écaille, c'est-à-dire plat, presque aussi large que long,
voûté, pourvu de six pattes et d'une paire d'antennes, à corps
composé de segments et capable de se rouler en boule. L'animal
à cette époque avait une couleur jaune blanchâtre ; il était à
demi-transparent, couvert de petits poils en plusieurs endroits,
et principalement au bord des segments et des articles. Les plus
longs de ces poils étaient ceux qui garnissaient le dernier segment postérieur, mais ils n'étaient pas moins apparents sur les
antennes. On pouvait voir très-distinctement les cinq articles de
ces dernières diminuant toujours vers le bout. En dessus se laissaient voir les rudiments des yeux, deux points très-petits,
très-rapprochés sur la tête et presque triangulaires. Le nombre
difficile à discerner des segments du corps paraissait ne pas dé-

passer quatre, outre la tête. Dans cette période de son âge, l'animal mouvait sans cesse et avec force ses antennes ; mais il ne pouvait pas encore se servir avec dextérité de ses pattes, dont la dernière paire était presque immobile. Ne pouvant pas même se tourner sur un verre poli, où je l'observais, il tendait continuellement à se rouler en boule. Comme les individus isolés pour l'observation microscopique périssaient bientôt, et que ceux qui restaient dans le bocal souffraient évidemment à mesure que je les inquiétais, il m'a été impossible de vérifier exactement les époques de leur développement successif. Ce qui est remarquable et que je crois avoir été constaté tant sur les Iules que sur les Platyules, c'est que les petits individus étant encore hexapodes ont déjà leur quatrième paire de pattes, mais qui ne se développe que peu de temps après. Lorsque j'observai cette progéniture, le 25 juin, je trouvai des œufs encore fermés, d'autres fendus, des individus hexapodes et enfin d'autres à huit pattes. Ces divers degrés de maturité, observés en même temps et dans le même nid, prouvent que les œufs n'avaient été pondus qu'à des époques bien différentes. L'exposition accidentelle et prolongée du bocal au soleil a causé le dépérissement de tout le nid, et m'a privé du moyen de continuer mes recherches (1). »

Nota. — Le Craspedosoma Savii, Costa (*Pochi cenni intorno alla fauna del Gran sasso d'Italia*, p. 7), nous a paru d'après la figure un animal voisin des *Polyzonium*.

Genre SIPHONOTE. *Siphonotus* (2).

Tête conique, déprimée; deux yeux sur le milieu de la partie frontale entre les antennes ; bec allongé, un peu obtus à sa pointe ; antennes à peu près droites, claviformes, égalant presque la tête en longueur, à articles non étranglés à leur base; pied qui répond à la lèvre inférieure subconique.

(1) *Revue zool. par la société cuviérienne*, t. II, p, 88.
Cet exposé est accompagné de quelques figures, *ibid.*, pl. I, fig. 10-14.
(2) Siphonotus, Brandt, *Bull. Acad. Saint-Pétersb.*, 1836. — *Id.*, *Recueil*, p. 50.

Siphonote Brésilien. (*Siphonotus Brasiliensis.*)

Siph. Brasil., Brandt, *loco cit.*

Du Brésil.

Cette espèce n'a pas été décrite. M. Brandt ajoute seulement à ce qu'on vient de lire que les antennes du *Siphonotus* « rappellent en quelque sorte celle des Géophiles dont les articles sont égaux. »

Genre SIPHONOPHORE. *Siphonophora* (1).

Tête conique, petite, étroite ; bec très-aigu, grêle, allongé, subulé, subrecourbé, égalant presque les antennes qui sont assez longues ; antennes coudées, articles presque tous rétrécis à leur base ; pièce qui répond à la lèvre inférieure conique allongée ; yeux nuls.

M. Brandt fait avec les *Siphonophora* une deuxième section de ses *Myriapodes suceurs* qu'il appelle **Typhlogena.** M. Newport élève cette section au rang de famille, et la nomme **Siphonophoridæ** dans son tableau de la classification des Myriapodes inséré en 1844 dans les Transactions de la société linnéenne.

1. Siphonophore de Porto-Rico. (*Siphonophora Portoricensis.*)

Siph. Port., Brandt, *loco. cit.*

De l'île de Porto-Rico. Cette espèce n'a pas encore été décrite.

2. Siphonophore jaunatre. (*Siphonophora luteola.*)

De couleur jaune pâle ; antennes subfusiformes ; corps finement tomenteux, à anneaux courts et fort nombreux ; pattes petites. Longueur, 0,050 ; largeur, 0,02.

Siphonotus luteolus, P. Gerv. et Goudot, *Ann. soc. ent. de France*, 2ᵉ série, t. II, p. 29. — *Siphonophora lut.*, P. Gerv., *Ann. sc. nat.*, 3ᵉ série, t. II, p. 72, pl. 5, fig. 12-14.

Des Andes colombiennes, par M. Justin Goudot.

---

(1) Siphonophora, Brandt, *Bull. Acad. Saint-Pétersb.*, 1836. — *Id.*, *Recueil*, 50. — Sugentia typlogena, *id.*, *Recueil*, p. 50. — Siphonophoridæ, Newport, *Trans. linn. soc. London*, t. XIX, p. 278.

CLASSE II.

CHILOPODES (1).

Myriapodes allongés, néréidiformes, à corps déprimé formé de segments plus ou moins nombreux, imbriqués ou non, souvent inégaux, simples ou divisés transversalement en dessus, égaux en dessous, non crustacés, à plaques ou scutes dorsale et ventrale disjointes et ne portant qu'une seule paire de pieds chacun. Tête distincte, en général cordiforme ou subcirculaire, portant une paire d'antennes sétacées ou moniliformes, souvent inégales, ayant au moins 14 articles, les yeux lorsqu'ils existent, et les pièces buccales qui ont quelque analogie avec celles des Insectes. Deuxième paire de pieds modifiée en forcipules ; sa partie basilaire soudée en forme de lèvre plus ou moins dentifère à son bord antérieur, la partie terminale en crochet aigu, recourbé, laissant échapper par une petite perforation une liqueur vénéneuse ; première paire de pieds petite, cachée sous la seconde, palpiforme ; l'arceau supérieur de ces deux premières paires non apparent, petit ou développé en bouclier ; les autres pieds ambulatoires, égaux entre eux, sauf ceux de la dernière paire qui sont plus longs ou plus courts ; tous sont insérés sur les parties latérales du corps entre les

---

(1) Scolopendra, De Geer, *Mém. pour l'hist. des Ins.*, t. VII, p. 554, 1778. — Syngnatha, Latreille, *Hist. nat. des Crust. et des Ins.*, t. VII, p. 83.—Chilopoda, *id.*, *Règne anim. de G. Cuvier.*, t. III, p. 155 ; 1817. — Gnathogena chilopoda, Brandt, *Recueil*, p. 15. — Chiliopodes, P. Gervais, *Ann. sc. nat.*, 3e série, t. II, p. 74.

scutes dorsale et ventrale ; ils sont composés de 6 articles et d'un petit ongle, sauf chez les Scutigères, dont
le tarse est multiarticulé. Stigmates ouverts sur les
parties latérales du corps , près de l'insertion des pieds
et en moindre nombre ou en nombre égal à celui
de ces derniers (1).Organes génitaux mâles ou femelles
débouchant par un orifice particulier, auprès de l'anus
et dans le même segment du corps. Jeune âge
semblable à l'adulte ou différant par le moindre
nombre des anneaux du corps, des pieds , des articles
des antennes et même des yeux.

Le nom de *Chilopodes* a été donné par Latreille aux
Aptères dicères du groupe des Myriapodes que **De
Geer** a décrit sous la dénomination commune de Scolopendres ; il a pour signification la disposition en lèvre
maxillaire de leur deuxième paire de pieds, et il aurait
pu être écrit *Cheilopodes*. Pour nous il signifiera *Chiliopodes*, c'est-à-dire mille pieds. Nous ne sommes pas
certain que l'appareil buccal des Scolopendrelles soit
disposé comme celui des autres Chilopodes ; et si ces
animaux étaient suceurs à la manière des Polyzonides
dans la classe des Diplopodes, c'est ici cependant et non
dans les *Sugentia* de M. Brandt qu'il faudrait les classer. M. Brandt assigne à la bouche des Chilopodes la
composition suivante : une lèvre supérieure attachée au
devant de la tête ; deux mandibules propres a broyer,
deux mâchoires palpiformes et une lèvre inférieure
composée de deux pièces oblongues ou linéaires placées
un peu en arrière des mâchoires.

Les Myriapodes qui rentrent dans cette classe sont

---

(1) On a dit que les pores dorsaux des Scutigères étaient leurs
stigmates.

encore confondues par le vulgaire sous la dénomination commune de Scolopendres, mais ils constituent plusieurs genres et même des familles assez distinctes. On peut aussi les diviser en deux groupes principaux, suivant qu'ils ont les tarses simples ou multiarticulés, ce qui constituera deux ordres. Les Scutigères ou Cermaties, qui sont dans le second cas, sont évidemment les premiers des Chilopodes. La grandeur et la diversité de leurs pieds, la dissemblance de leurs segments, le grand développement de leurs antennes et leurs yeux composés ne laissent point de doute à cet égard. Nous considérerons donc les Scutigères comme formant un premier ordre sous le nom de Schizotarses qui leur a été donné par M. Brandt; la seule famille de cet ordre est celle des *Scutigérides*. Le deuxième ordre ou celui des Holotarses, comprend les autres Chilopodes dont les espèces sont fort nombreuses et divisibles en plusieurs familles : *Lithobides, Scolopendrides, Géophilides*, trois groupes dont la dégradation sériale est facile à reconnaître, leurs segments étant de plus en plus semblables, leurs pieds augmentant en nombre et diminuant de grandeur à mesure qu'on passe des premiers aux derniers; leurs antennes ont aussi moins d'articles dans ceux qui constituent les derniers genres de la série, et leurs yeux, d'abord nombreux, sont ensuite en moindre nombre; ils manquent même déjà dans certaines Scolopendrides, et les Géophiles n'en ont jamais.

1er ORDRE.

SCHIZOTARSES (1).

Pieds longs, inégaux, à tarses multiarticulés. Antennes très-longues, sétiformes; yeux composés.

La seule famille de cet ordre est celle des SCUTIGÈRES, qui ne comprend encore qu'un seul genre. Le caractère principal des Schizotarses consiste en ce que les articles de leurs tarses sont décomposés chacun en une multitude de petits articles semblables à ceux des antennes.

---

(1) INÆQUIPEDES, Latreille, *Fam. nat. Règne anim.*, p. 327. — SCHIZOTARSIA, Brandt, *Recueil*, p. 26.

I. SCUTIGÉRIDES (1).

La famille des Scutigérides, qui doit évidemment
prendre place à la tête des Myriapodes Chilopodes, est
facile à caractériser. Dans toutes les espèces qui la composent les segments du corps sont peu nombreux, et
il en est de même des pieds. Les segments sont en
outre remarquables par leur dissimilitude en dessus
où ils paraissent n'être qu'au nombre de 8, tandis
qu'il y en a 15 apparents en dessous, sans compter
ceux des forcipules et de l'anus, c'est-à-dire autant
que de paires de pieds. Les pieds sont longs et inégaux, les postérieurs étant encore plus longs que les
autres, et tous ont leurs tarses décomposés en un nombre considérable de petits articles. Les antennes des
Scutigères sont également fort grandes, sétacées, composées d'une multitude de petits articles, mais cependant pas uniformes. Leurs deux premiers articles sont
plus forts que les autres, et la partie filiforme est
composée de trois séries jointes entre elles par deux
articulations mobiles. Les yeux de ces animaux affectent aussi un caractère distinctif; ils sont saillants, très-
nombreux et réunis comme les yeux composés des Insectes hexapodes, ce qui est un nouveau trait indicatif
de la supériorité des Scutigères sur les autres Chilopodes. Les trachées s'ouvrent, assure-t-on, dans les orifices stigmatiformes qui sont placés sur la ligne médio-

(1) Cermalidæ, Leach, *Trans. linn. soc. London*, t. XI, 1812.
— Inæquipedia, Latreille, *Familles natur.*, p. 327. — Scutigeridæ,
P. Gervais, *Ann. soc. nat.*, 2e série, t. VII, p. 48, et 3e série, t. II,
p. 75. — Scutigérites, Lucas, *Crust., Myr.*, p. 535. — Schizotarsia,
Brandt, *Recueil*, p. 26.—Schizotarsia cermatidæ, Newport, *Trans.
linn. soc. London*, t. XIX, p. 275 et 352.

dorsale, près l'échancrure du bord postérieur des scutes, ce qui mériterait d'être confirmé par la dissection. M. Newport, qui a décrit et figuré ces perforations postérieures des scutes dorsales comme étant les stigmates, dans un de ces mémoires des *Transactions linnéennes*, t. XIX, pl. 33, fig. 37, dit cependant, à la p. 351 du même volume, qu'il y a chez les Scutigères neuf paires de stigmates latéraux (1), ce que l'analogie rend beaucoup plus probable.

Il n'y a encore qu'un seul genre de Scutigérides connu.

Genre SCUTIGÈRE. *Scutigera* (2).

Tête convexe, assez grande; un faible arceau supérieur pour le segment forcipulaire; arceaux supérieurs des autres segments en moindre nombre que les segments et que les pieds, au nombre de 8 seulement, inégaux, imbriqués, échancrés à leur bord postérieur, sauf le dernier, et présentant près de cette échancrure un trou stigmatiforme allongé; arceaux inférieurs distincts les uns des autres, trapézoïdes, 15 pédigères et un anal portant 2 paires de très-petits appendices, ou un appendice médian bifurqué; anus et vulve rapprochés à l'extrémité postérieure du corps; antennes fort longues, filiformes, sétacées, composées d'un très-grand nombre de petits articles formant trois séries jointes ensemble par deux articulations mobiles; les deux ou trois articles basilaires plus gros; yeux saillants en arrière des antennes, composés; palpes longs, pédi-

---

(1) « The sides of the body are furnished with nine pairs of spiracles. » Nous n'avons pu les voir encore.

(2) SCUTIGERA, Lamarck, *Système des an. sans vertèbres*, p. 182; 1801. —CERMATIA, Illiger, *in* Rossi, *Fauna Etrusca*, 2e édit.; 1807. — Newp., *Trans. linn. soc. Lond.*, t. XIX, p. 352.

formes, à article terminal composé ; forcipules faibles,
allongées, pointues, à lèvre inférieure ou hanche
presque disjointe sur la ligne médiane et pourvue en
avant de poils épineux ; pieds au nombre de 15 paires,
inégaux, de plus en plus longs d'avant en arrière ; les
articles des tarses composés d'un nombre considérable
de petits articles assez semblables à ceux des antennes
et croissant en nombre d'avant en arrière.

Le genre curieux des Scutigères a été distingué en
1801, par Lamarck, sous le nom que nous adoptons.
Ses espèces, peu nombreuses alors, avaient été consi-
dérées par Pallas comme des Iules, et par d'autres
comme des Scolopendres. On disait à tort à cette
époque que les Scutigères ont deux paires de pattes
à chaque anneau, erreur que Leach a reproduite en
1812, et qui tient à la fusion de certaines plaques
supérieures entre elles, ou plutôt au grand développement que certaines de ces plaques ont pris aux dépens
des autres, et qui les fait recouvrir plusieurs segments.
Dans l'espèce ordinaire d'Europe, on voit manifestement que les scutes ou plaques supérieures appartiennent aux premier, deuxième, quatrième, sixième,
neuvième, onzième, treizième et quinzième segments ;
elles croissent de la première à la quatrième et décroissent ensuite, mais faiblement, de la cinquième à la
septième. La huitième est plus petite que les autres, et
n'est pas échancrée en arrière comme elles. Je ne crois
pas que l'on puisse comparer, avec M. Brandt (1), cette
réunion de plusieurs plaques dorsales chez les Scutigères avec ce qui a lieu chez les Iules. C'est cette disposition scutiforme des arceaux supérieurs du corps

---

(1) *Recueil*, p. 23.

qui a suggéré à Lamarck la dénomitation de Scutigères. Latreille a voulu rappeler, par le nom de famille
(*Inæquipedia*) qu'il leur a donné, l'inégalité de leurs
pieds, et la décomposition des tarses en une multitude
d'articles a fourni à M. Brandt la dénomination de
Schizotarsia.

Pallas qui avait étudié les Scutigères (1) d'après
une espèce qui est peut-être l'espèce ordinaire, les rapportait à tort au même groupe que les Iules.

L'organisation des Scutigères a été étudiée par
M. Léon Dufour, mais on ne connaît pas encore leur
mode de développement, ce que leur singulière organisation rendrait pourtant fort désirable. Ce sont des
animaux essentiellement nocturnes ou crépusculaires,
vivant dans nos pays auprès des habitations ou dans
leur intérieur, et qui préfèrent surtout les endroits où
il y a du vieux bois. Ils courent avec rapidité sur le
sol, soit contre les parois des murs, et sont fort difficiles à conserver complets à cause de l'extrême fragilité
de leurs longues pattes qui se cassent habituellement
au-dessous de la hanche. On en a recueilli dans ces derniers temps sur presque tous les points du globe : en
Afrique, en Asie, dans la Nouvelle-Zélande et dans
les deux Amériques ; aussi a-t-on porté à une ving-
taine le nombre de leurs espèces. Toutefois, il est à
regretter qu'on ne les ait pas décrits d'une manière suffisamment comparative, et leur caractéristique laisse
encore beaucoup à désirer. Nous n'avons observé par
nous-même qu'un très-petit nombre de ces espèces, et
nous ne saurions établir leur diagnose ainsi que leur
classification avec plus de sûreté que les naturalistes

____

(1) *Spicil. zool.*, fasc. 9, pl. 4, fig. 16.

qui s'en sont précédemment occupés. Nous suivrons donc l'ordre géographique dans l'énumération que nous allons en faire.

1.

Scutigères d'Europe.

1. Scutigère coléoptrée. (*Scutigera coleoptrata.*)

Lèvre supérieure échancrée ; tête convexe, avec quelques taches brun bleuâtre ; une bande médio-dorsale et une bilatérale de même couleur ; épines du bord et du dessus des scutes faibles ; des bandes bleuâtres sur les pieds. Longueur du corps 0,020.

Scolopendre à 28 pattes, Geoffroy, *Ins. Paris,* t. **II**, p. 675. — *Scolopendra coleoptrata,* Fabric., *Species insect.,* t. **I**, p. 531. — Panzer, fasc. 50, pl. 12. — *Iulus araneoides,* Pallas, *Spicilegia zool.,* fasc. 9, p. 85, pl. 4, fig. 16. — *Scutigera coleoptrata,* Lamarck, *Syst. anim. s. vert.,* p. 182. — *Scol. coleoptr.,* Walckenaer, *Faune paris.,* t. **II**, p. 178. — *Cermatia lineata,* Illiger ; Latreille, *Nouveau Dict. d'hist. nat.,* t. **XXX**, p. 446. — *Cermatia araneoides, id., Genera,* p. 60. — *Scutigera longipes,* Lamk., *Hist. nat. anim. s. vert.,* 1re éd. et 2e, éd. t. **V**, p. 30. — *Scut. coleoptr. id., ibid.,* p. 31. — *Cerm. livida,* Leach, *Zool. misc.,* t. **III**, p. 38, pl. 136. — *Scutigère aranéoïde,* Duméril, *Dict. sc. nat., Atlas,* pl. 58, fig. 6. — *Sc. variegata,* Risso, *Europe mérid.,* t. **V**, p. 153. — *Scut. lineata,* Léon Dufour, *Ann. sc. nat.,* 1re série, t. **II**, p. 92. — *Cerm. livida,* Heineken, *Zool. journ.,* t. **V**, p. 41. — *Scutig. aran.,* P. Gerv., *Ann. sc. nat.,* 2e série, t. **VII**, p. 48. — *Cerm. coleopt.,* Newp., *Trans. linn. soc. Lond.,* t. **XIX**, p. 352. — *Cerm. coleopt.,* Lucas, *Algérie, Anim. art.,* 1re part., p. 339.

D'une grande partie de l'Europe et du nord de l'Afrique, en Barbarie.

Nous ne voyons pas de différence entre celles de Paris et celles de Montpellier. Ces Myriapodes sont plus abondantes dans cette dernière localité que dans le nord de la France. On les y voit aussi pendant une plus grande partie de l'année.

Lamarck et Leach les premiers ont voulu distinguer dans les Scutigères d'Europe deux espèces. D'autres auteurs ont eu la même opinion. Voici les caractères qu'ils ont indiqués :

Scutigera longipes, Lamark. — D'après lui, c'est l'espèce de

Geoffroy ; il la caractérise ainsi : « Grisea, fusco fasciata ; pedibus longis, gracilibus, fusco alboque annulati, posterioribus longioribus.» Ce serait l'espèce de Paris. M. Templeton (*Trans. entom. soc. Lond.*, t. III, p. 308) accepte cette espèce comme distincte, et il en fait même une section caractérisée par le corps court et à peu près d'égale venue. Il la nomme *Cerm. coleoptrata.*

Scutigera coleoptrata ou *Sc. à pattes courtes*, Lamark. « Sc. rufo-flavescens, pedibus brevibus, utrinque15.» C'est d'après lui l'espèce figurée par Panzer. Elle est aussi d'Europe, mais sa taille est plus petite.

Cermatia livida, Leach, *Zool. misc.*, t. III, p. 38. M. Newport fait voir (*loco cit.*) que cette prétendue espèce ne diffère pas du *Sc. coleoptrata.* L'individu qu'il en a vu au British Museum est de Madère.

Scutigera variegata, Risso, *loco cit.* Glauque, jaunâtre, avec trois lignes longitudinales d'un pourpre noirâtre sur le dos, une au milieu et deux latérales tachetées ; tous les segments échancrés postérieurement, le dernier armé de deux petites pointes divergentes ; antennes jaune safran pâle ; pieds glauques, jaunâtres, annelés de violâtre ; yeux noirs. Longueur 0,026.

De Nice.

2. Scutigère du Vésuve. (*Scutigera Vesuviana.*)

Fauve verdâtre ; plaques dorsales rudes, subcarénées, marquées de deux bandes plus pâles ? pinces fauves ; cuisse des pieds de derrière marquée d'un seul anneau, jambe et tarses de deux anneaux noir violet ; premier article métatarsien quintuple du second ; antennes à peu près deux fois longues comme le corps ; métatarses roussâtres. Longueur 10 lignes (0,022).

Scutigera Vesuviana? Costa, *Mem. Zool.*, t. 1, p. 52. — *Cerm. Vesuv.*, Newp., *Trans. linn. soc. London*, t. XIX, p. 358.

Du royaume de Naples par M. A. Costa. L'exemplaire décrit par M. Newport fait partie de la collection de M. Hope.

2.

Scutigères d'Afrique (1).

MM. Templeton et Newport ont décrit plusieurs espèces africaines de Scutigères.

------

(1) Les Scutigères, assez communes en Algérie, paraissent être de

3. Scutigère du Cap. (*Scutigera Capensis.*)

Tête petite ; corps jaune pâle , avec une bande médio-dorsale étroite de couleur jaune et une autre brune de chaque côté ; quatrième plaque dorsale subovalaire, garnie d'une rangée de petites dents marginales spiniformes, en série avec une plus grande de cinq en cinq ou en six ; des épines à peu près obsolètes sur le dos de la plaque ; pieds robustes , jaunâtres , sans anneaux foncés ou très-faiblement indiqués aux hanches et aux cuisses. Longueur du corps 1 pouce (0,027).

Cermatia Cap., Templeton, *Trans. entom. soc. London,* t. III, p. 308, pl. 16, fig. 8-11.

Du cap de Bonne-Espérance où l'espèce est fort commune. (M. Templeton.)

4. Scutigère rugueuse. (*Scutigera rugosa.*)

Orangé ; scutes dorsales rugueuses, noirâtres ; une ligne dorsale fauve ; trois anneaux bruns sur les jambes et deux sur les tarses ; premier article des tarses postérieurs double du second, qui est lui-même double du troisième. Longueur, 8/10 de pouce (0,020).

Cerm. rugosa, Newport, *Ann. and Mag. of nat. hist.,* t. XIII, p. 94. — *Id.*, *Trans. lin. soc. Lond.*, tom. XIX, p. 353.

D'Afrique. (British Museum.)

3.
Scutigères de l'Inde et de la mer des Indes.

5. Scutigère longicorne. (*Scutigera longicornis.*)

Antennes jaunes, deux fois plus longues que le corps, dont les

---

la même espèce que celles d'Europe, c'est-à-dire appartenir au *Scutigera coleoptrata.*

D'après M. Lucas , il en est de même de celle des Canaries.

M. Templeton rapporte aussi au *Sc. longipes* de Lamarck la figure de Scutigère donnée par M. Savigny (*Gr. Ouvrage sur l'Égypte, Myriapodes*, fig. 6). Cette figure et celle de la même planche portant le n° 7 , sont reproduites dans notre atlas (planches 40 et 41, fig. 1) sous les noms de *Cermatie grêle* et de *Cerm. Savigny.* On n'en connaît pas les véritables caractères.

scutes sont oblongues ; pattes allongées , variées de bleu pâle ;
dessus brun avec une ligne dorsale ferrugineuse ; dessous jaunâtre.

Scolopendra longicornis, Fabricius, *Entom. syst.* t. II, p. 393.
—*Sc. longicornis*, P. Gerv., *Ann. sc. nat.*, 2ᵉ série, t. VII, p. 48.
De Tranquebar.

6. Scutigère d'Hardwicke. (*Scutigera Hardwickei.*)

Vert ; une bande bilatérale brune ; antennes roussâtres, d'un
tiers plus longues que le corps ; pieds terminés en orangé, annelés de violet ; la dernière paire deux fois longue comme le
corps ; premier article des métatarses deux fois long comme le
second. Longueur 1 pouce 1/10 (0,030).

Cerm. longicornis, Hardwicke, *Trans. linn. soc. London*,
t. XIV, p. 131.—Templeton, *Trans. entom. soc. London*, t. III,
p.307.—*Cermatia Hardwickei*, Newport, *Ann. and Mag. of nat.
hist.*, t. XIII, p. 94. — id., *Trans. linn. soc. Lond.*, t. XIX,
p. 355.

Du Bengale, par le général Hardwicke. (British Museum.)

M. Templeton fait remarquer que cette espèce ressemble
beaucoup au *Scutigera coleoptrata*, mais qu'elle a les antennes
plus courtes et les pieds postérieurs plus longs. M. Newport s'est
assuré qu'elle différait de celle de Fabricius.

7. Scutigère serratipède. (*Scutigera serratipes.*)

Ferrugineux, de petites épines tuberculiformes épaisses sur
les scutes dorsales ; ouvertures stigmatiformes allongées ; échancrures supéro-postérieures des plaques faibles ; rebords latéral
et postérieur très-finement dentés ; pieds multicarénés, à carènes
fortement dentées, à épines serrées et subserratiformes ; plaques abdominales presque lisses, avec une ligne infrà-longitudi-
nale. Longueur du corps 0,040.

De la côte Malabare, par M. Dussumier (Mus. de Paris).

Nous en avons vu un exemplaire incomplet, conservé dans
l'alcool ; il présentait au-dessous de l'orifice génital au bord postérieur de la plaque abdominale un petit appareil en fourche bidentée ; les bords de l'organe génital sont finement épineux ; la
lèvre forcipulaire est finement granuleuse ainsi que les forcipules, et elle présente bilatéralement trois paires de poils spiniformes.

8. Scutigère noble. (*Scutigera nobilis.*)

Tête petite, ovalaire, avec une faible bande noire allant de la lèvre auprès des antennes et au bord inférieur des yeux ; une autre ligne plus claire va de là à la face supérieure de la tête ; antennes très-longues, grèles, brunes ; corps allongé fusiforme, bien plus large à la quatrième plaque dorsale, qui est presque carrée, élargie en arrière, marginée et garnie de nombreuses dents spiniformes, caractère qui se retrouve sur les autres plaques ; toutes sont d'un brun pâle avec le milieu jaune, une ligne longitudinale bilatérale et une transversale à la base ; pieds longs. croissant d'avant en arrière ; hanches brun jaune, annelées de bleu à leur extrémité ; cuisses verdâtres, avec deux anneaux bleu foncé ; jambes jaunâtres, faiblement annelées ; tarses rouge brun foncé. Longueur du corps, 2 pouces (0,054).

Cermatia nobilis, Templeton, *Trans. entom. soc. London*, t. III, p. 306, pl. 17, fig. 1-4. — Newp., *Trans. linn. soc. London*, t. XIX, p. 354.

De l'Inde et de Maurice (île de France), par M. Templeton. M. Newport le donne comme vivant auprès de Ceylan. (*Ann. and Mag. of nat. hist.*, t. XIII, p. 94.), d'après un exemplaire du British museum. M. Templeton fait remarquer que c'est la plus grande espèce connue (*giant of the tribe*).

9. Scutigère verdatre. (*Scutigera virescens.*)

Corps verdâtre obscur, avec les pieds plus pâles. Les autres caractères comme dans l'espèce n° 1.

Sc. virescens, Latreille, *Nouveau dict. d'hist. nat.*, t. XXX, p. 477.

De Maurice. (Ile de France.)

M. Eydoux a rapporté de Mahé, aux îles Seychelles, une autre Scutigère assez voisine du *Sc. coleoptrata*, mais un peu plus épineuse en dessus, à segments abdominaux un peu différents et dont les plaques dorsales sont un peu moins longues.

10. Scutigère de Downes. (*Scutigera Downesii.*)

Brune, une ligne médiane étroite et deux latérales plus foncées ; plaques dorsales, rudes à bords flexueux ; pieds jaunes ; un seul anneau bleu sur les hanches, deux sur les cuisses et deux

obscurs sur les jambes ; métatarses roussâtres , à article basilaire quatre fois plus long que le second ; pieds de derrière
deux fois plus longs que le corps. Longueur 1 pouce et demi
(0,040).

Cerm. Down., Newp., *Trans. linn. soc. Lond.*, t. XIX, p. 355.

De l'Inde à Nemuck, par M. Downes, espèce voisine du
C. nobilis.

11. Scutigère a ligne rouge. (*Scutigera rubro-lineata.*)

Orange foncé ; trois bandes longitudinales marron ; un seul
anneau fémoral ; deux anneaux violets sur les jambes, les tarses
et le premier article métatarsien ; celui-ci quadruple du second.
Longueur 1 pouce (0026).

Cerm. rubro-lin., Newp., *Trans. linn. soc. Lond.*, t. XIX,
p. 358, pl. 40, fig. 1.

De l'Inde, par le général Hardwicke (British Museum). Cette
espèce se rapproche des Lithobies par la forme aplatie et
élargie de ses plaques dorsales.

4.

Scutigères de l'Australie.

12. Scutigère de Lesueur. (*Scutigera Lesueurii.*)

Brune avec une raie de même couleur, mais plus claire sur
chaque segment formant une ligne médio-dorsale ; pattes jaune
sale ainsi que les antennes ; dessous du corps jaune grisâtre.

Scutigera........, Latr., *Nouveau dict. d'hist. nat.*, t. XXX,
p. 447. — Gerv., *Ann. sc. nat.*, 2ᶜ série, t. VII, p. 49.— *Scutig.
Lesueurii,* Lucas, *Anim. articulés*, p. 538.

De la Nouvelle-Hollande, par Péron et Lesueur. (Coll. du
muséum de Paris.)

Nous avons vu dans la même collection une Scutigère assez
voisine du *Sc. coleoptrata*, mais un peu différente à quelques
égards. Elle a été rapportée de Port-Jackson , par MM. Quoy et
Gaimard.

13. Scutigère de Latreille. (*Scutigera Latreillei.*)

Plaques dorsales et face noires ; ventre, pores dorsaux, et
une série de petites taches de chaque côté de la tête, orangés ;
pieds fauves ; articles fémoraux et tibiaux biannelés de noir ;

premier article métatarsien noir, quatre fois plus long que le second. Longueur 1 pouce (0,026).

Cerm. Latr., Newp., *Trans. linn. soc. Lond.*, t. XXX, p. 357.

De la Nouvelle-Hollande.

14. Scutigère maculée. (*Scutigera maculata.*)

Jaune ; marqué sur les scutelles d'une seule bande longitudinale brune et de deux séries de mouchetures de chaque côté ; pores dorsaux orangés ; articles de la jambe et du tarse biannelés de noir. Longueur 9 lignes (0,020).

Cermatia macul., Newport, *Ann. and Mag. of nat. hist.*, t. XIII, p. 95.—*Id., Trans. linn. soc. Lond.*, t. XIX, p. 359.

De la rivière des Cygnes, à la Nouvelle-Hollande. (British Museum.)

15. Scutigère australienne. (*Scutigera Australiana.*)

Plaques dorsales déprimées, rétrécies en arrière à bord droit ; corps fauve ; une bande médiane et des taches latérales brunes ; pores dorsaux orangés ; un anneau violet sur les cuisses et deux sur les jambes et les articles du tarse ; le premier article métatarsien noirâtre, trois fois plus long que le second. Longueur 8 lignes (0,018).

Cerm. austr., Newp., *Trans. linn. soc. Lond.*, t. XIX, p. 359.

De la partie occidentale de la Nouvelle-Hollande. (Collection de M. Hope.)

16. Scutigère de Smith. (*Scutigera Smithii.*)

Marbrée de verdâtre ; scutelles dorsales rugueuses, étroites en arrière ; pieds de la paire postérieure trois fois aussi longs que le corps ; articles de la cuisse et de la jambe courts ; tarses très-longs ayant le troisième article basilaire trois fois seulement plus long que le second. Longueur du corps 8 lignes (0,018).

Cerm. Smithii, Newport, *Ann. and Mag. of nat. hist.*, t. XIII, p. 95.— *Id. Trans. linn. soc. Lond.*, t. XIX, p. 360.

De la baie des Iles à la Nouvelle-Zélande. L'exemplaire qui a servi de type à la description de cette espèce fait partie du British Museum. C'est la seule Scutigère qu'on connaisse encore dans ce pays.

5.
Scutigères d'Amérique.

17. Scutigère de la Floride. (*Scutigera floridana.*)

Vert; pores dorsaux blancs; une bande médiane et deux latérales plus larges, roussâtres; ventre fauve verdâtre; épines marginales des plaques dorsales plus fortes que dans le *Scutigera
coleoptrata.*

Cermatia coleoptrata, Say, *Journ. acad. nat. sc. Philad.*
t. II, p. 5. — *Cermatia coleoptrata floridensis*, Newport, *Ann.
and Mag. of nat. hist.*, t. XIII, p. 95. — *Cermatia floridana*,
Newport, *Trans. linn. soc. Lond.*, t. XIX, p. 353.

Des États-Unis. M. Doubleday a rapporté de l'est de la Floride
l'exemplaire décrit par M. Newport. (British museum.)

18. Scutigère élégante. (*Scutigera elegans.*)

Fauve; bande médio-dorsale plus claire; deux taches noires,
irrégulières, latérales près le bord postérieur des scutes dorsales; celles-ci subélargies, marginées, non épineuses; cuisses,
jambe et premier article des tarses annelées de brun noir. Longueur du corps 0,020.

De Colombie, par M. Justin Goudot. (Coll. Mus. de Paris.)
C'est la plus petite des deux espèces rapportées par ce naturaliste (1).

19. Scutigère de Guilding. (*Scutigera Guildingii.*)

Brun; une large bande dorsale fauve; pores dorsaux noirs;
métatarses des pieds de derrière très-longs; article basilaire
triple du second; un anneau unique sur les cuisses; jambes et
article du tarse bi-annelés. Longueur 9 lignes (0,024).

Cermatia Guild., Newport, *Trans. linn. soc. London*,
t. XIX, p. 356.

De l'île Saint-Vincent, aux Antilles. (Collection de M. Hope.)
Cette espèce ressemble beaucoup au *Scutigera longitarsis.*

─────────────────────

(1) Nous avons vu dans la collection de M. Goudot deux espèces
de Scutigères de Colombie, l'une et l'autre ont été signalées par
nous, mais sans description, dans les *Annales de la société entomologique*, 2e série, t. II, 1844, p. xxix. L'une d'elles est fort grande,
à pieds très-longs et presque entièrement de couleur ferrugineuse.

6.

Scutigères dont on ignore la patrie.

20. SCUTIGÈRE LONGITARSE. *(Scutigera longitarsis.)*

Scutes dorsales verdâtres, avec une seule bande de couleur claire; pieds de derrière trois fois aussi longs que le corps. Longueur 1 pouce (0,022).

Cermatia longitarsis, Newport, *Ann. and Mag. of nat. hist.*, t. XIII, p. 94. — Id., *Trans. linn. soc. Lond.*, t. XIX, p. 359.

Patrie...... ? (British museum.) D'après M. Newport c'est peut-être le *Scutigera longipes* de Lamarck.

21. SCUTIGÈRE DOUTEUSE. *(Scutigera dubia.)*

Scutes dorsales marquées d'une bande médio-dorsale brune et de deux taches de même couleur à leur bord postérieur; article basilaire des tarses très-long.

Cermatia dubia, Newport, *Ann. and Mag. of nat. hist.*, t. XIII, p. 94.—Id. *Trans. linn. soc.*, t. XIX, p. 357.

Patrie........? (British museum.)

22. SCUTIGÈRE D'OWEN. *(Scutigera Oweni.)*

Plaques dorsales brun noir, rudes, marquées d'une large bande fauve; antennes égalant plus de deux fois la longueur du corps; pieds de derrière à peu près trois fois plus longs que le corps. Longueur 1 pouce 1/2 (0,040).

Cerm. araneoides, Owen, *Catal. Mus. coll. of Surgeons;* pant. IV, p. 100.— *Cerm. Oweni*, Newport, *Trans. linn. soc. Lond.*, t. XIX, p. 355.

Patrie........? A quelque rapport avec le *Scutigera rugosa.*

2ᵉ ORDRE.

HOLOTARSES [1].

Pieds semblables entre eux, égaux sauf ceux de la dernière paire, formés de six articles ; la hanche, la cuisse, la jambe et trois articles pour le tarse (2). Antennes moniliformes. Yeux rapprochés ou nuls, jamais composés.

Cet ordre comprend un grand nombre d'espèces réparties en trois familles, savoir :

LITHOBIDES,
SCOLOPENDRIDES,
GEOPHILIDES.

---

(1) SCOLOPENDRIDES, P. Gerv., *Ann. sc. nat.*, 2ᵉ série, t. VII, p. 49, — HOLOTARSIA, Brandt, *Recueil*, p. 26.

(2) On ne connaît encore qu'une seule exception à cette disposition. Elle a été fournie par une espèce des Antilles nommée *Scolopocryptops longitarsis* par M. Newport (*Newportia longitarsis*, Nob.). Cette curieuse espèce a les pieds de derrière composés de quatorze articles.

I. LITHOBIDES (1).

Cette famille tient à la fois aux Scutigères et aux
Scolopendrides. Ses principaux caractères consistent
dans ses segments peu nombreux et dont les arceaux
supérieurs imbriqués sont alternativement grands et
petits; dans la présence d'un arceau supérieur, rudimentaire il est vrai, mais néanmoins distinct, pour le
segment forcipulaire; dans les antennes qui sont moniliformes ou sétacées, à articles nombreux, et dans
les pieds en même nombre que les segments du corps,
ambulatoires, plus longs postérieurement et dont les
tarses sont triarticulés. Les stigmates sont en moindre
nombre que les pieds.

Les Lithobides sont de petites espèces assez faciles
à distinguer des Scolopendres, dont elles ont cependant
la physionomie et les habitudes. Elles vivent à terre,
dans les lieux humides, soit dans les habitations, soit
dans les jardins, les cours ou les bois, se retirent fréquemment sous les pierres, et fuient la lumière comme
tous les autres Myriapodes de la même classe.

Le nombre de leurs articles des antennes, celui des
segments et des pieds et même celui des yeux augmente avec l'âge, et ces variations déterminent une
sorte de métamorphose.

Nous ne connaissons encore que deux genres de
Lithobides. Le premier comprend les Lithobius de
Leach, dont les yeux sont nombreux, et le second les
Henicops de M. Newport, qui n'ont, comme les *Stemmiulus*, les *Platydesmus*, et les *Scolopendrella* dans
d'autres familles, qu'une seule paire d'yeux stemmatiformes.

---

(1) Lithobiidæ, Newport, *Trans. linn. soc. London*, t. XIX,
p. 275, 1844. — *Id., ibid.*, p. 360.

Genre LITHOBIE. *Lithobius* (1).

Dix-sept segments sans la tête, alternativement plus petits et plus grands en dessus, subégaux en dessous ; antennes moniliformes subsétacées, composées de 20 à 40 articles décroissants ; yeux nombreux, petits, réunis sur les côtés de la tête ; 15 paires de pieds et autant d'écussons dorsaux.

Il y a plusieurs espèces de Lithobides en Europe. On en a aussi découvert en Barbarie, dans l'Inde, dans l'Amérique septentrionale et au Mexique, et même à la Nouvelle-Zélande. L'anatomie de l'espèce commune en Europe a été décrite par Tréviranus et M. Léon Dufour. Nous nous sommes occupé de ses métamorphoses, et M. Newport a fait connaître quelques particularités de son système nerveux. Les Myriapodes de ce genre habitent les endroits humides et obscurs. On les trouve dans les bois comme dans les jardins, sous la mousse, les feuilles, les caisses à fleurs et les pierres. Ils cherchent à pincer lorsqu'on veut les saisir, mais la blessure qu'ils occasionnent n'a d'action nuisible que sur de très-petits animaux.

1.

Lithobies d'Europe.

1. Lithobie a tenailles. (*Lithobius forcipatus.***)**

De couleur brun foncé luisant, tirant au roux sur la tête, les antennes et le dessous du corps ; gris ardoisé en dessous ; pieds d'un brun clair ; antennes composées d'articles nombreux et garnis de petits poils.

---

(1) Scolopendra, *partim*, De Geer, etc. — Lithobius, Leach, *Trans. linn. soc.*, t. XI, p. 381; 1812. — P. Gervais, *Ann. sc. nat.*, 2ᵉ série, t. VII, p. 49. — Newp., *Trans. linn. soc. Lond.*, t. XIX, p. 363.

Scol. forcipata, De Geer, *Ins.*, t. VII, p. 557, pl. 25, fig. 1-6.
— *Scolopendre à 30 pattes*, Geoffroy, *Ins. env. de Paris*, t. II,
p. 674, pl. 22, fig. 1. — *Scol. forficata*, Linné, *Syst. nat.*,
Ins., ed. XII, p. 1060. — *Lithobius forfic.*, Leach, *Zool.
misc.*, t. III, p. 39, pl. 137. — *Lithob. forcip.*, P. Gerv.,
Ann. sc. nat., 2ᵉ série, t. VII, p. 49.

On a signalé ce Myriapode dans presque toute l'Europe,
même aux îles Canaries (M. Lucas.) Il est démontré que plusieurs espèces ont été confondues sous le même nom ; toutefois
les caractères de ces espèces ne sont pas encore suffisamment
assurés ; nous ne saurions donc pas dire d'une manière précise
quels sont les traits distinctifs des vrais *Lithobius forcipatus*
des anciens auteurs. La courte caractérisque dont nous nous
sommes servi plus haut est empruntée à De Geer ; elle s'applique
bien aux individus que nous trouvons communément aux environs de Paris.

Leach, M. Koch (1), M. Newport, etc., ont décrit différentes
espèces européennes de Lithobies, et plusieurs de ces espèces
sont incontestables.

Leach a le premier reconnu qu'on avait confondu plusieurs
espèces sous la dénomination de *Lithobius forficatus*. Il en a
distingué trois. Nous commencerons par la suivante :

Lithobius forficatus, Leach, *Zool. misc.*, t. III, p. 39,
pl. 137. — *Lithob. Leachii*, Newport, *Ann. and Mag. of nat.
hist.*, t. XIII, p. 96. — *Id.*, *Trans. linn. soc. London*, t. XIX,
p. 368, pl. 32, fig. 30.

Tête large, lèvre inférieure complétement marquée de ponctuations profondes ; pieds fauve testacé ; antennes testacé sale ;
mandibules de même couleur à leur base, d'un ferrugineux
couleur de poix à leur sommet ; lèvre testacé sale, marquée
d'un sillon longitudinal, ayant à son bord antérieur des dents
ferrugineuses à leur base, noires, couleur de poix à leur sommet ;
antennes pilosules. Longueur du corps 1 pouce (0,027).

D'Angleterre ; plus rare en Irlande.

Nous avons constaté sur l'inspection de l'individu même qui a
servi à la description de Leach (au British Museum) qu'en effet
la tête est large et subcarrée, que les pieds ne sont pas annelés,
et que les antennes sont très-finement velues.

____

(1) *Lithobius dentatus, calcaratus et communis*, Koch.

2. Lithobie variée. (*Lithobius variegatus.*)

Corps un peu plus large ; lèvre entièrement marquée d'impressions faibles ; pieds fauve testacé pâle, tachetés de brun. Diffère du précédent par sa tête plus étroite, sa lèvre moins fortement ponctuée et ses pieds qui ne sont pas unicolores, mais variés. Longueur 8 à 9 lignes (0,018).

Lithobius variegatus, Leach, *Zool. misc.*, t. III, p. 40. — Newport, *Trans. linn. soc.*, t. XIX, p. 363, pl. 40, fig. 2. Des environs de Londres, sous les pierres.

Le type est conservé au British Museum. Nous avons noté qu'il a la tête plus émoussée à ses angles, surtout en avant, et que ses pattes sont annelées. M. Newport (*loco citato*, a depuis lors décrit cette espèce d'après le même exemplaire. Les caractères qu'il lui assigne sont les suivants :

Tête grande, carrée ; 16 yeux de chaque côté ; pinces grandes, proéminentes ; lèvre aplatie, profondément ponctuée, à bord antérieur échancré, garni de 14 denticules aigus, noirs ; corps déprimé, brun ; deux taches foncées sur chaque segment ; pieds fasciés de noir. Longueur 7 lignes (0.015).

3. Lithobie lèvre-lisse. (*Lithobius lævilabrum.*)

Tête large (plus étroite dans la femelle) ; lèvre glabre, luisante, marquée de ponctuations obscures en avant ; pieds fauve testacé ; échancrure du bord antérieur de la lèvre arrondie ; dents ferrugineuses, noires à leur sommet ; un sillon longitudinal médian ; sommet de la mandibule noir de poix ; antennes pilosules.

Lithobius lævilabrum, Leach, *Edinburgh Cyclopedia,* t. VII, p. 409. — *Lith. vulgaris, Id., Zool. misc.*, t. III, p. 40. — *Lith. forficatus*, Newport, *Ann. and Mag. of nat. hist.*, t. XIII, p. 96. — *Ibid., Trans. linn. soc. Lond.*, t. XIX, p. 367. De l'Écosse et des iles voisines ; commun sous les pierres. Le type (British Museum) montre aussi, comme je m'en suis assuré, quelques particularités différentielles. Il se rapproche assez du *Lith. variegatus*, mais n'a pas les pieds annelés ; sa tête est un peu échancrée en arrière, toutefois M. Newport (*loco citato*) se demande si ce ne serait pas le jeune âge du précédent.

M. Newport considère cette espèce comme le vrai *Lithobius*

forficatus de Linné et de Fabricius. Voici quels caractères il lui assigne :

Ferrugineux, à tête ovalaire, carrée; antennes pubescentes; lèvre lisse, luisante ; lames dentaires, distinctes, un peu étroites; 12 denticules équidistants aigus; 22 ou 24 ocelles de chaque côté ; pieds presque nus; articles courts; point d'épines sous-fémorales; squame préanale très-velue ; scutes dorsales lisses, à bord postérieur étroit; la cinquième subcarrée, non allongée, légèrement excavée ; la septième droite à son bord postérieur.

4. Lithobie de Leach. (*Lithobius Leachii.*)

Ferrugineux foncé ; tête large, cordiforme, profondément ponctuée sous le segment antennifère; antennes velues, lèvre subconvexe, ponctuée ; 24 ou 26 paires d'ocelles ; lames dentaires petites; 12 dents noires dont les trois internes de chaque côté rapprochées ; antennes et palpes velues ; pieds assez forts, fauves ; épines sous-fémorales grandes, à poils rares. Longueur 1 pouce (0,027).

Lith. forfic., Leach, *Edinb. Encycl.*, t. VII, p. 408.—*Lithob. Leachii*, Newport, *Trans. linn. soc. London*, t. XIX, p. 368, pl. 32, fig. 30-31.

D'Europe en Angleterre et en Irlande. Nous avons reproduit la description donnée par M. Newport.

5. Lithobie pilicorne. (*Lithobius pilicornis.*)

Ferrugineux; tête cordiforme, partie antennifère lisse ; antennes et pieds allongés , très-velus; lèvre lisse, à poils et ponctuations rares, obsolètes ; dix dents, dont les trois internes assez rapprochées ; 20 ou 24 paires d'yeux ; métatarses ferrugineux. Longueur 1 pouce 2 dixièmes (0,030).

Lithob. pilic., Newport, *Trans. linn. soc. Lond.*, t. XIX, p. 369, pl. 33, fig. 4.

D'Angleterre (British Museum). M. Newport soupçonne que cette espèce ne diffère pas de son *L. Sloanei.*

6. Lithobie melanops. (*Lithobius melanops.*)

Fauve verdâtre, à tête orangée ; ocelles grands au nombre de 12 paires; région antennifère marquée d'une bande transversale noirâtre ; 6 denticules labiaux aigus. Longueur 6 dixièmes de pouce (0,015).

Lithob. melan., Newport, *Trans. linn. soc. Lond.*, t. XIX, p. 371.

D'Angleterre, près de Sandwich. Espèce recueillie par M. Newport, qui en a déposé des exemplaires au British Museum.

7. LITHOBIE LONGICORNE. (*Lithobius longicornis.*)

Tête, antennes, dos, ventre et pieds d'un jaune safran ; mandibules ferrugineuses, noires au sommet ; antennes toujours presque aussi longues que le corps. Longueur 0,025.

Lithobius longicornis, Risso, *Europe mérid.*, t. V, p. 154.

De Nice. Sous les pierres en montant à Raus, en juin et en juillet. Espèce douteuse.

8. LITHOBIE FASCIÉE. (*Lithobius fasciatus.*)

Testacé foncé ; côté des plaques dorsales et une large bande longitudinale sur leur milieu noirâtre ; 18 paires d'ocelles, grands, noirs ; 18 denticules labiaux petits, noirs ; lèvre, pinces et pieds fauves ; métatarses ferrugineux, velus. Longueur 1 pouce 1 quart (0,034).

Lith. fasc., Newport, *Trans. linn. soc. Lond.*, t. XIX, p. 365.

D'Italie, auprès de Florence et de Naples (Coll. de M. Hope).

9. LITHOBIE RUBRICEPS. (*Lithobius rubriceps.*)

Tête grande, subcarrée, rouge foncé ; ocelles petits au nombre de 14 paires ; lèvre aplatie, profondément ponctuée ; 14 petites dents, noires, aiguës ; corps subolivacé, lèvre et mandibules fauves ; dernières paires de pieds largement annelées de noir obscur. Longueur 1 pouce 4 dixièmes (0,036).

Lithob. rubr., Newport, *Trans. linn. soc. London*, t. XXIX, p. 364.

Du midi de l'Espagne (British Museum).

10. LITHOBIE BRÉVICORNE. (*Lithobius brevicornis.*)

Très-velu, ferrugineux, marbré en dessus, en arrière et sur les pieds ; antennes velues, composées de 41 articles égalant à peine la moitié du corps ; yeux petits, égaux, au nombre de vingt paires ; lèvre lisse, parsemée de ponctuations obsolètes ; 12 denticules. Longueur 7 dixièmes de pouce (0,020).

Lithob. brevic., Newport, *Trans. linn. soc. London*, t. XIX,

p. 370. — *Lithob. Vesuvianus*, A. Costa, *Mém. zool.*, t. I,
p. 60 ?

Des environs de Naples (Coll. de M. Hope).

11. LITHOBIE NUDICORNE. (*Lithobius nudicornis*.)

Voisin du *Lith. forcipatus*, mais de couleur brun clair, à
antennes nues, sans poils, composées de 42 ou 43 articles environ, serrés, et dont le dernier et le pénultième sont un peu
plus longs que les autres.

Lith. nud., P. Gerv., *Ann. sc. nat.*, 2e série, t. VII, p. 49.

De Sicile. L'exemplaire type a été recueilli par le docteur
Alexandre Lefèvre.

12. LITHOBIE MARRON. (*Lithobius castaneus*.)

De couleur marron foncé ; antennes et pieds très-velus ; bord
dentaire étroit, sexdenté ; plaques dorsales des segments marquées d'impressions courbes ; 14 paires d'ocelles. Longueur
3 lignes (0,007).

Lith. cast., Newport, *Ann. and Mag. of nat. hist.*, t. XIII,
p. 96. — *Id.*, *Trans. linn. soc. Lond.*, t. XIX, p. 370.

De Sicile (British Museum).

2.

Lithobies d'Afrique.

13. LITHOBIE IMPRIMÉE. (*Lithobius impressus*.)

De couleur ferrugineuse ; antennes longues, premiers segments
finement ponctués ; les postérieurs marqués de petites saillies
inégales ; scutes dorsales marginées. Longueur 0,035.

Lith. impr., Koch, *in* Wagner, *Reisen in der Regentschaft
Algier*, p. 224 ; 1841. — Lucas, *Algérie, Anim. artic.*, 1re partie, p. 340, pl. 2, fig. 4.

D'Algérie. Nous avons vu une Lithobie envoyée de Constantine par M. Guyon, mais nous ignorons, à cause de sa mauvaise
conservation, si elle est réellement de cette espèce. M. Lucas a
trouvé le *Lithobius impressus* à La Calle, Constantine, Bone,
Philippeville et Alger.

14. LITHOBIE ÉTROITE. (*Lithobius platypus*.)
Pl. 42, fig. 2.

Scolopendre, Savigny, *Descript. de l'Égypte*, Ins., pl. des
Myr., fig. 3. — *Lithobie....*, P. Gerv., *Ann. sc. nat.*, 2e série,

t. VII, p. 49. — *Lithobie étroite*, Walckenaer, *Atlas* de cet ouvrage, pl. 42, fig. 2. — *Lithob. platypus*, Newport, *Trans. linn.
soc. London*, t. XIX, p. 271.

D'Égypte. Nos observations sur le développement des Lithobies nous avaient depuis assez longtemps conduit à penser que
la Lithobie figurée par M. Savigny était d'une espèce différente
de celles que nous connaissons, mais que l'individu représenté
était encore jeune. C'est ce que semblent démontrer les antennes
qui n'ont que 20 articles et les ocelles au nombre de 4 paires
seulement. Cette opinion est aussi celle des naturalistes qui ont
parlé de cette Lithobie d'Égypte; mais elle n'aura de valeur
réelle qu'après une étude des véritables caractères de l'espèce
faite sur des exemplaires adultes.

3.

Lithobies de l'Inde et de l'Australasie.

15. LITHOBIE D'HARDWICKE. (*Lithobius Hardwickei.*)

Brun; 18 paires d'ocelles; plaque ventrale du devant de l'a-
nus poilue et tuberculeuse; antennes très-velues; lèvre aplatie,
échancrée à son bord dentaire; 5 ou 8 denticules.

Lith. Hardw., Newport, *Ann. and. Mag. of nat. hist.*,
t. XIII, p. 96. — *Id.*, *Trans. linn. soc. London*, t. XIX, p. 366.
De Singapoure (Coll. du British Museum).

16. LITHOBIE ARGUS. (*Lithobius argus.*)

Ferrugineux; tête petite, un peu convexe; antennes velues;
yeux petits, bruns, au nombre de 23 à 30 paires; lèvre étroite,
échancrée, lisse; 10 denticules noirs. Longueur 9/10 de
pouce (0,023).

Lith. argus, Newport, *Trans. linn. soc.*, t. XIX, p. 369.
De la Nouvelle-Zélande, auprès de Wellington, par M. Stephenson (British Museum).

4.

Lithobies d'Amérique.

17. LITHOBIE SPINIPÈDE. (*Lithobius spinipes.*)

Des épines sous les pieds postérieurs; couleur brune; pieds
testacé pâle. Longueur 0,027.

Lith. spinip.; Say, *Journ. acad. nat. sc. Philadelphia*, 1821,

t. II, p. 108. — *Id.*, *OEuvres entom.*, t. I, p. 21. — *Lith. Americanus*, Newport, *Trans. linn. soc. London*, t. XIX, p. 365.

Des États-Unis. Commun sous les pierres.

Feu M. Milbert a envoyé des États-Unis au Muséum de Paris une Lithobie. Mais le mauvais état de l'individu que nous avons observé ne permet pas d'en déterminer l'espèce avec certitude.

18. Lithobie américaine. (*Lithobius Americanus*.)

Ferrugineux; tête grande, subcarrée, un peu saillante à son bord postérieur; région antennifère profondément ponctuée; antennes pubescentes; yeux noirs, au nombre de 24 à 26 paires de chaque côté; lèvre aplatie, lisse, à bord presque droit; 10 petites dents noires, assez rapprochées; scutes dorsales lisses, convexes, subcarrées, à bord postérieur droit; segment préanal velu; pieds forts, fauves, armés de fortes épines. Longueur 1 pouce 1 ligne (0,030).

Lith. americanus, Newport, *Trans. linn. soc. Lond.,* t. XIX, p. 365.

De l'Amérique septentrionale (Coll. de M. Hope).

M. Newport n'est pas certain que cette espèce diffère réellement du *Lith. spinipes* de Say.

19. Lithobie multidentée. (*Lithobius multidentatus.*)

Pieds fauves; lames dentaires distinctes, à bords arrondis, bordés de 16 denticules distincts; tête carrée; région antennaire lisse, non ponctuée; lèvre lisse, luisante; antennes subvelues; leurs quatre articles basilaires presque égaux. Longueur 3/4 de pouce (0,020).

Lith. multid., Newport, *Trans. linn. soc. Lond.,* t. XIX, p. 365.

Des environs de New-York, par M. Doubleday (British Museum).

20. Lithobie aplatie. (*Lithobius planus.*)

Varié de ferrugineux; tête grande, subcarrée, lisse, un peu convexe en arrière; antennes courtes, velues; 25 paires d'yeux; lèvre luisante à poils rares; lames dentaires luniformes, échancrées à leur bord externe; 14 denticules noirs, aigus; scutes dorsales aplaties, rugueuses, marginées; pieds nus, à épines articulaires petites. Longueur 8 ou 9 lignes (0,018).

Lith. planus, Newport, *Trans. linn. soc. Lond.*, t, XIX, p. 366, pl. 33, fig. 32.

De l'Amérique boréale (Coll. de M. Hope).

21. LITHOBIE MEXICAINE. (*Lithobius Mexicanus.*)

Un peu plus large relativement à sa longueur que le *L. forcipatus* auquel il ressemble beaucoup. Longueur 0,026 depuis la tête jusqu'à l'anus ; largeur au milieu 0,003 2/3.

Lith. Mexic., Perbosc, *Revue cuvierienne de M. Guérin*, 1839, p. 261.

Du Mexique, M. Perbosc.

22. LITHOBIE DE LA PLATA. (*Lithobius Platensis.*)

Fauve ; segments aplatis, carrés ; antennes très-longues de 36 à 40 articles ; une tache sur le milieu de chaque segment ; yeux au nombre de huit de chaque côté, sur deux lignes, inégaux. Longueur 6 lignes (0,013).

De Montévideo (Coll. du Muséum de Paris.)

5.

Lithobies dont on ignore la patrie.

23. LITHOBIE DE SLOANE. (*Lithobius Sloanei.*)

Tête grande , subcarrée ; région antennifère profondément ponctuée ; 24 ou 26 paires d'ocelles ; antennes de 40 articles, assez velues ; lèvre aplatie, lisse, à ponctuations obsolètes ; son angle extéro-antérieur un peu plus saillant ; 8 denticules obtus, noirs, dont les 3 paires internes assez rapprochées ; pieds longs, à peu près nus ; épines sous-fémorales fortes ; paire postérieure de pieds égalant la moitié de la longueur du corps. Longueur 1 pouce 3/10 (0,035).

Lith. Sloanei, Newport, *Ann. and Mag. of nat. hist.*, t. XIII, p. 96. — *Id.*, *Trans. linn. soc. London*, t. XIX, p. 396.

Patrie ? M. Newport avait d'abord supposé que cette espèce était originaire d'Amérique. Depuis lors, il a pensé que l'exemplaire d'après lequel il l'a établie, et qui fait partie des collections du British Muséum, était peut-être de même espèce qu'une autre Lithobie qu'il nomme *Lithobius pilicornis ;* mais il le considère simplement comme s'en rapprochant.

24. Lithobie belles cornes. (*Lithobius pulchricornis.*)

Tête lisse ; antennes fortes, très-velues ; 10 dents au bord latéral ; 20 ou 24 paires d'yeux ; pieds et corps velus.

Lith. pulchr., Newp., *Ann. and. Mag. of nat. hist.*, t. XIII, p. 96.

Genre HENICOPS. *Henicops* (1).

Caractères et apparence des Lithobies. Une seule paire d'yeux stemmatiformes.

Ce genre a été décrit et dénommé par M. Newport, qui lui rapporte deux espèces australasiennes dont une avait déja été décrite par lui sous le nom de *Lithobius emarginatus*. Nous en avons observé une troisième qui a été découverte au Chili par M. Claude Gay.

1. Henicops maculé. (*Henicops maculata.*)

Tête cordiforme ; région antennaire subéchancrée ; antennes velues ; lèvre plate, à angles arrondis ; 6 denticules aigus, un peu allongés ; mandibules et lèvre orangé vif ; une série bilatérale de taches orangées sur le dos ; région ventrale fauve ; pieds cendrés ; la dernière paire allongée. Longueur, 5 ou 6 lignes (0,013).

Henicops mac., Newport, *Trans. linn. soc. London*, t. XIX, p. 372, pl. 32, fig. 37 et 40, fig. 3.

De la terre de Van Diémen (Coll. de M. Westwood).

2. Henicops échancré. (*Henicops emarginata.*)

Ferrugineux ; pieds fauves ; tête grande, ovalaire carrée ; lames de la région dentaire distinctes transverses, non dentées, marquées chacune de trois faibles échancrures ; scutes dorsales marginées. Longueur 1/2 pouce (0,013).

Lithobius emarginatus, Newport, *Ann. and. Mag. of nat. hist.*, t. XIII, p. 96. — *Id.*, *Trans. linn soc. Lond.*, t. XIX, p. 372.

De la Nouvelle-Zélande (British Museum).

---

(1) Henicops, Newport, *Trans. linn. soc. London*, t. XIX, p. 372.

3. HENICOPS CHILIEN. (*Henicops Chilensis.*)

Tête subarrondie , marquée d'une strie longitudinale en dessus ; les arceaux supérieurs marginés latéralement ; 8 plus grands,
échancrés en ligne courbe en arrière ; une impression linéaire
médiane sur le dessous des segments ; corps plus large au milieu qu'en avant et en arrière, brun ferrugineux , brillant en dessus , un peu varié de fauve, fauve clair en dessous ; antennes
ferrugineuses à articles finement velus, de 17 articles ; ceux-ci
un peu plus longs que les autres ; lèvre forcipulaire grande ;
pinces épaisses ; pieds garnis de quelques poils subépineux, fauves, à tarses ferrugineux ; pieds postérieurs plus longs que les
autres. Longueur du corps, 0,014.

Du Chili, par M. Claude Gay. Les deux individus que nous
avons vus ne nous ont montré que 14 paires de pieds. Nous figu-
rerons cette espèce dans la partie zoologique de la description
du Chili, publiée par M. Gay.

II. SCOLOPENDRIDES (1).

Les Chilopodes qui rentrent dans la famille des Scolopendrides, telle qu'on la définit aujourd'hui, constituent une réunion fort nombreuse d'espèces en apparence très-semblables entre elles et dont les auteurs du
dernier siècle et du commencement de celui-ci ont
presque toujours parlé sous le nom de *Scolopendra
morsitans*. Les Scolopendrides mieux étudiées par les
naturalistes modernes ont été partagés en plusieurs
genres distincts. En général ces Myriapodes ont vingt
et une paires de pieds (2) et la dernière est plus longue
que les autres, habituellement épineuse sur l'article
fémoral, et disposée pour saisir ; la hanche de cette
paire de pieds est plus ou moins soudée aux plaques
latérale et intérieure du segment anal, aussi le pied
paraît-il formé de cinq articles seulement. Les pinces
maxillaires et la première paire de pieds correspondent
à l'arceau supérieur postcéphalique ; le second arceau
est plus petit que les autres qui croissent faiblement
en grandeur jusque vers le dernier cinquième du corps.
La tête est scutiforme, les antennes ont habituellement
dix-sept ou vingt articles sétacés ou moniliformes. Le
plus souvent il existe des yeux et leur nombre est
presque toujours de quatre paires. La lèvre forcipulaire, forte et soudée sur la ligne médiane, présente
dans la majorité des espèces une double saillie médio-
antérieure dentifère ; les crochets des forcipules sont

---

(1) SCOLOPENDRA, *partim*, Linné, De Geer, etc. — SCOLOPEN
DRIDÆ, *partim*, Leach, Gerv., etc. — SCOLOPENDRIDÆ, Newport,
Trans. linn. soc. London, t. XIX, p. 275 et 374.

(2) Rarement 23. Nous en citerons à 19 et à 30, mais ces espèces
ont besoin d'être confirmées.

forts; ils émettent une humeur vénéneuse. C'est aux Scolopendrides qu'appartiennent les plus grosses es- pèces de Chilopodes et celles dont la morsure est le plus à craindre.

Certaines espèces de Scolopendrides offrent une par- ticularité remarquable des organes respirateurs qui doit les faire distinguer génériquement des autres. Au lieu d'ouvertures vulviformes ou en boutonnière pour l'orifice des trachées elles présentent des plaques criblées et le nombre de ces stigmates est de dix paires. Ces Scolopendrides ont aussi les dents labiales plus fortes et autrement disposées. Nous en ferons avec M. Newport un groupe particulier que nous placerons en tête de toute la famille.

D'autres Scolopendres, en bien plus grand nombre, ont les orifices respiratoires en boutonnière.

Dans une première catégorie ces stigmates en bou- tonnière sont au nombre de neuf paires seulement et il n'existe comme chez la précédente que vingt et une paires de pieds; de plus les dents sont moins fortes et habituellement plus nombreuses que chez les Scolo- pendres cribrifères.

Dans une seconde catégorie, les anneaux pédigères sont au nombre de vingt-trois.

1. La première de ces trois grandes divisions ou celle des *Scolopendrides cribrifères* (*Heterostominæ*, Newp.) comprend le genre HETEROSTOMA de M. Newport, par- tagé par ce naturaliste en *Heterostoma* et *Branchio- stoma*.

2. La deuxième ou celle des *Scolopendrides morsi- cantes* (1) peut être divisée en plusieurs genres sui-

____

(1) Le nom de *Scolopendra morsicans* a été tour à tour appliqué à

vant les caractères fournis par la considération du
nombre des segments du corps et des pieds; par la présence et le nombre des yeux ou par leur absence ainsi
que par la conformation des pieds de derrière.

Nous continuerons d'appeler SCOLOPENDRA les espèces
à vingt et une paires de pieds, à quatre paires d'yeux,
et à pieds de derrière préhenseurs et plus ou moins
épineux, qu'elles aient le segment céphalique arrondi,
subcarré ou triangulaire, tronqué en arrière ou imbriquant, ce qui a donné lieu dans le dernier travail
de M. Newport (2) à l'établissement des genres *Scolopendra, Cormocephalus, Rhombocephalus* et *Theatops.*

Nous établirons le nouveau genre MONOPS pour le
Cryptops nigra, Newp. qui n'a, comme les *Henicops,*
qu'une seule paire d'ocelles. Le nom de *Cryptops,*
Leach, restera aux Scolopendrides à vingt et une paires
de pieds qui manquent entièrement d'yeux. Les genres
SCOLOPENDRA, MONOPS et CRYPTOPS nous paraissent devoir former une première catégorie de *Scolopendrides*

---

des Solopendres de ce groupe originaires de l'Europe méridionale,
de l'Afrique, de l'Inde ou des deux Amériques. Aussi nous semble-
t-il préférable de ne plus l'employer comme dénomination spécifique. L'usage que nous proposons d'en faire ici rappellera que des
espèces de notre deuxième catégorie ont été, pour la plupart, confondues dans les anciens ouvrages et dans les collections sous le nom
unique de *Scolopendra morsitans* ou *morsicans.*

(1) *Trans. linn. soc.* London, t. XIX. Les genres *Scolopendra,
Scolopocryptops, Cryptops* et *Theatops,* sont réunis par M. Newport
dans une sous-famille à part sous le nom de SCOLOPENDRINA, p.377.
Ceux de *Cormocephalus* et *Rhombocephalus* forment sa sous-famille
des CORMOCEPHALINÆ, ainsi caractérisée : Segments céphalique et
basilaire tronqués; 17 articles aux antennes; lèvre étroite, à dents
petites; stigmates valvulaires. Un des caractères des *Scolopendrinæ*
consiste au contraire dans leur tête cordiforme et s'imbriquant sur
le premier segment ou segment basilaire.

morsicantes, la seconde sera celle des *Scolopendrides hétéropodes* chez lesquelles le nombre des pieds est de vingt-trois. Tels sont les genres Scolopendropsis, Brandt, caractérisé par des yeux semblables à ceux des Scolopendres, Scolopocryptops, Newport, qui comprend des espèces dépourvues d'yeux et Newportia, que nous établissons pour le *Scolopocryptops longitarsis,* Newp. qui a les pieds de derrière composés de quatorze articles mobiles. Nos Scolopendrides seront donc divisées de la manière suivante :

1° *Scolopendrides cribrifères* ou espèces à stigmates cribriformes et à vingt et une paires de pieds :

Heterostoma.

2° *Scolopendrides morsicantes* ou espèces à stigmates valvuliformes et à vingt et une paires de pieds :

Scolopendra.

Monops.

Cryptops.

3° *Scolopendrides hétéropodes* ou pourvues de vingt-trois paires de pieds :

Scolopendropsis.

Scolopocryptops.

Newportia.

Nous reléguons dans un groupe d'*Incertæ sedis* les *Scolopendrides douteuses.* Ce sont celles qui n'ont ni vingt et une ni vingt-trois paires de pieds, qu'elles en aient moins ou davantage.

§ I.

Scolopendrides cribrifères (1).

GENRE HÉTÉROSTOME. *Heterostoma* (2).

Segments pédigères au nombre de vingt et un. Dix paires de stigmates grands, circulaires ou subcirculaires en plaques criblées de petites perforations. Segment céphalique tronqué•en arrière. Denticules de la lèvre inférieure peu nombreux, saillants, forts et séparés par des intervalles plus ou moins prolongés en rainure sur les saillies dentifères de la lèvre.

Les Scolopendrides de cette section sont fort remarquables par la disposition de leurs stigmates ; elles ont aussi un caractère facile à saisir dans la forme des denticules de leur lèvre forcipulaire. M. Newport qui a le premier constaté ces particularités a cru devoir partager ses Hétérostomes en deux genres. Ceux du second genre ou les Branchiostomes ayant les pieds de derrière moins forts et, ce qui établit leur principal caractère, une membrane branchiforme sous les stigmates.

1.

Hétérostomes proprement dits.

M. Newport en décrit huit espèces auxquelles il ajoute les *Sc. spinulosa, elegans* et *fulvipes*, Br., dont nous parlerons en même temps que des vrais Scolopendres.

---

(1) SCOLOPENDRIDÆ HETEROSTOMINÆ, Newport, *Trans. lin. soc. London*, t. XIX, p. 410.

(2) SCOLOPENDRÆ LONGIDENTATÆ, *partim*, Newp., *Ann. and Mag. of nat. hist.*, t. XIII, p 98. — HETEROSTOMA, Newp., *Tans. linn. soc. London*, t. XIX, p. 275. — HETEROSTOMA et BRANCHIOSTOMA, *id.*, *bid*., p. 410.

Nous avons nous-même observé deux espèces nouvelles d'Hétérostomes.

1. Hétérostome trigonopode. (*Heterostoma trigonopoda.*)

Noir verdâtre; antennes vertes, terminées de ferrugineux; huit dents; mandibules et lèvres vert ferrugineux; pieds fauve vert; segment anal et appendices latéraux de l'anus ferrugineux ; 5 fortes épines au bord interne des cuisses postérieures, et un pareil nombre, sur deux séries, à leur face inférieure. Longueur 4 pouces (0,108).

Scolopendra trigonopoda , Leach , *Zool. misc.*, t. III, p. 36. — P. Gervais, *Ann. soc. entom. de France*, 2ᵉ série, 1844, p. xxii. — *Heter. trig.*, Newp., *Trans. linn. soc. London*, t. XIX, p. 413.

Du Congo et du Sénégal , d'après M. Newport (British Museum).

Le type du *Scol. trigonopoda* de Leach que nous avons vu en 1842 au Musée britannique serait-il différent de l'exemplaire étudié par M. Newport ? Nous l'avons noté comme provenant peut-être de la Nouvelle- Hollande, et donné par lord Montmorris. Voici la description que nous en avons faite :

Fauve foncé, lavé de verdâtre foncé sur la tête, sur les segments du premier tiers et vers le bord postérieur de ceux du reste du corps. Tête subovalaire , coupée carrément en arrière. Angle latéral postérieur des anneaux émoussé, surtout dans la seconde moitié du corps; bord latéral marginé sauf aux trois premiers anneaux pédigères; antennes suballongées; mandibules fauves ainsi que les pattes et le dessous du corps. Pattes postérieures de longueur médiocre, a hanche allongée, quelques petites épines à son bord externe ; celle du sommet double ; cuisse polyédrique, un peu aplatie en dessus, non marginée et montrant une faible saillie longitudinale médiane; ses épines assez fortes ; cinq au bord supérieur interne ; six à l'inférieur, dont les trois externes sur le même rang. Point d'épine termale supérieure complexe. Longueur totale 0,082.

Nous ne croyons pas, avec M. Newport, que cette espèce soit la même que celle appelée par nous *Scolopendra Eydouxiana.*

2. Hétérostome épineux. (*Heterostoma spinosum.*)

Olivacé ; forcipules et pieds de derrière ferrugineux ; 6 dents
très-fortes ; plaques des stigmates brun foncé ; article basilaire
des pieds de derrière robuste, subconique, à cinq fortes épines
alternes sur son bord interne ; l'angulaire aiguë, épaissie et dilatée dans le mâle, grande dans la femelle : un même nombre
d'épines à la face inférieure ; appendices latéraux de l'anus très-
longs, arrondis, aigus. Longueur 5 pouces (0,135).

Heter. spinosa, Newport, *Trans. linn. soc. London*, t. **XIX**,
p. 415, pl. 40, fig. 8.

De l'île de Ceylan.

3. Hétérostome fascié. (*Heterostoma fasciatum.*)

Orangé ; bord postérieur de la tête et des segments fascié de
verdâtre ; plaques des stigmates orangées ; cuisse des pieds de
derrière plus longue que la jambe, à cinq épines marginales et
un même nombre à la face inférieure, dont trois externes en série et deux internes. Longueur 5 lignes (0,135).

Heter. fasc., Newp., *Trans. linn. soc. London*, t. **XIX**,
p. 415.

Patrie ? (British Museum.)

4. Hétérostome platycéphale. (*Heterostoma platycephalum.*)

Tête déprimée, assez grande ; forcipules et pieds marrons ;
corps, antennes et pieds olivacé pâle ; six dents, grandes, noires,
aiguës, sillonnées ; cinq fortes épines au bord supéro-interne des
pieds de derrière ; six à leur surface inférieure. Longueur 4
pouces (0,108).

Heterost. platycephala, Newport, *Trans. linn. soc. London*,
t. **XIX**, p. 415.

Des îles de l'océan Pacifique (British Museum).

5. Hétérostome sulcidenté. (*Heterostoma sulcidens.*)

Olivâtre foncé ou bleu violacé ; pinces et pieds de derrière
fauve orangé ; six dents noires, aiguës, à bord dentelés et à intervalles profondément sillonnés ; cuisse des pieds de derrière
pourvue d'une saillie longitudinale ; cinq longues épines à son
bord interne et six à sa face inférieure. Longueur 3 pouces 1/4
à 7 pouces (0,187).

Scolopendra sulcidens, Newport, *Annals and. Mag. of nat. hist.*, t. XIII, p. 69. — *Sc. squalidens, id., ibid. — Scol. sabriventris, id., ibid. — Heterost. sulcidens, i d, Trans. linn. soc. London*, t. XIX, p. 416.

De la Nouvelle-Hollande, à Paramatta (British Museum).

6. Hétérostome sulcicorne. (*Heterostoma sulcicorne.*)

Ocracé; antennes allongées, garnies de petits poils; six grandes dents aiguës, à bord denticulé et à sillons longitudinaux; article fémoral des pieds de derrière à six épines à son bord supéro-interne, et six à sa surface inférieure. Longueur 3 pouces 3/4 (0,100).

Scol. sulcicornis, Newport, *Ann. and. Mag. nat. hist.*, t. XIII, p. 99. — *Heterost. sulc., id., Trans. linn. soc. London*, t. XIX, p. 416.

De la Nouvelle-Hollande, au port Essington (British Museum).

7. Hétérostome fauve. (*Heterostoma flava.*)

Corps et pieds fauve vif; tête verte; antennes orangées; six dents noires; cuisse des pieds de derrière grêle, presque carrée, plus longue que la jambe, pourvue de cinq épines noires à son bord interne. Longueur 3 pouces (0,080).

Het. flava, Newport, *Trans. linn. soc. London*, t. XIX, p. 417.

De la Nouvelle-Hollande, près la rivière des Cygnes. (Coll. de M. Hope.)

8. Hétérostome mégacéphale. (*Heterostoma megacephala.*)

Corps court, olivacé; tête grande convexe; antennes, forcipules et appendices latéraux de l'anus roux olivacés; six dents triangulaires, aiguës; article fémoral des pieds de derrière plus long que la jambe; cinq longues épines à son bord interne et six à sa surface inférieure, dont cinq sur deux séries longitudinales et la sixième intermédiaire. Longueur 3 pouces 1/4 (0,086).

Scolop. megacephala, Newp., *Ann. and. Mag. of nat. hist.*, t. XIII, p. 99. — *Id., Trans. linn. soc. London*, t. XIX, p. 417.

De la Nouvelle-Hollande, au port Essington, par M. Gilbert (British Museum).

9. Scolopendre cribrifère. (*Scolopendra cribrifera.*)

Tête en ovale coupé en arrière, un peu fendue entre les antennes, finement ponctuée ; segment forcipulaire puissant ; le second étroit ; segments dorsaux marqués de stries fines et rares, marginés, à doubles stries dorsales subparallèles et continues ; les inférieures courtes ; segments larges ; plaque préanale suballongée, un peu échancrée en arrière ; les pièces latérales de l'anus spiniformes, très-finement ponctuées à leur surface et montrant une ou deux petites épines au bord externe ; pieds postérieurs assez longs, ni aplatis, ni marginés en dessus, pourvus à leur bord supéro-interne de 5 fortes épines simples, et à l'inférieure de cinq ou six ; lèvre des forcipules et forcipules ponctuées, ferrugineux foncé ; les saillies dentifères pourvues de trois fortes dents chacune ; stigmates cribriformes, au nombre de dix paires, subarrondis ; la première très-grande. Longueur du corps 0,115, largeur 0,012, antennes 0,017, pieds de derrière 0,026.

De l'île Bourou, par MM. Quoy et Gaimard, 1829 (Mus. Paris).

10. Scolopendre rapace. (*Scolopendra rapax.*)

Tête subcordiforme, un peu ponctuée, ainsi que les segments qui sont assez larges, à doubles stries dorsales subparallèles, médiocres ; les stries inférieures plus faibles encore. Plaque préanale en triangle échancré en arrière ; les pièces latérales terminées en pointes obliques avec deux épines près leur sommet, marquées de ponctuations très-serrées ; pieds de derrière forts, subarrondis, à fortes épines à leur article basilaire, huit à la face interne, trois dentiformes en série au bord inféro-interne ; toutes sont simples ; saillies dentifères subcarrées à trois dents chacune dont l'interne pourvues d'un lobe basilaire interne et la médiane la plus forte ; stigmates cribriformes, au nombre de dix paires, ovalaires ou arrondis. Tête et dos verts, plus ou moins variés de roux ; pieds et antennes roux pâle ; pieds postérieurs et forcipules ferrugineux ; appendices latéraux de l'anus plus foncés encore. Longueur du corps 0,100, des antennes 0,026, des pieds de derrière 0,030.

De Chine, par M. Gernaert, 1838 (Mus. de Paris). Exemplaire en mauvais état.

2.

Espèces du genre Branchiostoma de M. Newport(1).

11. BRANCHIOSTOME LITHOBIE. (*Branchiostoma lithobioïdes.*)

Verdâtre, avec des bandes transverses plus foncées ; tête, segment postérieur, surface ventrale et cuisses orangés ; tarses et jambes verts ; six dents, dont les deux internes de chaque saillie réunies ; pieds de derrière cylindriques, à six épines au bord supéro-interne. Longueur 1 pouce 3/4 (0,047).

Branch. lithob., Newp., *Trans. linn. soc. London*, t. **XIX**, p. 411.

De Chine (Coll. de **M.** Hope).

12. BRANCHIOSTOME LONGIPÈDE. (*Branchiostoma longipes.*)

Brun ; pinces et appendices anaux orangés ; quatre dents triangulaires, lobées, aiguës, noires ; pieds de derrière allongés ; article fémoral grêle, un peu aplati, à trois épines à son bord supéro-interne, dont les deux antérieures sont rapprochées, et sept à la face inférieure. Longueur 1 pouce 3/4 (0,046).

Branch. longipes, Newp., *Trans. linn. soc. London*, t. **XIX**, p. 411.

Patrie...? (British Mus.)

13. BRANCHIOSTOME NU. (*Branchiostoma nudum.*)

Bleu violet ; pieds fauves ; ceux de derrière très-allongés, cylindriques ; articles des tarses, des jambes et des cuisses, subégaux ; métatarses comprimés ; cuisses nues, inermes, sauf une seule épine très-petite à la face inférieure. Longueur 1 pouce 3/4 (0,046).

Branch. nuda, Newport, *Trans. linn. soc. London*, t. **XIX**, p. 412.

De la Nouvelle-Hollande, à Paramatta.

---

(1) Voici comment M. Newport caractérise ce genre :

Antennes et pieds allongés ; dents triangulaires aiguës, la mandibulaire la plus grande ; stigmates circulaires revêtues intérieurement d'une membrane épaisse, branchiforme ; pieds de derrière grêles, à épines petites ; l'articulaire habituellement obsolète. (*Trans. linn. soc. London*, t. **XIX**, p. 411.)

14. Branchiostome spinicaude. (*Branchiostoma spinicaudum*.)

Pâle brun ; une ligne médio-dorsale plus foncée ; pieds longs ; l'article fémoral de ceux de derrière armé à la partie médiane de son bord interne d'une épine très-forte. Longueur 1 pouce 4 dixièmes (0,045).

Scolop. spinicauda, Newport, *Trans. linn. soc. London*, t. XIX. p. 412.

De l'Afrique boréale, près de Tripoli (British Museum), par M. Ritchie.

§ 2.

Scolopendrides morsicantes.

Genre SCOLOPENDRE. *Scolopendra* (1).

Tête de forme variable, coupée carrément en arrière ou s'imbriquant sur le segment préanal ; 4 paires d'yeux inégaux ; 21 segments pédigères ; pieds de derrière plus ou moins épineux sous leur article fémoral ou basilaire ; stigmates vulviformes ou en boutonnière, au nombre de neuf paires ; bord antérieur de la lèvre forcipulaire plus ou moins prolongé en une double saillie dentifère.

C'est à ce groupe qu'appartiennent les Scolopendrides répandues dans toutes les parties du monde et qui ont été indiquées par les entomologistes du dernier siècle et du commencement de celui-ci sous le nom de *Scolopendra morsicans* ou *morsitans*. Ces animaux vivent pour la plupart dans les régions chaudes du globe : ils se tiennent sous les pierres, dans les trous du bois mort ou pourri, sous la mousse ou plus ou moins enfoncés dans la terre. Ils sont très-voraces et

---

(1) Scolopendra, *partim*, Linn. et *auct.* — Scolopendra, Theatops, Cormocephalus et Rhombocephalus, Newport, *Trans. linn. soc. London*, t. XIX, p. 275.

chassent de préférence les Insectes, les Acarus, les
Araignées, etc. Ils les saisissent avec leurs pieds de derrière et les tuent en les piquant au moyen de leurs
pointes forcipulaires. Leur piqûre est très-doulou-
reuse, et sur l'espèce humaine même elle agit avec autant d'intensité que celle des scorpions (1). Aussi ces
animaux sont-ils fort redoutés. Pendant longtemps
leur histoire, aussi bien que celle des autres Chilopodes,
a été fort négligée. Leach a, l'un des premiers, fait voir
que sous le même nom de *Sc. morsitans* on confondait
plusieurs des espèces distinctes ; nous avons nous-
même, en 1837, ajouté quelques espèces à celles qu'il
avait indiquées, et dans notre travail nous portions
déjà à 14 le nombre des espèces du véritable genre
Scolopendre. Depuis lors, les études de M. Brandt,
celles de M. Newport et les nôtres aussi, études faites
sur les riches collections de Paris, de Londres, de
Saint-Pétersbourg ou de Berlin, ont permis d'assurer la
caractéristique d'un bien plus grand nombre d'espèces
de Scolopendrides, soit dans ce genre, soit dans ceux
qui composent avec lui la famille qui nous occupe.

M. Newport est le seul entomologiste qui ait encore abordé la
classification naturelle des véritables Scolopendres. Comme nous
avons cru devoir suivre dans la description des nombreuses espèces que nous réunissons dans ce genre, l'ordre géographique,
nous devons exposer ici la classification qu'il a suivie.

M. Brandt n'admettait encore dans la famille des Scolopendres, que les genres *Scolopendra*, *Cryptops* et *Scolopendropsis*.

Dans un premier travail publié sur ce sujet en février 1844 (2),

----

(1) *Annals and. mag. of nat. hist*, t. XIII, p. 96.

(2) Les effets de la piqûre des Scolopendres ont été décrits par
M. Worbe dans le *Bulletin de la Société médicale de Paris* pour
1824, p. 92.

travail dans lequel il signale déjà 46 espèces, M. Newport a divisé les *Scolopendra* en quatre sections :

1º *Parvidentées* : dents labiales petites, nombreuses et obtuses.

2º *Latidentées* : dent interne large et dilatée à son bord ; l'externe petite, aiguë, écartée.

3º *Longidentées* : dents larges, aiguës et lancéolées.

4º *Arctidentées* : bord dentaire étroit, arqué ; dents petites.

Quelque temps après (1), M. Newport admettait déjà huit genres de Scolopendrides, et il les caractérisait brièvement, mais sans dire quelles espèces décrites par lui font partie de ceux qui sont nouveaux.

Voici les noms et les caractères qu'il leur assigne :

Scolopendra : segment céphalique cordiforme, imbriqué ; quatre paires d'yeux ; stigmates valvulaires.

Cormocephalus : segment céphalique tronqué en arrière ; stigmates valvulaires.

Rhombocephalus : segments céphalique et basilaire rhomboïdaux ; lèvre étroite.

Heterostoma : segment céphalique tronqué ; dents grandes ; stigmates cribriformes, au nombre de dix paires.

Scolopendropsis, Brandt : segment céphalique tronqué ; 23 paires de pieds.

Theatops : yeux distincts ; antennes de 11 articles, subulées ; pieds de derrière claviformes ; lèvre dentée.

Scolopocryptops : 23 segments pédifères ; le céphalique cordiforme, imbriquée ; lèvre non denticulée ; antennes de 17 articles.

Plus récemment encore, M. Newport dans son travail monographique sur les Chilopodes (2), a changé de classification et établi parmi les Scolopendrides, les trois sous-familles des *Scolopendrinæ*, *Heterostominæ*, et *Cormocephalinæ*. Nous n'avons à parler ici que des *Scolopendrinæ* constituant les genres *Scolopendra* et *Theatops* et des *Cormocephalinæ*.

Genre SCOLOPENDRA. M. Newport y admet deux divisions seulement :

1º SCOLOPENDRÆ PARVIDENTATÆ.—Dents labiales nombreuses, très-petites, rapprochées entre elles.

---

(1) *Trans. linn. soc. London*, t. XIX, p. 275.
(2) *Trans.*, *ibid.*, p. 377.

A.— Article fémoral des pieds de derrière, aplati, court, épais; de nombreuses épines à sa face inférieure, sur trois séries; antennes habituellement de 20 articles :

Scolop. angulipes, Newport. — *Morsitans*, Linn. (d'après M. Newport). — *Sc. Brandtiana*, Gerv. (1) *limbata*, Brandt. — *Varia*, Newport. — *Platypoïdes*, *id.* — *Bilineata*, Br. — *Erythrocephala*, *id.* — *Tigrina*, Newport. — *Leachii*, *id.* — *Angusta*, Lucas. — *Formosa*, Newp. — *Longicornis*, *id.* — *Tuberculidens*, *id.* — *Fabricii*, *id.* — *Richardsonii*, *id.* — *Affinis*, *id.* — *punctiventris*, *id.* — *Algerina*, *id.*

B. — Cuisses des pieds de derrière garnies d'une seule série longitudinale d'épines ou inerme.

a) Dix-huit ou vingt articles aux antennes; pieds de derrière épais, anguleux.

Sc. cingulata, Latr. — *Cingulatoides*, Newp. — *Audax*, Gerv. — *Savignii*, Newp. — *Hispanica*, *id.*

b) Dix-neuf articles aux antennes, articles allongés; dernière paire de pieds grêles, à article fémoral épineux en dessous.

Sc. subspinipes, Leach. — *Placeæ*, Newp. — *Gervaisii*, *id.* — *Ceylonensis*, *id.* — *Planiceps*, *id.* — *Septemspinosa*. **Br.** — *Sexspinosa*, Newp. — *Lutea*, *id.* — *Ornata*, *id.* — *Flava*, *id.*

c) Dix-huit articles aux antennes; à articles allongés; pieds de derrière grêles, inermes.

Sc. inermis, Newp. — *Silhentensis*, *id.* — *De Haanii*, **Br.** — *Concolor*, Newp. — *Childreni*, *id.* — *Hardwickii*, *id.*

C.— Article fémoral des pieds de derrière cylindrique, à épines grandes ou irrégulières; 17 articles aux antennes.

Sc. multidens, Newp. — *Punctidens*, *id.* — *Clavipes*, Koch. — *Ambigua*, **Br.** — *Viridicornis*, Newp. — *Variegata*, *id.* — *Angulata*, *id.* — *Cristata*, *id.* — *Canidens*, *id.* — *Violacea*, Fabr. — *Gigas*, Leach. — *Gigantea*, Linn.

2. SCOLOPENDRÆ LATIDENTATÆ : Lames dentaires subcarrées; dent interne élargie, l'externe triangulaire, aiguë, écartée; épines des pieds postérieurs petites, nombreuses; première paire de stigmates très-grands.

Sc. valida, Lucas. — *Alternans*, Leach. — *Grayii*, Newp.

---

(1) M Newport réunit sous un même nom spécifique des Scolopendres de Chine et de l'Amérique méridionale.

— *Complanata*, Newp. — *Incerta*, *id.* — *Multispinosa*, *id.*

Genre THEATOPS. Il a pour type le *Cryptops postica* de **Say** auquel M. Newport a reconnu des yeux semblables à ceux des Scolopendres. Les deux autres genres nouveaux de M. Newport que nous réunissons aux *Scolopendra*, composent la sous-famille des *Cormocephalinæ* dont les caractères sont :

Segments céphalique et basilaire tronqués, 17 articles aux antennes ; lèvre étroite, à dents petites. Stigmates valvulaires.

Cette sous-famille comprend les deux genres suivants :

Genre CORMOCEPHALUS. Antennes courtes, appointies ; segment céphalique court ; tronqué brusquement ; neuf paires de stigmates valvulaires ; vingt et un segments pédifères.

A. — Pieds de derrière grêles, allongés.

Scolop. rubriceps, Newp. — *Sc. lobidens*, *id.*

B. — Pieds de derrière courts, épais, claviformes.

Sc. aurantipes, Newp. — *C. obscurus*, *id.* — *C. fœcundius*, *id.* — *Sc. Westwoodii*, Newp. — *Sc. ambigua*, Br. (1) — *C. miniatus*, Newp. — *Sc. subminiata*, *id.* — *C. pallipes*, *id.* — *C. violaceus*, *id.* — *C. Guildingii*, *id.*

Genre RHOMBOCEPHALUS, Newp. — Segment céphalique allongé, subtriangulaire ; le sous-basilaire et la lèvre très-étroits.

Sc. viridifrons, Newp. — *R. Gambiæ*, *id.* — *Parvus*, *id. Politus*, *id.* — *Brevis*, *id.*

Les caractères spécifiques des Scolopendres sont fournis par presque toutes les parties de leur corps dans les variations secondaires qu'elles peuvent affecter. Les meilleurs se tirent de la forme des pieds de derrière, des épines qui arment les cuisses de ces pieds et des dents qu'on voit à la saillie antérieure de la lèvre forcipulaire. Les épines des pieds offrent néanmoins quelques variations. Elles n'affectent pas toujours la même disposition dans tous les individus d'une même espèce, et quelquefois aussi leur nombre est

---

(1) M. Newport met aussi cette espèce, mais avec doute, parmi les Scolopendrides du genre *Scolopendra*, section C.

différent entre les deux pieds d'un même individu. Une
variation analogue nous est offerte par les antennes
qui diffèrent fréquemment d'un côté à l'autre dans le
nombre et même plus ou moins dans la forme de leurs
articles.

1.

Scolopendres d'Europe.

1. SCOLOPENDRE CINGULÉE. (*Scolopendra cingulata.*)

Corps aplati, à segments à peu près carrés ; couleur fauve variée de verdâtre au dos et de fauve rougeâtre aux pinces et aux
pieds postérieurs ; antennes et pieds fauve pâle ; ongles, épines
des cuisses postérieures, crochets des pinces et dents, noirs ;
pieds de derrière aplatis, assez courts, à cuisses élargies, un peu
marginales en dessus ; quatre ou cinq épines au bord interne des
cuisses ; deux en dessous. Longueur 0,090.

Scol. morsitans ou *morsicans*, de quelques auteurs. — *Sc.
cingulata*, Latreille. — *Scol. complanata, id.* — *Scol. platypoïdes*, Newp.

Du midi de l'Europe, et en particulier d'Italie et du midi de la
France. Nous l'avons prise aux environs de Montpellier (1).

La dénomination de *Sc. cingulata*, ou celles équivalentes de
morsicans et *morsitans*, ont été appliquées par Latreille, par nous
en 1837, par M. Brandt depuis lors, et par M. Newport, à des
Scolopendres du périple méditerranéen ; mais on a depuis lors
considéré les Scolopendres méditerranéennes, qui ressemblent au
morsitans, comme étant de plusieurs espèces. Celles d'Égypte et
d'Algérie ont été dénommées par MM. Koch, Newport et Lucas ;
celles du midi de l'Europe ont aussi été étudiées par MM. Koch

------

(1) M. Newport (*Trans. linn. soc. London*, t. XIX, p. 425) décrit une espèce de *Cormocephalus* qu'il donne, mais avec doute,
comme du midi de la France. En voici les caractères :

CORMOCEPHALUS VIRIDIFRONS. Orangé ; devant de la tête, bords des
segments, pieds de derrière et antennes vert foncé ; 8 petites
dents obtuses ; pieds de derrière allongés ; leur article basilaire
arrondi en dessus ; 4 petites épines bisériées à son bord interne,
2 épines près le bord interne en dessous et 2 près l'externe. Longueur 2 pouces. (Exemplaire type conservé au British Museum.)

et Newport, ainsi que par nous ; aussi donnerons-nous d'abord la caractéristique assignée par chaque auteur à la Scolopendre qu'il appelle *morsitans* ou *cingulata*.

SCOLOPENDRA COMPLANATA, Latreille, *Nouv. Dict. d'hist. nat.*, t. XXX, p. 393.—*Sc. cingulata*, id., *Règne anim. de G. Cuvier*, t. IV, p. 339.

Corps plus étroit que dans le *Sc. morsitans ;* jaune roussâtre avec une bande verte sur les insertions des segments qui sont presque aussi longs que larges ; antennes comprimées. Longueur 4 pouces (0,108).

SCOLOPENDRA MORSICANS, P. Gervais, *Ann. sc. nat.*, 2e série, t. VIII, p. 50.—Syn. de *Sc. alternans*, Leach ? et de *Sc. complanata* et *cingulata*, Latr.

Ferrugineux, verdâtre ; segments aplatis, carrés ; antennes de 20 ou plus rarement de 18 articles ; pieds de derrière épais, assez courts ; leur article fémoral a 5 articles latéro-internes et en a 2 en dessous. Longueur 0,090. (Donnée comme de l'Europe méridionale, du nord de l'Afrique et de l'Asie occidentale.)

SCOLOPENDRA CINGULATA, Brandt, *Recueil*, p. 57. — Pieds de derrière médiocres ; leur article fémoral assez court et épaissi ; aplati en dessus, un peu convexe et élargi, arrondi à son bord externe, habituellement quinquidenté à l'interne, les quatre dents antérieures petites, bisériées, la postérieure plus forte, à sommet divisé ; face inférieure convexe, le plus souvent épineuse ; les deux épines en ligne longitudinale ; sommet de toutes les épines noir ; jambe tétragone allongée, médiocre, un peu élargie en dessus, à bords latéraux subarrondis ; écaille préanale inférieure subcordiforme, à sommet entier, arrondi. Longueur 3 pouces à 3 pouces 3 lignes. — M. Brandt rapporte le *Sc. italica* de M. Koch à cette espèce. Il lui donne pour patrie le midi de la France (d'après Latreille), l'Italie, la Sicile, la Podolie australe, la Turquie, le Caucase et l'Égypte.

SCOLOPENDRA CINGULATA, Newport, *Trans. linn. soc. London*, t. XIX, p. 387.

Fauve sale ; segments marginés de vert ; dix dents labiales noires, distinctes ; 18 articles aux antennes ; pieds de derrière médiocres, subaplatis, élargis, à côtés arrondis ; 5 épines au bord interne ; l'apiciale allongée, bifide. Longueur 3 pouces.

De Sicile. Même espèce, d'après M. Newport, que le *Sc. morsicans* Gerv. non Linné et le *cingulata*, Latr. et Brandt.

Après la lecture des caractéristiques que nous venons de re-
produire, il nous paraît difficile de séparer, comme espèce, du
Scolopendra cingulata de M. Newport et des autres auteurs, la
Scolopendre qu'il appelle *Sc. cingulatoïde* (1).

Les autres espèces européennes décrites dans les auteurs sont
les suivantes :

2. SCODOPENDRE CLAVIPÈDE. (*Scolopendra clavipes.*)

Premier, deuxième et troisième articles des pieds de derrière
non marginés ; le premier subclaviforme, à cinq ou six denticules unisériés à son bord supéro-interne ; le dernier presque
simple ; deux petites dents à son bord supérieur ; cinq dents à la
base interne, bisériées ; 10 ou 11 à la face inférieure, bisériées ;
écaille préanale subcordiforme, subarrondie en arrière ; tête et
dos olivacés ; lèvre inférieure et mandibules fauves ; pieds olivacé
pâle. Longueur 0,056.

Scolop. clavipes, Koch, *Deutschl. Crust., Myriap. und
Arachn.,* fasc. 9. pl. 1. — Brandt, *Recueil,* p. 62.

De Sicile (Musée de Saint Pétersbourg). La description ci-
dessus est celle de M. Brandt.

3. SCOLOPENDRE AFFINE. (*Scolopendra affinis.*)

Brun vert ; tête, lèvres et pinces de couleur ferrugineuse : pieds
verts ; cuisses de ceux de derrière un peu excavées en dessous ;
trois séries de petites épines ; huit dents, dont l'interne et l'externe de chaque côté allongées. Longueur 1 pouce et demi (0,040).

Scol. aff., Newport, *Ann. and Mag. of nat. hist.,* t. XIII,
p. 98. — *Id., Trans. linn. soc. London,* t. XIX, p. 386.

De Grèce (Musée britannique).

4. SCOLOPENDRE FAUVE. (*Scolopendra fulva.*)

Corps fauve clair ; pieds de derrière aplatis en dessus ; quatre
épines au bord supéro-interne de la cuisse et deux ou cinq à sa
face inférieure.

-----

(1) En voici les caractères d'après M. Newport :

Sc. CINGULATOIDES, Newport, *Ann. and Mag. of nat. hist.,*
t. XIII, p. 96. Segment basilaire (cuisse) des pieds de derrière
court, aplati, à bords un peu relevés ; cinq épines à l'interne, dont
l'angulaire large bifide ; surface inférieure convexe, à deux épines ;
huit dents labiales obtuses. De Corfou.

Scol. fulva, P. Gerv., *Ann. sc. nat.*, 2ᵉ série, t. **VII**, p. 50.
De Sicile, par M. le D. Alexis Lefèvre.

5. SCOLOPENDRE VIRIDIPÈDE. (*Scolopendra viridipes.*)

Incomplétement décrite. Tête ovale; corps livide; pieds et antennes verdâtres. Longueur 18 lignes (0,040).
Sc. virid., Léon Dufour, *Ann. gén. de phys.*, t. **IV**, p. 317.
— Lucas, *Anim. art.*, p. 545.
D'Espagne, dans le royaume de Valence.

6. SCOLOPENDRE ESPAGNOLE. (*Scolopendra Hispanica.*)

Olivacé vif; bords postérieurs des segments bleu foncé; surface ventrale, lèvre, pinces et pieds orangés; pieds de derrière verts; trois épines aiguës sous leur cuisse; dix dents labiales noires, obtuses. Longueur 3 pouces trois quarts (0.100).
Scol. hisp., Newport, *Ann. and Mag. of nat. hist.*, t. **XIX**, p. 389.
Du midi de l'Espagne.

2.

Scolopendres d'Afrique.

7. SCOLOPENDRE DE SAVIGNY. (*Scolopendra Savignyi.*)
(Pl. 42, fig. 1.)

Tête, mandibules et lèvre jaune orangé; bord postérieur des segments vert foncé; dix dents courtes, obtuses; segment basilaire des pieds de derrière grêle, aplati, à cinq épines à son bord interne, la dernière allongée et quadrifide.
Scolopendre..... Savigny. *Égypte*, pl. 1, fig. 1 (copiée dans notre atlas), non décrite.— *Scolop. morsitans*, Newport, *Ann. and Mag. of nat. hist.*, t. **XIII**, p. 97.— *Sc. Savignii, id.*, *Trans. linn. soc. London*, t. **XIX**, p. 388.
D'Égypte (British Museum et coll. de Banks).
M. Newport réunit cette espèce à ses *Parvidentata*. La figure citée de M. Savigny représente aussi pour lui une Scolopendre de cette espèce qu'il donne aussi comme très-voisine du *Sc. cingulata.*

8. SCOLOPENDRE DENT CANINE. (*Scolopendra canidens.*)

Olive foncé; huit dents, dont les trois paires internes petites et

rapprochées ; l'externe large, aiguë et rejetée en dehors ; bord
interne des pieds de derrière à 8 ou 9 épines ; face inférieure excavée, à 8 épines.

Scol. can., Newport, *Ann. and Mag. of nat. hist.* t. XIII,
p. 98. — *id., Trans. linn. soc. London*. t. XIX, p. 399.

D'Égypte (British Museum) ; du groupe des parvidentées,
section C.

9. SCOLOPENDRE GERVAISIENNE. (*Scolopendra Gervaisiana.*)

Jaune d'ocre pâle ou jaune cendré ; antennes allongées ; dernière paire de pieds très-large , aplatie, jaune teintée de roussâtre et sans prolongement saillant à l'angle postéro – interne
du premier article, qui présente intérieurement 3 petites épines
disposées sur une ligne longitudinale , et inférieurement quatre
rangées d'épines parallèles au nombre de 3 ou 4 sur chaque
rangée.

Sc. Gerv., Koch , *in* Wagner, *Reisen in Regentsch. Algier* ,
p. 223, pl. 11 , fig. 12. — Lucas, *Algérie, Anim. artic.*, 1re partie , p. 343, pl. 2, fig. 6.

D'Algérie, par M. Moritz Wagner. M. Lucas a trouvé cette
espèce aux environs de Philippeville et de La Calle ; il la considère comme ne différant pas de celle que M. Newport a nommée
depuis lors *Sc. algerina.* Voici, d'après M. Newport, les caractères de cette dernière :

Tête, antennes, corps, pieds de derrière et squame préanale,
olivacés ; pieds et appendices latéraux de l'anus orangés ; pieds
de derrière courts , aplatis, ayant 4 épines marginales. Longueur 2 pouces 1/4 (0,060).

Scolop. alg., Newport, *Trans. linn. soc. London*, t. XIX ,
p. 387.

De l'Algérie (Coll. de M. Hope). M. Newport réunit cette espèce à ses Scolopendres parvidentées.

10. SCOLOPENDRE D'ORAN. (*Scolopendra Oraniensis.*)

Corps noir d'airain, bisillonné en dessus, vert, avec une
bande longitudinale fauve et bisillonnée en dessous ; tête finement
ponctuée, à mandibules fortes, rouges, subponctulées ; palpes
verdâtres ; antennes vertes à la base, un peu roussâtre en avant ;
pieds verdâtres, à ongles brun rougeâtre, ceux de la dernière
paire brun verdâtre , ayant l'article basilaire assez fortement

épineux en dessous , au bord externe. Longueur 0,055 à 0,060 ,
largeur 0,003 1/2.

Scol. Oran., Lucas, *Revue zool. de Guérin*, 1846, p. 287.
— *Id.*, *Algérie*, *Anim. artic.* , part. 1 , p. 344, pl. 2, fig. 7.

D'Algérie, dans la province d'Oran. Vit dans les ravins de
Djebel Santon et dans ceux qui sont situés entre Oran et Mers-el-
Kebir.

11. Scolopendre de Scopoli. (*Scolopendra Scopoliana.*)

Dessus du corps habituellement brun ferrugineux ; une tache
médio-longitudinale vert foncé; des ponctuations arrondies sur
la tête et les pinces, ainsi que sur les segments; une petite ligne
médio-longitudinale sur le dernier ; le premier article des pieds
.de derrière terminé par une grosse épine tridentée, présentant
4 ou 5 petites dents supérieurement, et à la face inférieure 9
épines sur trois rangées transversales. Dans quelques individus,
il y a quatre de ces rangées, et alors la dernière ne présente que
2 épines. Longueur 0,115.

Scol. Scop., Koch, *in* Wagner, *Reisen in der Regentsch.
Algier* , t. III , p. 222, pl. 11. — Lucas , *Algérie, Anim. artic.*,
1ʳᵉ partie, p. 341 , pl. 2, fig. 5.

De l'Algérie, où l'espèce a été découverte par M. Moritz
Wagner. M. Lucas l'a retrouvée dans l'Est et dans l'Ouest des
possessions françaises.

12. Scolopendre spinigère. (*Scolopendra spinigera.*)

Brun ; dernière paire de pieds grêles, aplatis, à peu près égaux
partout, pourvus au bord supéro-interne et à la surface inférieure d'une double rangée d'épines effilées ; 8 dents, aiguës,
irrégulières. Longueur 1 pouce 1/2 (0,040).

Scol. spinig., Newport, *Ann. and Mag. of nat. hist.*, t. XIII,
p. 98. — *Trans. linn. soc. London*, t. XIX, p. 386.

De Tripoli (British Museum). Espèce du groupe des Sc. parvidentées , Newp.

13. Scolopendre valide. (*Scolopendra valida.*)

Roux foncé, légèrement marbré de noirâtre ; antennes de 18
articles; pinces robustes, ainsi que les pieds; premier article
de celles de la dernière paire hérissé d'épines noirâtres très-
fines à son côté interne. Longueur 3 pouces et demi (0,095).

Scol. valida, Lucas, in Webb et Berthelot, *Hist. nat. des îles Canaries*, p. 49, pl. 7, fig. 14. — Newp., *Trans. linn. soc. Lond.*, t. XIX, p. 402.

Des îles Canaries par MM. Webb et Berthelot. M. Newport met cette espèce parmi les Scolopendres latidentées.

14. SCOLOPENDRE ÉTROITE. (*Scolopendra angusta*.)

Corps allongé, étroit, d'un vert bouteille en dessus, passant au brunâtre en arrière, sauf sur le dernier segment qui est roussâtre clair ; tête presque ovale ; la dernière paire de pieds hérissée de quatre rangées de petites épines noirâtres. Longueur 3 pouces 2 lignes ou 5 pouces (0,135).

Scol. ang., Lucas, in Webb et Berthelot, *Hist. nat. des Canaries*, p. 49, pl. 7, fig. 13. — Newp., *Trans. linn. soc.*, t. XIX, p. 402.

Des îles Canaries, par MM. Webb et Berthelot. M. Newport réunit cette espèce à ses Scolopendres latidentées. Il lui assigne six dents labiales, huit ou neuf épines sur la surface et le bord supéro-interne des pieds de derrière, et neuf sur leur surface inférieure. Il n'est pas certain qu'elle diffère de son *Sc. Leachii*.

15. SCOLOPENDRE DE GAMBIE. (*Scolopendra Gambiæ*.)

Ochracé sale, avec une ligne longitudinale noire sur le dos ; segment basilaire grand ; pieds de derrière à articles égaux, grands ; article basilaire, subconique, présentant deux épines à son bord supéro-interne, l'apicale allongée, bifide ; surface inférieure excavée à deux épines noires près son bord interne, et quatre en série oblique près l'externe. Longueur 1 pouce et demi (0,040).

Rhombocephalus Gambiæ, Newport, *Trans. linn. soc. London*, t. XIX, p. 426.

D'Afrique sur les bords de la Gambie, (Coll. de M. Hope).

16. SCOLOPENDRE D'EYDOUX. (*Scolopendra Eydouxiana*.)

Teinte générale verdâtre, légèrement nuancée de bleu sur les pieds, une double série de stries rectilignes sur le dos et sous le ventre, depuis le troisième segment jusqu'à l'avant-dernier inclusivement ; pinces de couleur ferrugineuse à leur base, ainsi que les appendices bilatéraux inférieurs du dernier segment ; segments quadrilatères allongés ; épines de l'article basilaire de la dernière paire de pieds nombreuses : sept écartées au côté interne, et trois à la partie inférieure. Longueur du corps 0,087, des antennes 0,027, des pieds de derrière 0,024.

Scol. Eyd., P. Gerv., *Voyage autour du monde de la Favorite*, Zool., p. 180, pl. 53.

Du Sénégal (Coll. de M. Guérin). M. Newport suppose que cette espèce pourrait être la même que le *Sc. trigonopoda* de Leach, mais il est probablement dans l'erreur.

17. SCOLOPENDRE DE LEACH. (*Scolopendra Leachii.*)

Verdâtre; pieds de derrière aplatis en dessus, anguleux, marginés et assez grêles; leur bord interne a six épines sur deux séries de quatre et de deux. Longueur 3 pouces (0 080).

Sc. morsitans, Leach, *fide* Newport. — *Sc. Leachii*, Newport, *Ann. and Mag. of nat. hist.*, t. XIII; p. 97. — *Id.*, *Trans. linn. soc. London*, t. XIX, p, 382.

De Fantie et d'Ashanté, sur la côte occidentale de l'Afrique (British Museum).

M. Newport place cette espèce parmi ses parvidentées. Il la donne comme reposant sur le *Sc. morsitans* de Leach, quoique ce dernier (*Zool. miscell.*) assigne l'Inde pour patrie à sa Scolopendre.

18. SCOLOPENDRE SUBSPINIPÈDE. (*Scolopendra subspinipes.*)

Pieds postérieurs longs, grêles, ayant près de 0,030, presque aplatis en dessus, non marginés ; deux petites épines seulement au bord inférieur interne; deux ou trois au supérieur; la terminale plus forte, à deux pointes noires ; tête subovalaire, subrectiligne à son bord postérieur. Les autres caractères de l'exemplaire type de Leach (British Museum) concordent avec ceux que j'avais assigné à l'espèce, d'après un exemplaire recueilli par M. Eydoux; voici ces caractères :

Antennes de 18 articles ; pieds postérieurs marqués en dessus, aplatis, à 3 ou 4 dents internes et 2 inférieures; segments du corps, surtout les postérieurs, marginés. Longueur 0,115, antennes 0.022, pieds postérieurs 0,027.

Scol. subspinip., Leach, *Zool. misc.*, t. III.—P. Gerv., *Ann. sc. nat.*, 2ᵉ série, t. VII, p. 50? — *Id.*, *Ann. soc. entom. de France*, 1844, t. XXII. — Newport, *Trans. linn. soc. Lond.*, t. XIX, p. 389.

D'Afrique (British Museum). M. Brandt a considéré comme appartenant à cette espèce (*Recueil*, p. 59) des Scolopendres du Brésil dont nous parlerons ailleurs. M. Newport réunit le *Sc. subspinipes* à ses parvidentées. Il dit qu'on ignore la patrie de l'individu type de la description de Leach ; le même entomologiste considère comme une espèce distincte la Scolopendre que nous avons décrite dans les *Annales des Sciences naturelles* sous le même nom, et il l'appelle *Scolop. Gervaisii.*

19. Scolopendre ambigue. (*Scolopendra ambigua.*)

Habitus du *Sc. cingulata* et épines du *Sc. clavipes;* pieds de derrière presque comme dans le *Sc. dubia*, mais moins larges ; leur premier article tridenté à son bord supéro-interne, les deux dents antérieures, petites, obsolètes, tuberculiformes, à sommet noir ; face interne du même article à trois petites dents unies ou subbisériées ; face inférieure marquée d'un sillon longitudinal profond et de chaque côté de ses bords qui sont relevés deux à quatre denticules; écaille préanale tétragone, rétrécie en arrière, à bord postérieur droit; dos et antennes olivacées ; pieds fauves; tête et pinces fauve ferrugineux. Longueur du corps 0,060.

Scol. amb., Brandt, *Recueil*, p. 63 et 72.—*Cormocephalus? amb.*, Newp., *Trans. linn. soc. London*, t. XIX, p. 423.

D'Afrique, au cap de Bonne-Espérance. M. Newport rapporte cette espèce à son genre Cormocéphale.

20. Scolopendre violacée. (*Scolopendra violacea.*)
(Pl. 39 , fig. 2.)

Espèce plus petite que les précédentes ; tête , pinces et premiers segments d'un rouge violacé brillant qu'on retrouve sur les derniers segments; le reste d'un brun d'airain ainsi que les pieds et les antennes ; deux stries longitudinales peu distantes à la face supérieure de chaque segment, semblant se continuer d'avant en arrière, sauf sur le premier, et sur le dernier sur lequel elles sont remplacées par une petite impression médiane; dessous du dernier segment non sillonné. Longueur du corps 0,045.

Scol. violacea, Fabricius, *Entom. system.*, p. 289. — P. Gerv., *Ann. sc. nat.*, 2ᵉ série, t. VII, p. 50. — Guérin, *Icon.*

du Règne anim. de Cuv.. Ins., pl. 1, fig. 7.—*Scolop. crassipes?*
Brandt, *Recueil*, p. 60 et 72.

Du cap de Bonne-Espérance (Coll. de M. Guérin , et Musée
de Saint-Pétersbourg.)

21. Scolopendre fulvipède. (*Scolopendra fulvipes.*)

Tête, base des pinces, premier segment fauve olivacé ; troisième segment dorsal et les trois derniers verts, ainsi que la
majeure partie des autres segments , sauf leur partie antérieure
qui est fauve olivacée : les derniers segments plus foncés ;
presque tous les pieds ferrugineux , excepté ceux de la dernière
paire, la base de l'antépénultième et la pénultième qui sont d'un
vert ou plus moins obscur; antennes vertes; région abdominale verte ; impressions linéaires des plaques dorsales arquées
postérieurement en dehors ; pieds de derrière assez allongés ,
leurs deux premiers articles égaux , aplatis en dessus , marginés
extérieurement ; le premier un peu convexe inférieurement ,
quoique denté à son bord supéro interne , la dent postérieure la
plus forte, fendue à son sommet , les autres bisériées , alternes,
acuminées , faibles ; trois denticules unisériés à la face interne ,
six à l'inférieure sur deux séries de trois ; écaille préanale inférieure courte, subcordiforme , à bord postérieur à peu près
droit, entier. Longueur du corps , 0,117.

Scol. fulv., Brandt, *Recueil*, p. 72.

Du cap de Bonne-Espérance (Musée de Saint-Pétersbourg.)
Espèce voisine du *Sc. Eydouxiana*. M. Newport la réunit à ses
Heterostoma.

22. Scolopendre elégante. (*Scolopendra elegans.*)

Habitus, pieds postérieurs, épines du *Sc. fulvipes;* pieds
orangé fauve ; second segment dorsal vert noir, le troisième et
les suivants jusqu'au pénultième ferrugineux miniacé en avant,
fasciés de noir verdâtre en arrière ; appendices latéraux de l'anus
(les hanches) fauves, vertes au bord externe ; le reste de la colo-
ration comme dans le *Sc. fulvipes*. Longueur 0,054.

Sc. elegans ou *Sc. fulv. varietas*, Brandt, *Recueil*, p. 73.

Du cap de Bonne-Espérance (Musée de Saint-Pétersbourg).
N'est peut être qu'une variété de la précédente. M. Newport la
réunit également à ses *Heterostoma*.

23. Scolopendre de Fabricius. (*Scolopendra Fabricii.*)

Tête, pinces et lèvre fauve orangé ; corps fauve olivacé avec le bord postérieur des segments vert foncé ; dix dents ; pieds fauves ; la dernière paire grêle, allongée, aplatie en dessus à cinq épines alternantes en dessous. Longueur, 2 pouces 3/4 (0 047).

Scol. morsitans, Fabr. , *Entom. syst.*, t. II, p. 389. — *Sc. Fabr.*, Newport, *Trans. linn. soc. Lond.* , t. XIX, p. 384.

D'Afrique. (Musées Britannique et de Banks.)

3.

Scolopendres de l'Inde.

24. Scolopendre d'Hardwicke. (*Scolopendra Hardwickei.*)

Jaune brillant, avec des segments bleu foncé, alternant , sauf le septième ; lèvre, mandibule et appendices anaux ferrugineux ; pieds postérieurs courts ; à trois petites épines ; la surface inférieure inerme. Longueur 6 pouces 1/2 (0,178).

Scol. Hardw., Newport, *Ann. and Mag. of nat. hist.*, t. XIII, p. 96. — *Id.*, *Trans. linn. soc. London*, t. XIX, p. 395.

De l'Inde (British Museum). Espèce de groupe des *Parvidentata*, Newport.

25. Scolopendre tigrina. (*Scolopendra tigrina.*)

Fauve ; à tête, antennes, segment basilaire et pieds de derrière roux ; bord postérieur des segments vert foncé ; pieds de derrière courts, épais, subconvexes ; article basilaire marqué à son bord interne de cinq épines noires en séries alternes. Longueur 5 pouces (0,135).

Scol. tigr., Newport. *Trans. linn. soc. London*, t. XIX, p. 381.

De l'Inde, à Sultanpore et à Mysore. Espèce du groupe de Parvidentées.

26. Scolopendre gracieuse. (*Scolopendra formosa.*)

Tête cordiforme, pinces roussâtres : bord des segments vert ; pieds orangés ; dix dents noires distinctes ; pieds de derrière marginés ; bord interne du premier article à cinq épines sur deux séries alternes ; surface inférieure accordée à six épines sur trois séries. Longueur 4 pouces (0,108).

Scol. formosa, Newport, *Trans. linn. soc. Lond.* t. **XIX**, p. 383.

De l'Inde, à Midnapore (British Museum). Espèce du groupe des Parvidentées.

27. Scolopendre inerme. (*Scolopendra inermis.*)

Marron foncé : dix petites dents labiales ; pieds de derrière très-grêles à premier article subcylindrique lisse, nu ; épine terminale bifide, existant seule ; écaille préanale allongée, triangulaire, à bord droit. Longueur 5 pouces 1/2 (0,148).

Scol. inermis, Newport, *Trans. linn. soc. London*, t. **XIX**, p. 393.

De la Péninsule indienne près de Tanasseri. Espèce fort semblable au *Sc. Gervaisii*, New., dont elle diffère par l'absence d'épines aux cuisses.

28. Scolopendre des Silhets. (*Scolopendra Silhetensis.*)

Ferrugineux ; segments bordés en arrière de vert ; antennes et tarses roussâtres ; article fémoral des pieds de derrière aplatis ; à bord supéro-interne présentant trois épines aiguës ; surface inférieure arrondie, inerme ; dix petites dents labiales. Longueur 5 pouces 1/2 (0,148).

Scol. Silh., Newport, *Trans. linn. soc. London*, t. **XIX**, p. 393.

Des monts Silhets, dans l'Inde (Coll. de **M.** Hope). Espèce du groupe des Scolopendres parvidentées.

29. Scolopendre concolore. (*Scolopendra concolor.*)

Ferrugineux ; pieds orangés ; les trois premiers articles des pieds de derrière égaux ; le premier rétréci à sa base, aplati en dessus, tri-épineux à son bord interne ; la troisième épine et la première très-grandes, face inférieure inerme ; dix petites dents labiales. Longueur 6 pouces 1/2 (0.174).

Scol. conc., Newport, *Trans. linn. soc. London*, t. **XIX**, p. 394.

Du Bengale (Coll. de **M.** Hope). Espèce du groupe des Parvidentées, ayant, d'après M. Newport, beaucoup d'analogies avec le *Sc. de Haanii* de **M.** Brandt.

30. Scolopendre crêtée. (*Scolopendra cristata.*)

Brun ; antennes et pieds verdâtres ; six dents dont l'externe carrée et l'interne de chaque côté bifide ; dernier segment convexe, marqué d'une petite saillie médio-longitudinale en forme de crête ; pieds de derrière courts ; cinq épines aiguës au bord interne de l'article basilaire ; six épines sur trois séries de deux à la face inférieure. Longueur 6 pouces 3/4 (0,180).

Scol. cristata, Newport, *Ann. and Mag. of nat. hist.,* t. **XIII,** p. 98 — *Id., Trans. linn. soc. London,* t. XIX, p. 398.

De Chine? l'exemplaire type de cette espèce est au British Museum. M. Newport place cette espèce dans la section C de ses Sc. parvidentées.

4.

Scolopendres de l'archipel Indien et de la *mer des Indes.*

31. Scolopendre tuberculidentée. (*Scolopendra tuberculidens.*)

Testacé ; dent mandibulaire pourvue d'un tubercule aigu à sa base ; huit dents labiales, distinctes, obtuses ; article basilaire des pieds de derrière étroit, aplati, un peu marginé, pourvu de six épines, dont l'angulaire large, quinquefide ; écaille préanale cordiforme. Longueur 3 pouces (0,080).

Scol. tuberc., Newport, *Ann. and Mag. of nat. hist.,* t. **XIII,** p. 97. — *Id., Trans. linn. soc. London,* t. XIX, p. 383.

De Ceylan (British Museum), espèce de la section des Parvidentées, Newp.

32. Scolopendra pallipes de Ceylan, cité par M. Templeton, *Ann. and Mag. of nat. hist.,* t. **XVII,** p. 65. Je n'en connais pas la description qui probablement n'a pas encore été publiée.

33. Scolopendra crassa, Templ. *ibid.* même remarque que pour le *S. pallipes.*

34. Scolopendre de Ceylan. (*Scolopendra Ceylonensis.*)

Marron foncé ; tarses verdâtres ; suites dorsales marginées latéralement ; épines de la dernière paire de pieds semblables à celles des *Sc. subspinipes.* Longueur 5 pouces (0,135).

Sc. Ceyl., Newport, *Trans. linn. soc. London,* t. XIX, p. 391.

De Ceylan (British Museum).

35. Scolopendre fauve. (*Scolopendra flava.*)

Entièrement fauve, avec les appendices anaux olivacés ; segments céphalique et basilaire aplatis, larges ; 10 petites dents ; pieds de derrière allongés, étroits ; premier article convexe en dessus, à bords un peu tranchants; trois fortes dents au supéro-interne ; deux à la face inférieure. Longueur 5 pouces 1/2 (0,149).

Scol. flava, Newport, *Trans. linn. soc. London*, t. XIX, p. 392.

De l'île de Ceylan?

36. Scolopendre de De Haan. (*Scolopendra de Haanii.*)

Pieds postérieurs assez allongés à article basilaire assez long, subtrigone, comprimé, plan en dessus, à bord extérieur subtranchant, l'interne tridenté ; dents subégales, subunisériées, la postérieure presque simple ou à sommet bifide ; face inférieure convexe ; second article allongé, un peu étroit, à peu près égal au premier en longueur ; écaille préanale oblongue, tétragone, allongée, très-étroite en avant, à bord postérieur droit. Longueur du corps 0,162.

Scol. de Haanii, Brandt, *Recueil*, p. 59.

De Java (Musée de St-Pétersbourg).

37. Scolopendre érythrocéphale. (*Scolopendra erythrocephala.*)

Habitus du *Sc. de Haanii ;* taille moindre ; toute la tête et le premier segment du corps ferrugineux ; dos submarbré de fauve verdâtre avec le bord postérieur des anneaux vert ; pieds olivacés ; article basilaire de la dernière paire tétragone allongé, subrétréci, plan en dessus et pourvu au bord interne de six petites dents à sommet noir dont les quatre intermédiaires sont disposées par paire, face inférieure convexe, à neuf épines, faibles, trisériées ; écaille préanale carrée subcordiforme, bord postérieur subcurviligne. Longueur du corps 0,087.

Scol. erythoc., Brandt, *Recueil*. p. 63.

De Java par le D. Fritze (Musée de St-Pétersbourg).

38. Scolopendre a deux lignes. (*Scolopendra bilineata.*)

Couleur olivacée, bord postérieur des segments et pieds fauves ; deux petites crêtes sur le dos des segments sauf au dernier

qui n'en a qu'une ; pieds de derrière courts ; article basilaire
subconvexe en dessus, pourvu à son angle supéro-interne de
deux rangées longitudinales de petites dents et sur le bord lui-
même de trois forts denticules noirs à leur sommet et dont le
postérieur fendu à sa pointe ; face inférieure du même article
convexe ; six ou sept articles sur trois séries longitudinales ; second article des pieds de derrière raccourci, assez grêle ; écaille
préanale étroite, tétragone oblongue, à bord postérieur subarrondi, entier. Longueur du corps 0,108.

Sc. bilin. Brandt, *Recueil*, p. 64.

De Java (Musée de St-Pétersbourg).

39. Scolopendre rubripède. (*Scolopendra rubripes.*)

Vert obscur en dessus ; mandibules des pinces vertes, milieu
fauve, sommet noir ; lèvre inférieure fauve verdâtre en dessus,
à sommet noir; pieds courts, brun purpurescent, à pointe fauve,
les postérieurs courts, le premier article fort, médiocre, subaplati en dessus, plan en dehors et un peu en dedans, convexe en
dessous, avec le milieu saillant ; bord interne de sa face supérieure tridenticulée à denticules inégaux; face interne bidentée,
à dents en série longitudinale ; face inférieure en partie renflée,
à cinq ou six dents, assez fortes, très-rapprochées, subconfluentes
à leur partie basilaire, bisériées ; la série interne a en général 2
ou 3 denticules, l'externe en a trois ; écaille préanale cordiforme,
échancrée en arrière, marquée sur son milieu d'une ligne longitudinale. Longueur 0,103.

Scol. rubr., Brandt, *Recueil*, p. 65.

De Java par le D. Fritze (Musée de St-Pétersbourg).

40. Scolopendre sept épines. (*Scolopendra septemspinosa.*)

Premier article des pieds de derrière semblable à celui du *Sc.
de Haanii* et de même tridenté à son bord supéro-interne ; faces
interne et inférieure bidenticulée ; corps brun, olivacé en dessus;
pieds fauves ; squame antéanale tétragone subcordiforme plus
étroite en arrière, à bord postérieur à peu près droit. Longueur
du corps 0,081.

Scolop. septemspinosa. Brandt, *Recueil*, p. 60.

De Java (Musée de St-Pétersbourg).

M. Newport (*Trans. linn. soc. London*, t. XIX, p. 391) décrit
sous ce nom, mais sans avoir la certitude de l'identité d'es-

pèce, une Scolopendre de Chine déposée dans la collection de
M. Hope.

41. Scolopendre de Lucas. (*Scolopendra Lucasii.*)

Ferrugineux ; tête subcordiforme ; corps plus ou moins large
à lignes dorsales divergentes, nulles aux deux derniers segments;
bord latéral marginé ; doubles stries inférieures non continues,
assez grandes cependant ; écaille préanale subarrondie en arrière ; plaques latérales terminées en épine ; pieds de derrière
grêles, subaplatis, non marginés en dessus ; deux ou trois épines
au bord supéro-interne ; deux à la face inférieure; saillies dentifères à cinq dents chacune; stigmates valvulaires. Longueur
du corps 0,012 au moins, antennes 0,020, pieds de derrière
0,030.

Scol. de Lucas, Eydoux et Souleyet, *Voyage de la Bonite,
Zoologie, Aptères,* pl. 1. fig. 12. — *Sc. Borbonica,* Blanchard,
Iconogr. Règn. anim. Ins., pl. 12, fig. 3 ?

De l'île de France par M. Freycinet, Desjardins ; de Bourbon
par M. de Nivois, M. Eydoux, etc. (Mus. de Paris). Des individus de Mahé (Mus. de Paris) paraissent être de la même
espèce.

42. Scolopendre rarépine. (*Scolopendra rarisipina.*)

Brun ferrugineux lavé de vérdâtre avec la tête, l'appareil forcipulaire et son segment et les premiers segments plus ferrugineux ; ceux-ci marginés latéralement à partir du septième,
marqués en dessus de deux stries très-fines, subdivergentes ;
doubles stries inférieures non continues, très-marquées ; écaille
préanale en trapèze étroit à angles postérieurs subarrondis ;
pieds de derrière grêles, non marginés, n'ayant que quatre ou
cinq épines, trois à leur face interne et deux à l'inférieure ;
l'angulaire simple ; saillies dentifères subarrondies ayant chacune quatre petites dents serratiformes obtuses, tête subcordiforme, stigmates ordinaires. Longueur du corps 0,120, antennes
0,024 , pieds de derrière 0,023.

De Madagascar. (Collection du Muséum de Paris.)

43. Scolopendre angulipède. (*Scolopendra angulipes.*)

Articles basilaires des pieds de derrière très-courts, épais, sub-

triangulaires, aplatis en dessus et pourvus d'un rebord marginal
externe ; le bord interne à six épines, dont la dernière large,
quadrifide ; surface inférieure arrondie, pourvue de neuf épines;
huit dents labiales, petites obtuses.

Scol. angul.; Newp., *Ann. and Mag. of nat. hist.*, t. XIII,
p. 97. — *Id.*, *Trans. linn. soc. Lond.*, t. XIX, p. 378.

De Madagascar (British Museum). Espèce de la section des
Parvidentées, Newp.

5.

Scolopendres de la Nouvelle-Hollande et de la Polynésie.

44. SCOLOPENDRE DE RICHARDSON. (*Scolopendra Richardsonii.*)

Tête et corps olivacé clair ; antennes et bord des segments vert
foncé ; forcipules orangées; 8 petites dents obtuses; premier article des pieds de derrière à 6 dents bisériées à son bord supérieur ; à 9 ou 10 dents à l'inférieur. Longueur 2 pouces 1/2 (0,067).

Scol. Richardsonii, Newp., *Trans. linn. soc. London*, t. XIX,
p. 385.

De la Nouvelle-Hollande, près de Sydney (British Museum).
Espèce du groupe des Parvidentées.

45. SCOLOPENDRE LONGICORNE. (*Scolopendra longicornis.*)

Antennes longues; huit dents très-distinctes mais obtuses;
pieds de derrière grêles, en partie triangulaires, avec la surface
supérieure de tous leurs articles aplatie et marginée, l'inférieure
excavée longitudinalement et pourvue de trois séries d'épines.
Longueur 3 pouces (0,080).

Scol. long., Newport, *Ann. and Mag. of nat. hist.*, t. XIII,
p. 97. — *Id.*, *Trans. linn. soc. London*, t. XIX, p. 383.

De la Nouvelle-Hollande intertropicale, au port Essington
(British Museum). M. Newport place cette espèce parmi ses
Scolopendres *parvidentata*.

46. SCOLOPENDRE AURANTIPÈDE. (*Scolopendra aurantipes.*)

Brun olive ; pieds orange clair ; bord dentaire étroit , six dents
courtes et obtuses dont l'externe aiguë et distante, l'interne bifide de chaque côté; segment basilaire des pieds de derrière
pourvu en dessus d'une ride saillante placée diagonalement;
quatre épines au bord interne dont l'angulaire bifide ; surface

inférieure excavée à cinq épines rangées sur deux séries. Longueur 3 pouces 1/2 (0,095).

Scolop. aurantipes, Newport, *Ann. and Mag. of nat. hist.*, t. XII, p. 99. — *Cormocephalus aurant.*, id., *Trans. linn, soc. London*, t. XIX, p. 421.

De la Nouvelle-Hollande, au port Essington (British Museum). Espèce de la section des *Latidentata* Newp., et du genre *Cormocephalus* du même auteur.

47. Scolopendre obscure. (*Scolopendra obscura.*)

Pâle olivacé ; antennes et bord postérieur des segments verts ; tête et pinces ferrugineux foncé ; huit dents noires ; pieds postérieurs ocracés, plus grêles que dans le *Sc. aurantipes*, et à épines plus fortes. Longueur 2 pouces 1/2 (0,068).

Cormocephalus obscurus, Newport, *Trans. linn. soc. London*, t. XIX, p. 421.

De la Nouvelle-Hollande, près de Sydney (British Museum).

48. Scolopendre féconde. (*Scolopendra fœcunda.*)

Olivacé ; tête et pinces marron foncé, luisantes, marquées de ponctuations éparses ; antennes vertes ; pieds de derrière ocracés, convexes ; quatre épines noires, sur deux séries obliques à leur face inférieure et deux à l'interne sur une même ligne. Longueur 3 pouces 1/2 (0,095).

Cormocephalus fœcundus, Newport, *Trans. linn. soc. London*, t. XIX, p. 421.

De la Nouvelle-Hollande, près Paramatta (British Museum).

49. Scolopendre de Westwood. (*Scolopendra Westwoodii.*)

Vert foncé ; pieds jaunes, segment céphalique, mandibules, pieds de derrière, rouge orange ; six dents petites, obtuses, noires ; segments basilaires des pieds de derrière et le second subconiques convexes ; bord interne à trois dents, surface supérieure à deux ; l'inférieure fortement excavée, ayant quatre petites épines sur son bord externe et deux à l'interne ; plaque anale allongée, à bords droits ; appendices anaux allongés, ponctués et de couleur orange. Longueur 3 pouces (0,080).

Scolop. Westwoodii, Newport, *Ann. and Mag. of nat. hist.*, t. XIII, p. 100. — *Cormocephalus Westw.*, id., *Trans. linn. soc. London*, t. XIX, p. 422.

De l'Australie (British Museum et cabinet de Banks). Espèce de la section des *Arctidentata* de M. Newport et de son genre *Cormocephalus*.

50. SCOLOPENDRE MINIACÉE. (*Scolopendra miniata.*)

Tête pinces, lèvre, segments postérieurs, appendices anaux et pieds de couleur miniacée ; antennes bleues, corps olivacé ; bord des segments vert foncé ; pieds de derrière très-épineux au bord supéro-interne, quinqué-épineux en dessous. Longueur 2 pouces 1/4 (0,074).

Cormocephalus? miniatus, Newport, *Trans. linn. soc. London*, t. XIX, p. 423.

De la Nouvelle-Hollande, près la terre Adélaïde (British Museum).

51. SCOLOPENDRE SUBMINIACÉE. (*Scolopendra subminiata.*)

Tête, appareil mandibulaire, pieds de derrière vermillon, corps déprimé, jaune, avec le bord postérieur des segments vert; pieds jaunes; six dents courtes, obtuses; pieds comme dans le *Sc. Westwoodii*; appendices anaux courts, obtus; sommet bifide. Longueur 3 pouces 1/2 (0,095).

Scolop. subm., Newp., *Ann. and Mag. of nat. hist.*, t. XIII, p. 100. — *Cormocephalus subminiatus*, id., *Trans. linn. soc. London*, t. XIX, p. 423.

De la Nouvelle-Hollande, près la rivière des Cygnes (British Museum). Espèce de la même section que les précédentes; elle n'est peut-être, d'après M. Newport, qu'une simple variété du *Sc. Westwoodii*.

52. SCOLOPENDRE TÊTE PONCTUÉE. (*Scolopendra puncticeps.*)

Antennes non velues, moniliformes, à articles décroissants; tête en ovale tronqué postérieurement, ferrugineuse ainsi que l'appareil forcipulaire et marquée de nombreuses ponctuations fines qu'on retrouve sur les segments dorsaux et ventraux, mais qui sont de moins en moins évidentes; doubles stries dorsales, bien marquées, à peu près continues, parallèles; obsolètes aux derniers segments; une seule médiane au dernier; les inférieures non continues; écaille préanale quadrilatère, à bords postérieurs plus étroits; plaque latérale de l'anus très-fortement ponctuée, roussâtre; pieds de derrière, épais, renflés, courts, ayant une épine terminale multiple sur l'article basilaire, et quelques épines faibles au bord interne ainsi qu'au bord inférieur externe ; saillies dentifères quadridentées, à dents petites ; une tache fauve, arrondie, médiane, sous chaque segment. Longueur du corps 0,055 ; des antennes 0,010 ; des pieds de derrière 0,011.

De Van Diemen, par M. Jules Verreaux (Muséum de Paris). M. Verreaux a trouvé ces Scolopendres en décembre, sous les écorces des *Eucalyptus*. Le même naturaliste a recueilli à la Nouvelle-Hollande, près la rivière des Cygnes, deux autres espèces de Scolopendres ; nous n'osons pas affirmer qu'elles diffèrent de celles de M. Newport que nous n'avons pas vues.

53. Scolopendre polie. (*Scolopendra polita.*)

Olivacé pâle, luisant ; une ligne médio-dorsale noire ; antennes bleues ; pieds verdâtres ; mandibules fauves ; appendices latéraux de l'anus très-ponctués ; article basilaire des pieds de derrière suballongé, élargi, aplati, à cinq épines bisériées à son bord interne dont l'apiciale simple et allongée ; quatre paires bilatérales d'épines à la face inférieure qui est excavée. Longueur 1 pouce et demi (0,040).

Rhombocephalus politus, Newport, *Trans. linn. soc. Lond.*, t. XIX, p. 426.

De la côte occidentale de la Nouvelle-Hollande (Collection de M. Hope).

54. Scolopendre courte. (*Scolopendra brevis.*)

Vert foncé ; tête, segment postérieur, appendices latéraux de l'anus et pieds roux ; antennes, jambes et tarses bleues ; article basilaire des pieds de derrière plus long que le second, à trois épines à son bord interne, l'apicale allongée, et trois épines à sa face inférieure ; plaque préanale, trigone. Longueur 3 quarts de pouce (0,030).

Rhombocephalus brevis, *Trans. linn. soc. London*, t. XIX, p. 426.

De la partie occidentale de la Nouvelle-Hollande (Coll. de M. Hope).

55. Scolopendre rubriceps. (*Scolopendra rubriceps.*)

Tête et pinces rouge foncé ; corps noir subaplati, rétréci en arrière, élargi en avant ; pieds et antennes roux olivacé ; pieds

de derrière à trois épines au bord supéro-interne de l'article
basilaire et sept épines bisériées en dessous. Longueur 4 pouces
3 quarts (0,127).

Scolopendra rubriceps, Newport, *Ann. and Mag. of nat.
hist.*, t. XIII, p. 99. — *Id.*, *in* Diffenb., *New. Zeal.*, t. II,
p. 270. — *Cormocephalus rubriceps*, *Id.*, *Trans. linn. soc.
London*, t. XIX, p. 420.

De la Nouvelle-Zélande (British Museum). M. Newport qui avait
d'abord placé cette espèce parmi ses Scolopendres latidentées,
l'a rapportée depuis lors à son genre *Cormocephalus*.

56. SCOLOPENDRE PALLIPÈDE. (*Scolopendra pallipes*.)

Vert pâle ; antennes et pieds fauves ; bord dentaire arqué ; huit
dents obtuses ; article fémoral des pieds de derrière convexe,
court, subcarré, à trois épines ; quatre épines à sa surface inférieure près le bord externe, et deux près l'interne. Longueur
1 pouce 3 quarts (0,045).

Cormocephalus pallipes, Newport, *Trans. linn. soc. Lond.*,
t. XIX, p. 424.

De la terre de Van Diemen et de la Nouvelle-Zélande (British
Museum).

57. SCOLOPENDRE VIOLETTE. (*Scolopendra violacescens*.)

Tête et corps olivacé pâle, teints de violet ; antennes bleues ;
pinces et lèvres orangées ; tarses verts ; huit dents noires obsolètes ; article fémoral des pieds de derrière plus long que le tibial, à trois épines au bord interne, deux superficielles, quatre
inférieures près le bord externe et deux à l'interne. Longueur
2 pouces 1 quart (0,060).

Cormocephalus violaceus, Newport, *Trans. linn. soc. Lond.*,
t. XIX, p. 424.

De la Nouvelle-Zélande, près Wellington (British Museum et
coll. de M. Hope).

58. SCOLOPENDRE DE TONGA. (*Scolopendra Tongana*.)

Ferrugineux, presque uniforme, à pieds et antennes plus clairs ;
les pieds postérieurs médiocres, à peine marginés en dehors, mul-
tispinuleux en dedans et en dessous ; 5 épines sur deux rangs au
bord supéro-interne, la postérieure multifide ; 6 ou 8 en dessous ; lignes dorsales faibles, plus marquées près le bord posté-

rieur où elles divergent faiblement; les inférieures complètes
continues; écaille préanale coupée carrément en arrière, où son
bord est plus étroit qu'antérieurement; les deux saillies dentifères irrégulièrement quinquédentées, à dents petites. Longueur
du corps 0.085, pieds postérieurs 0,017.

De Tonga-Tabou (Coll. du Muséum de Paris), par MM. Quoy
et Gaimard.

59. SCOLOPENDRE DES SANDWICH. (*Scolopendra Sandwitchiana.*)

Fauve roussâtre; 5 paires de petites dents labiales; pieds de
derrière grêles, aplatis en dessus, à deux épines au bord supéro-
interne de la cuisse dont la seconde apicale et deux au bord in-
féro-externe. Longueur 110.

Des îles Sandwich (Coll. du Muséum de Paris), par le capitaine L. Freycinet, 1820.

6.

Scolopendres de l'Amérique septentrionale.

60. SCOLOPENDRE MARGINÉE. (*Scolopendra marginata.*)

Corps vert olivâtre, obscur, blanchâtre ou fauve en dessous;
segments non ponctués, marginés bilatéralement, et terminés de
noir verdâtre; les premier, troisième et quatrième plus courts;
les cinq ou six derniers plus distinctement marginés; tête de
couleur marron; antennes verdâtres; pieds pâles lavés de bleu
verdâtre; pieds de la dernière paire dépassant en longueur les
trois segments terminaux; longueur de leurs articles à peine
double de leur largeur; le premier article épineux en dessous
et armé d'une saillie angulaire forte et aiguë à sa pointe. La
longueur de l'animal dépasse 2 pouces et demi (0,066).

Scol. marginata, Say, *Journ. acad. nat. sc. Philad.*, t. II,
part. 1, p. 100. — *Id.*, *OEuvres entom.*, édit. *Lequien*, t. I,
p. 22. — *Sc. morsitans*, partim, Newp., *Trans. linn. soc.
London*, t. XIX, p. 379.

De la Géorgie et de la Floride.

61. SCOLOPENDRE VERTE. (*Scolopendra viridis.*)

Corps bleu verdâtre, sans taches en dessus; segments postérieurs marginés de jaune pâle; mandibules blanc jaunâtres;

pieds blanchâtres à leur base, terminés de bleu verdâtre pâle;
ceux de la paire postérieure, jaune pâle. Longueur, à peu près
2 pouces et demi (0,066).

Scolop. viridis, Say, *Journ. acad. nat. sc. Philad.*, t. II,
part. 1, p. 100. — *Id.*, *OEuvres entom.*, éd. *Lequien*, t. I,
p. 23.

De Géorgie et de la Floride.

62. Scolopendre a ventre ponctué. (*Scolopendra punctiventris*).

Tête et dos brun verdâtres; antennes vertes; mandibules et
lèvre orange brillant; pieds jaunes; ceux de la paire postérieure olive, huit dents distinctes dont les terminales sont un
peu allongées; appendices anaux profondément ponctués;
pieds de derrière courts, pourvus de quatre épines marginales
et, à la face inférieure, de six disposées sur trois séries, deux à
chaque série. Longueur, 1 pouce 3/4.

Scol. punct., Newport, *Ann. and Mag. of nat. hist.* t. XIII,
p. 100. — *Id. Trans. linn. soc. Lond.*, t. XIX, p. 386.

De la Floride (British Museum). M. Newport a d'abord
rapporté cette espèce à ses Scolopendres *arctidentata* et depuis à ses *Parvidentata*, section A.

63. Scolopendre inéquidentée. (*Scolopendra inæquidens.*)

Tête subcordiforme un peu élargie; doubles stries dorsales
parallèles, continues en dessus, assez peu marquées; bord postérieur du dernier segment triangulaire obtus; stries inférieures
faiblement divergentes; plaques des segments subarrondies à
leur bord postérieur; plaque préanale quadrilatère étroite, à
bord postérieur plus étroit que l'antérieur, droit; angles subarrondis; pièces latérales terminées en épine multifide, très-
finement ponctuées; antennes longues, nues; saillies dentifères
finement ponctuées, à trois dents inégales, l'interne large, à
bord libre rectiligne, la mitoyenne peu distincte, subarrondie,
l'externe séparée par un espace plus grand; pieds de derrière
assez longs, forts, subarrondis, épineux en dessous et à la face
interne; 6 épines environ en dessous, et à peu près 14 au bord
interne, la dernière multifide, à sept petites pointes inégales en
couronne. Couleur ferrugineuse un peu nuancée de verdâtre; antennes pâles; tête, segment forcipulaire et partie postérieure plus

ferrugineuse. Longueur du corps, 0,190 ; plus grande largeur, 0,022 ; antennes 0,035 ; pieds de derrière, 0,035.

Des États-Unis, à New-York, par M. Milbert. (Muséum de Paris, 1824.)

7.

Scolopendres de l'Amérique méridionale et des Antilles.

64. SCOLOPENDRE GÉANTE. (*Scolopendra gigas.*)

Segments en carré plus long transversalement, à angles arrondis, bruns ferrugineux, jaunes en arrière ; antennes, palpes et pieds testacés ; pieds, excepté ceux de la paire antérieure, spinuleux sur leur article basilaire et plus rarement sur le second ; lèvre ferrugineuse ; mandibules également ferrugineuses à leur base, noires à leur sommet ; tout le corps finement ponctué. Longueur 0.285.

Scol. gigas, Leach, *Zool. misc.,* t. III, p. 42. — Id., *Linn. trans. Lond.,* t. XI, p. 383. — Newport, *Ann. and Mag. of nat. hist.,* t. XIII, p. 98. — Id. *Trans. linn. soc. London,* t. XIX, p. 399.

De Venezuela? d'après M. Newport (British Museum). M. Newport a ajouté à la description ci-dessus, qui est de Leach, que cette espèce appartient à ses *Parvidentata*, qu'elle est de couleur ferrugineuse et luisante, à tête grise et à pieds fasciés d'olive foncé ; Leach n'en avait pas connu la patrie. Dans son dernier travail il a donné une description plus détaillée de cette espèce.

65. SCOLOPENDRE INSIGNE. (*Scolopendra insignis.*)
(Pl. 43, fig. 4.)

Tête subcordiforme ; bord antérieur de l'arceau forcipulaire échancré et fortement marginé ; segments assez serrés, subimbriqués, plus larges en arrière qu'en avant, marginés latéralement à partir du quatrième, à doubles stries obsolètes ; dernier segment court, à bord postérieur subarrondi, doubles stries inférieures médiocrement marquées, non continues ; plaque préanale plus longue que large, à bord médiocrement échancré, plus étroit que l'antérieur, bords latéraux droits ; angles postérieurs subarrondis ; appendices latéraux marqués de ponctuations extrêmement fines ; cuisses terminées par un faisceau de très-petites épines ; bord dentifère des forcipules à quatre dents

égales en ligne droite , les deux internes plus ou moins confondues ; pieds de derrière assez longs, subaplatis en dessus, à
épines nombreuses sur la partie interne de la face supérieure et
sur la partie interne sur la face inférieure de 30 à 35 en tout ; la
postérieure forme une réunion de 10 ou 15 petites épines sur
deux ou trois rangs. Tous les pieds ont des épines correspon-
dantes à celles-ci au nombre de 3 ou 4. Couleur ferrugineuse
ambrée ; plus pâle sur les antennes et les pieds, plus foncée et
marbrée de brunâtre en dessus. Longueur du corps 0,200 , antennes 0,045 , pieds de derrière 0,036.

Scol. insignis, P. Gervais, *Ann. soc. entom. de France*,
1844, p. xxix. *Id.*, *Atlas* de cet ouvrage (livraison de 1844).

Des régions chaudes de la Colombie, par M. Justin Goudot
et de Carthagène, par M. Ferdinand Barrot, consul de France
(Mus. de Paris.) Elle se rapproche de la précédente.

66. SCOLOPENDRE GIGANTESQUE. (*Scolopendra gigantea.*)

Une grande espèce, que nous croyons des Antilles (Mus. de
Paris , par M. Plée) est fort voisine de la Sc. insigne ; mais
elle est plus brune , et ses trois d nts internes , confondues ensemble, forment sur la partie dentifère de l'appareil forcipulaire une saillie rectiligne ; ses pieds de derrière sont plus
aplatis et un peu moins épineux. C'est une variété bien distincte , ou plutôt une espèce à part. Peut-être le *Sc. gigantea*,
Linné, *Syst. nat.*, d'après Brown, *Jamaica*, pl. 42, fig. 4, et dont
M. Newport parle sous le même nom de *Sc. gigantea*, *Trans.
linn. soc. London*, t. XIX, p. 400. Est-il de la même espèce?
Il faut cependant remarquer que Brown et Linné ne donnent à
leur Scolopendre que 17 paires de pieds.

67. SCOLOPENDRE VARIÉE. (*Scolopendra variegata.*)

Marron foncé, avec le front et les parties postérieures de chaque
segment dorsal , la lèvre , les mandibules et la surface ventrale
du corps orangé brillant ; antennes olive ; pieds orangés , avec
des bandes plus foncées. Longueur 5 lignes.

Scol. varieg., Newport, *Ann. and. Mag. of nat. hist.*, t. XIII,
p. 97. — *Id.*, *Trans. linn. soc. London* , t. XIX , p. 397.

De Demerara (British Museum , et collection de M. Hope).
Espèce du groupe des Parvidentées , section C.

68. Scolopendre de Brandt. (*Scolopendra Brandtiana.*)

Tête, pieds et antennes ferrugineux plus ou moins foncés ; segments verdâtres en dessus et en dessous ; doubles stries supérieures subcurvilignes, à peu près continues, les inférieures également ; plaque préanale un peu plus longue que large, à bord postérieur plus étroit que l'antérieur, subarrondi ; appendices latéraux coupés obliquement à leur extrémité avec un faisceau de 4 ou 5 petites épines à sa partie saillante interne; pieds de derrière aplatis en dessus, à articles courts, peu ou point marginés ; à cinq épines au bord supéro-interne, l'angulaire quadrifide, et 2 ou 3 au bord inférieur ; d'autres fois 6 ou 8; 5 dents petites à chaque saillie dentifère de l'appareil forcipulaire. Longueur du corps , 0,100 ; des antennes, 0,019 ; des pieds de derrière , 0,20 à peu près.

Scolop. Brandt. , **P. Gerv.** , *Ann. sc. nat.* , 2ᵉ série, t. **VII**, p. 50. — *Sc. platypus ?* Brandt, Recueil, p. 61. — *Sc. morsitans*, partim., Newport, *Trans. linn. soc. Lond.*, t. **XII**, p. 378. Du Brésil, par M. Gaudichaud; de Cayenne, par MM. Leschenault, Doumerc et Leprieur ; des Antilles, par **M.** Moreau de Jonès ; de Saint Thomas, par **M.** Richemont (Mus. Paris). Des exemplaires de la même collection ont été rapportés de la Vera-Cruz par madame Salé , en 1835.

69. Scolopendre platype. (*Scolopendra platypus.*)

Habitus et couleurs du *Sc. cingulata* ; face supérieure des premier et second article des pieds de derrière aplatie, marginée bilatéralement ; cinq ou six dents au bord interne du premier article , les quatre ou cinq dernières petites, noires au sommet, la postérieure plus forte, quadrifide ; face inférieure convexe, à neuf petites dents sur trois séries de trois ; squame préanale cordiforme subcarrée, courte, à bord postérieur à peine arqué.

Scol. platypus, Brandt, *Recueil*, p 61.

De Cuba et de St-Domingue (Musée de St-Pétersbourg); de la Jamaïque (British Museum); de Tabago ? (ibid). M. Brandt doute si cette espèce n'est pas le *Sc. Brandtiana*, Nob. ou le *Sc. marginata* , Say. Je crois bien qu'en effet elle ne diffère pas du *Brandtiana*, quoique je n'aie pas vu le type de la description de **M.** Brandt.

70. Scolopendre platypoïde. (*Scolopendra platypoides*.)

Fauve, bord des segments vert; tête et antennes rousses; pieds
de derrière courts, épais; leurs premier et second articles marginés; six épines au bord interne. Longueur, 4 pouces (0,107).

Scol. platypoïdes, Newport. *Trans. linn. soc. Lond.*, t. XIX,
p. 380.

Du Brésil.

71. Scolopendre de Newport. (*Scolopendra Newportii*.)

Tête, forcipules et appendices latéraux de l'anus rouge foncé;
bord des segments ferrugineux; pieds et antennes fauves; lames
dentaires arrondies, dents visibles; trois épines à l'article basilaire des pieds de derrière. Longueur, 5 p. 1/2 (0,145).

Scol. subspinipes, Gerv., *Ann. sc. nat.*, 1re série, t. VII,
p. 50, *non* Leach? — Brandt., *Recueil*, p. 59. — Lucas,
Anim. artic., p. 544. — *Scolopendra Gervaisii*, Newport,
Trans. linn. soc. London, t. XX, p. 390. — *Sc. Newportii*,
Lucas, *Algérie, Anim. art.*, 1re part., p. 343 (en note).

Du Brésil (British Museum).

72. Scolopendre du Brésil. (*Scolopendra placeæ*).

Orangé; tarses, bord postérieur des plaques dorsales vert
foncé; tête et pinces rouges; 10 dents distinctes; écaille préanale
étroite, allongée, à bord arrondi; pieds de derrière grêles; 3 épines
au bord interne de la cuisse; 2 en dessous. Long. 5 pouces (0,135).

Sc. placeæ, Newport. *Trans. linn. soc. Lond.*, t. XIX,
p. 390.

Du Brésil. (British Museum.)

73. Scolopendre de la Sagra. (*Scolopendra Sagræa*.)

Segments du corps subégaux, marginés latéralement, sauf les
deux premiers, à stries supérieures assez fortes surtout au milieu; pinces fortes; antennes longues, grêles, de 17 articles;
pieds postérieurs cylindracés, garnis sur l'article basilaire de
20 à 25 épines dont la postérieure formée par une réunion de
petites épines; couleur ferrugineuse, lavée de verdâtre; pieds
et dessous plus clairs. Longueur du corps 0,144; des antennes
0,040; des pieds de derrière 0,036.

Scolop. Sagræa, P. Gervais, *Ann. sc. nat.*, 2e série, t. VII,

p. 50. sp. 8.—Brandt, *Recueil*, *p*. 66.—*Sc. alternans*, Newport, *Trans. linn. soc. London*, t. XIX, p. 302. — *Scol. morsitans*, Shaw, *Zool. misc.*, t. I, pl. 9.

De Cuba, par M. Ramon de la Sagra. D'Haïti, par M. Jœger.

Des scolopendres de la Guadeloupe par le général Donzelot et de St-Thomas par M. Richemond (Coll. mus. Paris) me paraissent être de cette espèce ; elles ont quatre dents sur chaque saillie dentifère, les deux ou trois internes confondues, et à bord tranchant rectiligne ; leur plaque préanale est comme dans le *Sc. audax*, mais à bord postérieur droit, et leur article basilaire des pieds de derrière présente 20 ou 25 dents dont l'angulaire complexe ; les appendices latéraux de l'anus sont terminés par une pointe multifide ; l'un d'eux a le corps long de 0,150.

C'est peut-être encore à cette espèce qu'il faut rapporter une grande Scolopendre vert bouteille, recueillie à la Guadeloupe par le général Donzelot et dont le corps a environ deux décimètres.

M. Brandt a lui aussi rapporté des Scolopendres recueillis à Haïti par M. Jœger (Musée de St-Pétersbourg). La description qu'il en donne s'éloigne en effet fort peu de la nôtre. Peut-être faut-il lui réunir encore le *Sc. multispinata*, Newp.

74. Scolopendre hardie. (*Scolopendra audax*.)

Tête subcordiforme ; doubles stries dorsales peu marquées ; segment postérieur à peu près aussi long que large, échancré bilatéralement à son bord postérieur, avec la saillie médiane obtuse ; doubles stries inférieures subcontinues ; écaille préanale plus longue que large, plus étroite en arrière, à bord postérieur arrondi ; appendices latéraux très-finement ponctués, terminés par une épine simple ; pieds postérieurs grêles subarrondis, un peu aplatis en dessus, pourvus sur leur article basilaire d'épines peu nombreuses, trois distantes au bord supéro-interne, l'angulaire simple, deux au bord inférieur ; couleur verdâtre, un peu bleuâtre ; tête, segment et appareil forcipulaire ferrugineux foncé. Taille variable, 0,08 à 0,170.

Des Antilles, à la Martinique, à Marie-Galante et à la Guadeloupe, par MM. Guyon, Hotessier, Alexandre Rousseau, Gilliet, etc. (Mus. Paris et de Montpellier).

Scolopendra audax, P. Gervais, *Ann. sc. nat.*, 2e série,

t. VII, p. 50.— ? *Sc. morsitans* , Latreille ; *Nouv. dict. d'hist. nat.* , t. XXX, p. 393.

Du Brésil ? La première description que j'en ai publiée a été faite sur des exemplaires que mon ami le D^r Ch. Leblond avait reçus du Brésil avec d'autres animaux de cette contrée. Les segments sont inégaux, moins larges que dans les *Sc. morsitans* de la Méditerranée , émoussés à leurs angles. Il m'a semblé que la dénomination de *Sc. morsitans* ne pouvait leur être conservée , puisqu'on l'a donnée tantôt à des animaux d'Europe et d'Afrique, tantôt à d'autres originaires de l'Inde ou d'Amérique, c'est-à-dire à des Scolopendres spécifiquement très-différentes entre elles.

Un exemplaire de l'île Saint-Vincent, rapporté au Muséum de Paris par M. Lesueur, a les épines plus fortes.

Peut-être faudra-t-il réunir à cette espèce le

SCOLOPENDRA SUBSPINIPES, Brandt, *Recueil*, p. 59, non Gervais : Très-semblable au *Sc. de Haanii* , mais à pieds de derrière plus grêles, plus étroits et plus longs , également bidentés sous leur article basilaire ; écaille préanale plus courte. Longueur du corps 0,108.

Du Brésil (Musée de Saint-Pétersbourg).

75 SCOLOPENDRE ANGULÉE. (*Scolopendra angulata.*)

Vert foncé ; tête, segment basilaire, lèvre et mandibules de couleur orange ; mandibules tachetées de noir ; pieds jaunes, la partie postérieure verte ; segments aplatis ; la partie antérieure de leur bord marginée et anguleuse ; huit dents petites et aiguës. Longueur 4 pouces 1/2 (0,122).

Scol. angul., Newport, *Ann. and Mag. of nat. hist.*, t. XIII, p. 97.— *Id.*, *Trans. linn. soc. London*, t. XIX, p. 3 et 8.

De la Trinité (British Museum). Espèce rangée par M. Newport parmi ses *Parvidentata.*

76 SCOLOPENDRE APLATIE. (*Scolopendra complanata.*)

Corps déprimé, brun rouge foncé , avec les antennes et les pieds, excepté ceux de la partie postérieure, verdâtres ; dent interne de chaque côté denticulée , bord interne et dessus de l'article basilaire des pieds de derrière garnis de vingt épines ou plus, disposées sur trois séries obliques ; dix-sept à la face inférieure. Longueur 5 pouces (0,135).

Scol. compl., Newport, *Ann. and Mag. of nat. hist.* t. **XIII**, p. 99. — *Id.*, *Trans. linn. soc. London.*, t. **XIX**, p. 404, non *Sc. complanata* , Latreille.

De St-Kitts ou St-Christophe (British Museum). Espèce de la section des Latidentées, Newp.

77. Scolopendre multispinée. (*Scolopendra multispinata.*)

Brun foncé ; antennes et pieds verts ; bord interne de la dernière paire de pieds pourvu de six ou sept épines petites et sur deux séries ; une série de 6 à la face interne, et 17 ou 20 sur trois séries irrégulières à la face inférieure. Longueur 0,110.

Scol. multisp., Newport, *Ann. and Mag. of nat. hist.*, t. **XIII**, p. 98. — *Id.*, *Trans. linn. soc. London*, t. **XIX**, p. 405.

De St-Kitts ou St-Christophe (British Museum). Espèce de la section des Latidentées, Newport.

78. Scolopendre a ligne. (*Scolopendra lineata.*)

Ocracé sale ; cinq lignes longitudinales saillantes sur le dos ; pieds de derrière claviformes, à article fémoral très-court, conique , pourvu d'une petite épine angulaire. Longueur 1 pouce 1/2 (0,040).

Cosmocephalus lineatus, Newport, *Trans. linn. soc. London*, t. **XIX**, p. 425.

De l'île Saint-Vincent, aux Antilles , par Guilding (Coll. de M. Hope).

79. Scolopendre de Guilding. (*Scolopendra Guildingii.*)

Ocracé ; deux impressions linéaires longitudinales distantes sur le dos ; pieds de derrière claviformes très-longs , à articles égaux , marqués d'impressions longitudinales ; le basilaire conique ; face interne aplatie, portant trois petites épines disposées obliquement ; trois autres épines à la surface inférieure. Longueur 1 pouce (0,027).

Cosmocophalus Guildingii, Newport, *Trans. linn. soc. London*, t. **XIX**, p. 425.

De l'île Saint-Vincent, aux Antilles , par Guilding (Coll. de M. Hope).

80. Scolopendre planiceps. (*Scolopendra planiceps.*)

Tête petite, aplatie, de couleur chocolat, ainsi que les pinces et les appendices anaux ; corps olivacé ; bord des segments vert foncé ; dix dents distinctes, obtuses ; pieds de derrière ferrugineux ; écailles un peu dilatées, à bord interne quadriépineux ; deux épines à sa face inférieure. Longueur 5 pouces (0,135).

Sc. planiceps, Newport, *Trans. linn. soc. London*, t. XIX, p. 391.

Des Antilles (British Museum). Espèce du groupe des Parvidentées de M. Newport.

81. SCOLOPENDRE JAUNE. (*Scolopendra lutea.*)

Antennes, corps et pieds fauve clair ; tête, pinces, appendices anaux orangé foncé ; dix dents obtuses, peu distinctes ; premier article des pieds de derrière subaplati ; quatre épines noires au bord interne, l'apicale allongée, aiguë ; deux épines à la face inférieure. Longueur 4 pouces (0,108).

Scol. lutea, Newport, *Trans. linn. soc. London*, t. XIX, p. 392.

Des Antilles ? (Coll. de M. Hope.)

82. SCOLOPENDRE DU CHILI. (*Scolopendra Chilensis.*)

Tête subarrondie en avant, à peu près rectiligne à son bord postérieur ; doubles stries dorsales parallèles, continues ; une petite saillie linéaire sur le milieu du dernier segment ; doubles stries inférieures continues, un peu courbées en dedans sur les arceaux médians ; écaille préanale en demi-ovale, à bord postérieur arrondi ; appendices latéraux larges, confondus avec la partie descendante de l'arceau supérieur du segment, granulés dans leur moitié interne qui porte une saillie spiniforme sur laquelle sont éparses quatre ou cinq petites pointes noires ; pinces robustes ; leur lèvre tridentée à sa saillie dentifère, à dents inégales, avec la dent interne sublobée ; pieds de derrière faibles, subarrondis, pourvus à leur face inférieure d'une dizaine de faibles épines, cinq ou six au bord interne ; l'épine angulaire formée de deux ou trois autres petites épines sans support, couleur brun verdâtre. Longueur du corps 0,043, des antennes 0,010, des pieds postérieurs 0,010.

Du Chili, par M. Claude Gay (Mus. Paris).

83. SCOLOPENDRE PALE. (*Scolopendra pallida.*)

Tête carrée subarrondie ; doubles stries dorsales continues en

dessus et à peu près en dessous; point de ligne saillante médio-
dorsale sur le dernier, qui est un peu plus long que large ; écaille
préanale, plus longue que large, à bord postérieur à peu près
droit, angles émoussés; appendices latéraux marqués de ponctuations fines et serrées, terminées en arrière par une pointe
dont le sommet porte quelques petites épines ; pieds de derrière
assez grêles, un peu aplatis en dessus et davantage en dessous,
multi-épineux sur leur article basilaire; quatorze ou quinze
épines sur trois séries à leur bord supéro-interne, la série supérieure de deux ou trois seulement ; dix épines au bord inféro-
externe sur deux séries; saillie dentifère de l'appareil forcipulaire quadridentée, à dents faibles, de forme ordinaire, les
deux internes plus ou moins confondues; couleur géérale fauve
pâle. Longueur du corps 0,065, des antennes 0,010, des pieds
de derrière 0,015.

Du Chili, par M. Pissis (Coll. Mus. Paris).

84. Scolopendre ponctidentée. (*Scolopendra punctidens.*)

Antennes vertes; mandibules ou pinces orangées; six dents
noires, courtes, obtuses, fortement ponctuées; pieds de la paire
postérieure, pourvus à leur suface inférieure de six épines sur
deux séries, l'externe de quatre et l'interne de deux. Longueur
3 pouces 3/4 (0,100).

Scol. punctid., Newport, *Ann. and Mag. of nat. hist.*,
t. XIII, p. 97. — Id., *Trans. linn. soc. London*, t. XIX,
p. 396.

De l'Amérique australe? (British Museum). Espèce du
groupe des *Parvidentata*, Newport.

8.

Scolopendres dont on ignore la patrie.

85. Scolopendre alternante. (*Scolopendra alternans.*)

Couleur testacée ; tête et arceau mandibulaire marron clair,
ainsi que l'article basilaire des pieds de derrière ; épines du bord
interne de ceux-ci médiocres, au nombre de trente ou quarante,
avec le processus angulaire en épine multifide ; face supérieure
non marginée; l'inférieure a 15 ou 20 petites épines disposées
en petits groupes transversaux irréguliers; écaille préanale petite
et allongée, à bord postérieur arrondi. Longueur 0,140.

Scol. altern., Leach *Zool. misc.*, t. III, p. 40, pl. 130. —
P. Gerv., *Ann. soc. entom. de France*, 1844, p. xxi.— Newport,
Ann. and Mag. of nat. hist., t. XIII, p. 99.

Patrie........? Peut-être l'Amérique méridionale, d'après
M. Newport. Espèce du groupe des *Parvidentata*, Newport.—
J'ai observé, ainsi que M. Newport, l'exemplaire type de la des-
cription de Leach, qui est encore au British Museum à Londres.

86. SCOLOPENDRE A SIX ÉPINES. (*Scolopendra sexspinosa.*)

Article basilaire des pieds de derrière aplati, à 2 épines à son
bord, 2 à sa face interne et 2 à l'inférieur. Longueur 3 pouces 1/2.
Scol. sexsp., Newport, *Ann. and Mag. of nat. hist.*, t. XIII,
p. 96. — *Id.*, *Trans. linn. soc. London*, t. XIX, p. 391.

Patrie...? (Coll. de M. Hope). Espèce du groupe des *Parvidentata*, Newp.

87. SCOLOPENDRE ORNÉE. (*Scolopendra ornata.*)

Orangé; bords latéraux et postérieurs des segments ainsi que
les tarses verts; tête rouge foncé; 10 dents noires, petites,
mais bien distinctes; 3 épines aiguës sur l'article basilaire des pieds
de derrière, l'apicale aiguë, simple. Longueur 5 pouces (0,135).
Scol. orn., Newport, *Trans. linn. soc. London*, t. XIX,
p. 392.

Patrie...? (Coll. de M. Hope). Espèce du groupe des Parvidentées.

88. SCOLOPENDRE DE CHILDREN. (*Scolopendra Childreni.*)

Olive; tête, mandibules et pieds de derrière ferrugineux; 10
dents, à peine distinctes; segment basilaire des pieds de derrière
large, à 3 épines, inerme à sa face inférieure. Longueur 6
pouces 1/2 (0,174).
Scol. Childreni, Newport, *Ann. and Mag. of nat. hist.*,
t. XIII, p. 96. — Newp., *Trans. linn. soc. London*, t. XIX,
p. 394.

Patrie...? (British Museum.) Du groupe des *Parvidentata*.

89. SCOLOPENDRE VIRIDICORNE. (*Scolopendra viridicornis.*)

Antennes et surface dorsale de couleur verte, avec les bords
des segments jaunes; mandibules, lèvre et pieds de derrière
ferrugineux; 8 dents petites, obtuses; face interne du premier

article des pieds de derrière à 7 épines , surface inférieure à 6 ,
sur trois séries. Longueur 5 pouces (0,135).

Scol. viridic., Newp., *Ann. and Mag. of nat. hist.*, t. XVIII,
p. 97.— *Id.*, *Trans. linn. soc. London*, t. XIX, p. 396, pl. 33,
fig. 1, 3, 4 et 5 (sous le nom de *Sc. Hopei*), et pl. 40, fig. 5 et 6.

Du Brésil. Espèce rangée parmi les *Parvidentata*, Newp.,
section C. Il y en a des exemplaires au British Museum et dans
la collection de M. Hope.

90. Scolopendre bordée. (*Scolopendra limbata.*)

Très-semblable au *Sc. platypus ;* il en diffère par les caractères
suivants : les deux articles basilaires de la première paire de
pieds un peu moins aplatis, à peine marginés, presque comme
dans le *Sc. cingulata ;* bord interne du premier à 8 dents, dont
les 7 antérieures très-petites, semblables, et la dernière plus forte
et à sommet multifide ; face inférieure convexe, à 9 ou 12 très-
petits denticules, irrégulièrement disposés sur quatre séries ;
écaille préanale subcordiforme, arrondie à son bord postérieur.
Longueur du corps 0,067.

Scol. limb., Brandt, *Recueil*, p. 62.

Patrie...? (Musée de St-Pétersbourg.)

91. Scolopendre spinuleuse. (*Scolopendra spinulosa.*)

Pieds de derrière médiocrement allongés, à articles suballongés assez grêles, article basilaire suballongé, convexe à son milieu en dessus et en dessous, plan bilatéralement quinquédenté
à son bord supéro-interne, à dents médiocres, les quatre dernières bisériées, alternes, le dernière simple, un peu plus
grande que les autres; 6 denticules bisériés au milieu du bord
inférieur ; le second article plus étroit ; écaille préanale cordiforme, échancrée en arrière. Longueur du corps 0,146.

Scol. spinul., Brandt, *Recueil*, p. 65.

Patrie...? (Musée de St-Pétersbourg.)

92. Scolopendre multidentée. (*Scolopendra multidens.*)

Dents labiales très-petites, au nombre de 12 à 14 ; dents mandibulaires larges, pourvues d'un petit tubercule ; couleur ferrugineuse ; pieds jaunes ; articles des tarses verts. Longueur 4
pouces 1/2 (0,115).

Scolop. multid., Newport, *Ann. and. Mag. of nat. hist.*,

t. XIII, p. 97.—*Id.*, *Trans. linn. soc. London*, t. XIX, p. 395.

Patrie.....? (British Museum). Peut-être, suivant M. Newport, le *Sc. ferruginea* de Fabricius. Espèce de *Parvidentata*, Newp.

93. Scolopendra anomia, Newport, *Ann. and. Mag. of nat. hist.*, t. XIII, p. 97. M. Newport place cette espèce parmi les *Parvidentata*, mais il ne la décrit pas, et il n'en dit pas la patrie.

94. Scolopendre de Gray. (*Scolopendra Grayii.*)

Ferrugineux foncé; tête pourvue de deux rides longitudinales, luisante; segment basilaire des pieds de derrière allongé , garni de 12 ou 15 petites épines sur trois ou quatre séries obliques à son bord interne; 14 petites épines à sa face inférieure, placées sur trois séries; écaille préanale étroite, allongée, à bord postérieur droit. Longueur 0,163.

Sc. *Grayii*, Newport, *Ann. and Mag. of nat. hist.*, t. XIII, p. 98. — *Id.*, *Trans. linn. soc. London*, t. XIX, p. 403.

Patrie.....? (British Museum). Du groupe des *Latidentata*.

95. Scolopendre dent de squale. (*Scolopendra squalidens.*)

Tête petite; antennes finement striées; six dents aiguës avec l'interne de chaque côté multilobée; segment basilaire des pieds de derrière à cinq épines sur son bord interne, et six à sa face inférieure, comme dans le *Sc. sulcidens.*

Sc. *squal.*, Newport, *Ann. and. Mag. of nat. hist.*, t. XIII, p. 99.

Patrie.....? (British Museum). Espèce de groupe des *Longidentata*, Newp.

96. Scolopendre incertaine. (*Scolopendra incerta.*)

Brun; tête, pinces, appendices anaux roux foncé; antennes et pieds fauves; 6 dents noires, obtuses; pieds de derrière aplatis, étroits, allongés; leur premier article un peu convexe, ayant plus de 20 épines noires, aiguës sur sa face supéro-interne; l'épine apicale multifide. Longueur 5 pouces 1/4.

Sc. *incerta*, Newport, *Trans. linn soc. London*, t. XIX, p. 404 (0,148).

Patrie.....? Espèce du groupe des Latidentées. L'exemplaire type fait partie de la collection de M. Hope.

97. Scolopendre a dents lobées. (*Scolopendra lobidens.*)

Rouge-marron foncé, avec les antennes, les pieds et la surface ventrale du corps jaune brillant; bord dentaire très-étroit; dent unie de chaque côté, à deux lobes pointus, chacune avec un petit lobe à sa base externe; pieds de derrière cylindriques, allongés, étroits, à quatre ou cinq épines très petites; trois épines en série longitudinale à la face inférieure. Longueur 0,200.

Scol. lobid., Newport, *Ann. and. Mag. of nat. hist*, t. XIII, p. 99. — *Cormocephalus lob.*, id., *Trans. linn. soc. London*, t. XIX, p. 420.

Patrie..... ? (British Museum). Espèce du groupe des *Arctidentata*, et du genre *Cormocephalus* du même auteur.

98. Scolopendre peinte. (*Scolopendra picta.*)

Corps jaune olive; tête marron foncé nuancé de vert; mandibules, lèvre, segment postérieur et appendices anaux rouge luisant; pieds et antennes bleu vert; huit dents distinctes, obtuses; segment basilaire des pieds de derrière grêle, subcylindriques, à six épines marginales; surface inférieure excavée, à 10 petites épines sur une double série longitudinale.

Scolopendra picta, Newport, *Ann. and Mag. of nat. hist.*, XIII, p. 100.

Patrie..... ? Espèce du groupe des *Arctidentata*, Newp.

99. Scolopendre front vert. (*Scolopendra viridifrons.*)

Orange, avec le devant de la tête, la partie postérieure des segments dorsaux, les pieds de derrière et les antennes vert foncé; huit dents petites, obtuses; pieds de derrière allongés, subcylindriques, à quatre petites épines marginales; face inférieure, un peu excavée, à quatre petites épines marginales sur deux séries.

Scol. virid., Brandt, *Ann. and Mag. of nat. hist.*, t. XIII, p. 100.

Patrie..... ? Espèce du groupe des *Arctidentata*, Newp. (British Museum).

100. Scolopendre variée. (*Scolopendra varia.*)

Verdâtre, à tête fauve; bord des segments verdâtre; bord labial arrondi ; dix dents petites ; pieds de derrière aplatis, non marginés, à angle postéro-interne allongé, quadrifide. Longueur 5 pouces (0,135).

Sc. varia, Newport, *Trans. linn. soc. London*, t. XIX, p. 380.

Patrie.....? (Musée de la Société zoologique de Londres.)

Genre CRYPTOPS. *Cryptops* (1).

Apparence des Scolopendres ordinaires, c'est-à-dire un seul arceau supérieur pour le segment forcipulaire et celui de la première paire de pieds; 21 segments en dessus, sans compter la tête ; 22 en dessous, en comptan celui des forcipules ; celles-ci fortes, peu allongées ; 21 paires de pieds, dont la postérieure plus longue et plus épineuse que les autres ; antennes moniliformes, de 17 articles décroissants. Les Cryptops diffèrent des Scolopendres par l'absence complète d'yeux.

Ce genre établi par Leach en 1812 comprend quelques espèces de Scolopendres fort inoffensives à cause de leur petite taille. On en a recueilli en Europe et en Afrique, ainsi que dans l'Amérique septentrionale, dans l'Inde et à la Nouvelle-Zélande. En 1844 (2) nous en avons signalé une autre espèce, assez voisine du *Cr. Savignyi*, recueillie en Colombie par M. Justin Goudot.

1.

Cryptops proprement dits.

1. Cryptops des jardins. (*Cryptops hortensis.* **)**

Ferrugineux; tête sub-ovalaire, étroite en avant; lèvre marquée

---

(1) Cryptops, Leach, *Trans. linn. soc.*, t. XI; 1812. — P. Gervais, *Ann. sc. nat.*, 2ᵉ série, t. VII, p. 51.

(2) *Ann. soc. entom. de France*, p. xxix.

d'une impression triangulaire profonde se terminant en sillon ;
antennes et pieds velus ; articles fémoraux de ceux de derrière
inermes, sub-coniques, plus longs que le suivant ; écaille préanale
en carré allongé, arrondi en arrière. Longueur 1 pouce (0,025).

Crypt. hort., Leach, Encycl. Brit., suppl., t. I, p. 431,
pl. 22. — *Id.*, *Zool. misc.*, t. III, p. 42. pl. 139. — P. Gervais,
Atlas de Zoologie, pl. 56, fig. 2. — Newport, *Trans. linn.
soc. London*, t. XIX, p. 408.

D'Angleterre et de France, à Paris.

2. Cryptops de Savigny. (*Cryptops Savignyi.*)
Pl. 39, fig. 1.

Segments marqués en dessus d'impressions longitudinales
comme sculptées, et en dessous d'une ligne longitudinale sur le
milieu en croix, avec une autre transversale ; antennes moniliformes,
à articles serrés, velues, de 17 articles ; pieds plus velus, ceux
de la paire postérieure les plus longs pourvus d'épines, surtout à la cuisse ; les épines en moindre nombre à la cuisse
des pieds qui précèdent ; couleur fauve un peu ferrugineuse ;
tête, forcipules, antennes et anus un peu plus ferrugineux.
Longueur du corps 0.020 ou un peu plus.

Crypt. Savignyi, Leach, *Zool. misc.*, t. III, p. 42. —
P. Gervais, *Ann. sc. nat.*, 2ᵉ série, t. VII, p. 51. — ? *Scolop.
Germanica*, Koch, *Deutschl. Crust.*, *Myr. und Arachn.*,
fasc. 9, pl. 2.

D'Angleterre, de France, aux environs de Paris, et à Montpellier, ainsi que d'Allemagne.

On le trouve dans les jardins et dans les bois, à la surface de la
terre, sous les feuilles mortes, dans la mousse, etc.

3. Cryptops numide. (*Cryptops Numidica.*)

Brun roussâtre ; tête lisse ; pinces fortes, larges ; antennes
courtes, de 12 articles, fauves, brunâtres, poilues sur leurs premiers articles ; segments déprimés en dessus, quadrilinés, très-
finement ponctués en dessous où ils n'ont que deux sillons ; un
sillon unique transversal ; pieds grêles, fauve roussâtre, garnis
de poils fauve-testacé ; angles noirs. Longueur 0,032 ; largeur
0,002 1/4.

Crypt. num., Lucas, *Revue zool. de Guérin*, 1846, p. 288.
— *Id.*, *Algérie*, *Anim. artic.*, p. 345, pl. 2, fig. 8.

De l'Algérie, d'après M. Lucas. Ce Cryptops est assez rare. Il en a trouvé quelques individus en hiver, sous les pierres, dans les environs du cercle de la Calle. Les environs d'Alger et ceux d'Oran lui en ont également fourni.

4. CRYPTOPS AUSTRAL. (*Cryptops Australis.*)

Fauve; tête, antennes, pinces, lèvre et dernier segment orangés; plaques dorsales, arrondies latéralement, sillonnées transversalement en avant, et marquées de quatre impressions longitudinales; pieds fauves, pubescents; articles fémoraux, tibiaux et tarsiens égaux. Longueur 1 pouce 1/10 (0,030).

Crypt. Australis, Newport, *Trans. linn. soc. Lond.,* t. XIX, p. 408.

De la Nouvelle-Zélande, dans l'île Australe (British Museum).

5. CRYPTOPS HYALIN. (*Cryptops hyalinus.*)

Pâle, lisse; deux lignes longitudinales plus foncées; tête et antennes ferrugineuses; pieds de derrière bruns, à 5 épines sur le troisième article. Longueur 7 lignes (0,016).

Crypt. hyalina, Say, *Journ. acad. nat. sc. Philad.,* t. II, p. III. — *Id., OEuvr. entomol.,* t. I, p. 23. — Newp., *Trans. linn. soc. London,* t. XIX, p. 409.

De Géorgie et de la Floride orientale. Il y en a un exemplaire au British Museum.

6. CRYPTOPS ANOMAL. (*Cryptops anomalus.*)

Jaune; antennes de 15 articles; segment basilaire très large; lèvre étroite; segments carrés, marqués latéralement de deux stries linéaires obliques; écaille préanale subcarrée; appendices latéraux de l'anus profondément ponctués courts, et arrondis. Longueur 1 pouce 3/4 (0,047).

Crypt. anom., Newport, *Ann. and. Mag. of nat. hist.,* t. XIII, p. 46. — *Id., Trans. philos. soc. Lond.,* t. XIX, p. 409, pl. 22, fig. 25-36.

Patrie.....? L'exemplaire type est conservé au British Museum.

Addition au genre CRYPTOPS.

M. Newport réunit aux Cryptops une espèce qui se rapproche

de ces animaux par l'ensemble de ses caractères, mais qui est pourvue d'un œil stemmatiforme, derrière chaque antenne C'est son *Cryptops nigra* : le même auteur distingue au contraire comme genre à part le *Cryptops postica* de Say qui est pourvu d'yeux ainsi qu'il l'a constaté sur un exemplaire de cette espèce envoyé par Say au Musée britannique. Voici les caractères de ces deux espèces :

7. CRYPTOPS NOIR. (*Cryptops nigra*.)

Noir bleuâtre ; lèvre et surface ventrale fauves ; mandibules, antennes et pieds ferrugineux ; pieds postérieurs annelés de noir; un ocelle unique noir, visible en arrière des antennes. Longueur 2 pouces 1/2 (0,068).

Crypt. nigra, Newport, *Trans. linn. soc. London*, t. **XIX**, p. 408.

De l'Inde. Exemplaire type au Musée britannique. Nous proposerons de distinguer la petite coupe générique qui doit former cette espèce par le nom de MONOPS, c'est-à-dire à un seul œil, par opposition à celui de Cryptops qui restera aux Cryptops proprement dits.

8. CRYPTOPS PROLONGÉ. (*Cryptops postica*.)

Orangé ; ocelles latéraux difficilement visibles ; 8 dents labiales; dernier segment du corps grand, allongé, carré, arrondi sur ses côtés, profondément sillonné à son milieu et coupé transversalement en arrière ; pieds de derrière courts, épais, arrondis ; leur article basilaire court conique. Longueur 8/10 de pouce (0,023).

Cryp. post., Say, *Journ. acad. nat. sc. Philad.*, t. **II**, p. 112. — *Theatops postica*, Newport, *Trans. linn. soc. London*, t. **XIX**, p. 410.

De la Géorgie et de la Floride orientale. Il y en a un exemplaire au British Museum. C'est la seule espèce du genre THEATOPS, Newport, *Trans. linn. soc. London*, t. **XIX**, p. 409. On devra très-probablement la réunir aux véritables Scolopendres.

§ III.

Scolopendrides hétéropodes.

Nous parlerons sous cette désignation de Chilo-

podes ayant les caractères de la famille des Scolopendrides, mais qui n'ont pas, comme les *Scolopendra*
proprement dits, 21 paires de pieds. Quelques-uns
en ont moins de 20 paires ; d'autres en ont davantage. On connaît depuis longtemps ces espèces
de Scolopendres ; nous les avons, en 1837, reléguées
dans un groupe à part, et depuis lors on en a fait
plusieurs genres. On n'a pas encore assez insisté sur
leurs autres caractères spécifiques pour qu'il soit bien
démontré que le caractère des pieds n'est pas acci-
dentel, dans certains cas du moins.

1.

Scolopendrides qui ont moins de vingt paires de pieds.

1. SCOLOPENDRE GIGANTESQUE. (*Scolopendra gigantea.*)

17 paires de pieds ; taille grande.
Scol. maxima pepibus 36, Brown, *Jamaica*, p. 426, pl. 42,
fig. 4. — *Scol. gig.*, Fabricius, *Spec. ent.*, t. I, p. 532.—Linné,
Gmel., *Syst. nat. Ins.*, p. 3016.
De l'Amérique. Nous avons vu plus haut, n° 2, que M. Newport donnait ce nom à une grande Scolopendre pourvue de 21
paires de pieds.

2. SCOLOPENDRE DOUTEUSE. (*Scolopendra innominata.*)
(Pl. 41. fig. 3.)

Espèce non décrite ; elle a été figurée par M. Savigny(*Ægypte,
Myriap.*, pl. I, fig. 2), et nous en avons reproduit la figure
dans notre atlas. Nous avons remarqué ailleurs qu'elle présente
la singulière particularité de n'avoir que 18 paires de pieds au
lieu de 21, et nous l'avons nommé *Sc. innominata, Ann. sc. nat.*,
2ᵉ série, t. VII, p. 51.
D'Égypte, d'où l'individu figuré a été rapporté par M. Savigny.

2.

Scolopendrides qui ont plus de 21 *paires de pieds.*

Genre SCOLOPENDROPSIS. *Sçolopendropsis* (1).

Des yeux au nombre de 4 paires; 23 paires de
pieds, stigmates peut-être cribriformes ?

1. Scolopendre de Bahia. (*Scolopendra Bahiensis.*)

Habitus à peu près le même que celui des *Sc. angulata* et
platypus, mais le corps plus étroit et plus grêle; bord postérieur
de la tête à peu près droit; premier segment presque droit en
avant en dessus, le second un peu plus petit que le premier et plus
étroit que le troisième; dessus des segments finement ponctué
quand on les voit à la loupe; impressions linéaires supérieures et
inférieures droites; 23 paires de pieds, courts vu la longueur du
corps et plus grêles que dans les espèces à 21 paires; celle de
derrière épaissie; son article basilaire épais, trigone, incliné
en dehors à sa face supérieure, non marginé à son bord externe,
tridenté, à l'interne, à sommet des denticules noir, ceux-ci unisériés, le dernier plus grand que les autres et à sommet bifide;
face interne déprimée, subtétragone, très-finement ponctuée,
quadridentée ou subtridentée, les deux ou trois dents antérieures petites, obsolètes, éparses; la postérieure plus grande,
marginée; face inférieure subconvexe, finement ponctuée, tridentée à son bord interne, à dents trigones acuminées, les deux
postérieures plus fortes, l'antérieure très-petite; deuxième article subégal au premier, subtrigone, subdenté à son bord postéro-interne; écaille préanale tétragone oblongue, à bord postérieur droit; plaques latérales de l'anus tronquées à leur angle
interne en arrière et à peine mucronées. Couleur olivacée; antennes et pieds brun olivacé pâle; tête et anneaux dorsaux antérieurs ainsi que les pieds postérieurs bruns; ongles des pieds
de derrière noirs, ceux des autres brun noir. Longueur 0,087.

Scolop. Bahiensis, Brandt, *Recueil*, p. 75.

De la province de Bahia (Musée de Saint-Pétersbourg),

---

(1) Scolopendropsis, Brandt, *Recueil*, p. 177; 1840.

M. Brandt caractérise ainsi le sous-genre qu'il crée pour cette espèce :

Cingulum dorsale primum antice subrectum, secundum tertio paulo angustius; pedum paria 23; squama analis lateralis in posterioris partis angulo inferiore truncata, vix mucronis vestigio.

M. Newport (*Trans. linn. soc. London*, t. XIX, p. 419) réunit le genre *Scolopendropsis* aux Scolopendres cribrifères, mais il n'a pu l'étudier en nature.

Genre SCOLOPOCRYPTOPS. *Scolopocryptops* (1).

Point d'yeux; 23 paires de pieds; stigmates en boutonnières.

C'est un groupe remarquable. La collection du Muséum de Paris en possédait depuis assez longtemps une espèce recueillie au Brésil par M. Auguste de Saint-Hilaire.

1. Scolopocryptops roux. (*Scolopocryptops rufa.*)

Lisse; pieds fauves; segments convexes, marginés; lèvre étroite, profondément ponctuée, marquée de deux impressions latérales; appendices latéraux de l'anus allongés, aigus; plaque préanale subcordiforme aplatie, arrondie à son bord postérieur. Longueur 1 pouce 1/2 (0.040).

Scolopendra ferruginea, Linné, *Syst. nat.*, éd. 12, p. 1063. — De Geer, *Mém. hist. Ins.*, t. VII, p. 568, pl. 43, fig. 6. — *Scolopocryptops rufa*, Newport, *Trans. linn. soc. London*, t. XIX, p. 406.

D'Afrique, d'après De Geer.

2. Scolopocryptops a six épines. (*Scolopocryptops sex spinosa.*)

Ferrugineux; segments postérieurs atténués; pieds allongés, fauves; article fémoral de ceux de derrière pourvu de trois

---

(1) Scolopocryptops, Newport, *Trans. linn. soc. London*, t. XIX, p. 275 et 405.

épines, deux à la surface inférieure, une au bord supéro-interne et la troisième apicale très-petite ; appendices latéraux de l'anus fort allongés. Longueur 1 pouce 4/10 (0,040).

Cryptops sex spinosa, Say, *Journ. acad. nat. sc. Philad.*, t. II, p. 112 — Id., *OEuvres entom.*, éd. *Lequien*, t. I, p. 24. — *Scolopocryptops sex spinosa*, Newport, *Trans. linn. soc. London*, t. XIX, p. 407, pl. 33, fig. 20--23.

De la Géorgie et de la Floride. Il y en a un exemplaire au Musée britannique.

3. Scolopocrypto s de Miers. (*Scolopocryptops Miersii.*)

Testacé : tête et pinces roux foncé ; antennes et pieds fauves ; pieds de derrière très-grêles, à article fémoral subcylindrique, lisse, plus long que le tibial ; une épine médiane unique, aiguë au bord supéro-interne, une autre plus grande sous la face inférieure. Longueur 3 pouces 1/2 (0,095).

Scolopocryptops Miersii, Newport, *Trans. linn. soc. London*, t. XIX, p. 405.

Du Brésil (coll. de M. Miers).

4. Scolopocryptops mélanosome. (*Scolopocryptops melanosoma.*)

Ferrugineux, lisse ; stigmates noirs ; pieds allongés, fauves, pubescents ; article fémoral de ceux de derrière subcylindrique, pourvu d'une épine à la partie médiane de son bord supéro-interne, et d'une autre à la face inférieure ; appendices latéraux de l'anus très-allongés et aigus. Longueur 1 pouce 3/4 (0,046).

Scolopocryptops melanosoma, Newport, *Trans. linn. soc. London*, t. XIX, p. 406.

Rapporté de l'île Saint-Vincent, aux Antilles, par Guilding (coll. de M. Hope).

Genre NEWPORTIE. *Newportia.*

Caractères des Scolopocryptops : Pieds de derrière fort longs ; de 14 articles, 12 répondant au tarse des autres Holotarses, qui est composé de 3 articles.

1. Newportia longitarse. (*Newportia longitarsis.*)

Orangé ; tête, pince et bord postérieur des segments roux,

pieds fauves, pubescents; ceux de derrière grêles, fort longs;
à articles tarsiens et métatarsiens au nombre de douze; article
fémoral plus long que le tibial, celui-ci à deux épines. Longueur 1 pouce 3/4 (0,046).

Scolopocryptops longit., Newport, *Trans. linn. soc. London*,
t. XIX, p. 407, pl. 40, fig. 10.

De l'île Saint-Vincent, aux Antilles, par Guilding (coll. de
M. Hope). La conformation des pieds de cette espèce devait
la faire distinguer génériquement des autres. Nous proposerons
le nom générique de NEWPORTIA.

3.

*** *Scolopendres à* 30 *paires de pieds.*

SCOLOPENDRE A BOUCLIER. (*Scolopendra clypeata.*)

30 paires de pieds; corps brun, scabre, à tête clypéifère;
antennes courtes; pieds pâles.

Scol. clyp., Fabr., *Spec. Ins.*, t. I, p. 533.—Linn., Gmel.,
p. 3017.

De la côte de Coromandel. Aucun aptérologiste actuel n'a
reçu cette espèce ni la suivante.

SCOLOPENDRE DORSALE. (*Scolopendra dorsalis.*)

30 paires de pieds; corps brun; une ligne dorsale ferrugineuse; pieds ferrugineux, taille considérable.

Scol. dors., Fabricius, *Spec. Ins.*, t. I, p. 533.

De la côte de Coromandel.

III. GÉOPHILIDES (1).

Cette famille est la dernière de celles qui composent
les Myriapodes. On pourrait la caractériser très-
nettement si l'on n'y plaçait que les espèces du genre
Géophile de Leach, mais la découverte des *Scolopendrelles* rend cette caractéristique beaucoup plus
difficile. Les Géophilides ont plus de segments au corps
que n'en ont les autres Chilopodes ; leurs segments
sont en apparence doubles en dessus, mais ils sont
simples en dessous et pourvus d'une seule paire de
pieds chacun. Ils ont autant de stigmates que de paires
de pieds ; leurs antennes n'ont que 14 articles ; ils
manquent d'yeux, ont des forcipules plus ou moins
fortes et leur dernière paire de pieds est toujours
plus ou moins tentaculiforme et souvent dépourvue
d'ongles. Mais les Scolopendrelles ont des yeux, leurs
antennes ont plus de 14 articles et plusieurs de leurs
caractères les séparent aussi des autres Géophiles auxquels elles ressemblent cependant beaucoup par
diverses particularités importantes. Ajoutons que
nous ne connaissons pas encore assez ces dernières
pour admettre qu'elles doivent former une famille
à part. Il faut encore dire que l'arceau forcipulaire supérieur et celui de la première paire de pieds sont
distincts et sans doute aussi que les stigmates existent
à tous les segments, quoique nous n'ayons pas encore

---

(1) Scolopendra, *partim*, De Geer, Geoffroy, Linné, etc. — Geophilidæ, Leach, *Trans. linn. soc. Lond.*, t. XI. — Geophi-
lina seu Polypoda, Brandt, *Recueil*, p. 27. — Geophilidæ, P. Gervais, *Ann. sc. nat.*, 3ᵉ série, t. II, *p.* 77. — Geophilidæ, Newport,
Trans linn. soc. Lond., t. XIX, p. 276. — Scolopendrellidæ et
Geophilidæ, *id. ibid.*, p. 373 et 429.

constaté la présence de ce caractère dans les Scolopendrelles.

Genre SCOLOPENDRELLE. *Scolopendrella* (1).

Segment du corps peu nombreux, presque tous pédigères inégaux en dessus. Antennes moniliformes
ayant plus de 14 articles. Une paire de stemmates en
arrière de leur point d'insertion. Pieds peu nombreux.

Ce genre a été récemment établi par nous pour une
fort petite espèce européenne que ses caractères principaux rattachent aux Géophiles, mais dont les
organes de manducation nous ont paru disposés en
suçoir, ce qui reproduirait parmi les Chilopodes
la particularité des Polyzonies parmi les Diplopodes.
M. Newport a d'abord élevé ce genre au rang de
tribu, mais en le plaçant comme nous dans la même
famille que les Géophiles. Depuis lors il en a fait une
famille distincte qu'il regarde comme plus voisine des
Lithobies que des Géophiles. Nous avons cru devoir
conserver notre manière de voir.

1. Scolopendrelle notacanthe, (*Scolopendrella notacantha.*)
Pl. 39 , fig. 7.

Antennes moniliformes, de 20 et quelques articles, deux fois
aussi longues que la tête, finement velues ; douze paires de pattes ;
une petite brosse de chaque côté du dernier segment au devant
des filaments antenniformes de l'anus ; dessus des segments bi-
épineux. Longueur 0,002 ou 0,003.

Geoph. junior, P. Gerv., *Ann. soc. entom. de France,* 1re

---

(1) Scolopendrella, P. Gervais, *Comptes rendus de l'Acad. des
sciences,* 1839. — *Id.*; *Revue cuv. de M. Guérin* , t. II, p. 279 — *Id.*,
Ann. sc. nat., 3e série, t. II, p. 79.—Geophilidæ Scolopendrellinæ,
Newport, *Trans. linn. soc.*, t. XIX, p. 276, Scolopendrellidæ,
id., *ib.*, p. 373.

série , 1836. — *Scolopendrella notacantha, Id.*, *Atlas de Zoologie*, pl. 56, fig. 3. — *Id.*, *Ann. sc. nat.* 3ᵉ série, t. II, p. 79, pl. 5, fig. 15-17.

Des environs de Paris.

Nous avons trouvé plusieurs fois dans le jardin de la maison que nous habitons à Paris et nous avons aussi rencontré dans les bois de Clamart et de Meudon, aux environs de la même ville, le petit Myriapode, long de trois à quatre millimètres, auquel nous avons donné le nom de Scolopendrelle. Il vit à l'ombre des plantes dans la mousse, sous le sable des allées, aux endroits où la terre est un peu humide ou bien sous les feuilles mortes qui recouvrent le sol dans les fourrés. Les localités où vivent les Campodées et les Nicolèties, deux genres de Thysanoures dont nous avons fait connaître les caractères dans un autre volume de cet ouvrage, possèdent aussi, dans beaucoup de cas, ce joli petit Myriapode. Les deux premières Scolopendrelles que nous avons trouvées, il y a plus de dix ans, nous avaient d'abord paru être de jeunes Géophiles, et comme leur étude offrait quelque difficulté il nous fut alors impossible de rien conclure de définitif à leur égard. Mais plus tard en les examinant avec plus de soin, nous avons reconnu que ces prétendus Géophiles acquièrent avec l'âge plus de quatorze articles aux antennes et qu'ils en ont jusqu'à vingt dans l'état complet. Ces animaux ont aussi à la base de leurs antennes, en arrière de l'insertion du premier article de celles-ci, un petit stemmate ; leur bouche est constituée pour sucer et paraît manquer des forcipules qui forment chez les autres chilopodes des mâchoires auxiliaires ; le corps est composé de seize segments sous la tête ; il a douze paires de pattes insérées sur ses 1, 2, 3, 4, 6, 8, 10, 11, 13, 14 et 15ᵉ segments. Le quinzième anneau porte bilatéralement un petit tubercule surmonté de petits poils en brosse, et le seizième est garni d'appendices antenniformes. Ces caractères paraissent établir une grande affinité entre notre petit animal et les Géophilides, mais ils ne permettent pas de le placer dans le même genre que ces Myriapodes.

Les antennes, deux fois aussi longues que la tête, sont moniliformes, à grains ou articles plus serrés et plus cylindriques près la base, plus sphériques au contraire dans la seconde moitié. Leur dernier article est souvent coupé en bouton. Ces antennes, qui ont douze, quinze, vingt, ou même vingt et quelques articles, suivant l'âge des sujets que l'on étudie, sont garnies de petits poils principalement développés sur leur milieu où ils simulent une sorte de couronne. Les impressions de la lame antéro-supérieure des segments du corps sont plus distinctes que dans les Géophiles et imitent deux petits denticules épineux sur chaque anneau.

M. Newport a recueilli tout récemment en Angleterre un petit Myriapode qu'il vient de faire connaître comme une seconde espèce de Scolopendrelle.

2. Scolopendrelle immaculée. (*Scolopendrella immaculata.*)

Blanc, sans taches ; les stylets de l'anus triangulaires et aigus. Longueur 1 ligne 1/4 (0,002).

Scolopendrella imm., Newport, *Trans. linn. soc. London*, t. XIX, p. 374, pl. 40, fig. 4.

Des environs de Londres dans le bois de S. John.

M. Newport, qui a sans doute caractérisé le genre Scolopendrelle d'après cette espèce lui donne quatorze segments et douze paires de pieds. Il ne parle pas des ocelles.

Genre GEOPHILE. *Geophilus* (1).

Corps allongé, linéaire, formé d'un grand nombre de segments (40 et au delà) uniformes, habituellement composés de deux parties inégales en dessus et d'une seule en dessous. Point d'yeux. Antennes de 14 articles. Un arceau supérieur pour le segment forcipulaire et un pour celui qui porte la première paire de pieds ; pieds fort nombreux, depuis 40 paires environ jusqu'a 150 et au delà, uniformes, courts, à tarse simples ; dernière paire de pieds onguiculée ou non, habituelle-

---

(1) Geophilus, Leach, *Trans. linn. soc. London*, t. XI, p. 181 — P. Gervais, *Mag. zool. de Guérin*, 1835, cl. IX, n° 133 et 137. — *Id., Ann. sc. nat*, 2ᵉ série, t. VII, p. 52, et 3ᵉ série, t. II, p 77. — Strigamia, J. E. Gray *in* Jones, *Tood's Brit. Cyclop. of anat. and Physiol*, art. *Myriapoda*. — Geophilidæ, Newport, *Proceed. zool. soc. Lond.*, 1842, p. 177. — Geophilinæ, *id., Trans. linn. soc. Lond.*, t. XIX.

ment palpiforme et non ambulatoire. Trachées en nombre égal à celui des pieds, sur les côtés des segments.

Ce genre a été établi par Leach, aux dépens des anciennes Scolopendres de Linné, De Geer et Geoffroy. Plusieurs auteurs, ainsi que nous l'avons vu dans la partie anatomique de cet ouvrage, se sont occupés de l'organisation des Géophiles. Ces animaux vivent sous les écorces des gros arbres, dans la mousse, ou bien dans la terre, quelquefois même à plusieurs pouces de profondeur. Ils ont l'aspect vermiforme et rappellent par leurs allures certaines Annélides de la famille des Néréides. On a constaté sur plusieurs d'entre eux, la propriété phosphorescente à un degré remarquable (1); d'autres, comme le *Geophilus Gabrielis*, sécrètent par les pores groupés en un petit organe ponctiforme à la partie ventrale de leurs segments, une liqueur purpurescente qui est souvent assez abondante.

Les Géophiles ne sont point à craindre quelle que soit leur longueur; ils serrent quelquefois avec leurs forcipules comme les autres Chilognathes, mais la piqûre qu'ils occasionnent est moins sensible encore que celle des Cryptops et des Lithobies. Il paraît cependant que c'est à ces Myriapodes qu'il faut attribuer quelques faits rapportés par les médecins, de Scolopendre qui auraient vécu dans les fosses nasales, dans les sinus frontaux et ce qui est plus douteux encore, dans certains abcès. Les *Mémoires de l'Académie des Sciences de*

---

(1) M. Newport rappelle (*Trans. linn. soc. Lond.*, t XIX, p. 431) qu'Oviedo avait remarqué des Scolopendres phosphorescentes à Saint-Domingue, et qu'il en parle dans son ouvrage intitulé : *Cronica de las Indias*, liv. 15, chap. 2, p. 113.

Paris, pour 1708 et 1733 rapportent deux cas de ce genre ; M. A. Lefèvre, entomologiste bien connu, en a communiqué un à la *Société entomologique de France* en 1833, et les *Comptes rendus des travaux de l'Académie des sciences médicales de Metz*, par M. Scoutetten, en signalent un semblable, le seul dont nous reproduirons ici les détails. Il a pour titre : *Hémicranie due à la présence d'une Scolopendre dans les sinus frontaux.* « Depuis plusieurs mois, au rapport de M. Scoutetten, une femme des environs de Metz, âgée de 28 ans, ressentait dans les narines un fourmillement très-incommode, accompagné d'une sécrétion abondante de mucus nasal, lorsque vers la fin de septembre 1827 de fréquents maux de tête vinrent s'ajouter à ces symptômes. Les douleurs, supportables dans les premiers moments, prirent bientôt de l'intensité et se renouvelèrent par accès. Ces accès, à la vérité, n'avaient rien de régulier dans leur retour ni dans leur durée ; ils débutaient ordinairement par des douleurs lancinantes, plus ou moins aiguës, occupant la racine du nez et la partie moyenne du front, ou par une douleur gravative qui s'étendait de la région frontale droite, à la tempe et à l'oreille du même côté, puis à toute la tête. L'abondance des mucosités nasales forçait la malade à se moucher continuellement. Ces mucosités, fréquemment mêlées de sang, avaient une odeur fétide. A cet état s'ajoutait souvent un larmoiement involontaire, des nausées et des vomissements ; quelquefois les douleurs étaient tellement atroces que la malade croyait être frappée d'un coup de marteau ou qu'on lui perforait le crâne. Alors les traits de la face se décomposaient, les mâchoires se contractaient, les artères temporales battaient avec force ; les sens de l'ouïe et de la vue étaient dans un tel état d'excitation que la lumière et le moindre bruit devenaient insupportables. D'autres fois la malade éprouvait un véritable délire, se pressait la tête dans les mains et fuyait sa maison, ne sachant plus où trouver son refuge. Ces crises se renouvelaient cinq ou six fois dans la nuit et autant dans la journée; une d'elles dura quinze jours presque sans interruption. Aucun traitement méthodique ne fut employé. Enfin, après une année de souffrance, cette maladie extraordinaire fut subitement terminée par l'expulsion d'un insecte, qui, jeté sur le plancher, s'agitait avec rapidité en se roulant en spirale; placé dans un peu d'eau il y vécut plusieurs jours et ne périt que lorsqu'il fut mis dans l'alcool.

» Cet insecte m'ayant été apporté de suite, je constatai qu'il avait deux pouces trois lignes de long sur une ligne de large et qu'il portait deux antennes; que son corps, de couleur fauve, aplati tant en dessus qu'en dessous, était composé de 64 anneaux armés chacun d'une paire de pattes; que par conséquent c'était une Scolopendre de la famille des mille-pieds ou Myriapodes. L'ayant remis à MM. Hollander et Rousselle pour en déterminer l'espèce, ces entomologistes reconnurent que cet insecte réunissait les caractères que Fabricius, Linné et Latreille assignent à la *Scolopendre électrique*. »

Une figure qui accompagne le récit de M. Scoutetten représente en effet un Géophile voisin des *Geoph. carpophagus* et *electricus*.

Nous possédons maintenant des Géophiles de presque toutes les parties du monde. L'Europe est celle qui en a fourni le plus, mais il y en a aussi dans l'Inde, dans les deux Amériques (1) et même à la Nouvelle-Hollande. L'Afrique méridionale et Madagascar n'en ont pas encore donné, et les espèces connues dans les autres régions, sauf en Europe, ne sont pas nombreuses, ce qu'il faut sans doute attribuer au peu de soin qu'on a mis à recueillir des animaux de ce groupe.

Leach, qui a le premier reconnu la nécessité de séparer génériquement les Géophiles des autres Scolopendres, a aussi essayé de les partager en sections ou sous-genres pour rendre plus facile la distinction de leurs espèces. Il a distingué deux de ces groupes et les a caractérisés par la longueur respective de leurs antennes, qui sont chez les uns deux fois aussi longues que la tête et quatre fois chez les autres. Une des espèces décrite par nous, en 1835, le *G. Barbaricus*, nous a paru devoir former un troisième groupe, caractérisé par ses antennes coniques et dont les articles décroissant en diamètre sont pour la plupart quadrilatères.

En 1837 nous signalions, soit d'après nos propres recherches, soit d'après celles des auteurs, 20 espèces de Géophiles, et nous y ajoutions une quatrième section, placée en tête de tout le groupe, caractérisée essentiellement par l'allongement médiocre des antennes, la grande étroitesse de la tête et le grand développement des forcipules. M. Newport, qui s'est occupé depuis lors (1842 et 1845) du même sujet,

---

(1) M. Goudot a rapporté de Colombie deux espèces de Géophiles encore inédites : l'une voisine du *G. longicornis*, mais à antennes un peu moins longues, et dont le corps a 0,050 ; l'autre à segments plus élargis, longue de 0,110, et que ses caractères rapprochent davantage du *G. Barbaricus*. Voyez P. Gervais, *Ann. soc. entom. de France*, 2ᵉ série, 1844, p. xxix.

a donné à nos sections et à celle de Leach, la valeur générique :

1. Nos *Géophiles maxillaires* sont ses *Mecistocephalus*.

2. Les *Géophiles longicornes* deviennent son genre *Necrophlœophagus* ou *Artronomalus*.

3. Nos *Géophiles monilicornes* sont les *Geophilus* de M. Newport et sans doute les *Strigamia* de M. J. E. Gray.

4. Le genre *Gonibregmatus* de M. Newport répond à nos *Géophiles monilicornes* pourvus du plus grand nombre de pieds, le *G. Walckenaeris* ou *Gabriellis*, par exemple.

5. Nos *Géophiles acuticornes* n'ont pas encore reçu, que nous sachions, de dénomination générique.

Il ne nous semble pas nécessaire de considérer ces cinq groupes comme autant de genres distincts, et nous les conserverons comme de simples divisions, les seules qu'il soit encore nécessaire d'admettre pour la classification des espèces du genre *Geophilus*. La limite de chacun de ces groupes ne peut d'ailleurs être établie que d'une manière assez arbitraire.

1.

Géophiles maxillaires.

Geophili maxillares, P. Gervais, *Ann. sc. nat.* 2ᵉ série, t. VII, p. 178. — Mecistocephalus Newport, *Proceed. zool. soc. London*, 1842, p. 178.

Tête très-étroite, fort allongée, à antennes assez longues; forcipules très-développées, non recouvertes par la tête; pattes peu nombreuses, au nombre de 45 ou 50 paires environ.

1. Géophile maxillaire. (*Geophilus maxillaris.*)
(Pl. 39 , fig. 5.)

Tête étroite, allongée, ne recouvrant pas les pinces, un peu
plus large en avant qu'en arrière , arrondie à ses angles, montrant
près de sa base trois saillies longitudinales parsemées de poils;
quelques ponctuations fortes , mais rares sur la partie inférieure
du segment qui porte les pinces ; celles-ci subdentées à leur
partie plissée , un peu velues; dessus du même étroit , carré ,
bordé par la partie basilaire des pinces ; dessus des segments
subrugueux, marqué de deux lignes longitudinales submarginales ; dessous des segments marqué de trois sillons longitudinaux, un médian et deux marginaux; 46 segments pédigères ;
antennes rapprochées à leur insertion , allongées, subfiliformes,
à poils assez longs. Tête et forcipules ferrugineux, luisants; antennes, pattes et corps fauve pâle. Longueur totale 0,040.

Geoph. maxill., P. Gerv. , *Ann. sc. nat.*, 2e série, t. **VII**,
p. 52. — *Id.*, *Atlas de zoologie*, pl. 55, fig. 4.

De Paris. On trouve cette espèce en abondance dans les serres
du Muséum de Paris, principalement sous les pots à fleurs enfoncés dans la tannée ; je ne la donne cependant qu'avec doute
comme de Paris, parce que je ne l'ai pas encore trouvée ailleurs
dans cette ville et qu'il se pourrait qu'elle eût été importée en
même temps que quelques végétaux exotiques.

2. Géophile ferrugineux. (*Geophilus ferrugineus.*)

Tête et corps roux ferrugineux ; tête étroite ne cachant pas
les mandibules qui sont fortes et prolongées au delà de la tête ;
une ligne dorsale brune ; des poils sur le corps et les appendices; 46 segments pédigères. Longueur du corps 0,040.

Geoph. ferrug., Koch, *Deutschl. Crust., Myriap. und. Ins.*,
fasc. 3 , pl. 2.

D'Allemagne.

3. Géophile lèvre ponctuée. (*Geophilus punctilabium.*)

Tête, mandibules, lèvre et segment subbasilaire ferrugineux;
mandibules tridentées ; corps brun vert, avec les deux segments
postérieurs, les antennes et les pieds ocracés ; segment frontal
et lèvre aplatis ; celle-ci marquée de ponctuations fortes et serrées.
61 paires de pieds. Longueur 2 pouces (0,054).

Mecistocephalus punctilabium Newport, *Proceedings zool. soc. London*, 1842, p. 179. — Id., *Trans. philos. soc. London*, t. XIX, pl. 32.

De l'île de Corfou (British Museum). M. Newport ajoute que le segment frontal de cette espèce est aplati et ponctué, droit à son bord postérieur, un peu arrondi à l'antérieur ; les mandibules sont lisses, luisantes et garnies de deux ou trois petites dents; la lèvre a des ponctuations nombreuses et un sillon médiocre ; la surface dorsale du corps montre trois sillons longitudinaux ; les filets anaux ont cinq articles dont le second et le troisième plus petits et les quatrième et cinquième plus longs. Ce sont bien distinctement ici des organes de locomotion, et sous ce rapport ils ressemblent à ceux des Scolopendres et des Cryptops.

4. Géophile mandibulaire. (*Geophilus mandibularis.*)

Tête fauve ferrugineux, brillante, déprimée, plus longue que large, étroite, fortement ponctuée; pinces fortes, allongées, fauve ferrugineux, finement ponctuées, à crochets considérables, arqués, noir luisant ; antennes très-allongées, fauve roussâtre, à articles antérieurs annelés de ferrugineux ; corps fauve roussâtre, sauf les premiers segments, qui sont ferrugineux, finement ponctués, marqués de deux impressions et en arrière d'un sillon transverse; trois impressions en dessous; pieds fauves, testacés, à ongles brun roussâtre. Longueur 0,035, largeur 0,002 3/4.

Arthronomalus mandib., Lucas, *Revue zool. de Guérin*, 1846, p. 288. — *Id.*, Algérie, *Anim. artic.*, part. I, p. 350, pl. 2, fig. 11.

D'Algérie. Abondant en hiver et au prinptemps dans les provinces de l'est et de l'ouest ; particulièrement aux environs d'Alger, de Philippeville, de Constantine, de Bone et de la Calle. C'est ordinairement sous les pierres très-humides qu'on le trouve.

5. Géophile punctifrons. (*Geophilus punctifrons.*)

Segment frontal et mandibule profondément ponctués, avec le segment basilaire et la lèvre marron foncé; corps testacé; chaque mandibule pourvue de deux larges dents aiguës; 49 paires de pieds. Longueur 2 pouces 3/10 (0,077).

Mecistocephalus punct., Newport, *Proceed. zool. soc.*

London, 1842, p. 179. — *Id.*, *Philos. trans. Lond.*, t. XIX,
pl. 32, fig. 17.

De l'Inde près Maderapatam, par M. Elliot (British Museum).
M. Newport ajoute à la description que nous venons de reproduire : segment frontal luisant avec quelques ponctuations
éparses, mandibules très-fortes, luisantes et profondément
ponctuées à leur surface supérieure, tranchantes et bidentées à
leur bord interne; lèvre aplatie, luisante, marquée d'une dépression longitudinale et de quelques petites ponctuations; corps
graduellement rétréci, large et fort en avant Peut-être que le
nombre des pieds n'était pas encore complet dans l'exemplaire
observé.

6. Géophile de Guilding. (*Geophilus Guildingii.*)

Segment frontal luisant, avec quelques ponctuations éparses,
à côtes et angles postérieurs arrondis, ferrugineux; mandibules
quadridentées; segment basilaire et lèvre luisants, ferrugineux,
avec un large sillon et de fortes ponctuations sur la lèvre; corps
jaunâtre testacé; 49 paires de pieds Longueur 1 pouce 1/2 (0,040).

Mecistocephalus Guildingii, Newport, *Proceed. zool. soc.*
London, 1842, p. 179.

De l'île Saint-Vincent, aux Antilles, par M. Guilding (British
Museum). Cinq exemplaires de cette espèce différaient pour la
taille, mais ils avaient exactement le même nombre de pieds.

7. Géophile millepoint. (*Geophilus millepunctatus.*)

Tête en ovale, tronquée en arrière, marquée de ponctuations
éparses et comme grêlée; segment maxillaire court en dessus,
transversal, plus grand, en carré obtus à ses angles en dessous,
marqué en dessus et en dessous de ponctuations qu'on retrouve
aussi, mais plus fines, sur les segments du corps, où elles sont
de moins en moins marquées; 60 segments pédigères composés
chacun de deux anneaux fort inégaux en dessus, et d'un seul en
dessous ; une double impression linéaire longitudinale sur le dos
à la grande portion des anneaux; une impression linéaire sub-
marginale à la partie inférieure des anneaux, et un point sécréteur médian; la plaque du segment anal scutiforme; antennes
rapprochées sur le bord antérieur de la tête, longues, subfiliformes appointies, à poils très-courts et plus nombreux, longues
de 0,009; pinces fortes, allongées, dentées à leur bord interne

sur les plicatures ; appendices styliformes du segment anal assez longs, filiformes, pourvus d'un petit ongle. Couleur roux fauve, avec une bande fine plus claire sur le milieu du dos, antennes, tête et pinces ferrugineux luisants. Longueur totale du corps 0,080, largeur 0,002.

De Valdivia, au Chili , par M. Cl. Gay.

Cette espèce rentre dans la catégorie de nos Géophiles maxillaires, qui sont les Gonibregmates de M. Newport ; elle paraît voisine du *G. Guildingii*. Un individu de la même localité, mais plus petit, a quelques paires de pattes de moins ; ses antennes sont un peu moins longues et plus velues, ses ponctuations de la tête sont plus marquées, mais moins nombreuses, surtout en avant. Il a également été rapporté par M. Gay.

M. Pissis a rapporté du Chili des Géophiles millepoints qui sont plus jaune pâle sur le corps et moins foncés sur la tête et les antennes que ceux de M. Gay.

8. Géophile de Hope. (*Geophilus Hopei.*)

Orangé, à lèvre lisse, luisante, faiblement bidentée et très-légèrement sillonnée longitudinalement, antennes courtes pubescentes ; plaques dorsales lisses, convexes, arrondies sur les côtés, bisillonnées longitudinalement ; 61 paires de pieds dans le mâle. Longueur 1 pouce 6/10 (0,045).

Arthron. Hopei, Newport, *Trans. linn. soc. Lond.*, t. XIX, p. 433.

Des environs de Naples.

9. Géophile fauve. (*Geophilus flavus.*)

Tête, corps et pieds fauves ; crochets des pointes noirs ; segment céphalique lisse, marqué de deux impressions latérales, à angles postérieurs aigus ; antennes velues, trois fois plus longues que la tête ; lèvre lisse, pinces marquées de ponctuations obsolètes ; 69 paires de pieds. Longueur 2 pouces 1/2 (0,105).

Geoph. flavus, Newport, *Trans. linn. soc. London*, t. XIX, p. 433.

D'Angleterre, auprès de Glocester.

10. Géophile opiné. (*Geophilus opinatus.*)

Orangé ; tête et corps élargis ; tête cordiforme carrée ; antennes courtes et velues ; lèvre très-allongée, large, lisse, lui-

sante, faiblement ponctuée ainsi que les pinces ; 52 à 54 paires
de pieds. Longueur 2 pouces 1/10 (0,076).

Arthron. opinatus, New., *Trans. linn. soc. London*,
t. XIX, p. 433.

De la Nouvelle-Hollande, et peut-être aussi de Van Diemen.

2.

Géophiles longicornes.

. *Geophili longicornes*, Leach, *Zool. misc.*, t. III,
p. 45. — P. Gerv., *Ann. sc. nat.*, 2ᵉ série, t. VIII,
p. 52. — Necrophlæophagus, Newp., *Proceed. zool.
soc. London*, 1842, p. 180.—Arthronomalus, Newp.,
Trans. linn. soc. London, t. XIX, p. 430; 1845.

Antennes à peu près quatre fois aussi longues que
la tête, à articles suballongés ; tête subcarrée, ne recouvrant qu'incomplétement les forcipules qui sont moins
développées que dans le groupe précédent. Anneaux
à peu près en même nombre que dans ceux-ci.

11. **Géophile longicorne.** (*Geophilus longicornis.*)
(Pl. 39, fig. 4..)

Jaune ; tête, mandibules et lèvre ferrugineux foncé ; antennes velues, quatre fois aussi longues que la tête ; leurs trois
ou quatre segments terminaux plus grêles que les autres ; lèvre
lisse, marquée de quelques petites ponctuations subconiques ;
pieds jaunes, au nombre de 55 paires ; appendices styliformes
de l'anus grêles, un peu poilus. Longueur 2 pouces 1/2 à 3 pouces.

Geoph. longicornis, Leach, *Trans. linn. soc. Lond.*, t. XI,
p. 386. — *Id.*, *Zool. misc.*, t. III, p. 45, pl. 140, fig. 3-6. —
Koch, *Deutschl. Crust.*, *Myr. und Arachn.*, fasc. 3, pl. 4. —
Geoph. electricus, P. Gerv., *Ann. sc. nat.*, 2ᵉ série, T. VII,
p. 52. — *Necrophlæophagus longicornis*, Newport, *Proceed.
zool. soc. London*, 1842, p. 180. — ? *Scolopendra electrica*,
Linné. — Gmel., *Syst. nat. Ins.*, p. 3017. — *Arthronomalus
longic.*, Newport, *Trans. linn. soc. Lond.*, t. XIX, pl. 32
fig. 3, 18 et 19, p. 430; 1845.

D'Angleterre, de France, d'Allemagne.

On a quelquefois considéré comme étant de la même espèce
que le *G. longicornis* le *Scol. electrica* de Linné, mais cette
synonymie, qui est en effet douteuse, a été contestée par plusieurs entomologistes, et en particulier par M. Newport, qui
fait remarquer que Linné donne au *Sc. electrica* 70 paires de
pattes, tandis que les *G. longicornis* n'en ont que 55. Le *G. lon-*
gicornis, type de notre sous-genre des Géophiles longicornes,
est le type des genres NECROPHLÆOPHAGUS et ARTHRONOMALUS de
M. Newport (1). M. Koch donne à cette espèce 50 paires de
pieds et une longueur de 0,030. Leach avait déjà donné sur les
jeunes de cette espèce une courte indication que nous avons reproduite ailleurs dans ce volume (2). M. Newport a donné récemment quelques indications nouvelles à leur sujet.

Il a vu que la femelle pond dans une petite cellule, faite par
elle dans la terre, un petit paquet de ses œufs qui sont assez
nombreux. Elle ne les abandonne pas qu'ils ne soient éclos,
ce qui a lieu trois semaines après la ponte. Les jeunes ont en
éclosant le même nombre d'articles aux antennes que les adultes,
et seulement quatre ou cinq segments et autant de paires de pieds
de moins qu'eux.

Dans certains cas, les Géophiles longicornes sont phosphorescents à un très-haut degré.

12. GÉOPHILE SEMBLABLE. (*Geophilus similis.*)

Jaune verdâtre; tête, antennes et région anale orangées; crochet des pinces et ongles noirs; segment céphalique allongé,
carré, convexe, un peu rétréci en avant, droit en arrière; antennes velues, moniliformes; leur article terminal suballongé,

---

(1) Voici les caractères génériques donnés par M. Newport
en 1842 :

Segment frontal carré, un peu plus long que large, obtus à ses
angles; antennes insérées sur le front, subrapprochées, plus de
trois fois aussi longues que le segment frontal, à articles deux fois
aussi longs que larges, coniques; segment basilaire court, à bord
postérieur plus large que le frontal; mandibules courtes, étroites,
arrondies à leur bord interne qui manque de dents; lèvre large, à
peu près carrée, échancrée à son bord; corps subfiliforme; plus de
50 paires de pieds; segment préanal étroit, à appendices styliformes courts.

(2) Page 28.

le basilaire et le second égaux : lèvre lisse , subtriangulaire, saillante dans sa partie médiane ; 55 paires de pieds. Longueur 2 pouces 3/4 (0 074).

Arthron. similis, Newp., *Trans. linn. soc. London*, t. XIX, p. 432.

D'Angleterre, auprès de Sandwich, dans le comté de Kent.

13. Géophile ventre ponctué (*Geophilus punctiventris.*)

Jaune ; tête ferrugineux foncé ; antennes jaunes, à peu près trois fois aussi longue que la tête , à articles ponctués, velus ; lèvre carrée, profondément ponctuée ; bord interne des mandibules bidenté ; appendices styliformes de l'anus larges , avec des ponctuations et des poils serrés ; pieds velus , 66 paires. Longueur 2 pouces (0 055).

Necrophlœophagus punctiventris, Newport , *Ann. and Mag. of nat. hist.*, t. XIII, p. 101. — *Id.*, *Trans. linn. soc.*, t. XIX, p. 432.

De Sicile (British Museum).

3.

Géophiles monilicornes.

Geophili monilicornes, P. Gervais, *partim* , *Ann. sc. nat.*, 2e série, t. VII, p. 52. — *Geophilus* , Newport , *Trans. linn. soc. Lond.*, 1844.

Tête obtuse en avant , subcarrée en arrière , peu allongée, recouvrant presque les forcipules ; celles-ci médiocres ; antennes deux ou trois fois aussi longues que la tête, moniliformes ; pieds assez nombreux, surtout dans les dernières espèces.

14. Géophile électrique. (*Geophilus electricus* **).**

Subfusiforme, ocracé ; antennes assez longues ; appendices styliformes de l'anus épais , à articles courts ; 74 paires de pieds. Longueur 0,050.

Geoph. electricus, Koch , *Deutchl. Crust.*, *Myr. und Ins.*, fasc. 3., pl. 6. — ? *Scolopendra electrica*, Linné-Gmel., *Syst.*

nat., ins., p. 3017. — ? *Scolop. flava*, De Geer, *Ins.*, t. VII,
p. 561, pl. 37, fig. 17. — ? Frisch, *Ins.*, t. II, fig. 1.

De plusieurs parties de l'Europe.

Linné cite plusieurs auteurs dans sa synonymie du *Sc. electrica*, mais il ne donne pas à cette espèce d'autre caractère que celui-ci : Pedibus utrinque 70, corpore lineari. Et il ajoute : Habitat in *Europæ* suffocatis, in tenebris lucens.

Le Myriapode indiqué par Geoffroy comme un Scolopendre à 140 pattes, n'a pas été caractérisé d'une manière précise par cet auteur, qui a sans doute confondu plusieurs espèces assez différentes, parmi lesquelles on peut reconnaître le *Scol. electrica* ou *fulva* (qui est peut-être aussi le *Geoph. carpophagus*, remarquable par la couleur brune dont parle Geoffroy), et le *Cryptops hortensis* ou *Savignyi*, ce dernier ayant contribué dans la description de l'entomologiste parisien pour les antennes qui sont données comme pourvues de 17 articles.

Geoffroy a aussi indiqué parmi ses Scolopendres, le Pollyxène, le Polydème aplati, la Lithobie et la Scutigère.

15. Géophile crassipède. (*Geophilus crassipes.*)

Fusiforme allongé, ochracé ; appendices styliformes de l'anus très-épais. Longueur 0,029.

Geoph. crassipes, Koch, *Deutschl. Crust., Myr. und Ins.*, fasc. 3, pl. 3.

D'Allemagne. La figure donnée par M. Koch ne montre que 46 paires de pieds, les antennes y sont assez longues, les appendices postérieurs sont épais, subpalmiformes et semblables à ceux d'une espèce de Geophile que nous avons recueillie à Montpellier.

16. Géophile sanguin. (*Geophilus sanguineus.*)

Tête petite, ovalaire, tronquée en arrière ; segment mandibulaire petit, plus étroit ainsi que la tête et le postérieur, que ceux du milieu du corps ; segments lisses, luisants, leurs deux moitiés bien distinctes, la postérieure beaucoup plus petite que l'antérieure ; dessous des segments marqués de deux lignes longitudinales latérales ; trente-neuf segments pédigères ; pieds subvelus ; ceux de la dernière paire plus forts que les autres dirigés en arrière, aplatis, velus, à articles courts. Couleur générale ferrugineux sanguin ; forcipules faibles ; antennes deux fois longues comme la

tête à articles moniliformes courts, finement velus. Longueur
0,020, plus grande largeur 0,002.

Des environs de Paris, dans la forêt de Bondy, par M. Rozet,
employé au Muséum. Cette jolie espèce est sans contredit celle
de tous les Géophiles qui ressemble le plus aux Cryptops par
son apparence générale.

17. Géophile simple. (*Geophilus simplex.*)

Jaune pâle sur tout le corps ; antennes moniliformes deux fois
aussi longues que la tête, à articles serrés, courts, égaux entre eux,
si ce n'est le dernier qui est deux fois au moins aussi long que
les précédents ; impression des anneaux peu marqués, consistant
en dessus en deux petits traits obliques et en dessous en une impression stigmatiforme peu évidente ; 80 paires de pieds. Longueur 0,048, largeur, 0,0015.

Geoph. simp., P. Gerv., *Mag. zool. de Guérin*, cl. IX,
n° 132, p. 9, 1835.—*Id.*, *ibid.*, pl. 137, fig. 1.—*Geoph. linearis*,
Koch, *Deutchl. Crust.*, *Myriap. und Insect.*, fasc. 4, pl. 1.

De France, de Belgique et d'Allemagne. Je l'ai d'abord trouvé
auprès de Paris, sur les bords de la Bièvre et dans le bois de
Meudon. M. Pétri l'a recueilli près de Colmar. M. Vanbeneden
me l'a envoyé de Belgique, et j'y rapporte l'espèce que M. Koch
a nommée plus récemment *Q. linearis* et dont il résume ainsi
les caractères :

G. linearis, pallide ochraceus, capite brevi, postice et collo
obscurioribus, pedibus posticis tenuibus, articulis breviusculis.
La figure publié par M. Koch fait voir 74 paires de pieds.

18. Géophile carpophage. (*Geophilus carpophagus.*)

Tête, antennes et anus fauves, corps violacé fauve en avant ;
pieds fauves pâles. Longueur 2 pouces à 2 pouces 1/2 (0,067).

Geoph. carp., Leach, *Trans. linn. soc. Lond.*, t. XI, p. 384.
—*Arthronomalus carp.*, Newport, *ibid.*, t. XIX, p. 432.

D'Angleterre (Leach) et de France.

Nous avons rapporté à cette espèce des Géophiles assez communes à Paris et dans quelques lieux des environs, dont la taille
ne dépasse pas deux pouces à deux pouces et demi. Leurs antennes sont deux fois aussi grandes que la tête, à articles égaux ;
la tête est jaunâtre ainsi que le dernier segment ; une large bande

d'un brun violacé règne sur tout le dos et le dessous du corps;
les côtés sont jaunâtres.

Ce Géophile habite quelquefois l'intérieur des fruits, des abri-
cots particulièrement ; on le trouve aussi dans la terre, sous les
feuilles mortes, sous les écorces. Nous en avons pris pendant la
nuit, dans l'intérieur d'un appartement, un individu qui était
complétement phosphorescent. On pourrait donc admettre que
cette espèce a été prise quelquefois pour le Géophile électrique.

19. Géophile souterrain. (*Geophilus subterraneus.*)

Corps fauve ; tête ferrugineuse, petite ; antennes fauves,
épaisses, peu velues ; lèvre assez lisse marquée d'une saillie
linéaire médiane ; appendices anaux épais, ponctués ; 78 à 83
paires de pieds. Longueur, 3 pouces 1/2 (0,095).

Geoph. subt., Leach, *Trans. linn. soc. Lond.*, t. XI, p. 385.
—Newport, *Trans. linn. soc.*, t. XIX, p. 436, pl. 32, fig. 10.

D'Angleterre.

20. Géophile acuminé. (*Geophilus acuminatus.*)

. Corps entièrement ferrugineux, se rétrécissant peu à peu en
avant ; tête en avant et pieds plus pâles. Longueur 1 pouce et
demi (0,040).

M. Koch le caractérise ainsi : ferrugineux, avec une ligne
dorsale plus pâle ; fusiforme ; tête petite ; 50 paires de pieds,
sans les appendices anaux. Longueur 0,040.

Geoph. acum., Leach, *Trans. linn. soc. Lond.*, t. XI,
p. 386.—Koch, *Deutschland Crust., Myriap. und Arachniden,*
fascicule 9, n° 6.—*Geoph. acum.*, Newp., *Trans. linn. soc. Lond.*
t. XIX, p. 434.

D'Angleterre et d'Allemagne.

21. Géophile breviceps. (*Géophilus breviceps.*)

Entièrement ferrugineux ; tête convexe, lisse, subtriangulaire, arrondie en avant, marquée d'une impression linéaire
transverse et tronquée en arrière ; segment basilaire plus court
que le subbasilaire ; antennes à peu près trois fois plus longues
que la tête, moniliformes ; lèvre courte, marquée d'une impression linéaire médiane ; 53 paires de pieds dans le mâle. Longueur 1 pouce (0,028).

Geoph. brev., Newp., *Trans. linn. soc. Lond.*, t. XIX ,
p. 435.

D'Angleterre.

22. GÉOPHILE DU HOUBLON. (*Geophilus humuli.*)

Fauve ferrugineux ; tête étroite subcarrée, allongée, arrondie
en avant, droite en arrière ; segment basilaire très-étroit; antennes velues, appointies, leurs articles basilaires petits ; lèvre
crêtée longitudinalement ; crochets des pinces noirs ; 71 paires
de pieds. Longueur 1 pouce 3/4 (0,046).

Geoph. humuli, Newp., *Trans. linn. soc. Lond.*, t. XIX ,
p. 435.

Du comté de Kent, dans les plantations d'*Humulus lu-
pulus.*

23. GÉOPHILE VÉSUVIEN. (*Geophilus Vesuvianus.*)

Ferrugineux ; deux bandes longitudinales plus foncées ; tête
lisse, convexe, subtriangulaire, arrondie en avant; antennes allongées, moniliformes, velues; lèvre courte, échancrée ; 69
paires de pieds dans le mâle. Longueur 1 pouce 4/10 (0,035).

Geoph. Vesuv., Newp., *Trans. linn. soc. Lond.*, t. XIX ,
p. 435.

Des environs de Naples.

24. GÉOPHILE MARITIME. (*Geophilus maritimus.*)

Linéaire, brun ferrugineux ; tête et antennes ferrugineuses ;
pieds brun jaunâtre. Longueur 1 pouce 1/2 et plus (0,037).

Geoph. mar., Leach , *Zool. miscell.*, pl. 140, fig. 1-2.

D'Angleterre.

25. GÉOPHILE DES BOIS. (*Geophilus nemorensis.*)

Étroit, surtout en avant; ocracé; blanchâtre en arrière à partir du douzième segment ; articles des appendices styliformes de
l'anus courts; antennes assez courtes ; 58 paires de pieds. Longueur 0,045.

Geoph. nem., Koch, *Deutschl. Crust., Myriap. und Arachn.*
fasc. 9, pl. 4.

D'Allemagne.

26. GÉOPHILE BRÉVICORNE. (*Geophilus brevicornis.*)

Sublinéaire, ocracé ; tête plus foncée à ses parties latérales, avec une ligne médiane noire; antennes courtes; appendices styliformes de l'anus subfiliformes, plus longs que les pieds, pourvus d'un ongle terminal; 78 paires de pieds.

Geoph. brevicornis, Koch, *Deutschl. Crust., Myr. und Ins.*, fasc. 9, pl, 3.

D'Allemagne.

27. Géophile concolore. (*Geophilus concolor.*)

Corps allongé, étroit surtout en arrière; tête ovalaire tronquée en arrière, finement marquée ainsi que le dessus du segment forcipulaire de ponctuations irrégulières; celui-ci étroit; les segments marqués en dessus de deux stries moins longues qu'eux, mais assez larges et peu profondes, subrugueux; marqués en dessous d'une strie marginale profonde et d'une impression linéaire médiane; 70 segments pédigères; appendices styliformes du segment anal très-courts, uniarticulés?; ce segment scutiforme en dessus; antennes rapprochées par leur base, finement velues, à articles moniliformes décroissant en volume, sauf le dernier qui est plus long et plus fort que les autres, longues de 0,004. Couleur brun ferrugineux foncé, sur le corps, la tête, les antennes et les pieds. Longueur du corps 0,070, largeur 0,002.

De Port-Jackson, à la Nouvelle-Hollande, par Péron et M. Lesueur, expédition du capitaine Baudin. (Collection du Muséum.)

28. Géophile rougeatre. (*Geophilus rubens.*)

Corps large au milieu, rougeâtre avec une double ligne médio-dorsale noire; tête subcordiforme; antennes très-velues; des poils moins nombreux sur le corps et les pieds; deux impressions linéaires longitudinales sur les segments et une transversale à leur base; dernier segment plus long que le pénultième, étroit et arrondi à son extrémité; 50 paires de pieds; lèvre et pinces lisses, marquées de ponctuations rares; pinces noires; lèvre non denticulée, profondément fendue. Longueur 1 pouce 1/4 (0,033).

Geoph. rubens, Say, *Journ. acad. nat. sc. Philadelph.*, t. II, p. 113, 1821. — Newp., *Trans. linn. soc. Lond.*, t. XIX, p. 435.

Des États-Unis (British Museum).

29. Géophile brévilabié. (*Geophilus brevilabiatus.* **)**

Brun; tête courte, subovalaire transverse; segment basilaire et subbasilaire presque égaux; lèvre courte, échancrée, un peu crêtée à son milieu; 79 paires de pieds. Longueur 2 pouces (0,054).

Geoph. brev., Newp., *Trans. linn. soc. Lond.*, t. XIX, p. 436.
De Tenasserim, dans l'Inde.

30. Géophile linéaire. (*Geophilus lineatus.***)**

Gris pâle; côtés des segments et deux lignes longitudinales rapprochées de couleur bleu foncé; tête, antennes et segment anal roux; 77 paires de pieds. Longueur 3 pouces 1/2 (0,095).

Geoph. lin., Newp., *Trans. linn. soc. Lond.*, t. XIX, p. 436.
De Honduras.

31. Géophile de White. (*Geophilus Whitei.***)**

Tête orangée; corps fauve verdâtre; tête courte, subcordiforme; antennes nues, moniliformes; lèvre un peu crêtée longitudinalement, faiblement sillonnée de chaque côté; 74 paires de pieds. Longueur 1 pouce 1/4 (0,033).

Geoph. White, Newp., *Trans. linn. soc. Lond.*, t. XIX, p. 436.
Patrie? L'exemplaire type de cette espèce est conservé au British Museum.

4.

Géophiles très-longs.

Geophili molinicornes, partim, P. Gervais, *ann. sc. nat.*, 2ᵉ série, t. VI, p. 52. — Gonibregmatus, Newport, *Proceed. zool. soc. London*, 1842, p. 180.

Antennes deux fois à peu près aussi longues que la tête, moniliformes; tête subarrondie en avant, rectiligne à son bord postérieur; forcipules faibles, courbées en demi-cercle; segments pédigères et pieds fort nombreux (150 à 160).

32. Géophile de Cuming. (*Geophilus Cumingii.*)

Gris cendré ; tête très-convexe , arrondie en arrière ; mandibules noirâtres ; lèvre lisse ; tous les segments très-courts, convexes ; surface dorsale marquée de nombreux sillons irréguliers, plaques ventrale et dorsale atrophiées ; appendices styliformes de l'anus grêles ; écaille anale convexe, subcordiforme, arrondie en arrière et bordee de deux petites plaques marginales ; 161 paires de pieds, nus, à ongles noirs. Longueur 5 pouces (0,135).

Gonibregmatus Cumingii, Newport, *Proceedings zool. soc. London*, 1842, p. 181. — Id., *Trans. lin. soc. London*, t. XIX, p. 434, Pl. 32, fig. 11-14.

Des îles Philippines, par M. Cuming (British Museum).

C'est le type du genre Gonibregmatus de M. Newport, caractérisé ainsi par ce naturaliste (*loco citato*).

Segment frontal court, transverse, appointi en avant, le basilaire très-court, plus large que l'autre ; antennes moniliformes rapprochées à leur base, à articles très-courts , sauf le dernier qui est un peu allongé ; point d'yeux, forcipules très-grêles, longues, appointies, arquées , sans dents , comprimées et plissées à leur base ; lèvre très–courte, transverse, un peu saillante à son bord antérieur et échancrée ; lèvre interne saillante, épaisse , pliée et disposée pour sucer ; article terminal des palpes grêle et aigu ; segment subbasilaire, court mais plus large que le basilaire ; corps allongé, ayant plus de 160 segments ; pieds insérés dans de petites fossettes au bord latéral des plaques ventrales, les deux ou trois segments postérieurs élargis et renflés ; filaments styliformes de l'anus grêles , inutiles à la marche.

Plusieurs de ces caractères ne sont réellement que spécifiques et complètent la définition de l'espèce que nous avons donnée plus haut. En 1845, M. Newport a résumé ainsi dans son prodrome de classification les caractères génériques du genre *Gonibregmatus* :

« Segmentum cephalicum cordiforme, acutum ; antennæ filiformes ; corpus lineare. »

33. Géophile de Gabriel. (*Geophilus Gabrielis.*)
Pl. 39, fig. 6.

Tête formant un peu plus d'une demi-circonférence, non ponctuée non plus que le segment forcipulaire qui est plus petit que les suivants en dessus , dont les deux forcipules sont en cercle en dessous, avec une dent au bord antérieur de la lèvre; segments larges; peu développés dans leur partie accessoire supérieure, leur plaque principale en carré long, obtus ou anguleux à ses bords latéraux, marqué sur son milieu d'impressions ordinairement obsolètes; partie inférieure des segments marquée à son centre d'un pore sécréteur circulaire et bilatéralement d'une ligne longitudinale creuse; segment anal multilobé, finement granuleux ; antennes subaiguës, moniliformes, à articles décroissants, deux fois aussi longues que la tête ; 165 paires de pattes ; appendices styliformes de l'anus filiformes, de longueur moyenne non onguiculés; couleur fauve plus claire à la tête et aux antennes, passant au brunâtre sur la moitié postérieure du corps ; souvent rougie de pourpre en dessous par la sécrétion des pores abdominaux. Longueur du corps de 0,12 à 0,18 ; largeur 0,0035.

Scolopendra Gabrielis, Fabricius, *Spec. insect.*, t. I, p. 533.— Linn. Gmel., *Syst. nat., Ins.*, p. 3017 (1).—*Scolopendra semipedalis*, Léon Dufour, *Ann. gén. sc. phys.*, t. VI, p. 317, pl. 96, fig. 8. — *Geophilus longissimus*, Risso, *Europe mérid.*, t. V, p. 155 (2). — *Cryptops lævigatus* et *Gabrielis*; Brullé, *Expéd. scient. en Morée, Ins.* — *Geophilus lævigatus*, et *Geoph. Gabrielis*, P. Gerv., *Mag. zool. de Guérin*, 1835, cl. IX, pl. 137, fig. 2 et 3. — *Geoph. Walckenaerii*, P. Gerv., *Mag. zool. de Guérin*, 1835, cl. IX pl. 133 fig. 1.—*Id.*, *Atlas de zoologie*, pl. 56, fig. 6. — *Id. Ann. sc. nat.*, 3ᵉ série , t. II, p. 78, pl. 5, fig. 18-19 (*non* Blanchard, *Iconog. du règne anim., Ins.*, pl. 12, fig. 6). — *Geoph. rubovittatus*, Lucas ?, *Revue zoologique de Guérin*, 1846, p. 288.

Des Canaries (MM. Quoy et Gaymard), d'Algérie dans la Province de Constantine (M. le D. Guyon, M. Lucas); d'Espagne, d'Italie, du Midi de la France (Marseille, Montpellier, etc.),

---

(1) Voici la description du *Systema naturæ :*

148 paires de pieds. Habite en Italie. Apparence de la Scolopendre électrique, mais quatre fois plus grand; entièrement jaunâtre; antennes courtes, de 14 articles; queue semi-ovale avec un appendice et deux stylets à peine plus longs que la queue. Reçu du F. Gabriel Baro, capucin de Marseille.

(2) Ainsi caractérisé : Corps très-long, jaune, plus foncé à la tête; antennes et pieds pâles. Longueur 0,130; largeur 0,004.

du centre de la **France** jusque dans Paris ainsi que de Morée
(**M. Brullé**).

Quoique les descriptions données par les auteurs des *Scolopendra Gabrielis*, *Sc. semipedalis* et *Geophilus longissimus*,
etc., soient insuffisantes, nous croyons maintenant que ces scolopendres sont de même espèce que notre *Geophilus Walckenaerii*, et nous reprenons l'ancienne dénomination de *Gabrielis*.

Cette espèce qui est la plus grande de celles que nous avons
en Europe est aussi remarquable par ses nombreuses paires de
pattes et par ses organes de sécrétion que par sa grande taille.
L'étude microscopique de ses pores ventraux montre une
multitude de petites poches vésiculeuses chargées de sécréter la
liqueur purpurine qui colore le ventre de ces animaux et qu'ils
laissent suinter assez abondamment dans certaines circon-
stances.

5.

Géophiles acuticornes.

Geophili acuticornes, P. Gervais, *Ann. sc. nat.*,
2ᵉ série, t. VII, 53.

Tête subarrondie, rectiligne en arrière, recouvrant
les forcipules qui sont faibles ; antennes à articles sub-
carrés, décroissants et comme appointis à leur extrémité ; segments du corps larges, simples en dessus
comme en dessous, très-nombreux, ainsi que les pieds
(**70 à 110 environ**).

34. Géophile de Guillemin. (*Geophilus Guillemini.*)

Tête en demi-cercle, coupée en ligne droite à sa base ; arceau supérieur du segment des pinces aussi grand que les autres,
à peu près lisse, ainsi que la tête ; base des pinces très-fortement
ponctuée ; celles-ci ne débordant pas la tête ; segments du corps
subréticulés, marqués en dessus de quatre lignes longitudinales,
deux tout à fait marginales et deux submédianes ; en dessous de
deux lignes submarginales avec une dépression médiane ; partie
accessoire supérieure des segments très-petite ; 78 segments pé-

digères; appendices styliformes de l'anus médiocres, pointus;
antennes courtes, aiguës, à articles subtransverses, serrés,
décroissants, semblables à ceux des Géophiles acuticornes,
longues de 0,002 ; couleur jaune pâle, un peu verdâtre sur le
dos ; ferrugineux à la pointe des forcipules. Longueur du corps
0,080, largeur 0,002.

Du Brésil, par MM. Guillemin et Houlet, Coll. du Muséum
de Paris.

35. Géophile barbaresque. (*Geophilus barbaricus.*)

Corps très-long et assez large, un peu rétréci aux derniers
segments; tête subcirculaire, tronquée en arrière ; segment
maxillaire presque égal aux suivants; ceux-ci nombreux, marqués en dessus d'une ligne latérale, longitudinale, profonde, et
au milieu d'une double ligne également enfoncée, un peu
oblique et bordant la partie médio-dorsale des segments, qui est
quelquefois saillante et marquée d'une très-faible impression
longitudinale courte ou ponctiforme; une autre impression longitudinale, courte ou ponctiforme entre les lignes longitudinales, médianes et les latérales ; le dessous sans pore sécréteur
médian et marqué près de son bord externe d'une simple ligne
longitudinale ; 111 segments pédigères entre la tête et l'anus ;
antennes rapprochées sur le devant de la tête, moniliformes, un
peu appointies, deux fois aussi longues que la tête; filets anaux
à peu près moniliformes, de sept articles, non onguiculés ; couleur générale roux ferrugineux uniforme. Longueur 0,120 ou
0,130, largeur 0,004.

Geoph. barbar., P. Gervais, *Mag. zool. de Guérin*, 1835,
cl. IX, n° 133, pl. 133, fig. 3.

De Barbarie, dans la province de Bone principalement.

M. Koch a publié plusieurs Géophiles de Barbarie recueillis
par M. Wagner pendant son voyage en Algérie, et qui paraissent bien voisins du *G. barbaricus*. Il en est de même des
G. Savignyanus et *Lefevrei.*

D'Égypte.

36. Géophile douteux. (*Geophilus dubius.*)

Fauve ferrugineux, plus pâle en dessous ; front, pieds et antennes pâles ferrugineux ; 117 paires de pieds ; corps convexe

en dessus faiblement bisillonné ; un pore inférieur. Longueur 0,113.

Geoph. dubius, Brandt, *in* Wagner, *Reisen in der Regentschaft Algier*, p. 285.

D'Algérie. Peut-être le *Geoph. Gabrielis.*

37. Géophile viridipède. (*Geophilus viridipes.*)

Fauve ferrugineux sale ; tête et antennes subolivacées ; 100 paires de pieds, olivacées ; corps déprimé en dessus, à quatre impressions et autant de saillies longitudinales ; aplati en dessous ; pores ventraux presque nuls. Longueur 0,105.

Geoph. viridip. ? Brandt *in* Wagner, *Reisen in der Regentschaft Algier*, t. III, p. 288.

D'Algérie.

38. Géophile ambigu. (*Geophilus ambiguus.*)

Fauve ferrugineux, plus foncé en dessus ; 100 paires de pieds pâles ainsi que les antennes ; dos lisse, déprimé, trisillonné longitudinalement au milieu ; abdomen aplati, glabres, pourvu d'un petit pore médian sous les segments. Longueur 0,080.

Geoph. amb. ? Brandt. *in* Wagner, *Reisen in der Regentsch. Algier*, t. III, p. 288.

D'Algérie.

39. Géophile algérien. (*Geophilus Algerium.*)

Fauve ferrugineux plus pâle en dessous ; 106 paires de pieds ; un pore médian sous chaque segment. Longueur 0,125.

Geoph. amb. ? Brandt *in* Wagner, *Reis. in der Regentsch. Algier*, t. III, p. 289.

D'Algérie.

40. Géophile microcéphale. (*Geophilus microcephalus.*)

Rougeâtre ; tête petite, brun ferrugineux, lisse ; antennes assez longues, grêles ; segments finement granuleux en dessus pourvus d'une saillie médiane supérieure ; pieds courts, grêles ; 32 paires ; ceux de la dernière paire épaissis. Longueur 0,110.

Geophilus microcephalus, Lucas, *Revue zool. de Guérin,*

1846 , p. 288. — *Id.*, *Algérie, Anim. artic.*, 1re partie, p. 349, pl. 2, fig. 10.

D'Algérie.

41. GÉOPHILE FUSIFORME. (*Geophilus fusatus.*)

Bistre, avec une tache jaune de chaque côté des segments ; antennes courtes, violacées ; corps fusiforme aplati, bisillonné en dessus ; 120 ou 122 paires de pieds.

Geoph. fus., Koch , *in* Wagner, *Reise in der Regentsch. Algier*, t. III, p. 225. — Lucas, *Algérie, Anim. artic.*, 1re partie, p. 346.

D'Algérie.

42. GÉOPHILE DE SAVIGNY. (*Geophilus Savignyanus.*)

Scolopendra......, Savigny, *Égypte, Myriap.*, fig. 4, copiée dans notre Atlas sous le nom de *Géoph. égyptien.—Géoph. Savig.*, P. Gervais, *Ann. sc. nat.*, 2e série, t. VII , p. 53. — Brandt, *in* Wagner, *Reisen in der Regentschaft Algier*, p. 289.

D'Égypte (M. Savigny) ; d'Algérie (M. Wagner).

43. GÉOPHILE DE LEFÈVRE. (*Geophilus Lefevrei.*)

Geoph. Lefev., Guérin , *Iconogr. du Règne anim., Insectes*, pl. 1, fig. 10.

D'Egypte , par M. Lefèvre. Espèce non décrite.

44. GÉOPHILE DU XANTHUS. (*Geophilus Xanthinus.*)

Entièrement orangé ; tête subtriangulaire , aiguë en avant, élargie en arrière ; antennes fort épaisses à leur base , à peine deux fois longues comme la tête ; lèvre courte, lisse, arrondie en arrière, montrant une ligne saillante médiane rouge ; deux petites dents à son bord saillant ; des lames rudes sur les parties latérales des derniers segments ; appendices styliformes de l'anus courts : 162 paires de pieds. Longueur 7 pouces (0.185).

Geoph. Xanth., Neuwp. *Trans linn. soc. Lond.*, t. XIX , p. 438.

De la Lycie , près le Xanthus. (British Museum.)

6.

Géophiles incomplétement connus.

45. Scolopendra phosphorea, Fabricius, *Spec. ins.*, t. 1, p. 534. — Linn. Gmel., *Syst. nat.*, *Ins.*, p. 3017. — *Ibid.*, édit. 12, 1767, t. II, p. 1064, n° 9.

Espèce d'Asie. On rapporte qu'elle est phosphorescente pendant la nuit à la manière des Lampyres, le seul exemplaire observé est tombé sur le pont d'un navire dans la mer des Indes à 100 milles du continent.

Il a 76 paires de pieds, est fauve avec deux bandes longitudinales et une troisième transverse; son corps est allongé et de la grosseur d'une plume d'oie; les deux lignes parallèles sont fauves; les antennes sont ferrugineuses subulées et de 14 articles. Cette description est de Linné.

46. Scolopendra occidentalis, Linné, *Syst. nat.*, édit. 12, 1767, p. 1064, n° 11. — Fabricius, *Species ins.*, t. I, p. 534. — *Ibid.*, *Entomolog. systemat.*, t. II, p. 392.— Lister, *A journey to Paris*, 1699, p. 73, pl. 6 ?

D'Amérique. 123 paires de pieds; ferrugineux, long de six pouces; un peu convexe; quatorze articles aux antennes.

La description est de Linné ainsi que la citation du voyage de Lister, mais la figure publiée par Lister de cet énorme Myriapode ne lui donne que 106 anneaux et 92 paires de pattes. Linné dit qu'il a 18 pouces de longueur et qu'il est large à proportion. Lister a publié sa figure sans description d'après un dessin de Plumier. Il nomme cette espèce *Scolopendra Americana*, F. Plumier. Cette espèce nous paraît être différente de celle du *Scolopendra occidentalis* de Linné.

47. Geophilus angustatus, Eschscholtz, *Mém. soc. imp. nat. Moscou*, t. VI, p. 3. — *Id.*, *Bull. univ. sc. nat. de Férussac*, t. VII, p. 267.

Corps plus large en avant, se rétrécissant graduellement, brun rouge, garni de quelques poils; tête et base des forcipules ponctuées en dessus; antennes sétacéo-filiformes, garnies de nombreux poils courts, pieds plus pâles que le corps; les postérieurs plus longs que les autres.

Des États méridionaux de l'Union. On le trouve sous la terre.

8 novembre 1846.

MYRIAPODES FOSSILES.

On ne connaît encore qu'un très-petit nombre de Myriapodes fossiles, aussi est-il impossible d'en tirer aucune indication paléontologique de quelque valeur.

Le comte de Munster a décrit, sous le nom de GEO-PHILUS PROAVUS, un fossile des schistes lithographiques de Kelheim (1). Ce Myriapode, de l'époque jurassique, sera le plus ancien de ceux que l'on a indiqués, si la détermination qui en a été faite est réellement exacte.

M. Pictet rappelle (2) qu'on ne cite que très-peu de Myriapodes dans l'époque tertiaire, et voici ce qu'il ajoute à cette courte indication :

« M. Cotta a décrit un IULE trouvé dans une chaux carbonatée qui remplit des fentes du gneiss non loin de Dresde (*Neues Jahbr. fur Min.*, 1833, p. 392), et dont je ne connais pas l'âge. »

L'ambre jaune a fourni à MM. Koch et Berendt (*voyez* le grand ouvrage dirigé par ce dernier (3)), plusieurs espèces de Myriapodes, savoir : dans la classe

____

(1) *Beitrage*, fasc. V, p. 89.
(2) *Traité de Paléontologie*, t. IV, p. 115.
(3) *Die Insecten in Bernstein*.
D'après les recherches de M. Berendt, l'ambre est le produit d'un Pin (*Pinus succinifer*) aujourd'hui perdu et qui faisait partie de la *Flore éocène*.

des Diplopodes, deux POLLYXENUS, un IULE et deux
CRASPEDOSOMA ; et dans celle des Chilopodes, deux
CERMATIA et trois LITHOBIUS.

M. Marcel de Serres a trouvé, aux environs de
Montpellier, dans un dépôt quaternaire d'eau douce,
des empreintes que l'on peut, suivant lui, rapporter
au genre IULE (1). Nous ne les avons pas vues, non
plus que les pièces d'après lesquelles on a indiqué
les autres Myriapodes fossiles.

____

(1) *Essai pour servir à l'hist. nat. des animaux du midi de la
France*, p. 90; 1822.

ADDITIONS A CE VOLUME.

APTÈRES-DICÈRES.

MYRIAPODES.

Tome IV, p. 1 à 330.

Remarque générale. Toute la partie de ce volume qui précède, moins les deux dernières pages consacrées aux Myriapodes fossiles, a été déposée en feuilles imprimées à l'Académie des sciences, dans sa séance du lundi 7 décembre 1846.

Genre POLYDESMUS.

P. 114. *Ajoutez* aux Polydesmides de l'Amérique méridionale les espèces suivantes du Brésil décrites par M. Mikan dans le journal allemand l'*Isis*, pour 1834 :

Iulus abbreviatus, Mikan, *Isis*, 1834, p. 742.

Iulus flavipes, *id.*, *ibid.*

Iulus tuberculosus, *id.*, *ibid.*

Iulus dentosus, *id.*, *ibid.*, p. 473.

Iulus pinnatus, *id.*, *ibid.*

Iulus hamulosus, *id.*, *ibid.*

Iulus serrulatus, *id.*, *ibid.*

Iulus dilatatus, *id.*, *ibid.*

Il serait important que l'on put comparer les types

de ces espèces avec les Polydèmes du même pays qui
ont été décrits depuis lors par M. Perty, par M. Brandt
et par nous-même.

Genre IULUS.

Groupe des *Spirobolus*.

P. 139. *Ajoutez* :

M. Brandt (1) partage ainsi les espèces de son genre
Spirobolus :

Division I. — Bord labial de la tête quadriponctué ;
    les deux ponctuations moyennes rapprochées,
    les autres écartées.

Subdivision 1. — Partie latérale du bouclier en sail-
    lie triangulaire arrondie.

    a) Segment préanal mucroné, à mucrone plus
      court que les valves anales :

    Iulus grandis, Br. — *Sp. olivaceus*, Newp.

    b) Segment préanal mucroné, à mucrone dé-
      passant les valves anales :

    Iulus maximus, Br. — *carnifex*, Fabr. — *Sp.*
      nigerrimus, Newp. — *caudatus*, id. — *ru-*
      ficollis, id. — *I. marginatus*, Say. — *Sp.*
      annulatus, id.

Subdivision 2. — Partie latérale du bouclier en sail-
    lie triangulaire aiguë :

    I. Olfersii, Br. — *elegans*, id.

Division II. — Partie labiale de la face octoponctuée :

    I. dubius, Br. — *Bungii*, id.

---

(1) *Recueil*, p. 115. — Nous joignons à ces espèces celles décrites
par M. Newport et dont nous avons reproduit les caractères dans
notre ouvrage.

P. 200. *Ajoutez :*

140. IULE DE BÉRARD. (*Iulus Berardi.*)

Corps gros et court, d'un vert sombre, avec des anneaux jaunes ponctués de noir vers le milieu du corps ; segment préanal non mucroné ; pieds ferrugineux ; antennes courtes, moniliformes, à articles courts, subégaux ; yeux noirs en triangle équilatéral ; 52 segments. Longueur 3 pouces (0,081).

De la Nouvelle-Zélande. Rapporté par MM. Quoy et Gaimard. Cette espèce, qui portera le nom de M. le capitaine de vaisseau Bérard, est une de celles en grand nombre que M. Walckenaer avait décrites dans la collection du Muséum de Paris. Elle appartient aux *Spirostreptus*.

Genre GEOPHILUS.

P. 304. *Ajoutez :*

J'ai conservé des Géophiles pendant un et même deux jours dans l'eau et ils n'ont point cessé de vivre. Quand on arrache la tête à un Géophile on le voit aussitôt marcher dans le sens de la queue. Si on lui enlève ensuite l'extrémité anale il recommence d'abord à marcher en sens contraire comme pour fuir la main qui vient de le blesser, mais bientôt on peut remarquer qu'il n'a plus de direction bien déterminée, car il s'avance tantôt d'avant en arrière, tantôt d'arrière en avant. J'ai vu le fragment postérieur d'un Géophile auquel j'avais coupé la tête se remuer encore quinze jours après cette opération.

15 décembre 1846.

ADDITIONS AU VOLUME III

L'HISTOIRE NATURELLE DES APTÈRES.

SUITE DES

APTÈRES-ACÈRES OCTOPODES.

ORDRE II.

PHRYNÉIDES.

P. **1** et **457**. — Voici les dénominations qu'on a imposées à cet ordre : Tarantulides, Leach, *Trans. linn. soc. London*, t. XI; 1812. — Phrynidea, Kirby et Spence, *Introd. entom.*, t. IV; 1826. — Phrynides, Sundeval, *Consp. arachnidum*; 1833.

Genre PHRYNUS.

P. **2**. — Les Phrynéides comprennent des espèces de l'Inde, de l'île Maurice et de l'Amérique méridionale, depuis la Colombie jusqu'au Chili. M. Goudot en a rapporté de Colombie, et M. Gay a constaté qu'il en existe au Chili.

P. **3**. — M. Templeton a donné, dans les *Annals and Mag. of nat. hist.*, t. XVII, p. **66**, quelques renseignements sur les habitudes du *Phrynus lunatus*.

P. **6**. — D'après M. de Serres (1), la Phryne fossile des gypses d'Aix, qu'il a signalée, appartient à une espèce de petite taille remarquable par ses palpes terminés en griffe et par l'aplatissement de son corps. Nous ne l'avons pas vue.

---

(1) *Géographie physique de l'Encyclop. méthod. : terrains de sédiment sup.*, p. 115.

ORDRE III.

SCORPIONIDES.

I.

TÉLYPHONES.

P. 8 et 457.—La famille des Télyphones a été étudiée depuis notre publication par M. Van der Hœven. Il a traité, comme nous l'avions fait de notre côté, de l'organisation de ces animaux dans son journal hollandais intitulé : *Tijdschrift*, t. X, p. 369.

II.

SCORPIONS.

P. 33. — Notre mémoire ayant pour titre : *Remarques sur la famille des Scorpions, et Description de plusieurs espèces nouvelles de la collection du Museum*, a paru dans les *Archives du Museum d'hist. nat. de Paris*, t. IV, p. 201 à 240, pl. 11 et 12.

P. 36 et 457. — M. Duvernoy (*Revue zool. par la soc. cuv. de M. Guérin*, 1846, p. 245) ajoute à ce que nous avons dit des ovaires des Scorpions d'après Tréviranus, qu'il existe dans le *Scorpio afer* de petites poches annexées aux tubes ovariques dans lesquelles les œufs doivent passer après la fécondation pour le développement des petits. Ces poches sont, suivant lui, des oviductes incubateurs ; elles n'existent pas dans toutes les espèces : ainsi il n'y en a pas dans les *Androctonus*, chez lesquels l'incubation a lieu dans les tubes ovariens ou oviductes que l'on peut voir remplis de fœtus en voie de développement.

Genre SCORPIO.

P. 70 et 458. — *Ajoutez aux espèces décrites :*

87. Scorpio (Atræus) Gervaisii, Berthold, *Nach-richten von Universit. zu Göttingen,* n° 4, p. 57, 1846, espèce différente du *Sc. Gervaisii,* Guérin. On pourrait remplacer le nom donné par M. Berthold à cette espèce par celui de *Sc. Bertholdi.* (Ce Scorpion habite la Nouvelle-Grenade.)

88. Scorpio (Atræus) nigricans, Berthold, *loco cit.,* p. 59 (Nouvelle-Grenade).

89. Buthus vittatus, Say, *Journ. acad. nat. sc. Philadelph.,* t. II, p. 61, non *Sc. vittatus* et *Gervaisii,* Guérin, qui est notre espèce 50 (de la Géorgie et de la Floride).

90. Scorpio (Atræus) spinax, P. Gerv., *Bull. soc. philom.* Paris, 1843, p. 130. — Id., *Arch. Mus.,* t. IV, p. 225, pl. 12, fig. 33-35, sous le nom de *Spinifer* (de l'Inde, par M. Dussumier).

91. Scorpio (Chactas) Fuchsii, Berthold, *loco cit.,* p. 60, 1846 (de la Nouvelle-Grenade).

P. 72. — M. Lucas, qui a parcouru l'Algérie pour y recueillir des animaux articulés, et qui publie actuellement le fruit de ses recherches dans l'ouvrage de la commission scientifique, n'a rencontré dans ce pays que les cinq espèces que nous y avions signalées : *Androctonus funestus, bicolor, occitanus; Buthus palmatus* et *Scorpius flavicaudus.*

III.

CHÉLIFÈRES.

Genre CHELIFER.

P. 77 et 458. — M. Lucas a porté d'un à dix le nombre des Chélifères de l'Algérie. M. Gay a recueilli au Chili plusieurs espèces de ce groupe, et Say en avait depuis assez longtemps signalé deux aux États-Unis. Ce sont les Ch. muricatus et oblongus, *Journ. Acad. nat. sc. Philadelph.*, t. II, p. 63. Le nombre des espèces citées dans notre ouvrage s'élève donc à près de quarante, en comprenant les espèces chiliennes.

Notre *Chelifer Bravaisii* a été figuré par M. Edwards dans l'*Iconographie du règne animal*, *Arachnides*, pl. 20 *bis*, fig. 3. M. Lucas a retrouvé cette espèce en Algérie, et neuf autres dont voici les noms :

Chelifer cancroïdes, Latr.; brachydactylus, Lucas; tuberculatus, *id.*; pediculoïdes, *id.*; *Scorpioïdes*, Herm.; *nepoïdes*, Herm.; *sesamoïdes*, Sav.; pallipes, Lucas; *ischnocheles*, Herm.

ORDRE IV.

SOLPUGIDES.

P. 85. — Cet ordre a reçu les dénominations suivantes :

SOLPUGIDES, Leach , *Trans. linn. soc. London ;*
1812. — GALEODES, Kirby et Spence , *Introd. entom.*,
t. IV , 1826. — GALEODIDES ou SOLIFUGÆ , Sundeval,
Consp. Arachn. , 1833.

Les Solpugides vivent dans presque toute l'Afrique,
dans l'Asie chaude et dans l'Europe méridonale , ainsi
qu'en Amérique, depuis le Mexique jusqu'au Chili.

Ces animaux ont des affinités incontestables avec les
Phalangides, mais ils forment néanmoins un groupe
distinct de celui de ces derniers. L'étude que nous avons
faite de plusieurs d'entre eux, conservés dans l'esprit-
de-vin , nous permet de développer et de rectifier à
plusieurs égards ce que nous avons dit sur leur organisation.

Latreille, et d'après lui M. Duvernoy que nous avons
cité, place les stigmates des Solpuges ou Galéodes entre
la première et la seconde paire de pieds ; ils sont, au
contraire, entre la deuxième et la troisième. Le sexe
mâle porte un flabellum sur ses forcipules. Dans un
exemplaire de l'Algérie qui offrait ce caractère, la plaque inférieure du premier segment abdominal était
divisée sur la ligne médiane , et recouvrait une fente
vulviforme longitudinale qui est l'orifice des organes
génitaux. Une femelle de la même localité, c'est-à-
dire un individu sans flabellum aux forcipules , avait
aussi sa première plaque sous-abdominale échancrée,
mais il présentait au lieu d'orifice vulviforme un simple organe stigmatiforme. On voyait très-distincte-

ment sur le bord postéro-inférieur de ses deuxième et troisième arceaux abdominaux une petite plaque marginale en hausse-col, denticulée ou pectinée à son bord libre et cachant deux petits tubercules échinulés, entre lesquels est un petit orifice médian vulviforme dont nous ignorons la fonction. M. Milne Edwards a le premier signalé ces organes, d'après des Galéodes appartenant à la même espèce que celle dont nous venons de parler (*Iconog. du Règne anim.*, *Arach.*, pl. 20 *bis.* et il les regarde comme des orifices stigmatiques. La figure donnée par M. Edwards met aussi les stigmates thoraciques à leur véritable place.

Les oviductes de cette espèce renfermaient une grande quantité de petits œufs, remarquables par leur forme naviculaire.

Dans une Solpuge du Chili, que nous appelons *G. morsicans*, on voit sous l'abdomen une disposition qui rappelle celle dont il vient d'être question, mais les petits tubercules échinulés sont virguliformes et adossés.

Dans une grande Solpuge de Natal que l'absence de flabellum à ses maxilles forcipulaires nous indique être une femelle (1), les deuxième et troisième segments abdominaux ne nous ont montré en dessous que des tubercules obsolètes. Sous le premier il y a une ample cavité marsupiforme, dans le fond de laquelle débouchent bilatéralement les oviductes, chacun par l'intermédiaire d'un vagin court, mais d'un calibre remarquablement plus gros que l'oviducte lui-même. Cette grosse Solpuge est déposée dans les collections zoologiques de la Faculté des sciences de Montpellier.

---

(1) Latreille (*Règne anim.*, t. IV, p. 274) dit qu'il ne croit pas que l'appendice flabelliforme soit exclusivement propre à l'un des sexes.

L'anus des diverses espèces que nous avons vues,
forme une petite fente longitudinale à l'extrémité
postérieure de l'abdomen.

Le système nerveux de ces animaux rappelle celui
des Aranéides. Dans l'une des deux espèces algériennes
(le *G. barbara* de M. Lucas) le cerveau repose sur
un ganglion unique plus grand qui ne laisse qu'un
passage fort étroit au milieu du collier. Ce ganglion inférieur donne naissance bilatéralement et en arrière aux
nerfs destinés aux pieds et à l'abdomen. Du cerveau
susœsophagien partent antérieurement les nerfs des
yeux et ceux des forcipules maxillaires. M. Blanchard,
qui a déjà signalé ce dernier fait (*Comptes rendus de
l'Acad. des sciences,* décembre 1845, p. 1383), le regarde comme une preuve suffisante pour admettre
que ces forcipules sont des antennes et non des appendices ambulatoires modifié pour la préhension des
aliments. Latreille avait autrefois nommé ces organes
des *Chélicères.*

M. Owen (*Lectures on the comp. anat. and phys.
of the inverteb. anim.*, p. 254) rappelle l'opinion déjà
émise par plusieurs auteurs qu'il existe chez les Galéodes des rudiments d'antennes. Il les dit attachés,
dans certaines espèces, aux mandibules elles-mêmes (1). Ce seraient donc les flabellum des mâles,
dont il a été parlé plus haut. Dugès, dans son travail
sur les Acarides, signalait aussi des antennes chez les
Solpugides; mais il les plaçait ailleurs, et sa théorie à
leur égard est loin d'être plus acceptable (2).

---

(1) « Two rudiments of antennæ have been noticed attached
to the mandibles in certain species of this genus. »

(2) Voici ce que dit Dugès :

« L'absence des antennes est généralement admise, et presque

Quoique les Galéodes soient aussi voraces que cruelles, on ne peut douter qu'il n'y ait au moins hyperbole dans le faît que nous avons rapporté, p. 86, d'après M. Hutton, d'une Galéode qui mangea un Lézard en ne laissant de cet animal que les mâchoires et la peau. M. Lucas (*Dict. univ. d'hist. nat.*, t. VI, p. 2) parle de l'intrépidité de ces Arachnides qu'il a eu l'occasion de constater.

Genre GALEODES.

P. 91. — *Ajoutez* aux espèces citées :

15. Galeodes dorsalis, Latreille. — *Galeodes intrepida*, Léon Dufour, *Ann. gén. des sc. phys.*, t. V, p. 370, pl. 69, fig. 5 (d'Espagne).

16. Galeodes barbara, Lucas, *in* Milne Edw., *Icon. règne anim.*, *Arach.*, pl. 20 *bis*, fig. 2.— *Id.*, *Algérie*, *Anim. art.*, 1ʳᵉ partie, p. 279, pl. 17, fig. 8 (Algérie).

Nous avons reçu du Chot, près le Maroc, par M. De-

---

personne n'a adopté l'opinion de Latreille, qui voulait les voir dans les mandibules mêmes; le filet antenniforme des Galéodes porté par cette mandibule ne prouve rien en faveur de cette opinion, c'est tout au plus le représentant du palpe mandibulaire des Crustacés qui ont des antennes si développées. Les antennes rudimentaires seraient plutôt soupçonnées dans les tubercules pilifères des Galéodes et de quelques Acariens (Hydrachnes, Oribates). La position de ces poils est à la fois la même que celle des antennes chez les Insectes, et de quelques-uns des ocelles chez les autres Arachnides. N'y aurait-il pas analogie complète entre les deux termes les plus éloignés de cette comparaison? Admettez que des huit ocelles des Araignées deux représentent les yeux à réseau d'une libellule, quatre autres représentent les deux stemmates pairs et l'impair dédoublé, il en resterait deux pour figurer les antennes. C'est une analogie à étendre davantage et qui ramènerait peut-être à la règle bien des anomalies jusqu'ici inexplicables.» (*Ann. sc. nat.*, 12ᵉ série, t. I : 1ᵉʳ mémoire sur les Acariens.)

lahaye, chirurgien des zouaves, cette Galéode et une autre qui est fauve brunâtre, avec l'abdomen noirâtre, ainsi que le dessus du corselet et les pinces. Cette Galéode a la partie terminale des tarses noire, ainsi que l'article penultième de sa première paire de pieds. Nous n'en avons vu qu'un mâle ; nos *G. barbara* étaient au contraire des femelles.

17 GALEODES VARIEGATA , P. Gervais, dans l'*Histoire du Chili*, publiée par M. Gay. La description de cette espèce et celle de la suivante seront accompagnées d'une figure (Chili).

18. GALEODES MORSICANS , P. Gervais , *ibid.* (du Chili).

Ajoutez à ce qui est dit du *Solpuga Cubæ*, p. 90, n° 19 , que Latreille (*Règne anim. de G. Cuvier*, t. IV, p. 275), rapporte déjà que M. Poë a découvert une espèce de Solpuge aux environs de la Havane.

ORDRE V.

PHALANGIDES.

Genre GONYLEPTES.

P. 105 et 459 , *Ajoutez :*

21. Gonyleptes ornatum, Say, *Journ. acad. nat. sc. Philadelph.* , t. II, p. 68 (de la Géorgie et de la Floride).

Genre GONIOSOMA.

P. 110 et 460 , *ajoutez :*

25. Goniosoma? Lilliputanum, Lucas, *Algérie, Anim. artic.*, 1re partie, p. 302, pl. 21, fig. 3 (de l'Algérie, aux environs d'Oran).

Genre PHALANGIUM.

P. 128 et 462 :

M. H. Lucas, dans la partie zoologique de l'ouvrage publié par la Commission scientifique de l'Algérie (*Anim. artic.*, 1re partie, p. 282) décrit les espèces suivantes qu'il a découvertes dans ce pays :

43. Phalangium Africanum.

44. Ph. albo-lineosum.

45. Ph. numidicum.

46. Ph. propinquum.

47. Ph. nigro-maculatum.

48. Ph. granarium.

49. Ph. flavo-uniliteanum.

50. Ph. filipes.

51. Ph. annulipes.

52 Ph. barbarum.

53. Ph. tuberculosum.

54. Ph. instabile.

55. Ph. infuscatum.

56. Ph. echinatum.

57. Ph. troguloïdes.

58. Ph. tuberculiferum.

59. Ph. oraniense.

Nous n'avions pas indiqué de Phalangium américains dans notre énumération des espèces ; ce continent a fourni les suivants :

60. Ph. dorsatum, Say, *Journ. acad. nat. sc. Philad.*, t. II, p. 66 (États-Unis).

61. Ph. nigrum, *ibid.* (sud des États-Unis).

62. Ph. grandis, *id.*, *ibid.*, p. 67 (sud des États-Unis).

63. Ph. vittatum, *id.*, *ibid.*, p. 65 (sud des États-Unis).

64. Phalangodes armata, Tellkampf, *Archives d'Érichson*, 1844, t. I, p. 320, pl. 8, fig. 7-10 (des États-Unis, à la caverne du Mammouth).

65. Phalangium rudipalpe, P. Gervais, dans l'*Hist. du Chili* de M. Gay, avec figure (Chili).

P. 128. *Faucheurs fossiles.*

M. Marcel de Serres a le premier indiqué un Phalangium dans les gypses fossilifères d'Aix, en Provence. Il le dit voisin du *Ph. phaleratum* de Panzer.

Genre TROGULUS.

P. 130 et 462, *ajoutez :*

6. Trogulus africanus, Lucas, *Algérie*, *Anim. art.*, 1re partie, p. 304, pl. 21, fig. 4 (Algérie).

7. Trog. crassipes, *id.*, *ibid.*, p. 305, pl. 21, fig. 5 (Algérie).

8. Trog. annulipes, *id.*, *ibid.*, p. 306, pl. 21, fig. 6 (Algérie).

ORDRE VI.

ACARIDES.

P. 132 et 462. — M. Dujardin a publié en 1845 un premier mémoire sur les Acarides (1) dont nous reproduisons textuellement quelques passages :

« .....Cependant, dit M. Dujardin, l'observation de ces petits animaux suffit déjà pour montrer que l'analogie ne doit pas toujours être invoquée, car à mesure qu'on remonte aux premiers termes de la série animale, on voit l'organisme se simplifier de plus en plus, et d'une manière souvent tout à fait différente et inattendue par la disparition de tel ou tel système d'organes ; ainsi, le système nerveux, qui doit avoir disparu complétement chez les Acarus proprement dits, ne se montre plus chez les Acariens, plus parfaits, comme les Trombidions et les Limnocharès, que comme un gros ganglion sphérique d'où partent des cordons nerveux en avant et en arrière. L'appareil digestif, qui doit finir comme chez les Infusoires et chez certains Helminthes, par n'être qu'une lacune simple ou lobée dans l'épaisseur d'un parenchyme glanduleux, doit donc aussi, chez presque tous les Acariens, manquer de parois propres, et ne peut plus être isolé. L'ovaire, le testicule, sont de moins en moins distincts, et chez plusieurs les œufs paraissent se produire par germination dans l'épaisseur même des tissus. L'appareil respiratoire, dont je vais parler plus loin avec détail, nous présente plus clairement encore une dégradation

______

(1) *Premier mémoire sur les Acariens et en particulier sur l'appareil respiratoire et sur les organes de la manducation chez plusieurs de ces animaux*, imprimé dans les *Annales des sciences naturelles*, 3e série, t. III, p. 5.

curieuse avant de disparaître complétement. Enfin, plusieurs Acariens semblent être hermaphrodites, comme les Cypris parmi les Crustacés. Toutefois, pour compléter l'étude des Acariens, on doit attendre la solution de quelques difficultés matérielles. En effet, pour déterminer plus sûrement la disposition lacuneuse de l'intestin, il faut se mettre à l'abri de l'action destructive de l'eau sur le tissu glutineux interne, que j'ai nommé *sarcode* chez les animaux inférieurs, et d'autre part il faut tenir compte de la facile perméabilité des liquides et des tissus mous pour l'air contenu dans les trachées, puisque les organes cesseront d'être visibles aussitôt que l'air aura disparu. »

Après cet exposé des vues qui l'ont guidé dans ses recherches, M. Dujardin aborde successivement l'exposé des points suivants :

1º La forme extérieure des organes locomoteurs du tégument et des appendices ;

2º Les organes de la manducation et l'appareil digestif ainsi que les sécrétions ;

3º L'appareil respiratoire ;

4º Le système nerveux et les yeux ;

5º Les organes reproducteurs ;

6º La classification des Acarides, en ayant égard aux genres les mieux connus de cet ordre.

Voici comment notre savant collègue termine son travail :

« En résumé, il reste encore beaucoup à faire pour connaître l'organisation des Acariens ; mais de ce qui précède on peut déjà conclure qu'un caractère artificiel comme celui que Dugès avait cru trouver dans la forme des palpes ne peut fournir une classification rationnelle de ces animaux ; et d'autre part on voit que les appareils de la respiration et de la manducation ont, chez les Acariens, des rapports tels qu'en s'appuyant sur les caractères fournis par les organes relatifs à ces deux fonctions, on aura bien plus de chances pour grouper ces animaux d'une manière plus naturelle.

» Il faudrait donc admettre d'abord une série dans ceux qui ont les mandibules en pinces et chez lesquels la dégradation dans les fonctions peut être suivie depuis les Gamases, qui ont un système trachéen complet, jusqu'aux Acarus. Une autre série comprendrait tous ceux dont les mandibules sont onguiculés, et qui généralement ont à la fois un système de respiration double pour l'aspiration et l'expiration. Une troisième série serait pour les espèces à mandibules en stylets. En outre deux ou trois genres, comme l'*Ixode*, le *Limnochares* et le *Cheyletus*, feraient provisoirement autant de groupes intermédiaires. »

Genre BDELLA.

P. 158, *Ajoutez :*

15. BDELLA OBLONGA, Say, *Journ. acad. nat sc. Philad.*, t. II, p. 74 (des États-Unis).

M. Gay a découvert au Chili des Bdelles dont nous donnerons la description dans son ouvrage sur ce pays.

Genre TROMBIDIUM.

P. 166, *Ajoutez* à la synonymie du *Tromb. tiliarum :*

G. Wilson et White, *Entom. soc. Lond.*, 1845; d'après des exemplaires trouvés en très-grande abondance sur les platanes dans Regent's-Park à Londres, pendant l'été.

P. 188. *Ajoutez* aux espèces citées celles dont voici les noms, et qui appartiennent à plusieurs des genres distingués parmi les Trombidions :

67. Tetranycus spinigerus, Lucas, Algérie, *Anim. articulés*, 1re partie, p. 309, pl. 22, fig. 5 (d'Algérie).

68. Ryncholophus Dugesii, Lucas, *ibid.*, p. 311, pl. 21, fig. 7 (d'Algérie).

69. Rhyncholophus pallipes, Lucas, *ibid.*, p. 312, pl. 21, fig. 8 (d'Algérie).

70. Trombidium barbarum, Lucas, *ibid.*, p. 310, pl. 22, fig. 2 (d'Algérie).

71. Trombidium pulchellum, Lucas, p. 310, *ibid.*, pl. 22, fig. 3 (d'Algérie).

72. Trombidium scabrum, Say, *Journ. acad. nat. sciences Philadelph.*, t. II, p. 69 (des États-Unis).

73. Trombidium sericeum, *id.*, *ibid.*, p. 70 (des États-Unis).

74. Leptus aranei, *id.*, *ibid.*, p. 80 (des États-Unis).

75. Leptus hispidus, *id.*, *ibid.*, p. 81 (des États-Unis, sur les *Phalangium*).

76. Ocypete comæta, *id.*, *ibid.*, p. 82 (des États-Unis, sur les Lipules).

77. Erythræus mamillatus, *id.*, *ibid.*, p. 70 (des États-Unis).

78. Erythræus tricolor, Lucas, *Algérie*, *Anim. artic.*, part. I, p. 311, pl. 22, fig. 4 (d'Algérie).

M. Gay a rapporté du Chili plusieurs animaux de la famille des Trombidions.

Genre HYDRACHNA.

P. 190, note 1, *Ajoutez* :

Limnochares extendens, Say, *Journ. acad. nat. sc.*

Philad., t. II, p. 80 (des États-Unis) et voyez p. 208 les caractéres du genre *Limmochares*.

Hydrachna triangularis, Say, *ibid.*, p. 79 (vit dans la coquille de l'*Unio cariosus*, aux États-Unis).

Nous avons aussi étudié des Hydrachnes recueillis au Chili par M. Gay.

M. Lucas a trouvé plusieurs espèces de cette famille en Algérie :

Hydrachna erythrina, Lucas, *Algérie*, *Anim. artic.*, p. 313, pl. 22, fig. 6.

Hydrachna cyanipes, Lucas, *ibid.*, p. 314, pl. 22, fig. 8.

Hydrachna rostrata, Lucas, *ibid.*, p. 314, pl. 22, fig. 7.

Hydrachna tomentosa, Lucas, *ibid.*, p. 315, pl. 22, fig. 9.

Genre GAMASUS ou CARPAIS.

P. 220, *Ajoutez* :

Gamasus antennæpes, Say, *Journ. nat. sc. Philad.*, t. II, p. 71 (des Etats-Unis).

Gamasus spinipes, Say, *ibid.* (des États-Unis).

Gamasus musculus, Say, *ibid.*, p. 72 (des États-Unis).

Gamasus nidularius, Say, *ibid.* (des États-Unis).

Gamasus iuloïdes, Say, *ibid.* (des États-Unis).

Genre CELERIPES ou PTEROPUS.

P. 229, *Ajoutez* :

M. Gay a trouvé des animaux de ce genre sur des Chauves-souris du Chili.

Genre ARGAS.

P. 229 et 462.

Les Argas, dont M. Koch (*Archives d'Erichson*) fait la famille des Argasides, ont été divisés par lui en deux genres :

ORNITHODOROS (deux espèces).

ARGAS (cinq espèces).

P. 233 et 462, *Ajoutez* aux espèces citées :

ARGAS ERRATICUS, Lucas, *Algérie*, *Anim. artic.*, part. 1, p. 316 (d'Algérie).

M. Gay a recueilli des Argas au Chili.

Genre IXODES, *Ixodes*.

P. 250 et 463, *Ajoutez :*

52. IXODES FLAVO-MACULATUS, Lucas, *Ann. soc. entom. de France*, 2ᵉ série, t. IV, p. 56, pl. 1 (du *Boa constrictor* du Sénégal).

53. IXODES GRACILENTUS, Lucas, *ibid.*, p. 58, pl. 1, fig. 2 (du *Python sebæ* du Sénégal).

54. IXODES PULCHELLUS, Lucas, *ibid.*, p. 61, pl. 1, fig. 4 (du *Spilotes variabilis* et du *Bufo agua*, de Cayenne).

55. IXODES EXILIPES, Lucas, *ibid.*, p. 63, pl. 1, fig. 5 (du *Lacerta ocellata* d'Algérie).

56. IXODES ORNITHORHYNCHI, P. GERVAIS, *Ann. soc. ent. de France*, 1844. — Lucas, *ibid.*, t. IV, p. 58, pl. 1, fig. 3 (parasite d'Ornithorhynque de la Nouvelle-Hollande et de Van-Diemen.

57. IXODES ANNULATUS, Say, *Journ. acad. nat. sc. Philad.*, t. II, p. 75 (parasite du *Cervus Virginianus*, dans la Floride).

58. IXODES ORBICULATUS, *id.*, *ibid.* (du *Sciurus capistratus*, aux États-Unis).

59. IxODES CRENATUS, *id.*, *ibid.*, p. 76 (États-Unis).

60. IxODES ERRATICUS, *id.*, *ibid.*, p. 77 (États-Unis).

61. IxODES VARIABILIS, *id.*, *ibid.*, (États-Unis).

62. IxODES PUNCTULATUS, *id.*, *ibid.*, p. 78 (États-Unis).

63. IxODES SCAPULARIS, *id.*, *ibid.* (États-Unis).

64. IxODES FUSCUS, *id.*, *ibid.* (États-Unis).

65. IxODES LAGOTIS, P. Gerv. in Gay, *Hist. du Chili*, av. fig. (Parasite du *Lagotis criniger* du Chili).

Quelques renseignements relatifs aux Ixodes ont encore été publiés. Voir à cet égard :

Georges Shadbolt, *On a British species of Ixodes found upon the cattle*, inséré dans les *Transactions de la Société microscopique de Londres* et dans les *Ann. and Magazine of natural history*, t. XIV, p. 64.

Georges Busk : *Observations of the young of a species of Ixodes from Brazil*, travail inséré dans les *Transactions of the microscopical society of London*, t. I, p. 88, pl. 9 et 10.

M. Kock (1) partage les Ixodes, qu'il appelle *Ixodides*, en plusieurs genres dont voici les noms :

HYALOMMA (16 espèces).

HÆMALOSTOR (1 espèce).

AMBLYOMMA (47 espèces).

IxODES (32 espèces).

Genre ORIBATA.

P. 260, *Ajoutez* aux espèces citées :

ORIBATES LAPIDARIUS, Lucas, *Algérie, An. art.*, 1ʳᵉ part., p. 318, pl. 28, fig. 11 (d'Algérie).

---

(1) *Archives d'Erichson.*

Oribates papillosus, Lucas, *Algérie*, *Anim. art.*, 1re part., p. 319, pl. 22, fig. 12 (d'Algérie).

Oribata concentrica, Say, *Journ. acad. nat. sc. Philad.*, t. II, p. 73 (de Pensylvanie).

Oribata glabrata, *id.*, *ibid.* (de Géorgie et de la Floride).

Nous en décrirons plusieurs espèces chiliennes dans l'ouvrage de M. Gay.

Genre CÆCULUS.

P. 260. Ce genre paraît plus voisin du genre du Phalangium, que nous ne l'avons admis.

M. Lucas en a découvert une seconde espèce en Algérie, c'est le

Cæculus muscorum, Lucas, *Algérie*, *An. art.*, p. 307, pl. 22, fig. 1.

Genre SARCOPTES.

P. 268. *Ajoutez* à la liste des auteurs qui se sont occupés du Sarcopte de la gale humaine :

R. Owen, *Lectures on the comp. anat. and phys. of the invertebrate anim.*, p. 252 (sous le nom de *Sarcoptes Galei*).

H. Bourguignon, Nouveaux détails sur l'*Acarus* de la gale de l'homme : *Bull. soc. phil. de Paris*, 30 mai 1846, et journal *l'Institut*, 1846, p. 224.

Genre SIMONEA ou DEMODEX.

P. 287. *Ajoutez* que M. Owen a employé le nom générique de *Demodex* pour l'*Acarus folliculorum*, dans son ouvrage intitulé : *Lectures on comparative anatomy and physiology of the invertebrate animals*, p. 250, 1843.

M. Gruby a donné des détails sur le même animal, dans les *Comptes rendus de l'Académ. des sciences* pour 1845.

M. Erasmus Wilson a publié son travail sur le *Simonea*, sous ce titre :

Researches into the structure and development of a newly discovered parasitic animalcule of the human skin , the Entozoon folliculorum (Phil. trans. royal society, 1844, p. 305, pl. 15-17).

Genre TARDIGRADUS.

P. 287. *Ajoutez :*

Ainsi que nous l'avions déjà fait, M. Duvernoy est arrivé à l'opinion que les Tardigrades sont des Acarides et non des Vers (1). Ces animaux sont sans contredit au nombre des Acarides les plus dégradés, et cependant M. Doyère (2) a démontré qu'ils ont presque tous les systèmes d'organes qu'on leur avait refusés. Il est probable qu'une étude aussi rigoureuse des autres Acarides inférieurs auxquels on a aussi attribué une organisation si simple, donnera les mêmes résultats.

(1) *Revue zool. publiée par la société cuvierienne de M. Guérin*, 1846, p. 244.
(2) Voyez son travail dont nous avons donné le titre.

APTÈRES-DICÈRES.

HEXAPODES.

Tome III , page 289 à 456.

ORDRE I.

ÉPIZOIQUES.

P. 291. *Ajoutez* que M. Lucas a donné, dans son travail sur les animaux articulés de l'Algérie, quelques renseignements sur plusieurs Épizoïques de ce pays, et que M. Nicolet a rédigé quelques indications relatives à ceux du Chili pour l'ouvrage de M. Gay.

Genre PEDICULUS.

P. 307 et 463. *Ajoutez* :

31. Hæmatopinus cervicapræ, Lucas, *Revue zool. soc. cuv. de M. Guérin*, 1846, p. 268 (parasite de l'*Antilope cervicapra* de l'Inde).

ORDRE II.

APHANIPTÈRES.

P. 362 et 463. — Voici les dénominations que cet ordre a reçues :

Suctoria, de Geer, *Mém. sur les Insectes*, 1778.— Rophoteira, Clairville, *Helvet. entom.*, 1798. — Syphonaptera, Latreille, *Fam. nat.*, 1825. — Aphaniptera, Kirby et Spense, *Introd. to entom.*, t. IV, 1826.

P. 376. — Les divers genres établis dans cet ordre aux dépens de celui des *Pulex* de Linné constituent la famille unique des Pulicida, Stephens, *Syst. catal. of British Ins.*, 1829 ; ce sont les suivants :

Pulex, *partim* Linné et Auct.

Ceratopsyllus, Curtis, *British entom.*, 1832.

Mycetophila, Haliday, *in* Curtis, *Brit. entom.*, 1832.

Ischnopsyllus, Westwood, *Entom. magaz.*, 1833.

Sarcopsylla, Westwood, *Trans. entom. Soc. London*, 1840.

Dermatophilus, Guérin, *Icon. du Règne anim. de Cuvier, Explication*, 1843 (synonyme du précédent).

M. Marcel de Serres avait dit dans sa liste des Insectes fossiles à Aix, qu'il y a parmi ces fossiles « peut-être des Aptères de l'ordre des Suceurs. » D'après cette indication, M. Pictet (1) cite le genre *Pulex* parmi ceux qu'on a constatés dans ce curieux dépôt.

---

(1) *Traité de paléontologie*, t. IV, p. 14.

ORDRE III.

PODURELLES.

M. Nicolet a continué ses intéressantes recherches sur les Podurelles pour arriver à une monographie de ce groupe ; mais il n'a rien publié à leur égard de plus que ce que nous avons analysé.

M. H. Lucas a fait paraître, dans les *Annales de la Société entomologique de France*, tome Ier de la 2° série, son mémoire intitulé :

Observations sur les travaux qui depuis Latreille ont été publiés sur l'ordre des Thysanoures, et particulièrement sur la famille des Podurelles.

M. Lucas, qui a recueilli en Algérie quelques espèces de Podurelles, en a fait paraître provisoirement les diagnoses dans la *Revue zoologique de la Société cuvierienne*, publiée par M. Guérin. Des descriptions plus complètes et des figures de ces espèces seront données dans l'ouvrage de la Commission scientifique de l'Algérie.

On ne connaissait pas encore les Podurelles de l'Amérique méridionale : M. Gay en a rapporté plusieurs du Chili, que nous avons pu examiner en partie, et que M. Nicolet fera connaître, dans l'ouvrage descriptif de M. Gay sur le Chili. Ces Podurelles du Chili appartiennent à des genres déjà connus en Europe , tels que ceux de *Smynthurus, Lepidocyrtus, Lipura, Anoura* , etc.

Genre SMYNTHURUS.

T. III, p. 406. *Ajoutez :*

17. Smynthurus punctatus, Lucas , *Revue zool. Soc. cuv.* de M. Guérin, 1846 , p. 255 (d'Oran).

18. Dicyrtoma alveolus , Lucas, *ibid.* (de Philippeville).

19. Dycyrtoma cirtanus, Lucas, *ibid.* (de Mers-el-
Kebir, en Algérie).

20. Dicyrtoma Oraniensis, Lucas, *ibid.*

Genre ORCHESELLA.

T. III, p. 416. *Ajoutez :*

93. Orchesella Mauritanica , Lucas , *ibid.*, p. 255
(de la Calle, en Algérie).

94. Orchesella luteola , Lucas , *ibid.* , p. 256 (de
Mers-el-Kebir, en Algérie).

Genre ACHORUTES.

P. 440. *Ajoutez :*

95. Achorutes affinis, Lucas, *ibid.*, 256 (de la Calle,
en Algérie).

P. 444 , *ajoutez* ce qui a été dit des Podurelles
fossiles :

MM. Berendt et Koch (1) ont signalé dans le succin
de Prusse quatre espèces de Podura , deux du genre
Paidium, dont nous ne connaissons pas les caractères ,
trois de celui des Smynthurus et un d'un genre nouveau qu'ils nomment Acreagris.

---

(1) *Die Insecten in Bernstein.* — Pictet , *Traité de paléontologie,*
t. IV, p. 14.

ORDRE IV.

THYSANOURES.

Les Thysanoures proprement dits , ainsi que nous l'avons dit en traitant de ces Insectes (1), paraissent être des animaux du même ordre que les Névroptères, mais ils sont fort différents des Podurelles, qui constituent un autre ordre.

M. Nicolet , qui a si bien étudié les Podurelles , a aussi entrepris l'histoire des Thysanoures Lépismides, mais il n'a encore rien publié sur ce point.

M. Lucas a fait connaître brièvement les espèces de l'Algérie , dont il publiera bientôt les descriptions détaillées et les figures.

Genre MACHILIS.

P. 449. *Ajoutez :*

7. Machilis bimaculata , Lucas , *Revue zool. Soc. cuv.* de Guérin , 1846, 252 (d'Alger).

8. Machilis acuminithorax , *id.*, *ibid.* (d'Alger).

9. Machilis thoracica, *id.*, *ibid.* (d'Oran).

10. Machilis fastuosa, *id.*, *ibid.* (d'Oran).

11. Machilis pallipes , *id.*, *ibid.*, p. 253 (de Constantine).

12. Machilis crassicornis, *id.*, *ibid.* (d'Alger).

13. Machilis rupestris, *id.*, *ibid.* (de Constantine).

Genre LEPISMA.

P. 453. *Ajoutez :*

15. Lepisma auro-fasciata , Templeton, *Trans. entom. soc. London*, t. III, p. 304, p. 16, fig. 17.

---

(1) T. III, p. 373.

16. LEPISMA FULIGINOSA, Lucas, *Revue zool. soc. cuv.* de Guérin, 1846, p. 253 (d'Algérie).

17. LEPISMA NICOLETII, *id.*, *ibid.* (d'Oran).

18. LEPISMA CHLOROSOMA, *id.*, *ibid.* (d'Alger).

19. LEPISMA QUADRILINEATA, *id.*, *ibid.* (de Bone).

20. LEPISMA MAURITANICA, *id.*, *ibid.* (d'Alger).

21. LEPISMA MYRMECOPHILA, *id.*, *ibid.* (d'Alger).

22. LEPISMA GYRINIFORMIS, *id.*, *ibid.* (d'Alger).

Genre CAMPODEA.

P. 454, M. Nicolet a constaté la présence des yeux chez les Campodées et les Nicoléties. Nous avons retrouvé ce dernier genre à Montpellier.

Thysanoures fossiles.

P. 456. *Ajoutez :*

Outre le Machile fossile dans le succin que nous avons cité d'après M. Bronn (2), MM. Koch et Berendt ont décrit dans la même résine sept PETROBIUS, une FORBICINE, deux LEPISMUS et une espèce d'un genre nouveau, qu'ils nomment GLESSARIA.

---

(1) Page 449.

(2) *Die Insecten in Bernstein.* — Pictet, *Traité de paléontologie*, t. III, p. 114.

BIBLIOGRAPHIE.

Nous terminerons ces additions par l'indication de quelques ouvrages qui traitent des divers groupes d'Aptères.

— Agassiz et Erichson, *Nomenclator zoologicus* dirigé et édité par M. Agassiz.

— Templeton : *Thysanoures, Myriapodes, Scorpions, Chélifers et Phrynes observés à Ceylan* (travail cité dans les *Procès-verbaux de la Société entomologique de Londres*, pour 1845, et dans les *Annals and Magazine of nat. hist.* t. XVII, p. 66, 1846, mais qui probablement n'a point encore paru.

— Pictet, *Traité de Paléontologie*, t. IV.

— Lucas, *Animaux articulés d'Algérie*, dans l'ouvrage publié par ordre du gouvernement par la Commission scientifique de l'Algérie et qui a pour titre : *Exploration scientifique de l'Algérie.*

— P. Gervais et Nicolet, *Insectes aptères du Chili*, dans l'ouvrage de M. Gay, intitulé : *Historia fisica y politica de Chile.* M. Nicolet a fait les Aranéides et les Hexapodes aptères.

15 décembre 1846.

ADDITIONS

A L'HISTOIRE NATURELLE

DES INSECTES APTÈRES.

DERNIER SUPPLÉMENT.

Dans ce troisième et dernier supplément de l'histoire naturelle des Insectes aptères, nous nous proposons de faire une révision définitive de cet ouvrage et de le compléter autant qu'il est en nous, au moment où nous le terminons.

§ I.

Sur les aptéristes.

T. I, p. 24-29; t. II, p. 399-400.

Au nombre des aptéristes anatomistes, physiologistes et méthodistes, ajoutez :

George Newport.	Denny.
Nicolet.	Neckel.
Bourlet.	Waga.
Burmeister.	

Aux aptéristes descripteurs, ajoutez :

Hemprich.	Langle.
Nordmann.	Guldenstœdt.
Palissot-Beauvois.	Erichson.
Kirby.	Le Guillou.
Ramon de la Sagra.	Drury.
De Férussac.	Brandt.
Hering.	A. White.
Robineau Desvoidy.	Kollar.

Aux aptéristes iconographes, ajoutez :

Dendrige (cité dans Bradley, *Account of nature*, p. 125 (131) (*).

Plumier.	Gray.
Baer.	Jones.
Isaac Colonello.	Lesueur.
Olfers.	Villers.
Will. Jardine.	Griffith.

Aux aptéristes économistes, ajoutez :

Fischer.	Jenyns.
Mayer.	Doubleday.
Bory-Saint-Vincent.	

Aux aptéristes contemplateurs, ajoutez :

Nicolo Perotto.	Antoine Petaro.
Francesco Serao.	Hermann Grube.

Aux aptéristes collecteurs, ajoutez :

Berthelot.	Decaisne.
Kalm.	Duvaucel.
Lewis.	Souleyet.
Gould.	Rambur.
Macquart.	Alex. Lefebvre.
Boisduval.	Meyer.
Lacordaire.	Eichewald.
Bronn.	Gaudichaud.
Tulk.	Hardwicke.
Bové.	Hope.

(*) M. White a donné à une espèce de Tétragnathe de la Nouvelle-Zélande le nom de *Draindrigii*, et il nous dit que Joseph Daindridge ou Dandrige, cité par Bradley, vivait vers le commencement du dernier siècle à Moorfield, et qu'il existe de lui un manuscrit dans la bibliothèque du Muséum britannique contenant 119 descriptions et autant de figures d'Araignées trouvées en Angleterre, qu'Éléazar Albin a copiées sans le dire. Voyez White's *Annals and Magazine of natural history*, 1846, page 14 du tirage à part.

Stephenson.   Madame Salé.
Perbosc.   Richemont.
Claude Gay.   Guilding.
Montmons.   Guillemin.
Gibert.   Houlet.
Fritze.   Florent Prevôt.
Nivois.   Cuming.

Sur la génération des Araignées.

T. I, p. 104; t. II, p. 325, 409 et 506, ajoutez à ce dernier paragraphe XV :

L'observation de M. Doumerc sur le Théridion trianguliſère se trouve confirmée par celle de M. Lucas qui a recueilli le cocon de la *Scytode thoracica*. Ce cocon ne renferme que neuf œufs, que M. Lucas a vus éclos, et ces neuf jeunes Scytodes étaient toutes des femelles.

§ II.

Sur la faculté qu'ont les Araignées de se mouvoir dans l'air.

T. I, p. 132.

M. Darwin a fait, sur une Araignée de Rio de la Plata, une observation presque semblable à celle que je rapporte. Il l'a vue s'élever en l'air par son mouvement propre. (Conférez Darwin, *Journal of researches into the natural history and geology of the countries visited during the voyage of his Majesty ship the Beagle,* 1845, in-12, p. 159.)

§ III.

Sur les fils de la Vierge.

T. I, p. 136.

M. Darwin vit un grand nombre de fils de la Vierge

portés sur le vaisseau *le Beagle* qui se trouvait alors à soixante milles du rivage de l'embouchure du Rio de la Plata. C'était le 1er novembre. Ces fils étaient portés par un vent de brise très-léger. Sur eux se trouvaient une quantité prodigieuse de petites Araignées toutes semblables, d'un peu plus d'une ligne de long et d'un brun foncé. Les plus petites étaient d'une couleur plus sombre que les autres. Aucune ne se trouvait sur les touffes blanches mais toutes sur les fils. M. Darwin regarde celles qui sont les plus sombres comme les jeunes et ajoute que toutes étaient d'un genre différent de celle qu'a décrite Latreille. (Voyez Darwin's *Journal*, p. 159.) Nous croyons que toutes ces petites Araignées étaient des jeunes nouvellement écloses et appartenant à une ou deux espèces très-communes dans les campagnes de l'embouchure du Rio de la Plata.

§ IV.

Sur l'aptitude que les Araignées orbitèles ont de vivre en société.

T. I, p. 144.

Une grande Aranéide orbitèle, dont l'abdomen est noir, avec des taches d'un rouge clair sur le dos, a été observée à Santa-Fé de Bajada par M. Darwin. Cette espèce vit en quelque sorte en société. Les toiles de ces Aranéides sont verticales et séparées entre elles par un intervalle de deux pieds, mais elles sont toutes sur une même ligne et attachées, à leur partie supérieure, à un même fil qui est d'une extrême longueur. Ce fil établit une communication entre toutes ces toiles, qui entourent ainsi des buissons entiers. (Voyez Darwin's *Journal of researches into the natural history of his Majesty's ship the Beagle*, p. 37 et 38.)

§ V.

*Sur les habitudes qu'ont certains Aranéides de por-
ter leurs petits sur le dos.*

T. I, p. 156.

Linné compare ces Aranéides à la Grenouille de
Surinam qui, dit-il, porte aussi ses petits sur son dos.
(*Tal om Mâkrâvàdoìgeter*, Stockholm, 1752, in-8,
p. 20, n° 23.)

§ VI.

Genre MYGALE.

Sur la Mygale nigra.

T. I, p. 214.

Un individu de cette espèce mort en France (à
Bordeaux), considéré par M. Dufour comme le *Mygale Bartholomei*, m'a été remis par ce naturaliste.

Les yeux de cet Aranéide sont portés sur une légère
élévation ; ils sont très-ramassés et très-rapprochés de
l'extrémité du bandeau. Leur couleur est jaune, et les
yeux de la ligne antérieure sont les plus gros. Il y a
des raies noires et des poils (et non pas des points comme
il est dit à tort dans la description par une faute de co-
piste), des poils rouges allongés. Les cuisses sont très-
renflées et d'un noir velouté brillant. L'abdomen est
moins allongé que le corselet, et aussi d'un noir velouté dans le fond, mais recouvert à la partie antérieure
de poils rouges de feu. Le tarse et le métatarse sont à
peau nue et grisâtre. Deux crochets insérés au-dessus
de l'extrémité des tarses les recouvrent en se courbant.
Ils sont bruns et pectinés. Il y a des crochets de cette nature à tous les tarses, mais ceux des pattes antérieures
sont plus gros et plus visibles.

T. I, p. 229.

(MYGALE CALPEIANA.)

A la synonymie de cette espèce ajoutez :

Lucas, *Exploration de l'Algérie*, Hist. nat. des animaux articulés : Arachnides, p. 89, n° 1.

Trouvée à la fin de mars, dans les environs du camp d'El-Arouch, province de Constantine.

T. I, p. 233.

3ᵉ FAMILLE. LES DIGITIGRADES INERMES.

Première race. LES CTENIZES.

MYGALE MINDANAO. (*Mygale Mindanao.*) Long., 4 lignes.

Très-petite espèce de Mygale de la famille des Ctenizes, peut-être une jeune, ressemblant par la forme à la Clubione soyeuse.

Corselet ovale allongé, rouge verdâtre, glabre, luisant, très-bombé vers les yeux, déprimé sur les côtés ; poitrine ovale allongée, pointue aux deux extrémités ; pattes courtes, renflées, glabres, de couleur du corselet.

Abdomen ovale étroit très-allongé, se rétrécissant en pointe vers la partie postérieure, d'un brun foncé verdâtre, ventre sans poils.

Mandibules fortes ; proéminentes courbées, très-conniventes, comprimées sur les côtés, d'un rouge brun, glabre sur les côtés et à leur naissance, mais revêtues sur le dos de poils allongés, qui laissent voir à l'extrémité de la tige un rateau de six pointes brunes et très-distinctes, en réunissant les deux mandibules qui sont serrées l'une contre l'autre. L'onglet est très-arqué, très-pointu, très-courbé, rouge à sa base et plus brun vers son extrémité. La lèvre, presque nulle, est comme ensevelie sous les poils. Les palpes sont insérés à l'extrémité des mâchoires, et de couleur pâle rougeâtre.

Les yeux sont en X : les antérieurs très-rapprochées du bord du corselet, ne laissant aucun bandeau ; tous peu gros et d'un jaune d'ambre, mais les deux antérieurs sont les plus gros, et leur axe visuel est dirigé en avant, proéminents ; les deux de la ligne intermédiaire sont sessiles, séparés entre eux, mais par un intervalle moins grand que les antérieurs. Les latéraux sont sessiles et gé-

minés ou se touchant, mais l'œil intérieur est plus petit que l'extérieur.

Rapportée par M. Lehuilla, de Mindanao, une des îles Philippines.

T. I, p. 229.

27 bis. MYGALE BARBARE. (*Mygale barbara.*) Long., 13 millimètres; largeur 6 millimètres.

Corselet déprimé, ovalaire. Abdomen petit, d'un jaune roussâtre, foncé en dessus, d'un jaune clair en dessous, et présentant quelquefois dans sa partie médiane une suite de bandes
brunes en forme de chevrons. Filières courtes et entièrement
jaunes. Les pattes dans l'ordre suivant : 4, 2, 1, 3. Chez les
mâles le tibial de la première paire de pattes est armé à sa
partie inférieure de deux épines.

Lucas, *Exploration de l'Algérie*, animaux articulés : Arachnides, p. 89, n° 2, Pl. 1, fig. 1.

Trouvée dans les environs d'Oran, d'Alger et du cercle de
La Calle. « Cette espèce, dit M. Lucas, se plaît sous les pierres,
et se construit dans la terre des sillons peu profonds, dans lesquels elle se tient. Quant au mâle, je l'ai trouvé errant; cependant je l'ai souvent rencontré sous la même pierre avec la femelle
et habitant les mêmes sillons. »

MYGALE GRÊLIPÈDE. (*Mygale gracilipes.*) Long,. 16 millim.;
larg., 5 millim. ♂.

Mâle dont la femelle n'est pas connue.

Pattes dans l'ordre suivant : 1, 4, 2, 1.

Abdomen en dessus d'un brun foncé avec les parties latérales
et tout le dessous d'un jaune roussâtre. Filière courte d'un jaune
roussâtre.

Lucas, *Exploration de l'Algérie*, p. 91, Pl. 1, fig. 2.

Aux environs d'Oran, sous les pierres et souvent errantes.

T. I, p. 235 et t. II, p. 430.

(*Mygale cœmentaria.*)

Ajoutez à la synonymie de cette espèce :

Lucas, *Exploration de l'Algérie*, p. 92.

Trouvée dans les environs d'Alger, de Constantine et le cercle de La Calle pendant l'hiver et une grande partie du printemps.

T. I, p. 239 et t. II, p. 431.

Mygale Africana.

Ajoutez à la synonymie :

Lucas , *Exploration de l'Algérie*, p. 92.

Dans les environs de Constantine et du cercle de La Calle. Cette espèce se construit dans la terre, sur le versant des collines, des nids entièrement semblables à ceux de la Mygale maçonne.

§ VII.

Sur le genre Sphodros.

T. I, p. 240 et t. II, p. 437.

Dans le genre *Sphodros*, entre les Acutilabes et les Fusilabes, il faut insérer une famille qui sera la deuxième et alors celle des Fusilabes sera la troisième.

2ᵉ FAMILLE. **LES GLADILABES.**

Yeux intermédiaires postérieurs plus reculés que les laté-- raux postérieurs.

Lèvre très-allongée , triangulaire et pointue à son extrémité.

Mâchoires s'élargissant vers leur extrémité , rétrécies à leur base , en losange.

Mandibules cunéiforme, gonflées à leur base.

1. SPHODROS D'AUDOUIN. (*Sphodros Audouinii.*)

2. SPHODROS PERTY. (*Sphodros Pertyi.*) Long., 16 millimètres (9 lignes).

Corselet rougeâtre , très-relevé et arrondi à sa partie anté- rieure. Sternum rougeâtre ; dos brun.

Lucas , *Ann. de la soc. entomologique*, t. III, 2ᵉ série, 1845, p. 57, Pl. I, fig. 1.

D'Amérique.

Le Sphodros Perty diffère du Sphodros Audouin par la partie postérieure de son corselet plus bombée , et par le plastron ster- nal qui est de forme orbiculaire.

SPHODROS PÉDIFAUVE. (*Sphodros fulvipes.*)

Corselet, abdomen et pattes rouges.

Corselet grand, aussi large à sa partie antérieure qu'à sa partie postérieure.

Abdomen court, arrondi. Pattes antérieures fines, pattes postérieures renflées ; leur longueur dans l'ordre suivant 4, 2, 1, 3.

Lucas, *Paschylocelis fulvipes* ; dans Guérin, *Magasin de zoologie*, *Aranéides*, VIII, 14, f. 1 à 7.

Nouveau-Monde. Amérique méridionale. Bahia.

T. II, p. 440. Après ces mots : Est-il bien vrai qu'elles appartiennent au genre Sphodros? ajoutez :

Le *Sphodros édificateur* de M. Westwood appartient bien à ce genre, et à notre famille des Acutilabes, mais il se rapproche des Mygales par les mâchoires. Les yeux sont sur deux lignes courbées en avant ; les latéraux antérieurs sont plus gros que tous les autres ; les intermédiaires postérieurs écartés entre eux et rapprochés des latéraux postérieurs ; la lèvre triangulaire et dépassant peu la base des mâchoires ; les mâchoires cylindriques et poussant une pointe à l'intérieur. Conférez Westwood, *On the species of spiders who inhabit cylindrical tubes, covered by a moveable trap-door* (*Transactions of the Linnean society*, vol. II, pl. 10, fig. 1-25 et Lucas, *Annales de la société entomologique*, 1re série, t. III, p. 58).

Le *Sphodros Algerianus* de M. Lucas (*Expl. de l'Algérie*, p. 96, n° 9, pl. 1, fig. 5, *Actinopus Algerianus*) appartient à cette famille par les yeux : il a 21 millim. de long, 8 de large ; le corselet est d'un roussâtre brillant et lisse ; l'abdomen est d'un brun noirâtre ; il ne saurait être confondu avec le *Sphodros édificateur* de M. Westwood à cause de ses mandibules qui présentent un prolongement armé d'épines, et de son sternum échancré, de son abdomen tuberculé. Pattes : 4, 1, 2, 3.

§ VIII.

Genre CYRTOCÉPHALE.

T. I, p. 242 et t. II, p. 431.

Après le genre Mygale et avant le genre Calommate il y a lieu d'introduire un nouveau genre qui se compose d'Aranéides de l'Ancien Monde intermédiaires entre les Sphodros et les Calommates du Nouveau Monde, et ayant par ses yeux de l'affinité avec les Olétères, et par son corselet et ses mâchoires avec les Mygales, c'est le

Genre CYRTOCÉPHALE. (*Cyrtocephalus.*)

Yeux, *au nombre de huit, petits, à la partie antérieure du corselet, grouppés sur trois lignes; les lignes antérieures et postérieures formées par deux yeux latéraux; la ligne intermédiaire de quatre yeux dont les deux latéraux forment avec les autres latéraux, deux courbes latérales perpendiculaires qui enferment comme entre deux parenthèses les deux yeux intermédiaires de la seconde ligne.*

Lèvre *petite, courte, arrondie à son extrémité.*

Mâchoires *allongées, étroites.*

Palpes *très-allongés, insérés à l'extrémité des mâchoires.*

Pattes *robustes, peu allongées, la quatrième paire et la seconde les plus longues, la première ensuite, la troisième est la plus courte.*

ARANÉIDES *creusant en terre des trous très-profonds,
obliques, à parois revêtues d'une soie fine et
serrée, à ouverture béante et non fermée
par un couvercle.*

1. CYRTOCÉPHALE WALCKENAER. (*Cyrtocephalus Walckenaerii.*)

Corselet très-large, d'un brun roussâtre, quelquefois d'un
jaune rougeâtre. Abdomen ovale court, brun en dessus et d'un
fauve clair en dessous. 30 à 35 millim., larg. 10 millim. ♂

Lucas, *Exploration de l'Algérie*, p. 94, Pl. I, fig. 3.

Trouvé sur le versant Est des collines de Mustapha supérieur
et du camp de Kouba, aux environs d'Alger, de Constantine.

2. CYRTOCÉPHALE TERRICOLE. (*Cyrtocephala terricola.*)

♂ Long., 24 millim., larg. 6 millim. ♀

Corselet d'une largeur médiocre, d'un roux clair, glabre. Abdomen allongé, cylindrique, s'élargissant un peu vers sa partie
postérieure, fauve, avec des taches transversales d'un brun foncé.

Lucas, *Exploration de l'Algérie*, p. 95, Pl. I, fig. 4.

Prise une seule fois par M. Lucas, à la fin de décembre, sur le
versant du Djebel-Santa-Cruz. L'ouverture de sa demeure est
large et parsemée de fils projetés en tous sens. Les mandibules sont plus étroites et plus allongées que dans l'espèce précédente.

§ IX.

Genre FILISTATE.

Sur les caractères du genre Filistate.

T. I, p. 254. Aux caractères donnés qui sont exacts,
on doit ajouter :

Pattes *peu inégales entre elles, et leur longueur relative dans l'ordre suivant :* 1, 2, 4, 3.

Corselet *déprimé, ovale.*

ARANÉIDES *tubicoles et lucifuges, se retirant dans les
cavités des arbres et des rochers, et y construisant une demeure en entonnoir, avec des
fils qui rayonnent à son orifice.*

T. I, p. 255. A la description de la

FILISTATE BICOLORE.

Ajoutez :

Dufour, *Annales de la soc. entomologique*, t. V, p. 527.

Lucas , *Annales de la soc. entomologique*, 2ᵉ série , 1ᵉʳ tri-
mestre, 1845, p. 68 et 69. — Id., *Exploration de l'Algérie*,
p. 97, Pl. I, fig. 6.

M. Dufour ne donne que 6 à 7 lignes à l'espèce qu'il a décrite.
Il dit que les six yeux principaux ont une couleur blanche cris-
talline. J'avais dit que les onglets des mandibules dans l'individu
que j'ai décrit (le seul que j'ai vu) étaient très-courts ; M. Dufour dit au contraire qu'ils sont finement et longuement pectinés.
La seconde paire de pattes , selon M. Dufour, serait plus longue
que la quatrième. L'abdomen a trois points ombiliqués sur le
dos , vus dans les individus bien frais.

T. I, p. 256 et t. II, p. 441.

Sur les affinités des Filistates.

Ajoutez :

Les Filistates n'ont qu'une ouverture pulmonaire , et sous ce
rapport se rapprochent des Théraphoses et s'éloignent des Ségestries ; elles ont les mœurs et les habitudes des unes et des autres. Les Filistates fuient la lumière comme les Ségestries. Elles
vivent comme elles, retirées dans les crevasses abritées des rochers, dans les grottes ou les troncs d'arbres creux. Leurs de-
meures sont tapissées d'une toile fine , dont l'orifice extérieur,
évasée en entonnoir, est cousu de fil blanc comme du coton.
Pour la Filistate bicolore , cet orifice évasé a environ un pouce
et demi de diamètre.

La Filistate bicolore paraît propre aux contrées méridionales.
Elle a été trouvée par M. Dufour, dans le voisinage de Mora, en
basse Catalogne, sous la voûte d'un rocher, et aussi dans le creux
d'un vieux olivier du royaume de Valence. On l'a prise encore
dans les environs de Narbonne , dans des lieux secs et abrités du
soleil.

T. I, p. 256 et t. II, p. 441.

M. Lucas est le premier qui ait fait figurer le mâle

de la Filistate bicolore (*Expl. d'Algérie*, Arachnides, p. 97, pl. 1, fig. 6, fig. 6*a*, fig. 6*b*, fig. 6*c*).

Ce mâle est plus petit et d'une couleur beaucoup plus pâle que les femelles ; les pattes sont très-allongées, grêles, et lorsque ces organes sont mis en mouvement, les palpes, qui sont aussi très-allongés, semblent au premier aspect remplir les mêmes fonctions que les pattes; ils paraissent sonder le terrain. M. Lucas en a pris en mai deux individus dans la maison qu'il habitait à Constantine. Cet Aranéide est peu agile. La femelle est sédentaire et habite aussi les maisons. Elle établit comme les Ségestries dans les fissures et les anfractuosités des murailles une toile en forme de tube, à l'embouchure duquel sont dirigés extérieurement des fils de soie comme autant de rayons divergents. On la trouve à Alger, mais elle est encore plus commune à Constantine.

§ X.

Nouvelles Mygales.

T. 1, p. 225.

La planche 1 d'*Araneidas* de l'ouvrage sur le Chili de M. Gay fait connaître plusieurs espèces de Mygales de ce pays, très-bien dessinées par M. Nicolet, et nous allons en donner la liste pour terminer les *Théraphoses*, et avant de passer aux *Araignées*. Le texte de la planche n'a pas encore été publié.

Toutes ces Mygales sont de grandeur moyenne et n'excèdent pas la Mygale Calpéienne.

Mygale oculata, fig. 1. Abdomen fauve avec deux grandes taches noires rondes sur le dos, bordées de poils fauve clair figurant deux yeux.

Mygale Chilensis, fig. 2. Brune noirâtre avec une tache triangulaire fauve clair sur le milieu du dos.

— *pygmæa*, fig. 3. Petite ; corselet et abdomen allongés ;
corselet noir, abdomen fauve.

— *brunnea*, fig. 5

— *affinis*, fig. 6.

Toutes ces Mygales me paraissent appartenir à ma
deuxième race, celle des ovalaires allongées.

§ XI.

Nouveau genre d'Araignées à six yeux.

Sur la même planche de l'ouvrage sur le Chili,
M. Nicolet a fait connaître un genre très-remarquable
d'Araignées à six yeux qu'il faut placer à la suite du
genre *Ségestrie* auquel il ressemble par les yeux, mais
dont il s'éloigne beaucoup par ses autres caractères.
M. Nicolet a nommé ce genre *Thomiséïde*, parce
qu'en effet par ses mâchoires inclinées sur la lèvre,
par ses pattes étalées latéralement, par les formes
courtes et ramassées de son corselet et de son abdomen
il a beaucoup d'analogie avec les Thomises ; mais
par ses pattes peu inégales entre elles il se rapproche
encore plus des Philodromes ; par la grandeur des
individus dont il se compose, et par son faciès il rappelle le genre *Olios*. Par ces motifs nous jugeons qu'il
faut changer le nom imposé à ce genre par M. Nicolet,
et nous le nommerons *Sicarius*. Comme il nous paraît
évident, d'après les excellentes figures dessinées par
M. Nicolet, que les quatre espèces qu'il a figurées se
réduisent à une seule et même espèce prise à différents
âges, avant et après la ponte, nous donnerons à l'espèce le nom qu'il a donné au genre.

Genre SICAIRE. (*Sicarius.*)

Yeux *six, occupant le devant du corselet sur deux
lignes; les postérieurs au nombre de deux placés sur les bords du corselet et écartés; les antérieurs au nombre de quatre formant une
ligne droite ou légèrement courbée en arrière.*
Ainsi :

o   o
o   o o   o

Lèvre *allongée cylindroïde, à côtés parallèles; arrondie à son extrémité.*

Mâchoires *inclinées sur la lèvre, allongées et pointues
à leur extrémité, creusées à leur côté externe,
cultelliforme.*

Pattes *allongées, peu inégales entre elles, fortes, à
cuisses renflées, étalées latéralement. La première paire est la plus longue.*

Aranéides...

SICAIRE THOMISOÏDE. (*Sicarius thomisoïdes.*) ♀ 6 à 9 lignes.

Corselet en cœur; abdomen arrondi ou en poire, brun avec des
touffes de poils noirs sur le dos, formant des taches rondes
comme sur la peau d'un Léopard; ces taches paraissent portées
sur des éminences; les pattes, étalées latéralement, ont aussi des
rugosités comme les pattes d'un Crustacé.

Thomisoïdes fumosa, Nicolet dans Gay, *Historia de Chile,*
pl. 1, fig. 7. — Ibid.,*Thom. crustosa,* fig. 8. — *Thom. terrosa,*
fig. 9. — *Thom. rubripes,* fig. 10. Celle-ci est plus petite, a des
couleurs plus pâles et n'a que 6 lignes de long. C'est une jeune.

§ XII.

Sur le genre Dysdère.

T. I, p. 261. Corrigez ainsi le caractère des

Pattes, *la première ou la quatrième la plus longue.*

T. I, p. 261.

Sur les mœurs et les habitudes des Dysdères.

Ajoutez :

Dans les cavités des arbres ou dans les feuilles dures.

La *Dysdera erythrina* est commune en Algérie sous les pierres humides. (Lucas, p. 98.)

T. I, p. 263.

FAMILLE DES AGORES.

DYSDÈRE ÉLÉGANTE. (*Dysdera elegans.*) 6 yeux. Long., 4 lignes.

Fort semblable à la soyeuse, mais elle est plus svelte.

Corselet allongé, étroit, ovalaire, voûté ou bombé vers les yeux. Yeux peu brillants, d'un jaune d'ambre rougeâtre, courbés en avant ; les yeux latéraux antérieurs ou ceux de la première ligne sont plus gros que les postérieurs ; les intermédiaires ronds.

Abdomen moins large et moins long que le corselet, d'un gris rougeâtre soyeux ; ventre d'un gris blanchâtre.

Palpes rougeâtres, moins noirs à leur extrémité, se terminant en pointes. Pattes d'un rouge jaunâtre, sans anneaux, avec des piquants de longueur médiocre. La quatrième paire est la plus longue, la première après, la troisième est la plus courte. Mandibules peu allongées, cylindriques, mais diminuant de grosseur vers leur extrémité, légèrement portées en avant. Onglet court et très-crénelé. Mâchoires allongées, étroites, à côtés parallèles ; lèvre ovale allongée, bombée, étroite à sa base, élargie dans son milieu, coupée en ligne droite à son extrémité.

Rapportée par la *Zélée.*

Diffère de notre Dysdère érythrine par les mandibules, et son onglet ; par la lèvre et par les mâchoires.

T. I, p. 263 et t. II, p. 445. Je crois que c'est dans la deuxième race de notre famille des Agores que l'on doit placer la

Dysdera harpactes.

Le mâle a 1 ligne 3/4, la femelle 2 lignes. Corselet brun. Abdomen allongé rougeâtre, moucheté.

Templeton dit qu'on ne peut voir les taches que dans un certain jour, et peut-être que cette espèce est la même que la *Dysdera lepida* de M. Koch.

T. I, p. 263 et t. II, p. 444. Ajoutez à la famille des Agores les deux espèces suivantes décrites par M. Lucas.

Dydère spinipède. (*Dysdera spinipes.*) ♀ Long., 8 millim.; larg., 2 millim.

Corselet d'un brun roussâtre, étroit; mandibules noires, roussâtres, peu allongées, hérissées de poils fauves. Abdomen ovalaire très-finement ridé, assez allongé, d'un jaune-cuivre, sans dessin sur le dos, parsemé de poils fauves allongés; filières courtes, jaunâtres. La lèvre est terminée en pointe arrondie.

Lucas, *Exploration de l'Algérie*, pag. 98, Pl. 1, fig. 7.

Trouvée dans les environs d'Oran, sous les pierres, près du fort Santa-Cruz.

Dysdère rétrécie. (*Dysdera angustata.*) ♂ Long., 5 à 6 mill. 1/2 à 1 mill. 3/4.

Corselet étroit, d'un brun noir très-légèrement teint de rouge. Mandibules assez allongées, d'un brun roussâtre, hérissé de poils roussâtres. Abdomen très-allongé, étroit, entièrement fauve et revêtu de poils de cette couleur, courts et peu serrés. Filières courtes de la couleur de l'abdomen; la lèvre est très-allongée, étroite, d'un brun roussâtre foncé, et assez sensiblement rétrécie dans sa partie médiane. Il n'y a point de petites éminences à la naissance des pattes.

Lucas, *Exploration de l'Algérie*, p. 99, Pl. 1, fig. 8.

Trouvée dans les environs de Bône et de Philippeville, sous les pierres, sous les écorces des oliviers et des chênes-liéges dans un tube blanc.

T. I, p. 264. A la synonymie de la *Dysdera Hombergii*, ajoutez :

Koch, *Arachnides*, t. V, p. 84, Pl, 1, 67, lig. 395 et 396. — Templeton, *Zoological journal*, t. V, p. 401. Pl. 17, fig. 1, 2 et 7.

T. I, p. 264. Aux caractères de la famille des *Ariadnes*, ajoutez :

Corselet allongé ; la première paire de *pattes* la plus
longue.

T. I, p. 264.

D'après les observations faites par M. Templeton
il paraît nécessaire de former dans le genre Dysdère
une quatrième famille à laquelle nous donnerons le
nom d'*Albionides*, famille dont M. Templeton a
voulu former un genre sous le nom de Conops.

3ᵉ Famille. ALBIONIDES. (*Albionidæ.*)

Mandibules allongées, tronquées obliquement, rainures
   sans dents, onglet court.

Mâchoires rapprochées, allongées, rétrécies vers leur extrémité, tronquées obliquement au côté interne, légèrement dilatées à la base pour l'insertion du palpe.

Lèvre allongée, triangulaire, se terminant en pointe arrondie.

Palpes amincis en pointe dans les femelles, avec un dernier
   article piriforme dans les mâles.

Yeux ovales, les postérieurs intermédiaires plus gros, connivents ; les latéraux plus obliques sur une ligne
   rentrante.

Pattes, la quatrième paire la plus longue.

6. Dysdère belle. (*Dysdera pulcher.*) Long., 1 ligne 1/2.

Corselet large, arrondi. Abdomen rouge, tirant sur le brun,
peu allongé, ovoïde et grossissant beaucoup vers son extrémité.
Pattes d'un jaune pâle, allongées, velues, avec de longs piquants.

Conops pulcher, Templeton. *Zoological journal*, t. V, p.404.
Pl. 17, fig. 10.
 En Angleterre.

Cette famille pourrait ne faire qu'une seconde sec-

tion dans celle des Ariadnes (t. I , p. 264) avec le nom
d'*Abreviatæ* , les courtes , mais par son corselet large
elle se rapproche plus des Agores. Elle est intermédiaire entre les deux familles.

La *Dysdera pulchra*, selon M. Templeton , est,
ainsi que la *Dysdera Hombergii* où *punctata* , très-
commune dans le lierre , où elle fait dans cette plante
un très-petit cocon , dans lequel elle passe l'hiver. En
détachant l'écorce des arbres où ce lierre est attaché il
en tombe plusieurs. Ces Aranéides ont la faculté de
marcher sur le verre. On remarque entre leurs griffes
qui sont dentées un petit corps rouge avec un pédoncule qui s'applique contre les parois du verre. (*Zoological journal*, t. V, pl. 17, fig. 18.)

Peut-être la *Dysdera pulchra* est-elle la même que
la *Dysdera crocata* jeune. *Voyez* t. II , p. 444.

§ XIII.

Genre SÉGESTRIE.

T. I, p. 267 et t. II , p. 446.

M. Lucas (*Expl. de l'Algérie*) remarque que la
Ségestrie perfide est très-commune dans toute l'Algérie; qu'on la trouve dans les anfractuosités des grosses
pierres et des murs, et sous les écorces des chênes-
liéges : dans les bois des lacs Tonga et Goubeira, aux
environs de La Calle.

Ajoutez à la synonymie de la

Segestria senoculata.

Lucas, *Exploration de l'Algérie*, p. 100, Pl. 1, fig. 9.
Les individus du nord de l'Afrique diffèrent de ceux d'Europe par les pattes, qui sont plus sensiblement annelées , et
surtout par les taches de l'abdomen, plus distinctement marquées.

Ségestrie grêle. (*Segestria gracilis.*) Long., 12 millim.

Corselet glabre roux clair. Abdomen ovale, court, glabre d'un gris cendré , clair avec quelques taches noirâtres. Yeux latéraux des plus gros , se touchant presque.

Lucas, *Description des Canaries*, par MM. Webb et Berthelot. — *Description des Arachnides* , p. 24, n° 15, Pl. 6, fig. 1.

Des îles Canaries.

§ XIV.

Genre SCYTODE.

Sur le cocon de la Scytode thoracique.

T. I, p. 272.

M. Lucas a recueilli un cocon de la Scytode thoracique ; il n'y a trouvé que neuf œufs d'un blanc jaunâtre agglomérés entre eux. Le cocon était formé d'une soie fine d'une belle couleur blanche et à tissu très-serré ; il était arrondi et un tiers plus gros que l'abdomen, et porté par l'Aranéide femelle, accollé à son sternum, sous le corselet, au moyen de ses mandibules et de ses palpes. Au bout de vingt-six jours les œufs ont éclos. Toutes les jeunes Scytodes étaient d'un jaune légèrement roussâtre, avec des taches de l'espèce sur le corselet. Les palpes, les pattes et l'abdomen étaient aussi avec les marques caractéristiques. Ces jeunes Scytodes se construisent un petit logis soyeux sur lequel elles vivent en société. Sur les neuf individus il n'y avait pas un seul mâle ; ainsi de cette espèce on ne connaît encore que la femelle.

Variété A. Taches noires du corselet non interrompues , formant deux lignes longitudinales.

Variété B. Corselet entièrement jaune, abdomen et pattes d'un jaune roussâtre uniforme, et dont les taches

noires étaient oblitérées. (Femelle, longue de 7 millimètres 1/2, large de 4 millimètres.)

Cette espèce se trouve assez communément pendant
l'hiver et une grande partie du printemps dans les environs d'Alger, de Philippeville, de Constantine et
d'Oran.

T. I, p. 271. Ajoutez à la synonymie de la

Scytodes thoracica:

Lucas, *Annales de la société entomologique*, 2ᵉ série, 1845,
t. III, p. 69. — *Ibid.*, Exploration de l'Algérie, p. 104, Pl. 2,
fig. 3.

Sur la montagne qui regarde Toulon ; et en Afrique, dans les
environs d'Alger et d'Oran.

T. I, p. 273. Ajoutez à la synonymie de la

Scytodes omosite :

Scytodes longipes. (Le mâle.) Lucas, *Ann. de la soc. entomologique de France*, 2ᵉ série, t. III, p. 71-73.

Au sujet de cette synonymie, consulter notre lettre au secré-
taire de la Société entomologique et la réponse de M. Lucas
(*Ann. de la société entomologique de France*, 2ᵉ série, 1846,
t. III, p. xc et xciv. M. Lucas croit que ce n'est pas le mâle
de sa *Scytodes rufipes* (omisites), parce qu'elle a le corselet
bombé ; cependant les figures et les descriptions de M. Lucas ne
permettent guère de considérer les Scytodes longipes et Rufipes comme des espèces différentes. Peut-être la famille des
Gibbeuses élabrées doit-elle disparaître, si, comme cela est
possible, cette gibbosité du corselet dans certaines Scytodes
n'indique qu'une différence de sexe. Nicolet dans Gay, *Historia
di Chile-Araneïdas*, pl. 1, a figuré la femelle de cette espèce.

SCYTODE DISTINCTE. (*Scytodes distincta.*) ♀ ♂ Long., 8 mill. 1/2;
larg., 3 mill. 1/2; (la femelle) long., 5 mill., larg., 2 mill. 1/2.

Abdomen allongé, ovalaire, peu bombé, jaunâtre, orné à la
partie antérieure de deux petites taches brunes ; il est finement
tuberculé et parsemé de poils jaunes très-courts et pourprés. Filières jaunes, assez allongées. Le mâle semblable.

Cette espèce est abondante aux environs d'Oran, au cercle de

La Calle, d'Alger, de Constantine et de Bône. Elle se tient sous les pierres peu humides, et tend çàet là quelques fils qui forment une toile lâche et peu serrée. Elle est agile en comparaison de la thoracique, qui est très-lente.

T. I, p. 272. Ajoutez à la suite de la Scytode thoracique :

1 bis. Scytode de Berthelot. (*Scytodes Berthelotii.*)
Long. 11 mill.

Corselet plus long que large, lisse, très-bombé, surtout dans la partie médiane et postérieurement; petites saillies convexes à la base des mandibules très-courtes rapprochées à leur base, dirigées en avant. Yeux placés sur des taches d'un noir profond, au nombre de six, arrondis, d'un jaune clair, très-brillants. La couleur du corselet est d'un roux clair avec quelques taches d'un brun foncé que présentent les côtés latéraux. Abdomen globuleux présentant à sa partie supérieure quelques taches d'un brun foncé. Pattes d'un roussâtre très-clair, allongées, grêles, sans taches.

Lucas, *Arachnides des Canaries*, p. 25, n° 16.
Des Canaries.

Cette espèce ressemble à la Scytode thoracique, mais elle est beaucoup plus grande; les taches du corselet et de l'abdomen sont différentes, et les pattes ne sont pas annelées de brun.

§ XV.

T. I, p. 276 et t. II, p. 447. Après le genre *Scytodes* et avant le genre *Uptiotes*, qui doit passer dans les Araignées à huit yeux, mettez un genre nouveau à six yeux établi par M. Lucas.

Genre ÉCOBE. (*Æcobius.*)

Yeux *au nombre de six réunis en groupe sur une protubérance du corselet, sur deux lignes transversales; l'antérieure courbée en avant et composée de quatre yeux dont les intermédiaires, moins rapprochés entre eux qu'ils ne le sont des latéraux, sont ronds; les latéraux ovales : yeux postérieurs beaucoup plus gros que les antérieurs, éloignés l'un de l'autre, et formant avec chaque paire latérale, un triangle irrégulier dont l'angle le plus aigu est dirigé en arrière.*

Lèvre *semi-ellipsoïde, large à sa base, arrondie à son extrémité, et divisée, près de sa base, par un sillon transversal qui la fait paraître composée de deux pièces.*

Mâchoires *courtes, apicales, très-inclinées sur la lèvre.*

Palpes *subpédiformes, insérés presque au milieu du côté externe des mâchoires.*

Mandibules *courtes.*

Pattes *velues, sans épines inégales entre elles latérodivergentes. La première paire est la plus longue, la quatrième ensuite, la deuxième est la plus courte.*

Aranéides *sédentaires, établissant dans les encognures des murailles et sous les pierres une petite toile en forme de tente, formée par des fils de soie peu serrés, et sous laquelle ils se tiennent.*

Écobe domestique. (*Æcobius domesticus.*) ♀ Long., 2 mill.; larg., 1 mill.

Corselet d'un jaune uniforme dans la femelle, quelquefois entouré d'un filet noir dans le mâle; très-bombé. Mandibules étroites un peu dirigées en avant. Abdomen large, un peu sinué au bord antérieur, ponctué de gros points blancs vaguement distribués. Filières peu allongées.

Lucas, *Exploration de l'Algérie*, etc., p. 101, nº 15, Pl. 2, fig. 1.

Prise dans les maisons d'Alger, en septembre et en octobre, dans les encognures des murailles ; se tient cachée sous une petite tente formée par des fils de soie peu serrés, et entourée d'un réseau très-lâche. Elle est très-vive.

2. ÉCOBE ANNULÉE. (*Æcobius annulipes.*) Long., 5 mill.; larg., 1 mill. ♀.

Corselet dont la pointe antérieure recouvre les mandibules qui sont verticales. Abdomen large, subovalaire déprimé, terminé en pointe et sans sinuosité antérieure, couleur d'un brun rougeâtre foncé, avec une ligne longitudinale d'un brun foncé, terminée postérieurement en une pointe aiguë, et ayant deux courtes taches transversales, imitant un poignard ou un stylet.

Lucas, *Exploration de l'Algérie*, p. 102, Pl. 2, fig. 2.

Prise aux environs d'Alger et de Constantine. Se plaît à la campagne sous les pierres humides, où elle établit une petite toile en forme de tente, sous laquelle elle se tient.

Affinités du genre Écobe. Ce genre, par le nombre de ses yeux, son corselet renflé, tient fortement au Scytode, et comme lui, par ses mâchoires inclinées sur les lèvres, il se rapproche des Thérédions; mais par ses yeux, la forme de sa toile, ses habitudes et la vivacité de ses allures, il s'allie fortement aux Lyniphies.

§ XVI.

Genre UPTIOTES.

T. I, p. 275 et 276.

Il faut supprimer la famille des Mithras dans les Scytodes et réunir ce qui en est dit au genre Uptiotes et au caractère Uptiotes.

Au lieu de *yeux* six, mettez *yeux* huit.

A l'*Uptiotes anceps* il faut, à la synonymie, ajouter :

Mithras paradoxus, Koch, dans Henri Schaeffer, Fasciculus 123, n° 9. — Koch, *Arachniden*, XII, p. 94, Pl. 317, fig. 1023 le mâle; fig. 1024 la femelle.

Le genre Uptiotes, par son corselet, par ses mâchoires, son abdomen, est intermédiaire entre les Théridion et les Argus. Il se rapproche des Théridion par la forme de son abdomen qui ressemble à celui de la *Théridion sysiphe.* Ce genre se rapproche des Argus par la petitesse du corps et le peu de longueur des pattes. Les Uptiotes ont aussi de l'analogie avec certains Philodromes (le Philodrome oblong) par la manière dont les yeux sont placés. Le corselet bombé des Uptiotes les unissent étroitement aux Scytodes.

§ XVII.

Genre LYCOSE.

T. I, p. 282.

Lycosa narbonensis.

Lucas, *Exploration de l'Algérie*, p. 106.

Cet Aranéide se trouve dans les environs d'Alger, de Bône et d'Oran. La variété, nommée *Mélanogaster* par Latreille, paraît se rapporter à celle qu'on trouve en Afrique, dont l'abdomen est d'un cendré clair, et dont les chevrons du dos sont bien moins marqués.

2 bis. La *Lycosa affinis* de M. Lucas (*Exploration de l'Algérie*, p. 106, Pl. 2, fig. 5) est un mâle dont la femelle n'est pas connue, de 17 millim., qui a une grande tache transversale à la partie inférieure de l'abdomen, qui a beaucoup de ressemblance avec la Lycose narbonnaise, mais qui est beaucoup plus petite. Cette espèce et la précédente appartiennent à ma race des *Tarantuloïdes.*

T. I, p. 287. A la synonymie de la

Lycosa tarentuloides singoriensis :

Ajoutez :

Schreider, dans Francesco Serao, *Della Tarentola.* Napoli, 1742, p. 229.

T. I, p. 291-300 et t. II, p. 449.

Sur les auteurs qui ont écrit sur la Tarentule.

J'ai depuis acquis le traité sur la Tarentule, in-folio qui est à la bibliothèque de l'Institut, mais avec le titre qui manquait. Ce titre est ainsi : *Della Tarantola o sia Falangio di Puglia, lezioni academici di Francesco Serao, professore di medica nella regia universita*, Napoli, MDCCXLII. Serao nous apprend que dans la Pouille aussitôt qu'un individu était atteint du tarentisme, sa maison devenait le rendez-vous des jeunes gens d'alentour, qui profitaient de ces accidents pour s'amuser aux dépens de ceux qu'ils devaient guérir. Les parents du blessé avaient soin d'orner sa chambre de guirlandes de fleurs et de le revêtir de ses plus beaux habits, et on le faisait danser jusqu'à ce que l'épuisement et la transpiration eussent forcé de le mettre au lit. Ce traitement durait trois jours. Si l'on ne peut pas attribuer à Serao le mérite d'avoir le premier douté des effets de la Tarentule, ses *Leçons académiques* applaudies par Haller, Pringle et Morgagni, ont plus que toutes les autres publications contribué à déraciner le préjugé sur les effets de la morsure de la Tarentule. Il n'en reste plus aujourd'hui que le souvenir. Serao, né en 1702, est mort le 5 août 1783.

Aux noms et aux ouvrages déjà cités, il faut ajouter :

Hermani Grubæ Lubecensis, *De ictu Tarentulæ, et vi musicis in ejus curatione conjecturæ physicæ medicæ*. Francofurti, anno 1679. — Antoine Pitaro, *Considérations et expériences sur la Tarentule de la Pouille*, de l'imprimerie de Gignet et Michaud, Paris, 1805, in-8.

T. I, p. 304.

12 bis. LYCOSE IMPRIMÉE. (*Lycosa biimpressa.*) Long., 20 mill.; larg., 7 mill. ♀

Corselet d'un brun foncé. Abdomen allongé, brun, avec une tache d'un brun foncé, trianguliforme, allongée à la partie antérieure, et une petite impression profondément marquée à la partie postérieure. Ventre noir.

Lucas, *Exploration de l'Algérie*, p. 108, Pl. 2, fig. 6.

Le mâle est inconnu. Prise errante, en mai, dans les marais d'Aïn-Tréat, cercle de La Calle.

T. I, p. 306.

13 bis. Lycose exilipède. (*Lycosa exilipes.*) Long., 22 mill.; larg., 2 mill.

Corselet et abdomen d'un brun roussâtre, sans tâche sur le dos; ventre de même couleur ; filières noirâtres.

Lucas, *Exploration de l'Algérie*, p. 108, Pl. 2, fig. 7.

Ressemble à la *Lycosa peregrina* de Savigny. Habite les berges des rivières dans les environs d'Alger et de Constantine.

3 quinter. Lycose Pilipède. (*Lycosa bilipes.*) ♂ ♀ Long., 12 mill.; larg., 6 mill.

Corselet et abdomen fauve roussâtre.

Lucas, *Expl. de l'Algérie*, p. 109, n° 26, Pl. 2, fig. 8.

T. I, p. 307. A la troisième race ou aux Tarentulines, ajoutez :

15 bis. Lycose paysanne. (*Lycosa villica.*) Long., 8 à 10 mill.; larg., 5 à 6 mill.

Corselet d'un roussâtre clair. Abdomen d'un fauve roussâtre, avec deux lignes longitudinales de couleur plus foncée sur le dos.

Lucas, *Exploration de l'Algérie*, p. 110, Pl. 2, fig. 9.

Lacalle et Oran. Prise en janvier, février et mars.

16 bis. Lycose erratique. (*Lycosa erratica.*) Long., 11 mill.; larg., 4 mill. ♀.

Corselet bombé, d'un roux foncé. Abdomen ovale allongé, grisâtre, avec deux bandes fauve clair, tache triangulaire, et trois ou quatre chevrons.

Lucas, *Exploration de l'Algérie*, p. 3, Pl. 3, fig. 2.

Prise errante, en janvier, sur les dunes de sable.

T. I, p. 308. A la quatrième race ou aux Insignées, ajoutez à la synonymie de la

Lycosa trucidatoria :

Lucas, *Explor. de l'Alg.*, p. 112.

Cette espèce varie beaucoup. Trouvée, dans les mois de mai et de juin, à l'est de l'Algérie.

T. I, p. 311.

19 bis. LYCOSE VAGABONDE. (*Lycosa vagabunda.*) Long., 12 mill.;
larg., 5 mill.

Corselet d'un jaune roussâtre, noirâtre à sa partie antérieure.
Abdomen court, d'un fauve clair, avec deux points noirs en
dessus ; en dessous, fauve.

Lucas, *Explor. de l'Algér.*, p. 112 et 113, Pl. 3, fig. 2.

Environ de Constantine et d'Alger ; commune en hiver ; très-
agile.

19 ter. LYCOSE FORTE. (*Lycosa valida.*)

Corselet brun avec trois bandes longitudinales, celle du milieu, d'un fauve clair. Abdomen ovalaire renflé, fauve, avec
une bande longitudinale crénelée sur le milieu du dos. Dessous
fauve.

Lucas, *Explor. de l'Algér.*, p. 113, Pl. 3, fig. 3.

Prise dans les environs de Constantine, sur les rochers arides
du Condiat-Ati.

T. I, p. 315.

19 quater. LYCOSE NUMIDE. (*Lycosa numida.*) ♀ Long., 9 mill.;
larg., 3 mill. 1/2.

Corselet noir entouré de blanc jaunâtre et une raie fauve dans
le milieu. Abdomen noir, bordé de blanc d'argent; en dessous,
deux traits blancs formant V. C'est ma *Lycosa vorax*, t. I,
p. 313, n° 22, qui présente bien des variétés et a été décrite tant
de fois sous des noms différents. Les yeux antérieurs forment une
ligne courbée en avant.

Lucas, *Explor. de l'Algér.*, p. 114, n° 33, Pl. 3, fig. 5.

Prise au printemps, dans les environs d'Alger et de La
Calle.

Lycosa rapax. Blackwall, *Transactions of the Linnean society*, vol. 18, p. 609.—Description of new species of spiders, n° 3.

Blackwall donne pour longueur 4 lignes 1/2.

Il remarque que la griffe inférieure des côtes est courbée à sa
base.

Bonne description de la variété 1, qui est la *Lycosa are-
naria*, de Koch, 113—16. — Ibid., *Lycosa alacris*, Koch de

Schœffer, 120+18. — *Lycosa bifasciata* , 118 , 18. — *Lycosa pulverulenta* , Koch, 131, fig 14 et 15. — *Lycosa sylvicultrix*, Koch, des *Arachniden*, 182-183.

Bonne description de cette variété.

M. Blackwall dit qu'elle se trouve sur le rivage de la mer, dans les pays montagneux et sur les sommets des plus hautes monta-gnes de la principauté de Galles, de l'Angleterre et de l'Irlande; elle s'accouple en mai et juin. Son cocon est formé d'une soie compacte de 5/2 de pouce en diamètre ; il est jaune brun et ren-ferme 60 à 70 œufs d'un jaune pâle. Les jeunes, lorsqu'ils le quittent, montent sur le corps de la mère.

On la trouve aussi dans les bois , les pâturages. Prise sur les hautes montagnes de Broad-Cray-Helvillin , Snowdon et Car-med-Lewiling , les montagnes les plus élevées d'Angleterre.

19[5]. LYCOSE SYLVICOLE. (*Lycosa sylvicola.*) Long., 10 à 12 mill.; larg., 3 à 5 mill.

Corselet d'un noir roussâtre , bande du milieu fauve. L'ab-domen gros, ovalaire. Abdomen renflé ovalaire , bande d'un brun foncé avec des chevrons.

Variété. Abdomen entièrement fauve.

Lucas, *Explor. de l'Algér.*, p. 116, Pl. 3, fig. 6.

C'est la *Lycosa Pelusiaca* (t. I, p. 308) ou une espèce ana-logue. Ligne des yeux antérieurs courbée en avant.

19[6]. LYCOSE CHASSEUSE. (*Lycosa venatrix.*) Long., 8 à 10 mill.; larg., 3 à 4 mill.

Corselet roux brun avec une bande médiane fauve. Abdomen enflé, peu allongé, ovalaire, fauve , à côtés bruns ; bande mé-diane d'un fauve clair, traversée par de petits traits sinueux.

Lucas, p. 116, n° 35, Pl. 3, fig. 7. Voisine de la *Lycosa An-drenivora*. Ligne des yeux antérieurs courbée en avant.

Habite les environs d'Alger et d'Oran. Prise, en hiver et au printemps, sous les pierres.

19[7]. LYCOSE TIMIDE. (*Lycosa timida.*) Long., 15 mill.; larg., 5 mill. ♀ ♂.

Corselet renflé , pattes peu allongées. Abdomen allongé d'un fauve foncé avec une bande, et des taches d'un fauve clair ; des-

sous d'un jaune clair. Ligne des yeux antérieurs droite ; les intermédiaires de cette ligne un peu plus gros que les latéraux.

Lucas, *Explor. de l'Algér.*, p. 117, Pl. 3, fig 8.

Dans les environs d'Alger et de Constantine.

19⁸. **LYCOSE GRACILENTE.** (*Lycosa gracilenta.*) Long., 7 mill.;
larg., 3 mill., ♂ ♀.

Corselet étroit, noir foncé. Abdomen d'un brun foncé, court,
fauve, et à côtés bruns en dessus ; bande très-large , d'un roux
clair, formée par des poils de même couleur. Ligne des yeux antérieurs courbée en avant.

Lucas, *Expl. de l'Algér.*, p. 119, Pl. 3, fig. 9.

Trouvée sous les pierres en février, sur le versant est du
Djebel-Santa-Cruz , aux environs d'Oran.

19⁹. **LYCOSE QUADRIPONCTUÉE.** (*Lycosa quadripunctata.*)
Long., 6 mill. ; larg., 2 mill. ♂.

Corselet d'un roux clair. Abdomen allongé, fauve avec taches
brunes à la partie antérieure, qui a la forme d'un poignard ;
quatre taches brunes dans son milieu en carrés bordés de poils
argentés. Ligne des yeux antérieurs courbée en avant. Petite
espèce bien distincte remarquable par ses mâchoires un peu inclinées et sa lèvre arrondie à son extrémité.

Trouvée en janvier sous les pierres dans les marais de Tonga
et du cercle de La Calle.

T. I, p. 329 et 340, n° 60 *bis*.

LYCOSE GALONNÉE. (*Lycosa argenteo marginata.*)
Long., 8 mill.; larg., 5 mill. ♂.

Corselet roussâtre largement bordé de bandes d'argent. Abdomen plus court que le corselet, revêtu de poils roussâtres, orné
de chaque côté de quatre ou cinq petits points d'un blanc d'argent et bordé de cette couleur, dessous roussâtre. Les pattes ont
l'extrémité du tibial et du métatarse tachée de blanc argent. La
ligne des yeux antérieurs est légèrement courbée en arrière.

Lucas, *Explor. de l'Algér.*, p. 120, n° 42, Pl. 3, fig. 10.

Cette espèce se tient à la surface des ruisseaux. Elle semble se
plaire à en remonter le courant. On l'a trouvée dans le marais de
Tonga, sur un ruisseau d'eau thermale. Lorsqu'on veut s'em-

parer de cet Aranéide, il s'enfonce dans l'eau et se cache sous les pierres ou parmi les grandes herbes. Cette espèce qui devrait être portée plus bas appartient à notre deuxième famille des Lycoses, les *Corsaires*, et doit être placée à côté de la *Lycosa triton* d'Abbot et de notre *piratica*.

LYCOSE FÉROCE. (*Lycosa ferox*.) Long., 22 mill. ♀

Corselet entouré par une bande assez large d'un fauve clair, avec la partie antérieure ayant une tache de même couleur. Ligne des yeux antérieurs droite. Abdomen arrondi antérieurement ayant deux taches noires, et le dessus marqué de trois points noirs. Cet abdomen se grossit à sa partie postérieure, où il est revêtu de poils fauves et tout parsemé de petites taches noirâtres. Le ventre en dessous est d'un fauve clair sans taches.

Trouvée aux îles Canaries.

T. I, p. 330. A la synonymie de la

LYCOSA ALLODROMA :

Ajoutez :

Lycosa cambrica. Long., 6 ligne 1/5.

Blackwall's, Description of new species of spiders.—*Transactions of the Linn. society*, vol. 18, part. 4, p. 615.

M. Blackwall décrit ainsi cette espèce :

Abdomine flavescenti-brunneo, anticè fascia mediana pallidiore, obscurè nigro marginata, margine albo maculato, posticè utrinque serie macularum alternátim nigrarum et albarum ad filatoria confluente, maculis lineis obscuris nigris transversis angularibus in vertice albo maculatis connexis.

Le mâle est plus petit et de couleur plus pâle.

Les mâchoires ont une forte courbure à leur intérieur, qui entoure la lèvre, disposition, dit M. Blackwall, qu'on observe dans la Campestris et l'Allodrome. Ces espèces se rapprochent des semi-Aquatiques, c'est-à-dire de la *Piratica* et autres espèces de cette famille.

Cette belle Araignée, dit l'auteur, a été prise, en mai 1839, dans le terrain marécageux d'un bois à Oackland.

T. I, p. 334. Ajoutez à la synonymie de la

LYCOSA FUMIGATA :

Lycosa latitans. Blackwall's, Descriptions of new species of spiders, dans *Transactions of Linn. soc.*, vol. 18, p. 612, nᵒ 15.

Cephalo-thorace saturatè brunneo ad margines laterales pilis raris albis minuto. Abdomine saturate olivaceo-brunneo, serie laterali macularum albarum pilisque numerosis marginalibus albis minuto.

Cette synonymie est certaine.

Blackwall remarque dans sa description que les yeux latéraux de la ligne antérieure sont un peu plus petits que les intermédiaires de cette même ligne. L'abdomen se projette fortement sur la base du corselet.

Le mâle est semblable, mais plus petit.

Selon Blackwall, cette espèce lie le groupe des terrestres à celui des semi-Aquatiques ; on la trouve, en mai et juin, avec son cocon attaché à l'anus, dans les parties humides des bois ; ce qui est d'accord avec nous. Ce cocon est globulaire ; il a 1/3 de pouce de diamètre, blanc, d'une soie compacte, entouré d'un cercle à tissu moins serré ; il contient 40 ou 50 œufs jaunes non agglutinés entre eux.

Trouvée dans les bois du Denbighshire.

T. I, p. 333. Ajoutez à la synonymie de la

LYCOSA PALUDICOLA :

Lycosa obscura. Long., 2 lignes 3/5.

Blackwall, *Transactions of the Linnean society* (Descriptions of new species of spiders), t. 18, p. 611, nᵒ 4.

Abdomine obscurè rufescenti-brunneo maculato, anticè fasciculis 3 minutis pilorum flavescentium.

Il dit que le ventre est d'un jaune brun plus pâle.

Trouvée dans le Denbighshire et dans le Caernarvonshire, sur le gazon coupé et dans les bruyères, au mois d'août. Son cocon, qui a un peu moins de 2 lignes de diamètre, est aplati, d'un brun pâle ou d'un vert pâle ; tissu compacte et entouré d'un cercle blanc, dont le tissu est plus serré. Il renferme 25 œufs jaunâtres, qui ne sont pas agglutinés. Les jeunes montent sur le dos de la mère aussitôt qu'ils sont éclos.

Le 12 septembre 1838, M. Blackwall vit sortir un très-petit Ichneumon d'un cocon de cette espèce, qu'il avait renfermé dans une fiole.

M. Lucas, *Explor. de l'Algér.*, p. 118, a fréquemment trouvé

celle espèce sur les bords des eaux , dans les environs d'Alger
et du lac Touga.

T. I, p. 308, n° 16.

LYCOSA PELUSIACA :

Variété à tâches blanches. Trouvée en Algérie.
Lucas, *Explor. de l'Algér.*, p. 118.

T. I, p. 336, n° 52.

Lycosa Belliona.

Lucas, p. 118.
Trouvée en Algérie.

T. I, p. 339.

39 bis. LYCOSA LEHUILLA. (*Lycosa Lehuillana.*) Long., 9 lig. ♂.

Corselet brun, en voûte surbaissée et non en biseau sur les côtés ;
trois bandes blanches ou jaunes, deux bordant le pourtour, celle
du milieu s'élargissant vers les yeux. Pattes rougeâtres tachées
de brun. Pattes fortes, 4, 1, 2, 3. Organe sexuel ovalaire, mais
un peu allongé, étroit, pointu vers l'extrémité. Yeux de la seconde ligne très-gros , la ligne des yeux antérieurs légèrement
courbée en avant.

LYCOSE GUILLOU. (*Lycosa Guillouana.*) Long., 5 lignes.

Corselet allongé, bombé, rougeâtre.
Abdomen ovalaire étroit, bombé, moins large que le corselet,
grossissant un peu à la partie postérieure. Poils bruns velus avec
deux petits traits divergents de poils jaunes proche le corselet.
Ventre de couleur plus claire, uniforme. La ligne antérieure des
yeux est droite, un peu courbée en avant ; mais les yeux latéraux
de cette ligne sont plus gros que les intermédiaires. Cette différence est plus sensible que dans l'espèce précédente.
Palpes rougeâtres, filiformes ; pattes peu allongées, 4, 1, 2, 3,
rouges, annelées de brun ; lèvre , poitrine et mâchoires d'un
rouge pâle. Forme ordinaire , lèvre ovalaire resserrée à sa base.

§ XVIII.

Genre DOLOMÈDE.

T. I, p. 345-348.

M. Lucas a établi un genre nouveau sous le nom de *Lycosoïdes*, mais il ne s'est pas aperçu que ce genre n'est autre que la troisième race de nos Dolomèdes (t. I, p. 348), dont la seule espèce connue de nous avait reçu aussi le nom de *Lycæna* à cause de sa ressemblance avec les Lycoses. Les Lycosoïdes de M. Lucas tiennent trop aux Dolomèdes par les yeux et par la bouche pour pouvoir en être séparées, mais il convient de changer le nom de la race des Ripuaires et d'en former une famille qui sera la deuxième, à laquelle nous donnerons le nom de *Lycosoïdes* et que nous caractériserons ainsi :

2ᵉ FAMILLE. LES LYCOSOIDES.

Yeux, *au nombre de huit, sur deux lignes ; les intermédiaires antérieurs sont les plus petits, les latéraux antérieurs et les intermédiaires postérieurs sont les plus gros ; les latéraux postérieurs un peu plus petits que ces derniers, et ordinairement portés sur une éminence assez sensible.*

Lèvre *courte, rétrécie à sa base, dilatée à son extrémité.*

Mâchoires *droites, écartées, courtes, resserrées à leur base, élargies à leur extrémité, fortement tronquées à leur partie intérieure.*

Pattes *allongées, la quatrième paire la plus longue, la seconde ensuite.*

Aranéides *se cachant sous les pierres, dans des trous en terre, sous l'écorce des arbres, courant après*

leur proie, et enveloppant leurs œufs, non ag-
glutinés entre eux, dans une soie fine et peu
serrée.

La famille des CRYPTICOLLES (t. I, p. 350) sera la troisième, celle des SYLVAINS (t. I, p. 356) la quatrième.

1ʳᵉ Race BRÉVICAUDES. (*Brevicaudæ.*)

Filières *ne dépassant pas l'abdomen.*

1. DOLOMÈDE ALGÉRIENNE. (*Dolomedes Algerica.*) Long. 2 mill.; larg. 2 millim. ♀ ♂.

Corselet d'un brun roussâtre, sur les côtés bordé de noir. Abdomen renflé, ovalaire, trois taches d'un noir foncé sur la partie antérieure, et quatre traits transversaux de même couleur sur la partie postérieure, légèrement sinueux. Filières courtes, jaunes. Le mâle est plus grêle, a les pattes plus allongées et l'abdomen beaucoup plus court.

Lucas, *Explor. de l'Algérie*, p. 122, nᵒ 43, Pl. 2, fig. 10.

Peu agile, cette Aranéide se tient sous les pierres, quelquefois dans les fissures des arbres, et même dans des trous en terre. Au moment de la ponte, elle se construit un cocon orbiculaire, formé par une soie fine et peu serrée. elle y dépose ses œufs, qui sont ronds, non agglutinés, et d'un blanc jaunâtre.

Le mâle est presque toujours errant. En Algérie ; plus abondant dans l'est de cette région.

2. DOLOMÈDE PALLIPÈDE. (*Dolomedes pallipedes.*)

Corselet peu allongé, légèrement dilaté sur les côtés, d'un jaune roussâtre. Abdomen ovalaire, plus allongé et un peu plus large dans sa partie médiane que le corselet, d'un jaune légèrement teinté de roussâtre, orné en dessus de deux taches noires affectant la forme d'un 7 dans le milieu du dos ; à sa partie antérieure deux petites lignes longitudinales, à la partie postérieure des petites lignes noirâtres entre-croisées.

Lucas, *Explor. de l'Algérie*, p. 123, Pl. 4, fig. 6.

Prise aux environs d'Alger, sous les pierres ; souvent errante en février et en juin.

2e Race. LES LONGICAUDES. (*Longicaudæ.*)

Filières *dépassant de beaucoup l'abdomen.*

**3. DOLOMÈDE RUFIPÈDE. (*Dolomedes rufipes.*) Long. 11 mill.;
larg. 4 mill.**

Corselet étroit, saillant et avancé antérieurement, élargi et
légèrement déprimé sur les côtés. Abdomen renflé, très-bombé,
ovalaire, fauve, et ayant une série longitudinale de petites taches
jaunâtres formant deux bandes. Filières tentacules d'un roux
clair. Le mâle plus grêle; pattes plus allongées; abdomen plus
étroit et plus court que dans la femelle.

Lucas, *Expl.*, p. 124, Pl. 4, fig. 5.

Sous la pierre humide. Très-agile. Dans les environs d'Alger
et de Constantine.

**4. DOLOMÈDE ROUX. (*Dolomedes rufithorax.*) Long. 9 mill.;
larg. 3 mill. ♂ ♀.**

Corselet allongé, rétréci antérieurement, roux bordé de brun.
Abdomen large, court, brun roux, et deux bandes longitudinales
légèrement ondulées d'un brun foncé dans le milieu. Ventre brun
roux.

Lucas, *Expl.*, p. 125, Pl. 4, fig. 4.

Environs d'Alger, cercle de La Calle, sous les pierres. Prise
pendant les mois de mars et d'avril.

**5. DOLOMÈDE DIGITALE. (*Dolomedes digitalis.*). Long. 5 mill.;
larg. 1 mill.**

Abdomen grossissant à sa partie postérieure, d'un brun roux
foncé; il est orné de deux bandes testacées. Ventre roussâtre.
Filières allongées, roussâtres.

Lucas, *Expl. de l'Algérie*, p. 126, Pl. 4, fig. 5.

Prise dans les premiers jours de mars aux environs d'Alger.

T. I, p. 355. Après la race des VIGILANTES ajoutez :

3e Race. LES CHERCHEUSES. (*Quæsitoriæ.*)

Yeux *intermédiaires antérieurs un peu plus gros que les laté-
raux.*
Lèvre *très-allongée en triangle isocèle.*
Mâchoires *droites, allongées.*

DOLOMÈDE NOUKHAÏVIENNE. (*Dolomedes Noukhaïva.*)
Long., 4 lignes.

Pattes très-allongées, verdâtre, avec des anneaux bruns; cuisses renflées. Longueur relative : 4, 2, 1 et 3 bien assis.

Palpes courts, verdâtres, à dernier article ovoïde bombé sur le dos, aplatis au côté interne et non développés.

Abdomen ovale étroit, allongé.

Corselet en cœur court, verdâtre (forme de la *Mirabilis*). Poitrine, mâchoires et lèvre verdâtres; lèvre en triangle isocèle très-allongée; mâchoires droites allongées, un peu dilatées à leur extrémité.

Yeux, les quatre postérieurs plus gros; ceux de la dernière ligne postérieure les plus gros; les intermédiaires antérieurs un peu plus gros que les latéraux.

Monde maritime, Polynésie, de Noukhaïva, rapportée par la corvette *la Zélée*. Cette espèce se rattache à la famille des Crypticolles par ses yeux; mais par sa lèvre triangulaire et non tronquée, et par sa mâchoire étroite, elle forme une race à part.

T. I, p. 350 et t. II, p. 454. Ajoutez à la synonymie de la

DOLOMÈDE AGÉNÉLOÏDE :

Lucas, *Explor. de l'Algér.*, p. 131, Pl. 4, fig. 9.

T. I, p. 358 et t. II, p. 455.

M. Lucas s'est bien aperçu (*Expl. de l'Algérie*, p. 107) que la Dolomède Dufour, par la forme de son corselet, se plaçait difficilement dans le genre Dolomède, et il croit que cette espèce doit rentrer dans le genre Lycose. Nous pensons, au contraire, qu'elle forme une petite division dans le genre Dolomède qui se rapproche beaucoup de la famille des Dolomèdes Lycosoïdes (Voyez t. I, p. 350 la race des *Longi-troncs*), et qu'on doit considérer les yeux latéraux postérieurs portés sur une éminence, comme appartenant à la seconde ligne et ne formant par conséquent à eux seuls qu'une seule ligne.

Affinités du genre Dolomède. La famille des Lycosoïdes se rapproche des Lycoses par la forme de son corselet, et s'en éloigne par les yeux, dont les postérieurs latéraux portés sur une éminence peuvent être considérés comme ne formant qu'une même ligne avec les intermédiaires postérieurs; elle s'identifie par conséquent à toutes les familles du genre Dolomède, et n'est absolument conforme à aucune d'elles. Elle se rapproche aussi des Dolomèdes par les mâchoires élargies et la lèvre plus courte que dans les Lycoses. Sous ce rapport la Dolomède Nou-khaïva, qui appartient bien aux Dolomèdes par ses yeux, par ses mâchoires étroites, allongées, sa lèvre allongée triangu-laire, pourrait, à plus juste titre, constituer un genre que la Lycosoïde. J'en dis autant de la *Lycosoïdes ageniloïdes*. Mais dans les Aranéides il ne faut jamais oublier que le nom-bre, la position et la grandeur relative des yeux est le caractère générique le plus important. Ainsi les Ctènes par leur *faciès* et leurs autres caractères ont une grande analogie avec les Dolo-mèdes, mais ils en diffèrent fortement par les yeux.

§ XIX.

Genre CTÈNE.

T. I, p. 364.

Ctène marginé. (*Ctenus marginatus.*) Long., 9 lignes.

Abdomen ovale allongé, se rétrécissant en pointe vers l'anus, renflé dans son milieu, coupé carrément proche le corselet, ayant la forme de la *Mirabilis*, d'un rougeâtre uniforme avec deux raies jaunes longitudinales sur les côtés, qui font suite à celles du corselet ; ventre rouge et velu.

Pattes longues, rougeâtres et très-fortes, armées de deux griffes courtes très-apparentes non pectinées, avec un ergot ; la première paire de pattes manque ; la troisième est plus longue que la seconde, et la seconde plus longue que la quatrième.

Le corselet est grand, bombé, et la tête large, mais il est plus large que celui de la *Dolomedes mirabilis*, et il a deux bandes longitudinales jaunes ou blanches qui correspondent à celle de l'abdomen, mais qui sont droites. Mandibules bombées en avant, garnies de poils rouges très-longs.

Lèvre et mâchoires très-velus. Lèvre allongée, plus haute que large, quadrangulaire, échancrée à son extrémité.

Mâchoires allongées, bombées, droites, élargies et arrondies à leur extrémité.

Yeux noirs, gros, comme en croissant, les deux antérieurs du

carré un peu plus petits que les postérieurs ; les antérieurs latéraux plus petits que les postérieurs latéraux ; les yeux latéraux
sont portés sur une éminence plus renflée pour l'œil postérieur ;
bandeau très-grand et anguleux sur les côtés.

Rapportée par la frégate la *Zélée* des îles Salomon ou Viti.

§ XX.

Genre HERSILIE.

T. I, p. 371.

Aux caractères essentiels de ce genre, au lieu de ces
mots : *tarses* ou *métatarses divisés en deux articles*, il
faut mettre : *tarses* ou *métatarses quelquefois divisés
en deux articles*.

M. Lucas, après avoir observé au microscope les
tarses des Hersilies qu'il avait trouvées en Algérie, n'a
vu aucune division dans le métatarse. (Voyez *Expl.
de l'Algérie*, p. 127.)

Ce genre Hersilie doit être divisé en deux familles,
conformément aux observations faites par M. Lucas.

1re FAMILLE. LES HÉTÉROPODES. (*Heteropodes*.)

Pattes de la troisième paire très-courtes. Filières de la troisième paire très-allongées.

ARANÉIDES marchant latéralement, et se tenant presque
toujours appliquées à la face inférieure des grosses
pierres.

Cette division renferme l'*Hersilia caudata*, t. I,
p. 371, l'*Hersilia indica*, t. I, p. 372, et l'*Hersilia
Savignii* que M. Lucas paraît considérer comme une
espèce distincte de l'*Indica*. A ces deux espèces il faut
ajouter une troisième :

HERSILIE ÉDOUARD. (*Hersilia Edwardii*.) Long., 3 mill. 1/2 ;
larg., 2 mill.

Corselet plus large que long, déprimé et arrondi sur les parties
latérales, d'un jaune teinté de rougeâtre, présentant à sa partie

antérieure une petite protubérance étroite, sur laquelle les yeux
sont placés; yeux de la seconde ligne plus rapprochés que dans
l'Hersilie caudée. Abdomen plus long que le corselet, plus large
dans son milieu et fortement rétréci à sa partie postérieure ; dos
fauve avec une bande longitudinale d'un brun foncé , et des dépressions punctiformes. Filières jaunâtres , celles de la première
paire très-allongées et légèrement annelées de brun.

Lucas, *Expl. de l'Algér.*, p. 128 et 129, Pl. 4, fig. 7.

Les yeux sont plus ramassés que dans l'Hersilie caudée.

Afrique (Algérie). Prise à la fin de janvier dans les ravins
de Djebel-Santon ; tend quelques fils lâches d'un blanc éclatant,
et tient ses pattes ramassées le long de son corselet et de son abdomen.

2ᵉ Famille. LES ORTHOPODES. (*Orthopodes.*)

Pattes , la troisième paire très-allongées. Filières de la troisième paire très-courtes.

Aranéides très-vives, se tenant sous les pierres, et souvent
errantes.

Hersilie orane. (*Hersilia Oranensis.*) Long., 6 mill.;
larg., 3 mill. ♂.

Corselet d'un jaune rougeâtre ; mâchoires courtes. Abdomen
plus large à sa partie postérieure, jaune rougeâtre, taché de
brun rougeâtre avec une ligne longitudinale d'un brun rouge
foncé , fortement crénelé sur les côtés.

Prise aux environs d'Oran , dans les mois de janvier et de
février.

§ XXI.

Sur le genre Myrmécie.

T. I, p. 386. Ajoutez à la synonymie de la

Myrmecia nigra, Koch, *Arachniden* , t. IX, p. 15, Pl. 93,
fig. 701.

L'individu de Perty, décrit par Koch , a le corps oranger
bronzé.

Ajoutez à la synonymie de la

Myrmecia vertebrata, Koch, *Arachniden*, t. IX, p. 13, Pl. 92, fig. 700.

Le mâle a les organes sexuels en ovale très-allongé, en larme batavique, comme ceux de la *Senoculata;* ses palpes sont rouges, tachés de noir aux articulations.

T. I, p. 388. A la description de la

Myrmecia caliginosa

Ajoutez cette observation :

La forme de la tache du corselet qui touche à la tête est un cône dont la pointe est vers la tête , ce qui est l'inverse dans la *Myrmecia nigra* de Perty et de Koch.

§ XXII.

Genre CHERSIS.

T. I, p. 390.

Chersis bossu. (*Chersis gibullus.*)

Ajoutez à la synonymie et à la description de cette espèce :

Lucas, *Explor. de l'Algér.*, p. 135, Pl. 5, fig. 1.

«Dans toute l'Algérie cette espèce se tient sous la pierre humide, et semble sonder le terrain avec sa première paire de pattes, qui est toujours en mouvement lorsqu'elle veut se transporter d'un endroit à un autre. Ayant renfermé dans une boîte à parois très-lisses plusieurs de ces Aranéides, j'ai remarqué qu'elles avaient tendu çà et là quelques fils de soie, à l'aide desquels elles se tenaient sur les parties verticales. Je ne sais pas quels sont les moyens mis en usage par cette espèce pour pourvoir à sa nourriture ; elle est si peu agile dans ses mouvements que, probablement , elle n'attaque que les animaux sédentaires. Le Palpimane (*Chersis*) bossu semble vivre isolé , excepté dans le jeune âge, où j'en ai quelquefois rencontré de réunis au nombre de cinq ou six individus. Ce n'est jamais sur la terre que j'ai surpris cette Aranéide, mais bien dans les anfractuosités des grosses pierres , et quelquefois aussi sous les écorces des arbres. » (Lucas.)

§ XXIII.

Genre ÉRÈSE.

T. I, p. 395, avant le n° 1 :

Érèse de Guérin. (*Eresus Guerinii.*) Long., 31 mill.;
larg., 11 mill.

Le géant de ce genre , l'Erèse la plus grande connue; de la
grosseur et de la grandeur de la Tarentule. Corselet et abdomen
d'un brun noir uniforme. Pattes courtes, grosses, ramassées, d'un
brun noir ainsi que les palpes et les mandibules.

Corselet d'un brun noir : yeux noirs. Mandibules très-saillantes allongées. Abdomen une fois plus long que le corselet,
ovale, plus large à sa partie antérieure.

Lucas, *Explor. de l'Algér.*, p. 133, n° 57, Pl. 4, fig. 10.

Afrique, Algérie.

T. I, p. 399.

Érèse acantophiles. (*Eresus acantophilus.*)

M. Lucas signale pour cette espèce les variétés suivantes, toutes trouvées en Algérie :

A. Abdomen en dessus, entièrement d'un gris cendré clair,
sans bandes, avec les dépressions ponctiformes d'un noir foncé.
Cette variété est commune.

B. Bandes noires de l'abdomen très-grandes, très-élargies,
envahissant le dessus et les parties latérales, et ne laissant qu'une
bande longitudinale d'un gris cendré clair.

C. Bandes noires se réunissant, recouvrant entièrement le
dessus de l'abdomen, de manière que toute cette partie est d'un
brun velouté. Variété rare prise dans les environs du camp de
Sétif. (Voyez encore à la page suivante.)

T. I, p. 395. Ajoutez à la synonymie de

Eresus cinnaberinus :

Eresus annulatus, Koch, *Arachniden*, t. XIII, p. 14,
Pl. 435.

T. I, p. 397. A la synonymie de

'L'*Eresus imperialis*

Ajoutez :

Eresus mœrens, Koch, *Arachniden*, t. XIII, p. 1, Pl. 433, fig. 1078. Une femelle, long., 11 à 12 lignes. Variété pleine et âgée, sans les points obliques.

Eresus pruinosus, Koch, t. XIII, p. 3, Pl. 433, fig. 1,079. C'est une femelle jeune; long., 5 lignes 1/2. Les huit points ombiliqués sont marqués et un peu rougeâtres.

P. 398, ligne 15. Au lieu de : Hahn, t. III, p. 29, lisez : Hahn, t. III, p. 19.

T. I, p. 398.

L'*Eresus cténizoïdes* de Koch a de 11 à 13 lign. de long.
L'*Eresus luridus* de Koch, qui a été trouvé en Grèce, près de Nauplie, diffère de la Cténizoïde par le dos, qui n'est pas parsemé de points blancs ; le ventre est d'une couleur olivâtre.

T. I, p. 399. Après le nom de

L'*Eresus acantophilus*

Ajoutez la citation de notre Atlas qui s'y rapporte :

Pl . XI, fig. 1D, 1*d*, 1*c*.

Puis à la synonymie de cette espèce, ajoutez :

Eresus unifasciatus, Koch, *Arachniden*, t. XIII, Pl. 434, fig. 1081. On la trouve dans le midi de la France. Pour les variétés de cette même espèce ajoutez ici ce qui est dit dans la page précédente.

T. I, p. 400. A la synonymie de

L'*Eresus Dufourii*

Ajoutez :

Eresus fuscifrons, Koch, *Arachniden*, Pl. 434, fig. 1084. Femelle, longue de 5 lignes 1/2. Trouvée en Égypte. Il nous paraît évident, s'il n'y a pas erreur dans la longueur donnée par M. Koch, que l'*Eresus Dufourii*, figurée par Savigny, est un individu très-jeune de l'*Eresus fuscifrons*.

§ XXIV.

Genre ATTE.

T. I, p. 403. Ajoutez à la synonymie de

L'*Attus quinquefidus* , n° 1 :

Euophrys quinque partibus, Koch, *Arachniden*, t. XIV, p. 27, fig 1296 (le mâle).

Plexippus albolineatus, 1297 (la femelle). Koch , *Arachniden*, t. XIII, p. 165, Pl. 449, fig. 1167) , ressemble beaucoup à l'Atte quinquefide.

T. I, p. 405. Ajoutez à la synonymie de

L'*Attus bilineatus* :

Marpissa bistriata, femelle, long., 2 lign. 3/4 (Koch, *Arachniden*, t. XIII, p. 72, Pl. 444, fig. 1137) , a aussi deux raies blanches sur le dos , et l'on ne douterait pas que ce ne fût la même espèce que l'*Attus bilineatus* , si M. Koch n'indiquait pas qu'il provient du Brésil.

T. I, p. 405.

ATTE PUBESCENT. (*Attus pubescens.*)

Ajoutez à la synonymie de cette espèce :

Euophrys pubescens , Pl. 470, fig. 1278 (le mâle) , fig. 1279 (la femelle).

M. Koch dit que cette espèce se trouve sur tous les murs des jardins et des maisons, jamais sur les haies et sur les buissons. Ce *jamais* est bien hardi.

T. I, p. 406.

ATTE PARÉ. (*Attus scenicus.*)

Ajoutez à la synonymie de cette espèce :

Bradley's Works of nature, p. 135, Pl. 24, fig. 10.

Calliethera scenica, Koch , *Arachniden* , t. XIII , p. 37 , Pl. 439 fig. 1106.

Calliethera zebranea, ligne blanche transversale interrompue dans le mâle , moins marquée dans la femelle.

Koch, *Arachniden*, XIII, p. 40, Pl. 439, fig. 1108 et 1109.

T. I, p. 407. A la synonymie de

L'*Attus psyllus*

Ajoutez :

Calliethera histrionica, Koch, *Arachniden*, XIII, p. 43, Pl. 439, fig. 1110 le mâle et 1111 la femelle.

Euophrys terebrata, Koch, *Arachniden*, t. XIV, p.12, Pl.470, fig. 1280 le mâle et 1281 la femelle.

M. Koch, *ibid.*, dit que l'on trouve les organes du mâle développés en août, en mai et en juin, et qu'on la prend dans les Alpes de Saltzbourg, à 3,000 et 4,000 pieds de hauteur.

A la synonymie de

L'*Attus limbatus*

Ajoutez :

Calliethera tenera, Koch, *Arachniden*, XIII, p. 43, Pl. 440, fig. 1112 le mâle, 1113 la femelle. C'est plus certainement celui-ci que le *Salticus limbatus* de Hahn.

T. I, p. 409. A la synonymie de notre

ATTUS ERRATICUS

Salticus distinctus, Blackwall. *Descriptions of new species of spiders.* — Dans les *Trans. of the Linn. society*, t. XVIII, p. 616. Nous transcrivons l'excellente description de **M.** Blackwall :

Longueur, 1 ligne 3/4.

Cephalo-thorace saturato brunneo, striga utrinque marginali albida, supernè pilis flavescentibus brunneis albisque intermixtis, strigâ medianâ albâ ; mandibulis maxillis labioque triangulari acuto saturatè brunneis ; pedibus pallidè rufescenti-brunneis colore saturatè fasciatis, pari 4° longissimo, dein tertio, 2° brevissimo 4-3-1-2. Palpis brevibus, basi saturatiore brunneis apice albidis ; abdomine brunneo-rufo albidoque tincto, anticè arcubus 2 concentricis obscuris, postice lineis angularibus striatis albidis, macula anali albâ.

Maris pedum anterius tertio paulo longius : paribus primo et secundo cum femoribus tertii quartique saturatè brunneis.

M. Blackwall remarque que chaque tarse est terminé par deux griffes longues courbées, légèrement pectinées, au-dessous duquel est un petit appareil pour grimper (a small climbing apparatus).

Le mâle, plus petit, a des couleurs plus vives et plus foncées.

M. Blackwall dit que cette espèce est commune dans le Denbighshire, sur les murs construits en pierre, où elle forme une cellule d'une soie blanche compacte attachée à la surface de la pierre, dans le mois de juillet. Le cocon a 2 lignes de diamètre. Les œufs sont au nombre de 16, d'un jaune pâle, non agglutinés entre eux. Les jeunes, en sortant du cocon, portent déjà les marques qui distinguent leur espèce.

T. I, p. 409. A la synonymie de

L'*Attus erraticus*

Ajoutez encore :

Calliethera cingulata, Koch, XIII, 40, Pl. 439, fig. 1109, la femelle. Long., 2 lignes 1/2 ; fig. 1108 le mâle. Long., 1 ligne 3/4 ou 2 lignes. Très-bonne figure. Trouvée dans le Salzbourg, sur les murs, dans les planches.

T. I, p. 409. A la synonymie de

L'*Attus cupreus*

Ajoutez :

Dendryphantus auratus, Koch, *Arachniden*, XIII, p. 92, Pl. 447. fig. 1154 (femelle, longue de 2 lignes 1/4. — *Ubersicht des Arachnidens System*, t. I, p. 32.

Trouvée en Allemagne, aux environs de Ratisbonne, dans une prairie humide, au mois de mai. M. Koch l'a décrit comme espèce nouvelle en 1837, sans s'apercevoir qu'il l'avait déjà décrite et figurée plusieurs fois.

J'ai trouvé de cette espèce, le 30 novembre, un jeune mâle enfermé dans son sac, à la base du pédicule d'un grapillon de raisin.

Salticus cupreus, Lucas, *Exploration de l'Algérie*, p. 173.

On trouve en Algérie l'*Attus cupreus* en hiver et pendant une grande partie du printemps. Elle s'y construit, pour passer la mauvaise saison, dans les *helix*, *coriosula hieroglyphica*, et *cyclostoma Wolziarum*, un petit cocon d'une soie d'un blanc éclatant.

T. I, p. 412, n° 13.

Attus niger.

Ajoutez à la synonymie de cette espèce :

Euophrys Africa, Koch, *Arachn.,* t. XIV, Pl. 469, fig.1274.

T. I, p. 412, n° 14.

Attus coronatus.

Ajoutez à la synonymie de cette espèce :

Dendryphantes dorsatus, Koch, *Arachniden,* t. XIII, p. 45, fol. 446, fig. 1147.—*Dendryphantes leucomelas, id.,* p. 90, Pl. 446, fig. 1150 (femelle).—*Dendryphantes lanipes,* XIII, Pl. 447, fig. 1152 (femelle) , 3 lignes 1/2 ou 4 lignes. Le *Dorsatus* a été trouvé dans l'État de Naples ; le *Lanipes,* dans le Tyrol et le midi d e'Allemagne. Ce sont toutes des variétés de la même espèce.

Ajoutez encore :

Euophrys falcata , Koch , *die Arachniden ,* t. XIV, p. 24 , Pl. 472, fig. 1198 le mâle ; mais les figures 1291, 1292, 1294 et 1295, appartiennent à deux espèces qui sont différentes de l'*Attus coronatus,* connues de nous, et dont la synonymie est à établir.

T. I, p. 414.

Attus nidicolens.

A la synonymie de cette espèce, ajoutez :

Dendryphantes nebulosus, Koch, *Arachniden,* t. XIII, p. 89, Pl. 446, fig. 1151. Long., 3 lig. (de Naples).—Id., *Marpissa muscosa, id ,* t. XIII, 63, Pl. 453, fig. 1129 et 1130 (le mâle), 3 lignes à 3 lignes 1/4. Pris en mai. — *Euophrys falcata* (la femelle), Koch, *die Arachniden,* t. XIII, p. 26, Pl. 472, fig. 1291 (bonne figure de la femelle). La figure 1290 est le mâle de l'*Attus coronatus,* et n'appartient pas à cette espèce, fig. 1292 ; variété rougeâtre ; fig. 1293, variété jaunâtre.

T. I, p. 415 et 416, n° 18.

ATTE FRONTALE. (*Attus frontalis.*)

A la synonymie de cette espèce, ajoutez :

Attus frontalis , Koch , *Arachniden,* t. XIV, p. 44, Pl. 474, fig. 1304 le mâle, 1305 la femelle.

T. I, p. 415.

17 bis. ATTE A FLANCS JAUNES. (*Attus xanthonulas.*)
♂ Long. 4 lignes.

Corselet brun, avec des poils jaunes. Abdomen jaune, avec
une ligne noire triangulaire festonnée sur le milieu du dos,
qui projette une raie noire vers le corselet : le tout ressemblant
à une feuille allongée, avec son pédicule.

Dendryphantes xanthomelas. Koch, *Die Arachniden*, XIII,
p. 85, Pl. 446, fig. 1148.

De Naples.

T. I, p. 416.

Attus lunulatus.

Ajoutez :

Dendryphantes hastatus, Koch, XIII, fig. 1145 (femelle).

T. I, p. 417.

Attus annulipes.

A la synonymie de cette espèce, ajoutez :

Marpissa brevipes. Koch, *Arachniden*, XIII, p. 58, Pl. 452,
fig. 1126 (femelle). Long. 2 lignes.

Dendryphantes bimaculatus. XIII, p. 31, Pl. 447.

T. I, p. 417.

Attus bicolor.

A la synonymie de cette espèce, ajoutez :

Dendryphantes bimaculatus. Koch, *Arachniden*, XIII,
p. 91, Pl. 447, fig. 1163. — Conférez avec la *Sanguinolenta*,
n° 133.

T. I, p. 417 et t. II, p. 465. Après le n° 21 mettez :

21 bis. ATTE BLANCHISSANT. (*Attus canescens.*) ♀ Long. 4 lignes.

Corselet blanc, avec une tache d'un gris brun foncé, semi-circulaire, entre les yeux. Abdomen de même couleur, plus pâle.
Pattes d'un jaune clair, annelées de taches brunes.

Dendryphantes canescens. Koch, *Arachniden*, XIII, p. 80,
tab. 345, fig. 1144.

Trouvée en Grèce, où elle paraît rare.

T. I, p. 418, n° 23.

ATTE LETTRÉ. (*Attus litteratus.*)

Conférez pour la synonymie de cette espèce :

Euophrys striata, Koch, *Arachniden*, t. XIV, p. 1, Pl. 469, fig. 1272 (le mâle), 1273 (la femelle).

T. I, p. 419 et 420.

Attus tigrinus.

A la synonymie de cette espèce, ajoutez :

Euophrys tigrina, Koch, *Arachniden*, t. XIV, p. 6, Pl. 469, 467, fig. 1275 (le mâle), 1276 (la femelle), 1277 variété de la femelle.

Trouvée en Allemagne, en Bohême, sous les pierres, sous l'écorce des arbres et dans l'herbe.

Notre *Attus litteratus*, t. I, p. 414, n° 15, est une espèce bien distincte de celle-ci.

T. I, p. 424.

Attus grossipes.

Ajoutez :

Euophrys arcuata, t. XIV, p. 30, fig. 12984 (le mâle).

T. I, p. 418, n° 24.

Attus litteratus.

A la synonymie de cette espèce, ajoutez :

Koch, *Arachniden*, t. XIII, p. 77, Pl. 445, fig. 1142 la femelle ; long., 3 lignes. — *Ibid.*, t. XIII, p. 79, Pl. 445, fig. 1141, 1143.

Attus capito, Lucas, Description des Arachnéides des Canaries, in-fol., p. 27, Pl. 7, fig. 8.

T. I, p. 418, n° 23 *bis.*

ATTE QUADRIPONCTUÉ. (*Atticus quadripunctatus.*) Long., 3 lignes.

Corselet brun pâle rougeâtre dans le milieu, côté d'un jaune pâle. Abdomen d'un brun rougeâtre en dessus, plus pâle sur les bords ; quatre points ronds en carré rouge pâle, ocellé par un point

blanc ; au milieu quatre petites raies transversales blanches parallèles à parties postérieures.

Dendryphantes maculatus, Koch, *Arachniden*, t. XIII,
p. 86, Pl. 446, fig. 1149.

Trouvée en Hongrie.

T. I, p. 426-429 :

A ces espèces d'Attes, ajoutez dans la section des Africaines un bien plus grand nombre que M. Lucas a décrites et fait figurer dans l'*Exploration scientifique de
l'Algérie*, p. 136-187, pl. 5 à 10. Plusieurs de ces espèces
ont été décrites par nous et par M. Koch et ont besoin
d'être conférées avec celles que nous avons reçues du
midi de la France pour en établir la synonymie, ce que
nous ne pouvons faire, n'ayant que le texte du travail
de M. Lucas et non toutes ses planches. Nous nous con-
tenterons de donner les noms que M. Lucas a imposés
aux espèces qu'il a décrites, et l'indication des figures
auxquelles il renvoie dans ses descriptions :

Attus	*Vaillantii.*	Pl. 5, fig.	3
—	*erythrogaster.*	fig.	3
—	*nitidiventris.*	fig.	10
—	*luctuosus.*	fig.	7
—	*Mauritanicus.*	fig.	9
—	*fallax.*	fig.	5
—	*Cirtanus.*	fig.	4
—	*flavescente-maculatus.*	fig.	6
—	*Oraniensis.*	fig.	8
—	*nigrifrons.*	Pl. 6, fig.	7
—	*jucundus.*	fig.	8
—	*Moreletii.*	fig.	3
—	*rufo-lineatus.*	Pl. 7, fig.	9
—	*Algericus.*	Pl. 6, fig.	6
—	*erraticus.*	fig.	5
—	*gesticulator.*	fig.	9
—	*fulviventris.*	fig.	1
—	*Numidicus.*	fig.	10
—	*rufifrons.*	fig.	2
—	*Bresnerii.*	Pl. 7, fig.	8
—	*fulvotrilineatus.*	fig.	7
—	*Monardi.*	fig.	2
—	*Guyonii.*	fig.	6

Cette dernière espèce a été prise aux environs d'Oran, à la fin de février, dans une *Helix Dupotetii* où elle avait construit un petit cocon lenticulaire formé d'une soie fine serrée et d'un blanc éclatant.

Et dans les Arachnides des Canaries :

Ce genre *Attus* est le plus nombreux en espèces, le moins prolifique, le moins varié dans ses habitudes et dans ses formes ; le plus varié et le plus riche dans ses couleurs, c'est aussi celui dont on a figuré un plus grand nombre d'espèces. Une révision générale de ce genre serait nécessaire pour en établir la synonymie. Cette révision diminuerait le nombre des espèces, car plusieurs déjà ont été décrites plusieurs fois sous des noms différents. Nous allons donner la description de quelques espèces nouvelles et continuer à établir la synonymie de plusieurs autres.

T. I, p. 457, n° 102 *bis.*

ATTE BORDÉ. (*Attus limbatus.*) ♂ 1 ligne.

Corselet de couleur bronzé, entouré de deux lignes blanches. Abdomen ovale allongé, dos noir entouré d'une raie blanche. Pattes antérieures allongées, noires, revêtues de longs poils également noirs. La seconde et la quatrième paires sont les plus longues, la troisième est la plus courte.

Nouveau-Monde ; Mexique, de Guatémala.

T. I, p. 420.

N° 26. *Attus crucigerus.*

Ajoutez à la synonymie de cette espèce :

Euophrys crucifera. Koch, *Arachniden*, t. XIII, p. 226, Pl. 468, fig. 1270, le mâle; 1271, la femelle.

Commune aux environs de Nuremberg. Les organes du mâle sont développés en mai et en juin. Elle s'y trouve sur la terre ou sous les pierres, et construit un petit sac mou, étroit et épais.

T. I, p. 426.

Attus Paykulii.

Ajoutez :

Attus Paykulii. Lucas, *Expl. de l'Algérie*, p. 153, n° 83 (la femelle).

Prise sur la fin de juillet, à Constantine, sur un mur.

T. I, p. 426.

Attus ligo.

Ajoutez au nom la citation de notre atlas :

Pl. 12, fig. 4D.

Et à la synonymie :

Plexippus ligo, Koch, *Arachniden*. Long. 4 lignes, femelle;
t. XIII, p. 107, Pl. 450, fig. 1168 et 1169.

T. I, p. 428.

N° 48. *Attus Forskaelii*.

Ajoutez à la synonymie :

Lucas, *Expl. de l'Algérie*, p. 143, n° 69.

M. Lucas n'a trouvé qu'une seule fois cette espèce, à la fin de
novembre, dans les maisons à Bone. Les mouvements de cette
Aranéide sont très-vifs.

T. I, p. 429. Ajoutez :

ATTE SÉNÉGALAIS. (*Attus Senegalensis*.) Long. 4 lignes. ♂

Corselet rond, noir, avec une large raie fauve longitudinale à
sa partie postérieure. Abdomen noir, avec des poils grisâtres
dans le milieu du dos. Pattes brunes, avec des raies rougeâtres
aux pattes postérieures.

Attus Senegalensis. Koch, *Arachniden*, XIII, p. 108,
Pl. 450, n° 170.

Afrique. Sénégal.

T. I, p. 432. Ajoutez à la suite :

N° 51 bis. ATTE BRÉSILIEN. (*Attus Brasiliensis*.)
♀ Long. 5 lignes.

Corselet noir, ayant de chaque côté une tache ovale de couleur
blanche. Abdomen ovale peu allongé; dos de couleur dorée;
ventre brun. Mandibules dilatées à leur base, de couleur violette, brillant d'un éclat métallique. La première paire de pattes
la plus allongée, la deuxième et quatrième ensuite.

Salticus Brasiliensis. Lucas, *Annales de la société entomologique*, II, p. 480, Pl. 18, p. 276, fig. 2.

Du Brésil.

T. I, p. 453, n° 52 *ter*.

ATTE VARIÉ. (*Attus variegatus*.) ♂ Long. 6 lignes;
♀ long. 6 lignes.

Le mâle. — Corselet grand, épais, noir, avec deux taches

blanches sur les côtés. Abdomen noir, avec deux lunules en forme de bonnet, accolées l'une à l'autre sur le milieu du dos ; un trait ou point blanc de chaque côté. de cette tache ; quatre points blancs à la partie postérieure ; portion de cercle blanc proche le corselet. Mandibules vertes mouchetées de brun. Pattes et palpes noirs, velus, annelés de blanc. Mandibules vertes à éclat métallique.

La femelle. — Corselet noir, sans des taches blanches. Lunule du milieu du dos non divisé en deux, large et peu élevée. Pattes d'un brun noir annelé de rougeâtre. Palpes plus pâles. Mandibules rouge pourpre.

Phidippus purpurifer. Koch, XIII, p. 127, Pl. 453, fig. 1186. *Phidippus variegatus.* Koch, *Arachn.*, XIII, p. 125, Pl. 453, fig. 1186, le mâle ; fig. 1187, la femelle.

Salticus variegatus. Lucas, *Annales de la société entomologique de France*, II, p. 478, Pl. 18, fig. 1, *a, b, c.*

Amérique septentrionale, Nouvelle-Orléans.

Les diversités de couleurs qui existent entre les *Phidippus variegatus* et *purpurifer* tiennent évidemment à la différence des sexes.

Cette espèce est très-voisine de l'Atte mordant, mais elle est plus grande et a l'abdomen plus large, et s'amincissant moins vers son extrémité.

Phidippus rufimanus. Variété à lunule blanche dorsale ayant la forme d'un croissant très-mince ; quatre traits blancs, deux supérieurs et deux inférieurs. Les mandibules d'un vert bleuâtre. ♂ Long. 5 lignes. (Koch, XIII, 132, Pl. 454, fig. 1191.)

Cette variété, très-semblable à l'*Attus variegatus* femelle, est de l'Amérique septentrionale, dans les environs de New-York.

T. I, p. 433, n° 52 *ter.*

ATTE ROYAL. (*Attus regius.*) ♂ Long. 6 lignes 1/2.

D'un brun noir. Dessus de la tête, entre les yeux, d'un noir foncé. Bande transversale rougeâtre dans le milieu du corselet ; partie postérieure noire. Abdomen ovale, renflé dans son milieu ; noir sur le dos, avec une tache en forme de demi-lune ou de bonnet rouge ; deux traits rouges de chaque côté de cette tache ; deux autres taches rouges, rondes, à la partie postérieure ; une raie ou portion de cercle rouge proche le corselet. Mandibules vertes à leur naissance, rouges à l'extrémité.

Phidippius regius. Koch, *Arachniden*, XIII, p. 146, Pl. 456, fig. 1203.

Phidippus togatus. Ibid., XIII, p. 129, Pl. 454, fig. 1189. 6 lignes.

Nouveau-Monde. Archipel occidental, Cuba; et en Pensylvanie.

Variété, avec des taches blanches plus grandes, arrondies à la partie postérieure; cercle blanc de la partie antérieure prolongé sur les côtés. Mandibules vertes.

De Pensylvanie.

Cette espèce ressemble beaucoup à l'*Atte mordant*, et doit être placée à la suite; mais elle en diffère trop par la grandeur pour ne pas être considérée comme une espèce distincte. L'*Attus regius*, l'*Attus togatus* et l'*Attus variegatus* se distinguent de l'*Attus morsitans* par un abdomen plus large, diminuant moins vers son extrémité; les pattes plus grosses et plus velues. Mais ces trois espèces forment un petit groupe étroitement uni, auquel on doit joindre toutes les variétés de l'Atte insidieux et de l'Atte frauduleux, fig. 437, 439, 440, 209 et 210 d'Abbot, l'*Attus contemplator*, l'*Attus lacertosus* et l'*Attus succinctus*. Voyez ci-après p. 423, 424 et 425.

T. I, p. 433, n° 52. A la synonymie de l'*Atte mordant* ajoutez :

Phidippus lunulatus, Koch, *Arachniden*, t. XIII, Pl. 454, fig. 1192.

De la Caroline.

Phidippus dubiosus, ibid., t. XIII, p. 133, Pl. 454. fig. 1193. Longueur, 3 1/2.

Variété avec la lunule et trois autres taches blanches sur le dos, et deux taches, l'antérieure et la postérieure, verdâtres.

De Pensylvanie.

Phidippus mundulus, ibid., t. XIII, p. 137, Pl. 455, fig. 1195, 1196. ♂ Long., 3.

Variété à tache centrale ou lunule du dos rouge; raies postérieures de même couleur, raie blanche proche le corselet, lunule et raie antérieure rouges.

Phidippus personatus, ibid., t. XIII, p. 141, Pl. 455, fig. 1199. Long., 3 lignes.

Variété à lunule et raies près du corselet roses.

Phidippus elegans, ibid., t. XIII, p. 142, Pl. 456, fig. 1200. Long., 3 lignes.

Variété à lunule et raies postérieures jaunes.

De Pensylvanie.

Phidippus concinnatus, ibid., t. XIII, p. 145, Pl. 456, fig. 1202. Long., 3 lignes 1/2.

Variété avec la lunule blanche, quatre points blancs, et les taches rondes, antérieures et postérieures, d'un rouge brun.

Phidippus smaragdifer, Koch, *Arachniden*, t. XIII, p. 128, Pl. 453, fig. 1188. Long., ♀ 4 1/2.

Variété à lunule blanche du milieu du dos de l'abdomen ; deux points seulement à la partie postérieure, proche le corselet ; la ligne blanche est oblitérée, il n'y a que quelques poils blancs.

De la Nouvelle-Orléans.

Phidippus alchimista. ♀ Long., 5 lignes.

Variété à lunule blanche sur le milieu du dos, ayant la forme d'un triangle, et seulement deux traits blancs à la partie postérieure. Koch, *Arachniden*, t. XIII, p. 131, Pl. 454, fig. 1190.

De Pensylvanie.

Plexippus guttatus, Koch, *Arachniden*, t. XIII, p. 96, Pl. 448, fig. 115. ♂ Long., 4 lignes 1/2.

Variété avec la lunule blanche dorsale et trois petites taches blanches en triangle, à la partie antérieure trois autres ; à la partie postérieure, variété en tout semblable à la figure 89 d'Abbot. M. Koch indique ce mâle comme de l'Amérique méridionale de Bahia.

L'*Attus morsitans* a beaucoup de rapports avec l'*Attus insidiosus*, n° 67.

T. I, p. 433.

ATTE ORANGER. (*Attus aurantius*.) ♀ Long., 4 lignes.

Corselet cuivré à sa partie antérieure, entouré de longs poils jaunes. Abdomen peu allongé, ovale, s'amincissant à sa partie postérieure. Dos doré, tacheté de quatre points blancs, et entouré à sa partie antérieure d'une raie de couleur oranger. Première paire de pattes la plus longue, la quatrième ensuite ; la seconde, après ; la troisième, est la plus courte.

Salticus aurantius, Lucas, *Ann. de la soc. entomologique*, p. 480, Pl. 18, fig. 3.

Nouveau-Monde. Amérique septentrionale. Guatimala. Au Mexique.

T. I, p. 434; n° 55.

Attus signatus :

A la synonymie de cette espèce ajoutez :

Plexippus bivittatus, Koch, *Arachniden*, t. XIII, p. 120, Pl. 452, fig. 118. Long., 2 lignes 1/2.
De Pensylvanie.

T. I, p. 434, n° 56.

Attus locustoïdes.

A la synonymie ajoutez :

Marpissa dissimilis. Long., 2 lignes 1/2. Koch, *Arachniden*, t. XIII, p. 71, fig. 1135.

M. Koch a reçu un mâle de cette espèce du Brésil, et un second individu de l'île Saint-Thomas; comme c'est bien certainement une femelle de la même espèce que Bosc a décrite, et que la similitude des figures ne peut laisser aucun doute à cet égard, il s'ensuit que M. Koch s'est trompé, en donnant l'Aranéïde figurée sous le n° 1135 pour le mâle de celui de la figure 1136 : celui-ci est notre *Attus attentus*, p. 437, n° 61.

T. I, p. 437.

Attus attentus.

Marpissa dissimilis, Koch, *Arachniden*, t. XIII, Pl. 454, fig. 1136 la femelle. De Colombie.

Cette espèce a beaucoup d'analogie avec l'*Attus virgulatus*, t. I, p. 414, n° 15.

T. I, p. 438.

Attus multivagus.

A la synonymie de cette espèce ajoutez :

Phidippus electus, Koch, *Arachniden*, t. XIII, p. 144, Pl. 456, fig. 20 (une femelle. Longueur, 2 lignes 1/2). La mesure de 5 lignes que j'ai donnée est prise sur la figure d'Abbot, qui a presque toujours grossi ces petites espèces.
De Pensylvanie.

T. I, p. 440.

Attus insidiosus.

Ajoutez à la synonymie de cette espèce :

Phidippus elegans, Koch , *Arachniden*, t. XIII, p. 142 et 145, Pl. 456, fig. 1202 et 1200 ♀.

De Pensylvanie.

T. I, p. 446.

Attus rimator.

Ajoutez à la synonymie :

Phidippus auctus, Koch, *Arachniden*, t. XIII, p. 148, p, 456, fig. 1204 (femelle. Long., 5 lignes 1/2).

T. I, p. 446.

Altus sagax.

Ajoutez à la synonymie de cette espèce :

Phidippus electus , t. XIII , p. 144, Pl. 456, fig. 1201 (femelle).

De Pensylvanie.

T. I, p. 451, n° 88.

Attus felis.

Ajoutez à la synonymie de

Plexippus flavo-guttattus , Koch, *Arachniden*, t. XIII , p. 448, fig. 1161. Long., 5 lignes 1/2 (femelle).

Trouvée à Para, dans le Brésil.

T. I, p. 453, n° 94.

Attus furtivus.

A la synonymie de cette espèce ajoutez :

Plexippus flexus, Koch, *Arachniden*, t. XIII , p. 100, Pl. 449, fig. 1163.

Du Brésil.

T. I, p. 454, n° 96.

Attus chrysis.

Ajoutez :

Plexippus orichalcus , Koch, *Arachniden*, t. XIII, p. 113, Pl. 451, fig. 1174. Long. 4 lignes 1/2.

De Mexico.

T. I, p. 455, n° 97.

Attus Iris.

Ajoutez :

Plexippus aureus, Koch, *Arachniden*, t. XIII, p. 114, Pl. 451, fig. 1175, femelle. Long. 4 lignes 1/4.

De Mexico.

T. I, p. 456, n° 100.

Attus galathea ♀.

A la synonymie ajoutez :

Phidippus asinarius, Koch, *Arachniden*, t. XIII, p. 139, Pl. 455, fig. 1197 (femelle. Long. 4 lignes 1/2). Les mandibules sont vertes à leur extrémité. Prise en Pensylvanie. Cette espèce doit être placée à côté de l'*Attus gerbillus*, avec laquelle elle a beaucoup de rapport.

T. I, p. 457, n° 102.

Attus contemplator.

Cette espèce ressemble beaucoup au

Phidippus regius de M. Koch, t. XIII, p. 145, fig. 1203, Aranéide de Cuba, que nous avons décrite plus haut, p. 418, et par conséquent qui a de l'analogie avec l'*Attus morsicans*, l'*Attus lacertosus* et l'*Attus succinctus.*

T. I, p. 460, n° 106 *bis.*

ATTE MUTILLAIRE. (*Attus mutillarius.*) ♂ ♀ Longueur du mâle , 6 lignes 3/4 ; de la femelle , 7 lignes 1/4.

Corselet d'un rouge brun avec des poils jaunes d'ocre. Abdomen noir avec une large bande jaune sur le milieu du dos, croisée par des arcs ou chevrons en accents circonflexes; demi-cercle proche le corselet. Dans la femelle, les chevrons moins nombreux avec de petits traits noirs se dilatent en une espèce de triangle à la partie antérieure, et forment un carré à la partie postérieure; ils sont aussi d'un jaune plus pâle. Les mandibules sont noires et ont un léger reflet métallique. Les pattes très-velues et d'une couleur pâle uniforme.

Plexippus mutillarius. Koch , *Arachniden* , Pl. 447, fig. 1155, le mâle , fig. 1156 la femelle.

Cette belle espèce habite l'Australie. On a trouvé la femelle dans l'île de Java, et le mâle dans celle de Bintang.

Cet Aranéide a beaucoup d'analogie avec l'Atte Diard, n° 107.

T. I, p. 460, n° 106 *ter*.

ATTE ROBUSTE. (*Attus lacertosus.*) ♂ Long., 6 lignes (le mâle).

Tête, corselet, abdomen, palpes, pattes et mandibules noirs verdâtres, luisant d'un éclat métallique ; bandes blanches longitudinales sur le milieu du corselet ; figure triangulaire blanche sur le milieu de l'abdomen, en dessus.

Plexippus lacertosus, Koch, *Arachniden*, t. XIII, p. 94, fig. 1157 (un mâle), fig. 1158 (un second mâle plus jeune).

Cette espèce ressemble beaucoup à l'Atte mordant d'Amérique, p. 432, n. 52. (Voyez ci-dessus, p. 419, 423, 424.)

Selon M. Koch, elle est du Monde maritime, de Java ou de l'île Bintang.

T. I, p. 460, n° 106 *quater*.

ATTE VIOLACÉE. (*Attus janthinus.*) ♂ Long., 6 lignes (le mâle).

Corselet d'un rouge brun obscur, partie antérieure noire. Abdomen ovale allongé, se rétrécissant beaucoup à son extrémité, noir en dessus, luisant d'un état métallique, raie blanche arquée proche le corselet ; quatre petites raies blanches inclinées sur les côtés, et une petite raie transversale de même couleur au-dessus des filières.

Plexippus janthinus, Koch, *Arachniden*, t. XIII, p. 97, Pl. 448, fig. 1160.

De l'île Bintang.

Cette espèce ressemble beaucoup, pour les couleurs et la disposition de ses taches blanches, à l'*Attus candefactus* d'Europe, t. I, p. 473, n° 132 ; elle s'en rapproche aussi par ses yeux et ses pattes un peu allongées, mais elle en diffère beaucoup pour la grandeur.

T. I, p. 460, n° 106 *quinquies*.

ATTE SUCCINCTE. (*Attus succinctus.*) ♂ Mâle. Long., 5 lignes.

Corselet grand, noir, uniforme, luisant d'un éclat métallique.

Abdomen renflé dans son milieu, noir et luisant d'un éclat métallique, ayant sa moitié antérieure entourée d'une raie blanche ; des points, et une raie transversale de même couleur à la partie postérieure, proche les filières.

Plexippus succinctus, Koch, *Arachniden*, t. XIII, p. 98, Pl. 443, fig. 1161.

De l'île de Bintang.

Cette espèce, pour la forme et les couleurs, a beaucoup d'analogie avec l'*Attus contemplator* d'Amérique et de Cuba, t. I, p. 457, et l'*Attus morsitans*, p. 432, n° 102.

T. I, p. 461, n° 107 *bis*.

ATTE HYPATIQUE. (*Attus hypaticus*.) Long., 2 lignes 1/2.

Corselet d'un brun noir, bordé sur les côtés d'une bande jaune blanchâtre. Abdomen brun, noir, plus pâle sur le dos. Mandibules rougeâtres; cuisses et pattes brunes; la jambe et les tarses d'un rouge jaunâtre.

Plexippus hypaticus, Koch, *Arachniden*, t. XIII, p. 109, Pl. 450, fig. 1171.

Asie. L'Inde. Pulo Loz.

T. I, p. 461, n° 108.

Attus tardigradus.

A la synonymie ajoutez :

Schœffer, *Icon*, t. III, tab. 225, fig. 5.
L'*Aran. muscosus*, Clerk, Pl. 5, fig. 12.
La *Marpissa muscosa* de M. Koch ne peut se rapporter à cette espèce; elle a un abdomen moins allongé.

T. I, p. 463. Conférez avec l'*Attus undatus*, n° 110, l'*Attus lentus*, p. 466, n° 116.

T. I, p. 465, n° 114.

Attus protervus.

A la synonymie ajoutez :

Plexippus undatus, Koch, *Arachniden*, t. XIII, p. 123, fig. 1183 le mâle. M. Koch ne lui donne que 2 lignes de longueur.

T. I, p. 466.

Attus lentus.

Pour cette espèce conférez,

De Géer, t. VII, p. 320, Pl. 39, fig. 6. (*Ar. undatus.*)

ATTE ÉRYTHROCÉPHALE. (*Attus erythrocephalus.*) ♂ Long.,
4 lignes.

Corselet, palpes et pattes d'un jaune d'ocre pâle, dessus antérieur du corselet d'un rouge brun, les coins du bandeau (au-
dessous des yeux) noirs. Abdomen d'un brun fauve sur le dos;
côtés noires. Mandibules couleur brun rouge.

Plexippus erythrocephalus, Koch, *Arachniden*, t. XIII,
p. 102, Pl. 449, n° 1164·

Monde maritime. Archipel d'Orient. Ile de Java.

T. I, p. 469, après le n° 124 :

ATTE VEUF. (*Attus viduus.*) ♂ Long., 2 lignes 3/4,
ou 3 lignes 1/2.

Corselet noir, d'un luisant métallique bleuâtre ; deux taches
blanches sur la partie postérieure du corselet. Abdomen noir,
bronzé sur le dos, entouré d'une ligne blanche de chaque côté.

Plexippus viduus, Koch, *Arachniden*, fig. 1166.

Monde maritime. Archipel oriental. Ile Bintang.

Ressemblant beaucoup à la marginée d'Amérique (*Attus marginatus*, p. 466), après laquelle il faudrait la placer.

ATTE VARIABLE. (*Attus versicolor.*) ♂ Long., 2 lignes 1/2.

Corselet noir, avec des poils blancs à la partie postérieure et
au bandeau. Abdomen avec une bande festonnée de couleur car-
mélite ou rougeâtre, bordée de noir ; côtés jaunâtres. Pattes jaunâtres tachées de noir aux articulations. Cuisse de la première
paire de pattes, la paire antérieure noire.

Plexippus versicolor, Koch, *Arachniden*, t. XIII, p. 103,
pl. 449, fig. 1165.

Monde maritime. Archipel d'Orient. Ile Bintang.

T. I, p. 473, n° 133.

Attus sanguinolentus.

A la description ajoutez :

Variété. Avec deux lignes blanches qui se joignent en faisant
un angle à la partie postérieure du dos.

A la synonymie ajoutez :

Philia sanguinea, Koch, *Arachniden*, t. XIII, p. 56, Pl. 442,

fig. 1124 le mâle.—*Philia hæmorrhoica*, id., t. **XIII**, p. 54, **Pl.**
441, fig. 1121 la femelle.

C'est la variété avec les deux lignes blanches. — fig. 1122 une
femelle sans les lignes blanches, et l'ovale du dos plus étroit.

Mon *Attus bilineatus*, que **M.** Koch veut rapporter au *San-*
guinolentus, est une autre espèce : l'*Attus bilineatus* a deux raies
blanches qui divisent la couleur noire du dos dans toute sa longueur. Il a les pattes plus courtes et appartient ainsi à une autre
section. De plus, il est plus petit que l'*Attus sanguinolentus*.

T. I, p. 475.

Attus igneus.

Ajoutez :

Koch, *Arachniden*, t. **XIV**, p. 182, Pl. 462, fig. 1232.

T. I, p. 475.

Attus sumptuosus.

Ajoutez à la sononymie :

Thiania sumptuosa, Koch, *Arachniden*, t. **XIII** ; p. 172, Pl.
460, fig. 1224.

T. I, p. 478. Ajoutez à la suite :

ATTE RAYÉ. (*Attus albolineatus.*) Long., 3 lignes ♂.

Corselet d'un brun rougeâtre, noir entre les yeux, deux lignes
longitudinales blanches à la partie postérieure. Abdomen d'un
brun noir avec deux bandes blanches longitudinales sur les côtés.
La plus intérieure continue celle du corselet. Pattes et palpes
rougeâtres.

Plexippus albolineatus, Koch, *Arachniden*, t. **XIII**, fig. 1167.
Monde maritime. Archipel d'Orient. L'île de Java.

Cette espèce se place à côté de l'*Attus bilineatus*, t. **I**, p. 405,
d'Europe.

T. I, p. 478. Ajoutez :

ATTE FRONT NOIR. (*Attus nigrifrons.*) Long. 2 lignes 1/2 ♀.

Corselet, tête, palpes et pattes d'un jaune d'ocre ; dessus de la
tête entre les yeux noir. Abdomen d'un brun foncé avec ligne
obscure longitudinale , d'un brun jaunissant sur le milieu du
dos.

Plexippus nigrifrons, Koch,¦ *Arachniden*, t. XIII, p. 110,
Pl. 450, fig. 1172.

Asie. Archipel oriental. De Bintang.

T. I, p. 480.

M. Koch a figuré et décrit un grand nombre de belles
espèces de ce genre :

Attus paludatus (*Phidippus*).	T. 13,	fig.	1205 (de la Caroline).
— *insignarius* (*Phidippus*).			1206 (de Pensylvanie).
— *mettalicus* (*Phidippus*).			1207 (Brésil).
— *fuscipes* (*Phidippus*).			1209 (Mexique).
— *nitens* (*Phidippus*).			1219 (Mexique).
— *cyanidens* (*Phidippus*).			1211 (Brésil).
— *arrogans* (*Phidippus*).			1212 (Brésil).
— *chalcidon* (*Phidippus*).			1214 (Brésil).
— *testaceus* (*Phidippus*).			1215 (Pensylvanie).

Les neuf espèces qui précèdent appartiennent à
notre division I, t. I, p. 486 et au genre Phidippus de
M. Koch.

Attus giganteus (*Hyllus*).	T. 13,	fig.	1216 (Colombie).
— *stremius* (*Hyllus*).			1218 (Mexique).
— *mordax* (*Hyllus*).			1219 (Montevideo).
— *nobilis* (*Hyllus*).			1220
— *pugnax* (*Hyllus*).			1221 (Mexique).
— *alternans* (*Hyllus*).			1222 (Indes-Or.,Puloloz).

Aux six espèces qui précèdent M. Koch donne le
nom générique Hyllus.

Attus pulcherrimus (*Thiania*).	T. 13,	fig.	1223 (Indes-Or.,Puloloz).
— *notabilis* (*Icelus*).			1223. C'est une espèce de Naples déjà décrite.
— *honestus* (*Icelus*).			1226 (Brésil).
— *psittacinus* (*Alcmena*).			1227 (Brésil).
— *amabilis* (*Alcmena*).			1228 (Mexique).
— *pallidus* (*Alcmena*).			1229 (Brésil).
— *concolor* (*Cocalus*).			1230 (Ile Bintang).
— *cyaneus* (*Cocalus*).			1231 (Surinam).
— *spectabilis* (*Amycus*).			1233 (Brésil).
— *flavolineatus* (*Amycus*).			1234 (Mexique).
— *subfasciatus* (*Amycus*).			1235 (Brésil).
— *megacephalus* (*Asaracus*).			1236 (Brésil).
— *aurigera* (*Eris*).			1237 (Pensylvanie).
— *jubatus* (*Eris*).			1238 (Ile St-Thomas dans l'archipel d'Amér.).

Toutes les espèces qui précèdent et qui sont attribuées à divers genres par M. Koch, appartiennent à la section II établie par nous, t. I, p. 487 de cet ouvrage. Elles habitent presque toutes le Nouveau-Monde et l'Amérique méridionale.

Euophrys vigorata, Koch, *Arachniden*, t. 14, p. 14, pl. 470, fig. 1282 le mâle, fig. 1283 la femelle,

Euophrys saxicola, t. 14, p. 17, fig. 1284 le mâle, fig. 1285 la femelle,

Euophrys rupicola, t. 14, p. 19, fig. 1286 le mâle,

Euophrys lactabunda, fig. 1287 le mâle, fig. 1288 et 1289 la femelle,

Euophrys pratincola, fig. 1299,

Euophrys paludicola, fig. 1300,

Euophrys floricola, fig. 1301,
Euophrys atellana, fig. 1302,
Euophrys lineata, fig. 1303,
Et *Attus striolatus*, fig. 1306,

sont des espèces d'Europe dont plusieurs ont été décrites par nous, mais dont la synonymie est à établir.

T. I, p. 479. Ajoutez à la fin des *Attes asiatiques.*

ATTE DEÏNÉRESE (*Attus Deineiresus*).

♂ Long. totale 10 lignes. — Long. de la première paire de pattes 10 lignes ; de la seconde 8 lignes 3/4 ; de la quatrième 8 lignes 1/4 ; de la troisième 8 lignes.

Mâle : corselet épais, bombé, surtout entre les yeux ; les yeux de la ligne intermédiaire sont plus rapprochés des latéraux de la ligne antérieure, que des yeux de la ligne postérieure ; ces yeux sont de couleur pâle. Le corselet ainsi que les pattes sont d'un brun noir brillant. Les mandibules sont larges, bombées, amincies à leurs extrémités, avec un des crochets courbes et longs. Les pattes et les palpes sont très-velus, et ont un petit nombre de piquants. L'abdomen est étroit, ovalaire, et diminuant de grosseur vers son extrémité postérieure, peu allongé, couleur de rouille et ayant quatre points déprimés, en quarré, sur le milieu du dos.

Deineresus Walckenaerii, **White**, *Annals and Magazine of natural history for* 1840, p. 12 (d'un tirage à part), vol. **XVIII**, pl. 2, fig. 4.

Des îles Célèbes (*British Museum*) ; la forme du corselet de cette espèce la rapproche des Erèses, mais elle ne diffère du reste en rien du genre Atte, et ne peut constituer un genre. Le *Deïneresus Walckenaerii* par la longueur de ses pattes est une Atte qui appartient à notre famille de voltigeuses.

§ XXV.

Genre DÉLÈNE.

T. I, p. 491. A la première famille du genre Délène ajoutez cette espèce :

DÉLÈNE CANARIEN. (*Delena canariensis*.) Long., 20 mill. ♀.

Corselet roussâtre antérieurement avec ses côtés et sa partie postérieure d'un fauve clair, revêtus de poils de même couleur ;

les yeux sont de couleur noire. Les mandibules d'un noir brillant, allongées, très-saillantes. Lèvres noire et courte; mâchoires d'un roux foncé. Abdomen ovale, légèrement terminé en
pointe à sa partie postérieure. En dessus, il présente une bande
longitudinale d'un fauve clair, sur laquelle on aperçoit deux pe
tites raies noirâtres également longitudinales. Pattes très-allongées, robustes; la seconde paire et ensuite la première sont les
plus longues, la quatrième après, la troisième est la plus courte.
Filières assez saillantes. Pattes qui sont cordiformes, d'un fauve
foncé et hérissées de poils.

Lucas, *Arachnides des Canaries*, in-folio, p. 30, Pl. 7,
fig. 2 et 2ᵃ.

Des Canaries.

Dans le jeune âge, les mandibules sont d'un jaune légèrement
roussâtre, le plastron sternal ou la poitrine d'un jaune pâle très-
clair.

§ XXVI.

Genre THOMISE.

T. I, p. 521.

Thomisus cristatus.

Ajoutez à la synonymie :

Thomisus asper, Lucas, *Arachnides des Canaries*, p. 32,
pl. 7, fig. 1.

T. I, p. 525. Ajoutez les espèces suivantes de Thomises trouvées en Algérie par M. Lucas.

Le *Thomisus numidus*, p. 189, Pl. 10, fig. 9. Long., 4 mill. 2/4;
larg., 2 mill. ♂

Abdomen arrondi, noir en dessous, avec cinq dépressions ponctiformes; les bords du dos sont souvent de couleur ferrugineuse.
Sous les pierres très-agiles.

Thomisus annulipes, p. 199, Pl. 10, fig. 10. Long., 4 mill. 1/2;
larg., 2 mill. 1/2 ♂.

Abdomen d'un brun foncé sur le dos, entouré de jaune, et
orné de trois raies tranversales de cette couleur, dont la première
est interrompue dans son milieu; en dessous et sur les côtés, il
est jaune, et très-finement pointillé d'un brun rougeâtre foncé.

Sous les pierres et sous les écorces du chêne-liége.

Cette espèce et la précédente ne sont qu'imparfaitement connues, puisqu'on n'a pas encore décrit les femelles.

T. I, p. 499-538 ; t. II, p. 470.

Les *Thomisus rotundatus,*
— *ochraceus,*
— *fucatus,*
— *bufo,*
— *claveatus,*
— *truncatus,*
— *onustus,*
— *cristatus,*
— *atomarius,*
— *venulatus,*
— *pilosus,*
— *citreus,*

ont été décrits par nous, et ont été trouvés en Algérie. Conférez
Lucas, *Explor. d'Algérie*, p. 187-192.

T. I, p. 535. Ajoutez à la synonymie du

Thomisus villosus :

Lucas, *Exploration de l'Algérie*, p. 192, Pl. 10, fig. 8.
Trouvé dans les environs de Constantine, sur les fleurs.

§ XXVII.

T. I, p. 549.

Nous pensons qu'il faut placer un nouveau genre
avant les Philodromes ; c'est le genre MONASTE, insti-
tué par M. Lucas, qui doit être caractérisé de la manière suivante :

Genre MONASTE. (*Monastes.*)

Yeux *huit, sur deux lignes, dont la postérieure légèrement courbée simule la forme d'un croissant.
La deuxième et la quatrième paire sont les
plus grosses et sont situées sur des tubercules
assez fortement prononcés ; la troisième paire
est moins grosse que les précédentes et plus*

forte cependant que la première qui est la plus petite de toutes. Les yeux qui la forment sont aussi les plus rapprochés.

Lèvre *allongée, très-étroite, plus fortement rétrécie dans sa partie médiane, et terminée en pointe à la partie antérieure.*

Mâchoires *allongées, larges et arrondies à leur naissance, étroites et arrondies à leur extrémité où elles sont très-rapprochées.*

Pattes, *les deux paires antérieures grêles et allongées, les postérieures beaucoup plus courtes que les antérieures; la troisième paire est la plus courte. Les tarses sont terminés par deux griffes pectinées à leur partie inférieure.*

Aranéides *très-agiles, se tenant sur les branches, les deux premières paires de pattes dirigées en avant, très-rapprochées entre elles, et les deux postérieures placées le long de l'abdomen.*

Monaste paradoxe. (*Monastes paradoxus*). Long. 5 mill.; larg. 1 mill. ♀.

Corselet étroit, roussâtre, peu bombé, ayant une fossule longitudinale à sa partie postérieure. Abdomen allongé, trois fois plus long que le corselet, d'un brun roussâtre, ayant de chaque côté une ligne longitudinale de points d'un brun très-foncé, terminé par un prolongement spiniforme.

Lucas, *Expl. de l'Algér.*, p. 193, Pl. 11, fig. 1.

Femelle trouvée dans les broussailles en mai et en juin.

Monaste lapidaire. (*Monastes lapidarius.*) Long. 4 mill.; larg. 1 mill. 1/2.

Abdomen plus court et plus large que dans le Monaste paradoxe; d'un gris jaunâtre finement maculé de noir et marqué de quatre points assez profondément enfoncés; il est terminé par un très-petit prolongement non spiniforme.

Lucas, *Expl. de l'Algér.*, p. 194, Pl. 11, fig. 2.

Aux environs d'Alger. Sous les pierres humides.

Affinité du genre Monaste. Ce genre pour le faciès ressemble à ma troisième famille des PHILODROMES, les *custodientes* (t. I, p. 558); mais il s'en éloigne par la forme de l'abdomen et du corselet, la longueur relative des pattes, la disposition des yeux et des mâchoires. Le corselet dans ce genre est beaucoup plus long que large, étroit et tronqué à ses deux extrémités. Les mandibules sont assez fortes, allongées, dirigées en avant, larges et rapprochées à leur naissance, écartées à leur extrémité, où elles sont arrondies; les crochets sont très-petits, courbés, et placés dans une rainure, à bords non dentés.

§ XXVIII.
Genre PHILODROME.

T. I, p. 551, n° 1 *bis.*

PHILODROME RUSÉ. (*Philodromus callidus.*) Long. 6 mill. la femelle, 4 mill. le mâle.

Corselet large et déprimé, jaunâtre, à côtés postérieurs bordés de noir; yeux noirs brillants portés sur des tubercules saillants. Abdomen large, d'un brun noirâtre finement maculé de brun. Variété de la femelle à abdomen d'un jaune testacé. Variété du mâle à abdomen d'un noir roussâtre.

Lucas, *Expl. de l'Algér.* p. 195, Pl. 11, fig. 3.

Afrique, Algérie. Dans les environs de Tonga et de Goubièra, dans le cercle de La Calle. Cette Aranéide applique son corps immobile contre les rochers et sous les écorces des chênes-liéges, dont les couleurs se confondent avec les siennes.

PHILODROME ORNÉ. (*Philodromus ornatus.*) 2 mill.

Afrique, Algérie. Trouvé sur les muraille d'une chambre dans le cercle de La Calle. Je soupçonne que cette espèce est mon Philodrome rhombifère jeune (voy. t. 1, p. 559, n° 12). Il a été trouvé par M. Lucas, dans toute l'Algérie.

Lucas, *Expéd. d'Algér.*, p. 197, Pl. 11, fig. 5.

Philodromus fusco-limbatus.

Lucas, *Expédit. d'Algérie,* p. 197, Pl. 11, fig. 6.

Phil. pulchellus.

Lucas, p. 198, Pl. 11, fig. 4, 3 mill.

Ces deux espèces appartiennent aux races des ovoïdes et des trapézoïdes.

T. I, p. 558.

10 bis. *Philodromus gracilentus.*

Lucas, p. 199, Pl. 11, fig. 7.
Long. 7 mill. 1/2, larg. 2 mill. 1/4.
Appartient à la race des Oblongues.

T. I, p. 559, n. 12 *bis.*

Philodromus oblongiusculus.

Lucas, *Algérie*, p. 200, n° 143, Pl. 11, fig. 8.
Appartient comme l'espèce précédente à la famille des vigilantes, mais à la deuxième race, celle des Ovoïdes. Prise en mai
en Afrique, dans les environs de Constantine.

§ XXIX.

Genre OLIOS.

T. I, p. 565.

3 bis. OLIOS ALGÉRIEN. (*Olios Algerianus.*)
Long. 10 à 12 mill., larg. 4 à 5 mill.

Yeux sur deux lignes parallèles courbées en avant, presque
égaux entre eux. Corselet un peu bombé, orné dans son milieu de
cinq petits traits ferrugineux. Abdomen ovalaire roussâtre, milieu plus clair et festonné par la couleur plus brune des côtés,
lignes fines longitudinales dans le milieu du dos traversée à sa
partie postérieure par des chevrons très-fins.
Lucas, *Explor. de l'Algérie*, p. 204, Pl. 12, fig. (le mâle).
Commun dans toute l'Algérie, dans les lieux humides, sous
les pierres et au pied des grandes herbes. Cette espèce appartient
à la race des *Captiosæ*, et diffère par les yeux de l'*Olios barbarus*, avec lequel cependant elle a beaucoup d'analogie.

T. I, p. 573. Ajoutez :

13 bis. OLIOS D'ORAN. (*Olios Oraniensis*).
Long. 19 mill., larg. 7 mill.

Corselet bombé, d'un brun roussâtre brillant, ainsi que les
pattes. Abdomen ovalaire bombé, d'un brun roussâtre. Yeux en
croissant, la ligne postérieure droite, l'antérieure courbée en
arrière, les yeux antérieurs intermédiaires les plus gros de tous.

Mandibules fortes, allongées, écartées à leur extrémité, saillantes à leur partie médiane.

Lucas, *Algérie*, p. 201, Pl. 11, fig. 9.

Prise aux environs d'Oran.

Cette espèce se tient sous les pierres, dans une toile à double enveloppe imperméable, percée à une de ses extrémités, d'un blanc jaunâtre et à tissu très serré. L'Aranéide y passe la saison d'hiver et y subit ses changements de peau. Elle se plaît dans les lieux élevés, et a été trouvée sur le versant est du Djebel Santon et à Santa-Cruz.

13 ter. OLIOS BARBARE. (*Olios barbarus.*)
Long. 15 mill.

Yeux comme dans l'*Olios Oraniensis*, ayant les antérieurs intermédiaires plus gros, mais les latéraux postérieurs sont plus égaux entre eux. Corselet, pattes, abdomen d'un fauve rougeâtre, plus foncé que dans l'*Olios Oraniensis*; une ligne longitudinale brune à la partie antérieure. Le mâle semblable, mais plus grêle.

Lucas, *Expl. de l'Algérie*, p. 202, Pl. 11, fig. 10.

Commun dans les environs d'Alger, de Constantine et de Bone. Se tient sous les pierres et construit un sac à double enveloppe comme la précédente.

Cette espèce et la précédente appartiennent à ma famille des *Musculosæ*.

T. I, p. 573.
OLIOS RUFIPÈDE. (*Olios rufipes*).
Long. 18 mill. ♂

Yeux en croissant très-aigu, les latéraux de la seconde ligne écartés et reculés des intermédiaires, de manière à former à eux seuls une troisième ligne; la ligne antérieure courbée en arrière; se rapprochant des yeux du Philodrome oblong. (Voy. la Pl. 2, fig. 14, etc. de notre atlas). Corselet d'un roux clair, allongé; abdomen ovale, arrondi et grossissant à son extrémité postérieure d'un fauve clair.

Lucas, *Arachnides des Canaries*, p. 32, Pl. 6, fig. 13.

Aux Canaries.

Cette espèce établit une grande affinité entre le genre Philodrome et le genre Olios, elle nécessite le partage de la sixième famille des Olios (les Musculeuses) en deux races ainsi nommées et caractérisées :

1° Les Hardies.

Yeux postérieurs et sur une seule ligne droite.

1. *Olios fuscus*, 2 *Olios Oraniensis*, *Olios barbarus*.

2° Les Audacieuses (*Olios rufipes*).

§ XXX.

Genre SPARASSE. (*Sparassus.*)

T. I, p. 582, n° 2.

SPARASSE ÉMERAUDE.

Ajoutez à la synonymie :

Lucas, p. 205, n° 149, qui dit :

« Dans les marais d'Aïn-Trian, aux environs du cercle de La Calle, j'ai rencontré une grosse femelle portant entre ses mandibules son cocon qui est orbiculaire, formé d'une soie fine, serrée, transparente, et à travers laquelle on aperçoit les œufs qui sont jaunes, légèrement teintés de verdâtre, assez gros et non agglomérés. » (Lucas.)

T. I, p. 586. Ajoutez après les caractères des *Tegenairides :*

1re Race. LES BRÉVICAUDES (*brevicaudæ*).

Filières *peu allongées.*

T. I, p. 587.

2e Race. LES LONGICAUDES (*longicaudæ*).

Filières *supérieures très-allongées.*

7. SPARASSE FERRUGINEUX. (*Sparassus ferrugineus.*)
♂ Long. 5 lignes.

Corselet rouge surtout vers la tête, raies brunes qui rayonnent du centre vers les bords. Abdomen ovale, allongé, le milieu du dos rouge formant une large bande longitudinale, bordée de brun et traversée à sa partie postérieure par quatre chevrons jaunes doublés de brun ; la partie antérieure de la bande a quatre petits points noirs ; côtés bruns mélangés de poils jaunâtres. Pattes d'un jaune rougeâtre tachées de noir.

Textrix ferruginea. Koch, *Arachniden*, Pl. 267, fig. 627.

Europe. Grèce. Prise près de Napoli.

T. I, p. 587.

8. SPARASSE VÊTU. (*Sparassus vestitus.*)
♂ 5 Lignes, ♀ 5 1/2.

Corselet olivâtre avec une raie longitudinale d'un blanc jaunâtre. Abdomen jaunâtre et rougeâtre, avec une suite de raies et de taches noires disposées longitudinalement sur deux lignes parallèles ; de petits chevrons noirs à la partie postérieure entre les deux lignes : côtés bruns.

T. I, p. 587.

9. SPARASSE MONTAGNARD. (*Sparassus montanus.*)
♀ Long. 4 lignes.

Corselet d'un brun verdâtre, luisant, peu allongé et très-arrondi à sa partie postérieure. Abdomen ovale allongé, brun avec des traits blancs inclinés formant des chevrons, dont les deux traits sont séparés. Pattes et tarses d'un brun verdâtre, noircis à leur extrémité.

Textrix montana. Koch, *Arachniden*, t. VIII, p. 53, Pl. 267, fig. 630.— *Agelena montana*. Koch, in Herrich Schæffer *Deutschl. inf.* 125, n° 11.

En Europe, dans l'Allemagne, dans le Salzbourg et la Bavière, dans les bois, sous les pierres.

Le mâle est semblable à la femelle, mais plus petit. Les organes sexuels ne sont pas encore developpés en juin. Le nom d'Agélène, donné à tort à cette espèce par M. Koch, nous l'avait fait considérer comme la *Labyrinthica* dans son jeune âge.

Par cette race, les Sparasses se rapprochent des Agélènes et des Clubiones : elle appartient à ce genre par ses yeux et la forme dilatée de son corselet, mais l'examen de la bouche pourrait seul décider si on doit l'y laisser ou la placer dans les Clubiones.

T. I, p. 588. Aux affinités des Sparasses ajoutez :

Par la deuxième race des Tégénairides dont les filières sont allongées, comme aussi un peu par les yeux, le genre Sparasse se rapproche des Agélènes.

§ XXXI.
Genre CLUBIONE.

T. I, p. 591 et t. II, p. 478.

Clubiona amarantha.

Ajoutez à la synonymie de cette espèce :

Clubiona brevipes. Blackwall, *Transactions of the Linnean society*, vol. XVIII, in-4, London, 1841, p. 603.

Se tient dans un sac de soie compacte, d'une soie très-blanche, qu'elle file dans la partie inférieure des feuilles, dans les districts de Denbigshire et Caernarvonshire. Elle saute avec agilité. M. Blackwall donne 3 lignes de long à sa *Clubiona brevipes.* L'abdomen est oviforme, velu, légèrement déprimé, de couleur rouge brun. Les filières, assez allongées, d'un brun noirâtre. Les yeux intermédiaires de la ligne antérieure sont un peu plus gros que les latéraux. La lèvre est d'un brun rougeâtre. Les mandibules et le bandeau noirâtres. Les pattes courtes d'un jaune pâle; la quatrième paire la plus longue, la seconde ensuite, la troisième paire est la plus courte.

T. I, p. 593.

Clubiona corticalis.

A la synonymie de cette espèce ajoutez :

Philoïca notata. Koch, *Arachniden*, VIII, p. 55, pl. **268**, fig. 631 (le mâle, long., 3 lig. 1/4), fig. 632 (la femelle, long., 4 lig. 1/4). Koch, *Uebersicht des Arachnidens system*, pl. 2, n° 23. — *Tegenaria notata* ♀♂. Koch, dans Herrich Schæffer *Deutschl. insect.*, pl. 125, fig. 14 et 15 (c'est la meilleure figure qu'on ait donnée de cette espèce).—*Clubiona domestica,* Wiber, *Museum sinckerb.*, t. III, p. 214, pl. 14, fig. 9. Cette synonymie est certaine.

M. Koch remarque que la *Clubione corticale* se trouve dans l'intérieur des arbres, dans les vieux murs et dans les fentes des pierres, et qu'elle est plus abondante dans le nord de l'Europe; et en effet nos observations ont prouvé qu'elle résiste aux plus grands froids. L'*Aranea notata* de Linné est une espèce toute différente.—*Clubiona fucata,* Blackwall, *Trans. of the Linn. soc.*, t. 18, p. 605, n° 2. Prise dans le Denbigshire et Caernarvonshire.

Le mâle ressemble à la femelle, et les organes sexuels ne sont développés qu'en automne ; les femelles sont pleines dans le mois de juin. Cette Aranéide se trouve dans les bois, et en été se cache dans les feuilles. Deux griffes pectinées aux tarses, avec un petit appendice propre à grimper.

T. I, p. 591.

L'espèce suivante appartient, par la longueur relative de ses pattes et par ses yeux, à la famille des Dryades, race des vaga-bondes.

2 bis. CLUBIONE PALLIPÈDE. (*Clubiona pallipes.*) ♀ Long. 6 mill., larg. 2 mill. 1/4.

Corselet testacé teinté de roussâtre ; yeux noirs, presque tous de même grosseur ; mandibules courtes, peu saillantes ; abdomen ovalaire, allongé, s'amincissant à sa partie postérieure, d'un jaune légèrement roussâtre ; pattes et palpes d'un jaune testacé.

Lucas, *Explor. de l'Algérie*, p. 212, Pl. 12, fig. 9.

Prise une seule fois, aux environs de Philippeville. En mars, au pied des arbres, sur le bord de l'Ouad-Sassaaf.

T. I, p. 595. Ajoutez l'espèce suivante décrite par M. Koch à la famille des Anyphœnes :

6 bis. CLUBIONE FORAINE. (*Clubiona advena.*) ♀ Long. 2 lig. 1/2.

Pattes et palpes d'un fauve brun ; abdomen ovale, brun, avec une raie longitudinale jaunâtre croisée par six accents circon-flexes ; poils jaunâtres formant des raies obscures, sur les côtés, qui aboutissent aux accents circonflexes ; corselet brun bordé d'une raie fauve, d'autres de même couleur qui rayonnent du centre à la circonférence ; pattes de couleur pâle sans annelures.

Philoïca advena. Koch, *Arachniden*, VIII, pl. 268, fig. 633 (la femelle). Trouvée en Allemagne. Elle est vive et agile.

T. I, p. 599 et 600.

CLUBIONE PETITE. (*Clubiona parvula.*) Long. 8 mill., la femelle ; 6 mill. le mâle.

Corselet roussâtre parsemé de points jaunes ; abdomen légère-ment roussâtre finement pointillé de brun foncé. Le mâle a les mandibules allongées, saillantes.

Lucas, *Explor. de l'Algérie*, p. 205, pl. 12, fig. 5.

Prise aux environs d'Alger, en janvier, sous les pierres
humides, où on la trouve presque toujours errante.

T. I, p. 599 et 600.

M. Lucas, p. 207, remarque que les *Clubiones lapidicolles
et livides* (n°s 10 et 11), sont communes en Algérie, au pied des
arbres ou sur leurs vieilles écorces.

T. I, p. 600.

CLUBIONE RUFIPÈDE. (*Clubiona rufipes.*) Long. 12 mill., larg.
4 mill.

Corselet brun roussâtre; abdomen ovale, allongé, grossissant
à sa partie postérieure, d'un brun roussâtre foncé.

Lucas, *Explor. de l'Algérie*, p. 208, n° 154.

Prise dans les environs d'Oran, en hiver, sous les pierres légèrement humides. Elle est de la famille des Furies.

T. I, p. 600 et t. II, p. 480.

CLUBIONE OBLONGUE. (*Clubiona oblonga.*) ♂ Long. 12 mill.,
larg. 4 mill.

Corselet d'un brun roussâtre ou simplement roussâtre; abdomen étroit, allongé, brun, couvert de poils jaunâtres.

Lucas, *Explor. de l'Algérie*, p 207, pl. 12, fig. 3.

Trouvée sous les pierres dans les environs d'Alger et de Constantine. De la famille des Furies. Peut-être est-ce le mâle
de la *Clubiona roscida* (t. II, p. 480), *Amaurobius roscidus* de
M. Koch.

T. I, p. 600.

N° 11 bis. Sur la **CLUBIONE SAXATILE.** (*Clubiona saxatilis.*)

Le genre **COELOTES**, de M. Blackwall, semble appartenir à ma
famille de Clubiones, nommés les Furies, p. 600, et il a de l'analogie avec les Agélènes et avec les Drasses. La longueur relative
des pattes ne permet pas de rapporter le Cœlote terrestre au
Drasse Atropos, auquel il ressemble. Si l'Amaurobe terrestre de
M. Koch est, comme le prétend M. Blackwall, synonyme de son
Cœlote saxatile, il ne peut se rapporter à mon Drasse Atropos, et il
doit s'en éloigner par les longueurs relatives des pattes. (Conférez
t. II, p. 489 de cet ouvrage.) Mais par la courbure des mâchoires

la Clubione saxatile appartient aux Drasses ou s'en rapproche et forme la liaison des deux genres.

S'il y avait lieu de former du genre Coelotes de M. Blackwall une nouvelle famille dans les *Clubiones*, à la suite de celle des Furies (p. 600) ou dans les *Drasses*, à la suite des Lithophiles (p. 614), voici comment elle se trouverait caractérisée :

Famille DES CŒLOTES.

Yeux huit, sur deux lignes droites parallèles : la ligne antérieure la plus courte : les yeux latéraux posés sur une même éminence de la tête, les intermédiaires antérieurs un peu plus petits.

Lèvre plus longue que large, arrondie sur les côtés, tronquée à son extrémité.

Pattes fortes, la quatrième paire la plus longue, ensuite la première, la troisième est la plus courte. Tarses terminés par trois griffes dont les supérieures sont pectinées ; l'inférieure courbée à sa base.

Cœlotes saxatilis. Long., 6 lig. 1/4. Blackwall, *Trans. of the Linnean society*, vol. XVIII, p. 618.

Drassus saxatilis. Blackwall, *Researches in zoologia*, p. 332. — *Clubiona saxatilis.* Blackwall, *London and Edinburgh Magazine*, vol. III, p. 436-437. Conférez *Amaurobius terrestris*, Koch, *die Arachn.*, vol. VI, p. 45, Pl. 92, fig. 463, 464.

Le Cœlote saxatile a l'abdomen projeté sur la partie antérieure du corselet, grossissant vers sa partie postérieure ; couleur d'un brun jaunâtre, bande noire à la partie antérieure, qui se rétrécit graduellement en approchant des filières, avec de nombreuses taches noires, et des lignes obliques de chaque côté de la bande, qui se réunissent vers la partie postérieure et forment des chevrons dont la pointe est tournée vers le corselet, entre la pointe de la bande et les filières.(Cette description rappelle le Drasse Atropos.)

Trouvée, au printemps, en 1826, dans le nord de la principauté de Galles, et en Lancashire, sous les pierres et dans les crevasses des murs. Elle forme une toile de dimension peu étendue, ou elle dépose un cocon lenticulaire composé d'une soie très-blanche, de 6 lignes de diamètre, attaché or-

dinairement à la partie inférieure des pierres ou des frag-
ments de rocs par une petite extension de la toile : sur la surface de cette toile elle répand un peu de terre, de plâtras et de
détritus de diverses matières. Son tube, qui est lié à sa toile,
s'étend ordinairement jusqu'à une cavité cylindrique que l'Aranéide creuse en terre.

T. I, p. 600.

CLUBIONE ORNÉE. (*Clubiona ornata.*) ♀ Long., 6 mill. 1/2,
larg., 2 mill.

Corselet verdâtre légèrement teint de rougeâtre; abdomen
ovale, allongé, verdâtre, avec une ligne longitudinale sur le milieu
du dos, formée par une série de petites taches trianguliformes
d'un brun foncé ; pattes grêles, allongées, d'un jaune légèrement
teint de verdâtre.

Lucas, *Explor. de l'Algérie*, p. 211, Pl. 12, fig. 6.

Prise vers le milieu de juin dans les marais du lac Tonga, aux
environs du cercle de La Calle.

Cette espèce appartient à notre famille des Furies, comme les
Clubiones exilipèdes et barbus, qui ont comme elle des pattes
grêles et une ligne longitudinale sur le milieu du dos.

T. I, p. 603.

14 bis. CLUBIONE BARBARE. (*Clubiona barbara.*) ♀♂ Long.,
10 mill. 1/2, larg., 4 mill. (la femelle); long., 9 mill. 1/2, larg.,
3 mill. (le mâle).

Corselet et abdomen d'un brun jaunâtre; pattes grêles, allongées, d'un jaune testacé lavé de brun ; long. relative 1, 2, 4, 3.

Lucas, *Explor. de l'Algérie*, p. 210, n° 210, Pl. 12, fig. 3.

Prise en mars dans les environs de Philippeville, au pied des
arbres qui bordent l'Ouad-Sassaaf.

Par ses pattes grêles, allongées, et la forme de son abdomen,
nul doute qu'il ne faille placer cette espèce près de l'*Exilipes*
(ci-après, p. 444), dans la quatrième famille ; mais par sa seconde
paire de pattes, un peu plus longue que la quatrième, elle appartient à la cinquième famille, celle des Satyres, et forme
ainsi le passage de l'une à l'autre.

T. I, p. 603.

L'espèce de Clubione qui suit appartient à la fa-

...mille des *Parques*, dont les pattes, médiocrement allongées, sont dans l'ordre suivant : 1, 4, 2, 3.

19 bis. Clubione mandibulaire. (*Clubiona mandibularis.*)
♂ Long. 9 mill., larg. 3 mill. 1/4.

Corselet d'un brun rougeâtre, abdomen allongé ovalaire, brun en dessus et dessous. Mandibules robustes, allongées, excessivement saillantes, et très-renflées à leur naissance. Lèvres et mâchoires courtes. Pattes courtes, grêles, d'un jaune rougeâtre.

Lucas, *Expl. de l'Algérie*, p. 212, Pl. 12, fig. 7.

Prise à Kouba, en janvier, aux environs d'Alger. Cette Aranéide se plaît au pied des grandes herbes, dans les lieux frais, ombragés et humides.

T. I, p. 604.

13 bis. Clubione a pieds grêles. (*Clubiona exilipes.*)
15 bis. ♂ Long. 11 mill., larg. 4 mill.

Corselet d'un brun rougeâtre, brillant, parsemé de poils fauves. Yeux noirs entourés de jaune. Abdomen ovoïde, élargi dans son milieu, brun et présentant, sur le milieu du dos, une raie longitudinale d'un brun foncé, assez semblable à une croix renversée. Pattes et palpes allongées, grêles, jaunâtres, parsemées de poils bruns. Longueur relative, 1, 4, 2, 3.

Lucas, *Expl. d'Algérie*, p. 209, n° 155, Pl. 12. fig. 5.

Prise dans les environs d'Alger et de Constantine, sous les pierres humides au printemps et en hiver.

Cette espèce appartient par la longueur relative de ses pattes, à la famille des Satyres.

T. I, p. 605.

Clubiona atrox.

A la synonymie de cette espèce ajoutez :

Ciniflo atrox, Blackwall, *Trans. of the Linnean society*, vol. XVIII, part. 4, p. 607.

D'après les considérations des filières et des pattes de cette espèce M. Blackwall établit une famille des

CINIFLONIDÆ.

Filières 8, les deux inférieures inarticulées et réunies jusqu'à leur extrémité. Le métatarse des pattes postérieures garni d'une brosse de poils, munie de deux rangs de petites épines très rapprochées.

M. Blackwall établit dans cette famille un genre qui, d'après notre méthode, devrait être caractérisé ainsi :

Genre CINIFLO.

Yeux, *huit sur deux lignes transverses, la ligne postérieure convexe, l'antérieure droite plus courte; les intermédiaires un peu plus gros. Les latéraux sont posés sur un même tubercule.*

Mâchoires *fortes, dilatées et arrondies à leur extrémité, légèrement inclinées sur la lèvre.*

Lèvre *plus longue que large, dilatée dans son milieu, tronquée au sommet.*

Pattes *fortes; la première paire la plus longue (dans la femelle), ensuite la quatrième, la troisième est la plus courte; tarses à trois griffes; les deux griffes supérieures pectinées, l'inférieure courbée à sa base.*

Ciniflo atrox, Linn. soc., t. 18, p. 473 et 607.
Amaurobius atrox, Koch, *Ueber des Arachn. syst.*, p. 15.
Clubiona atrox, Walckenaer, *Aptères*, t. I, p. 605, nº 16. —
Id., *Aranéides de France*, p. 146, nº 1, Pl. 7, fig 5 et 6.

M. Blackwall remarque que dans le mâle de l'Atrox la seconde paire de pattes est un peu plus longue que la quatrième. Cette observation est nouvelle, et nous nous étions aperçu de cette anomalie qui existe encore dans d'autres genres, mais nous avions craint de nous être trompé et nous n'avons pas transcrit la note qui contenait cette observation.

C'est la brosse des pattes postérieures qui caractérise les *Ciniflonidæ* de M. Blackwall, et sur l'usage de cette brosse qu'il nomme *calamistrum*, on peut consulter les *Transactions of the Linnean society*, vol. XVI, p. 473, vol. XVIII, p. 223.

Ce genre *Ciniflo* correspond à la première race de notre famille des *Parques*, mais les observations de M. Blackwall, quoiqu'elles n'impliquent pas la nécessité de créer ce genre, sont importantes.

§ XXXII.

Genre DRASSE.

T. I, p. 613.

3 bis. DRASSE DISTINCT. (*Drassus distinctus.*) Long. 9 mill.,
larg. 3 mill. 1/2.

Yeux écartés, corselet d'un fauve roussâtre. Abdomen allongé,
ovale, d'un brun clair. Pattes grosses, allongées, velues, jaunâtres, taché de brun et de noir.

Lucas, *Expl. de l'Algérie*, p. 218, n° 166, Pl. 13, fig. 5.
Trouvé à la fin de février, sous les pierres.

T. I, p. 615, n° 3 *bis*.

DRASSE FORT. (*Drassus validus.*) Long. 11 mill., largeur
4 mill. 3 1/4. ♂

Yeux sur deux lignes parallèles, la première droite, la seconde légèrement courbée en avant. Abdomen ovale, allongé,
renflé dans son milieu, d'un brun jaunâtre brillant. Pattes courtes et fortes, les antérieures à cuisses renflées. Filières un peu
saillantes, jaune roussâtre.

Lucas, *Expl. de l'Algérie*, p. 213, Pl. 12, fig. 10.
Trouvé en janvier, dans les fissures d'une grosse pierre, aux
environs du cercle de La Calle. Ce Drasse appartient à ma famille
des *Absconditæ*, dont elle réunit tous les caractères.

T. I, p. 617.

4 bis. DRASSE RUFIPÈDE. (*Drassus rufipes.*) Long. 7 mill.,
larg. 2 mill. ♀

Corselet d'un brun rougeâtre brillant. Mandibules courtes,
d'un brun roussâtre. Pattes allongées, minces, rougeâtres. Abdomen ovalaire grossissant vers sa partie postérieure. Couleur
cendrée très-claire; filières plus foncées, courtes.

Lucas, *Expl. de l'Algérie*, p. 215, Pl. 13, fig. 2.
Trouvé sous les pierres humides, dans les environs de Constantine.

T. I, p. 617.

18 bis. DRASSE TACHÉ DE BLANC. (*Drassus albomaculatus.*)
Long. 7 mill., larg. 2.

Corselet noir avec trois bandes blanches longitudinales et une transversale à la partie postérieure formée par des poils caduques. Abdomen allongé, d'un noir très-légèrement teinté de roussâtre, orné de quatre taches blanches transversales, une assez large située à la partie antérieure, deux plus petites placées sur les côtés latéraux, et enfin, une quatrième occupant tout à fait la partie postérieure de cet organe.

Variété A. Abdomen avec quatre taches, formées par la division des taches antérieures, divisées en deux. Les taches de la partie postérieure entièrement oblitérées. Les quatre taches de la partie antérieure sont de couleur cendrée.

Lucas, *Expl. de l'Algérie*, p. 224, Pl. 13, fig. 8.

Prise aux environs d'Alger, parmi les grandes herbes à Kouba en hiver et au printemps. La variété sous les pierres. Sa démarche est lente, mais elle échappe vivement à celui qui veut la prendre.

T. I, p. 617.

5 bis. DRASSE CRASSIPÈDE. (*Drassus crassipes*.)
Long. 12 mill. 1/2, larg. 4 mill.

Corselet allongé d'un brun roussâtre. Pattes allongées, robustes, les deux premières paires renflées, d'un brun roussâtre. Abdomen court, proche le corselet terminé en ligne presque droite d'un brun foncé.

Lucas, *Expl. de l'Algérie*, p. 217, Pl. 13, fig. 4.

Très-agile, sous les pierres. Prise aux environs d'Alger.

T. I, p. 622.

Les espèces suivantes sont dans une troisième famille de Drasses, celle des *Habiles*.

Drassus parvulus. ♂ Long., 3 mill.

Corselet d'un jaune vif, à rayon rougeâtre. Abdomen porté par un long pédoncule jaune, piriforme, d'un brun noirâtre plus foncé aux deux extrémités.

Lucas. *Expl. de l'Alg.*, p. 219, Pl. 13, fig. 6.

Rare sous les pierres, errant aux environs de Philippeville.

T. I, p. 622 et t. II, p. 487.

N° 1. DRASSE BRILLANT. (*Drassus fulgens.*)

Voici la description que donne M. Lucas de cette remarquable espèce :

Yeux noirs formant deux lignes fortement courbées. Corselet très allongé, d'un brun rougeâtre, bordé d'un filet blanc. Pattes allongées, fines. Abdomen uni au corselet par un long pédoncule jaune, piriforme et rétréci dans son milieu. Il est d'un noir bleuâtre métallique très-brillant, avec son extrémité antérieure couverte d'écailles vertes ; sur les côtés latéraux, un peu au-dessous, sont deux taches jumelles et transversales blanchâtres ; plus bas encore, et au milieu du rétrécissement, sont deux autres taches également blanchâtres, et disposées de la même manière ; enfin, à l'extrémité postérieure et au-dessus de la partie anale se trouve une cinquième tache d'un blanc vif.

Long., 4 à 5 mill.; larg., 1 mill.

Drassus dives, Lucas, *Explor. de l'Algér.*, p. 220, n° 170, Pl. 13, fig. 9.

Cette espèce se plaît aux lieux exposés au soleil. Elle est très-agile ; lorsqu'elle marche, elle tient sans cesse en mouvement ses palpes et son abdomen. M. Lucas l'a prise une seule fois sur les murs d'un moulin, aux environs du cercle de La -Calle.

T. I, p. 624 et t. II, p. 488.

DRASSE FASTUEUX. (*Drassus fastuosus.*)

Ajoutez à la synonymie :

Drassus fastuosus, Lucas, *Explor. de l'Alg.*, p. 221, Pl. 13, fig. 10.

Long., 3 mill., larg. 1 mill. ♀.

M. Lucas remarque que cette espèce, qui est très-voisine du *Drassus fulgens*, ne peut être confondue avec celle-ci à cause du corselet qui dans le *D. fastuosus* est plus large et moins rétréci à sa partie antérieure. Les pattes sont aussi plus robustes et moins allongées ; et il aurait pu dire aussi que la ligne postérieure des yeux est moins courbée que dans le *fulgens*. L'abdomen est aussi un peu plus court.

En Algérie, ce Drasse est plus commun que le précédent dans les environs de Bône et du cercle de La Calle. On le rencontre en novembre sous les pierres ; il est très-agile, et, comme le *Drassus fulgens*, il tient sans cesse en mouvement ses palpes ou son abdomen quand il marche.

T. I , p. 624.

13 bis. DRASSE A TARSES JAUNES. (*Drassus flavitarsis.*) Long. 3 mill., larg. 1 mill.

Yeux du Drasse brillant ; corselet noir, avec des poils squammiformes d'un vert métallique brillant. Abdomen allongé, d'un noir mat , avec toute sa partie postérieure d'un noir brillant ; près des filières, une petite bande transversale blanche. Dans la partie antérieure, le noir mat est parsemé de poils roussâtres, parmi lesquels on en aperçoit qui sont squammiformes et d'un beau vert métallique. Les pattes sont très-allongées, noires, annelées de jaune.

Lucas, *Expl. de l'Alg.*, p. 222, n° 172, Pl. 14, fig. 5.

Les yeux, qui chez les mâles sont sur deux lignes presque parallèles, diffèrent de ceux de la femelle , en ce que les latéraux des deux lignes sont un peu plus écartés que les intermédiaires. De cette position, il résulte que, comme dans le Drasse lucifuge, la ligne antérieure est courbée en avant, tandis que la postérieure l'est en arrière.

Cette espèce n'est pas rare aux environs d'Alger tout l'hiver, le printemps et une grande partie de l'été. Elle se plaît sous les pierres légèrement humides ; elle est remarquable par la démarche bien moins vive que le *Drassus fulgens* et le *Drassus fastuosus.*

T. I, p. 624.

13 bis. DRASSE A BANDES BLANCHES. (*Drassus albovittatus.*) Long. 8 mill., larg. 3 mill.

Corselet allongé , bombé, rougeâtre , revêtu de poils (caducs) d'un rouge métallique brillant. Abdomen allongé, ovalaire très-bombé, noir, recouvert de poils squammiformes, d'un brun bronzé avec des bandes blanches transversales qui sont ornées de quatre points rouges irisés. Postérieurement sont cinq taches blanches transversales, dont deux situées de chaque côté, et une médiane occupant tout à fait la partie postérieure. Filières saillantes roussâtres.

Lucas , *Expl. de l'Algér.*, p. 226, Pl. 14, fig. **1.**

Prise aux environs de Constantine dans les mois de mai et de juin , sous les pierres, dans les lieux secs et arides. Sa démarche est très-lente.

Cette espèce et les deux précédentes et le *Drassus pallipes* se rapprochent beaucoup du genre Argus et forment la liaison du genre Drasse avec ce genre.

T. I, p. 624.

DRASSE RESSERRÉ. (*Drassus coarctatus.*) Long. 5 mill. 1/2, larg. 1 mill.

Corselet étroit, allongé , d'un brun noirâtre très-foncé et luisant ; pattes teintées de jaune et de brun ; abdomen allongé, resserré dans son milieu , d'un noir verdâtre luisant submétallique ; ayant deux lignes transversales formées par des taches blanches sur le dos, la première vers le bord antérieur, la seconde dans le milieu ; filières apparentes , jaunes.

Lucas , *Explor. de l'Algérie*, p. 228, n° 578, pl. 14, fig. 2.

Prise en mai , errante parmi les galets des bords du Rummel , aux environs de Constantine.

T. I, p. 624.

DRASSE PALLIPÈDE. (*Drassus pallipes.*) Long. 3 mill. 1/2, larg. 1 mill.

Corselet étroit, allongé, d'un noir luisant , ayant à sa partie postérieure une ligne longitudinale lancéiforme blanche, terminée postérieurement par un chevron de même couleur ; pattes jaunâtres ; abdomen renflé , ovoïde, acuminé , à ses deux extrémités, d'un vert foncé teinté de noir dans son milieu , et sur ses côtés ayant trois bandes circulaires blanches : une à la base , une autre à l'extrémité , et la troisième au milieu ; trois points également blancs disposés en triangle sur le milieu de la ligne dorsale ; ventre d'un vert noirâtre.

Lucas , *Explor. de l'Algérie*, p. 227, pl. 14, fig. 3.

Prise en février près du cap Caxine , aux environs d'Alger. Deux individus de cette espèce, placés dans une petite boîte,

se formèrent chacun une petite coque de soie légèrement grisâtre.

T. I, p. 624.

13 ter. DRASSE FOURMI. (*Drassus formicarius.*) Long. 5 mill. 1/2,
larg. 1 mill. 3/4.

Corselet étroit, bombé longitudinalement, ayant à sa base une
petite figure trianguliforme, testacée; abdomen allongé, ovalaire,
présentant dans son milieu un étranglement assez fortement pro-
noncé, d'un brun roussâtre, avec des poils squammiformes d'un
jaune verdâtre brillant; orné de cinq taches blanches, quatre à
la partie antérieure du dos, la cinquième à la base.

Lucas, *Explor. de l'Algérie*, p. 228, pl. 14, fig. 4.

Trouvée une seule fois sous les pierres, en juillet, sur les bords
du lac Goubeïra, aux environs du cercle de La Calle.

T. I, p. 625.

5 bis. DRASSE ÉRYTHROCÉPHALE. (*Drassus erythrocephalus.*)
Long. 5 mill.; larg. 2 mill.

Yeux sur deux lignes légèrement courbées, presque également
gros; corselet bombé, entièrement glabre, d'un rougeâtre brillant; abdomen oblong, d'un vert légèrement teinté de brun; sur
le dos quatre points oblongs ou carrés, qui s'oblitèrent quand le
ventre est gonflé par les œufs.

Cette espèce varie beaucoup.

Var. A. Abdomen, en dessus et en dessous, d'un brun verdâtre, avec les filières de cette couleur.

Var. B. Abdomen d'un roux testacé en dessous, couleur atteignant les côtés latéraux antérieurs, avec la partie postérieure
teintée de brunâtre.

Lucas, *Explor. de l'Algérie*, p. 223, n° 174, pl. 13, fig. 7.

Cette espèce n'est pas rare aux environs d'Alger, en hiver et
au printemps. Elle se plaît sous les pierres humides.

T. I, p. 627.

18 bis. DRASSE CORTICAL. (*Drassus corticalis.*) Long. 10 mill.,
larg. 3 mill.

Corselet court, assez bombé, d'un brun légèrement rougeâtre;

mandibules avancées, très-saillantes à leur naissance ; abdomen allongé, grossissant à sa partie postérieure, d'un brun jaunâtre ; filières très-allongées, d'un brun testacé. Dans le mâle les mandibules ne sont pas portées en avant et sont moins saillantes.

Lucas, *Explor. de l'Algérie*, p. 216, n° 162, pl. 10, fig. 3.

Commune aux environs d'Alger et dans l'est de l'Algérie.

T. I, p. 630.

20 bis. DRASSE OBSCUR. (*Drassus obscurus.*) Long. 13 mill., larg. 4 mill. 1/4.

Yeux latéraux portés sur une éminence ; corselet large, arrondi, roussâtre ; abdomen ovale, allongé, d'un brun foncé ; filières courtes.

Lucas, *Explor. de l'Algérie*, p. 214, n° 161, pl. 13, fig. 1.

Trouvée sous la pierre humide, dans les mois de janvier et de février, dans les environs du cercle de La Calle. Appartient à ma quatrième famille des Drasses, celle des *Speophilæ*.

§ XXXIV.

Genre CLOTHO.

T. I, p. 638.

Il paraît que, d'après une observation de M. Lucas, que le *Clotho Goudotii* doit être effacé du nombre des espèces et que ce n'est qu'une variété du *Clotho Durandii* dont la couleur est d'un brun roussâtre ou noir, et où l'on n'aperçoit aucune trace des cinq points jaunes. M. Lucas a trouvé plusieurs fois cette variété avec l'espèce typique. C'est dans l'ouest de l'Algérie et dans les environs d'Oran, et particulièrement dans les Djebel Santon et Santa-Cruz et durant l'hiver que M. Lucas a le plus fréquemment trouvé cette espèce. Il dit que sa toile est assez semblable aux tentes des Arabes et présente sept ou huit échancrures dont les angles seuls sont fixés sur la pierre au moyen de faisceaux de fils, tandis que les bords sont libres et presque béants. Les sachets de soie où elle renferme ses petits, qui ne dépassent pas le nombre de six, ont neuf millimètres environ de diamètre; ils sont d'un taffetas blanc comme la neige, et fournis en dedans de l'édredon le plus fin. M. Lucas a trouvé plusieurs de ces sachets remplis de jeunes Clothos qui, dans cet âge, sont entièrement d'un testacé verdâtre. Cette espèce se trouve aussi dans les environs de Nîmes. — Lucas, *Explor. de l'Algérie*, p. 229 et *Annales de la société entomologique de France*, année 1845, t. III, p. xxv du Bulletin.

2ᵉ Famille. LES ENYOS.

T. I, p. 639.

Clotho luisant.

Cette espèce est figurée dans l'Atlas de notre ouvrage, planche 16, fig. 6D, 6B, 6A et 6*b*.

M. Lucas a décrit deux autres espèces de cette famille des Clotho.

3 bis. Clotho Algérienne. (*Clotho Algerica.*) Long. 5 mill., larg. 1 mill. 1/2.

Corselet plus étroit que l'abdomen, piriforme, un peu allongé, d'un brun roussâtre très-foncé presque noir, et légèrement teinté de jaune; les pattes sont allongées, fines, d'un beau jaune vif; l'abdomen est d'un noir violacé, ovoïde, légèrement velu et à peine luisant.

Enyo Algerica, Lucas, *Explor. de l'Algérie*, p. 230, pl. 14, fig. 6.

Cette espèce est commune dans les environs d'Alger; on la trouve en hiver, sous les pierres, dans son petit cocon de soie blanche, assez lâche et légèrement revêtu de quelques parcelles de terre. Ce cocon est sans issue, et lorsqu'on l'enlève de la pierre sur laquelle il est fixé, pour s'emparer de l'habitant qu'il contient, celui-ci fuit aussitôt, et si rapidement, qu'il est difficile de s'en saisir.

T. I, p. 640.

Il convient d'établir une quatrième famille dans les Clothos.

4ᵉ Famille. LES INCERTAINES.

Yeux sur trois lignes transversales ; lignes antérieures composées de quatre yeux sur une ligne fléchissant légèrement en arrière : ces yeux tracent un demi-cercle dont la ligne antérieure est le diamètre.

Lèvre plus large que longue en triangle tronqué.

Mâchoires droites ou très-légèrement inclinées et plus large à la base qu'à leur extrémité.

Pattes courtes. Long. relative : 4, 1, 2, 3.

4 bis. Clotho amarantin. (*Clotho amaranthinus.*) Long. 4 mill., larg. 1 mill.

Couleur rouge amarante, plus sombre à l'abdomen qu'au corselet ; le corselet est court large, déprimé ; les pattes courtes, proportionnellement au corps, sont d'un jaune safrané; abdomen oblong, très-allongé, bombé en dessus, déprimé en dessous; filières courtes et d'un jaune safrané.

Enyo amaranthina. Lucas, *Explor. de l'Algérie*, p. 231, pl. 14, fig. 6.

Prise une seule fois par M. Lucas, en hiver, sur le versant est du Djebel Santa-Cruz, aux environs d'Oran. La démarche de cette Aranéide est lente.

M. Lucas remarque que si par la disposition des yeux et la longueur relative des pattes cette espèce se rapproche de la seconde famille des Clotho et surtout des Enyo, elle s'en éloigne par son corps étroit et allongé, son corselet fortement déprimé, ses yeux, qui ne laissent qu'un bandeau très-court, et ses mâchoires, presque droites.

§ XXXV.

T. I, p. 645.

2 bis. Latrodecte orné. (*Latrodectus ornatus.*) Long. 9 mill., larg. 3 mill.

Abdomen très-gros, ovalaire, d'un noir brillant, entouré à sa

partie antérieure d'une bande transversale d'un blanc jaunâtre ,
et, en dessus, dans son milieu , orné d'une bande longitudinale
également d'un blanc jaunâtre , et formant quatrè ou cinq petits
triangles réunis ; en dessous il est d'un noir brillant, avec les
filières roussâtres.

Lucas , *Explor. de l'Algérie* , p. 235, pl. 14, fig. 8.

Variété avec la bande longitudinale de l'abdomen très-droite.

Très-commun dans toute l'Algérie ; se tient sous les pierres ou
sur leurs côtés ; établit une toile à réseaux très-lâches sous
laquelle il se tient en observation. M. Lucas fait sur cette espèce une remarque qu'on doit rapprocher de nos observations
sur la nature vénéneuse de la Latrodecte Malmignatte. « J'ai
souvent, dit M. Lucas, été mordu par cette espèce ; et j'avoue
qu'il n'est rien résulté de fâcheux de cette morsure, ce qui me
porte à penser que tout ce qui a été dit sur les effets vénéneux de
cette Aranéide ne sont pas dus à celle-ci , mais à quelques reptiles : du reste il y a une chose certaine, c'est que de tous les naturalistes qui ont écrit sur cette Aranéide , réputée vénéneuse ,
aucun n'a eu soin de s'assurer si la madadie qu'il décrit soit véri-
tablement causée par la morsure des Latrodectes. Ils n'ont rapporté aucune observation , aucune expérience qui pût démontrer
ce qu'ils avançaient. J'ajouterai aussi que j'ai souvent interrogé
les Arabes , surtout ceux qui habitent les plaines , et qui passent
une partie de leur existence à faire paître leurs nombreux trou-
peaux, et j'ai appris de ces habitants nomades de nos possessions , qu'ils ne redoutent rien de cette Aranéide. »

Ceci semble confirmer ce qu'on trouve sur l'innocuité du venin
des Aranéides, t. I, p. 77 et suiv., et au sujet de la Tarentule, p. 294
et suiv. Mais il faut conférer aussi ce qui est dit tome I, p. 243 et 244
sur le venin du Latrodecte Malmignatte en particulier, et à ce sujet
nous dirons que M. Groels affirme qu'en 1830, dans les environs
de Vendrili, les Latrodectes Malmignattes se multiplièrent en si
grande quantité, et occasionnèrent par leur morsure des accidents si graves que les paysans n'osaient plus sortir de chez eux
pour vaquer à leurs travaux. M. Groels trouva un grand nombre
de ces Aranéides dans les terres incultes de Montjoui et sur la
côte de Goraf, dans les environs du château de Fels. Dans ces
lieux cette Aranéide se nourrit principalement de la *Cicindela
scalaris*. Le nid de la Malmignatte était renforcé par un grand
nombre de ces Coléoptères entrelacés par des fils, avec quelques

parcelles de végétaux; cette Araignée guette sa proie et se pré-
cipite du fond de sa retraite avec une grande vélocité pour se
jeter sur des Coléoptères sauteurs et des Cigales.

T. I, p. 645.

Latrodectus Martius et *Latrodectus Malmignattus.*

Le *Latrodectus Martius* a été trouvé souvent, par M. Lucas
(*Explor. de l'Algérie*, p. 234), dans les environs d'Alger et du
cercle de La Calle, mais jamais il n'a trouvé en Afrique la Malmignatte, ce qui tend à prouver que le Latrodectus Martius est une
espèce distincte et différente de la Malmignatte. La ligne transverse de son abdomen est quelquefois jaune. Elle construit une
toile comme le Latrodecte orné.

T. I, p. 645.

Latrodectus oculatus.

Ajoutez à la synonymie de cette espèce :

Latrodectus argus. Lucas, *Explor. de l'Algérie*, p. 235.
Id., Lucas, *Hist. nat. des Canaries*, p. 35, pl. 7, n° 6, le
mâle, long. 11 mill.

Prise en mai, en Algérie, dans les bois des lacs Tonga et Goubeïra, aux environs du cercle de La Calle. Elle se construit sous
les broussailles et sous les troncs des arbres renversés, une toile
assez grande, à réseaux très-lâches, sur laquelle cette Aranéide
se tient, épiant les insectes qui viennent se prendre dans ce réseau inextricable.

Les variétés suivantes se font remarquer dans cette espèce :
1. Abdomen noir avec un petit trait blanc à sa partie antérieure,
suivi d'une tache oculiforme de cette couleur. 2. Abdomen noir,
orné de deux taches formant deux ovales transversaux étroits se
touchant par leur extrémité antérieure, et derrière elles trois
autres, placées sur une ligne transverse, dont la médiane est
oculiforme. Dans les environs d'Oran.

T. I, p. 648.

9 bis. Latrodecte spinipède. (*Latrodectus spinipes.*) ♂ Long.
4 mill. 1/2, larg. 2 mill.

Corselet grand, d'un noir luisant, sans poils, surface pointillée.
Abdomen petit, subovalaire, d'un noir terne ou opaque, légèrement

soyeux , ayant deux taches obliques d'un jaune sombre à la partie
supérieure ; immédiatement au-dessous de ces taches est un gros
point rond, blanchâtre, suivi de quatre points blancs disposés en
quadrilatère, puis viennent deux taches jaunâtres oblongues,
obliquant en sens inverse, disposées sur une ligne transversale
courbée en avant; au-dessous de l'intervalle laissé entre ces deux
lignes sont deux autres points ronds également blanchâtres et
disposés longitudinalement ; dessous noir ; filières noires , très-
courtes.

Lucas, *Explor. de l'Algérie* , p. 235, pl. 14, fig. 9.
Mâle trouvé une seule fois dans les environs de Constantine.

<h2 style="text-align:center">§ XXXVI.</h2>

<h3 style="text-align:center">Genre PHOLQUE.</h3>

T. I, p. 652.

Pholcus phalangioïdes.

Ajoutez à la synonymie :

Lucas, *Explor. de l'Algérie* , p. 236.
Très-commune à Alger, à Constantine, aux ruines d'Hippône,
dans les lieux humides et abandonnés.

T. I, p. 654.

Ajoutez une troisième espèce de Pholque trouvée en
Algérie par M. Lucas et bien décrite.

PHOLQUE BARBARE. (*Pholcus barbarus.*) ♀ ♂

Voisin du *rivulatus*, mais différent. Corselet plus long que
large, d'un brun jaunâtre ; abdomen allongé , étroit, jaunâtre,
avec une bande longitudinale d'un brun rougeâtre foncé bordée
de jaune clair, continue , formant de petits triangles ; pattes d'un
jaune testacé. Le mâle ressemble à la femelle, mais il est plus
grêle.

Lucas, *Explor. de l'Algérie*, p. 257, pl. 15, fig. 1.
Trouvée dans toute l'Algérie, dans les champs, sur les haies,
les buissons, quelquefois dans les maisons.

Les yeux sont plus rapprochés entre eux que dans le *Pholcus
rivulatus;* les yeux intermédiaires de la première ligne sont

ovalaires et légèrement placés obliquement; les latéraux de la
même ligne sont aussi ovalaires, et la position qu'ils occupent
sur le corselet est semi-transversale; les yeux intermédiaires de
la ligne postérieure sont ronds, plus écartés que ceux du *Pholcus
rivulatus*, et beaucoup plus rapprochés aussi des yeux latéro-
antérieurs et postérieurs que dans cette dernière espèce; les
yeux latéraux postérieurs sont ovalaires et légèrement placés
obliquement.

Espèce très-agile, et qui construit une toile dont la partie supérieure se compose de fils lâches entre-croisés placés çà et là;
au-dessous ces fils se rattachent à une espèce de tapis à tissu serré
et ayant une forme plus ou moins carrée; c'est à la partie inférieure de ce tapis que se tient ordinairement cette Aranéide,
épiant les insectes qui viennent se prendre dans le réseau tendu
au-dessus de sa toile en hamac. Les haies de Nopals d'Agaves,
les buissons, recèlent un assez grand nombre de ces toiles, qui
sont fort peu éloignées les unes des autres. Ce rapprochement,
dit très-bien M. Lucas, prouve que cette espèce vit en bonne intelligence avec ses congénères.

Cette espèce rapproche fortement, par sa toile, les Pholques
des Linyphies.

§ XXXVII.

T. I, p. 270 à 275, p. 651 et 654; t. II, p. 447, 496 à
498; t. IV, p. 379, 386 à 389.

Nouveau genre d'Araignées à six yeux.

Aux pages 379 et 386 de ce volume je croyais avoir
terminé ce qui concerne les Araignées à six yeux connues jusqu'à ce jour, mais je n'avais pas encore reçu la
feuille de *l'Exploration de l'Algérie*, page 239, où
M. Lucas nous apprend qu'il a pris le Pholcus à six
yeux de Dugès, dont j'ai parlé tome II, page 496 de
cet ouvrage. Quoique M. Lucas n'ait pris qu'une seule
fois cette petite Aranéide, il nous en donne une description si exacte qu'il n'est pas permis de supposer
(comme je l'avais fait à tort pour Dugès) aucune erreur

dans le travail de cet excellent observateur. En relisant
tout ce que j'ai dit dans mes précédents volumes aux
pages indiquées ci-dessus (et surtout aux pag. 295 et 296
du tome II), les naturalistes comprendront que le Pholcus à six yeux de Dugès et de M. Lucas constitue, dans
ma méthode, un genre nouveau qui tient par son abdomen globuleux à une des familles du genre Scytode,
mais par ses yeux aux Pholques et par d'autres caractères aux Ecobes de M. Lucas. Nous nommerons,
(d'après le nom de l'Araignée en langue franque) et
nous caractériserons ce genre de la manière suivante :

Genre RACK. (*Rachus.*)

Yeux *au nombre de six, disposés en deux groupes
    latéraux triangulaires, écartés.*
Lèvre *courte, beaucoup plus large que longue.*
Mâchoires *allongées cylindroïdes, très-écartées à leur
    base et fortement inclinées sur la lèvre.*
Mandibules *courtes et larges.*
Pattes *allongées, fines.*
Aranéides *tendant des fils lâches et peu serrés dans
    l'intérieur des maisons et des grottes.*

Rack quadriponctué. (*Rachus quadripunctatus.*) Long. 2 mill.
    1/4, larg. 1 mill.

Corselet et pattes d'un jaune de paille uniforme. Abdomen d'un
jaune blanchâtre ; yeux d'un gris verdâtre foncé, bordés de noir.
Le corselet est suborbiculaire, à partie antérieure gibbeuse et
un peu prolongée en avant, luisant ; assez déprimé surtout sur
ses côtés et relevé vers son milieu, qui offre une profonde fossule
longitudinale, sur chaque côté latéral de laquelle est une petite
tache oblongue roussâtre. Les palpes sont courts, grêles, d'un
jaune testacé. Les mandibules, de même couleur que les palpes,
sont plus courtes et plus larges que dans le *Pholcus phalangioïdes*,
les mâchoires sont aussi moins larges à leur base, et jaunes, ainsi

que la lèvre qui est très-large. Le sternum est d'un jaune testacé
et entièrement orbiculaire, et ne présente ni tache ni éminence.
Les pattes sont longues et fines, très-peu velues, légèrement
teintées de roux aux articulations. L'abdomen est globuleux, un
peu plus long que le corselet et beaucoup plus large, il est d'un
jaune très-pâle et revêtu de poils assez fins de la même couleur ;
une tache jaune peu apparente, terminée en pointe antérieurement, occupe longitudinalement sa surface médiane. Sa moitié
postérieure est occupée par quatre points bruns, disposés en
quadrilatère ; en dessous, il est de même couleur qu'en dessus.
Les filières peu apparentes sont jaunes.

Pholcus sex-oculatus. Dugès, *Observat. sur les Aranéides,
Ann. des sc. nat.*, t. **VI**, 1836, p. 160. — Ibid., *Atlas du règne
animal de Cuvier*, Pl. 9, fig. 7.

Pholcus quadripunctatus. Lucas, *Explor. de l'Algérie*,
p. 239, Pl. 15, fig. 2.

M. Lucas, qui le premier a donné une description de cette
espèce, ne l'a prise qu'une seule fois à la fin de juin, dans sa
chambre à Constantine. Cette Aranéide avait tendu, dans l'en-
coignure de la muraille, quelques fils de soie sur lesquels elle se
tenait en observation.

Affinités du genre Rachus. Ce genre tient bien fortement au
genre *Pholcus*, puisque des observateurs comme MM. Dugès et
Lucas avaient cru ne pouvoir en séparer l'espèce qui leur offrait,
dans le nombre de ses yeux, le caractère générique le plus important, le plus décisif. Mais lorsque la petite Aranéide qui constitue le genre *Rachus* sera mieux connue, mieux observée, je
ne doute pas qu'on ne trouve les moyens de caractériser ce genre
d'une manière qui, en le différenciant plus qu'il ne l'est du genre
Pholcus, ne le rapproche en même temps des genres Scytode
et Ecobe.

§ XXXVIII.

Genre TÉGÉNAIRE (*Tegenaria*).

T. II, p. 2.

La *Tegenaria domestica* est commune dans toute l'Algérie.

T. II, p. 5.

1 bis. Tégénaire africaine. (*Tegenaria africana.*)
Long. 17 mill., larg. 5 mill. ♀

Corselet peu allongé, d'un jaune roussâtre. Abdomen ovale allongé, d'un brun foncé, légèrement teinté de roussâtre, et ayant à sa partie antérieure, de chaque côté, trois taches arrendies, rapprochées postérieurement, d'un jaune légèrement rous-sâtre.

Lucas, *Explor. de l'Algérie*, p. 240, Pl. 15, fig. 5.

Trouvée une seule fois (la femelle) à la fin de mai, dans les bois du lac Houbeira, aux environs du cercle de La Calle. Cette Aranéide s'était construit, sur les parties latérales d'une grosse pierre, une toile assez grande, horizontale, semblable à celle de la *Tegenaria domestica*, et dont le tube cylindrique avait une issue sous la pierre.

Cette espèce se distingue des autres du même genre, par la forme des yeux intermédiaires de la première paire et ceux des latéraux antérieurs de la seconde paire, qui sont plus ou moins ovalaires, au lieu d'être arrondis comme dans les *Tegenaria domestica, Guyoni* et *longipalpis.*

T. II, p. 5.

2. Tegenaria Guyoni.

Ajoutez à la synonymie :

Lucas, *Explor. de l'Algérie*, p. 241.—Ibid. *Ann. de la soc. entomol. de France*, 2ᵉ série, t. XV, p. 402, n° 2.

M. Lucas donne à la femelle, long. 18 mill., larg. 6 mill. ; au mâle, long. 15 mill., larg. 5 mill. Ce naturaliste remarque que cette espèce ressemble beaucoup à la *Tegenearia domestica*, avec laquelle cependant elle ne pourra être confondue à cause de sa taille, qui est beaucoup plus grande, et surtout à cause de ses organes de locomotion, qui sont plus robustes et beaucoup plus allongés. Ces différences ne sauraient suffire, attendu que notre araignée domestique prend en vieillissant dans nos maisons, un accroissement extraordinaire; mais M. Lucas fait observer que l'abdomen de la *Tegenaria Guyoni* est proportionnellement beaucoup plus gros que celui de la *Tegenaria domestica*, et ne présente pas (au moins dans la femelle) une bande d'un roux clair, orné de chaque côté de quatre ou cinq taches jaunes; de plus les parties latérales de la *Tegenaria Guyoni* ne sont jamais tachées de brun foncé (dans la femelle), comme cela a lieu dans la *Tegenaria domestica*.

Cette espèce n'est pas rare dans toute l'Algérie, et fait une toile semblable à celle de la *Tegenaria domestica*.

T. II, p. 6.

2 bis. TÉGÉNAIRE LONGIPALPE. (*Tegenaria longipalpis.*)
Long. 15 mill., larg. 6 lignes. ♀

Corselet large, d'un brun roussâtre. Abdomen ovale allongé, d'un brun foncé, ayant de très-grandes taches jaunes, disposées longitudinalement le long d'une bande médiane très-brune.

Lucas, *Explor. de l'Algérie*, p. 243, n° 193.

Assez commune dans l'Algérie, dans les caves et dans les maisons, et aussi dans les forêts de chênes-liéges, où elle présente une variété plus noire.

Cette espèce, dit M. Lucas, ressemblant beaucoup à la *Tegenaria domestica*, s'en distinngue par sa taille qui est toujours beaucoup plus grande, et ses pattes qui sont plus fines, moins allongées et non annelées de brun. Ce dernier caractère la distinguera aussi au premier coup d'œil de la *Tegenaria Guyoni* ; mais ce qui empêchera surtout de la confondre avec ces deux espèces, ce sont ses palpes, qui (dans la femelle) dépassent ordinairement en longueur le fémoral de la première paire. Le corselet est aussi plus large et plus bombé à sa partie antérieure, et la fossule est plus allongée et plus profonde ; les mandibules sont plus allongées et plus saillantes que dans la *Domestica* et la *Guyoni*, plus robustes et plus écartés à leur extrémité. Les parties latérales de l'abdomen ne sont pas maculées de brun comme dans la *Domestica*.

T. II, p. 14.

TÉGÉNAIRE ÉMACIÉE. (*Tegenaria emaciata.*)

A la synonymie de cette espèce ajoutez :

Agelena prompta. Blackwall's *Descriptions of new species of spiders, Transactions of the Linnean Society*, t. **XVIII**, p. **621**.

Les yeux, sur le devant du corselet, forment deux lignes parallèles courbées en avant ; les yeux intermédiaires de la rangée antérieure plus petits que les autres ; les yeux latéraux, portés sur une éminence commune et rapprochés entre eux, sont les plus gros.

Lèvre presque carrée. Mâchoires courtes, bombées à leur base, arrondies à leur extrémité, un peu penchées sur la lèvre qui est plus large à sa base qu'à son extrémité.

Les pattes et les palpes sont bruns, les pattes ont trois griffes, les deux supérieures sont courbées et pectinées, l'inférieure est fléchie près de sa base où il y a deux dents bien distinctes. L'abdomen est oviforme, légèrement velu avec des chevrons d'un jaune brun dans le milieu, dont la pointe anguleuse est tournée vers le corselet ; les côtés du dos et du ventre sont d'un jaune brun, le ventre a une bande longitudinale, brune dans le milieu. Les filières supérieures sont beaucoup plus allongées que les inférieures et elles sont tri-articulées. L'organe sexuel est d'un rouge brun foncé, les plaques pulmonaires blanchâtres.

Le mâle ressemble à la femelle en couleur, mais il est plus petit ; ses pattes ont les mêmes longueurs relatives, mais sont plus allongées que dans la femelle. Le troisième article des palpes dans le mâle projette deux apophyses, l'un à sa partie supérieure, l'autre à l'extrémité ; le dernier article est renflé, concave, et contient un conjoncteur peu développé, peu compliqué, d'un brun rougeâtre pâle, presque enchâssé dans l'épine fine et noire qui l'entoure.

Cette espèce a été trouvée sous les pierres, dans les bois : les organes sexuels sont complétement développés au mois d'octobre.

T. I, p. 15.

Agelena elegans, Blackwall, *Transactions of the Linnean Society*, vol. XVIII, p. 619. Long. 1 ligne 1/2. La quatrième paire de pattes la plus longue et les autres presque égales.

Voici la description de M. Blackwall :

Tête, mandibules, mâchoires, palpes, lèvre, poitrine et pattes d'un jaune rougeâtre. Le quatrième paire de pattes la plus longue, les autres presque égales entre elles. Les yeux de la ligne antérieure sont les plus gros. Abdomen noirâtre. Une suite de chevrons obscurs sur le milieu du dos, et deux taches ovales noires de chaque côté de la partie antérieure. — M. Blackwall dit qu'elle ressemble à la *Textrix agilis* par la longueur relative des pattes, qu'on la trouve sous les pierres dans les pâturages humides, et que les organes du mâle se trouvent développés au mois d'août.

T. II, p. 16 et 499. Ajoutez à la synonymie de la

Tegenaria Lycosina :

Textrix Lycosina, Koch, *Arachniden*, VIII, 46, Pl. 266, fig. 623 (le mâle), fig. 624 (la femelle). Long. 3 lignes 1/2.

T. II, p. 17. Ajoutez avant les affinités cette seconde espèce de la famille Lycosine.

15. Tégénaire engourdie. (*Tegenaria torpida.*) ♂ ♀ Long. 2 lignes 3/4 à 3 lignes le mâle; 3 lignes 1/4 à 3 lignes 1/2 la femelle, fig. 626 la femelle.

Corselet brun avec une ligne longitudinale d'un jaune d'ocre et une raie longitudinale plus claire. Abdomen avec des taches latérales brunes, en virgules ou croissants informes. Pattes jaune rougeâtre, fortement annelées de brun.
Textrix torpida, Koch, *Arachniden*, VIII, 48, t. II, p. 266, fig. 625 le mâle, fig. 626 la femelle.
Trouvée en Bohême et dans les Alpes du Salzbourg. Les organes du mâle sont développés dans le commencement de juin.

T. II, p. 17.

Il convient d'établir une sixième famille de Tégénaires, que nous nommerons et que nous caractériserons ainsi :

6e Famille. LES ARGUSIDES. (*Argusides.*)

Yeux, latéraux de la ligne antérieure plus gros que les intermédiaires de la même ligne.

15. Tégénaire silvicole (*Tegenaria silvicola.*) ♀ Long. 1 ligne 1/3, ♂ 1 ligne 1/2.

Corps poli, luisant. Corselet, palpes et pattes d'un jaune rougeâtre ; trois taches brunes en rayons sur la partie postérieure du corselet. Abdomen ovale allongé , ayant sur le milieu du dos une suite de triangles jaunes ou de larges raies profondément dentées ; près du corselet ce sont deux triangles séparés laissant un intervalle brun ; celui qui vient après en forme deux aussi non divisés et dont les bases se joignent : en comptant ces deux premiers triangles comme non divisés, il y a six triangles ; cette figure est entourée d'un ovale noir qui occupe le reste du dos. Les côtés sont jaunes ou parsemés de poils de cette couleur. Les filières sont jaunes. Les palpes et les pattes sont jaunes ou blanches.

Le mâle a l'abdomen et la tête d'une couleur plus brune ; pour tout le reste il ressemble à la femelle.

Hahnia silvicola, Koch , *Arachniden*, **XII**, p. 158, Pl. 422, fig. 1076 le mâle, fig. 1077 la femelle.

J'ai souvent rencontré cette jolie espèce en novembre dans les fourmilières où elle tend une petite toile horizontale comme les Tégénaires , mais n'ayant jamais trouvé le mâle, je n'ai pas voulu la décrire comme espèce, craignant que ce ne fût une jeune d'une espèce déjà connue. M. Koch, en décrivant le mâle , a constaté que c'était une espèce distincte. Des deux autres il avait fait un genre auquel il avait donné le nom de *Hahnia*. Par les yeux qu'il a figurés, et par la forme de sa toile que nous avons vue, la *Tégénaire silvicole*, ne présente aucun caractère générique ; mais à cause de leur petitesse, caractère qui leur est commun avec les Argus, nous avons fait une race distincte de toutes ces petites Aranéides, qui par les yeux latéraux de la ligne antérieure comparativement plus gros, se rapprochent des Agélènes et forment la liaison des deux genres.

Quant aux deux autres espèces que M. Koch a voulu mettre dans son genre *Hahnia* , il est évident qu'ils ne peuvent être réunis à la Silvicole, et qu'ils appartiennent au genre Argus.

M. Koch dit que l'on trouve des mâles de la Silvicole avec les organes développés tout l'hiver, et au printemps sous la mousse, au pied des arbres et dans les forêts. J'ai remarqué que cette Aranéide construit aussi souvent une petite toile dans les cavités des troncs des vieux arbres.

Les deux espèces de M. Koch , *Hahnia pratensis* et *Hahnia pusilla* , que ce naturaliste veut réunir à ce genre, ne lui appar-

tiennent pas , et doivent se placer après l'*Argus formivore.*
Voyez t. II , p. 351.

§ XXXIX.

Genre AGÉLÈNE.

T. II, p. 20, 21.

Dans la synonymie effacez l'*Agelena montana* de
M. Koch et tout ce qui est relatif à l'*Aranea riparia* de
Linné, puis ajoutez :

Agelena orientalis. ♂ Long. 6 lignes.

Koch, *Arachniden*, VIII, 58, Pl. 269, fig. 634; prise dans
la Morée ; elle ne diffère aucunement de l'espèce de France et de
la variété qu'on trouve dans les Pyrénées.

T. II, p. 23. A la suite de la description de

Agelena labyrinthica.

Ajoutez :

Ici devrait se placer la petite espèce d'Aranéide décrite par
M. Koch sous le nom d'*Agelena gracilens*, le mâle a 1 ligne 2/3,
la femelle 2 lignes ; l'abdomen est allongé, brun ou noir sur le dos
avec deux lignes parallèles de points blancs. Mais comme M. Koch
n'a pas figuré les yeux nous ne pouvons la classer avec certitude.
Cette espèce se trouve en Allemagne au mois d'août, Koch , *Arachniden*, VIII, 59, Pl. 269, fig. 635.

T. II, p. 23.

2ᵉ FAMILLE. LES NYSSES. 2ᵉ Race.

AGÉLÈNE CANARIENNE. *(Agelena canariensis.)*
Long. 15 millimètres.

Ligne antérieure des yeux presque droite. Yeux latéraux de
la ligne antérieure plus gros et ovalaires ; les intermédiaires de
cette ligne les plus petits de tous. Tous les yeux sont d'un noir
brillant. Corselet roussâtre. L'abdomen allongé ovalaire, présente

en dessus une raie longitudinale, large, d'un roux foncé, fortement crénelée sur les côtés.

Lucas, *Arachnides des Canaries*, p. 37, Pl. 6, fig. 10.— Ibid.
Explor. de l'Algérie, p. 244.

M. Lucas, qui a trouvé fréquemment cette espèce sous les
pierres en Algérie, dans les mois de février et de mars, n'en
a pas donné une description comparative avec les autres espèces de la même famille, ce qui eût été nécessaire pour s'assurer que c'est une espèce nouvelle.

§ XL.

T. II, p. 65.

Genre ÉPÉIRE.

ÉPÉIRE MAGELLANIQUE. (*Epeira magellanica.*)
Long., 4 lignes. ♀

Elle a de l'analogie avec l'Apoclise, mais elle en diffère. Abdomen triangulaire à dos bombé, à fond jaune, avec une figure
trianguliforme à la partie supérieure, à fond jaunâtre bordé de
brun, mouchetée de brun plus pâle, ayant au milieu un petit
triangle brun ou bistre plus allongé vers le corselet, derrière lequel sont deux petites courbes opposées en accent circonflexe
jaunâtres, la postérieure plus fine et de couleur plus vive bordée
de brun ; cette couleur échancre la base du triangle et y forme un
angle rentrant. A la moitié postérieure, une ligne jaune triangulaire qui fait angle vers l'anus se prolonge au milieu du dos, bordée
d'une large bande brune ou bistre, qui a sur ses côtés et sur les
côtés de l'abdomen des lignes arquées brunes doublées de jaune.
Le milieu du ventre est brun, mais il y a quatre taches jaune
pâle ; deux quadriformes qui convergent au-dessous de l'oviducte
et deux ovalaires ou anguleuses qui convergent moins fortement
au-dessus des filières ; au-dessous d'elles sont quatre points
jaunes aux quatre coins des filières. Les côtés du ventre sont
jaunâtres, chinés de lignes brunes plus denses à mesure qu'elles
se rapprochent du dos. L'oviducte est un crochet très-arqué, peu
allongé et diminuant vers son extrémité. Le corselet est rougeâtre, coupé carrément, glabre. Poitrine d'un brun noir sur les
côtés, milieu jaune. Mâchoires larges, courtes, arrondies à l'intérieur, resserrées à la base ; lèvre arrondie semi-circulaire. La

lèvre et les mâchoires sont brunes dans le milieu de leur surface et ont une large bande d'un rouge pâle. Pattes peu allongées, la première paire la plus longue, la seconde ensuite, la
troisième la plus courte (dans les proportions de l'Apoclise et de
la Diadema), d'un rouge jaunâtre, fortement annelées de brun
rougeâtre, surtout aux articulations qui sont un peu renflées
ainsi que les cuisses; point velues, mais avec de forts piquants
noirs couchés; onglets aux tarses courts et très-courbés. Palpes
peu allongés, rougeâtres avec des anneaux d'un rouge brun pâle,
peu marqués, et des poils jaunes, longs, abondants et forts aux
derniers articles; onglets terminaux noirs, un peu courbés,
forts et visibles. Mandibules d'un rouge pâle et sale, perpendiculaires, fortes et bombées sur le dos; crochet très-fort, noir
à sa base, rouge à son extrémité, très-courbé, se renfermant
entre deux raies de dents dont trois sont fortes et apparentes. Yeux
huit, dont les antérieurs du carré intermédiaires sont noirs, et plus
gros et plus écartés que les yeux postérieurs du même carré, qui
sont rouges; les latéraux très-écartés des intermédiaires et sur les
côtés de la tête, au niveau de la ligne d'en bas très-rapprochés,
mais non se touchant. Les intermédiaires comme les latéraux,
portés sur de légères éminences de la tête.

De l'Amérique méridionale, du détroit de Magellan : je
l'ai décrite d'après un individu rapporté par M. Le Guillou,
chirurgien major de *la Zélée*.

T. II, p. 36, n° 10.

Epeïra Cratera.

Ajoutez :

Trouvée en Algérie parmi les plantes élevées. *L'Asphodelus
ramosus.*
Lucas, *Explor.*, p. 244.

T. II, p. 52, n° 35.

Epeïra armida.

Ajoutez :

Commune en Algérie. Cette Aranéide se tient parmi les plantes
peu élevées et se construit dans les grandes herbes, une toile
fine orbiculaire, assez grande, au centre de laquelle est une es-

pèce de petit tapis ou hamac, formé d'une soie fine très-serrée, sur laquelle elle se tient.

Lucas, *Explor. de l'Algérie*, p. 244.

T. II, p. 36.

Sur la toile de l'Epeïra cratera.

Cette toile est lâche, peu régulière et souvent salie par de petits Tipules ou des Phalènes. L'Aranéide se tient rarement au milieu. Je l'ai prise pleine dans mon parc de Villeneuve-Saint-Georges entre les branches d'un pommier le 5 mai 1842.

T. II, p. 52, n° 36.

Epeïra Adianta.

Ajoutez :

Le mâle a été trouvé en Algérie à la fin de juillet, dans les bois du Lac Houbeira.

Lucas, *Explor.* p. 245.

T. II, p. 53, n° 37 *bis*.

37 bis. Épéire mangarève. (*Epeïra mangareva.*)

Abdomen ovoïde allongé avec une bande longitudinale jaune, en fer de lance étroit, qui s'étend depuis le corselet jusqu'à l'anus, dominant vers la partie postérieure et proche le corselet, et dans le milieu de cette bande, une autre d'un brun plus pâle. Les côtés du dos qui bordent cette bande, sont bruns, mais ces deux larges bandes brunes ont cinq ou six petits traits inclinés bordés d'un jaune vif, côté de l'abdomen jaune, figurant un feston. Ventre brun noir avec deux raies jaunes parallèles, quatre points jaunes en carré aux filières, et la partie qui est près des plaques pulmonaires lavée de jaune ; corselet petit, allongé, rétréci vers la tête, jaunâtre avec une raie brune large sur les côtés et une ligne brune fine dans le milieu ; des poils dorés, rares. Poitrine brune avec des éminences à côtes fines, milieu jaune.

Mâchoires et lèvres brunes, bombées, glabres et luisantes ; les mâchoires sont dans les allongées, la lèvre est large à sa base, arrondie à son extrémité.

Les pattes sont de longueur médiocre, fauves, jaunâtres, annelées et brunes aux articulations.

La première paire est la plus longue, la quatrième et la seconde sont égales en longueur et diffèrent peu de la première ; la troisième est beaucoup plus courte que les autres ; elles ont des poils jaunes allongés, peu abondants, point de piquants. Les palpes sont courts, fins, sétacés, jaunes.

Yeux gros et noirs ; carré du milieu, allongé, les postérieurs de ce carré plus rapprochés et plus petits que les antérieurs ; les latéraux sur la ligne intermédiaire du carré, rapprochés, mais non connivents.

·Variété. **A.** Bande latérale du dos brun noir.

Variété. **B.** Bande latérale d'un brun pâle.

J'ai décrit cette espèce d'après plusieurs individus rapportés des îles Gambier, par *la Zélée* : elle ressemble beaucoup à l'*Epéire theïs*.

T. II, p. 61, n° 49.

Epeïra apoclisa.

Ajoutez :

Commune en Algérie, au printemps, sur les bords de l'Arouche.

Lucas, *Expl.*, p. 245.

T. II, p. 66, n° 52.

Epeïra umbratica.

Ajoutez :

M. Lucas n'a pris en Algérie que deux individus de cette Aranéide en mars sous les écorces de liége, dans les bois de Tonga, aux environs du cercle de La Calle. A côté de l'arbre sous les écorces duquel cette Aranéide avait établi sa retraite, se trouvait sa toile assez grande, verticale, de forme orbiculaire composée de fils irrégulièrement distribués. Dans cette toile étaient plusieurs insectes emmaillotés de fils.

Lucas, *Expl.*, p. 245.

T. II, p. 70, n° 7.

Epeïra callophylla.

Ajoutez :

Aux Canaries et en Algérie dans les maisons, dans l'encadrement des vitres, de même qu'en Europe. (Lucas, *Explor. d'Algérie*, p. 246.) M. Lucas donne lui-même comme synonyme de cette espèce son *Epeira annulipes* dans Webb et Berth. *Hist. nat. des Canaries*, p. 14 (lisez 41), n° 32, Pl. 6, fig. 2. La description vaut mieux que la figure où difficilement on reconnaîtrait cette espèce.

T. II, p. 76.

Epeïra cucurbitina.

Ajoutez :

Trouvéé en Algérie en avril sur les bord du lac Tonga et aux environs du cercle de La Calle.

Lucas, *Expl.*, p. 246.

Sur l'Epeïra inclinata.

T. II, p. 82 et 83.

Après *Zilla reticulata*, etc. Écrivez : Koch, *Arachniden*.

Aux environs de Paris j'ai trouvé le mâle et la femelle sur le même fil, le 30 octobre 1843, le thermomètre de Réaumur marquait 14° de chaleur.

T. II, p. 85. A la synonymie de

Epeïra fusca.

Ajoutez sans aucun doute :

Epeïra celata, Blackwall, *Trans. of the Linnean society*, t. XVIII, p. 668. Cette espèce, comme le dit très-bien M. Blackwall, ressemble beaucoup à l'Antriade et fait son cocon ainsi qu'il l'indique, mais comme il l'a trouvée en mai, il en résulte qu'elle fait deux pontes, ce qui a lieu pour beaucoup d'Aranéides qui vivent dans des lieux renfermés.

T. II, p. 93.

Epéire Vitiène (*Epeïra Vitiana*), femelle. Long. 16 lignes. — Abdomen 10 lignes. Corselet 5 lignes 1/2 ou 6 lignes.

Corselet aplati avec les deux tubercules sur le milieu.

Abdomen allongé cylindrique jaune avec de petits raies brunes et les deux rangs parallèles de points enfoncés.

Corselet, mandibules et pattes d'un brun noir ; poitrine brune avec trois bosses ou pointes très-saillantes disposées en triangles, les deux postérieures , sur une ligne , mousses et pas pointues, l'antérieure plus élevée, conique et pointue.

Les mandibules sont fortes et noires.

Les pattes sont très-allongées; elles ont des poils mais courts, rares, avec quelques piquants couchés. Les palpes sont courts, le dernier article se terminant en pointe.

La première paire de pattes a 2 pouces 8 lignes.

La deuxième paire , 2 pouces 6 lignes 1/2.

La quatrième, 2 pouces 3 lignes.

La troisième, 16 lignes 1/2.

Les yeux latéraux sont portés sur une éminence très-latérale, très-prononcée, glabre comme l'espace qui est entre les yeux du carré intermédiaire ; ces yeux latéraux sont reculés sur les côtés de la tête et au niveau des yeux du carré intermédiaire. Les yeux sont à peu près égaux en grosseur, mais les antérieurs, tant intermédiaires que latéraux, sont un tant soit peu plus gros que les postérieurs. Les antérieurs intermédiaires sont aussi un peu plus rapprochés entre eux que les postérieurs. Les postérieurs latéraux ont leur axe visuel entièrement dirigé en arrière ; les latéraux moitié latéralement, moitié de face; les antérieurs intermédiaires dans la ligne du corps en avant mais relevés ; les postérieurs intermédiaires sur la ligne verticale.

La lèvre et les mâchoires sont brunes ; la lèvre est plus haute que large , arrondie à son extrémité, les mâchoires droites arrondies à leurs extrémités, très-resserrées à leur base , enchâssant la lèvre , légèrement échancrées à leur angle interne.

Du Monde maritime. Iles Salomon. J'ai décrit cette espèce d'après un individu pris dans l'île Viti.

T. II, p. 96.

Sur la toile de l'Epeïra geniculata.

M. Charles Darwin dans le Journal d'histoire naturelle des pays visités par le *Beagle* (London , 1845, in-12, p. 36) dit qu'aux environs de Rio-Janéiro, dans le Brésil, chaque sentier dans les bois est barricadé par les toiles très-fortes de cette espèce d'Épéire.

T. II, p. 106.

Epeïra fasciata.

Ajoutez :

Commune en Algérie ; ses taches sont d'un brun noir plus
vif qu'en France, et les bandes varient beaucoup.
Lucas, *Explor.*, p. 246.

T. II, p. 107.

Epeïra aurelia.

Ajoutez à la synonymie :

Epeïra Webbii, Lucas, *Arachnides des Canaries*, p. 38,
Pl. 6, fig. 5.

Se trouve aux Canaries, en Algérie, dans les grandes herbes.
Lucas, *Expl.*, p. 246.

T. II, p. 109.

108 bis. Epéire Bougainville *(Epeïra Bougainvilla).*
Long. 9 lignes.

Abdomen ovale allongé, bombé sur le dos, gonflé sur les côtés,
grossissant beaucoup et arrondi vers la partie postérieure ; en
forme de poire, coupé en ligne droite à la partie antérieure ou
au sommet, à fond jaune clair : dans le milieu du dos il y a
un grand espace tout jaune proche le corselet bordé ou festonné
de brun ; cet espace est jaune et a une raie fine, brune, à fes-
tons anguleux dont les angles sont formés par des points noirs,
puis dans le milieu sont quatre taches brunes qui sont comme
des parallélogrammes creusés sur les côtés par des taches jaunes
bordées de brun, et même plus claires et lavées de jaune dans le
milieu ; sur les côtés de ces taches sont des ovales jaunes irréguliers, bordés par des taches brunes : les côtés sont bruns rayés
de jaune.
Le ventre a les côtés bruns ; proche le corselet, une tache
brune pyramidale, avec des taches formées par des points jaunes ;
au-dessous une figure pentagonale brune dont la base enveloppe
les filets sétifères qui sont bruns. — Ces deux figures sont bordées de jaune avec une raie jaune transversale au-dessus du Pen-

tagone; ces raies jaunes sont formées par un fond grisâtre très-pâle sur lequel sont des points d'un jaune très-vif.

Le corselet est petit, en cœur, très-arrondi à sa partie postérieure et déprimé avec un point enfoncé; sa couleur est fauve rougeâtre, la tête est brune; poitrine en cœur, très-brune sur les côtés avec une bande longitudinale d'un jaune pâle et vif.

Les mâchoires sont courtes, arrondies, la lèvre arrondie, un peu angulaire à son extrémité; elle est, ainsi que les mâchoires, d'un fauve rougeâtre pâle uniforme.

Les mandibules sont fortes, droites, très-bombées, d'un rouge brun; l'onglet est rouge, très-courbé.

Les pattes sont allongées, fortes; la première est la plus longue, la seconde ensuite, la troisième est la plus courte. Elles sont fortement et régulièrement annelées de rouge et de brun, avec peu de poils, mais beaucoup de piquants bruns et couchés.

Les tarses sont armés de deux griffes, très-courbes et très-visibles, et d'un ergot très-court. Les deux griffes ne sont point pectinées.

Les palpes sont courts, filiformes, d'un rouge très-pâle avec des piquants noirs aux derniers articles. Les yeux antérieurs du carré intermédiaire sont plus gros et plus rapprochés que les yeux postérieurs du même carré. Les yeux latéraux sont au niveau de la ligne des yeux antérieurs du carré intermédiaire. Ces yeux latéraux sont très-rapprochés entre eux, et l'œil postérieur est plus gros que l'œil antérieur; ces yeux sont portés sur une éminence commune qui projette latéralement. Les yeux antérieurs du carré intermédiaire sur une éminence qui s'incline en avant, les yeux postérieurs de ce carré sont sessiles.

Variété A. Yeux de la même 8 lignes.

Le milieu du dos se compose d'une bande longitudinale et ovale, jaune, divisée et entourée par une raie brune : sur les côtés sont quatre quadrilatères brun, échancrés.

Je l'ai décrite sur un individu rapportée des îles Salomon par M. Le Guillou, chirurgien-major de *la Zélée*. J'ai donné à cette espèce le nom de Bougainville qui est celui d'une des principales îles de cet Archipel.

T. II, p. 116.

Epeïra sericea.

Ajoutez :

Commune en Algérie, dans les environs d'Alger, de Constantine et d'Oran, fait sa toile dans les plantes élevées.
Lucas, *Explor.*, 247.

T. II, p. 122.

Epeïra angulata.

Ajoutez à la synonymie de cette espèce :

Epeïra crucifera, Lucas, *Arachnides des Canaries*, p. 42, n. 33, Pl. 6, fig. 3. — *Epeïra angulata*, Lucas, *Explor. d'Algérie*, p. 207, n° 305, aux îles Canaries et en Algérie; elle tend sa toile dans les grandes herbes.

T. II, p. 130.

Epeïra circe.

En Algérie; se plaît sur la lisière des bois, et tend sa toile au milieu des broussailles, à la fin de juin.
Lucas, *Explor. de l'Algérie*, p. 247.

T. II, p. 140, n° 158.

Sur la toile de l'Epeïra turbinata.

M. Darwin dans le Journal de son voyage (London, 1845, in-8, p. 36) parle d'une espèce semblable dans les environs de Rio-Janeiro. Elle fait sa toile dans les lieux secs, dans les plantations d'agave. Elle fortifie cette toile par des fils en zigzag. Quand elle a pris un gros insecte, tel qu'un criquet ou une guêpe, elle le garrotte de soie, et le pique ensuite à la partie postérieure du corselet. Quand on la trouble, elle secoue sa toile avec tant de violence que le mouvement vibratoire par sa rapidité rend son corps invisible, et elle se laisse tomber sur un buisson, s'il y en a plus bas, ou elle s'échappe de côté.

T. II, p. 140, n° 159.

Epeïra opuntiæ.

Ajoutez à la synonymie :

Epeïra cacti-opuntiæ, Lucas, *Arachnides des Canaries*, p. 46, n. 31, fig. 7 et 7 bis.— *Epeïra opuntiæ*, Ib., *Explor. de l'Algérie*, p. 247.

En Algérie, elle fait sa toile au printemps et en été, parmi les broussailles et les terrains nopals ; cette toile se compose de fils lâches et irrégulièrement entrelacés. Elle se tient au centre de ce réseau orbiculaire qui se trouve toujours tendu, à cause des fils de soie jetés çà et là qui le tirent de tous côtés.

T. II, p. 142. .

ÉPÉIRE TRITUBERCULÉE. (*Epeïra trituberculata.*)
Long. 6 mill. 1/2, larg. 2 mill.

Corselet d'un noir roussâtre, brillant. Abdomen étroit, allongé, recouvrant une assez grande partie du corselet, à cause de son extrémité antérieure qui est fortement terminée en pointe ; postérieurement, il présente trois tubercules, dont le médian, légèrement relevé en dessus, est beaucoup plus gros et plus allongé que ceux qui occupent les parties latérales : cet abdomen est d'un brun jaunâtre et maculé de taches arrondies de cette dernière couleur, et orné vers sa partie antérieure, de blanc argent qui simulent des taches en forme de chevrons : après les derniers chevrons sont deux bandes longitudinales formées par du blanc d'argent ; celles-ci assez rapprochées, atteignent à la naissance du tubercule médian. Les bandes argentées sont bordées de noir. Ventre noir taché de jaunâtre.

Lucas, *Explor. de l'Algérie*, p. 248, Pl. 15, fig. 8.

T. II, p. 142.

ÉPÉIRE RAYÉE. (*Epeïra lineata.*) Long. 10 mill., larg. 4 mill. ♂

Corselet étroit, allongé, peu bombé, jaunâtre. Abdomen ovale, allongé, très-sensiblement terminé en pointe ; il est d'un brun jaunâtre en dessus, très-finement tiqueté d'un brun foncé et ayant sur les côtés trois bandes courbes longitudinales : celles qui sont situées sur les parties latérales, sont fortement ondulées, et bordées au côté interne par du brun foncé.

Lucas, *Explor. de l'Algérie*, p. 248, Pl. 15, fig. 5.

Prise en juin, aux environs de Sétif. Elle fait sa toile parmi les grandes herbes, dans les lieux frais et humides.

T. II, p. 88.

76 bis. Épéire a taches blanches. (*Epeïra albo-maculata.*)
Long. 7 mill., larg. 3 mill.

Corselet d'un brun rougeâtre brillant. Abdomen allongé, ovalaire, d'un noir roussâtre, ayant en dessus six taches blanches qui diminuent de grosseur progressivement.

Lucas, *Explor. de l'Algérie*, p. 250, Pl. 15, fig. 6.

Prise à la fin de juin, dans les environs du camp de Sétif.

N'ayant pas la planche qui contient la figure de cette Aranéide et les figures des deux précédentes espèces, je ne suis pas certain qu'elles doivent, dans la classification, occuper les places que je leur ai assignées d'après les descriptions.

§ XLI.

Genre PLECTANE.

T. II, p. 198.

7ᵉ Famille. LES ÉPÉIRIDES.

Plectane problématique. (*Plectana paradoxa.*),
Long. 2 mill., largeur 1 mill.

Corps presque aussi large que long, à épiderme dur et semi-coriacé, quatrième paire de pattes la plus longue. Corselet très-petit, presque entièrement recouvert par l'abdomen, glabre et entièrement brillant. Abdomen aussi large que long, très-gibbeux en dessus, plat et concave en dessous, jaune, réticulé en rouille; la partie dorsale se relève en trois forts tubercules verticaux, coniques, et disposés en triangle, un du côté antérieur, et deux du côté postérieur de l'abdomen. La partie postérieure de l'abdomen, en arrière des tubercules, présente un double pli transversal qui forme trois espèces de bourrelet à saillie arrondie. Les filières, au nombre de cinq, sont disposées en rayon de cercle, au milieu d'un large espace circulaire occupant une grande partie du ventre. Elles sont grosses, courtes, coniques, et le groupe qu'elles forment est entouré de plis profonds qui rident la partie inférieure de l'abdomen dans tous les sens. Pattes et palpes courts, assez robustes, d'un rouge vif annelés de noir foncé.

Lucas, *Expl. de l'Alg.*, p. 251, Pl. 15, fig. 7.

Le mâle seul de cette petite et curieuse espèce a été pris une seule fois aux environs d'Alger, au pied d'un *Asphodelus ramosus*, par M. Lucas.

Ainsi, on compte trois espèces connues de cette septième famille des Plectanes, *Plectana dubia*, *Plectana scutata*, *Plectana paradoxa*.

§ XLII.
Genre TÉTRAGNATHE.

T. II, p. 208.

Tetragnatha chrysochlora.

Le 25 septembre 1843, j'ai pris plusieurs jeunes Tétragnathes grisâtres dans des feuilles sèches. Elles sont cylindriques, minces. Le même jour, j'en ai pris une de 2 lignes de long, mais à dos bombé. Abdomen vert en dessus, brillant d'un éclat métallique, quatre taches d'un noir vif en carré; en dessous, le milieu du ventre est aussi d'un noir foncé. C'est une femelle. C'est bien la Chrysochlore de Savigny, variété ou espèce distincte de la Tétragnathe étendue.

Un autre individu de 1 ligne 1/2, pattes allongées, d'un blanc verdâtre, tirant sur le jaune, mouchetées ou annelées de noir; dessus du dos à mailles verdâtres, entourées de noir, ou à fond noir. Le milieu du ventre noir olivâtre. Mandibules perpendiculaires, blanches, non allongées.

T. II, p. 205, 209 et 210.

Les *Tetragnatha extensa*, *T. nitens*, *T. pelusia*, ont été trouvées, aux environs d'Alger, sur les bords des bois, des rivières et des lacs (les lacs Tonga et Goubeira), dans les lieux humides et frais, particulièrement aux mois de mai et de juin. Elles construisent une toile orbiculaire dans les grandes herbes.

T. II, p. 210.

6 bis. TÉTRAGNATHE DÉINAGNATHE. (*Tetragnatha deinagnatha.*)
Long. 9 lignes ♂.

D'un jaune brun pâle. Corselet allongé, étroit, plus large dans son milieu. Abdomen allongé , cylindrique, plus large dans son milieu. Pattes très-allongées.

Deinagnatha Daindrigei, White, *Annals and magazine of natural History;* 1846, p. 13, d'un tirage à part, Pl. 2, fig. *b.*

De la Nouvelle-Zélande.

Nous ne donnons cette espèce, que parce que M. White en a fait un genre sous le nom de *Deinagnatha.* Par ses caractères génériques, elle est entièrement semblable à notre *Tetragnatha extensa;* c'est peut-être la même espèce que la *Tetragnatha cylindrica.*

§ XLIII.

Genre ULOBORE.

T. II, p. 228. A la synonymie de

L'Uloborus Walckenaerius.

Ajoutez :

Uloborus Walckenaerii.

Koch, *Arachniden,* XI, 161, ♂ le mâle, long. 1 ligne 3/4 ; ♀ la femelle, 2 lign. 1/2, p. 395, fig. 955 le mâle ; fig. 956, la femelle.

M. Koch dit que les organes du mâle se développent en juin ; qu'il a trouvé cette espèce en nombre dans les environs d'Erlangen ; qu'elle est commune dans les endroits secs, dans les forêts de sapins et d'arbres verts.

T. II, p. 229, n° 1 *bis.*

ULOBORE PLUMIPÈDE. (*Uloborus plumipes.*) Long. 5 mill.,
larg., 1 mill. 2/3 ♂.

Ressemble à l'Ulobore Walckenaer. Mais le tibia antérieur est allongé et disposé comme les barbes d'une plume. Couleur d'un brun de suie, plus foncé aux pattes, teinté de jaunâtre au corps. Corselet subpiriforme, arrondi aux parties latérales ainsi qu'à la base, bombé en dessus, couvert de poils courts bruns et serrés. Yeux d'un noir brillant. Yeux latéraux postérieurs plus écartés des intermédiaires de la même ligne que dans l'Ulobore Walckenaer. Mandibules courtes ; lèvre d'un brun roussâtre , plus large que longue. Abdomen obconique, élargi et un peu échancré à sa base ; acuminé à sa partie postérieure, ayant à sa partie antérieure deux petits tubercules coniques à sommet rougeâtre :

entre ces deux tubercules est une légère dépression ; et en arrière de celles-ci, presque vers le milieu du corps , on aperçoit quatre points blanchâtres , oblitérés , disposés en quadrilatère. Filières latérales brunes , entièrement revêtues de poils courts.

Lucas , *Expl. de l'Algér.*, p. 252 , Pl. 15, fig. 8.

On ne connaît que le mâle.

M. Lucas en a pris deux individus à la fin de juillet, entre l'ancienne et la nouvelle Calle. Cette Aranéide se tient sur les branches d'arbres , ses premières paires de pattes dirigées en avant, et ses postérieures dirigées en arrière , et si rapprochées entre elles , et son corps tellement collé contre l'écorce où elle se tient immobile, qu'il est difficile de l'apercevoir. Lorsqu'on secoue la branche d'arbre , elle se laisse tomber à terre , et s'enfuit avec une extrême vivacité.

T. II, p. 230. Ajoutez cette nouvelle espèce que M. Koch a fait connaître :

3 bis. Ulobore blanchatre. (*Uloborus canescens.*) ♀ Long. 2 lign. 3/4.

Corselet gris brun, d'une couleur plus claire sur les côtés. Poitrine blanche. Abdomen ovale , régulier sans rugosités ni éminence ; d'un gris blanc sur le dos , noircissant un peu sur les côtés. Pattes blanches tachées de noir. Yeux luisants, couleur d'ambre jaune. Mandibules jaunâtres, luisantes, brunissant vers l'extrémité.

Koch, *Arachniden*, XI, p. 164, Pl. 395, fig. 957.

Nouveau-Monde. Amérique du sud. Colombie.

M. Koch dit que pour la forme, pour les yeux, pour les palpes, elle est toute semblable à l'*Ulobore Walckenaer*, et seulement un peu plus grande ; mais la rugosité de l'abdomen est dans l'*Ulobore Walckenaer* un caractère important.

§ XLIV.

Genre LINYPHIE.

T. II, p. 235.

Linyphia montana.

Ajoutez à la synonymie de cette espèce :

Linyphia montana, Koch , *Arachniden*, Pl. 422 , fig. 1038

(le mâle, long. 2 lignes 1/2) ; fig. 1039 (la femelle, long. 3 lignes
à 3 lignes 1/2.

Trouvée dans le banat de Hongrie.

T. II, p. 247, n° 4 bis.

LINYPHIE GIBBEUSE. (*Linyphia gibbosa.*) Long. 4 mill. 1/4,
larg., 2 mill.

Corselet étroit, allongé, piriforme, d'un rouge laque, luisant
et sombre. Mandibules allongées, grêles, rouge pâle. Yeux d'un
noir brillant; les intermédiaires antérieurs écartés, et plus gros
que les intermédiaires postérieurs; yeux latéraux presque sur
la même ligne que les intermédiaires antérieurs. Pattes antérieures d'un brun rougeâtre uniforme, et pattes postérieures
d'un jaune pâle. Abdomen ovoïde, beaucoup plus grand que le
corselet, d'un brun sombre, plus clair sur le dos que sur les
parties latérales, qui sont presque noires, très-gibbeuses, et
fortement relevées en cône oblique, de manière que son axe longitudinal forme, avec le plan de position de l'Aranéide, un angle
d'environ quarante degrés; il en résulte que les filières, placées
sous le ventre, sont beaucoup plus près du vertébral que de
l'extrémité postérieure de l'abdomen. Le dos a plusieurs taches
argentées, bordées de noir, qui toutes obliquent vers la région
médiane, à l'exception cependant de la plus postérieure qui est
transverse ; en dessous, le ventre est d'un brun livide, et il
présente aussi quelques taches argentées, mais oblitérées et
peu distinctes.

Lucas, *Expl. de l'Algér.*, p. 254, Pl. 15, fig. 9.

Trouvée en Algérie, dans les premiers jours de novembre, dans
les environs du cercle de La Calle. Rare, très-agile ; elle ramasse
ses pattes et contrefait le mort lorsqu'on la touche.

T. II, p. 249.

Linyphia frutetorum.

Ajoutez à la synonymie de cette espèce :

Linyphia frutetorum, Koch, *Arachniden*, t. XII, p. 123,
Pl. 1044 (le mâle), 1045 (la femelle), 1046 variété du mâle, à
abdomen entièrement brun, toute la figure jaune du dos est oblitérée; il ne reste que des points jaunes à la partie antérieure,
proche du corselet.

T. II, p. 258.

LINYPHIE GLOUTONNE. (*Linyphia manducula.*) Long. 2 lign.

Corselet rouge brun. Poitrine rouge brun avec une raie longitudinale et des taches latérales noires, mandibules, mâchoires et
lèvres rougâtres. Pattes et palpes d'un rouge brun. Pattes 1 , 2 ,
4 , 3. Abdomen oviforme , d'un rouge brun avec une suite de
chevrons blanchâtres , et sur le dos et sur les côtés une ligne
jaunâtre en dessus, et d'un rouge brun en dessous.

Manduculus limatus , Blackwall , *Trans. of the Linn. soc.*,
vol. 18, p. 667, *London and Edinburgh philosophical Magazine and Journal of science*, **11**, p. 110 et 111. — *Researches
in zoology.*

Le corselet est large, ovale, convexe, glabre et rugueux comme
une peau de chagrin. Les yeux sont placés sur une partie très-
élevée et arrondie de la tête : il y a un sillon à la partie postérieure ; les mandibules sont très-fortes, coniques, convexes , divergentes à leur extrémité. La lèvre est triangulaire ; les mâchoires sont inclinées sur la lèvre ; les tarses sont terminés par
trois griffes , les supérieures pectinées. Le mâle ressemble à la
femelle ; il est seulement plus petit ; ses organes sexuels sont
développés en septembre.

Cette espèce a été trouvée sous les pierres et sur des buissons
dans les bois.

M. Blackwall, qui en a fait un genre, indique lui-même sa
grande affinité avec la *Linyphia tenebricola* de M. Wider.

T. II, p. 266.

LINYPHIE DORÉE. (*Linyphia aurulenta.*) ♀ Long. 3 lign. 1/4.

Corselet, mandibules , palpes et pattes de couleur fauve. Abdomen noir, couleur d'or, luisant sur le dos avec une raie noire
rameuse à la partie postérieure qui présente un chevron, et un
ovale doré , entouré de noir.

Linyphia aurulenta , Koch, *Arachniden* , Pl. 425, fig. 1049.

Nouveau-Monde. Archipel d'Amérique. Ile Saint-Thomas.

Cette petite espèce, selon M. Koch , ressemble beaucoup par
la forme à la *Linyphia triangularis*.

T. II, p. 268.

LINYPHIE FASTUEUSE. (*Linyphia fastuosa.*) Long. 6 mill.,
larg. 2 mill.

Les yeux sont noirs, les latéraux presque conjoints, sont placés
sur l'alignement des postérieurs. Corselet étroit , allongé , piriforme , d'un rouge sombre , uniforme et luisant ; mandibules
presque verticales , très-renflées à leur base , d'un rouge violacé
sombre. Mâchoires glabres , d'un noir foncé brillant. Pattes allongées fines , d'un brun jaunâtre ainsi que les palpes. Abdomen
ovoïde, relevé et grossissant à sa partie postérieure , d'un noir
violacé luisant ; ayant deux longues taches latérales testacées ,
irrégulièrement découpées , disposées longitudinalement , et
dont le côté externe projette des branches linéiformes obliques
qui s'étendent jusqu'aux côtés du ventre ; une ligne ondulée et
transverse marie ces deux taches au-dessus de sa partie anale ;
en dessous, le corps est d'un noir bronzé sans taches et entièrement noir. Filières courtes , noires.

Lucas, *Expl. de l'Alg.*, p. 255, Pl. 16, fig. 1.

Par la longueur relative de ses pattes, qui sont dans l'ordre
suivant, 4, 1, 2, 3, cette espèce semble s'éloigner du genre Linyphie pour se rapprocher des Théridions.

En Algérie , dans les grandes herbes. Prise en juin aux environs de Tlemcen.

T. II, p. 268. A la synonymie de la

Linyphia maxillosa ,

Ajoutez :

Pachygnatha Listeri, Koch, *Arachniden*, XII, 142 , Pl. 430,
fig. 1064 (le mâle 2 lign., la femelle 3 lign.).

Selon M. Koch, on trouve en Allemagne cette espèce en hiver,
quand l'hiver est doux.

T. II, p. 269.

Linyphia Degerii.

Ajoutez à la synonymie de cette espèce :

Koch, *Arachniden* , XII , 143 , Pl. 430, fig. 1065 (le mâle ,
long. 1 lign. 1/2 ; la femelle, 1 lign. 3/4.

T. II, p. 270, n° 21 bis.

LINYPHIE A TROIS RAIES. (*Linyphia tristriata.*) ♂ Long. 2 lign. 3/4.

Corselet et mandibules d'un jaune rougeâtre; trois lignes noires longitudinales sur le corselet. Abdomen ovale, allongé, de couleur cendrée, entouré d'une bande jaune sur les côtés, et dans le milieu ayant une suite de chevrons disposés longitudinalement depuis le corselet jusqu'aux filières, et formée par des petites raies à la suite les unes des autres, composant une double ligne longitudinale très-rapprochée. Palpes et pattes d'un jaune d'ocre.

Pachygnatha tristriata, Koch, *Arachniden*, XII, 145, fig. 1066, une femelle. — *Pachygnatha xanthostoma*, Koch, *Arachniden*, XII, 148, Pl. 436, fig. 1068 (le mâle), fig. 1069 (la femelle).

D'Amérique, en Pensylvanie.

Cette espèce ressemble beaucoup à la Linyphie maxilleuse, et semble n'en différer que par la grandeur.

T. II, p. 270. A la synonymie de

Linyphia Clerckii,

Ajoutez :

Koch, *Arachniden*, XII, 146, Pl. 430, fig. 107.

La figure donnée par M. Koch la rapproche beaucoup de a Linyphie globuleuse. Voyez p. 272, n° 27.

T. II, p. 273.

Linyphia thoracica.

A la synonymie de cette espèce ajoutez :

Linyphia circumflexa, Koch, *Arachniden*, Pl. 426 (le mâle, long. 4 lignes 1/4 de Bavière) (la femelle 3 lignes, selon M. Wider).

T. II, p. 273.

Linyphia tigrina.

Ajoutez à la synonymie de cette espèce :

Linyphia sæpium, Koch, *Ubersicht des Arachnidens system*, 1 heft. p. 10, depuis *Mila tigrina*, Pl. 1, fig. 12. — Wider,

Pl. 7, fig. 10.—*Mita tigrina*, Koch, *Arachn.*, XII, 130, Pl. 426, fig. 1051 (le mâle 1 lign. 3/4), fig. 1052 (la femelle, 2 lignes 1/2).

Les organes du mâle dans cette espèce sont très-gros ; ce qui caractérise le genre *Mita*, selon M. Koch.

T. II, p. 274.

Linyphia buculenta.

Ajoutez à la synonymie de cette espèce :

Linyphia terricola, Koch , *Arachniden*, XII , 125, Pl. 425, fig. 1047 (le mâle, 1 lign. 1/4), fig. 1048 (la femelle, 1 lign. 3/4). La planche corrige le texte.

Trouvée près de Carlsbad en Bohême , et aussi en Bavière.

T. II, p. 280.

Linyphia cincta.

Je crois que c'est à cette espèce qu'on doit rapporter

Aranea notata, Linné, *Fauna suecica*, 2ᵉ édition, p. 489, n° 2008 ; *ibid.*, System. nat., edit. 12, p. 1033, n° 19.

Voici la remarquable description que Linné donne de son *Aranea notata* placée par lui immédiatement après la *montana*.

Ar. notata. *Abdomen subglobosum, magnitudinis seminis cracæ, supra fuscum, macula ad basin subrotunda, dein ovali, tum lineari, demum lineari, utrinque lineæ quatuor.*

T. II, p. 281.

Linyphia pratensis.

Ajoutez à la synonymie de cette espèce :

Linyphia pratensis, Koch, *Arachniden*, XII, 121, Pl. 423, fig. 1043 (femelle, long. 1 1/4).

§ XLV.

Genre THÉRIDION.

T. II, p. 288, n° 4 bis.

THÉRIDION RAYÉ DE ROUGE. (*Theridion rufolineatum.*) Long. 4 mill., larg. 3/4 de mill.

Corselet large, d'un beau jaune pâle et luisant, glabre et bordé latéralement de noir, présentant dans son milieu une bande longitudinale ayant la forme d'une clepsydre, d'un brun rougeâtre vif ; du centre rayonnent des lignes fines et rouges. Yeux d'un noir brillant, avec les latéraux postérieurs sur la même ligne que les latéraux antérieurs. Pattes et palpes jaunes avec les articulations brunes. Longueur relative des pattes, 1, 4, 2 et 3. Abdomen ovalaire, ayant dans sa partie médiane une grande tache longitudinale en forme de feuille denticulée, d'un brun rougeâtre, plus clair sur sa longueur médiane, et noire sur les bords.

Lucas, *Expl. de l'Alg.*, p. 260.

Prise à Cadous , dans les environs d'Alger.

T. II , p. 298. A la synonymie du

Theridion sisyphum.

Ajoutez :

Theridion lunatum, Koch , *Arachniden*, XII, 137, Pl. 429, fig. 1060 (variété du mâle) , fig. 1061 (la femelle).

T. II , p. 299.

Theridion nervosum.

Ajoutez à la synonymie de cette espèce :

Lucas , *Explor. de l'Algérie*, p. 261.

Prise en juin , aux environs de Constantine sous les pierres. Rare dans ce pays.

T. II , p. 304.

THÉRIDION VICINAL. (*Theridion vicinum.*) Long. 7 mill., larg. 3 mill.

Corselet jaune bordé latéralement de noir, avec une tache brune projetant des rayonnéments. Yeux noirs , les intermédiaires postérieurs plus gros et un peu plus écartés que les intermédiaires antérieurs. Mandibules courtes, verticales, d'un brun roussâtre , ainsi que les mâchoires et la lèvre. Poitrine d'un brun bronzé brillant. Pattes jaunes safranées , teintées de brun foncé aux articulations ; longueur relative, 1, 4, 2, 3. Abdomen large , ovale , un peu déprimé en dessus, d'un blanc jaunâtre sale , fortement réticulé en brun , ayant sur le dos une grande tache feuilliforme , à bords dentelés et noirâtres , qui se résume postérieurement en une ligne fine d'un brun livide, laquelle projette de chaque côté trois lignes obliquant en arrière, d'un brun livide qui simulent les nervures d'une feuille : une bande transversale noirâtre, un peu recourbée en arrière et interrompue dans son milieu, occupe le bord antérieur de l'abdomen, dont le dessous, plus sombre que le dessus, présente une bande ventrale brune bordée de blanc pâle.

Lucas, *Expl. de l'Alg.*, p. 261, Pl. 17. fig. 3.

Cette Aranéide construit sous les pierres et les rochers une toile à réseaux très-lâches : elle est très-agile ; prise, aux environs de Constantine, dans les premiers jours de mai.

Cette espèce et la suivante, les plus gros Théridions que M. Lucas ait vus en Algérie, semblent les rapprocher tous deux du *Theridium grossum* trouvé en Morée (voyez t. II, p. 328), et alors elles appartiendraient à la deuxième famille, aux Triangulilabes.

N. B. Les planches des Théridions, du travail de M. Lucas sur les Aranéides d'Algérie, ne sont pas encore publiées ; ce qui m'ôte les moyens d'assigner, avec une parfaite certitude, la place que ces espèces occupent dans ma classification.

T. II, p. 304.

Théridion mandibulaire. (*Theridion mandibulare.*) Long.
4 mill. 1/2, larg. 1 mill. 1/2 ♂ .

Étroite, allongée. Corselet safrané foncé, luisant. Yeux noirs, les intermédiaires antérieurs et postérieurs très-gros, et formant un carré presque parfait. Mandibules longues, robustes, dirigées en avant, très-divergentes, armées de deux épines au côté interne, et terminées par un long crochet fortement recourbé. Pattes allongées, fines, d'un jaune safrané uniforme. Abdomen ovale, très-bombé en dessus, et d'un blanc sale, ayant sur le dos une grande tache oblongue festonnée sur ses bords, d'un noir varié de gris et de blanc, sur le milieu de laquelle est une autre tache en forme de trèfle, d'un brun rougeâtre ; une tache triangulaire blanche située au-dessus du trèfle, et deux petites macules jumelles obliquant en sens inverse au-dessous de la même ligne.

Lucas, *Expl. de l'Alg.*, p. 260, Pl. 17, fig. 1.

Rencontré errante sur les chênes-liéges, vers les premiers

jours de janvier, dans les bois du lac Tonga, aux environs du cercle de La Calle. Femelle inconnue.

T. II, p. 304.

THÉRIDION CEINTURÉ EN BLANC. (*Theridion albocinctum.*)
Long. 7 mill. 1/2, larg. 3 mill. ♂.

Le corselet, les mandibules, les mâchoires, le sternum et les pattes, jusqu'à l'extrémité du tibial, d'un brun rougeâtre très-foncé, presque noir. Les yeux sont d'un noir brillant, les inter-médiaires antérieurs un peu plus écartés que les intermédiaires postérieurs. Pattes velues, luisantes, et métatarses jaunes. Longueur relative 1, puis 4 et 2 presque égales, 3 la plus courte. Abdomen ovalaire très-gibbeux ou bombé, d'un brun cuivreux non métallique, finement moucheté de noir, entouré d'une bande blanchâtre profondément découpée du côté interne, et présentant sur le dos sept taches de la même couleur, une antérieure large, transversale, en forme de chevrons, les six autres disposées en trois paires successives, dont la dernière n'est séparée que par un mince filet ; ces taches sont ovalaires et obliquent l'une vers l'autre à chaque paire. Le ventre a une ligne blanche terminée postérieurement en fer de hallebarde.

Lucas, *Expl. de l'Alg.*, Pl. 16, fig. 4.

Trouvé aux environs du camp de Sétif en juin.

T. II, p. 305, n° 13 bis.

THÉRIDION A SIX TACHES BLANCHES. (*Theridion sexalbomacula-tum.*) Long. 2 mill. 1/2, larg. 1 mill. ♂.

Corselet large, d'un jaunâtre foncé et luisant. Yeux noirs, les intermédiaires antérieurs plus gros que les intermédiaires pos-térieurs, et formant avec ceux-ci un carré plus long que large. Mâchoires, lèvre, poitrine, noires. Abdomen ovoïde, la partie antérieure largement arrondie et légèrement acuminée à son extrémité postérieure, d'un bleu noirâtre foncé et luisant, ayant sur le dos deux lignes transversales de taches blanches. Longueur relative des pattes 1 et 4 presque égales, ensuite 2 et 3.

Lucas, *Expl. d'Alg.*, p. 265, Pl. 17, fig. 8.

Trouvé en juin dans les environs de Constantine.

T. II, p. 305. A la synonymie du

Theridion pictum

Ajoutez :

Koch, *Arachniden* , **XII** , 139 , Pl. 429, fig. 1062 (le mâle) ,
fig. 1063 (la femelle).

Ibid. Au nom du

Theridion denticulatum

Ajoutez :

Pl. 21, fig. 3 de l'Atlas de cet ouvrage,

et à la synonymie ajoutez :

Theridion varians , Koch , *Arachniden* , **XII** , Pl. 428, fig.
1057 (le mâle), fig. 1056 (la femelle).

T. II, p. 306, n° 14 bis.

Théridion bordé de noir. (*Theridion nigro-marginatum.*)
Long. 6 mill., larg. 2 mill. 1/2.

Corselet d'un jaune safran, bordé de noir. Abdomen ovalaire,
bombé , très-relevé à la partie antérieure , d'un noir violacé en
dessus, entouré de blanc et ayant une bande longitudinale à
bords latéraux dentelés , blanche sur son milieu ; le blanc des
côtés de l'abdomen, également dentelé , donne à l'ensemble du
dessin dorsal la forme d'une feuille noire , côté ou nervure centrale blanche ; le dessous de l'abdomen est d'un blanc sale, varié
et tacheté de brun livide. Les pattes sont d'un jaune foncé annelé de brun noirâtre. Longueur relative 1, 4, 2, 3.

Lucas , *Expl. de l'Alg.*, p. 258, Pl. 16, fig. 7.

Aux environs d'Alger. — Pris dans les grandes herbes en
juillet.

T. II , p. 306, n° 34 bis.

Théridion a points noirs. (*Theridion nigro-punctatum.*)
Long. 3 mill. 1/2, larg. 1 mill. ♀ .

Corselet d'un jaune safrané. Yeux d'un noir brillant; les intermédiaires postérieurs plus gros et un peu plus écartés que les
intermédiaires antérieurs, et formant un carré presque parfait.

Pattes et palpes d'un jaune très-pâle. Longueur relative des
pattes 1 et 4, presque égales, 2, 3. Abdomen globuleux, à limbe
orbiculaire, légèrement déprimé en dessus, jaunâtre et teinté de
brun clair vers son milieu ; il présente une large bande médiane
droite, blanche et coupée au milieu par une autre bande également
droite et blanche , mais plus étroite , transversale, et dont
les extrémités n'atteignent pas les bords latéraux de l'abdomen ;
ces deux bandes forment une croix, dont les branches antérieures et postérieures sont larges , et les latérales étroites; l'espace compris entre chaque branche est d'un brun rougeâtre. Les
filières sont jaunes et entourées de petites taches noires.

Lucas, *Expl. de l'Alg.*, p. 266, Pl. 16, fig. 6.

Trouvé une seule fois dans les grandes herbes, aux environs
d'Alger, en hiver.

T. II, p. 309, n° 16.

Theridion tinctum.

A la synonymie de cette espèce ajoutez :

Theridion varians, Koch, *Arachniden*, XII, 136, Pl. 428,
fig. 1058.

M. Koch confond à tort cette Aranéide avec d'autres décrites
par M. Hahn , qui sont des espèces différentes.

T. II, p. 315.

THÉRIDION SOMBRE. (*Theridion luctuosum.*) Long.
3 mill. 1/2 , larg. 2 mill.

Corselet d'un brun noirâtre très-foncé et teinté de rouge vif au
milieu. Yeux d'un noir brillant , les intermédiaires antérieurs
forment avec les intermédiaires postérieurs un carré presque parfait. Abdomen ovalaire très-bombé, noir verdâtre tant en dessus
qu'en dessous; il porte sur son bord antérieur un gros point jaune,
et un pareil point sur son milieu. Pattes d'un jaune safrané uniforme. Longueur relative 1, 4, 2, 3.

Lucas, *Expl. de l'Alg.*, t. II, p. 263, Pl. 17, fig. 5.

Pris aux environs de Constantine. Rare.

T. II , p. 315.

20 ter. THÉRIDION ARGUS. (*Theridion argus.*) Long. 2 mill. 1/2,
larg. 1 mill.

Corselet d'un brun violacé foncé , noirâtre, pointillé, luisant,

large et carré à sa partie antérieure. Yeux noirs. Abdomen large,
bombé, presque globuleux, d'un brun foncé, verdâtre, et légèrement teinté de jaune ; porte une bande médiane composée de
trois taches d'un jaune très-pâle. Pattes assez robustes, d'un
brun rougeâtre foncé, teinté de jaune à l'extrémité du fémoral,
et d'un jaune vif depuis leur origine jusques et y compris l'extrémité de l'exinguinal.

Lucas, *Expl. de l'Alg.*, p. 263, Pl. 17, fig. 5.

T. II, p. 319.

Theridion guttatum.

A la synonymie de cette espèce ajoutez :

Theridion reticulatum, Koch, *Arachniden,* **XII**, p. 136,
Pl. 428, fig. 1059 (le mâle).

Trouvée à Carlstad en Bohême.

T. II, p. 324. A la synonymie du

Theridion signatum

Ajoutez :

Plurolithus pallipes, Koch, *Arachniden*, t. XII, p. 98, Pl.
418, fig. 1026.

T. II, p. 325, n° 33 bis.

THÉRIDION PUNIQUE. (*Theridion punicum.*)

Corselet cordiforme, arrondi. Yeux entourés de brun. Mandibules, mâchoires et lèvres jaunes ; pattes testacées. Longueur
relative 1, 2, 4, 3. Abdomen ovale, testacé, ayant sur le milieu
du dos une large bande longitudinale à bords latéraux dentelés,
formant quatre ou cinq losanges transversaux, dont le grand axe
augmente, et l'extrémité diminue vers la partie postérieure de
l'abdomen. Sur chaque côté latéral est une double bande macu-
laire réunie par son extrémité antérieure à celle du milieu du
dos ; en dessous, il est brun maculé de testacé à sa base. Les
filières sont courtes et jaunâtres.

Variété. Le corselet varie du brun rougeâtre au jaune pâle,
l'abdomen du brun noirâtre au brun livide, ou noir luisant,
avec des taches blanches ou testacées.

Lucas, *Expl. de l'Alg.*, p. 256, Pl. 16, fig. 3.

C'est le Théridion le plus commun en Algérie. Pendant l'été et l'automne cette Aranéide se retire dans les maisons.

T. II, p. 326.

THÉRIDION BLANCHATRE. (*Theridion albens.*) Long. 1 lign. 3/4.

La lèvre est triangulaire et pointue à son sommet.

Les mâchoires étroites, tronquées obliquement à leurs côtés extérieurs, inclinées sur la lèvre.

Pattes 1, 4, 2, 3. Trois griffes.

Abdomen légèrement velu, projeté sur le corselet, blanchâtre, mais avec un ovale oblique formé par des lignes noires de chaque côté de la ligne médiane à la partie antérieure. Les organes sexuels sont noirs. Les yeux sont placés sur des taches noires à la partie antérieure du corselet; les intermédiaires forment un carré; les yeux latéraux sont rapprochés, contigus et placés sur une légère élévation.

Theridion albens, Blackwall, *Trans. of the Linn. soc.*, 1841, in-4°, t. XVIII, p. 627, n° 14.

Pris en juillet 1837, dans un jardin, sur des groseilliers à Hendre-House, près Llanrwst.

T. II, p. 325.

THÉRIDION TACHÉ DE JAUNE. (*Theridion flavo-maculatum.*) Long. 7 mill. 1/2, larg. 3 mill.

Abdomen brun avec des taches jaunes, gros, très-bombé, d'un brun chocolat foncé, et représentant trois lignes jaunes transversales, rapprochées l'une de l'autre, occupant son bord intérieur; immédiatement au-dessous et vers le milieu de la dernière ligne est une tache triangulaire, également jaune, et coupée dans son milieu par un trait longitudinal brun; après cette tache viennent deux points jumeaux ronds, qui sont immédiatement suivis de deux bandes longitudinales et parallèles, composées chacune de trois grandes taches obliques, ovalaires, simulant trois chevrons interrompus au sommet; ces taches diminuent de grandeur de la première à la dernière; enfin une autre tache, en forme de fer de flèche, dont la pointe est dirigée en avant, termine le milieu du dessus du dos, dont les côtés sont couverts par trois grandes macules arrondies; toutes ces taches sont jaunes et réticulées en brun. Les filières sont jaunes. Pattes et palpes jaunâtres, annelées de brun, allongées, robustes. Longueur 1, 4 et 2, presque égales, 3.

Lucas, *Expl. de l'Alg.*, p. 257, Pl. 17, fig. 4.

En Algérie ; fait sa ponte en juillet, dans les encoignures des murailles. M. Lucas incline à penser que ce n'est qu'une variété du Théridion punique.

T. II, p. 325.

38 ter. Théridion a lunules fauves. (*Theridion fulvo-lunulatum.*) Long. 7 mill., larg. 3 mill.

Corselet large, ovalaire, velu, d'un jaune safrané luisant, avec les rayons qui partent de la fossule dorsale, rougeâtres. Yeux jaunes, à l'exception des intermédiaires antérieurs, qui sont d'un brun foncé, très-ramassés, les intermédiaires postérieurs plus gros que les intermédiaires antérieurs, et le carré de ces yeux intermédiaires beaucoup plus large que long. Mandibules d'un jaune roussâtre. Pattes et palpes jaunes, velus. Pattes robustes, allongées, première paire beaucoup plus longue, ensuite 4, 2, 3. Abdomen ovalaire, d'un brun noirâtre sombre, très-velu, ayant à sa partie antérieure une large lunule transversale, fauve, au-dessous de laquelle sont cinq grosses taches rondes de la même couleur, disposées en croix romaine. Le dessous est fauve, avec les filières assez saillantes, jaunâtres.

Lucas, *Expl. de l'Alg.*, p. 267, Pl. 17, fig. 9.

« Cette espèce, dit M. Lucas, diffère de toutes les autres par les pattes très-allongées, et par ses yeux beaucoup plus gros, et disposés sur deux bandes rapprochées l'une de l'autre et presque parallèles ; le duvet qui la recouvre est aussi beaucoup plus long et plus épais. » Il aurait pu ajouter que cette espèce est aussi une des plus grandes de ce genre qu'il ait prises en Algérie. Il l'a trouvée aux environs d'Oran pendant l'hiver ; elle avait tendu une toile lâche et très-irrégulière parmi les *Chamærops humilis*.

T. II, p. 326.

34 bis. Théridion érythrope. (*Theridion erythropus.*) Long. 2 mill. 1/4, larg. 1 mill. 1/4.

Corselet luisant et glabre, d'un brun rougeâtre très-prononcé sur les côtés ; milieu d'un jaune safrané vif. Poitrine glabre,

d'un noir brillant. Yeux disposés sur une tache noire, quadri-
forme ;, ils sont d'un noir brillant : le carré que forment les
intermédiaires antérieurs et postérieurs , plus long que large.
Abdomen ovalaire, large, bombé , d'un brun rougeâtre sombre ;
il porte sur son extrémité postérieure une large tache ondulée
jaune , à laquelle viennent aboutir de chaque côté deux lignes
étroites , irrégulièrement longitudinales et parallèles , de la
même couleur. Pattes et palpes d'un jaune safrané vif, hérissés
de poils rougeâtres.

Lucas , *Expl. de l'Alg.*, p. 265, Pl. 17, fig. 7.

Cette espèce tend sa toile dans les grandes forêts de liéges du
lac Tonga , parmi les grandes herbes , pendant l'été.

T. II, p. 326.

34 bis. Théridion rufipède. (*Theridion rufipes.*) Long. 4 mill.,
larg. 1 mill.

Corselet , palpes , mâchoires, lèvre , poitrine, d'un rouge safrané très-vif et luisant. Yeux noirâtres, les intermédiaires antérieurs plus gros que les intermédiaires postérieurs. L'abdomen
d'un brun jaunâtre très-velu, présente dans son milieu, de
chaque bord latéral , une tache irrégulière blanche, transverse
et entourée de noir, et sur son extrémité postérieure une autre
tache également blanche et bordée de noir, mais disposée longitudinalement , et se prolongeant , en diminuant de diamètre ,
jusqu'à la partie anale. En dessous, il est d'un brun jaunâtre im-
maculé. Pattes 1 et 4 presque égales , ensuite 2 et 3 hérissées
de poils rougâtres.

Lucas, *Expl. de l'Alg.*, p. 263, Pl. 16, fig. 5.

T. II, p. 327.

Théridion a corselet rouge. (*Theridion rufithorax.*)

Corselet et mandibules glabres, rouge luisant. Yeux d'un noir
brillant, les intermédiaires postérieurs plus gros et un peu plus
serrés que les intermédiaires et antérieurs. Mâchoires d'un brun
foncé. Pattes et palpes d'un jaune foncé , teintés de rouge aux articulations. Longueur relative des pattes 1 et 4 presque égales , la
seconde est ensuite la plus longue. Abdomen d'un jaune pointillé de blanc sur les côtés et en dessous. Sur le dos est une
grande tache ondulée, en forme de feuille, d'un brun jaunâtre :

cette tache est bordée de blanc, et son milieu est orné antérieurement de trois paires de taches jumelles blanches, allongées, qui se succèdent longitudinalement, et postérieurement de trois taches transversales également allongées et disposées longitudinalement, mais qui diminuent de longueur de la première à la dernière. Quatre points bruns, disposés en quadrilatères, occupent le milieu du dos. Ventre brun ; filières légèrement teintées de jaune.

Lucas, *Expl. de l'Alg.*, p. 259, Pl. 16, fig. 8.

Prise aux environs de Philippeville à la fin de mars.

T. II, p. 327.

37. Théridion bicolore. (*Theridion bicolor.*) Long. 2 mill. 2/3, larg. 2 mill.

D'un rouge foncé uniforme. Abdomen très-gibbeux, noir, luisant, couvert de points creux visibles à l'œil nu. Yeux d'un noir brillant, les intermédiaires postérieurs plus gros et plus écartés que les intermédiaires antérieurs : l'ensemble des yeux forme un carré beaucoup plus long que large. Filières jaunâtres. La quatrième paire de pattes est la plus longue, ensuite 1, 2, 3.

Luchs, *Expl. de l'Alg.*, p. 268, Pl. 16, fig. 9.

Prise en hiver, sous les pierres, dans les environs d'Alger et d'Oran.

M. Lucas dit : Par sa couleur, cette espèce ressemble, à s'y méprendre, à la *Linyphia delicatula* (Linyphie mignonne, t. II, p. 271, n° 24), et à la *Linyphia bicolor*, dont l'une est d'Europe et l'autre du Chili. Nous ne connaissons pas cette dernière espèce qui appartient à l'ouvrage de M. Gay sur le Chili, et nous n'avons pas la figure de la Théridion bicolore sous les yeux ; mais, d'après sa description, nous soupçonnons que notre Théridion Priape, auprès duquel nous plaçons cette espèce, pourrait bien en être le mâle.

T. II, p. 329, n° 39 ter. Ajoutez l'espèce suivante :

Théridion phaeope. (*Theridion phaeopus.*) ♂ 3/4 de ligne, ♀ 1 ligne.

Corselet noir, arrondi. Abdomen noir, globuleux, renflé et surmontant la partie postérieure du corselet, ayant des points enfoncés sur le dos. Pattes courtes, d'un rouge brun.

Micryphantes phaoepus, Koch, *Arachniden,* **XII**, 151, Pl. 431, fig. 1071 (le mâle), 1072 (la femelle).

Micryphantes astutatius ♀, Koch, *Arachniden,* **XII**, 153, Pl. 432, fig. 1073.

Variété à hanches plus claires, un jeune.

Le *Micryphantes astutatius* a été trouvé aux environs de Ratisbonne, dans les mousses, en hiver et au printemps.

Cette espèce ressemble beaucoup, par les couleurs, à l'*Argus laminatus,* mais elle en diffère par la forme.

T. II, p. 332.

43. Théridion a crochet. (*Theridion uncinatum.*) Long. 3 mill., larg. 1 mill. ♀.

Corselet, mâchoires et lèvre d'un brun rougeâtre, foncé, luisant. Yeux portés sur une protubérance de la tête, très-relevée et verticale, d'un noir brillant, et formant un carré plus large que long. Pattes et palpes allongées, menus, jaune pâle uniforme. Abdomen ovoïde, très-bombé à sa partie antérieure, et d'un noir verdâtre teinté de brun, parsemé de taches de points blancs, tant en dessus qu'en dessous, ayant sur le milieu du dos un fort tubercule conique légèrement dirigé en arrière. Filières noirâtres, qui occupent la partie médiane du dessous de l'abdomen, formant avec le corselet un angle d'environ quarante-cinq degrés.

Lucas, *Expl. de l'Alg.,* p. 267, Pl. 17, fig. 2.

Trouvée une seule fois dans les grandes herbes, dans Boudjarra, aux environs d'Alger.

T. II, p. 332. A la synonymie du

Theridion variegatus

Ajoutez :

Theridion callens, Blackwall, *Trans. of the Linn. soc.,* in-4°, t. XVIII, p. 627 à 629.

M. Blackwall a dit :

Les yeux sont placés sur une tache noire, les antérieurs du carré intermédiaire sur une proéminence du corselet, les latéraux rapprochés et sur une éminence commune à tous deux. Pattes 1, 4, 2, 3. Les deux tubercules sont noirs sur le front et d'un jaune pâle derrière. La couleur de la partie antérieure

de l'abdomen en avant des tubercules est noirâtre , et derrière
ces tubercules il y a deux raies noires transverses liées entre
elles par une tache. Long. 1 ligne 3/4.

Ce Théridion, ajoute encore M. Blackwall, qui a une forte affinité avec le Théridion aphane de M. Walckenaer, construit un
cocon en forme de ballon , dont le diamètre est d'une ligne trois
quarts. Il est composé d'une soie fine formant un tissu léger ; sa
couleur est d'un brun pâle ; il est au milieu d'une toile irrégulière,
composée de fils d'un brun rougeâtre foncé ; plusieurs des soies de
la toile se réunissent au sommet du cocon , mais laissant un intervalle à l'ouverture , de manière que les jeunes Aranéides en
puissent sortir ; ces soies étant agglutinées dans le reste de leur
longueur, forment une tige qui varie depuis 1 ligne 1/2 de long
jusqu'à 6 lignes : c'est par cette tige que le cocon adhère à la
pierre ou au fragment de roche où l'Aranéide l'a fixé , et c'est
sur cette tige qu'il se trouve porté, ressemblant ainsi à un petit
champignon. Les œufs de cette Araignée, si on les compare à
sa petitesse , sont très-gros ; ils sont seulement au nombre de
cinq ou six , globuleux , non agglutinés et d'une couleur brune.
M. Blackwall n'a pas trouvé de mâle.

Il a pris et observé cette espèce dans les bois de la partie occidentale du Denbighshire.

T. II, p. 336.

46 bis. Théridion aux pattes pales. (*Theridion pallipes.*)
Long. 6 mill., larg. 2 mill. ♀ .

Corselet d'un brun noirâtre foncé et luisant. Yeux d'un noir
brillant, portés sur des tubercules ou éminences du corselet. Les
intermédiaires postérieurs très-écartés l'un de l'autre ; les latéraux conjoints portés sur un même tubercule ; les intermédiaires
portés sur deux tubercules allongés , sur chacun desquels sont
disposés les latéraux antérieurs et postérieurs du carré intermédiaire. Les yeux latéraux sont plus rapprochés de la ligne des
antérieurs que de celle des postérieurs. Abdomen oblong, cy-
lindriforme, glabre, d'un brun violacé luisant foncé, bordé latéralement par une ligne de taches fauves , dont la première ou
l'antérieure est allongée, linéiforme et un peu courbée en lunule ;
un peu au-dessus du milieu du dos sont deux taches en croissant, dirigées en avant, également fauves et disposées sur une

ligne transverse; ces deux taches sont précédées et suivies de deux points jumeaux de la même couleur, dont l'ensemble forme un quadrilatère très-allongé. Les pattes, pour leur longueur relative, sont dans l'ordre suivant, 1, 4, 2, 3. Elles sont épineuses, fines et allongées, d'un vert olive.

Linyphia pallipes, Lucas, *Expl. de l'Alg.*, p. 255, Pl. 16, fig. 1.

Trouvée en Algérie, sous [des pierres humides, près du lac Tonga.

§ XLVI.

T. II, p. 337 et 344 à 374 et 508.

Genre ARGUS.

M. Blackwall a fait un bon travail sur les petites espèces d'Aranéides qui se trouvent sous les pierres, à terre, sur les feuilles ou dans les cavités des arbres, que je comprenais autrefois dans les Théridions et les Linyphies, et que j'ai toutes renfermées dans mon genre Argus. M. Blackwall, doué d'un grand talent d'observation, a établi plusieurs genres dans ces animalcules qu'il décrit avec précision, mais il n'a donné aucune figure, ce qui empêche d'établir la synonymie des espèces qu'il a décrites avec un degré suffisant de certitude.

Pour les genres WALCKENAERA et NERIENE qu'il a formés, il renvoie au *London and Edinburgh philosophical Magazine and Journal of science*, vol. III, p. 105, 106. — *Researches of zoology*, p. 314, 315.

Pour Nériène, *id.*, vol. III, p. 187 et 188. — *Id.*, *Researches*, p. 362 à 363.

Les noms d'espèces qu'il a décrites dans les *Transactions of the Linnean society*, vol. XVIII, p. 629, sont :

Walckenaera punctata, W. turgida; W. atra (probablement

le *Theridium acuminatum*, de Wider) ; *W. bifrons; W. parva; W. humilis; W. apicata; W. pumila; W. picina ; W. Nemoralis.*

Les *Neriene munda*, *N. errans*, *N. sylvatica*, *N. pulla*, *N. gracilis*, *N. parva*, *N. rubella*. La *Neriene abnormis* a beaucoup d'analogie avec les Linyphies par la disposition de ses yeux.

N. variegata, *N. dubia* (M. Blackwall ne connaît que le mâle de cette dernière espèce et serait tenté de le placer dans les Théridions). *N. dubiosa, N. gibbosa;* les mâles de cette espèce, ainsi que ceux de plusieurs autres, ont des protubérances sur le corselet et appartiennent à notre famille des Mélicérides, t. II, p. 361.

Dans les Linyphies il décrit :

Linyphia cauta, espèce commune qui construit dans les angles des murs, en dehors comme en dedans des maisons, dans les creux des arbres, sous les bancs, une toile étendue, horizontale, mince, avec des fils qui y aboutissent en formant divers angles. *L. vivax* (peut-être la *Linyphia globosa* de Wider), *L. sylvatica* (analogue du *Linyphia pratensis* de Wider), *L. rubra*, *L. insignis*, *L. fusca*, *L. Claytonæ*, *L. obscura*, *L. gracilis*.

Presque toutes ces Aranéides ont les organes du mâle développés au commencement de l'hiver, d'où je conclus qu'elle doivent être plus communes et peut-être plus grosses dans les pays froids.

Le genre *Manduculus* de M. Blackwall (*London and Edinburgh Philosophical Magazine*, vol. III, p. 110-111; *Researches in Zoology*, p. 358-359) appartient encore à notre genre *Argus ;* il ne contient qu'une seule espèce : *Manduculus limatus* (*Transact. of the Linnean society*, vol. XVIII, p. 667), et paraît être la même espèce que la *Linyphia tenebricola* de Wider (p. 267, t. XVIII, fig. 2).

Nous profiterons de quelques-unes des observations de M. Blackwall pour introduire quelques réformes dans notre classification du genre Argus, pour le compléter, comme nous avons fait pour les Linyphies et les Théridions ; mais on ne pourra déterminer avec certitude la synonymie de ces petites espèces d'Aranéides que par de bonnes figures et par des études spéciales et comparatives de chacune d'elles.

T. I, p. 630 et t. II, p. 337-344.

Il faut réunir dans le genre Argus la famille des Drasses phytophiles et celle des Théridions dictynes.

D'après les excellentes remarques de M. Blackwall, qui fait de ces deux familles un genre sous le nom d'Ergatis, nous établirons une nouvelle famille que nous placerons en tête du genre Argus, t. II, p. 445, avant la famille des *Érigones* : nous caractérisons cette nouvelle famille ainsi :

Famille des ERGATIDES. (*Ergatides.*)

Yeux huit, presque égaux, placés sur deux lignes transverses à la partie antérieure du corselet ; les intermédiaires figurant un carré, les latéraux très-rapprochés entre eux sur un tubercule commun oblique.

Lèvre subtriangulaire.

Mâchoires peu allongées, inclinées sur la lèvre, convexe à leur base, arrondies à leur sommet, fortement creusées à leurs côtés internes.

Pattes courtes, médiocres, la première paire la plus longue, la seconde ou la quatrième ensuite, la troisième la plus courte ; tarses à trois griffes, les deux supérieures pectinées, l'inférieure courbée à la base.

Les espèces de cette famille sont :

ARGUS BIENFAISANT. (*Argus benignum.*)

Theridion benignum, Walck., *Hist. nat. des Aranéides*, fasc. V, p. 8, fig. 1. — Id., *Hist. nat. des Ins. Apt.*, t. II, p. 340.—*Drassus parvulus*, Blackwall, *Researches in Zoology*, p. 337. Ibid, *Ergatis benigna*, Blackwall, *Descriptions of new species of spiders*, *Transactions of the Linnean society*, vol. XVIII, p. 608. — *Clubiona parvula*, Blackwall, *The London and Edinburgh Magazine and Journal of Sciences*, vol.3, p.437.

Dictyna benigna, Koch, *Die Arachniden*, vol. III, p. 27,
pl. 83, fig. 184–5.

M. Blackwall a mis de jeunes femelles de cette Aranéide dans
un vase sous verre ; il a introduit des mâles adultes, et les a vus
s'accoupler avec l'organe des palpes. Il a séparé ces mâles aussitôt après l'accouplement, et les femelles ont fait leurs cocons
lenticulaires ou aplatis, où elles ont déposé depuis 10 jusqu'à
30 œufs d'un jaune pâle. M. Blackwall regarde avec raison cette
observation comme une complète réfutation de l'idée de Tréviranus, adoptée par Savigny, par laquelle on considère les palpes
des mâles d'Araignées comme des organes excitateurs mais non
générateurs (p. 439).

Trouvée en mai, en Angleterre, dans le parc de Frafford,
près de Manchester, et dans Oakland, dans le Denbighshire.

ARGUS CACHÉ. (*Argus latens.*)

Ergatis latens, Blackwall, *Trans. of the Linnean soc.*, vol.
XVIII, p. 608. *Dictyna latens*, Koch, *Die Arachniden*,
t. III, p. 29, pl. 83, fig. 186.—*Theridion latens*, Walck., *Hist.
nat. des ins. aptères*, t. II, p. 341. Cette Aranéide a la première
paire de pattes la plus longue, la quatrième ensuite, ce qui nécessite une division dans la famille des Ergatis.

ARGUS VERT. (*Argus viridissimus.*)

Drassus viridissimus, Walck., *Hist. nat. des ins. aptères*,
t. I, p. 631. — *Ergatis viridissima*, Blackwall, *Trans. of the
Linn. soc.*, t. XVIII, p. 608.

ARGUS JAUNE. (*Argus flavescens.*)

Argus flavescens, Walck., *Hist. nat. des ins. aptères*, t. I,
p. 632. — *Ergatis flavescens*, Blackwall, *Trans. of the Linn.
soc.*, vol. XVIII, p. 608.

J'avais indiqué les rapports de ces Aranéides avec les Drasses
phytophiles, t. II, p. 341 et 343.

T. II, p. 346.

3. ARGUS ÉPISINOÏDE. (*Argus episinoïdes.*) Long. 4 millim,
larg. 2 millim. 1/2. ♀ ♂

Corselet très-large et cordiforme, prolongé en avant à sa partie
antérieure et recouvrant les mandibules, ce qui oblige à regarder
en dessous pour voir les yeux ; couleur brun rougeâtre foncé et

luisant; les mandibules, courtes et obliquement rentrées, s'appuient sur l'extrémité des mâchoires, qui, elles-mêmes, sont fortement inclinées sur la lèvre; les yeux sont d'un noir brillant, disposés sur deux lignes courbées en avant, forment une espèce de lunule; les antérieurs du carré intermédiaire sont un peu plus écartés entre eux que les postérieurs, et les latéraux ne sont pas conjoints, mais écartés entre eux par un espace égal à un peu plus de la moitié du diamètre d'un œil; les pattes postérieures sont plus longues que les antérieures; poitrine, ventre et filières noirs. Abdomen d'un noir luisant, globuleux, large, renflé, arrondi antérieurement, et brusquement terminé en pointe aiguë à son extrémité postérieure; sur le milieu du dos est un sillon longitudinal.

Le mâle ne diffère de la femelle que par ses pattes, plus allongées; son abdomen, plus étroit et moins renflé; les palpes sont moins allongés, et le digital est court, très-renflé, bi-épineux à sa partie antérieure.

Theridion acuminatum, Lucas, *Explor. de l'Algér.*, p. 268, pl. 17, fig. 10.

Commune dans toute l'Algérie; se tient pendant l'hiver dans un petit cocon de soie blanche à tissu assez lâche, qu'elle se fabrique pour passer la mauvaise saison, tandis que pendant le printemps et l'été elle est errante.

M. Lucas, lorsqu'il a nommé cette espèce *Theridion acuminatum*, a oublié que ce nom avait été déjà imposé, par M. Wider, à notre *Argus acuminatum* (t. II, p. 371). Pour le nom que j'ai imposé à cette Aranéide, j'ai eu égard à cette remarque de M. Lucas, qui dit : « Ce Theridion a les plus grandes affinités avec les Episines. »

T. II, p. 350.

8. *Argus formivorus.*

Je crois devoir rapporter à cette espèce :

Theridion fuscum de M. Blackwall, *Descript. of new species of spiders, Trans. of the Linn. soc.*, vol. XVIII, p. 626, n° 13; long. 3/4 de ligne.

Voici en abrégé la description de M. Blackwall.

Abdomen sub-globuleux, un peu déprimé ou couvert d'un duvet brillant, se projetant beaucoup sur le corselet, d'un brun rougeâtre avec des taches plus foncées; les tarses sont terminés

par trois griffes, dont les deux supérieures sont courbes et pectinées, et l'inférieure fléchie à sa base; les yeux latéraux sont
contigus et placés obliquement.

Des femelles de cette espèce ont été trouvées en novembre et
décembre 1837, sur des chemins de fer, sous des pierres, près de
Llanrwst.

T. II, p. 351, n° 8 bis.

C'est dans les Argus trapézigères et près de l'Argus
formivore qu'on doit placer la *Hahnia pusilla* de
M. Koch, *Arachniden*, t. VIII, p. 61, pl. 270, fig. 637
et 638 (la femelle) et le *Hahnia pratensis*, pl. 271,
fig. 639.

T. II, p. 353. Après le n° 9 ou

L'*Argus graminicolis*,

Ajoutez :

10 bis. ARGUS LAMINÉ. (*Argus laminatus.*) ♀ Long. 1 lig.

Corselet d'un brun olivâtre; abdomen globuleux, d'une couleur brun foncé uniforme; pattes et palpes de couleur pâle,
sans annelures.

Micryphantes laminatus, Koch, *Arachniden*, fig. 1070,
très-semblable à l'Argus graminicolis, mais le bandeau est moins
grand.

T. II, p. 353. A la synonymie de

ARGUS TRAPÉZOÏDE. (*Argus trapezoïdes.*)

Ajoutez :

Walckenaera punctata, Blackwall. Long. 1 lig. 1/4.

Il y a une espèce de sillon dans la ligne médiane de la région
des yeux postérieurs; le corselet a des points nombreux sur ses
bords, et d'autres qui forment des rayons vers son centre; la
poitrine large, en cœur, est également ponctuée; les mâchoires
inclinées sur la lèvre, qui est semi-circulaire; ces mâchoires sont,
ainsi que les mandibules, d'un brun foncé avec une légère teinte
de rouge; trois griffes terminent les pattes, les supérieures sont
courbes et pectinées; les yeux latéraux sont les plus gros. Abdomen oviforme, bombé, noir et brillant; les organes sexuels

sont proéminents, d'un rouge brun ; les plaques pulmonaires sont d'un jaune sale.

Des femelles de cette espèce ont été prises sous des pierres, en mai 1838.

M. Blackwall ne parle pas du mâle.

T. II, p. 361.

Dans ce genre Argus, à la suite de la famille des Micryphantes il faut encore établir une nouvelle famille qui sera ainsi caractérisée :

FAMILLE DES AGÉNÉLIDES. (*Agenelides.*)

Yeux sur deux lignes parallèles courbées en avant, les intermédiaires de la ligne antérieure plus petits ; les latéraux plus gros.

Lèvre courte, carrée ou semi-circulaire, plus large à sa base.

Mâchoires courtes, convexes à leur base, arrondies à leur extrémité, inclinées sur la lèvre.

Pattes propres à la course, la première la plus longue, la seconde ensuite, la troisième est la plus courte ; tarses terminés par trois griffes dont les supérieures sont pectinées.

ARANÉIDES se cachant sous les pierres, et courant à terre dans les prairies, les lieux humides.

Dans cette famille entre :

ARGUS FUYARD. (*Argus celans.*) Long. 2 lign.

Agelena celans, Blackwall, *Trans. of the Linn. soc.*, t. XVIII, p. 624.

Yeux sur deux lignes parallèles courbées en avant, les intermédiaires de la ligne antérieure les plus petits, les yeux latéraux les plus gros ; les mâchoires courtes, convexes à leur base, arrondies à leur extrémité, inclinées sur la lèvre, qui est presque carrée, plus large à sa base qu'à son extrémité ; pattes 4, 1, 2, 3 ; le tibia et le métatarse ont deux séries de piquants de chaque côté de leur partie inférieure ; les pattes sont terminées par deux griffes pectinées ; les palpes ont une petite griffe courbée à leur extrémité.

L'abdomen est oviforme, grossissant un peu vers son extrémité, velu, bombé, se projetant sur le corselet, à dos bombé, d'un brun foncé avec des poils d'un brun rougeâtre et jaunâtre entremêlé, et dans le milieu du dos s'étend une bande longitudinale obscure, dentée d'un rouge brun; le ventre est jaune, avec lignes longitudinales fines peu marquées de couleur plus foncée; les filières supérieures sont courtes et ne ressemblent pas à celles des Agélènes; le mâle ressemble à la femelle, mais il est plus petit; ses organes sexuels, d'un rouge brun, sont très-compliqués; ils sont développés en août. Cette espèce est agile, couve sur terre et s'enfuit sous les pierres.

T. II, p. 361.

Voici comment M. Blackwall caractérise son genre Walckenaera, qui renferme des espèces déjà décrites dans ma deuxième et dans ma troisième famille des Argus, et qui, peut-être, doit former une famille distincte.

Famille WALCKENAERA.

Yeux au nombre de huit, inégaux, disposés par paires sur l'extrémité antérieure du corselet qui est allongée et pointue. Les yeux intermédiaires formant un quadrilatère dont le côté antérieur est le plus petit, les yeux latéraux rapprochés sont les plus gros, les yeux antérieurs du carré intermédiaire sont les plus petits.

Mâchoires fortes, courbées ou arrondies au côté extérieur, dilatées à leur base, entourant la lèvre.

Lèvre courte, large, semi-circulaire, bombée à l'extrémité, semi-circulaire.

Pattes robustes, les paires antérieures et postérieures sont les plus longues et égales en longueur dans les femelles, la troisième paire est la plus courte.

Voici les espèces décrites par M. Blackwall, et plusieurs aussi par nous qui appartiennent à ce genre :

T. II, p. 361.

ARGUS MONTAGNARD. (*Argus montanus.*)

Les mandibules renfoncées, inclinées vers le sternum, qui est en cœur; lèvre semi-circulaire ; mâchoires courtes , bombées à leur base, inclinées sur la lèvre ; pattes et palpes bruns; pattes 4, 1, 2, 3 ; deux onglets pectinés, le troisième courbé à sa base; yeux courbés en avant sur deux lignes parallèles , les latéraux placés sur une commune éminence, rapprochés entre eux et plus gros que les autres, les yeux intermédiaires de la ligne antérieure sont les plus petits de tous; l'abdomen est court, large, couvert de poils courts et denses, bombé sur le dos et se projetant en avant sur le corselet, d'une couleur brun noirâtre sale parsemé de taches obscures d'un brun jaunâtre plus apparent sur les côtés ; le ventre est plus pâle.

Agelena montana, Blackwall, *Trans. of the Linn. soc.*, t. XVIII, p. 622.

Trouvée sous les pierres, en février 1837, sur le Gall-y-Rhyg, montagne du Denbighshire, près Llanrwst.

T. II, p. 361.

ARGUS INDUSTRIEUX. (*Argus navus.*) Long. 3/4 de lig.

Très-brun ; mâchoires courtes, convexes à leur base, arrondies à leur extrémité et inclinées sur la lèvre, qui est presque carrée, plus large à sa base ; sternum en cœur, glabre et brillant; les bords du corselet et la base de la lèvre sont d'un brun plus sombre ; pattes 4, 1, 2, 3 ; tarses terminés par deux griffes pectinées; yeux sur deux lignes transverses courbées en avant; les yeux latéraux sont les plus gros , les intermédiaires de la ligne antérieure les plus petits; abdomen couleur de suie , revêtu de poils denses, courts , ovale, grossissant un peu vers son extrémité , à dos bombé se projetant sur le corselet.

Agelena nava, Blackwall, *Trans. of the Linnean soc.*, t. XVIII, p. 622.

On rencontre les femelles sur les routes, près des ornières, des ports, dans les pâturages ; les femelles y sont communes , mais le mâle n'a été trouvé que dans l'automne, sous une pierre enfoncée dans la terre.

T. II, p. 361.

24 bis. ARGUS HUMBLE. (*Argus humilis.*) 3/4 de lig. ♂ ♀

Noirâtre ; pattes et palpes d'un rouge brun ; pattes postérieures, dans le mâle , sensiblement plus allongées que dans la femelle ;

corselet glabre, relevé derrière les yeux, avec une éminence dans la ligne médiane.

Walckenaera humilis, Blackwall, *Phil. trans.*, t. XVIII, p. 636, n° 23.

Prise en octobre, sous une ardoise et dans des rails de chemins de fer.

T. II, p. 361.

ARGUS COULEUR DE POIX. (*Argus picinus.*) 4/5 d'une ligne. ♂

Mâle noirâtre ; pattes d'un rouge brun ; la quatrième paire de pattes un peu plus longue que les autres ; le corselet ayant à sa partie antérieure une éminence obtuse divisée en deux par un large sillon ; mâchoires inclinées sur la lèvre, qui est semi-circulaire et proéminente à son extrémité ; une des paires d'yeux est placée sur le sommet de l'élévation frontale ; une autre paire située plus bas sur le front, est le plus court côté du trapèze qu'elle forme avec l'autre paire ; ces yeux antérieurs sont les plus petits de tous, les latéraux sont rapprochés et contigus ; l'abdomen est oviforme, à dos convexe, d'un brun noir.

Walckenaera picina, Blackwall, *Trans. of the Linn. soc.*, p. 640, n° 26.

Prise en janvier dans les environs de Manchester, et en février près Llanrwst. Femelle inconnue.

T. II, p. 361.

ARGUS FORESTIER. (*Argus nemoralis.*) Long. 3/4 de ligne ♀.

Corselet du mâle ayant à la partie antérieure une élévation divisée en deux segments par un sillon transversal; deux yeux sont placés sur le segment inférieur, et deux autres en avant sur le front : ceux-ci sont les plus rapprochés et les plus petits, et forment un trapèze dont le côté antérieur est le plus petit ; mandibules, mâchoires et lèvre brunes. Abdomen noirâtre, grossissant à sa partie postérieure, d'un brun noir ; pattes 4 et 1 les plus longues.

Walckenaera nemoralis, Blackwall, *Trans. of the Linn. soc.*, vol. XVIII, p. 641, n° 27.

Le mâle a été trouvé sous les pierres, dans les bois de Llanrwst.

T. II, p. 362.

25 bis. Argus noir. (*Argus ater.*) Long. 3/4 de ligne. ♀ ♂

Noir ; lèvre semi-circulaire, proéminente à son extrémité ; mâchoires très-inclinées ; mandibules, mâchoires, palpes et pattes brunes ; deux élévations obtuses dans le mâle ; pattes, leur longueur relative, 4 et 1, presque égales ensuite , 2, 3.

Walckenaera atra, Blackwall , *Trans. of the Linnean soc.*, vol, XVIII , p. 631.

Pris sous les pierres humides en mai. Conférez cette espèce avec notre *Argus biscuspidatus*, t. II, n° 37.

T. II, p. 363.

26 bis. Argus petit. (*Argus parvus.*) Long. 3/4 de ligne. ♂ ♀

Brun ; abdomen ovoïde, de couleur plus foncée ; corselet à tête bituberculée dans le mâle ; lèvre semi-circulaire , proéminente à son extrémité ; mâchoires inclinées sur la lèvre.

Walckenaera parva, Blackwall, *Tr.*, vol. XVIII , p. 635.

Trouvé sur les rails en décembre et janvier.

T. II, p. 363.

26 bis. Argus pygmé. (*Argus pumilus.*) Long. 4/5 de ligne.

Corselet, mandibules , mâchoires , lèvre et poitrine , pattes et palpes d'un rouge brun foncé ; pattes 4, 2, 1 et 3, ces deux dernières beaucoup plus courtes ; abdomen oviforme, convexe, noir brillant.

Dans le mâle, la partie antérieure du corselet est relevée et séparés en deux tubercules obtus par un sillon.

Walckenaera pumila, Blackwall , *Trans. of the Linn. soc.*, vol. XVIII, p. 639.

Cette Aranéide se cache sous les pierres humides , dans les pâturages ; prise près de Llanrwst.

T. II, p. 366.

Argus parallelus. 1 ligne.

C'est peut-être la

Walckenaera turgida, 4/5 de ligne, de Blackwall, *Trans. of the Linn. soc.*, 1841, vol XVIII, p. 630, n° 17.

L'abdomen est oviforme, bombé sur le dos, d'une couleur
brune, avec des taches de brun plus foncé; le mâle est de couleur plus foncée, et à la partie antérieure du corselet il a une
forte proéminence, dentée sur les côtés, sur laquelle les yeux
sont situés : immédiatement devant chacun des yeux de la paire
supérieure, est une protubérance obtuse.

Les mandibules sont brunes, les mâchoires plus pâles, la lèvre
d'un brun foncé, les pattes et les palpes d'un rouge brun.

Des individus de la *Walckenaera turgida* ont été trouvés, en
octobre 1836, sous des pierres et des blocs de bois, dans les plantations, à Crumpsall-Hall, près de Manchester.

T. II, p. 367.

33 bis. ARGUS MITRÉ. (*Argus apicatus*.) ♀ ♂
Long. 5/6 de ligne.

Noirâtre; mâchoires d'un rouge brun; pattes d'un rouge brun,
à l'exception du tibia des deux pattes antérieures, qui sont d'un
brun foncé; longueur relative des pattes : 4, très-longues, ensuite 1 et 2, la troisième paire la plus courte; abdomen oviforme, convexe.

Dans le mâle le corselet présente une élévation divisée transversalement en deux parties; le segment postérieur, qui a sur
son sommet une paire d'yeux, est le plus allongé et le plus
obtus; le segment inférieur est pourvu d'un petit tubercule conique surmonté de deux petites éminences rebroussées.

Walckenaera apicata, Blackwall, *Trans. of the Linn. soc.*,
t. XVIII, p. 637.

Trouvé sur des rails, en novembre, près Llanrwst.

T. II, p. 369. A la synonymie de

L'*Argus elongatus*

Ajoutez :

Walckenaera bicolor, Blackwall's *Descript. of new species of
spiders*, dans les *Trans. of the Linn. soc.*, t. XVIII, p. 635.

Longueur 1/14 de pouce; pattes antérieures 1/11; troisième
paire 1/16; la première et la quatrième paires sont les plus longues; les bifurcations du corselet sont peu élevées.

Trouvé en juillet 1836, près de Llanrwst.

Les organes du mâle sont parfaitement développés en juillet;

mandibules, mâchoires et lèvre brunes, noirâtres ; corselet à tête bituberculée.

T. II, p. 368.

ARGUS CAPUCHONNÉ. (*Argus cucullatus.*)

Ajoutez à la synonymie :

Walckenaera hiemalis, Blackwall, *Linn. soc.*, t. XVIII, p. 632.

Long. de la femelle 1/13 de pouce.

Les mandibules et les mâchoires sont d'un brun noir, la lèvre d'une couleur plus foncée. La femelle n'a qu'une légère échancrure à la partie postérieure du corselet. Le mâle est plus petit et se fait remarquer par sa large échancrure à la tête ; derrière chacune des parties proéminentes est une paire d'yeux.

Trouvée en grand nombre, courant dans des prairies, près de Llanrwst, en décembre 1836 et en janvier 1837.

T. II, p. 370.

ARGUS BIFIDE. (*Argus bifrons.*) ☉ Long. 3/4 de ligne.

Walckenaera bifrons, Blackwall's *Descript. of new species of spiders*, *Trans. of the Linn. soc.*, 1841, vol. XVIII, in-4º, p. 634, nº 20.

Mâle brun ; pattes et pieds jaunâtres, avec un grand tubercule perpendiculaire obtus, bilobé. L'abdomen est d'un brun foncé, aspect soyeux.

Trouvé en juin 1838, dans des pâturages de grandes herbes, dans les bois de Gwydir, près Bettws-y-Coed, Caernarvonshire.

Nous avons voulu indiquer de suite la place que nous paraissent devoir occuper, dans notre classification, toutes les espèces du genre *Walckenaera*. Nous ferons de même pour le genre que M. Blackwall a établi qui fait partie de notre genre Argus, et pour cela il faut rétrograder et revenir au T. II, p. 361.

Le genre *Nériëne* de M. Blackwall (décrit dans le *London and Edinburgh Philosophical Magazine and Journal of science*, vol. III, p. 187, 188 et dans

Researches in zoology, p. 362, 363) s'éloigne trop peu de son genre *Walckenaera* pour en être séparé, et la plupart des espèces appartiennent à la deuxième race des *Micryphantes*, celle des *Trapézigères*. Si l'on formait de ce genre *Nériène* une nouvelle famille dans les Argus, voici comme elle serait, selon nous, caractérisée :

2 bis. FAMILLE NÉRIÉNIDES. (*Neriënides.*)

Corselet renflé à sa partie postérieure et dont le renflement est divisé en deux par un sillon.

Yeux intermédiaires formant un trapèze dont le côté antérieur est le plus petit.

Lèvre semi-circulaire, bombée à son extrémité.

Mâchoires fortes et dilatées à l'insertion des palpes, inclinées sur la lèvre.

Pattes : la première et la quatrième paires les plus longues ; tarses terminés par trois griffes dont les supérieures sont pectinées.

Abdomen oviforme, se projetant par sa partie antérieure fortement sur le corselet.

ARANÉIDES petites, à couleurs obscures, se tenant sous les pierres, sur terre ou dans l'herbe et les plantes basses.

Nous allons décrire toutes les espèces que M. Blackwall a placées dans ce genre :

ARGUS LUISANT. (*Argus mundus.*) Long. 1 lig. 1/2. ♂

Mâle : corselet, mandibules, mâchoires, lèvre, poitrine d'un rouge brun ; yeux antérieurs plus petits ; pattes et palpes d'un rouge pâle. Abdomen d'un brun noir brillant.

Neriene munda, Blackwall, *Trans.*, vol. XVIII, p. 643.

Dans l'herbe des bois. Les organes sexuels sont développés en mai.

ARGUS ERRANT. (*Argus errans.*) Long. 1 lig. 1/3. ♂♀

Corselet, mâchoires et lèvre bruns ; pattes et palpes d'un rouge brun. Abdomen oviforme, un peu convexe, d'un brun verdâtre obscur, avec une suite de chevrons d'un jaune brun sur le milieu du dos. Le mâle semblable, mais plus petit.

Neriene errans, Blackwall, *Trans.*, vol. XVIII, p. 643.

Pris à terre sur des rails.

ARGUS ROUTIER. (*Argus viarius.*) Long. 1 lig. 1/5. ♂

Mâle : yeux antérieurs intermédiaires très-petits; corselet brun : abdomen noirâtre; filières d'un jaune pâle obscur.

Neriene viaria, Blackwall, t. XVIII, *Trans.*, p. 645.

Pris au milieu d'un sentier en mai.

ARGUS SOMBRE. (*Argus pullus.*) Long. 1 lig. 1/10. ♂

Mâle : corselet d'un brun foncé; mandibules, mâchoires et lèvre d'un rouge brun; poitrine brune, avec des points plus foncés; pattes et palpes d'un rouge brun; abdomen d'un jaune brun avec des points et des raies plus foncés.

Neriene pulla, Blackwall, *Trans.*, p. 646.

Trouvé sur des rails. L'organe sexuel est développé en juin.

ARGUS GRÊLE. (*Argus gracilis.*) Long. 1 lign.

Noirâtre; abdomen ovale, allongé, étroit; palpes d'un vert foncé obscur. Le mâle et la femelle diffèrent.

Neriene gracilis, Blackwall, *Trans.*, p. 646.

Les deux sexes ont été pris sur un rail en automne.

ARGUS MINIME. (*Argus minimus.*) Long. 1/2 lig.

Mâle : corselet brun; abdomen brun foncé.

Neriene parva, Blackwall, *Trans.*, p. 648.

Prise sur un rail en janvier; les organes sexuels étant développés.

ARGUS ANORMAL. (*Argus abnormis.*) Long. 1 lig. 4/5 ou 2 lig. ♂ ♀

Corselet, mâchoires et lèvre d'un rouge brun. Abdomen brun, marbré de taches plus foncées; les couleurs du mâle sont plus vives, les pieds antérieurs et postérieurs plus longs : la quatrième paire de pattes est la plus longue; les mâchoires sont presque droites et se rapprochent de celles des Linyphies; la lèvre est semi-circulaire et bombée à son extrémité; les yeux sont placés sur des taches noires.

Neriëne abnormis, Blackwall, *Trans.*, vol. XVIII, p. 649.

Trouvé en octobre sous les pierres. Par sa bouche, par ses yeux, cette espèce paraît devoir être reportée dans la deuxième race de la deuxième famille des Linyphies, celle des Théridionides, voyez t. II, p. 267. Dans tous les cas il est certain que cette espèce forme une liaison intime entre ces deux genres.

Argus varié. (*Argus variegatus.*) Long. 1 lig. 1/5.

Corselet d'un jaune brun avec une suite de petites taches sur les bords, et tache noire triangulaire près des yeux ; mandibules, mâchoires, lèvre, poitrine d'un jaune brun ; pattes fines, d'un jaune brun, annelées de noir ; abdomen d'un jaune pâle, avec une raie noire sur le milieu du dos, triangulaire à sa partie antérieure, rameuse à sa partie postérieure ; à cette partie sont deux petites séries de taches qui se réunissent près des filières. Le mâle a les pattes antérieures plus allongées que les postérieures.

Neriene variegata, Blackwall, *Trans.*, p. 650.

Trouvé en décembre, les organes sexuels du mâle, qui sont très-compliqués, parfaitement développés, sous les pierres, sur le Gallt-y-Rhyg, montagne voisine de Llanrwst.

Argus douteux. (*Argus dubius.*) Long. 1 lig.

Mâle : corselet, mandibules, mâchoires et lèvre d'un rouge brun ; abdomen noirâtre ; les pattes antérieures et postérieures peu allongées ; mâchoires fortes, gibbeuses près de leur base et s'élargissant vers leur extrémité, et n'étant que légèrement inclinées sur la lèvre, qui est semi-circulaire et bombée à sa pointe ; abdomen oviforme, convexe.

Neriene dubia, Blackwall, *Trans.*, p. 652.

Pris en octobre sur un rail. La femelle est inconnue. M. Blackwall remarque que cette espèce pourrait bien appartenir au genre *Theridion*.

Argus gibbeux. (*Argus gibbosus.*) Long. 1 lig. 1/5.

D'un brun foncé ; pattes et palpes d'un brun jaunâtre ; les pattes antérieures et postérieures peu allongées ; le corselet est ovale, glabre, bombé dans son milieu, avec de légers sillons sur les côtés qui rayonnent de la tête aux extrémités, et un enfoncement plus profond, longitudinal, dans la ligne médiane de la partie postérieure. Le corselet du mâle est aussi gibbeux dans le milieu,

et entre cette éminence et les yeux, à la partie antérieure, est
une fossette profonde munie de poils denses et durs ; les mâchoires sont inclinées sur la lèvre, qui est semi-circulaire et
bombée à son extrémité.

Neriëne gibbosa, Blackwall, t. II, p. 653.

Trouvé sous les pierres, dans un pâturage humide, en mai,
les organes sexuels du mâle étant parfaitement développés.

ARGUS RUGUEUX. (*Argus tuberosus.*) Long. 1 lig. ♂

Le mâle d'un brun foncé ; pattes et palpes d'un jaune brun ;
corselet gibbeux dans son milieu, avec des sillons qui rayonnent
du centre à la circonférence, et un sillon longitudinal à la partie
postérieure ; les mâchoires sont inclinées sur la lèvre, qui est
semi-circulaire et bombée à son extrémité. L'abdomen, oviforme,
est d'un brun obscur brillant ; la longueur relative des pattes est
4, 1, 2 et 3 : mais les pattes postérieures et antérieures sont peu
allongées.

Neriene tuberosa, Blackwall, *Trans.*, p. 654.

Pris sous une pierre dans une prairie humide.

T. II, p. 374.

Remarques sur les affinités du genre Argus.

Le genre Argus, par la petitesse des individus qui
le composent, par la similitude de ses formes générales,
de ses couleurs foncées et peu variées, et aussi par la
ressemblance de ses habitudes, semble constituer, en
masse, un genre bien tranché, et cependant il n'y en a
pas qui présente de plus singulières anomalies dans ses
caractères essentiels et génériques ; puisque dans plusieurs des familles de ce genre, les mâles, par la forme,
les gibbosités ou tubercules de leur corselet et le place-
ment de leurs yeux, présentent des différences caractéristiques si essentielles, qu'on placerait leurs femelles
dans des genres différents, si l'on ne savait pas qu'elles
appartiennent à la même espèce. C'est sous ce rapport que l'étude de ces petites Aranéides est particu-

lièrement curieuse et intéressante. Comme les figures ne peuvent suffire, et qu'à moins d'une grande perfection, elles sont d'un faible secours pour la distinction d'espèces aussi petites, j'ai cru devoir m'attacher à reproduire, en les abrégeant, les descriptions que MM. Blackwall, Wider et Koch en ont données, afin d'en faciliter l'étude.

Ainsi que je l'ai déjà dit, le genre Argus est étroitement lié au genre Linyphie et au genre Théridion par ses caractères génériques et par ses formes. Cependant, par leurs habitudes et leur manière de vivre, ces Aranéides ont plus d'affinités encore avec les Drasses et les Clubiones.

§ XLVII.

Genre ÉPISINE.

T. II, p. 376. A la description du mâle et de la femelle que j'ai donnée de

L'ÉPISINE TRONQUÉE

Ajoutez :

Le mâle a 2 lig. de long, la femelle 2 lig. 1/2 ; son corselet est d'un fauve brun ; il a une raie longitudinale fauve dorée sur le milieu du dos, une autre sur les bords, et deux traits jaunes sur les côtés. L'abdomen de la femelle a la même forme que celui du mâle : il est élargi et comme tronqué à son extrémité, il a sur le milieu du dos une raie brune dentée bordée de jaune, et les côtés et la partie postérieure entourés d'une raie fine jaune.

Episinus truncatus, Koch, *Arachniden*, X, 166, pl. 396, fig. 958, le mâle, fig. 959, la femelle.

T. II, p. 376. A la synonymie ajoutez :

Episinus Algericus, Lucas, *Explor. de l'Algér.*, p. 269, pl. 17, fig. 11. Long. 4 mill., larg. 1 mill. ♂

Corselet d'un jaune pâle, finement bordé de brun, avec une bande médiane de cette dernière couleur, et sur chacun des côtés latéraux une ligne courbe formée par des points bruns ; yeux d'un noir brillant, le bandeau coupé par un sillon transversal assez profond, et dont le bord inférieur recouvre la naissance des mandibules ; celles-ci sont d'un jaune légèrement roussâtre, cylindriques, perpendiculaires, et un peu renflées à leur base ; mâchoires, lèvre et poitrine jaunes ; palpes jaune pâle, courts et terminés par un conjoncteur ovoïde très-gros ; pattes d'un jaune pâle, teintées de gris à l'extrémité du métatarse et du tarse, fines ; première et quatrième paire longues, presque égales, la deuxième beaucoup plus courte, et la troisième la plus courte de toutes. Abdomen allongé, étroit à sa partie antérieure, grossissant à sa partie postérieure, figurant une pyramide tétraèdre tronquée vers son sommet. Le dos est occupé par une grande tache ayant la figure d'une pyramide tronquée à son sommet, d'un jaune sombre, réticulée de brun ; ses côtés latéraux sont dessinés par une ligne un peu ondulée d'un brun rouge assez vif, et son milieu par une bande longitudinale d'un jaune verdâtre, projetant de chaque côté trois rameaux bruns peu apparents ; les côtés de l'abdomen sont d'un jaune très-pâle, et teintés légèrement de jaune pâle.

« C'est à Koula, aux environs d'Alger, dit M. Lucas, que j'ai rencontré, en janvier, cette espèce, qui est très-agile ; je n'en ai trouvé qu'un individu, que j'ai pris au pied des grandes herbes, dans des lieux frais, humides et ombragés. Cette Aranéide est très-vive et échappe facilement lorsqu'on veut s'en emparer. Espérant trouver des femelles, j'ai cherché bien longtemps dans les mêmes lieux où j'avais trouvé des mâles. »

Nous avons transcrit presqu'en entier la description de M. Lucas, pour prouver que son *Episinus Algericus* n'est pas une espèce différente de celle que nous avons décrite. M. Lucas nous apprend qu'il existe une autre espèce du Chili qu'il nomme *Episinus Americanus* ; celle-ci sera probablement décrite par M. Nicolet dans l'ouvrage de M. Gay sur le Chili. Ma description de l'*Episinus truncatus* renferme celle des deux sexes ; je n'ai fait figurer que le mâle, mais on a vu que M. Koch avait donné depuis des figures du mâle et de la femelle. Nous devons donc rectifier l'erreur de M. Lucas, qui dit, p. 270, qu'on ne connaît pas la femelle de l'*Episinus truncatus*.

§ XLVIII.

Genre ARGYRONÈTE.

T. II, p. 380. Ajoutez à la synonymie :

Argyroneta aquatica, Koch, *Arachniden*, VIII, 60, pl. 269, fig. 636. M. Koch dit : le mâle a 7 lig. et quelquefois plus ; la longueur de la femelle passe rarement 5 lig. 1/2. On a cherché, dans la figure de M. Koch, à imiter la couleur blanche de l'Aranéide lorsqu'elle est dans l'eau : on a mal réussi ; cela était facile; il fallait la peindre avec de l'argent. Dans l'eau fraîche et claire, le corps de cette Aranéide brille comme du vif-argent ; hors de l'eau, au lieu d'être blanche, elle a au contraire une couleur sombre.

§ XLIX.

Genre MYGALE.

T. I, p. 230; t. II, p. 431; t. IV, p. 370.

Mygale antipodiana.

Une bonne figure de cette Aranéide a été publiée dans le *Dictionnaire d'histoire naturelle* de M. d'Orbigny, t. **VIII**, p. 503, pl. 1, fig. 1 des planches d'Aranéides. Elle a été dessinée sur l'individu que nous avons décrit. On lui a donné le nom de *Mygale Quoyi*.

La pl. 2 du même ouvrage donne sous le nom de *Mygale avicularia*, la figure d'une grande Mygale que je crois être la *Mygale Blondii*.

§ L.

Genre SCYTODE.

T. I, p. 271; t. II; p. 447; t. IV, p. 385.

Scytodes thoracica.

A la synonymie de cette espèce ajoutez :

Pl. 1, fig. 2 des planches d'Arachnides du *Dictionnaire d'histoire naturelle* de d'Orbigny.

§ LI.

Genre DÉINOPE.

T. II, p. 457.

DÉINOPE CYLINDRIQUE. (*Deinopis cylindraceus.*) Long. 9 lignes.

Couleur jaune brun, pattes très-longues d'un jaune sale. L'abdomen allongé, cylindrique, grossissant un peu à sa partie postérieure.

Koch, *Arachniden,* XIII, 17, pl. 436, fig. 1089 ♀.
Amérique méridionale. — Colombie.

§ LII.

Genre MIRMÉCIE.

T. I, p. 385; t. II, p. 462; t. IV, p. 404.

Le *Janus gibberosus* ♀ de M. Koch est une Aranéide du genre *Myrmécie* de la race des Trisectes ou à abdomen à trois divisions. Il a 2 lignes 1/2 de long, l'abdomen brun et jaune, obscur comme le corselet, tandis que le *Janus melanocephalus* ♂ (Koch, XIII, 22, pl. 436, fig. 1092) appartient évidemment au genre Attus, à notre famille des Voltigeuses et doit être placé près de l'*Attus formicoides.* Cependant l'*Attus melanocephalus* n'a pas les mandibules allongées et projetées en avant de l'*Attus formicoides* et semble ainsi être le passage entre le genre Myrmécie et le genre Attus, et par la petite race des Attes formicoïdes établit la liaison entre les genre Janus et Pyrophorus de M. Koch.

§ LIII.

Genre ÉRÈSE.

T. I, p. 397 et 400; t. II, p. 463; t. IV, p. 407.

ÉRÈSE FASTUEUX. (*Eresus fastuosus.*) ♂ Long. 2 lignes 1/2.

Un mâle. Corselet grand, arrondi, jaune clair avec deux traits arqués noirs sur les côtés. Abdomen arrondi, à dos noir entouré d'un cercle jaune clair. Pattes fortes, annelées de jaune et de noir. Filières très-allongées.

Dorceus fastuosus, Koch, XIII, 15, pl. 435, fig. 1088.

De l'Afrique. — Du Sénégal.

L'*Eresus imperialis* a été trouvé par M. Lucas sur des feuilles de cactus aux environs d'Oran.

T. I, p. 470; t. II, p. 464.

Le *Toxeus maxillosus* de M. Koch (XIII, 19, pl. 436, fig. 1090) ♂ est le mâle d'une Aranéide qui n'a que 3 lignes 1/4, mais remarquable par ses fortes mandibules qui sont longues, épaisses courbes et ont des crochets de même très-longs et à double courbure, et par ses mandibules et leurs crochets ils rappellent ceux du mâle de la *Tetragnatha extensa*; mais la forme du corselet et de l'abdomen ressemble à celle de l'*Attus formicoides*, et ses longues pattes se rapprochent de celles du Déinope. Je pense que c'est un Attus, mais comme M. Koch n'a pu décrire la tête qui est écrasée, on ne peut dire à quel genre cette Aranéide appartient, encore moins créer avec elle un genre. Le corselet est brun, l'abdomen de même couleur avec deux grandes taches à la partie supérieure.

Cette Aranéide est de Java.

T. I, p. 471; t. II, p. 467.

D'après les observations de M. Koch, *Die Arachniden*, XIII, 24, pl. 436. fig. 1093 et 1095, et p. 29, fig. 1097 et 1098) sur les Aranéides du groupe des *Formicoïdes* ou des *Pyrophores*, il paraîtrait que les mâles n'acquièrent qu'avec l'âge leurs longues mandibules avancées, et, en général, dans ces Aranéides les deux sexes diffèrent peu dans le jeune âge. Il en est de même dans presque tous les genres d'Aranéides.

A notre

Attus formicoides

Ajoutez à la synonymie :

Pyrophorus semirufus, Koch, *Arachniden*, XIII, 24, pl. 437. —*Ubersicht des Arachnidens system*, I, p. 29. Long. 2 lig. 1/2 (le mâle).

Prise aux environs de Nuremberg.

L'*Attus Siciliensis* ♂ (Long. 2 lignes 1/2). Koch, XIII, p. 28, pl. 427, fig. 1096 (*Pyrophorus Siciliensis*) et l'*Attus Tyrolensis*, Koch, XIII, p. 26, pl. 437, fig. 1097 et 1098 (*Pyrophorus Ty-*

rolensis) ne sont aussi que des variétés d'âge et de sexe de l'*Attus formicoides.*

ATTUS HELVÉTIQUE. (*Attus Helveticus*). Long. 2 lignes
(sans les mandibules) ♂.

Corselet rouge à sa partie postérieure, noir entre les yeux. Abdomen cylindrique, bombé en bourrelet à sa partie antérieure, rouge avec deux bandes transversales noires. Mandibules et onglets brun noir avec des taches verdâtres. Pattes rouges avec les tarses maculés de noir.

Pyrophorus Helveticus, Koch, *Arachniden,* XIII, 26, pl. 437, fig. 1094.

Variété d'âge. Mandibules et onglet rougeâtres. Abdomen noir, plus bombé à sa partie antérieure.

Id., XIII, p. 25, pl. 437, fig. 1094.

Cette espèce qui ressemble aux Formicoïdes a une tête plus voûtée.

Pris à Dubendorf dans les environs de Zurich, en Suisse, et en Italie.

M. Koch s'est évidemment trompé en indiquant la fig. 1094 comme l'Aranéide jeune de celle de la fig. 1095 ; c'est l'inverse, puisque cette dernière est plus grande dans son ensemble et dans toutes ses parties.

§ LIV.

LISTE

DES NOMS DE GENRES ET DE LEURS SYNONYMES DANS L'ORDRE DES
ARANÉIDES, CLASSÉES D'APRÈS LEUR ORGANISATION ET LEURS
HABITUDES, AVEC L'INDICATION DES VOLUMES DE CET OUVRAGE
OU ELLES SONT DÉCRITES.

T. I, p. 102; et t. II, p. 512.

Le grand nombre d'espèces d'Aranéides décrites
dans ce supplément, et les nouveaux genres qu'il
contient, m'obligent, pour mettre plus d'ensemble
dans cet ouvrage, à présenter de nouveau avec les
changements nécessaires, et selon la série qui me paraîtra la plus naturelle, les noms des genres que j'ai
cru devoir admettre, et que j'avais déjà donnés sous
une autre forme à la page 202 du premier volume.

Je ne rappellerai pas ce que j'ai dit dans mon introduction sur l'impossibilité d'aligner dans une série
continue des êtres qui se tiennent par plusieurs rapports différents; mais je ferai observer cependant que,
pour les Aranéides, cette difficulté n'existe que par
la nécessité où l'on est, pour obéir à la loi impérieuse
de toute bonne méthode, d'intercaler entre les Théraphoses et les Araignées les genres qui parmi ces dernières ont moins de huit yeux, attendu que ces genres
se tiennent entre eux chacun par le caractère pri-
mordial du nombre de leurs yeux. Cependant, pour
le reste, ils tiennent, par leurs plus nombreuses et
leurs plus fortes affinités, aux genres qui ont huit
yeux; de sorte qu'on pourrait les annexer à divers
genres d'Aranéides très-différents de ceux dont on les
rapproche, en les considérant comme des espèces dont

certains yeux ont été oblitérés. Mais ces suppositions systématiques auxquels les naturalistes actuels sont trop enclins, est destructive de toute méthode. Le genre *Nops*, qui n'a que deux yeux, s'allie au genre *Desis*, voisin des *Drasses*. Dans les Aranéides à six yeux, les *Dysdères* et les *Ségestries* tiennent des *Clubiones* et des *Tegénaires* par leur conformation comme par leurs habitudes. Le genre *Scytode* appartient encore plus particulièrement aux *Théridions*. Le genre *Écobe* est presque une *Linyphie*, et le genre *Rack* est un *Pholque* dont les yeux intermédiaires sont oblitérés; le genre *Sicaire*, sauf les yeux, pourrait être rangé dans les *Olios* ou dans les *Thomises*. Mais après cette section des Araignées *binoculées* et *sénoculées*, la série des genres d'Aranéides *octoculées* présente assez de régularité.

Les genres dont nous allons présenter les noms sont les seuls que, dans l'intérêt de la science, nous ayons cru devoir établir ou adopter; nous ne pouvons considérer comme génériques les caractères secondaires qui nous ont servis pour établir nos sections, c'est-à-dire les subdivisions des genres en familles et en races. Cependant, pour la facilité de l'étude et l'intelligence des ouvrages qui ont été publiés sur les Aranéides, nous donnons ici la liste et la synonymie de nos genres, et, de même que dans la liste que nous avons donnée précédemment, nous marquerons les pages des volumes de cette histoire naturelle des insectes aptères qui en traitent. Enfin, ainsi que dans le tableau des Aranéides du t. I, p. 202, nous essayerons de réunir sous une même dénomination les genres qui se rapprochent le plus sous le rapport de l'industrie et de l'instinct.

I.

THÉRAPHOSES. I, 203 ; II, 426 ; IV, 369.

Mandibules articulées horizontalement.
Yeux au nombre de huit.

LES LATÉBRICOLES.

Se cachant sous les pierres, dans les troncs d'arbres, ou les grandes feuilles des plantes dures, ou dans les trous creusés dans le sol.

MYGALE (*Clenize, Tarantula*).	I, 202.	II, 426.	IV, 369, 377.
OLÉTÈRE (*Atypus, Clenize*).	I, 243.	II, 431.	
CALOMMATE (*Paschylocelis, Actinopus*).		II, 432.	
ACANTHODON.		II, 434.	
CYRTOCÉPHALE.			IV, 374.
SPHODROS { (*Paschylocelis, Actinopus, Cratoscelis*). }	I, 246.		IV, 372.
MISSULÈNE (*Eriodon*).	I, 252.	II, 440.	
FILISTATE (*Teralodes*).	I, 254.	II, 440.	IV, 375.

II.

ARAIGNÉES. I, 287 ; II, 1 et 400 ; IV, 387.

Mandibules articulées verticalement ou sur un plan incliné.
Yeux au nombre de huit, de six ou de deux.

§ I.

LES BINOCULÉES.

Yeux *au nombre de deux.*

1.

LES CRYPTICOLES.

Aranéides se cachant sous les pierres ou dans les interstices obscurs des roches ou des murailles.

NOPS.	II, 443.

§ II.

LES SÉNOCULÉES.

Yeux *au nombre de six.*

2.

LES TUBICOLES.

Aranéides tendant des fils et construisant dans les interstices des roches ou des plantes, ou dans les angles des pierres et des murailles des tubes, ou cellules de soie, où elles se tiennent épiant leur proie.

DYSDÈRE	(*Harpactes, Agores, Co-nops*).	I, 261.	II, 445.	IV, 379, 382.
SÉGESTRIE.		I, 266.	II, 446.	IV, 383.

3.

LES CAPTEUSES.

Aranéides tendant des fils isolés ou en réseaux informes, pour attraper leur proie.

SCYTODE (*Omosites*).	I, 270-275.	II, 447, 496.	IV, 384.
ÉCOBE.			IV, 386.
RACK (*Pholcus*).			IV, 459.
SICAIRE.			IV, 379.

§ III.

LES OCTOCULÉES.

Yeux *au nombre de huit.*

4.

LES COUREUSES.

Aranéides vagabondes, courant avec agilité pour attraper leur proie, et s'enveloppant dans leurs toiles.

LYCOSE (*Phalangium, Tarantula*).	I, 280.	II, 447.	IV, 389.
DOLOMÈDE (*Lycosoïdes, Lycœna, Ocyale, Pirata.*)	I, 345.	II, 453.	IV, 398.
DÉINOPE		II, 457.	IV, 405.
STORÈNE.	I, 361.		
CTÈNE (*Phoneutria*).	I, 363.	II, 458.	IV, 402.
HERSILIE.	I, 371.		IV, 403.
DOLOPHONE (*Aranea*).	I, 382.	II, 461.	

5.

Les Voltigeuses.

Aranéides vagabondes, sautant et voltigeant avec agilité, pour attraper leur proie et s'enveloppant dans leurs toiles.

Myrmécie (*Myrmarachne, Janus*).	I, 385.	II, 461.	IV, 404.
Chersis { (*Palpimanus, Platyscellum, Aranea*).	I, 390.		IV, 405.
Érèse (*Aranea, Molitor, Dorceus*).	I, 394.	II, 463.	IV, 406.
Attus { (*Salticus, Heliophanus, Pyrophorus, Calliethera, Dendryphantes, Thiania, Icelus, Alcmena, Cocalus, Amycus, Assaracus, Eris, Marpissa, Phiale, Phidippus, Plexippus, Hyllus, Deineresus, Toxeus, Janus, Philia, Dorceus*).	I, 403.	II, 464-8.	IV, 408.

6.

Les Marcheuses.

Aranéides vagabondes, à pattes étalées latéralement, marchant de côté ou en arrière, et tendant occasionnellement des fils pour attraper leur proie.

Délène (*Thomisus*).	I, 490.		IV, 430.
Arkys.	I, 497.		
Thomise (*Xysticus*).	I, 499.	II, 468.	IV, 431.
Selenops (*Hypoplatea*).	I, 544.	II, 471.	
Éripe (*Thomisus*).	I, 542.		
Monaste.			IV, 432.
Philodrome { (*Thomisus, Artamus, Thaumasia, Linyphia Thanatus*).	I, 550.	II, 472-504.	IV, 434.
Olios (*Thomisus Araneus*).	I, 563.	II, 473.	IV, 435.
Clastès.	I, 577.	II, 475-6.	
Sparasse { (*Oxyopes, Idiops, Micrommata, Philodromus, Tegenaria, Textrix, Araneus, Corinna, Agelena*).	I, 581.	II, 477.	IV, 437.

7.

Les Niditèles.

Aranéides errantes, mais se faisant de leurs nids une toile où
aboutissent des fils pour attraper leur proie.

Clubione	*(Ciniflo, Cœlotes, Any-phaena, Melanophora, Lucia, Cheiracanthium, Amaurobius, Agelena, Drassus).*	I, 589.	II, 477.	IV, 439.
Desis.		I, 610.	II, 483.	
Drasse	*(Pythonissa, Macaria, Melanophora, Theridion, Cœlotes, Clubiona).*	I, 612.	II, 484-9.	IV, 446.
Clotho	*(Uroctée, Enyo, Lucia, Theridion).*	I, 635-40.		IV, 452.
Othiothops.			II, 490.	
Latrodecte	*(Mela, Theridion).*	I, 642.	II, 492.	IV, 454.

8.

Les Filitèles.

Aranéides errantes, mais tendant de longs fils de soie dans les
lieux où elles se meuvent.

Pholque (*Rack*).	I, 641.	II, 495.	IV, 457.
Artême.	I, 381.	II, 19, 500.	

9.

Les Tapitèles.

Aranéides sédentaires, fabriquant de grandes toiles à tissus serrés, en forme de hamacs, et des tubes ou cellules rondes, y
résidant pour attraper leur proie.

Tégénaire	*Aranea, Philoica, Textrix, Agelena, Hahnia).*	II, 1-18, 498.	IV,
Lachesis.		II, 27.	IV, 460.
Agélène	*(Aranea, Arachne, Megamyrmackion, Dyction, Clubiona).*	II, 381.	IV, 466.

10.

Les Orbitèles.

Aranéides sédentaires, tendant des fils à mailles ouvertes et ré-

gulières en cercles ou en spirales, et se tenant au milieu ou à
côté pour attraper leur proie.

ÉPÉIRE	(*Nephila, Galena, Miranda, Zilla, Atea, Zigia, Meta, Singa, Micrathena, Argyopes, Gasteracantha, Acrosoma*).	II, 29, 501-3.	IV, 467.
PLECTANE	(*Gasteracantha, Acrosoma, Micrathena, Epeira, Eurysoma*).	II, 150.	IV, 477.
TÉTRAGNATHE	(*Eugnathe, Deinagnatha*).	II, 203.	IV, 478.
ULOBORE (*Zygia, Philodromus*).		II, 227, 503.	IV, 479.

<h1 style="text-align:center">11.</h1>

LES RÉTITÈLES.

Aranéides sédentaires, formant des toiles à mailles ouvertes, à
réseaux irréguliers, ou des nappes ou tapis suspendus au milieu de réseaux irréguliers, et se tenant sur leurs toiles ou à
côté pour attraper leur proie.

LINYPHIE	(*Theridion, Pachignatha, Argus, Philodromus, Micryphantes*).	II, 233, 503.	IV, 480.
THÉRIDION	(*Linyphia, Steatoda, Argus, Bolyphantes, Dictyna, Pachygnatha, Eucharia, Drassus, Phrurolithus, Asagena, Ero, Amaurobius, Phaeopus, Micryphantes*).	II, 285, 505-7.	IV, 485.

UPTIOTE (*Mithras*).		1, 277.	II, 497.	IV, 388.
ARGUS	(*Erigone, Zodarion, Micryphantes, Lucia, Linyphia, Theridion, Manduculus, Walckenaera, Neriene, Hahnia*).		II, 344, 508.	IV, 498.
ÉPISINE.			II, 375.	IV, 515.

<h1 style="text-align:center">12.</h1>

LES AQUITÈLES.

Aranéides plongeuses, nageant au milieu de l'eau, y construisant un nid rempli d'air, et tendant des fils, qui y aboutissent
pour attraper leur proie.

ARGYRONÈTE (*Araneus*).   II, 378.

§ LV.

SUR LES SYNONYMES DU MOT ARAIGNÉE.

T. II, p. 516, ligne 4.

D'autres disent qu'en Chypre on nomme la Tarentule *Poga*.

Ligne 15.

Oléarius dit qu'en Perse on trouve une espèce d'insecte semblable à une Araignée, que les Persans nomment *Tremne*, et les Turcs *Sauchsan*.

T. II, p. 519, ligne 16.

Suivant le vocabulaire français océanien de Boniface Mosblech (p. 126), on dit *Puna-Voeve* pour toile d'araignée, et *Puka-Puna* ou *Punapana* pour araignée.

§ LVI.

ADDITIONS

A LA

TABLE ALPHABÉTIQUE

DES NOMS DE GENRES

DONNÉS AUX ARANÉIDES PAR DIFFÉRENTS AUTEURS.

(*Voir* tome II, p. 523.)

AGELENA (*Argus*), II, 361 ; IV, 504.

Alcmena (ATTUS), I, 403 ; II, 464 ; IV, 408.

Amycus (ATTUS), I, 403 ; II, 464 ; IV, 408.

ARGUS (AGELENA *Walckenaera*), II, 361 ; IV, 504.

Assaracus (ATTUS), I, 403 ; II, 464 ; IV, 408.

ATTUS (*Alcmena, Eris, Hyllus, Icelus, Janus, Marpissa, Phiale, Phidippus, Plexippus, Thiania, Toxeus*), I, 403 ; II, 404 ; IV, 408.

CLOTHO (*Enyo, Lucia, Zodarion*), I, 639 et 640 ; IV, 636.

CLUBIONA (*Cœlotes*), I, 600 ; IV, 442.

Cocalus (ATTUS), I, 403 ; II, 464 ; IV, 408.

Cœlotes (CLUBIONA), I, 600 ; IV, 442.

Conope, IV, 382.

Corinna (SPARASSUS), I, 583.

CYRTOCÉPHALE, IV, 374.

Deinagnatha (TETRAGNATHA), IV, 478.

Deineresus, IV, 430.

DOLOMÈDES (*Lycosoïdes*), IV, 398.

Dorceus (ATTUS), I, 403 ; II, 464 ; IV, 408.

DYSDERA (*Harpactes*), I, 263 ; II, 445 ; IV, 380.

ÉCOBE, IV, 386.

Enyo (CLOTHO, *Lucia, Zodarion*), I, 639 et 640 ; IV, 636.

EPEIRA (*Eurysoma*), I, 148.

Eris (ATTUS), I, 403 ; II, 464 ; IV, 408.

Eurysoma (EPEIRA), I, 148.

Galena (EPEIRA), IV.

§ LVII.

Genre BDELLA.

T. III, p. 156, après le n° 3.

Dans ce genre, M. Koch a encore décrit et figuré les espèces suivantes, qu'il place dans son genre AMONIA.

AMONIA LEUCOCEPHALA, Koch, *Deutschl. Insect.*, 167, 1. *Myr. und Arach.*, 23, 1. Toute rouge. Dans les boiseries des maisons.

AMONIA MEGACEPHALA, Koch, *Deutschl. Insect.*, 167, 2. *Myr. und Arach.*, 23, 2. Rouge, avec des raies noires. Dans les lieux humides.

BDELLA LONGIROSTRIS, Koch, *Deutschl. Insect.*, 167, 4 et 5, *Myr. und Arach.*, 23, 4 et 5. — *Scirus longirostris*, Hermann. *Mém. Apt.*, p. 62, n° 2, Pl. VI, fig. 12. Sur le bord des fossés remplis d'eau.

T. III, p. 157. A la synonymie de

8. BDELLA LATIROSTRIS,

Ajoutez :

Amonia latirostris, Koch, *Deutschl. Insect.*, 161, 3. *Myr. und Arach.*, 23, 3. Dans les bois, sous les mousses, à terre, et sur les plantes basses.

Un plus grand nombre d'Acarides ont été décrites et figurées par M. Koch comme espèces nouvelles appartenant à son genre *Bdella*.

BDELLA TRUNCATULA, Koch, *Deutschl. Insect.*, 167, 6. *Myr. und Arach.*, 23, 6. Jaune, avec des taches noires. Sur les bords des fossés remplis d'eau et garnis de plantes aquatiques.

BDELLA PHOENICEA, Koch, *Deutschl. Insect.*, 167. *Myr. und Arach.*, 237. De couleur rose, avec des taches jaunes. Dans les bois, sous la mousse.

BDELLA VULGARIS, Koch, *Deutschl. Insect.*, 167, 8. *Myr. und Arach.*, 238. — *Scirus vulgaris*, Hermann, *Mém. Apt.*,

p. 61, Pl. III, fig. 9. Rouge foncé. Dans les bois, sur les plantes basses.

BDELLA SPINIROSTRIS, Koch, *Deutschl. Insect.*, 167, 9. *Myr. und Arach.*, 23, 9. Rose pâle lavé de noir. Dans les jardins, les garennes.

BDELLA CRUENTATA, Koch, *Deutschl. Insect.*, 167, 10. *Myr. und Arach.*, 23, 10. Pourpre avec bandes et taches jaunes. Dans les bois et les garennes.

BDELLA CRASSIPES, Koch, *Deutschl. Insect.*, 167, 14. *Myr. und Arach.*, 23, 14. Rouge de cochenille. Dans les bois.

BDELLA EGREGIS, Koch, *Deutschl. Insect.*, 167, 11, 12, 13. *Myr. und Arachn.*, 23, 11, 12, 13. Rouge brun, avec des bandes très-noires qui varient selon les sexes. Fig. 13 est la femelle. Dans les prés humides des bois.

BDELLA DISPAR, Koch, *Deutschl. Insect.*, 167, 15 et 16. *Myr. und Arach.*, 23, 15 et 16. Rouge lavé de jaune, des bandes jaunes, ovales et noires. Une variété sans noir, rouge et jaune, fig. 16. Dans les gazons des jardins.

BDELLA AMARANTINA, Koch, *Deutschl. Insect.*, 167, 17. *Myr. und Arach.*, 23, 17. Rouge lavé de jaune; cinq taches noires. Dans les bois qui occupent les hauteurs.

BDELLA TENUIROSTRIS, Koch, *Deutschl. Insect.*, 167, 18. *Myr. und Arachn.*, 23, 18. Toute rouge. Dans les gazons humides.

BDELLA VIVIDA, Koch, *Deutschl. Insect.*, 167, 19. *Myr. und Arach.*, 23, 19. Corselet rouge. Abdomen jaune. Dans les garennes.

BDELLA HISTRIONICA, Koch, *Deutschl. Insect.*, 187, 24. Jolie espèce. Corselet rose jaunâtre. Abdomen avec des bandes noires encadrées dans des raies jaunes comme un habit d'arlequin, ressemblant à la *Linyphia longidens*. Voyez t. I, p. 365 et 366 de notre ouvrage.

Peut-être faut-il rapporter encore au genre BDELLA,

SCIRUS STABULICOLA, Koch, *Deutschl. Insect.*, 160, 23, fasc. 20. Jaune brun. Trouvé dans le foin, dans une étable.

SCIRUS PALUDICOLA, *id.*, 160, 24, fasc. 20. Rouge carmin, avec une tache noire. Trouvé dans une prairie tourbeuse.

§ LVIII.

Genre CHEYLETUS.

T. III, p. 155. A la synonymie du

Cheyletus eruditus,

Ajoutez :

Koch, *Deutschl. Insect.*, 167, 20. *Myr. und Arach.*, 23, 20.

M. Koch cite encore pour cette espèce :

Pediculus musculi, Shranck, *Mém. Insect. Austr.*, n° 1024.

M. Koch a considéré comme une simple variété de cette espèce son

CHEYLETUS CASALIS, *Deutsch. Insect.*, 167, 21, *Myr. und Arach.*, 20, 21, dont les couleurs sont cependant différentes ; il a des taches noires latérales, et une figure blanche, dans le milieu, qui simule une spatule.

CHEYLETUS VENUSTISSIMUS, Koch, *Deutsch. Insect.*, 167, 22, *Myr. und Arach.*, 23, 22. Rose pâle, avec la spatule blanc lavé de noir suie. Dans les étables.

§ LIX.

Genre TROMBIDIUM.

T. III, p. 165. A la synonymie du

Trombidium tilarium,

Ajoutez :

Tetranychus tilarius, Koch, *Deutschl. Insect.*, 155, 12. *Myr. und Arach.*, 17, 12.

T. III, p. 166. A la synonymie du

Trombidium teliarum,

Ajoutez :

Tetranychus tiliarum, Koch, *Deutschl. Insect.*, 155, 13. *Myr. und Arach.*, 17, 13. — *Tetranychus populi*, Koch, *Deutschl. Insect.*, 155, 14. *Myr. und Arach.*, 17, 14. Jaune lavé de vert pâle. Évidemment une variété qui est commune sur le peuplier d'Italie.

T. III, p. 166. A la synonymie du

Trombidium socium,

Ajoutez :

Tetranychus socius, Koch, *Deutschl. Insect.*, 155, 16. *Myr. und Arach.*, 17, 16.

T. III, p. 168. Ajoutez les espèces suivantes décrites et figurées par M. Koch.

TETRANYCHUS RUSSEOLUS, Koch, *Deutschl. Insect.*, 155, 15.— *Tetranychus urticæ*, id. 1, 10, *Myr. und Arach.*, 17, 15. Abdomen rose pâle, lavé de jaune. Corselet blanc. Sur les grandes orties.

TETRANYCHUS VIBURNI, Koch, *Deutschl. Insect.*, 155, 17. *Myr. und Arach.*, 17, 17. Couleur de chair. Commune sur le *viburnum opulus.*

TETRANYCHUS SALICIS, Koch, *Deutschl. Insect.*, 153, 18. *Myr. und Arach.*, 17, 18. Rouge sanguin maculé de noir. Commun sur le saule.

A la page 169 ajoutez les espèces suivantes décrites et figurées par M. Koch, qui sont de son genre SCY-PHIUS, à pattes longue, à corps étroit, de couleur pâle, entourées de noir sur le dos.

SCYPHIUS COARCTATUM, Koch, *Deut. Ins.*, 155, 20 ; *Myr. u. Arach.*, 17, 20					
—	CYLINDRICUM.	—	21	—	21
—	DIVERSICOLOR.	—	22	—	22
—	REFLEXUM.	—	23	—	23
—	ELONGATUM.	—	24	—	24

Tous ces Trombidions se trouvent dans les bois et sur la terre humide.

D'autres de couleur plus pâle, se prennent dans les mêmes lieux, et appartiennent également au genre SCYPHIUS. Ils ont été décrits et figurés par le même entomologiste, ce sont :

SCYPHIUS CERINUS, Koch, *Deut. Ins.*, 158, 1. *Myr. u. Ar.*, 18, 1					
—	PYRRHOLECCUS.	—	2	—	2 (rose).
—	DIAPHANEUS.	—	3	—	3 (blanc verdâtre).
—	ALBELLUS.	—	4	—	4 (blanc et gris).
—	OBLITERATUS.	—	5	—	5 (blanc avec un ovale noir).

T. III, p. 176. A la suite du nº 31 , ajoutez :

Rhyncolophus devius, Koch, *Deutschl.Insect.*, 155, 19. *Myr.
und Arachn.*, 17, 19. Couleur de rouille ferrugineuse, tète brune.
Sur le gazon humide.

Les Trombidions que M. Koch range dans son
genre Stigmæus sont les suivants :

Stigmæus scapularis, *Deut. Ins.*, 155, 1, fascicul. 17 des *Myr. und Arach.*				
—	COMATULUS.	—	2	—
—	HUMILIS.	—	3	—

Ces trois espèces sont de couleur écarlate : la première est
rayée de noir et ressemble à une des Hydrachnées de Muller. On
les trouve sur les bords des étangs, dans les bois humides.

Les Trombidions du genre Caligonus décrits et
figurés par M. Koch sont :

Caligonus piger, *Deut. Ins.*, 160, 15 ou fasc. 20 des *Myr. und Ar.*				
—	CERASINUS.	—	16	—
—	IMPRESSUS.	—	17	—
—	LONGIMANUS.	—	18	—
—	BDELLOÏDES.	—	19	—
—	RUBER.	—	20	—

Toutes ces espèces sont d'un rouge carmin uniforme , et se
trouvent sous les pierres et les mousses des forèts.

T. III , p. 187. A la synonymie de :

Trombidium cornigerum,

Ajoutez :

Actineda cornigera , Koch, *Deut. Ins.*, 155, 4 et 5, fasc. 17
des *Myr. und Arach.* Rouge avec un dessin de larges cornes noires
figurées sur le dos. La fig. 5 représente une variété sans ces taches
noires, mais d'un rouge plus brun à sa partie postérieure. Ainsi
le genre Actineda rentre dans notre genre Anystis.

M. Koch place encore dans son genre Actinida :

Actineda pallescens, *Deut. Ins.*, 155, 6. *Myr. u. Ar.*, fasc. 17.				
—	TRIANGULARIS.	—	7	—
—	PINI.	—	8	—
—	RABUSCULA.	—	9	—
—	RIBIS.	—189, 12	—	39

Ces espèces remarquables par leurs formes carrées, leurs couleurs rougeâtres maculées de noir se trouvent sur les arbustes et les plantes basses.

Les Bryobies de M. Koch ont les mêmes couleurs, mais ont une forme plus allongée.

BRYOBIA SPECIOSA, 155, 10, fasc. 17.
—   NOBILIS.   11

On les trouve dans les bois.

A notre genre Trombidium appartiennent encore les Acarides que M. Koch range dans son genre Penthaleus, dont l'abdomen a la forme d'un bonnet, dont la couleur est noire foncée, avec des taches d'un jaune vif ou d'un rouge vif. On les trouve sous les mousses.

PENTHALEUS ERYTHROPUS, Koch, *Deut. Ins.*, 158, 6, fasc. 18.
—   BIPUSTULATUS.   —   7
—   ERYTHROCEPHALUS.   —   8
—   VIRELLUS.   —   9
—   RHODOMELAS.   —   10
—   MILITARIS.   —   11
—   AMICTUS.   —   12
—   GUTTATUS.   —   13
—   OVATUS.   —   14

Les Linopodes de M. Koch, dont nous avons donné une espèce dans notre atlas (*voyez* Pl. 36 , fig. 6 , et t. III , p. 166), sont des Trombidions très-remarquables par l'extrême longueur de leur première paire de pattes, qui est quelquefois quadruple de celle des autres pattes. Les nouvelles espèces de ce groupe de Trombidions de ce groupe que M. Koch a fait connaître sont :

LINOPODES LONGIPES, Koch, *Deut. Ins.*, 158, 15 ou fasc. 18.
—   LUTESCENS.   —   16
—   MELALEUCUS.   —   17
—   OBSOLETUS.   —   18
—   AMBUSTUS.   —   19
—   FLEXUOSUS.   —   20
—   RIPARIUS.   —   21
—   FLAVIPES.   —   22
—   RUBIGINOSUS.   —   23
—   DISCOLOREUS.   —   24

Toutes ces espèces se trouvent sous la mousse, sous les pierres à terre, dans les bois et les lieux humides.

Les espèces de Trombidions que M. Koch place dans son genre EUPODES sont très-nombreuses. Ce sont :

EUPODES	MILVINUS, Koch, *Deut. Ins.*, 159, 1. *Myr. u. Arach.*, fasc. 19.			
—	VARIEGATUS.	—	2	—
—	CINCTUS.	—	3	—
—	HIEMALIS.	—	4	—
—	MACROPUS.	—	5	—
—	CHLOROMELAS.	—	6	—
—	ICONICUS.	—	7	—
—	CELERRIMUS.	—	8	—
—	MODICELLUS.	—	9	—
—	FORMOSULUS.	—	10	—
—	UNIFASCIATUS.	—	11	—
—	FASCIOLA.	—	12	—
—	VERSICOLOR.	—	13	—
—	LEUCOMELAS.	—	14	—
—	TRIFASCIATUS.	—	15	—
—	STRIATELLUS.	—	16	—
—	LINEOLA.	—	17	—
—	LINEATUS.	—	18	—
—	OCHROCHLORUS.	—	19	—
—	DECOLORATUS.	—	20	—
—	MELANURUS.	—	21	—
—	DILECTUS.	—	22	—
—	MOLLICELLUS.	—	23	—
—	CERINUS.	—	24	—
—	GILVUS, Koch, *Deut. Ins.*, 160, 1. *Myr. u. Ar.*, fasc. 20.			
—	PALLESCENS.	—	2	—

Tous ces Acarides, d'une forme un peu allongée, arrondis à leur partie postérieure, de couleur pâle, mais avec de jolies taches noires, se trouvent, de même que les précédents, sous la mousse, les pierres, dans les prairies, les bois, les lieux humides ou frais.

Aux EUPODES, M. Koch a fait succéder les Trombidions de son genre TYDEUS, dont les espèces sont :

TYDEUS	POLYMITUS, Koch, *Deut. Ins.*, 160, 3, *Myr. u. Ar.*, fasc. 20.			
—	CELERIPES.	—	4	—
—	SUBTILIS.	—	5	—
—	MELANCHLAENUS.	—	6	—
—	CRUCIATUS.	—	7	—
—	OLIVACEUS.	—	8	—

Tydeus **mutabilis**, Koch, *Deut. Ins.*, 160,			9 et 10
— breviculus.	—		11
— ministralis.	—		12
— albofasciatus.	—		13
— albellus.	—		14

Tous ces Acarides, de la même forme que les *Eupodes*, se trouvent dans les mêmes lieux.

Les deux espèces d'Acarides dont M. Koch compose son genre Eupalus (Eupalus croceus et E. minutissimus, 160, 23 et 24) diffèrent peu des Eupodes. Elles sont de couleur jaune pâle, et se trouvent sous les mousses, à terre, ou sur les plantes basses.

§ LX.

Genre GAMASE.

T. III, p. 216. A la synonymie de

Gamasus coleopterarum,

Ajoutez :

Koch, *Deutschl. Insect.*, 168, 19. *Myr. und Arachn.*, 24, 19.

A la synonymie du

Gamasus marginatus,

Ajoutez :

Koch, *Deutschl. Insect.*, 170, 22 la femelle, 23 le mâle. Id., et dans *Myr. und Arachn.*, fasc. 26, fig. 22 et 23.

Ajoutez aussi les espèces suivantes décrites et figurées par M. Koch comme nouvelles :

Gamasus petiolatus, Koch, *Deutschl. Insect.*, 168, 15. Id., *Myr. und Arachn.*, 24, 15. Jaune brun. Espèce par le renflement de la seconde paire de pattes.

Gamasus carinatus, Koch, *Deut. Ins.*, 168, 16, *Myr. et Arach.*, 34, 16.					
— emarginatus.	—	17	—		17
— nemorensis.	—	18	—		
— luteus.	—	20	—		
— cerinus.	—	21	—		
— longulus.	—	23 et 24.	—		

Ces espèces sont d'un jaune clair ou d'un jaune brun. Le *Carinatus* seul est presque noir. Toutes se trouvent dans les mousses et les lieux humides et ombragés des bois et des parcs.

T. III, p. 219. Il faut décrire le n° 5, qui est remarquable et établir la synonymie du

GAMASE CRASSIPÈDE. (*Gamasus crassipes.*) ♂

Couleur ferrugineuse, brillant, la seconde paire de pattes grosses et renflées, avec un appendice digité à la base des cuisses et des genoux. —*Acarus crassipes*, Hermann, *M. sajiter*, p. 80, n° 5, t. III, fig. 6. — *Gamasus crassipes*, Koch, *Deutschl. Insect.*, 170, 4. — *Myr. und Arachn.*, 26, 4. — *Acarus crassipes*, Linné, *Syst. nat.*, IV, t. II, p. 1023, n° 8. — Id., Fabricius, *Entomol. syst.*, IV, 429, n° 21. — Shranck, *Ins. Austr.*, p. 510, n° 1049. Très-commun sous la mousse, sur la terre humide, sous les pierres et sur les plantes. M. Koch conjecture que cet Acaride remarquable est le mâle du

GAMASUS TESTUDINARIUS, Koch, 170, 5, et 26, 5, et t. III, p. 219, n° 4 de cet ouvrage, qui ressemble en tout au *G. crassipes*, mais n'a pas cette singulière conformation de pattes; on le trouve aussi facilement dans les mêmes lieux. Alors ce serait aussi un mâle du

GAMASUS EQUESTRIS de Koch, *Deutschl. Insect.*, 170, 3; 26, 3. Cette espèce a, comme le *Crassipes*, la seconde paire de pattes grosses et renflées, avec appendices digités à la base des cuisses et des genoux, mais sa forme est plus allongée, sa tête moins en pointe.

Ici il faut ajouter un bien plus grand nombre d'Acarides que M. Koch a décrits et figurés : plusieurs ne paraissent pas être des espèces distinctes, mais des variétés d'une même espèce. En voici la liste :

GAMASUS CONCOLOR,	Koch, *Deut. Ins.*, 169, 1,	*Myr. u. Arach.*, 25, 1.		
—	SETIGER.	—	2	—
—	DILATATUS.	—	3	—
—	LITUS.	—	4	—
—	DORSALIS.	—	5 et 7	—
—	CHINATUS.	—	8 et 9	—
—	ASAROTICUS.	—	10	—
—	MACULOSUS.	—	11	—

GAMASUS CEPURICUS, Koch, *Deut. Ins.*, 169, 12. *Myr. u. Ar.*, fasc. 26.

—	GILVUS.	—	13	—
—	DECOLORATUS.	—	14	—
—	PILIPES.	—	15	—
—	COARCTATUS.	—	16	—
—	ALBICANS.	—	17	—
—	CANDIDUS.	—	18	—
—	GALANTINUS.	—	19	—
—	DEALBATUS.	—	20	—
—	BIMACULATUS.	—	21	—
—	VIPALLIDUS.	—	22	—
—	PELLUCIDULUS.	—	23	—

Les neuf premières espèces sont d'une couleur roux ferrugineux plus ou moins foncé. Les 10, 11 et 12 sont plus ou moins maculées de noir. Tous les autres sont d'une couleur pâle ou blanche. Toutes se trouvent dans les gazons, les herbes des bois humides, les bords des fossés remplis d'eau, excepté le *Vipallidus* qu'on trouve sur les feuilles de l'orme, le *Pellucidulus* sur les arbres verts, et l'*Opacus* dans les creux des vieux arbres fruitiers.

GAMASUS DENTIPES, Koch, *Deut. ins.*, 170, 1, *Myr. u. Ar.*, fasc. 26, 1.

—	HAMATUS.	—	2	—
—	TESTUDINARIUS.	—	5	—
—	CALCARATUS.	—	6	—
—	HUMIDULUS.	—	7	—
—	LUNATUS.	—	8	—
—	BADIUS.	—	9	—
—	CURTUS.	—	10	—
—	PALLESCENS.	—	11	—
—	LIVIDUS.	—	12	—
—	COMOSULUS.	—	13	—
—	ARCINALIS.	—	14	—
—	OVATUS.	—	15	—
—	VEGETUS.	—	16	—
—	MILVINUS.	—	17	—
—	HORTICOLA.	—	18	—
—	AGILIS.	—	19	—
—	BIFULCATUS.	—	20	—
—	INTERRUPTUS.	—	24	—
—	MARGINELLUS.	—	21	—

Toutes ces espèces se trouvent dans les bois, les jardins, les prairies, sous les mousses, dans le creux des arbres, mais

GAMASUS STABULARIS, Koch, *Deut. Ins*, 171, 1, ou fasc. 27 des *Myr. et Arach.*
— LIMBATUS.   2

se prennent dans les endroits humides des écuries et des chenils.

GAMASUS TARDUS, Koch, *Deut. Ins.*, 189, 14, fasc. *M. u. Ar.* 39, sous les mousses.
— LÆVIS. — 15, est ainsi que le suivant parasite du *Staphylinus maxillosus.*
— LATUS. — 16.
— OVATUS. — 15, fasc. 39, sur la mousse.
— SPINIPES. — 18, *id.*
— ATTENUARIUS. — 19, sous la mousse et dans les plumes desséchées d'édredon.

M. Koch subdivise son genre Gamase en trois sections, qu'il subdivise ensuite en un plus grand nombre de petites sections, d'après la forme de l'abdomen (*Ubersicht des Arachn. syst.* 34, fascic. 3, p. 83).

PREMIÈRE SECTION. Gamases à dos peu bombé qui n'ont point de piquants mobiles au corselet : *G. interruptus, G. dentipes, G. hamatus, G. milvinus, G. horticola, G. bifulcatus, G. monachus, G. equestris, G. agilis, G. lividus, G. comosulus, G. ovatus, G. arcualis, G. vegetus, G. stabularis, G. limbatus, G. marginatus, G. crassipes, G. testudinarius, G.calcaratus, G. timidulus, G. marginellus, G. lunatus, G. badius, G. curtus, G. latus, G. pallescens.*

DEUXIÈME SECTION. Gamases qui sont pourvus de piquants mobiles au corselet : *G. emarginatus, G. nemorensis, G. coleopterarum, G. luteus, G. petiolatus, G. spinipes, G. cerinus, G. carinatus, G. motatorius, G. attenuatus, G. longulus, G. concolor, G. setiger, G. dilatatus, G. litus, G. lœvis, G. ellipticus, G. dorsalis, G. coarctatus, G. albicans, G. candidus, G. bimaculatus, G. celer, G. asaroticus, G. maculosus, G. cepuricus, G. pilipes, G. gnavus, G. decoloratus, G. galantinus, G. vipallidus, G. pellucidulus, G. opacus.*

TROISIÈME SECTION. Gamases qui ont deux soies en massue au corselet : *G. carinatus, G. tardus.*

T. III, p. 220.

M. Koch ne met point le genre UROPODE dans la tribu des Gamases, mais dans celle des *Sarcoptides*, qui répondent en partie au genre TYROGLYPHUS (t. III, p. 261), M. Koch n'indique dans ce genre que l'*Uropoda vege-*

tans (Koch, *Ubersicht des Arachnidens systems*, fasc. 3, 1843, in-8, p. 128, pl. 13, fig. 73) qui a été décrit dans cet ouvrage.

Mais dans la tribu des Gamases, M. Koch place encore le genre LÆLAPS.

LÆLAPS FESTIVUS, Koch, 168, 7, fasc. 24, blanc maculé de gris pâle, pris sur le *Mus sylvaticus*.
— PACHYPUS, Koch, *Deutsch. Ins.*, 168, 8, pris sur le *Lemnus arvalis*.
— HILARIS, Koch, *Myr. u. Ar.*, 4, t. 20, *Ubersicht.*, p. 89, pl. 10, fig. 48.
— AGILIS, Koch, *Myr. u. Ar.*, 4, t. 19, *Ubersicht.*, p. 89.

Vient ensuite le genre ZERCON que M. Koch subdivise d'après la forme du corps, mais cette division n'est pas rigoureuse. Ils ont l'abdomen carré ou ovalaire, quelquefois avec des poils latéraux. Ils se trouvent tous à terre et dans les lieux humides.

ZERCON DIMIDIATUS (Koch, *Uber.*, p. 89, pl. 10, fig. 49.—*Myr. u. Ar.*, 38, t. 17).
— TRIANGULARIS (Koch, *Myr. u. Ar.*, 4, t. 16.— *Deut. Ins.*, 171.
— VACUUS (*Id.*, 27, t. 3.—*Id.*, 171). Sous les pierres et les mousses, dans les haies, les broussailles.
— ABACULUS (*Id.*, 27, t. 4. — *Id.*, 171). Mêmes lieux que le précédent.
— SPATULATUS (*Id.*, 27, t. 5. — *Id.*, 171). Mêmes lieux.
— SIMILIS (*Id.*, 27, t. 6. — *Id.*, 171). Mêmes lieux.
— PILTATUS (*Id.*, 38, t. 15. — *Id.*, 171).
— FIMBRIATUS (*Id.*, 27, t. 7.— *Id.*, 171). Mêmes lieux.
— FESTIVUS (*Id.*, 27, t. 8. — *Id.*, 171). Trouvé sur les bords d'un vivier.
— CILIATUS (*Id.*, 4, t. 9. — *Id.*, 171). Sur les bords des fossés humides.
— PAVIDUS (*Id.*, 27, t. 10.—*Id.*, 171). Dans les étables, les foins, la paille.
— FLAVIDUS (*Id.*, 39, 21.—*Ins.*, 189, 21). On le trouve en nombre à la base des ailes du *Scarabæus stercorarius*.
— OVALIS (*Id.*, 27, t. 10. — *Id.*, 171). Dans les lieux frais et ombragés des jardins et des bois.
— PALLENS (*Id.*, 27, t. 12. — *Id.*, 171). Dans les bois.
— OBTUSUS (*Id.*, 27, t. 13. — *Id.*, 171). Peut-être n'est-ce qu'une variété de l'*Ovalis*. Mêmes lieux.
— ELEGANTULUS (*Id.*, 27, t. 14. — *Id.*, 171). A corps ovalaire et pointu, joliment tachée de rouge sanguin. Il est douteux qu'il appartienne à ce genre.

Le genre SEJUS que M. Koch place après, dans les Gamases, est subdivisé en trois sections. Ils se trouvent tous sur la terre humide, dans les bois sous les mousses.

1. Ovale, corselet et abdomen avec des poils ou piquants.

SEJUS MURICATUS, Koch, *Deut. Ins.*, 168, 11, *My. u. Ar.*, fasc. 24.
  —   HIRSUTUS.   —·   12   —
  —   CHINATUS.   —   13   —

2. Ovale, corselet sans piquants. Abdomen échancré ayant des poils à la partie postérieure.

SEJUS SPINOSUS, 168, 14.
  —   TOGATUS (fasc. 4, 17).
  —   TESTACEUS (fasc. 4, 18).

3. Ovale allongé, corselet sans piquants.

SEJUS VIDUUS, 168, 10, fasc. 24. — Koch, *Ubersicht.*, p. 92, pl. 10, fig. 50.
  —   LITURA.
  —   INERMIS, 188, 20, fasc. 39.
  —   DETRITUS, *Celæno detrita*, Koch, *Deut. Ins.*, 182, 3. *Myr. u. Ar.*, 32, 3.

Sous la mousse.

T. III, p. 221.

Le NOTASPIS CASSIDEUS d'Hermann qui a été décrit par M. Gervais (n° 12), mais avec doute, comme un UROPODE, forme un genre dans l'ouvrage de M. Koch qui décrit plusieurs espèces d'Acarides qu'il rapporte à ce genre, dans la tribu des Gamases.

NOTASPIS OVALIS, Koch, *Deutschl. Ins.*, 171, 21, *Myr. u. Ar.*, fasc. 27.
  —   CASSIDEUS.   Herm., 93, t. 6, fig. 2.
  —   MARGINATUS.   —   22
  —   IMMARGINATUS.   —   23
  —   ORBICULARIS.   —   24
  —   RUTILANS, Koch, *Deut. Ins.*, 188, 18. *Id.*, *Ubers.*, p. 93, fig. 52.
  —   OBSCURUS, Koch 2, t. 5.
  —   OSTRINUS, Koch 2, t. 6.

Toutes ces espèces ont la forme et la couleur rouge brune ferrugineuse d'un grand nombre de Gamases.

Le septième et dernier genre que M. Koch a placé dans la tribu des Gamases est le genre EUMÆUS, qu'il nommait précédemment IPHIS, nom qu'il a changé parce qu'il avait été donné avant lui à un genre de Crustacés (Koch, *Ubersicht*, p. 95 et 96).

Eumæus *sive* iphis globulus, Koch, *Uebersicht.*, p. 95, pl. 10, fig. 31,
171, 17, *Myr. u. Ar.*, fasc. 27.
—   pyrobolus, Id., *Deut. Ins.*, 171, 15, *Myr. u. Ar.*, fasc. 27.
—   hemisphericus.   —   16   —
—   astronomicus.   —   18   —
—   geometricus.   —   19   —
—   ciliatus.   —   20   —
—   minimus.   —   189, 22   — fasc. 39.

Toutes ces espèces sont rondes, globuleuses, dépourvues de piquants ou de soies, à la réserve de l'*E. ciliatus* qui peut-être n'appartient pas à ce genre. Elles se trouvent toutes sur la terre humide, sous les mousses.

T. III, p. 222 à 227.

Le genre Dermanyssus, qui fait partie du genre *Gamasus* est, dans la classification de M. Koch, le premier genre de la grande tribu des Gamasides (Koch, *Uebersicht*, p. 80, tab. 9, fig. 46). Cependant ce genre semble se rapprocher par plusieurs de ses espèces du genre Dermaleichus que M. Koch a placé dans les Sarcoptides (Conf. *Uebersicht*, p. 122, pl. 13, fig. 70).

Après le numéro 26 (t. III, p. 223) ajoutez les espèces suivantes, décrites et figurées par M. Koch, qui avant d'être admises comme espèces nouvelles ont besoin d'être comparées à toutes celles du même genre qui ont été nommées dans cet ouvrage :

Dermanyssus carnifex, Koch, *Deut. Ins.*, 168, 1, fasc. 24. — Parasite de la Chauve-Souris. — Comparez cette espèce avec celles des numéros 22, 23 et 24 de la page 222.

Dermanyssus arcuatus, Koch, 168, 2 la femelle, 3 le mâle, fasc. 24. Trouvé sur l'espèce de Chauve-Souris nommée *Vespertilio noctula*. C'est peut-être la même espèce que le *Dermanyssus coriaceus* de M. Gervais, p. 222 de ce volume, n° 22, mais alors il est juste de remarquer que le fascicule de M. Koch est antérieur et est daté du 8 avril 1839. Le *Dermanyssus albatus* (168, 5), espèce évidemment différente du *Coriaceus* et toute blanche, a été aussi trouvée sur le *Vespertilio noctula*.

Dermanyssus lanius, 168, 4, fasc. 24. Pris sur le Rat des champs nommé *Limnus arvalis*.

Dermanyssus columbinus, 168, 6. On en trouve par milliers dans les nids abandonnés des Pigeons et dans les excréments de ces oiseaux.

Dermanyssus musculi, Koch, *Ubersicht*, 3, tab. 13.

T. III, p. 223, n° 28.

Dermanyssus gallinæ.

Ajoutez à la synonymie :

Koch, *Myr. und Ar.*, 4, t. 14. — Id., *Ubersicht*, p. 81.

T. III, p. 227-228.

Le genre Celeripes , qui est placé dans notre ouvrage parmi les Gamases, est mis par M. Koch dans nos Tyroglyphes ou Sarcoptides, et il a conservé à ce genre le nom de Pteroptus que lui avait donné M. Dufour (Koch, *Ubersicht*, p. 126, pl. 13, fig. 72).

A la synonymie du

Pteroptus murinus,

Ajoutez celle d'un auteur indiqué vaguement dans les préliminaires du genre :

The louse of the Bat, H. Barker, *Employment for the microscope*, 1753, in-8, chap. 30, p. 406, pl. 15 (facing p. 402), fig. E, F, G. Barker a vu à travers la peau de cet Acaride le mouvement péristaltique du fluide intestinal. Il a trouvé cet insecte sur les ailes de la Chauve-Souris. Il vécut pendant vingt-quatre heures après avoir été placé sous le verre du microscope. Barker remarque que ces animaux ont la faculté de retourner leurs pattes entièrement, de manière à marcher le dos renversé aussi facilement que s'ils avaient le ventre en dessous, et ils s'accrochent au moyen de pelotes qui terminent leurs tarses, aussi fortement que dans la position naturelle.

Ajoutez à la synonymie du

2. Pteroptus du *Vespertilio noctula* :

Koch, *Pteroptus verpertilionis*, *Deut. Ins.*, 167, 23. — Dugès, *Annales des sciences naturelles*, 1834. Le *Pteroptus acuminatus* de M. Koch cité ici comme synonyme (*Deut. Ins.*, 132, 21) est considéré par celui-ci comme une espèce différente de celle-ci qui a été prise par lui sur le *Vespertilio noctula*.

Les autres espèces que M. Koch place dans ce genre sont :

Le PTEROPTUS PLECOTINUS, *Deut. Ins.*, 127, 24. — *Myr. und Arach.*, 23, t. 24. Prise sur le *Vespertilio auritus*.

PTEROPTUS RHINOLOPHUS, *Ubersicht*, p. 126, tab. 13, fig. 72.— *Deut. Ins.*, 188, 21. — *Myr. und Arach.*, 38, t. 21. Peut-être le même que nos espèces 5 et 6. Cette espèce a été prise sur le *Vespertilio ferrum equinum*.

PTEROPTUS ACUMINATUS, *Myr. und Ar.*, 4, t. 21.

PTEROPTUS ABDOMINALIS, *ib.*, 4, t. 22.

T. III, p. 231, n° 41. A la synonymie de

L'Argas reflexus,

Ajoutez :

Koch, *Deutschl. Insect.*, 188. — Id., *Myr. und Ar.*, fasc. 39, n° 1. — M. Koch cite pour synonymie de cette espèce : *Acarus reflexus*, Fabric., *Ent. system.*, IV, p. 426, n° 7. Le reste de sa synonymie est semblable à celle de M. Gervais. M. Koch dit n'avoir pas encore trouvé vivant en Allemagne cet Acaride remarquable, si commun en Italie et en Allemagne.

§ LXI.

Genre IXODE.

T. III, p. 234. Ajoutez à la description et à la synonymie de

L'Ixodes vicinus,

Le mâle. — Châtain avec des raies longitudinales noires. Koch, *Deutschl. Ins.*, 187, 5, fasc. 37.

La femelle. — Rouge sanguin réticulé de raies fines brunes. Koch, 187, 6 et 7, fasc. 37.

La fig. 7 est d'un gris jaunâtre qui est la couleur de l'Acaride lorsqu'il est à jeun et non gorgé de sang. M. Koch dit que dans les bois et sur les buissons on trouve fréquemment ces Acarides accouplés.

T. III, p. 251. Ajoutez à la fin des espèces d'Ixodes :

Ixode de l'Écureuil. (*Ixodes sciuri.*)

Abdomen d'un brun foncé avec des raies jaunes au corselet et à l'abdomen.

Koch, *Deutschl. Ins.*, 187, 8. — *Myr. und Ar.*, fasc. 37, 8. Sur l'Écureuil.

Ixode de la Chauve-Souris. (*Ixodes vespertilionis.*)

Abdomen d'un blanc verdâtre, pattes jaunâtres. On trouve cet Acaride sur la grande Chauve-Souris fer à cheval, mais il n'est pas commun.

Koch, *Deutschl. Ins.*, 187, 9.— *Myr. und Ar.*, 37, 9.

M. Koch a encore décrit les Ixodes suivants :

Ixodes flavipes,		189, 2, fasc. 39. Couleur de plomb taché de noir. Sur la grande Chauve-Souris fer à cheval (*Rhinolphus ferrum equinum*), mais rare.
—	fuscus.	3 le mâle, 4 la femelle. Sous le ventre de la Biche où cette espèce s'accouple.
—	rufus.	7. Sous le ventre du Cerf.
—	sexpunctatus.	5 et 6. Prise sur les oreilles du Renard.
—	crenulatus.	8 le mâle, 9 la femelle. Comme dans beaucoup d'autres Ixodes, le mâle est rond, la femelle subquadriforme. On le trouve en grand nombre sur le Blaireau. Conférez la description de M. Koch avec celle que M. Robineau Desvoidy a donnée de l'Acaride trouvé sur le même animal (Voyez t. III, p. 251 de notre ouvrage).
—	pallipes.	10. Sur la Chauve Souris commune. Pattes et corselet jaunes, abdomen d'un noir violet brillant.
—	lacertæ.	11. Brun olivâtre avec trois stries.

§ LXII.

Genre ORIBATE.

T. III, p. 254. Ajoutez à ce qui est dit sur les subdivisions des Oribates :

M. Koch, qui a placé dans les Gamases les Notaspis d'Hermann, donne à la famille des Oribates le nom de Carabodides (*Ubersicht*, fasc. 3, p. 96) et subdivise cette famille en plusieurs genres de la manière suivante :

1. ORIBATES (*Ubersicht des Arach. systems*, p. 90, tab. 11, fig. 53 et 54).
2. ZETES (*Id.*, tab. 11, fig. 55).
3. EREMEUS (*Id.*, tab. 11, fig. 56).
4. PELOPS (*Id.*, tab. 11, fig. 57).
5. CEPHEUS (*Id.*, tab. 11, fig. 58).
6. OPPIA (*Ubersicht*, tab. 12, fig. 61).
7. DAMÆUS (*Id.*, fig. 62).

Le genre ORIBATES est partagé par M. Koch en deux sections, sans ailes, avec des ailes : la première a pour type *Oribates calcaratus* (*Myr. u. Ar.*, fasc. 72, t. 13 ; la seconde, *Oribates Ovatus*. M. Koch a décrit et figuré dans ce genre les espèces suivantes :

ORIBATES GILVIPES, Koch, *Deut. Ins.*, 175, fig. 14, *Myr. und Ar.*, 30, 14.		
—	PICIPES.	15
—	FLAMMULA.	16
—	FACULA.	17
—	HUMERALIS.	18
—	SETOSUS.	19
—	MOLLICOMUS.	20
—	PUNCTUM.	22
—	BADIUS.	23
—	OVATUS.	24
—	ANGULATUS.	21
ORIBATES CORACINUS, Koch, *Deut. Ins.*, 177, fig. 1, *Myr. und Ar.*, 31.		
—	FUSCUS.	2
—	FUSIFER.	3
—	GLOBULUS.	4
—	CLIMATUS.	5
ORIBATES CORNUTA, Koch, *Deut. Ins.*, 188, 8, fasc. 38.		
—	FUSCIPES.	8
—	ALTERRIMUS.	9
—	SUBTERRANEUS.	10
—	GLOBOSUS.	11

Toutes ces Acarides se trouvent à terre sous les mousses, dans les prairies, dans les bois et les lieux humides. La dernière espèce, l'*Oribates climatus*, par la grandeur de ces appendices latéraux de l'abdomen que M. Koch nomme *les ailes*, est une des plus remarquables. C'est aussi une des plus grandes du genre.

T. III, p. 254.

Dans le genre NOTHRUS M. Koch a décrit un grand nombre d'espèces qu'il partage en douze sections, d'après la forme du corps. Toutes les espèces de Nothrus se trouvent sous les mousses, dans les grands bois, dans les forêts.

A. Nothrus convexus , fasc. 29, t. 1, *Deut. Ins.*, 174, 1.
 —   corynopus.   89, t. 2 (Voyez t. III , p. 256, n° 6 de
                                    notre ouvrage).
 —   piceus.   29, t. 2, *Deut. Ins.*, 174, 2.
 —   pulverulentus. 29, t. 3   174 3
 —   gibbus.   29, t. 4   174 4
 —   castaneus.   89, t. 7, décrit t. III, p. 255, n° 5 de
                                    notre ouvrage.
B. Nothrus farinosus.   29, t. 8, *Deut. Ins.*, 174, 8.
 —   peltifer.   29, t. 9   174 9
 —   theleproctus.   29, t. 10   174 10, Hermann,
                                 91, t. 7, fig. 5.
 —   scaliger.   29, t. 11, *Deut. Ins.*, 174, 11
 —   pollinosus.   29, t. 12   174 12
C. Nothrus distriatus.   29, t. 21   174 21
 —   palliatus.   30, t. 24   175 4
 —   bivarrucatus.   29, t. 15   174 15
 —   angulatus.   29, t. 14   174 14
D. Nothrus posticus.   30, t. 5   175 5
 —   minimus.   38, t. 1   178 1
E. Nothrus biciliatus.   38, t. 2   178 2
 —   palustris.   39, t. 3   174 13
 —   tegeocranus, Hermann, 93, t. 3 et 4.
F. Nothrus doliaris , fasc. 29, t, 5 et 6.   174 4
G. Nothrus pallens.   29, t. 12   188 4
 —   bicolor.   38, t. 5   188 5
H. Nothrus bicarinatus. 29, t. 16   174 16
 —   ventricosus.   29, t. 17   174 17
 —   pigerrimus.   38, t. 3 .   188 3
 —   mutilus.   29, t. 18   174 18
 —   rostratus.   29, t. 19   174 19
 —   horridus, Hermann, 90, t. 6, fig. 3.

Le *Nothrus pigerrimus* tout noir, allongé, tuberculé à sa
partie postérieure, me paraît devoir appartenir à la section suivante.

I. Nothrus segnis, Koch , 30, t. 1, *Deut. Ins.*, 175   1
                                    Hermann, 94, t. 4, fig. 8.
 —   diurus.   30, t. 2, *Deut. Ins.*, 175   2
 —   furcatus.   30, t. 3   175   3

Les trois espèces qui précèdent sont singulièrement remarquables par leur forme allongée, leur abdomen à côtés droits et
parallèles et fortement échancré ou plutôt bifide à son extrémité
postérieure. Dans les forêts, sous la mousse. Peu communs.

K. Nothrus echinatus, Koch, *Myr. u. Ar.*, 2, t. 17
 —   spinifer.   —   2, t. 18
 —   sordidus.   —   29, t. 20. *Deut. Ins.*, 174 20

L. NOTHRUS SINUATUS.	29, t. 22	174	22
— RUNCINATUS.	29, t. 23	174	23
— DISPINOSUS.	29, t. 24	175	24

M. NOTHRUS ACUMINATUS.
> *Murcia acuminata*, Koch, 31, t. 24.

N. NOTHRUS OBSOLETUS.
> *Cæleno obsoleta*, Koch, 32, t. 4.

La section A du genre NOTHRUS de M. Koch forme en partie le genre BELBA de Heyden, par l'espèce de l'Oribate à pieds massue, *O. corynopus* (p. 256). La section B répond en partie au genre GALUMNA et LIODES de Heyden puisque c'est l'Oribate théléprocte (Voyez p. 257, n° 10).

T. III, p. 258 et 259.

Le genre ZETÈS qui, dans la méthode de M. Koch, suit immédiatement celui d'ORIBATES (*Ubersicht*, fasc. 3, p. 99) est en partie renfermé dans celui de *Galumna*, admis par M. Gervais, puisqu'il renferme l'Oribate ailé et le Zetes dorsal, mais ce même genre *Galumna* comprend aussi la section E du genre *Nothrus* de Koch, puisque l'Oribate tégéocrane, p. 258, n° 14, entre aussi dans le genre Nothrus.

T. III, p. 259.

Le genre ZETES est partagé en deux sections par M. Koch.

A. Abdomen avec appendices coriacés aliformes.

ZETES ALATUS, Koch,	31, t. 6.—Id., 177. fig. 6.—Hermann, 92, t. 6, fig. 6.		
— DORSALIS.	2, t. 14.—*Ins. aptères*, t. III, p 259.		
— CLIMATUS.	31, t. 5.—Id., *Ubersicht*, t. XI, p. 100, fig. 55.— *Oribates climatus*, Koch, 177, fig. 5.		
— EPUIPPIATUS.	3, t. 7.		
— FUSCOMACULATUS.	31, t. 11.—Koch, 177, fig. 11.		
— LÆVIGATUS.	3, t. 8		
— LATIPES.	38, t. 14	188	14
— LATIROSTRIS.	38, t. 13	188	13
— PALLIDULUS.	31, t. 9	177	9
— SEMIRUFUS.	31, t. 7	177	7
— COESPITUM.	3, t. 8	177	8
— RUBENS.	31, t. 10	177	10

B. Abdomen sans les appendices coriacés aliformes.

ZETES SATELLITIUS, Koch, 31, t. 13. — Id., 177, fig. 13.

—	MORTICINUS.	31, t. 14	177	14
—	DOUSATUS.	31, t. 15	177	15
—	PILOSUS.	31, t. 12	177	12
—	GILVULUS.	31, t. 17	177	17
—	LUCORUM.	31, t. 18	177	18
—	LONGIUSCULUS.	31, t. 19	177	19
—	FLAVIPES.	31, t. 16	177	16

Toutes ces Acarides de la tribu des Oribates se trouvent à terre sous les mousses, dans les grands bois et les prairies humides.

T. III, p. 239.

Le genre EREMÆUS qui, dans la méthode de M. Koch, suit celui de ZETES, doit aussi faire partie du genre GALUMNA.

EREMÆUS HEPATICUS, Koch, 3, t. 23.—Id., *Übersicht*, p. 102, tab. 11, fig. 56.

Il en est de même du genre PELOPS qui est plus nombreux en espèces. A celles qui sont indiquées t. III, p. 257 et 259, ajoutez :

PELOPS ACROMIOS, Koch, 30, t. 9 et 10. — Id., *Deut. Ins.*, 175, fig. 9 et 10.
    Notaspis acromios, Hermann, 91, t. 4, fig. 1. Remarquable par l'abondance de ses poils. Il y a une variété plus petite, brillante que M. Koch a nommée *Pelops fuligineus*.

—	AURITUS, Koch, 30, t. 11. — Id., *Deut. Ins.*, 175, fig. 11.			
—	UREACEUS.	30, t. 12	175	12
—	OCCULTUS.	2, t. 15	175	
—	TARDUS.	2, t. 16		
—	TORULOSUS.	30, t. 13	175	13
—	HIRSUTUS.	38, t. 15	175	15
—	PHAENOTUS.	39, t. 23		

Toutes ces Acarides se trouvent, comme les autres Oribates, sur les mousses et dans les lieux humides des prairies et des bois. Toutes sont brunes, de forme ronde, et ont leur abdomen plus ou moins parsemé de soies jaunâtres.

T. III, p. 259.

Le genre HOPLOPHORA, qui termine la tribu des Oribates dans M. Koch, renferme les espèces suivantes

qu'il a décrites et qu'il faut ajouter à celles qui sont
décrites dans notre ouvrage.

HOPLOPHORA CRINITA, Koch, *Deut. Ins.*, 182, fig. 8.—*Myr. u. Ar.*, 32, t. 8.				
—	CARINATA.	182	9	32, t. 9
—	FERRUGINEA.	182	10	32, t. 10
—	TESTUDINEA.	182	11	32, t. 11
—	GLOBOSA.	182	12	32, t. 12
—	STRAMINEA.	182	13	32, t. 13
—	LUCIDA.	182	14	32, t. 14
—	ARDUA.	182	15	32, t. 15
—	LENTULA.	182	16	32, t. 16
—	LONGULA.	182	17	32, t. 17
—	DECUMANA.			2, t. 9
—	LÆVIGATA, Koch, *Ubersicht*, p. 116, t. 12, fig. 66. — *Myr. und Ar.*, fasc. 38, t. 16.			
—	STRICULA. Id. fasc. 38, t. 16.			

Toutes ces espèces d'Oribates, qui ont un abdomen arrondi
globuleux (excepté l'*H. longula*) et une tête, ou faux corselet,
prolongé, resserré, plus étroit et distinct de l'abdomen, se trouvent dans les grands bois sous les mousses des arbres et dans
d'autres lieux frais et humides.

M. Koch distingue encore dans la tribu des Oribates
le genre CEPHEUS qui renferme peu d'espèces. Elles se
font remarquer par les dents de leur corselet ou les
soies de leur abdomen. Leur allure est lente. On les
trouve sous les mousses, à terre sous les pierres humides. Placées sous le verre du microscope elles y
vivent longtemps. Point d'yeux apparents.

CEPHEUS LATUS, Koch, *Myr. und Ar.*, fasc. 3, fig. 11. — Id., *Ubersicht des Arachnidens systems*, p. 104, t. 11, fig. 58.		
—	OVALIS, Koch, *Deutschl. Ins.*, 182, fig. 7. — *Myr. und Ar.*, 32, 7. — Id., *Ubersicht*, p. 104.	
—	MINUTUS. Id.	3, 12

Le genre OPPIA, dont les espèces sont extrêmement
petites mais vives, n'a été trouvé jusqu'ici que sous les
mousses et sur la terre humide. Leur abdomen est rond,
la tête en est très-séparée et triangulaire. Celles que
M. Koch a décrites sont les suivantes :

OPPIA SPLENDENS, Koch, *Deut. Ins.*, 182, t. 6.—Id., *Myr. und Ar.*, 32, t. 6.
    — NITENS.   Id., *Ubersicht*, p. 104, t. 12, fig. 61.

OPPIA GLAUCINA. Id., *Myr. und Ar.*, 3, t. 9
— BADIA. Id. — 30, t. 23
— CORNUTA. Id., *Deut. Ins.*, 188, t. 8. — *Myr.*, 38, t. 28.

Ce genre OPPIA s'éloigne peu du genre DAMÆUS, et tous deux rentrent dans la section du genre Oribate, admise par M. Gervais, t. III, p. 257. Les espèces du genre DAMÆUS décrites par M. Koch se groupent de la manière suivante :

A. Abdomen rond.

DAMÆUS GENICULATUS, Koch, *Myr. und Ar.*, 3, t. 13. Cette espèce est l'Oribate gros genoux, placée par M. Gervais dans le genre BELBA (Voyez t. III, p. 256, n° 7).
— NODIPES. 30, t. 6
— AURITUS. *Ubersicht, Myr. u. Ar.*, p. 106, t. XII, fig. 62. 2, t. 11
— BICOSTATUS. 2, t. 12
— FEMORATUS. 30, t. 7
— CONCOLOR. 38, t. 6
— AURITUS, Koch, *Ubersicht*, p. 106, t. 12, fig. 72.

B. Corps allongé, de formes irrégulières et étranges.

DAMÆUS TORVUS, Koch, *Myr. u. Ar.*, 3, t. 14. Pattes allongées.
— ONUSTUS. — 38, t. 7. *Deut. Ins.*, 188, 7. Dos gonflé par des gibbosités.

Toutes ces espèces se trouvent sous la mousse et dans les lieux humides.

Le genre CARABODES de M. Koch comprend les Oribates qui ont la forme d'un Scarabée, dont la tête ou la partie antérieure du corps est visiblement distincte du reste, ou de l'abdomen, qui ont le dos voûté et pourvu de poils en massue.

CARABODES CORIACEUS, Koch, *Myr. u. Ar.*, 3, t. 13, *Ubersicht*, p. 107, t. 11, fig. 32.
— CEPHALOTES, Koch, *Myr. u. Ar.*, 3, t. 16.
— CYNOCEPHALUS.
— CANALICULATUS.

M. Koch dit : « J'avais placé à tort dans le genre NOTHRUS ces deux dernières espèces. »

Le genre CELÆNO, dont le corps est plat et peu voûté, se partage en trois groupes de formes très-différentes.

A. Corps triangulaire, avec des épines sur les bords.

CELÆNO SPINOSA, Koch, *Myr. u. Ar.* 3, t. 17. *Ubersicht*, fasc. 3, p. 108,
tab. 11, fig. 60.
— PLICATA. — 3, t. 18

B. Corps presque octogone, épines courtes.

CELÆNO COCCINEA, Koch, *Myr. u. Ar.*, 32, t. 1. — Id., *Deut. Ins.*, 182, 1.
— RODONULA. — 32, t. 2. — 182, 2.

C. Corps assez allongé, sans épines.

CELÆNO ÆGROTA, Koch, *Myr. u. Ar.*, 32, t. 5. — Id., *Deut. Ins.*, 182, 5.
— DETRITA. — — 182, 3.

Se trouvent toutes sous les mousses dans les endroits humides.

Le genre HYPOCHTHONIUS de M. Koch se compose
d'espèces dont la tête est triangulaire, distincte du reste
du corps, dont l'abdomen s'élargit sur les côtés et est
aliforme.

HYPOCHTONIUS RUFULUS, Koch, *Ubersicht*, p. 109, t. 12, fig. 63. — *Myr. und
Ar.*, 3, t. 19.
— PALLIDULUS. Id. 3, t. 20.

Ces Acarides se trouvent à terre dans les endroits marécageux, sous les mousses et les plantes arrachées et humides.

Enfin M. Koch distingue encore dans les ORIBATES le
genre MURCIA, espèces à corps ovoïde, pointu vers la
tête, qu'on trouve isolés sous les mousses, dont l'allure est un peu plus vive que celle du genre ORIBATE
proprement dit, mais qui ne font que de très-petits
sauts. M. Koch les divise en deux groupes d'après la
forme du corps.

A. Corps arrondi à sa partie postérieure.

MURCIA RUBRA, Koch, *Deut. Ins.*, 177, 20. — *Myr. und Ar.*, 31, t. 20
— TRIMACULATA. 3, t. 21
— FUMIGATA, Koch, *Ubersicht*, p. 115, t. 12, fig. 65. — Id. *Deut. Ins.*,
177, 21. — *Myr. und Ar.*, 31, t. 21.

B. Corps cylindroïde rétréci en pointe ou en tubercule à sa
partie postérieure, tête courbée.

MURCIA OBSOLETA.   Koch ,   *Myr. und Ar.*, 31, t. 23.
— EPHIPPIATA, Koch, *D. Ins.*, 177, 22.
— ACAROÏDES.   —   31, t. 22
— ACUMINATA.   —   177 24   —   31, t. 24

Cette dernière espèce est remarquable par les deux longues
soies qui terminent son abdomen. Elle se trouve sous la mousse
et dans les bois.

§ LXIII.

Genre TYROGLYPHE.

T. III, p. 360.

A ce qui est dit par M. Gervais sur les subdivisions
du genre TYROGLYPHUS, ajoutez :

Ce genre ou cette tribu prend, dans le système de classification de M. Koch, le nom de SARCOPTIDES, que ce naturaliste
subdivise en plusieurs genres, dont voici les noms (*Ubersicht*,
p. 118).

ACARUS, *Ubersicht*, etc., fasc. 3, p. 118-130, fig. 67 et 68. (*Ac. spinipes*, *Ac.*
farinæ.)
HOMOPUS.   fig. 68   (*H. sciurinus.*)
SARCOPTES.   (*S. hominis.*)
DERMALEICHUS.   fig. 70 et 71.(*D. passerinus.*)
PTEROPTUS.   fig. 72   (*P. rhinolophinus.*)

T. III, p. 261.

Le genre ACARUS, qui semble répondre en partie à
au genre TYROGLYPHUS proprement dit, renferme les
espèces suivantes, subdivisées par M. Koch en plusieurs groupes d'après la forme du corps.

A. ACARUS SPINIPES, Koch, *Myr. und Ar.*, 33. t. 1. *Deut. Ins.*, 183, 1. Corps
couvert de longues soies spiniformes. Sur la terre humide des
serres, des pots de fleurs.
— SETOSUS, Koch, *Myr. und Ar.*, 33, t. 3. *Deut. Ins.*, 183, 3. Dans les
maisons, les étables, la poussière et le vieux foin.
— SIRO , Koch, *Myr. und Ar.*, 32, t. 24. *Deut. Ins.*, 182, 24. (T. III,
p. 261, n° 1 de cet ouvrage.)

B. Acarus dimidiatus, Koch, *Myr. und Ar.*, 33, t. 2. *Deut. Ins.*, 183, 2. Sur la terre humide des pots de fleurs des appartements.

— cubicularius, Koch, *Myr. und Ar.*, 32, t. 23. *Deut. Ins.*, 182, 23. Blanc avec de longues soies fines. Dans l'intérieur des bâtiments et la poussière du blé battu.

— foenarius, Koch, *Myr. und Ar.*, 5, t. 14.

— hyalinus, — 32, t. 19. *Deut. Ins.*, 182, 19. Dans la poussière des blés, dans les granges, les étables.

C. Acarus plumiger, Koch, *Myr. und Ar.*, 5, t. 15.

T. III, p. 262.

D. Acarus farinæ, Koch, *Myr. und Ar.*, 32, t. 21 et 22. *Deut. Ins.*, 182, 21 et 22. Voyez t. III, p. 262, n° 4 de cet ouvrage (Acaride blanc, le mâle, fig. 21). Pattes renflées et de couleur rose. Dans la farine vieille en grand nombre.

E. Acarus sambuci, Koch, *Myr. und Ar.*, 32, t. 18. *Deut. Ins.*, 182, 18. Sous les feuilles des conifères. Petit.

— oblongulus, Koch, *Myr. und Ar.*, 32, t. 20. *Deut. Ins.*, 182, 20. Sous les mousses dans les bois.

Le genre Homopus de M. Koch ne renferme que deux espèces : corps plat, sans soies ; abdomen large, arrondi, et ressemblant à certaines Punaises.

Hermopus sciurinus. — *Dermaleichus sciurinus*, Koch, *Myr. und Ar.*, 33, t. 7. *Deut. Ins.*, 183, 7. Sur l'Écureuil commun. Abdomen écrancré et bifide.

— hypudæi, *Myr. und Ar.*, 39, t. 24. *Deut. Ins.*, 189, 24. Corps ovale, arrondi et s'amincissant à son extrémité postérieure. D'un blanc grisâtre. Petit, brillant. Commun au printemps sur le rat nommé *Hypudæus arvalis*, le Campagnol.

T. III, p. 265.

M. Koch subdivise le genre Hypopus en deux sections. Il y place des espèces qu'il mettait précédemment dans les Uropodes :

A. Pattes allongées, soies palpaires avec un appendice.

Hypopus julorum. Ovale fauve, tête linéaire, avec deux soies terminales. Koch, *Myr. und Ar.*, 38, t. 20. Id., *Deut. Ins.*, 188, 20.

Cet Acaride se trouve en nombre sur le *Iulus unilineatus*, et s'y accouple ; la femelle est pourvue d'une tarière très-courte.

Hypopus muscarum. Voyez t. III, p. 265, n° 22. Koch cite aussi Linn., *Syst. nat.*, I, 11, 1025.

B. Pattes très-courtes, soies palpaires sans appendice.

Hypopus spinitarsus, Koch, 85, t. 6, fig. 5.
—   nitidus, Koch, *Ubersicht*, p. 120, t. 13, fig. 74.— *Uropoda nitida*,
         Koch, *Myr. u. Ar.*, 4, tab. 24.
—   opacus. *Uropoda opaca*, Koch, *Myr. u. Ar.*, 4, t. 23.

M. Koch doute que cette dernière espèce appartienne à ce genre.

Le genre Uropoda de M. Koch se réduit à une seule espèce, l'Uropoda vegetans (*Ubersicht*, tab. XIII, fig. 73, *Deutschl. Insect.*, 188, 19). Cet Acaride, à corps circulaire, à couleur de rouille, s'attache aux pattes des Scarabées stercoraires. Ainsi que nous l'avons dit, ce genre Uropode, que M. Koch met dans les Tyroglyphes ou Sarcoptides, est placé par M. Gervais dans les Gamases (voyez t. III, p. 220, et dans ce volume IV, p. 541).

M. Koch décrit très-longuement le genre Pteroptus de Dufour (*Ubersicht*, fasc. 3, p. 126), et il y place avec doute les espèces que nous avons indiquées plus haut (p. 545), et qui se trouvent attribuées, ainsi que tout ce genre, à la grande tribu des Gamases.

Le genre Dermaleichus, que M. Koch place après le genre Pteroptus dans les Sarcoptides, participe, ou est voisin du genre Dermanyssus, classé dans notre ouvrage par M. Gervais dans le grand genre Gamase (conférez ci-dessus, t. III, p. 222, et p. 544 de ce vol. IV), et aussi du genre Glycyphocus de Hering (conférez t. III, p. 264) qui fait partie de nos Tyroglyphes ou Sarcoptides). M. Koch a longuement caractérisé le genre Dermaleichus et donne les noms d'un assez grand nombre d'espèces, dont quelques-unes sont encore inédites, ou non décrites par lui.

Ces Acarides ont le corps un peu allongé, à forme irrégulière, peu bombé et pourvu de soies rares, fines et très-longues, avec des pattes ordinairement grosses

et renflées. C'est par la forme du corps et des pattes
que M. Koch subdivise ce genre en six groupes de la
manière suivante :

A. Toutes les pattes également courtes et renflées.

DERMALEICHUS CHRYSOMELINUS, Koch, *Myr. und Ins.*, 33, t. 4 *a* et *b*.
— ROSULANS, — 38, t. 22. *Deut. Insect.*,
188, 22. Parasite de la *Chrysomela populi*. Se tient sur le
côté de la Chrysomèle et sous l'élytre.

B. Les quatre pattes antérieures plus grosses que les quatre
postérieures ; toutes ces pattes également renflées.

DERMALEICHUS PALUMBINUS, Koch, *Myr. und Ar.*, fasc. 38, t. 22.
— ANATINUS, Id., *Deut. Ins.*, 188, 23. 38, t. 23.

C. Corps allongé, les pattes postérieures plus minces que les
antérieures. L'abdomen du mâle bifurqué.

DERMALEICHUS CORVINUS, Koch, *Myr. und Ar.*, 33, t. 18 et 19.
— PICÆ, — 38, t. 24 *a*, *b*, *c*. *Deut. Ins.*,
188, 24. Sur la Pie, *Corvus pica*, souvent en grand nombre.
— GLANDARINUS, Koch, *Myr. und Ar.*, 33, t. 20, 21. *Deut. Ins.*,
183, 20 et 21. Sur le Casse-Noix.
— RUBERCULINUS, Koch, *Myr. und Ar.*, 33, t. 22, 23. *Deut. Ins.*,
182, 22, 23. Sur le Rouge-Gorge.
— ACREDULINUS, Koch, *Myr. und Ar.*, 23, t. 24 *a* et *b*. *Deut. Ins.*,
183, 24 *a* et *b*.
— FURCATUS, Koch, *Myr. und Ar.*, 33, t. 6.
— SCOLOPACINUS, idem. Espèce non décrite. Prise sur la Bé-
cassine.
— ACCENTORINUS, idem. Espèce non décrite. Prise sur la Brignole.
— TETRAONUM, idem. Espèce non décrite. Prise sur la Gélinotte.

D. Corps dilaté, la troisième paire de pattes dans le mâle
longues et renflées. Pattes égales en longueur dans la femelle ;
les deux paires antérieures plus grosses.

DERMALEICHUS PASSERINUS, Koch, *Ubersicht*, t. 13, fig. 70 le mâle, 71 la femelle. Id., *Myr. und Ar.*, 33, t. 10 et 11. Id., *Ins.*, 183, fig 10
le mâle, fig. 11 la femelle. Sur le Pinson, l'Embérise, l'A-
louette, selon M. Koch. Le mâle a le corps court, presque
ovale ; les pattes courtes, renflées. La femelle est allongée,
pisciforme ; les pattes postérieures grêles. Selon la synonymie établie par M. Koch pour cette espèce, le *Tyroglyphus*,
Ac. passerinus et le *Tyr. glyc. avicularum* ne formeraient
qu'une seule et même espèce (t. III, p. 263 et 264, nᵒˢ 8
et 16 de cet ouvrage). Voici sa synonymie : *Acarus passerinus*, De Geer, *Act. ac. succ.*, 1740, p. 351, t. 1, fig. 2. — Id.,
Acarus avicularum, De Geer, *Ubers.*, VII, 46, t. 6, fig. 9 et 10,

femina.— Id.; t. 6, fig. 12.— Linn., *Syst. nat.*, t. II, p. 1023,
n° 10. — Schranck , *Faun. boic.*, III , p. 199, n° 26, ch. 4.—
Acarus chelopus, Hermann, *Mem. Apt.*, p. 82, fig. 3 et 7.

DERMALEICHUS PARINUS, Koch, *Myr. und Ar.*, 33, t. 8 et 9. Id., *Deut. Ins.*,
8 et 9. Sur le *Parus cœruleus* nombreux.

FRINGILLARUM, Koch, *Myr. und Ar.*, 33, t. 12 et 13. Id., *Deut.
Ins.*, 183, 12 et 13. Sur le *Monti fringilla.*

—   OSCINUM, Koch, *Myr. und Ar.*, 33, t. 14 et 15. Id., *Deut. Ins.*,
183, 14 et 15. Schranck, *Fn. boic.*, III, p. 198. Sur la *Mota-
cilla alba* et d'autres Passereaux.

—   PICINUS, Koch, *Myr. und Ar.*, 33, t. 16 et 17. Id., *Deut. Ins.*,
188, 16 et 17. Sur le Pic noir.

Plusieurs autres espèces non décrites :

DERMALEICHUS LOXIARUM. Sur le Bec-croisé.

—   COLUMBINUS. Sur la Tourterelle à collier.

—   TETRIGINUS et D. INCERTUS. Sur l'Effraie.

—   BUBONIS , D. STRIGUM, D. ULULINUS. Tous les trois sur le
Grand-Duc.

—   ALUCONIS.

E. Les deux paires de pattes postérieures beaucoup plus grosses
que les deux antérieures.

DERMALEICHUS MUSCULINUS, Koch, *Myr. und Ar.*, 5, t. 13.

F. Les pattes longues , renflées et semblables entre elles.

DERMALEICHUS OENATINUS. Sur le Pigeon sauvage. Espèce non décrite.

G. Les articles antérieurs de la première paire renflés ; ceux
qui suivent très-minces; les trois autres paires de pattes plus
longues que la première paire, mais, entre elles, égales en grosseur et en grandeur.

DERMALEICHUS LEMNINUS, Koch, *Myr. und Ar.*, 33, t. 5. Id., *Deut. Ins.*, 183, 5.
Sur le Campagnol, *Lemnus arvalis.*

Toutes les espèces de ce genre sont blanches, quelquefois légèrement teintées de rose.

Enfin , dans la tribu des Sarcoptides, M. Koch a
aussi le genre SARCOPTES; mais il n'y admet qu'une
seule espèce dont il a jugé inutile de publier une figure,
c'est le Sarcopte de l'homme , l'ACARUS de la gale; c'est
ce célèbre Insecte dont M. Gervais a savamment re-
tracé l'histoire. Ajoutons cependant (t. III, p. 276)
qu'avant Nyander, et en 1753, Henri Baker, dans son
ouvrage intitulé *the Microscope made easy*, London,

1753, in-8 , p. 169, chap. XVIII, pl. XIII, fig. 1 et 2, avait déjà décrit et figuré l'Insecte de la gale. Il dit que cette maladie est due à cet Insecte. Il attribue cette découverte au docteur Bononio, qui avait observé que parmi le peuple ceux qui étaient attaqués de la gale tiraient cet Insecte hors des pustules blanches des galeux, avec une épingle, et l'écrasaient sous leurs doigts: il cite *Philosoph. trans.* , n° 283. Le docteur Bononio assurait qu'il avait tiré cet Insecte des pustules de la gale chez toutes sortes de personnes, de tous les âges ; et des hommes, comme des femmes. Il observa l'accouplement de ces Acarides, sans pouvoir distinguer les différences caractéristiques des sexes ; mais il vit sortir un petit œuf blanc , oblong, presque transparent, de l'extrémité postérieure de l'abdomen d'une femelle (pl. XIII , fig. *c*); et Henri Baker remarque très-bien que cette découverte explique pourquoi la gale se propage par le toucher ; pourquoi elle ne peut se guérir par des remèdes internes , mais seulement par des frictions.

§ LXIV.

Genre PHILODROME.

T. I, p. 558, t. II, p. 472 et t. IV, p. 435.

PHILODROME PARALLÈLE (*Philodromus parallelus*). Longueur, 7 lignes.

D'un brun rougeâtre, extrémité, avec des raies longitudinales parallèles sur le corselet et l'abdomen.

Thanatus parallelus , Koch , *die Arachniden* , t. IV, p. 87, Pl. 132, fig. 307.

De Morée.

Ce Philodrome ressemble par les yeux, la forme, et les rayures, à notre Philodrome oblong , après lequel il faut le placer, t. 1, p. 559, n° 10 ; mais il paraît, par sa grandeur et ses couleurs, devoir être une espèce distincte de celui des environs de Paris ,

et de celui que M. Lucas a décrit en Algérie (*Philodr. oblongiusculus*).

§ LXV.

Genre SPARASSE.

T. I, p. 585; t. II, p. 477; t. IV, p. 438.

Les espèces dont M. Koch a fait son genre CORINNA
sont des SPARASSES: Deux de ces espèces forment une
race dans les MYCROMMATES, qui ont les yeux de la ligne
antérieure plus gros que les autres; mais elles diffèrent
de la race des Smaragdules en ce que ce sont les yeux
de la ligne antérieure qui sont les plus gros.

SPARASSE A PATTES ROUGES (*Sparassus rubripes*). Longueur,
5 lignes. ♂

Corselet brun foncé. Abdomen allongé verdâtre, grossissant
vers la partie postérieure, avec un ovale jaune sur le dos. Pattes
rouges. Long. 5 lignes.

Corinna rubripes, Koch, *die Arachniden*, vol. IX, p. 17,
Pl. 293, fig. 702 (un mâle).

Du Brésil (Bahia).

SPARASSE NOIRATRE (*Sparassus nigricans*). Long. 3 lign. 1/2 ♂.

Corselet, abdomen et pattes d'un brun noirâtre ; corselet plus
long et plus large que l'abdomen ovoïde.

Corinna nigricans, Koch, *Die Arachn.*, p. 19, pl. 293,
fig. 703.

Du Mexique.

Les autres espèces de Corinne me paraissent appartenir à la
famille des Sparasses Clubionides, les yeux étant presque égaux
entre eux et la quatrième paire de pattes paraissant la plus longue
de toutes.

SPARASSE AGRÉABLE (*Sparassus amœnus*). Long. 3 lignes 3/4 ♂.

Corselet et abdomen rouge vermillon. L'abdomen a à sa partie
antérieure deux larges bandes bleu pâle rayé de noir; il est
allongé, ovoïde. Les pattes sont jaunes mouchetées de noir.

Corinna amœna, Koch, *die Arachniden*, t. IX, p. 21,
Pl. 294, fig. 705.

De la Caroline.

Sparasse ceintré (*Sparassus cingulatus*). Long. 3 lign. 3/4 ♀.

Corselet brun. Abdomen brun, ovoïde, rayé de jaune.

Corinna cingulata, Koch, *die Arachniden*, t. IX, p. 22, Pl. 294, fig. 706.

De Pensylvanie.

Sparasse tricolore (*Sparassus tricolor*). Long. 3 lign. 3/4.

Couleur olive. L'abdomen ovoïde, mélangé de blanc, de noir, avec un ovale rouge à sa partie postérieure.

Corinna tricolor, Koch, *die Arachniden*, t. IX, p. 24, Pl. 294, fig. 707.

De Pensylvanie.

La *Corinna memnonia* a l'abdomen et le corselet semblables à une Myrmécie, et les yeux d'une Tégénaire : cette Aranéide, qui est de la Caroline, a 2 lignes 1/4 de long, le corselet et l'abdomen bruns, les pattes jaunes, allongées, fines et les palpes de même. On ne connaît que le mâle. La bouche n'ayant pas été figurée, je ne puis la classer. Ce n'est pas un Sparasse (*voyez* Koch, *Die Arachniden*, vol. IX, p. 20, fig. 704).

§ LXVI.

T. IV, p. 477, après 76 *bis*.

Épeire ? galène (*Epeïra ? galena*). Long. 3 lign. 1/2 ♂.

Corselet, pattes et palpes jaune d'ocre. Abdomen de couleur rouge vineux avec six grandes taches d'un blanc jaunâtre sur les côtés, ou trois branches transversales divisées dans le milieu, et un chevron de même couleur au-dessus des filières.

Galena zonata, Koch, *die Arachniden*, XII, p. 105, Pl. 419, fig. 1032 (le mâle).

Décrit d'après un seul individu au Musée de Berlin. Patrie inconnue. On la croit d'Égypte, et elle se rapproche d'une espèce décrite par Forskael, dans ses Insectes d'Arabie. On ne connaît que le mâle, qui se fait remarquer par la longueur démesurée de ses pattes et de ses palpes et la grosseur globuleuse de l'organe sexuel qui termine ceux-ci. Les pattes antérieures sont beaucoup plus longues que les postérieures; ces pattes sont, comme dans les Épeires, dans l'ordre suivant, 1, 2, 4, 3. Les yeux sont ceux des Épeires; les antérieurs du carré intermédiaire les plus gros de tous, et plus écartés entre eux que les intermédiaires postérieurs ; les yeux latéraux connivents , au niveau de ceux d'en bas. Le carré intermédiaire est étroit, c'est-à-dire plus haut que large. Le corselet est celui des Épeires ; un peu allongé, ainsi que l'abdomen qui est ovoïde.

Cette jolie petite espèce , encore imparfaitement connue , est très-remarquable par les palpes ; elle a tous les caractères d'une *Epeire*, et cependant, comme **M.** Koch n'a ni décrit ni figuré la bouche , nous ne pouvons assurer que ce n'est pas une *Linyphie*. **M.** Koch en a fait, à tort , suivant nous, un genre.

§ LXVII.

Genres CLOTHO — ENYO — ZODARION.

T. I, p. 639 et 640; t. IV, p. 466.

ENYO.

T. I, p. 639. A la synonymie du

Clotho nitida,

Ajoutez :

Lucia germanica, Koch, *Deutschl. Crust. Myr. und Arach.,* fasc. n° 3 et 4.

Enyo germanica, Koch, *die Arachniden*, t. X , p. 80, Pl. 348, fig. 809 (le mâle, long. 1 1/2 ; la femelle, 2 lignes). Le mâle a l'abdomen ovale allongé, et ressemble peu par sa forme à la femelle, dont l'abdomen est globuleux. Le corselet est d'un brun marron, l'abdomen noirâtre , avec le ventre et une partie des côtés du dos blancs. Pattes d'un jaune brun. Les yeux antérieurs sont presque droits.

ZODARION.

T. I, p. 640. A la synonymie du

Clotho longipes,

Ajoutez :

Enyo græca, Koch, *die Arachniden*, t. X, p. 83, Pl. 348, fig. 811. Long. 1 ligne 1/2 (la femelle). Ligne antérieure des yeux courbée ; ces yeux sont blancs, apparents. Le corselet est d'un brun marron, avec deux taches plus claires. Abdomen ovalaire et à dos très-bombé, d'un noir rougeâtre, avec une grande tache blanche sous le ventre, et une plus petite près des filières qui sont blanches. En Grèce. M. Koch remarque que cette espèce ressemble beaucoup à l'*Enyo germanica*, mais qu'elle en diffère par les yeux. S'il avait reconnu son identité avec l'*Enyo longipes* de M. Savigny, il eût sans doute fait un genre de ma troisième famille des Clotho. Le nom et les caractères étaient trouvés. M. Koch a figuré les yeux de cette espèce, et ces yeux nous montrent que par ce caractère important les *Clotho* ont de l'affinité avec les *Agelènes* de la famille des *Nysses* (voyez t. II, p. 24, et Pl. 15, fig. 2 B de notre atlas).

§ LXVIII.

Genre PHRYNE.

T. III, p. 3. A la synonymie du

Phrynus lunatus,

Ajoutez :

Koch, *die Arachniden*, 1840, in-8°, t. VIII, p. 4, Pl. 254. fig. 596. Longueur 1 pouce 2 lignes. — Longueur des palpes 3 pouces 9 lignes.

Des Indes orientales suivant M. Koch, qui cite aussi dans sa synonymie Herbst, Fabricius et Latreille.

PHRYNE DE CEYLAN (*Phrynus Ceylanicus*).

Grand, d'un brun foncé. Les pattes annelées de jaune. Les palpes noirs, très-allongés, cylindriques, avec des épines au côté externe du premier article, et internes au second.

Koch, *die Arachniden*, p. 336, fig. 776.

De l'île de Ceylan.

Longueur 1 pouce 5 lignes avec les mandibules.

Cette espèce se rapproche beaucoup du *Phrynus lunatus;* mais celui-ci a des couleurs plus claires, et le corselet plus dilaté.

T. III, p. 4. Ajoutez cette nouvelle espèce :

PHRYNE MARGINÉ (*Phrynus margine-maculatus*). Long. 5 lig. 1/2. Long. des palpes sans la griffe, 4 lign. 1/4.

Corselet et abdomen d'un brun rougeâtre foncé. Le corselet est entouré d'une raie blanche et fine, et a deux points jaunes sur les côtés. L'abdomen a sur le dos trois séries longitudinales de points jaunes.

Koch, *die Arachniden*, t. VIII, p. 6, Pl. 254, fig. 597.

Des Indes occidentales, c'est-à-dire de l'archipel d'Amérique.

A la page 457, M. Gervais, par inadvertance, indique à tort cette espèce comme venant de l'Inde.

T. III, p. 5. A la synonymie du

Phrynus medius,

Ajoutez :

Koch, *die Arachniden,* t. VIII, p. 8, Pl. 255, fig. 598.
D'Amérique, selon M. Koch ; il cite Herbst.

A la synonymie du :

Phrynus variegatus,

Ajoutez :

Koch, *die Arachniden,* t. VIII, p. 10, Pl. 255, fig. 599. Long. 6 lignes 1/2. Il cite Perty.

A la synonymie du :

Phrynus veriformis,

Ajoutez :

Koch, *die Arachniden,* t. VIII, p. 12, Pl. 256, fig. 600.
Décrit d'après un individu du Muséum de Munich.
Du Brésil. Longueur 9 lignes.

T. III, p. 6. A la synonymie du

Phrynus palmatus,

Ajoutez :

Koch, *die Arachniden,* t. VIII, p. 13, Pl. 257, fig. 601. Longueur 8 à 9 lignes.
De l'Amérique méridionale.

Ajoutez encore avant les Phrynes fossiles, cette nouvelle espèce :

PHRYNE NAINE (*Phrynus pumilio*). Long. 5 lign. 1/4.

Palpes d'un rouge brun, avec des séries longitudinales plus claires sur l'abdomen et le corselet. L'abdomen est plus brun que

le corselet, et les pattes sont de couleur plus claires que le corselet.

Koch, *die Arachniden*, t. VIII, p. 15, Pl. 257, fig. 602.
Du Brésil.

§ LXIX.

Genre THÉLYPHONE.

T. III, p. 12. A la synonymie du

Thelyphonus giganteus,

Ajoutez :

Koch, *die Arachniden*, t. X, p. 211, Pl. 32, fig. 776 et Pl. 322,
fig. 768.

Ces deux individus diffèrent un peu par les palpes, et celui
de la figure 767, qui les a plus gros et plus courts, paraît à
M. Koch être la femelle, et l'autre le mâle. La longueur du corps
sans la queue, dans le mâle, est de 1 pouce 10 lignes ; la queue
est de la longueur du corps : en tout, 3 pouces 20 lignes. La
couleur est d'un noir rougeâtre ; la queue est fine, annelée de
rouge, et de touffes de poils courts latéraux.

Du Mexique. Musée de Berlin.

T. III, p. 13. A la synonymie du

Thelyphonus rufipes,

Ajoutez :

Thelyphonus rufipes, Koch, *die Arachniden*, t. X, p. 26,
Pl. 332, fig. 769. Longueur du corps, 10 lignes ; de la queue,
9 lignes 1/2.

De Java.

T. III, p. 13. Ajoutez à la synonymie du

Thelyphonus caudatus :

Telyphonus proscorpio, Koch, *die Arachniden*, t. X, p. 23,
Pl. 323, fig. 77.

Aux auteurs cités par M. Gervais, il faut ajouter encore, selon
M. Koch, Sulzer, t. XXIX, fig. 11. Longueur du corps, 1 pouce ;
queue, 9 lignes. La couleur est d'un brun noir.

T. III, p. 12. A ce qui est dit du

THÉLYPHONE DE LA MARTINIQUE,

Ajoutez, d'après Koch, la description suivante :

Couleur rouge noirâtre ; l'abdomen plus clair. Les pattes d'un rouge brun ; tarses d'un rouge clair. Queue très-longue surpassant d'un tiers la longueur du corps. Le corps a 1 pouce 3 lignes, la queue 1 pouce 8 lignes.

Thelyphonus Antillanus, Koch, *Arachniden*, t. X, p. 29, Pl. 334, fig. 773.

De Saint-Domingo. Musée de Berlin.

T. III, p. 14. Ajoutez :

Les espèces suivantes décrites par M. Koch sont nouvelles et ne peuvent se rapporter à aucune de celles qui ont été décrites dans notre ouvrage.

THÉLYPHONE BRASILIEN (*Thelyphonus Brasilianus*)

Noir. L'abdomen tirant sur le brun. Queue rouge. Mandibules allongés, larges et robustes, à trochanter armé de petites dents pointues en scie au côté intérieur du second article ; avec une épine forte et allongée à l'avant-dernier article. Pattes antérieures minces et très-allongées.

Longueur 1 pouce 6 lignes sans la queue.

Koch, *die Arachniden*, t. X, p. 24, Pl. 333, fig. 770.

Du Brésil. Musée de Berlin.

THÉLYPHONE DE MANILLE (*Thelyphonus Manillanus*).

Rouge noirâtre ; l'abdomen plus clair, s'élargissant à sa partie postérieure. Les pattes d'un rouge brun. Mandibules luisantes, courtes, avec cinq dents pointues du côté interne. Longueur du corps, 1 pouce ; de la queue, 10 lignes.

Koch, *die Arachniden*, t. X, p. 21, Pl. 334, fig. 772.

De Manille. Musée de Berlin.

THÉLYPHONE LINGANE (*Thelyphonus Linganus*).

Noir, avec le doigt mobile des pinces des mandibules, très-courbé, tirant sur le brun rougeâtre. La queue et les pattes d'un rouge brun foncé. Les mandibules sont courtes, garnies de longues dents à leur second article. Longueur du corps sans la queue, 1 pouce 2 lignes.

Koch, *die Arachniden*, t. X, p. 31, Pl. 335, fig. 774.

Des Indes orientales. De Linga.

THÉLYPHONE AUSTRALIEN (*Thelyphonus Australianus*).

Le corselet et les mandibules d'un brun noir brillant ; les mandibules courtes, à articles dilatés. Abdomen d'un jaune brun. Pattes d'un brun rougeâtre ; les antérieures minces. Longueur, 1 pouce 8 lignes (sans la queue qui manque).

Koch, *die Arachniden*, t. X, p. 33, Pl. 335, fig. 775.

De la Nouvelle-Hollande.

Ainsi, en ajoutant les cinq espèces inédites de M. Koch aux sept espèces décrites dans l'ouvrage, le nombre des espèces de Thélyphones connues est de douze.

§ LXX.

Genre SCORPION.

T. III, p. 42 et 43, p. 457 et 458, t. IV, p. 336 et 337.

Après le numéro 9 ajoutez :

Depuis la publication de ce volume, M. Koch a redonné des figures et des descriptions de l'*Androctonus tunitatus* ou du Scorpion roussâtre et du *Peleponnensis*.

A. Tunitanus, Koch, *die Arachniden*, t. XII, p. 15, Pl. 401, fig. 968. D'Égypte.

A. Peleponnensis, Koch, t. XII, p. 14, Pl. 400, fig. 967.

M. Koch a décrit l'*Androctonus melanophysa*, déjà décrit par Ehrenberg, *Symb. phys.*, fasc. I, n° 11. Il est de la Haute-Égypte, de la Libye et des monts Sinaï.

Une autre espèce d'Arabie et du mont Sinaï, décrite par Ehrenberg, *Symb. phys.*, 1, 3, a aussi été figurée et décrite par M. Koch. C'est l'*Androctonus Leptochelys*, t. XII, p. 7, Pl. 399, fig. 964.

T. III, p. 46. A la synonymie du n° 20

(*Scorpius hottentottus*)

Il faut ajouter :

Tityus hottentota, Koch, *die Arachniden*, t. XI, p. 27, Pl. 367, fig. 863. Long. 10 lignes 1/2 à 11 lignes sans la queue ; avec la queue, 17 à 18 lignes. De la côte occidentale de l'Afrique. De Sierra-Léone.

Avec Herbst, M. Koch cite , pour synonymie de cette espèce :

Scorpio Europæus, Linn., *Syst. nat.*, t. II, p. 1038, n° 5. — Fabricius, *Ent. syst.*, II, 435, n° 5.

— Hottentotæ, Fabricius, *Ent. syst.*, II, 435, n° 6. — De Geer, *Uber- sicht*, p. 136, t. 41, fig. 5.

Voici la liste des espèces décrites comme étant nouvelles par M. Koch, et qu'il fait entrer dans son genre Tityus :

Tityus nebulosus, Koch, *Die Arachniden*, t. XI, p. 25, pl. 367, fig. 862.
— Varius,   —   t. XI, p. 29, pl. 369, fig. 864. *Scorpio tamulus*, Fabr., *Suppl. Ent. syst.*, 294.
— Arrogans, Koch, *Die Arach.*, t. XI, p. 31, pl. 368, fig. 865. Du Brésil.
— Perfidus.   34   369   866
— Fatalis.   36   369   867
— Marmoreus.   36   370   868
— Ducalis.   38   371   869. Du Mexique.
— Denticulatus.   39   371   870
— Serenus.   41   371   871
— Griseus.   45   372   872. *Scorpio griseus*, Fabr., *Ent. syst.*, II, p. 435, fig. 7. Des Indes occidentales, de l'île Saint-Thomas.
— Infamatus, Koch, *Die Arach.*, t. XI, p. 46, pl. 372, fig. 873.
— Fallax.   p. 1   361   850. D'Afrique.
— Carinatus.   2   361   851. Du Mexique.
— Mulatinus.   5   362   852. Amérique.
— Striatus.   6   362   853. D'Afrique.
— Lineatus.   7   363   854. Du cap de Bonne-Espérance.
— Variegatus.   9   363   855. Du cap de Bonne-Espérance. Espèce très-différente du Scorpion varié, t. III, p. 47, n° 27, pl. 23, fig. 3 de notre ouvrage.
— Æthiops, Koch, *Die Arach.*, t. XI, p. 11, pl. 364, fig. 856. De Java.
— Longimanus.   13   364   857. De Java.
— Mucronatus.   14   365   858. De Java.
— Macrurus.   16   365   859. Du Mexique.
— Congener.   19   366   860. Amérique.
— Clathratus.   22   366   861. D'Afrique, du cap de Bonne-Espérance.

T. III, p. 53 et 57.

Du genre Atreus dans les Androctones, M. Koch a séparé des Scorpions pour en composer un genre dont il n'a pas donné les caractères et qu'il nomme Lychas. Il place dans ce genre les espèces suivantes :

Luchas maculatus, Koch, *Die Arach.*, t. XII, p. 1, pl. 397, fig. 960. *Scorpio dentatus*, Herbst, IV, p. 55, pl. 6, fig. 2. T. III, p. 57, n° 46. D'Amérique. Long. du corps 8 à 9 lignes, la queue 20 à 21 lignes.

— Americanus, Koch, *Die Arach.*, t. XII, p. 2, pl. 397, fig. 961. Ajoutez cette citation à la synonymie du *Sc. Americ.*, t. III, p. 53. Long. du corps 7 lignes, de la queue 12 lignes.

— scutilus, Koch, *Die Arach.*, t. XII, p. 3, pl. 398, fig. 962. De l'île Bintang. Long. du corps 8 lignes, de la queue 14 lignes.

— Paraensis, Koch, *Die Arach.*, t. XII, p. 6, pl. 398, fig. 963. Brésil, de Para.

T. III, p. 59.

Pour le genre Buthus, au lieu de ces mots p. 60 : en tête se place le Buthus Afer, mettez : en tête se place le

Buthus empereur. (*Buthus imperator.*)

Rouge, les mandibules ou forcipules et le dernier article de la queue et les pattes, jaunes : les mandibules très-larges, très-arrondies et déprimées à leur partie intérieure, fortement courbées. Articles de la queue dentés, le dernier renflé avec un aiguillon très-courbé.

Koch, *Die Arachniden*, 1841, in-8, t. IX, p. 1, pl. 389, fig. 695. C'est le plus grand Scorpion connu. Il a en tout 6 pouces 5 lignes de long : la tête 10 lignes 1/2, le corps 24 lignes, la queue 36 lignes. Il ressemble beaucoup au *Scorpius Afer*, mais il en diffère par ses couleurs, par ses forcipules plus larges et plus arrondies, dont les onglets sont plus minces et plus allongés et par plusieurs autres caractères très-spécifiques. On ignore sa patrie. Il a été décrit et dessiné d'après un exemplaire qui se trouve dans la collection de l'Université d'Erlangen, en Allemagne.

T. III, p. 60.

Outre les espèces de *Buthus* indiquées dans cette page, M. Koch a encore décrit :

Buthus Bengalensis, Koch, *Die Arach.*, t. IX, p. 3, pl. 290, fig. 696. Du Bengale.

— Cæsar.   —   IX, p. 6, pl. 291, fig. 697. Des Indes-Orientales.

— Ceylanicus.   —   IX, p. 9, pl. 291, fig. 698. De Ceylan.

Ce dernier diffère-t-il de celui de Herbst, que

M. Gervais a placé dans le genre Opistophthalmus de M. Koch ? (voy. t. III, p. 62, n° 58).

T. III, p. 62.

Dans ce genre Opistophthalmus qui, dans notre ouvrage, est une subdivision des Buthus, M. Koch a encore décrit :

Opistophthalmus pallipes, Koch, *Die Arach.*, t. X, p. 3, pl. 326, fig. 757.
D'Afrique.

T. III, p. 63.

Dans cet autre subdivision du Buthus qui paraît former le genre Brotheas (Koch, *Ubersicht*, p. 37, pl. 17, fig. 67), M. Koch a encore décrit :

Brotheas Bonariensis, Koch, *Die Arach.*, t. X, p. 12, pl. 329, fig. 762. Amérique méridionale, de la Plata.
—   NIGROCINCTUS.   —   t. X, p. 14, pl. 329, fig. 763.
—   ERYTHRODACTYLUS.   —   t. X, p. 16, pl. 330, fig. 764. Du Brésil.

T. III, p. 62 à 64 et 458 (le supplément).

Dans le genre Vaejovis, qui appartient à la seconde section des Buthus, M. Koch a encore décrit :

Vaejovis nitidulus, Koch, *Die Arach.*, t. X, p. 4, pl. 327, fig. 758.
Du Mexique.
—   CAROLINUS.   —   t. X, p. 7, pl. 327, fig. 759.
De la Caroline.
—   FLAVESCENS.   —   t. X, p. 9, pl. 328, fig. 760.
Du Brésil.
—   ASPERULUS.   —   t. X, p. 11, pl. 328, fig. 761.
Du Mexique.

Ajoutez le *V. debilis* et *V. Schuberti* (Koch, fig. 605 et 606) déjà mentionnés dans notre ouvrage, et vous aurez toutes les espèces de ce petit groupe connues jusqu'à ce jour.

T. III, p. 66.

Dans le genre Scorpius ou la septième division de notre grand genre Scorpion, M. Koch a encore décrit :

Scorpius Oravitzensis, Koch, *Die Arach.*, t. X, p. 17, pl. 330, fig. 765.
En Hongrie, près d'Oravitza.

—   Naupliensis, Koch, *Die Arach.*, t. X, p. 18, pl. 330, fig. 766 (le mâle).
M. Koch a figuré et décrit la femelle dans son tome III, fig. 240,
et il indique ici les différences entre cette espèce bien distincte
et le *Scorpio Italicus* (Conférez t. III, p. 67 et 68).

§ LXXI.

Genre CHELIFER.

T. III, p. 77. A la synonymie du

Chelifer cancroïdes.

Ajoutez :

Hahn, *Die Arachniden*, t. II, p. 52, pl. 60, fig. 139 et Koch,
Die Ar., t. X, p. 41, pl. 338, fig. 780. — A la citation de Theis,
ajoutez : P. 14 du tirage à part et pl. 3, fig. 3.

T. III, p. 79. Ajoutez au

N° 9. *Chelifer ixoïdes.*

Koch, *Die Arachniden*, t. X, p. 39, fig. 779.

T. III, p. 78.

Chelifer muscorum,

Ajoutez :

Koch, t. X, p. 43, pl. 338, fig. 781.

T. III, p. 80. A la synonymie du

Chelifer De Geerii,

Ajoutez :

Koch, *Die Arachniden*, t. X, p. 53, pl. 341, fig. 788 (le mâle),
789 (la femelle). — Ibid., *Myr.* , *Crust. und Arach.*, fasc. 7,
fig. 5 (*Chelifer angustus*).

T. III , p. 79. A la synonymie du

Chelifer Panzeri,

Ajoutez :

Koch, *Die Arachniden*, t. X, p. 44, pl. 339, fig. 782 (adulte),
783 (des jeunes). Jaune pâle. Ressemble beaucoup au *Chelifer*
scorpioïdes de Theis, mais cependant il en diffère par des pinces
plus allongées.

T. III, p. 80. Ajoutez au

Chelifer Fabricii :

Koch, *Die Arach.*, t. X, p. 50, pl. 340, fig. 790.

M. Koch a décrit dans le t. X, in-8, 1843, plusieurs espèces de Chelifer dont nous allons donner la liste en indiquant les espèces connues dont elles se rapprochent le plus.

CHELIFER GRANULATUS, Koch, *Die Arach.*, t. X, p. 36, pl. 337, fig. 777. Ressemble au *Cancroïdes,* mais les mandibules ou forcipules sont plus allongées, les yeux plus apparents. Long. 1 ligne 1/4.

— GRANDIMANUS, Koch, *Die Arach.*, t. X, p. 38, pl. 337, fig. 778. Long. 1 ligne 1/4. Avant-bras plus allongé que dans le *Cancroïdes.*

— WIDERI, Koch, *Die Arach.*, t. X, p. 47, pl. 339, fig. 784. Long. 1 ligne 1/4. Rayé transversalement. Dans la sciure du bois de chêne vieillie. En Allemagne. Rare.

— REUSSII, Koch, *Die Arach.*, t. X, p. 48, pl. 340, fig. 785. Long. 1 ligne. Ressemble au *Panzeri,* mais il est plus étroit et plus allongé.

— HAHNII, Koch, *Die Arach.*, t. X, p. 51, pl. 340, fig. 787. Long. 7/8 d'une ligne. Ressemble au *Panzeri*, mais les raies brunes sont courbées en sens contraire.

— SCHÆFFERII, Koch, *Die Arach.*, t. X, p. 55, pl. 341, fig. 790. Long. 1 ligne 1/4. Les raies transversales blanches sont fines. Trouvé sous la mousse en Allemagne.

— GEOFFREYI, Koch, *Die Arach.*, t. X, p. 56, pl. 342, fig. 791. Long. 3/4 de ligne. C'est le *Chelifer Olfersii*, t. III, p. 78, n° 5. Koch cite Leach, *Zoolog. miscell.*, III, nos 3 et 4.

— DEPRESSUS, Koch, *Die Arach.*, t. X, p. 57, pl. 342, fig. 792. Long. 1 ligne 1/4. Forme du précédent, pinces plus grêles et plus allongées.

PELORUS RUFIMANUS, Koch, *Die Arach.*, t. X, p. 59, pl. 342, fig. 793. Brun. Allongée, la forme d'une Obise. Du Brésil.

La moitié de la partie postérieure manque dans l'unique individu que M. Koch a pu voir du *Pelorus rufimanus* et qui existe dans la collection du professeur Reich à Berlin. Ce Chelifer diffère de tous ceux du genre par ses pattes qui sont jaunes ou des cuisses très-courtes, la tête n'est séparée du corselet que par une raie transversale peu profonde, plat comme lui, brillant, aussi long que large, qui à sa pointe présente de chaque côté deux très-petits yeux difficiles à voir, puis à une certaine distance derrière , sur les côtés , deux autres beaucoup plus visibles. Cette espèce forme le passage des Chelifers aux Obisies.

T. III, p. 82.

Dans la seconde division des CHELIFERS ou dans les OBISIES, à la synonymie de

N° 22. *Obisium carcinoïdes.*

Ajoutez :

Koch, *Die Arachniden*, t. X, p. 65, pl. 344, fig. 798.— *Obisium nemorale*, Koch, *Ubersicht*, fasc. 2, p. 4. — Long. moins d'une ligne. — M. Koch dit n'avoir encore trouvé cette espèce que dans les bois sous la mousse, près de Ratisbonne. Il remarque que ses mandibules sont plus allongées que dans l'*O. dumicola*, à laquelle elle ressemble, et qu'il l'avait décrite à tort comme espèce nouvelle dans son *Ubersicht*, etc.

A la synonymie de

L'Obisium sylvaticum,

Ajoutez :

Koch, *Die Arachniden*, t. X, p. 61, pl. 343, fig. 794 (le mâle), 795 (la femelle). Long. 2 à 2 lignes 1/2. Se trouve dans les bois du midi de l'Allemagne.

T. III, p. 83. A la synonymie de

L'Obisium dumicolus,

Ajoutez :

Koch, *Die Arachniden*, t. X, p. 64, pl. 344, fig. 797. Long. 1 ligne et 1 ligne 1/4. Le corselet est un peu plus court que dans l'*O. sylvaticum*. Sous la mousse. Prise en Allemagne dans les bois de Grafenberg.

Les espèces suivantes, décrites par M. Koch, paraissent nouvelles, mais cependant elles doivent être comparées avec celles dont on trouve la description dans notre ouvrage.

OBISIUM FUSCIMANUS, Koch, *Die Arach.*, t. X, p. 63, pl. 343, fig. 796. Long. 1 ligne 1/4.

— MUSCORUM. — 67, pl. 344, fig. 799. Long. de 1 ligne 1/2 à 1 ligne 3/4. Sous les mousses des bois dans toutes les saisons.

— TENELLUM, Koch, *Die Arach.*, t. X, p. 69, pl. 345, fig. 800. Long. 1 ligne 1/4. M. Koch présume que c'est le mâle de l'*Obisium muscorum*.

— CLIMATUM, Koch, *Die Arach.*, t. X, p. 71, pl. 346, fig. 801 et 802. Long. 1 ligne 1/4 jusqu'à 1 ligne 1/2.

— GRACILE, Koch, *Die Arach.*, t. X, p. 73, pl. 346, fig. 803 (le mâle), 804 (la femelle). Long. 1 ligne à 1 ligne 1/2.
— DUBIUM, Koch, *Die Arach.*, t. X, p. 75, pl. 346, fig. 805. 3/4 de ligne. M. Koch présume que ce Chélifer est plutôt le *Sylvaticum* jeune qu'une espèce distincte.

T. III, p. 81 et 84.

M. Koch considère avec raison, suivant nous, le *Chelifer ischnocheles* d'Hermann ou le *Ch. trombidioïdes* de Latreille comme une espèce différente du *Chelifer orthadactylum* de Leach que M. Gervais, d'après M. Theis, a réuni sous une même dénomination spécifique. Ces deux espèces diffèrent par les couleurs et, ce qui est plus essentiel, par la conformation de leurs mâchoires en pinces qui sont plus épaisses et plus ovalaires dans l'*Ischnocelus* que dans l'*Orthodactylum*, dont la base est presque cylindrique. L'abdomen de cette dernière espèce est sensiblement plus allongé que dans la première. Celle-ci est en général d'un rouge jaunâtre, l'autre est presque entièrement blanchâtre. M. Koch, suivant son système habituel, crée un genre nouveau pour ces deux espèces qu'il nomme :

CHTHONIUS TROMBIDIOÏDES, Koch, *Die Arachn.*, t. X, p. 76, pl. 347, fig. 806 et 807. Long. 3/4 de ligne.

Chelifer trombidioïdes, Latreille, *Gen. Crust. Insect.*, p. 133, n° 3. — *C. ischnocelus*, Hermann, *Mém. Apt.*, p. 118, n° 7, tab. 6, fig. 14.

A cette synonymie de M. Koch, nous ajouterons :

Chel. ischnocelus, Theis, *Lettre à Audouin*, p. 14, fig. 3 (variété de la fig. 807, si toutefois cette variété n'est pas une espèce distincte). Dans le gazon des jardins. Ceux qui sont pris dans les lieux les plus humides sont de la variété claire, dans les endroits secs c'est la variété sombre.

Chthonius orthodactylus, Koch, p. 79, pl. 347, fig. 808. Long.
3/4 de ligne.

Obisium orthodactylum, Leach, *Zool. Miscell.*, III, n° 1.
Cette espèce habite les lieux secs : on la trouve sur et sous les
pierres non humides, particulièrement les pierres calcaires dans
les champs découverts et les clairières des bois bien exposées au
soleil.

§ LXXII.

Genre GONYLEPTES.

T. III, p. 103 et 459.

Ajoutez aux espèces décrites par M. Koch :

Gonyleptes pectinatus, t. XII, p. 22, pl. 402, fig. 971.
Long. 2 lignes 2/3. D'un brun roux, les cuisses et les pattes postérieures garnies d'épines. Du Brésil, de Bahia.

Nous ajouterons ici la description faite par
M. Gervais de quelques espèces de Gonyleptes, ex-
traites du grand ouvrage de M. Claude Gay sur le
Chili. Nous remarquerons d'abord le *Gonyleptes
acanthopus*, le *G. planiceps* et le *G. curvipes*, tous
trois décrits dans notre ouvrage (t. III, p. 103, 104
et 105, n°s 4, 10 et 12), ils sont communs au Chili ;
on y trouve encore le

Gonylepte modeste. (*Gonyleptes modestus.*)

Cette espèce a de l'analogie avec le *G. planiceps* (p. 105, n° 12)
et est un tiers moins grande que le *G. curvipes*. Son corselet est
ovalaire et un peu en forme de lyre, marginé par une saillie
granuleuse, divisé dans toute sa surface en plusieurs compartiments. Saillie oculaire faible ; yeux un peu écartés sans épines
auprès d'eux ; une seule paire médio-dorsale de tubercules gem-
miformes ; cuisses un peu courtes portant quelques légères saillies épineuses.

Gonylepte polyacanthe. (*Gonyleptes polyacanthus.*)

Corselet trianguliforme, arrondi en disque en avant pour la

région des yeux. Saillie marginale granulée, une double épine
rostriforme au bord antérieur de la région marginale et d'autres
plus petites marginales. Yeux placés à la base externe d'une
saillie prolongée en deux épines droites aiguës séparées à leur
base ; le dos divisé par des sillons en compartiments et à deux
épines droites médio-dorsales ; à l'extrémité du rebord marginal
est de chaque côté une épine également pointue. Hanches des
pattes postérieures fortes avec une épine. Les deux arceaux intermédiaires supérieurs de l'abdomen ont chacun une paire d'é-
pines droites et pointues. Long. du corps 0,012, largeur aux épines
coxales 0,011.

GONYLEPTE POLYACANTHOÏDE. (*Gonyleptes polyacanthoïdes.*)

Nommé *subsimilis* par M. Gervais parce qu'il ressemble au
Polyacanthe, mais il est plus petit d'un tiers. Son corselet est arrondi à ses angles, surtout à l'angle antérieur où est l'aire oculaire. Il n'a pas d'épines anté-oculaire.

GONYLEPTE RUGUEUX. (*Gonyleptus asperatus.*)

Ce Gonylepte est de la taille du Polyacanthe. Dos couvert de
nombreuses aspérités granuleuses et épineuses, corps trianguliforme arrondi un peu pyriforme. Le corselet présente des granules très-serrés à la région oculaire et sur le rebord latéral.
Chaque œil est à la base externe d'une épine droite et aigue. Il y
a une autre paire d'épines sur le milieu de la région dorsale.

§ LXXIII.

MYRIAPODES.

Genre POLLYXENUS.

T. IV, p. 63. A la synonymie du

Pollyxenus lagureus,

Ajoutez :

Koch, *Deutschl. Insect.*, 190, 1.— Id., *Crust. Myr. und Ar.*,
fasc. 40, n° 1.—*Iulus lagurus*, Schranck, *Fu. boic.*, III, p. 271,
n° 1. De 1 ligne à 1 ligne 1/2. Il n'est pas rare dans les bois sous
la mousse et sous les feuilles tombées des haies, dans les champs.

Genre GLOMERIS.

T. IV, p. 70. A la synonymie du

Glomeris marginata,

Ajoutez :

Koch, *Deutschl. Ins.*, 190, 4.—*Myr. und Ar.*, fasc. 40, n° 4. Mais M. Koch donne pour le caractère de cette espèce : « Noir avec les segments des anneaux finement bordés de blanc ou de rouge. » M. Koch considère le *Glomeris limbata* comme une variété et pour la synonymie il cite Leach, *Zool. miscel.*, III, 32, synonymie que M. Gervais rejette. M. Koch cite encore Panzer, *Faun. Insect. Germ.*, 9, p. 23.

T. IV, p. 70. A la synonymie du

Glomeris plumbea,

Ajoutez :

Glomeris multistriata, Koch, *Deutschl. Ins.*, 190, 5. — *Myr. und Ar.*, fasc. 40, n° 5.

T. IV, p. 72. A la synonymie du

Glomeris guttata,

Ajoutez :

Glomeris quadripunctata, Koch, *Deutschl. Ins.*, 190, 7. — Id., *Myr. und Ar.*, fasc. 40, n° 7. Long. 6 lignes 1/2 à 7 lignes 1/2. Dans le midi de l'Allemagne.

T. IV, p. 73. A la synonymie du

Glomeris tetrasticha,

Ajoutez :

Glomeris undulata, Koch, *Deutschl. Ins.*, 190, 6. — *Myr. und Ar.*, 40, n° 9. Long. 4 à 5 lignes. Dans l'Allemagne méridionale.

T. IV, p. 73. A la synonymie du

Glomeris pustulata, n° 7,

Ajoutez à la variété *d* :

Glomeris marmorata, Koch, *Deutschl. Ins.*, 190, 2. — Id., *Crust. Myr. und Ar.*, fasc. 40, n° 2.

T. IV, p. 72. Variété *a*.

Glomeris pustulata de M. Koch (*Deutschl. Ins.*, 190, 9. — Id., *Crust. Myr. und Ar.*, fasc. 40, 9). Panzer, fasc. 9, n° 22. — Latreille, *Gen. Crust. et Ins.*, I, p. 74, n° 3.—Brandt, *Prodromus*, p. 35, n° 8. Long. 3 lignes 1/2 jusqu'à 4 lignes 1/2. M. Koch considère avec raison, suivant nous, le *Glomeris pustulata* qui est le plus commun comme une espèce différente du *G. marmorata*.

T. IV, p. 73. A la synonymie du

Glomeris hexaticha,

Ajoutez :

Koch, *Deutschl. Ins.*, 190, 6. — *Myr. und Ar.*, 40, 6. Long. 4 lignes à 5 lignes 1/2. Cette espèce, commune dans toute l'Allemagne, varie extraordinairement. Les taches jaunes s'affaiblissent et s'oblitèrent presque entièrement.

T. IV, p. 73. A la synonymie du

Glomeris Klugii, n° 11,

Ajoutez :

Koch, *Deutschl. Ins.*, 190, 3. — *Myr. und Ar.*, 40, 3. Long. 5 à 6 lignes. Ce Glomeris d'Égypte et de Syrie a été trouvé aussi à Trieste.

T. IV, p. 75. Ajoutez :

GLOMÉRIS A TACHES ROUGES. (*Glomeris rufo guttata.*)

Noir, avec des taches d'un rouge vif; sur le corselet quatre, sur les autres segments du corps deux, plus grandes et ovales au segment anal; tous les segments sont bordés d'une ligne blanche très-fine.

Koch, *Deutschl. Ins.*, 190, 10.—Id., *Myr. und Ar.*, 40, n° 10. Long. 3 lignes 1/2 à 4 lignes. De l'Allemagne méridionale.

§ LXXIV.

POLYDESMIDES.

Genre POLYDÊME (*Polydesmus*).

T. IV, p. 96. A la synonymie du

Polydesmus complanatus,

Ajoutez :

Koch, *Deutschl. Ins.*, 190, 11. — Id., *Myr. und Ar.*, fasc. 40, n° 11. Long. de 10 à 12 lignes. M. Koch remarque que la tête et le corps, qui sont d'un brun fauve, prennent quelquefois la couleur lie-de-vin. M. Koch dit que dans plusieurs lieux de l'Allemagne on le trouve quelquefois dans les maisons, mais rarement.

T. IV, p. 97. A la simple mention qui est faite du

Polydesmus macilentus,

Ajoutez :

La tête, le col et le corps sont d'un gris blanchâtre. Le ventre le long et près des pattes est blanc, les tarses des pattes postérieures ont des raies brunes. Les pattes sont allongées. La longueur est de 6 à 7 lignes. On le trouve sous les pierres.

Koch, *Deutschl. Ins.*, 190, 12. — Id., *Myr. und Ar.*, 40, 12.

Genre STRONGYLOSOME (*Strongylosoma*).

T. IV, p. 116. A la synonymie du

Strongylosoma pallipes,

Ajoutez :

Tropisoma pallipes, Koch, *Deutschl. Ins. u. Ar.*, 190, 13. — *Myr. und Ar.*, 40, n° 13. Dans le sud de l'Allemagne on le trouve dans les maisons. Long. 8 à 9 lignes.

Genre CRASPEDOSOME (*Craspedosoma*).

T. IV, p. 119 et 120. A la synonymie du

Craspedosoma Rawlinsii,

Ajoutez :

Koch, *Deutschl. Ins.*, 190, 14. — Id., *Myr. und Ar.*, 40, 14. Long. 5 lignes 1/2 jusqu'à 6 lignes 1/2. On le trouve dans le sud de l'Allemagne. Il est rare.

A la synonymie du

Craspedosoma Wagœ,

Ajoutez :

Craspedosoma polydesmoides, Koch, *Deutschl. Ins.*, 190, 15. — Id., *Myr. und Ar.*, 40, 15. — M. Koch a pour synonyme de cette espèce : Leach, *Zool. misc.*, III, 36, 134. — Risso, *Eur.*

mer., V, 151. Trouvée par M. Koch sous la mousse dans un endroit marécageux d'un bois dans la province d'Oberpfalz, en Bavière.

§ LXXV.

IULIDES.

Genre IULE (*Iulius*).

T. IV, p. 139. A la synonymie du

Iulus sabulosus,

Il faudrait ajouter, selon M.

Koch, *Deutschl. Ins.*, 162, 7.— Id., *Myr. und Ar.*, 22, n° 7 ; mais il lui donne de 12 à 18 lignes ; le nombre des anneaux du corps est de 50 à 53, des paires de pattes 90 à 100. Est-ce bien la même espèce que le *Iulius sabulosus* de M. Gervais, et les différences dans le nombre des anneaux et des paires de pattes seraient-elles dues seulement à la différence de l'âge ?

T. IV, p. 140. A la synonymie du

Iulus terrestris,

Ajoutez :

Koch, *Deutschl. Ins.*, 162, 11. — *Myr. und Ar.*, 40. — *Myr.* 22, 11. — Long. 10 à 14 lignes. Anneaux du corps 52. Paires de pattes 89. Sous les mousses, les pierres, dans les bois.

T. IV, p. 140. Au

Iulus albipes,

Ajoutez :

Koch, *Deutschl. Ins.*, 162, 10. Long. 15-20 lignes. **Anneaux 48-54. Paires de pattes 80-92.**

T. IV, p. 141. Au

Iulus Londinensis,

Ajoutez :

Koch, *Deutschl. Ins.*, 162, 4. Long. 12 à 16 lignes. Anneaux du corps 43-47. Paires de pattes 79-85.

T. IV, p. 141. Au

Iulus punctatus,

Ajoutez :

Koch, *Deutschl. Ins.*, 162, 12. Long. 7 lignes. Anneaux 56. Paires de pattes 94.

T. IV, p. 142. Au

Iulus unilineatus,

Ajoutez :

Koch, *Deutschl. Ins.*, 162, 9. Noirâtre avec une ligne dorsale jaune, cylindrique, à segments à stries très-denses ; queue allongée. Long. 12 à 13 lignes. Paires de pattes 78.

T. IV, p. 142. Au

Iulus fasciatus,

Ajoutez :

Koch, *Deutschl. Ins.*, 162, 8. Brun rougeâtre avec une ligne dorsale et une bande latérale brunes ; segments bombés. Long. 13 lignes, quelquefois plus. Anneaux du corps 51. Paires de pattes 93. Sous les pierres.

T. IV, p. 144, fig. 11. Au

Iulus ferrugineus,

Ajoutez :

Koch, *Deutschl. Ins.*, 162, 15. Cylindrique, cannelé ; les segments sont garnis de cils. Il est couleur de rouille. Il a de chaque côté une série de taches brunes. Longueur 4 à 5 lignes. Anneaux 36 à 40. Paires de pattes 48 à 54. Dans les clairières et les gazons des bois.

T. IV, p. 143. Au

Iulus similis,

Ajoutez :

Koch, *Deutschl. Ins.*, 162, 14. Grisâtre, cylindrique ; ligne dorsale brune ; suite de points latéraux noirs. Long. 7 lignes, quelquefois plus. Anneaux 41. Paires de pattes 68. Dans les prairies humides.

T. IV, p. 144. Au

Iulus varius,

Ajoutez :

Koch, *Deutschl. Ins.*, 162, 3. Long., selon Koch, 20 à 25 lignes. Anneaux 57 à 60. Paires de pattes 102 à 107.

T. IV, p. 145. Au

Iulus pulchellus,

Ajoutez :

Koch, *Deutschl. Ins.*, 162, 13. Très-mince, cylindrique ; anus arrondi, blanchâtre, brunissant sur le dos ; une série latérale de points noirs. Long. 4 à 5 lignes. Anneaux 40 à 42.

T. IV, p. 146. Au

Iulus fœtidus,

Ajoutez :

Long. 10 à 13 lignes. Anneaux 40. Paires de pattes 71 à 73. Dans les jardins sous les mottes de terre, les feuilles tombées, les plantes basses. Cette espèce répand une forte odeur d'ail.

T. IV, p. 143. Après le n° 14 placez :

IULE A DEUX LIGNES. (*Iulus bilineatus.*)

Noir avec deux lignes dorsales d'un jaune d'ocre. Segments ayant des stries ou sillons irréguliers. Queue assez allongée, légèrement courbée. Pattes courtes. Longueur 18 à 20 lignes. Anneaux 53. Paires de pattes 98.

Koch, *Myr. und Crust. Arachn.*, 22, n° 6. Dans les halliers. Il est rare.

T. IV, p. 144. Après le n° 16 mettez :

IULE DES BOIS. (*Iulus nemorensis.*)

Brun, une raie noire entre les yeux. Les anneaux avec des stries ou sillons larges et denses. Queue très-courte. Long. 14 lignes. Anneaux 47.

Koch, *Deutschl. Ins.*, 190, 10. — Id., *Myr. und Ar.*, 40, 10. Pris en grand nombre sur des haies dans le vosinage des bains de Kissingen en Bavière.

Genre POLYZONIE (*Polyzonium*).

T. IV, p. 204. A la synonymie du

Polyzonium Germanicum,

Ajoutez :

Platyulus Audouinianus, Koch, *Deutschl. Ins.*, 190, 17. — *Myr. und Ar.*, fasc. 40, n° 17. Couleur de rouille, peu bombé, brillant ; les antennes et les pattes fauves et brunes à leur extrémité.

M. Gervais, dans un excellent mémoire intitulé : *Études pour servir à l'histoire naturelle des Myriapodes*, publié en 1837, avait placé ce Myriapode après les Craspédosomes et lui avait donné le nom générique de *Platyulus*. C'est ce nom qu'il a depuis abandonné pour lui préférer celui qui avait été donné antérieurement par M. Brandt, mais que M. Koch a repris dans la dernière livraison de ses Myriapodes, publiée en 1844. — Voyez la figure de ce Myriapode, pl. XLV, fig. 6, de l'atlas de notre ouvrage.

§ LXXVI.

LITHOBIDES.

Genre LITHOBIE.

T. IV, p. 230. A la synonymie du

Lithobius forficatus,

Ajoutez :

Koch, *Deutschl. Ins.*, 190, 20. — Id., *Myr. und Ar.*, 40, 20. Long. 12 à 13 lignes. Très-commun. Les deux sexes, dit M. Koch, sont pareils.

T. IV, p. 231. Au

Lithobius variegatus,

Ajoutez comme synonyme :

Koch, *Deutschl. Ins.*, 190, 21 et *Myr. und Ar.*, 40, 21. Long.

6 à 7 lignes. Se trouve dans les bois sous la mousse. Peu commune.

T. IV, p. 232 à 234.

Les espèces suivantes, décrites par M. Koch comme inédites, et annoncées cependant comme n'étant pas rares dans les bois, doivent être comparées à celles que M. Newport a décrites et qui se trouvent caractérisées dans notre ouvrage, depuis le n° 4 jusqu'au n° 12.

LITHOBIE DENTÉE. (*Lithobius dentatus.*)

Brune avec des taches plus foncées sagittiformes. Antennes allongées de 44 à 48 articles. Pattes jaunâtres annelées de brun. Long. de la femelle 7 lignes, du mâle 6 lignes.

Koch, *Deutschl. Ins.*, 190, 20.

LITHOBIE ÉPERONNÉE. (*Lithobius calcaratus.*)

Brun clair avec une large bande dorsale et les bords des anneaux brun foncé ; toutes les plaques dorsales à angles obtus, le second article des pattes postérieures garni d'un éperon obtus. Long. 4 à 6 lignes.

Koch, *Deutschl. Ins.*, 190, 23. — *Myr. und Ar.*, 40, 23. Sous les pierres, les mousses. Commune.

LITHOBIE COMMUNE. (*Lithobius communis.*)

D'un brun fauve avec une bande dorsale brune et les côtés bruns. Angles des plaques postérieures arrondis. Pattes postérieures sans éperons. Antennes allongées. Long. 4 à 5 lignes.

Koch, *Deutschl. Ins.*, 190, 24. — *Myr. und Ar.*, 40, n° 24. Commune sous les pierres.

§ LXXVII.

SCOLOPENDRIDES.

T. IV, p. 251-291.

Genre SCOLOPENDRE (*Scolopendra*).

CLASSIFICATION

D'UN CERTAIN NOMBRE DE GRANDS SCOLOPENDRES D'APRÈS LE NOMBRE D'ARTICLES DES ANTENNES.

Les caractères qui différencient les espèces du genre

nombreux des Scolopendres , sont encore plus difficiles à saisir que ceux des Iulides : ici le crayon et le pinceau sont insuffisants pour éclaircir les descriptions , puisque tous ces Myriapodes se ressemblent par les formes et par les couleurs. C'est ce qui m'avait engagé, dans le grand travail que j'avais entrepris sur ces Insectes, à m'aider du nombre d'articles des antennes et de leur forme. Dans ces animaux , les antennes qui, dans une partie de leur longueur , la plus rapprochée de leur base, sont allongées et distinctes , se raccourcissent successivement en approchant de leur extrémité ; elles deviennent confuses, et souvent il arrive qu'elles s'atrophient ; mais c'est seulement dans une seule des antennes que cette dégénération a lieu ; par une cause qui est ignorée l'autre conserve toujours le nombre et l'intégralité de ses articles, de sorte que le nombre de ceux-ci n'est pas toujours égal dans le même individu. Cette singularité et la curieuse observation de M. Gervais, précédemment rapportée , qui constate que dans les Lithobies les articles des antennes et les segments du corps ne se développent que successivement et que leur nombre augmente jusqu'au parfait développement de l'insecte, ont persuadé aux naturalistes qu'il n'y avait aucune régularité dans les antennes des Scolopendres et ils ont dit qu'elles variaient dans la même espèce. Cela n'est pas exact. La collection du Muséum de Paris renfermait, lorsque j'entrepris mon travail sur les Myriapodes , un grand nombre de bocaux renfermant des grands Scolopendres dans l'esprit-de-vin. Ces bocaux, goudronnés et fermés , n'avaient point été touchés. Lorsqu'ils furent mis à ma disposition , les étiquettes indiquaient le nom du voyageur qui avait rapporté ces animaux et le pays d'où ils provenaient. En les

décrivant je m'aperçus bientôt que, quelque nombreux que fussent les individus que renfermaient
ces bocaux, ils ne contenaient jamais que deux ou
trois espèces de Scolopendres et quelquefois qu'une
seule; d'où je conclus que chaque pays ne renfermait
qu'un très-petit nombre de grandes espèces différentes, mais que les individus de ces espèces dans
chaque pays étaient nombreux et multipliés. J'eus la
patience de compter dans chaque individu le nombre des articles dans les deux antennes quand elles
étaient toutes deux complètes, et dans celle de ces
antennes qui était restée intacte quand il s'en trouvait une atrophiée. Je fus aidé dans ce fastidieux travail par M. Lucas qui vérifiait après moi, et je me
suis assuré que du moins dans le genre Scolopendre,
dans les vrais Scolopendres, le nombre des articles
ne variait jamais dans la même espèce et que ce
caractère était bien plus constant, bien plus certain
que celui du nombre des épines qui arment les cuisses
des pattes de derrière, lequel n'est presque jamais entièrement le même dans deux individus de la même
espèce. J'ai vu avec plaisir que M. Newport pensait de
même et qu'il avait pris les antennes pour base de sa
classification des Scolopendres (Voyez ci-dessus, p. 251
à 254). C'est pour donner les moyens de perfectionner
son travail et d'arriver plus facilement à une détermination exacte des grandes espèces de Scolopendres, et
de compléter les descriptions qu'on en a données, dans
notre ouvrage, que j'extrais ici de mes manuscrits une
classification par les antennes des espèces que j'avais
décrites. Afin de ne pas commettre d'erreur dans la
synonymie, je ne distinguerai les espèces que par un
numéro d'ordre, mais je les rangerai, pour chaque

pays, par rang de grandeur et j'indiquerai les pages de notre ouvrage où peuvent se trouver les descriptions de mêmes espèces ou d'espèces analogues.

T. IV, p. 244 et 250.

Scolopendres des genres Heteristoma *et* Scolopendra *à vingt-deux segments en comptant la tête.*

A

Scolopendres à antennes de 25 articles.

1. De l'île Saint-Thomas. 3 pouces 4 lignes. 25 articles d'un côté, 24 de l'autre. Antennes sétacées, le premier article non renflé, les cinq premiers presque égaux, cylindriques ; les derniers très-courts, moniliformes ; le dernier ovale et de la longueur des trois qui précèdent.

B

Scolopendres à antennes de 23 articles.

1. Algérie (Bonc). 3 pouces 2 lignes.
Sur six individus un seul avait 22 articles à gauche et 23 à droite.

C

Scolopendres à antennes de 21 articles.

1. Ile de France. 3 pouces 10 lignes.
2.   *Id.*   2 pouces 7 lignes.
Sur cinq individus un seul avait 21 articles à gauche et 20 à droite.
3. De Java. 3 pouces.
Sur quatre individus, 21 articles à droite et un seul de 20 à gauche.
4. S. d'Égypte. 4 pouces 1/2.
Un seul sur dix de 21 à droite et 20 à gauche.

D

Scolopendres à antennes de 20 articles.

Vol. IV, p. 257. 1. De Grèce. 3 pouces 7 lignes.
Sur douze individus j'en ai observé un seul où l'antenne de droite était atrophiée et n'avait que 19 articles, la gauche 20.

—   p. 256.   2. De Sicile. 2 pouces 10 lignes.
—p. 268, 269.   3. De Java. 4 pouces.
—   p. 266.   4. Du Bengale. 4 pouces. (Conférez sur un
                   Scolopendre de l'Inde Leuwenhœck, *Con-*
                   tinuatio epist., pag. 110 et 112, fig. 1 et 10.
—   p. 267.   5. De Ceylan. 3 pouces 6 lignes.
—   p. 259.   6. De l'Afrique. 1 pouce 4 lignes.
—   p. 261.   7. Du Sénégal. 2 pouces 6 lignes.
—   p. 263.   8. Du cap de Bonne-Espérance. 3 pouces 6 l.
—   —   9.   *Id.*   2 pouces 7 l.
—   p. 276. 10. De l'Amérique du Nord. 3 pouces 11 lignes.
—   p. 278. 11. De Cayenne. 2 pouces 3 lignes.
—   —   12. Du Mexique. 1 pouce 1/2 ligne.
—   p. 281. 13. De Rio-Janeiro. 4 pouces.
—   —   14.   *Id.*   2 pouces 8 lignes.
—   —   15. Du Brésil. 3 pouces 10 lignes.
—p. 284, 285. 16. Des Antilles. 3 pouces 4 lignes.
—   —   17. De la Martinique. 3 pouces 8 lignes.
—   —   18.   *Id.*   2 pouces 8 lignes.
—   —   19. De Bourbon. 5 pouces 6 lignes.
                   Plusieurs des individus de la même espèce
                   n'avaient que 4 pouces 8 à 9 lignes. Un
                   seul sur douze avait l'antenne de gauche
                   dont l'extrémité paraissait réduite à 16
                   articles, mais quoique confus et atrophiés
                   on en distinguait 20.
                   La Scolopendre douteuse de Savigny, p. 295,
                   n° 2, qui n'a que 19 segments y compris
                   la tête, a aussi 20 articles aux antennes.

                              E

Scolopendres à antennes de 19 articles.

Vol. IV, p. 257.   1. De la Grèce. 3 pouces 7 lignes.
—   p. 257.   2.   *Id.*   2 pouces 4 lignes.
                   Un seul individu sur six avait 18 articles à
                   droite et 19 à gauche.
—   p. 256.   3. De Sicile. 2 pouces 10 lignes.
                   Un seul sur quinze avait 19 articles à l'an-
                   tenne droite et 19 à gauche.

—   p. 265.   4. De Pondichéry. 5 pouces.
Sur quatre individus un seul avait 17 antennes à droite et 19 à gauche.

—   —   5. De la côte de Malabar. 3 pouces.
—   p. 259.   6. De l'Algérie. 5 pouces 3 lignes.
—   p. 263.   7. Du cap de Bonne-Espérance. 2 pouces 9 l.
Sur sept individus un seul avait 19 an-
tennes à droite et 17 à gauche.

—   p. 271.   8. De Madagascar. 3 pouces 6 lignes.
—p. 284, 285.   9. De la Martinique. 5 pouces.
—   p. 278.   10. De la Guyane. 2 pouces 2 lignes.

F

Scolopendres à antennes de 18 articles.

Vol. IV, p. 257.   1. De la Grèce. 2 pouces 7 lignes.
—p. 267, n° 30.   2. De Chine. 6 pouces 2 lignes.
Pattes postérieures très-fortes, allongées ;
un seul individu dont la patte gauche
était atrophiée et un tiers plus petite que
l'autre.

—   —   3. De la Cochinchine. 3 pouces 7 lignes.
—   p. 265.   4. De la côte de Coromandel. 6 pouces 8 lig.
Espèce remarquable nommée dans nos Mss.
Depressa, à cause de l'extrème aplatissement de son corps.

—   —   5. De la côte de Coromandel. 4 pouces 9. lig.
Une seule sur trois avait 15 articles à
gauche et 18 à droite.

—   p. 269.   6. Des îles Célèbes. 5 pouces 6 lignes.
Un seul sur quatre individus avait 17 articles à gauche et 18 à droite.

—   p. 271.   7. De l'île Rawak. 1 pouce 6 lignes.
—p. 271, 272.   8. Du port Jackson ou des îles Mariannes. 11 l.
—   p. 263.   9. De Madagascar. 5 pouces 3 lignes.
—   —   10. De l'île de France. 4 p. 2 l. et 4 p. 8 l.
—   —   11. De l'île Mahé. 4 pouces 2 lignes.
Remarquable par un petit mamelon au
dernier article des antennes.

—   —   12. De l'île Bourbon. 3 pouces 9 lignes.

—   —   13. Du cap de Bonne-Espérauce. 1 pouce 6 l.
—p. 284,185. 14. De la Martinique. 5 pouces 7 lignes.
—   —   15.   *Id.*   4 pouces 5 lignes.
—   p. 284. 16. De la Guadeloupe. 4 pouces.
       Un seul individu sur six avait 17 articles
        à gauche et 18 à droite,
—   —   17. De l'île Saint-Vincent. 6 pouces.
—   p. 281. 18. De Rio Janciro. 4 pouces 9 lignes.
—   ....   19. De Montévideo. 1 pouce 9 lignes.

G

Scolopendres à antennes de 17 articles.

Vol. IV, p. 263.   1. Du cap de Bonne-Espérance. 1 p. 9 l. et 2 p.
—   —   2. De la Martinique. 7 pouces 2 lignes.
—   —   3. De la Guadeloupe. 4 pouces 3 lignes.
—   —   4. Amérique septent., New-York. 7 p. 2 l.

H

Scolopendres à antennes de 16 articles.

Vol. IV, p. 265.   1. De l'Inde. 4 pouces 6 lignes.
—   —   2. De l'île de France. 3 pouces 11 lignes.

I

Scolopendres à antennes de 15 articles.

—p. 268, 269.   1. De Java. 4 pouces 8 lignes.
—   p. 263.   2. De Madagascar. 4 pouces 3 lignes.

K

Scolopendres à antennes de 14 articles.

Vol. IV, p. 263.   Du pays des Hottentots. 2 pouces 10 lig.
       Les articles des antennes, dans cette es-
        pèce, sont comprimés et aplatis.

L

Scolopendres à antennes de 12 articles.

     1. De l'île Saint-Thomas. 5 pouces 6 lignes.
     2.   *Id.*   3 pouces 2 lignes.
      La même que n° 1 jeune. Le premier ar-
      ticle est très-court, globuleux ; les autres
      cylindriques ; le dernier terminé par
      un point noir, et égalant en longueur
      l'avant-dernier.

M

Scolopendres à antennes de 11 articles.

1. De l'île Saint-Thomas. 7 lignes.

Dans ces trois dernières sections, comme dans les précédentes, les antennes étaient parfaitement entières, et le nombre des segments était complet et égal à celui de toutes les espèces du genre.

Cette dernière section est probablement le genre *Theatops* de M. Newport, dont on n'a encore décrit qu'une seule espèce (voyez ci-dessus, p. 252 et 294, n° 10) placée dans les *Crytops* par M. Gervais.

§ LXXVIII.

Genre CRYTOPS (*Crytops*).

T. IV, p. 292, n° 1 bis.

J'extrairai encore de mes manuscrits la description d'un *Crytops* qui me paraît différent du *Crytops Hortensis* et de toutes les espèces décrites dans l'ouvrage.

CRYTOPS DE MILBERT (*Crytops Milberti*). Long. 1 pouce 6 l.

Point d'yeux; 22 segments, en comptant la tête d'un brun marron. Tête arrondie, non engagée dans le second segment. Plaques convexes non arrondies à leurs bords postérieurs, bordées. Segments très-inégaux entre eux; les 1, 3, 5, 6, 8, 10, 12, 14, 16, 18 sont les moins allongés; le dernier est plus étroit et cylindroïde. En dessous, les plaques sont un peu bombées et presque égales. Les deux paires de pattes postérieures sont plus allongées que les autres et terminées par une petite griffe; mais les cuisses ne sont point renflées ni beaucoup plus grosses que celles des autres pattes, et celles des pattes postérieures n'ont ni épines ni tubercules. Les mâchoires (ou les mandibules des auteurs) sont brunes, comme le menton ou la lèvre qui supporte les crochets des mandibules. Cette lèvre n'est point bifide, mais arrondie à son extrémité; elle n'a point de dents, mais seulement deux enfoncements latéraux. Les mandibules ou palpes ont leurs articles cylindriques et rougeâtres; le dernier article est comme tronqué et terminé par une pointe ou onglet. Les antennes sont allongées et quand on les renverse en arrière, elles atteignent le milieu du

cinquième segment ; leurs articles courts, renflés, moniliformes ,
très-réguliers , presque égaux, sont au nombre de 17.

Apporté de Jersey dans l'Amérique du Nord par M. Milbert.
Cette espèce diffère de l'*Hortensis* par des pattes beaucoup plus
courtes et une tête plus arrondie.

T. IV, p. 292.

M. Koch décrit comme nouvelles deux espèces de
Cryptops qui devront être comparées avec l'*Hortensis*
et avec le *Savignii*. Ce sont :

CRYPTOPS JAUNATRE. (*Cryptops ochraceus.*)

Couleur de rouille jaunâtre ; pattes postérieures de couleur
plus foncée, avec les articles en dessous pointues, velues ; le
troisième garni de pointes en forme de scie.

Koch, *Deutschl. Ins.*, 190, 18. *Ibid.*, *Myr. u. Ar.*, fasc. 40,
n° 18.

Pris dans les forêts des bords du Danube. — Peu commun.

CRYPTOPS SYLVAIN. (*Cryptops sylvaticus.*) Long. 6 lignes 1/2.

Jaunâtre. Pattes postérieures très-allongées ; velues sur le dos ;
en dessous, garnies de petites épines. Troisième et quatrième
article, en scie à dents serrés.

Koch, *Deutschl. Ins.*, 190, 19. Ibid., *Myr. u. Ar.*, 40, 19.
Sous les pierres et les mousses, dans les bois. Peu commun.

§ LXXIX.

Genre SCOLOPOCRYPTOS.

T. IV, p. 297.

L'espèce du Brésil dont parle M. Gervais dans cette
page se trouvant décrite dans mes manuscrits, je vais
extraire cette description :

SCOLOPOCRYPTOS COULEUR D'ORANGE. (*S. aurantiaca.*)
Long. 1 pouce 10 lignes.

Point d'yeux. 24 segments en comptant la tête. Corps court,
à plaques du dos très-convexes, prolongées sur les côtés et débordant l'abdomen ; d'un rouge orangé clair. Les segments sont

plus larges que hauts, très-inégaux entre eux. La tête est rouge et se superpose au corselet. Les plaques du dos sont fortement imbriquées et superposées les unes aux autres. Les plaques du ventre sont en carré long peu allongées, glabres, luisantes, d'un rouge orangé. La plaque anale est tronquée à son extrémité. Lobe terminal droit n'ayant qu'une seule pointe.

De Rio-Janeiro.

T. IV, p. 208.

Nous trouvons dans nos manuscrits une seconde espèce de ce genre curieux qui est certainement différente de toutes celles qu'on a décrites :

SCOLOPOCRYPTOS VERT. (*S. viridis.*) Long. 2 pouces.

Point d'yeux. 24 segments en comptant la tête. Corps étroit, ni aplati, ni bombé, court, à segments inégaux. Tête dégagée, se superposant au corselet, arrondie à sa partie postérieure, deux sillons parallèles sur les plaques du dos, mais aucune sur les plaques du ventre. Tout le corps est verdâtre, la tête est d'un vert plus foncé, les pattes et les antennes d'un vert plus pâle. Les mandibules, la lèvre, la tête en dessous, les trois segments qui suivent sont d'un rouge brun, et le dernier arrondi à sa partie postérieure. L'écusson anal forme un quadrilatère allongé qui diminue à son extrémité, et de ses deux lobes latéraux sortent deux épines pointues, allongées et divergentes. Entre les épines on voit l'anus avec la fente et les deux lèvres, comme dans la coquille dite de Vénus. La lèvre inférieure qui porte les mandibules en pinces monodactyles n'a point de dents ni de suture bifide ; elle est bombée. Les pattes postérieures manquent dans l'individu, incomplet sous ce rapport. Celles qui les précèdent sont minces, allongées, point renflées, point garnies d'épines et ont leur premier article cylindrique et glabre comme les autres. Les antennes ont 17 articles, les premiers larges, aplatis, engaînés les uns dans les autres, les derniers détachés et ne tenant entre eux que par leur axe ; le dernier ovale, cylindrique, plus allongé que l'avant-dernier.

Rapporté du Brésil par M. Gaudichaud.

§ LXXX.

Genre GÉOPHILE. (*Geophilus.*)

T. IV, p. 309.

GÉOPHILE SUBTIL. (*G. subtilis.*) Long. 11 à 12 lignes.

Antennes peu allongées à articles cylindriques ayant une fois et demie la longueur de la tête. Couleur orangée, avec deux lignes dorsales coadunées, d'un rouge brun et deux autres latérales moins marquées. Antennes et pattes jaunes. Pattes anales minces. 40 paires de pattes.
Koch, *Deutschl. Ins.*, 162, 2. — Ibid., *Myr. und Ar.*
Sous la mousse dans les bois. Peu commun.

T. IV, p. 313.

GÉOPHILE DES JARDINS. (*Geophilus hortensis.*) Long. 20 lignes (quelquefois plus grand).

Antennes très-allongées. Tête couleur de rouille avec deux raies longitudinales et une intermédiaire plus courte de couleur plus foncée. Corps et pattes d'un jaune pâle.
Koch, *Deutschl. Ins.*, 162, 1.— Ibid., *Myr. und Ar.*, 2, 22.
Se trouve enfoncé en terre dans la couche supérieure de la terre des jardins.

§ LXXXI.

ADDITIONS

A LA

TABLE ALPHABÉTIQUE

DES NOMS DE GENRES, DE FAMILLES OU TRIBUS, ETC.,

DONNÉS AUX

APTÈRES OCTOPODES ET HEXAPODES,

DÉCRITS DANS LE TROISIÈME VOLUME DE CET OUVRAGE.

(*Voyez* tome III, p. 465.)

FIN DU DERNIER SUPPLÉMENT.

TABLE ALPHABÉTIQUE

DES NOMS

DE GENRES, DE FAMILLES OU TRIBUS, ETC.,

DONNÉS PAR LES AUTEURS

AUX APTÈRES-DICÈRES MYRIAPODES,

DÉCRITS DANS CE VOLUME,

Avec l'indication des pages où il en est question.

N. B. On a mis en GRANDES CAPITALES les noms d'ordres et de familles et en PETITES CAPITALES ceux des genres acceptés dans cet ouvrage; en *italique*, au contraire, ceux qui sont synonymes des précédents ou qui ont été proposés comme noms de sous-genres par les naturalistes.

TABLE ANALYTIQUE

DES MATIÈRES

CONTENUES DANS CE QUATRIÈME VOLUME.

CLASSE Ire. MYRIAPODES-DIPLOPODES.

FAMILLE Ire. POLLYXÉNIDES.

GENRE POLLYXÈNE.

FAMILLE II. GLOMÉRIDES.

GENRE GLOMERIS.

GENRE ZÉPHRONIE.

GENRE GLOMÉRIDESME.

FAMILLE III. POLYDESMIDES.

GENRE ONISCODESME.

GENRE CYRTODÈME.

GENRE POLYDÈME.

Ordre II. HOLOTARSES.

Famille Ire. LITHOBIDES.

Genre HÉNICOPS.

Famille II. SCOLOPENDRIDES.

Genre HÉTÉROSTOME.

Genre SCOLOPENDRE.

ADDITIONS
A LA MONOGRAPHIE DES MYRIAPODES.

ADDITIONS
AU VOLUME III DE L'HISTOIRE NATURELLE DES APTÈRES.
Par M. Gervais.

ORDRE II. PHRYNÉIDES.

ORDRE III. SCORPIONIDES.

ORDRE IV. SOLPUGIDES.

ORDRE V. PHALANGIDES.

Genre COECULE.

APTÈRES-DICÈRES HEXAPODES.

Ordre Ier. ÉPIZOIQUES.

Ordre II. APHANIPTÈRES.

Ordre III. PODURELLES.

Ordre IV. THYSANOURES.

Genre CAMPODÉE.

ADDITIONS

A L'HISTOIRE NATURELLE DES INSECTES APTÈRES,

Par M. Walckenaer.

DERNIER SUPPLÉMENT.

(1) La section XXXIII n'existe pas.

TOME III. — ACARIDES.

FIN.

CORRECTIONS ET ADDITIONS

POUR LES QUATRE VOLUMES

DE

L'HISTOIRE NATURELLE DES INSECTES APTÈRES

ET POUR

L'EXPLICATION DES PLANCHES.

T. I, p. 275-279. Le Scytodes mithras, l'Uptiote incertain et l'Uptiote incertain de Schreber sont une seule et même espèce. Cette espèce devra être nommée Uptiote mithras, car elle est aussi le genre Mithras de M. Koch. Elle a huit yeux et non six; et sauf cette correction les descriptions données aux pages indiquées et les synonymies sont exactes et s'appliquent aux variétés d'âge et de sexe, il faut seulement ajouter aux Scytodes (Uptiotes) Mithras, p. 275, après la ligne 36 : planche XXII, fig. 7 de l'atlas de cet ouvrage ; pour l'Uptiote incertain : pl. VII, fig. 1 ; pour l'Uptiote incertain de Schreber : pl. VII, fig. 2. Ce genre Uptiotes doit être replacé dans la grande division des Octoculées, entre le genre Theridion et le genre Argus, t. II, p. 497. Voyez t. IV, p. 488 et 527, et ci-après dans les corrections sur l'explication des planches.

T. I, p. 380. Le Dyction Reuss est l'Agélène timide. Ainsi tout ce qui est dit à cette page sur ce caractère du genre Dyction doit entrer dans les caractères de la seconde famille des Agélènes, c'est-à-dire dans les Nysses (t. II, p. 23 et 409) et dans les caractères de l'espèce de l'Agélène timide.

T. II, p. 23 et 24. *Corrigez* les caractères de la famille des Nysses et la synonymie de l'Agélène timide d'après l'indication qui précède.

T. II, p. 378, ligne 6. *Les yeux postérieurs sur une même...* lisez : *les yeux latéraux sur une même...*

T. II, p. 408, ligne 6. Que le tissu adipeux n'est autre que la soie; *lisez :* que le tissu adipeux n'est autre que le foie.

T. II, p. 419 (dans le supplément). A ce qui est dit au § XXV, rejoignez ce qu'on lit t. I, p. 380 et t. II, p. 23 sur le genre Dyction.

T. II, p. 463, lignes 2, 7, 9 et 12. Dans ces quatre lignes *au lieu de :* abdomen, *lisez :* corps.

T. III, p. 246, ligne 24. *Ixodes Walckenaerii* (Pl. 34, fig. 1), *corri-gez* (Pl. 34, fig. 11).

T. IV, p. 369, ligne première. *Certains Aranéides*, lisez : *certaines Aranéides.*

T. IV, p. 381, ligne 6. Dydère, *lisez :* Dysdère.

T. IV, p. 388, ligne 27. *Arachniden*, XII, p. 94, pl. 317, *lisez :* pl. 417.

T. IV, p. 412, ligne 2. Attus *xanthonulas*, lisez : *xanthomelas.*

T. IV, p. 485, ligne 24. *Au lieu de* t. II, p. 281, *lisez :* t. II, p. 251 et *reportez* à cette page l'addition à la synonymie de *Linyphia pratensis.*

T. IV, p. 515, ligne 29. *Episinus truncatus*, X, *corrigez :* XI.

T. IV, p. 526. A Agélène dans l'accolade synonymique, lisez : *Tegenaria.*

T. IV, p. 527, ligne dernière. Argyronéte (*Araneus*), lisez : Argironete (*Araneus, Nayades*).

T. IV, p. 576. Après la ligne 7, *ajoutez :* M. Gervais a nommé Chelanops un genre de Chelifer reposant sur une espèce du Chili qui manque d'yeux.

T. IV, p. 592. Genre Crytops (*Crytops*), *lisez :* Genre Cryptops (*Cryptops*).

T. IV, p. 592, ligne 8. Les *Crytops*, lisez : les *Cryptops.*

T. IV, p. 592, ligne 14. D'un *Crytops*, lisez : d'un *Cryptops*, et même ligne *Crytops hortensis*, lisez : *Cryptops.*

T. IV, p. 592, ligne 18. Crytops Milbert (*Crytops Milberti*), lisez : Cryptops Milbert (*Cryptops Milberti*).

EXPLICATION DES PLANCHES.

Page 8, planche VII, lignes 19-24. Il faut effacer ces cinq lignes qui contiennent une erreur, il est reconnu que l'*Uptiotes mithras* (Uptiote incertaine et U. incertaine de Schreber) a huit yeux et non six. A ces cinq lignes il faut substituer la remarque suivante :

N. B. La figure 1B représente la tête de la femelle vue de face, mais il y manque sur les côtés deux petits yeux à peine visibles. La figure 2c représente la tête du mâle vue de face mais renversée, de manière à voir un peu en dessous, de sorte que par l'effet du raccourci et la forme singulièrement bombée de cette partie du corselet, la première paire d'yeux qui, vue directement de face, paraît la plus avancée, se trouve sur le second plan, et que la première ligne des yeux devient la seconde. M. Koch qui n'avait vu comme moi que six yeux dans cette Aranéide (voyez notre planche XXII, fig. 7), depuis qu'il a découvert les deux petits yeux latéraux, figure les yeux de ce genre ainsi :

Page 13, planche XXII, ligne 8. 2 Scytodes mithras. *Au lieu de :* 2D, les yeux; *mettez :* 2B, les yeux. Puis *ajoutez :* Ces yeux ne sont qu'au nombre de six, ce qui est une erreur. Voyez à ce sujet la correction sur la page 8 et la planche VII, relative à l'*Uptiotes mithras.*

Page 20, planche XL. Cermatie grêle. Cette planche étant copiée de Savigny, on y a suivi sa terminologie; c'était justice, mais, d'après les préliminaires sur les Myriapodes, cette terminologie doit être ainsi rectifiée. 1*h* palpes maxilliformes avec la langue bifide réunie à sa base, *o o* lobes extérieurs des palpes, 1*a* lèvre supérieure ou dessous du chaperon, 1*i* mâchoire droite, 1*c* lèvre inférieure avec les mandibules, 1*b* palpes labiaux.

Page 20, planche XLI. Géophile égyptien. Mêmes corrections. 2*c* lèvre inférieure et mandibules, *r-r* les onglets, 2*b* palpes maxilliformes, palpes labiaux et langue, et *x-x* dans la même figure sont les palpes labiaux, 2*i* la mâchoire droite, 2*a* la lèvre supérieure et le chaperon vus de face.

Page 20, planche XLII. Scolopendre mordante. Mêmes corrections. 1*c* la lèvre inférieure et les mandibules, *r-r* l'onglet des mandibules, 1*e* la lèvre supérieure, 1*k* une mâchoire grossie, 1*k'* la même plus grossie, 1*b* palpes maxilliformes, palpes labiaux et langue bifide, 1*q* palpes maxilliformes et langue bifide sans les palpes labiaux, 1*z* rebord du pharynx.

Page 22, ligne 13. Aptères-Dicères, *lisez :* Aptères-Acères.

PARIS. — IMPRIMERIE DE FAIN ET THUNOT, RUE RACINE, 28.

COLLABORATEURS.

MM.

AUDINET-SERVILLE, *ex-président de la Société Entomologique, Membre de plusieurs Sociétés savantes, nationales et étrangères,* (ORTHOPTÈRES, NÉVROPTÈRES ET HÉMIPTÈRES).

AUDOUIN, *Professeur-Administrateur du Muséum, Membre de plusieurs Sociétés savantes, nationales et étrangères,* (ANNÉLIDES).

BIBRON, *Aide-Naturaliste du Muséum,* collaborateur de M. Duméril pour les Reptiles.

BOISDUVAL, *Membre de plusieurs Sociétés savantes, nationales et étrangères, auteur de l'Entomologie de l'Astrolabe, de l'Icones des Lépidoptères d'Europe, de la Faune de Madagascar, etc. etc.* (LÉPIDOPTÈRES).

DE BLAINVILLE, *Membre de l'Institut, Professeur-Administrateur du Muséum d'Histoire Naturelle, Professeur à la Faculté des Sciences, etc.* (MOLLUSQUES).

DE BREBISSON, *Membre de plusieurs Sociétés savantes, auteur des Mousses et de la Flore de Normandie.* (PLANTES CRYPTOGAMES).

A. DE CANDOLLE, de Genève (BOTANIQUE).

CUVIER (Fr), *Membre de l'Institut* (CÉTACÉS).

DEJEAN (le comte) *Lieut.-général, Pair de France,* (COLÉOPTÈRES).

DESMAREST, *Membre correspondant de l'Institut, Professeur de Zoologie à l'École vétérinaire d'Alfort.* (POISSONS).

MM.

DUMÉRIL, *Membre de l'Institut, Professeur-Administrateur du Muséum d'Histoire Naturelle, Professeur à l'École de Médecine, etc. etc.* (REPTILES).

LACORDAIRE, *Naturaliste-voyageur, Membre de la Société Entomologique, etc.* (INTRODUCTION A L'ENTOMOLOGIE).

HUOT, GÉOLOGIE.
*BRONGNIART
DELAFOSSE MINÉRALOGIE.

LESSON, *Membre correspondant de l'Institut, Professeur à Rochefort, etc.* (ZOOPHYTES ET VERS).

MACQUART, *Directeur du Muséum de Lille, auteur des Diptères du Nord de la France, etc. etc.* (DIPTÈRES).

MILNE-EDWARS, *Professeur d'Histoire Naturelle, Membre de diverses Sociétés savantes, etc. etc.* (CRUSTACÉS).

LE PELETIER DE SAINT-FARGEAU, *Président de la Société Entomologique, auteur de la Monographie des Tenthrédines, etc. etc.* (HYMÉNOPTÈRES).

SPACH, *Aide-Naturaliste au Muséum.* (PLANTES PHANÉROGAMES).

WALCKENAER, *Membre de l'Institut, travaux sur les Arachnides, etc. etc.* (ARACHNIDES ET INSECTES APTÈRES).

CONDITIONS DE LA SOUSCRIPTION.

Les Suites à Buffon *formeront 55 volumes in-8° environ, imprimés avec le plus grand soin et sur beau papier; ce nombre paraît suffisant pour donner à cet ensemble toute l'étendue convenable. Chaque auteur s'occupant depuis long-temps de la partie qui lui est confiée, l'éditeur sera à même de publier en peu de temps la totalité des traités dont se composera cette utile collection.*

A partir de janvier 1834, il paraîtra à peu-près tous les mois un volume in-8°, accompagné de livraisons d'environ 10 planches noires ou coloriées.

Prix du texte, chaque volume (1), ... 5 f. 50 c.

Prix de chaque livraison { *noire* .... 3.
{ *coloriée* .... 6.

N. Les personnes qui souscriront pour des parties séparées paieront chaque volume 6 fr. 50.

Un petit nombre d'exemplaires seront imprimés sur grand papier vélin, dont le prix sera double.

ON SOUSCRIT, SANS RIEN PAYER D'AVANCE,

A LA LIBRAIRIE ENCYCLOPÉDIQUE DE RORET,

RUE HAUTEFEUILLE, N° 10 BIS, À PARIS,

AU COIN DE CELLE DU BATTOIR.

(1) L'Éditeur ayant à payer pour cette collection des honoraires aux auteurs, le prix des volumes ne peut être comparé à celui des réimpressions d'ouvrages appartenant au domaine public et exempts de droits d'auteur, tels que Buffon, Voltaire, etc. etc.

N'ont pas été compris dans la première souscription les ouvrages de MM. BRONGNIART, DELAFOSSE, HUOT.